高等职业教育土建施工类专业系列教材

中国特色高水平高职学校建设成果

首批国家级职业教育教师教学创新团队“BIM+装配式建筑”新型态教材

钢筋混凝土结构工程施工

主　编　李　辉

副主编　刘　新　李仙兰

西安交通大学出版社
XI'AN JIAOTONG UNIVERSITY PRESS

内容提要

本书按照高等职业教育土建施工类专业的教学要求，依据建筑工程国家最新施工标准、规范、规程编写而成。本书坚持以就业为导向，突出实用性、实践性，注重技能培养。全书共分为七个学习项目：土方工程施工、地基与基础工程施工、模板工程施工、钢筋工程施工、混凝土工程施工、预应力混凝土工程施工、砌筑工程施工。学习本书使学生能够掌握钢筋混凝土结构工程的施工工艺和质量要求，具备钢筋混凝土结构工程施工及管理的能力。

本书内容通俗易懂、文字规范简练，具有较强的针对性、实用性和通用性。本书可作为高等职业技术学院、高等专科学校、成人高校建筑工程技术、建筑工程管理、工程造价等相近专业的教学用书，也可作为建筑安装施工企业从业人员的学习参考用书。

图书在版编目(CIP)数据

钢筋混凝土结构工程施工／李辉主编．—西安：西安交通大学出版社，2021.10(2023.7 重印)
ISBN 978-7-5693-2264-4

Ⅰ．①钢… Ⅱ．①李… Ⅲ．①钢筋混凝土结构-工程施工-高等职业教育-教材 Ⅳ．①TU755

中国版本图书馆 CIP 数据核字(2021)第 174465 号

书　　名　钢筋混凝土结构工程施工
Gangjin Hunningtu Jiegou Gongcheng Shigong
主　　编　李　辉
策划编辑　曹　昳
责任编辑　杨　璠　刘艺飞
责任校对　张　欣

出版发行　西安交通大学出版社
(西安市兴庆南路 1 号　邮政编码 710048)
网　　址　http://www.xjtupress.com
电　　话　(029)82668357　82667874(市场营销中心)
(029)82668315(总编办)
传　　真　(029)82668280
印　　刷　西安五星印刷有限公司

开　　本　787 mm×1092 mm　1/16　**印张** 28.5　**字数** 680 千字
版次印次　2021 年 10 月第 1 版　2023 年 7 月第 2 次印刷
书　　号　ISBN 978-7-5693-2264-4
定　　价　47.70 元

如发现印装质量问题，请与本社市场营销中心联系。
订购热线：(029)82665248　(029)82667874
投稿热线：(029)82668502
读者信箱：phoe@qq.com

国家级职业教育教师教学创新团队

中国特色高水平高职院校重点建设专业

建筑工程技术专业系列教材编审委员会名单

《钢筋混凝土结构工程施工》编写团队

主　编　李　辉　陕西铁路工程职业技术学院

副主编　刘　新　陕西铁路工程职业技术学院
　　　　李仙兰　内蒙古建筑职业技术学院

参　编　李　蕾　陕西铁路工程职业技术学院
　　　　崔　炫　陕西铁路工程职业技术学院
　　　　石小庆　陕西铁路工程职业技术学院
　　　　刘正林　河北省交通规划设计院
　　　　苏　海　中国三峡建工集团华水水电开发有限公司

主　审　乔志杰　中煤建工华南建设有限公司
　　　　王付全　黄河水利职业技术学院

前言

PREFACE

《钢筋混凝土结构工程施工》是“中国特色高水平建设专业群”骨干专业——建筑工程技术专业的课程建设成果之一。根据改革实施方案和课程改革的基本思想，本书按照建筑工程技术专业人才培养目标要求，结合专业“项目载体、信息贯穿、能力递进、课证融合”的人才培养模式，采用“任务驱动、行动导向”的教学方法，依据国家现行《混凝土结构工程施工质量验收规范》(GB 50204—2015)、《建筑工程施工质量验收统一标准》(GB 50300—2013)、《钢筋机械连接技术规程》(JGJ 107—2016)、《混凝土质量控制标准》(GB 50164—2011)、《建筑地基处理技术规范》(JGJ 79—2012)、《建筑地基基础工程施工质量验收规范》(GB 50202—2018)等标准编写。

本书详细阐述了钢筋混凝土结构工程的施工工艺和质量要求，主要内容包括土方工程施工、地基与基础工程施工、模板工程施工、钢筋工程施工、混凝土工程施工、预应力混凝土工程施工、砌筑工程施工。由此使学生能够掌握土方与基础工程的施工工艺及质量要求，掌握模板工程、钢筋工程、混凝土工程、预应力混凝土工程及砌筑工程的施工工艺和质量控制要点，具备钢筋混凝土结构工程施工及管理的能力。

本书在设计教学任务时，遵从由基本构件施工到组合构件施工，由简单到复杂的设计思路，符合学生的认知规律和学习规律，并针对每个分项工程引入国家规范、技术标准和行业标准，确保教学内容与岗位工作接轨。本书以培养学生的施工技术与质量标准应用能力为重点，内容有所取舍，注重针对性，坚持以企业需求为依据、以就业为导向的原则，在全书内容的组织和表达上，力求体现教学内容的先进性和教学组织的灵活性。同时，为满足项目法、案例法教学的需要，本书内容在充分反映现行国家标准、行业标准和有关技术政策的基础上，尽力使每一个学习任务与实际工作相结合，体现了较强的实用性。

本书由陕西铁路工程职业技术学院李辉担任主编，陕西铁路工程职业技术学院刘新、内蒙古建筑职业技术学院李仙兰担任副主编，全书共分为七个项目，其中项目一由崔炫编写，项目二、项目三由李辉编写，项目四、项目七由石小庆编写，项目五、项目六由李蕾编写。河北省交通规划设计院刘正林参与编写项目一的任务1.1，中国三峡建工集团华水水电开发有限公司苏海参与编写项目七的任务7.2。

由于编者水平有限，不足之处在所难免，恳请广大师生和读者对书中存在的缺点批评指正，编者不胜感激。

编　者

2021年03月

目录

CONTENTS

项目一

土方工程施工

项目描述

土方工程包括建筑场地的平整，土方的开挖、运输、回填与压实等主要施工过程，在施工中需要完成测量放线、施工降排水、深基坑支护与监测等施工准备和辅助工作。土方工程具有工程量大、劳动繁重、工期长、施工条件复杂等特点，因此，要合理安排施工计划，避开雨季，同时尽可能降低工程费用，做出合理的土方调配方案。在大型基坑开挖施工中，土石方工程量往往可达几十万乃至几百万立方米以上，因此，合理选择土方机械、组织机械化施工，对于缩短工期、降低成本都有很重要的意义。土石方工程施工多为露天作业，土的种类成分又各不相同，施工会受到地区、气象、水文地质的影响，在城市中施工还会受到施工环境的影响，如地下管线、电缆等，因此，在施工前应做好调研，制订合理的施工方案组织施工。

学习方法

（1）学习施工技能不仅要有必需的理论知识，更要有较强的操作技能，可以多去实训基地观察、动手操作，提高自己解决问题的能力；

（2）在掌握土方基础知识的基础上，不断总结土方工程施工及质量控制的知识，做到举一反三地掌握土方工程施工技术。

知识目标

（1）了解土方工程的特点；

（2）掌握土的工程分类与性质；

（3）掌握土的边坡与土方量的计算方法；

（4）了解常用的土方机械；

（5）掌握基坑验槽与处理的方法；

（6）掌握深基坑支护与监测方法；

（7）掌握基坑降排水的方法。

技能目标

(1)具备土方量计算的能力;

(2)具备选择土方开挖方式、支护方式,编制降排水方案的能力;

(3)具备组织土方回填,以及土方回填后对其进行质量检验的能力。

素质目标

(1)具有协同合作的团队精神;

(2)努力学习专业技术知识,不断提高专业技能;

(3)遵纪守法,具有良好的职业道德;

(4)严格执行建设行业有关标准、规范、规程和制度。

土方相关知识

1. 土的工程分类

土是地壳岩石经受强烈风化的天然历史产物,是各种矿物颗粒的集合体。土的种类很多,工程性质也不尽相同,为了便于分析研究,可以将其按主要特征进行分类。

1)按照《建筑地基基础设计规范》进行分类

按照《建筑地基基础设计规范》(GB 5007—2011)的分类法,可以把土分为岩石、碎石土、砂土、粉土、黏性土和人工填土六大类。

(1)岩石。岩石是颗粒间牢固黏结,呈现整体或具有节理裂隙的岩体。岩石按照岩块的饱和单轴抗压强度标准值分为坚硬岩、较硬岩、较软岩、软岩和极软岩,如表 1-1 所示,岩块的饱和单轴抗压强度标准值,也可通过观察定性划分,如表 1-2 所示。岩石的完整程度分为完整、较完整、较破碎、破碎、极破碎,如表 1-3 所示。

表 1-1 岩石坚硬程度的划分

坚硬程度级别	坚硬岩	较硬岩	较软岩	软岩	极软岩
饱和单轴抗压强度标准值 f_{rk}/MPa	>60	$60\geq f_{rk}>30$	$30\geq f_{rk}>15$	$15\geq f_{rk}>5$	$f_{rk}\leq 5$

表 1-2 岩石坚硬程度的定性划分

名称		定性鉴定	代表性岩石
硬质岩	坚硬岩	锤击声清脆,有回弹,震手,难击碎;基本无吸水反应	未风化至微风化的花岗岩、闪长岩、辉绿岩、玄武岩、安山岩、片麻岩、石英岩、硅质砾岩、石英砂岩、硅质石灰岩等

续表

名称		定性鉴定	代表性岩石
硬质岩	较硬岩	锤击声较清脆，有轻微回弹，稍震手，较难击碎；有轻微吸水反应	微风化的坚硬岩；未风化至微风化的大理岩、板岩、石灰岩、钙质砂岩等
软质岩	较软岩	锤击声不清脆，无回弹，较易击碎；指甲可刻出印痕	中风化的坚硬岩和较硬岩；未风化至微风化的凝灰岩、千枚岩、砂质岩、泥灰岩等
	软岩	锤击声哑，无回弹，有凹痕，易击碎；浸水后可捏成团	强风化的坚硬岩和较硬岩；中风化的较软岩；未风化至微风化的泥质砂岩、泥岩等
极软岩		锤击声哑，无回弹，有较深凹痕，手可捏碎；浸水后可捏成团	风化的软岩；全风化的各种岩石；各种半成岩

表 1－3　岩体完整程度的划分

名称	控制性结构面平均间距/m	相应结构类型
完整	＞1.0	整体状或巨厚层状结构
较完整	0.4～0.1	块状或厚层状结构
较破碎	0.2～0.4	裂隙块状、镶嵌状、中薄层状结构
破碎	＜0.2	碎裂状结构、页状结构
极破碎	—	散体状结构

（2）碎石土。粒径大于 2 mm 的颗粒含量超过全重 50%的土称为碎石土。碎石土可以分为漂石、块石、卵石、碎石、圆砾和角砾，如表 1－4 所示。

表 1－4　碎石土的分类

土的名称	颗粒形状	粒组含量
漂石	圆形及亚圆形为主	粒径大于 200 mm 的颗粒超过全重的 50%
块石	棱角形为主	
卵石	圆形及亚圆形为主	粒径大于 20 mm 的颗粒超过全重的 50%
碎石	棱角形为主	
圆砾	圆形及亚圆形为主	粒径大于 2 mm 的颗粒超过全重的 50%
角砾	棱角形为主	

注：分类时应根据粒组含量由大到小以最先符合者确定。

（3）砂土。粒径大于 2 mm 的颗粒含量不超过全重的 50%、粒径大于 0.075 mm 的颗粒超过全重 50%的土称为砂土。砂土可以分为砾砂、粗砂、中砂、细砂和粉砂，如表 1－5 所示。

表 1-5　砂土的分类

名称	粒组含量
砾砂	粒径大于 2 mm 的颗粒超过全重的 25%～50%
粗砂	粒径大于 0.5 mm 的颗粒超过全重的 50%
中砂	粒径大于 0.25 mm 的颗粒超过全重的 50%
细砂	粒径大于 0.075 mm 的颗粒超过全重的 85%
粉砂	粒径大于 0.075 mm 的颗粒超过全重的 50%

注:分类时应根据粒组含量由大到小以最先符合者确定。

(4)粉土。粒径大于 0.075 mm 的颗粒含量不超过全重 50%、塑性指数 $I_P \leqslant 10$ 的土为粉土。

(5)黏性土。塑性指数 $I_P > 10$ 的土为黏性土,分为粉质黏土和黏土,当 $I_P > 17$ 时,为黏土,当 $10 < I_P \leqslant 17$ 时为粉质黏土。

(6)人工填土。由于人类活动形成的土称为人工填土,分为素填土、压实填土、杂填土和冲填土,人工填土均匀性差、物质成分杂乱。

2)按土开挖的难易程度进行分类

按土开挖的难易程度将土分为松软土、普通土、坚土、砂砾坚土、软石、次坚石、坚石、特坚硬石等八类,如表 1-6 所示。

表 1-6　按土开挖的难易程度的分类

土的分类	土的名称	可松性系数		现场鉴别方法
		K_s	K_s'	
一类土(松软土)	砂,亚砂土,冲积砂土层,种植土,泥炭(淤泥)	1.08～1.17	1.01～1.03	能用锹、锄头挖掘
二类土(普通土)	亚黏土,潮湿的黄土,夹有碎石、卵石的砂,种植土,填筑土及亚砂土	1.14～1.28	1.02～1.05	能用锹、锄头挖掘,少许要用镐翻松
三类土(坚土)	软及中等密实黏土,重亚黏土,粗砾石,干黄土及含碎石、卵石的黄土、亚黏土,压实的填筑土	1.24～1.30	1.04～1.07	要用镐挖掘,少许用锹、锄头挖掘,部分要用到撬棍
四类土(砂砾坚土)	重黏土及含碎石、卵石的黏土,粗卵石,密实的黄土,天然级配砂石,软泥灰岩及蛋白石	1.26～1.32	1.06～1.09	整个用镐、撬棍翻松,然后用锹挖掘,部分要用到楔子及大锤

续表

土的分类	土的名称	可松性系数		现场鉴别方法
		K_s	K_s'	
五类土 （软石）	硬石炭纪黏土，中等密实的页岩、泥灰岩、白垩土，胶结不紧的砾岩，软的石灰岩	1.30～1.45	1.10～1.20	要用镐或大锤挖掘，部分使用爆破方法施工
六类土 （次坚石）	泥岩，砂岩，砾岩，坚实的页岩，泥灰岩，密实的石灰岩，风化花岗岩，片麻岩	1.30～1.45	1.10～1.20	用爆破方法开挖，部分用风镐
七类土 （坚石）	大理岩，辉绿岩，玢岩，粗、中粒花岗岩，坚实的白云岩、砂岩、砾岩、片麻岩、石灰岩，风化痕迹的安山岩、玄武岩	1.30～1.45	1.10～1.20	用爆破方法开挖
八类土 （特坚硬石）	安山岩，玄武岩，花岗片麻岩，坚实的细粒花岗岩、闪长岩、石英岩、辉长岩、辉绿岩、玢岩	1.45～1.50	1.20～1.30	用爆破方法开挖

松土和普通土可直接用铁锹开挖，或用铲运机、推土机、挖土机施工；坚土、砂砾坚土和软石要用镐、撬棍开挖，或预先松土，部分用爆破的方法施工；次坚石、坚石和特坚硬石一般要用爆破方法施工。

2.土的物理性质指标

1)直接测定指标

土的物理性质指标中有三个基本指标可直接通过土工试验测定，包括土的密度 ρ、土粒相对密度 d_s 和土的含水量 w。

(1)土的密度 ρ。在天然状态下，单位体积土的质量。它与土的密实程度和含水量有关。土的密度一般采用环刀法测定，土的天然密度按下式计算，土的重度 $\gamma=\rho g$，g 为重力加速度，一般近似取 10 m/s^2。

$$\rho=\frac{m}{V}$$

式中：ρ ——土的密度，kg/m^3；

m ——土的总质量，kg；

V ——土的体积，m^3。

(2)土粒相对密度 d_s。土粒的质量与同体积纯蒸馏水在 4℃时的质量之比称为土粒的相对密度。土粒的相对密度常用比重瓶法测定。

$$d_s=\frac{m_s}{V_s\rho_w^{4℃}}=\frac{\rho_s}{\rho_w^{4℃}}$$

式中：ρ_s ——土粒的密度，即单位体积土粒的质量；

$\rho_w^{4℃}$——4 ℃纯蒸馏水的密度。

(3)土的含水量w。土中水的质量与土粒质量之比称为土的含水量，以百分数表示。土的含水量通常用烘干法测定，也可近似采用酒精燃烧法快速测定。含水量是表示土的湿度的一个重要物理指标。同一类土，含水量越高说明土越湿，也就越软。

$$w=\frac{m_w}{m_s}\times100\%$$

2)导出指标

(1)土的孔隙比与孔隙率。孔隙比为土中孔隙体积与土粒体积之比，用小数表示，它是评价土的密实程度的重要物理性质指标。

$$e=\frac{V_v}{V_s}$$

孔隙率为土中孔隙体积与土的总体积之比，即单位体积的土体中孔隙所占的体积，以百分数表示，它用来表示同一种土的松、密程度。

$$n=\frac{V_v}{V}\times100\%$$

(2)土的饱和度。土的饱和度是土中所含水分的体积与孔隙体积之比，以百分数表示，它表示土体中孔隙被水充满的程度。

$$S_r=\frac{V_w}{V_v}\times100\%$$

显然，干土的饱和度 $S_r=0$，当土处于完全饱和状态时 $S_r=100\%$。砂土根据饱和度可划分为下列三种湿润状态：$S_r\leqslant50\%$，稍湿；$50\%\leqslant S_r\leqslant80\%$，很湿；$S_r>80\%$，饱和。

3.土的物理状态指标

土的物理状态指标，对于无黏性土是指土的密实程度，对于黏性土则是指土的稠度。

1)无黏性土的密实度

无黏性土的密实度与其工程性质有着密切关系，呈密实状态时，强度较大，可作为良好的天然地基；呈松散状态时，则是不良地基。

无黏性土密实状态的指标有孔隙比 e、相对密实度 D_r 和原位标准贯入试验的锤击数 N。

(1)孔隙比 e。孔隙比可以用来表示砂土的密实度。对于同一种土，孔隙比愈大，则土愈松散。用孔隙比表示密实度的方法虽简便但有明显的缺陷，即没有考虑到颗粒级配这一重要因素对砂土密实状态的影响，在实用程度上存在问题。

(2)相对密实度 D_r。为了较好地表明无黏性土所处的密实状态，可采用将现场土的孔隙比 e 与该种土所能达到最密实时的孔隙比 e_{mim} 和最疏松时的孔隙比 e_{max} 相对比的方法，来表示孔隙比为 e 时土的密实度。这种度量密实度的指标称为相对密实度(D_r)。

$$D_r=\frac{e_{max}-e}{e_{max}-e_{min}}$$

式中：e ——天然状态下的孔隙比；

e_{max}——最疏松状态下的孔隙比，即最大孔隙比；

e_{min}——最密实状态下的孔隙比，即最小孔隙比。

当 $D_r=0$ 时，$e=e_{max}$，表示土处于最疏松状态。当 $D_r=1.0$ 时，$e=e_{min}$，表示土处于最密实状态。用相对密实度 D_r 判定砂土密实度的标准见表 1－7。

表 1－7　砂土密实度划分标准(相对密实度)

密实度	密实	中密	松散
相对密度	0.67～1.0	0.33～0.67	0～0.33

(3)按动力触探确定无黏性土的密实度。标准贯入试验是用规定的锤(质量为 63.5 kg)和落距(76 cm)把标准贯入器(带有刃口的对开管，外径 50 mm，内径 35 mm)打入土中，记录贯入一定深度(30 cm)所需的锤击数 N 的原位测试方法。根据所测得的锤击数 N，将砂土分为松散、稍密、中密及密实四种密实度，见表 1－8。

表 1－8　砂土密实度划分标准(原位标准贯入实验)

标准贯入实验锤击数 N	密实度	标准贯入实验锤击数 N	密实度
$N\leqslant 10$	松散	$15<N\leqslant 30$	中密
$10<N\leqslant 15$	稍密	$N>30$	密实

2)黏性土的稠度

(1)黏性土的稠度状态。当土中含水量很大时，土粒被自由水隔开，表现为浆液状；随着含水量的减少，土浆变稠，逐渐变成可塑的状态，这时土中水主要为弱结合水；含水量继续减少，土就进入半固态；当土中主要含强结合水时，土处于固体状态。

黏性土由某一种状态过渡到另一种状态的分界含水量称为土的稠度界限。工程上常用的稠度界限有液限(w_L)和塑限(w_P)。如图 1－1 所示，液限为土从液性状态转变为塑性状态时的分界含水量，塑限为土从塑性状态转变为半固体状态时的分界含水量。液、塑限的测定方法可用“联合测定法”。

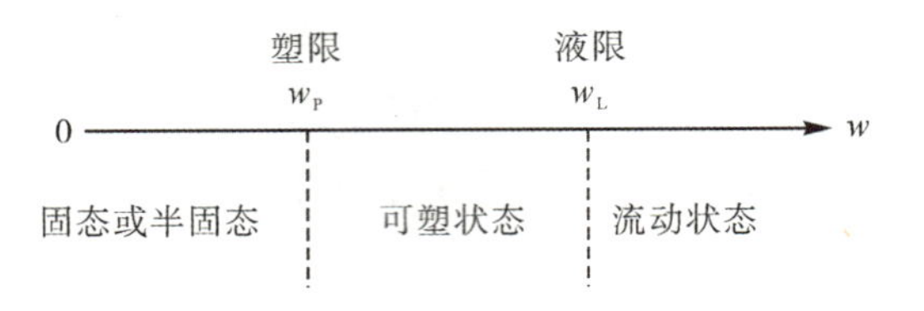

图 1-1 黏性土的稠度状态

(2)塑性指数 I_P。塑性指数表示土处在可塑状态的含水量变化范围,其值的大小取决于土颗粒吸附结合水的能力,与土中黏粒含量有关。黏粒含量越多,塑性指数就越高。塑性指数为液限与塑限的差值,并且习惯上略去百分号。

$$I_P = w_L - w_P$$

(3)液性指数 I_L。液性指数反映土的天然含水量与分界含水量之间的相对关系。土的天然含水量与塑限的差值与塑性指数 I_P 之比即为液性指数,记为 I_L。

$$I_L = \frac{w - w_P}{I_P}$$

当 $I_L \leqslant 0$ 时,$w \leqslant w_P$,表示土处于坚硬状态;当 $I_L > 1$ 时,$w > w_P$,表示土处于流塑状态。因此,根据 I_L 值可以直接判定土的软硬状态,如表 1-9 所示。

表 1-9 土的软硬状态

I_L 值	$I_L \leqslant 0$	$0 < I_L \leqslant 0.25$	$0.25 < I_L \leqslant 0.75$	$0.75 < I_L \leqslant 1.0$	$1.0 < I_L$
状态	坚硬	硬塑	可塑	软塑	流塑

4. 土的工程性质

1)土的可松性

土的可松性是指在自然状态下的土经开挖后组织被破坏,其体积因松散而增大,以后虽经回填压实也不能恢复其原来体积的特性。由于土方工程量是以自然状态的体积来计算的,所以在土方调配、计算土方机械生产率及运输工具数量等的时候,必须考虑土的可松性。土的可松性程度用可松性系数表示。各类土的可松性系数见表 1-10。

表 1-10 土的可松性系数

土的类别	体积增加百分比/%		可松性系数	
	最初	最终	K_s	K_s'
一类土	8～30	1～4	1.08～1.17	1.01～1.03
二类土	14～28	1.5～5	1.14～1.28	1.02～1.05
三类土	24～30	4～7	1.24～1.30	1.04～1.07

续表

土的类别	体积增加百分比/%		可松性系数	
	最初	最终	K_s	K_s'
四类土	26～37	6～15	1.26～132	1.06～1.09
五类土	30～45	10～20	1.30～1.45	1.10～1.20
六类土				1.28～1.20
七类土				1.10～1.20
八类土	45～50	20～30	1.45～1.50	1.20～1.30

(1)最初可松性系数 K_s。自然状态下的土,经开挖成松散状态后,其体积的增加,用最初可松性系数表示。

$$K_s=\frac{V_2}{V_1}$$

式中:V_1——土在自然状态下的体积;

V_2——土经开挖成松散状态下的体积。

(2)最终可松性系数 K_s'。自然状态下的土,经开挖成松散状态,回填夯实后,仍不能恢复到原自然状态下体积,这时夯实后的体积与原自然状态下体积之比,用最终可松性系数表示。

$$K_s'=\frac{V_3}{V_1}$$

式中:V_1——土在自然状态下的体积;

V_3——土经回填压实后的体积。

2)土的压缩性

移挖作填或取土回填,松土经填压后会压缩,一般土的压缩率 P 的参考值,见表 1-11,在松土回填时应考虑土的压缩率,一般可按填方断面增加 10%～20%计算松土方数。

表 1-11　土的压缩率 P 的参考值

土的类别	土的名称	土的压缩率	每立方米松散土压实后的体积/m^3
一、二类土	种植土	20%	0.80
	一般土	10%	0.90
	砂土	5%	0.95
三类土	天然湿度黄土	12%～17%	0.85
	一般土	5%	0.95
	干燥坚实黄土	5%～7%	0.94

任务 1.1 土方工程的准备和辅助工作

任务描述

学习土方工程施工前期的准备工作,掌握施工排水与降低水位的方式方法,学习土的边坡与支护方面的知识。学习场地平整的相关知识,掌握土方工程量的计算。

知识学习

1.1.1 土方工程的准备工作

在组织土方工程施工前,应向建设单位索要当地实测地形图(包括测量成果)、原有地下管线或构筑物竣工图、土石方施工图,以及工程地质、气象等技术资料,以便编制施工组织设计,并应有平面控制桩和水准点,作为施工测量和工程验收的依据。在施工区域内,有碍施工的已有建筑物和构筑物、道路、沟渠、管线、坟墓、树木等,应在施工前妥善处理。在城市规划区域内,应根据城市规划部门测放的建筑界线、街道控制桩和水准点测量。施工机械进入现场所经过的道路、桥梁和卸车设施等,应事先做好必要的加宽、加固等准备工作。开工前应修好施工场地内机械运行的道路,并开辟适当的工作面,以利施工。

1.1.2 土的边坡与支护

1. 土的边坡

土方边坡的坡度用高度 H 与底宽 B 之比表示。

$$土方边坡坡度=\frac{H}{B}=\frac{1}{\frac{B}{H}}=\frac{1}{m}$$

式中:$m=B/H$,称为坡度系数。

土方边坡的形式有直线形、折线形和踏步形,如图 1－2 所示。边坡坡度根据土的物理力学性质、开挖深度、开挖方法、地下水水位、坡顶堆载等因素由设计人员确定。当地下水位较低、土质均匀、地质较好,且挖方高度不超过表 1－12 中所示规定时,边坡可以成直立壁开挖不加支撑。当挖方深度超过上述规定时,应考虑放坡开挖或做支护开挖。

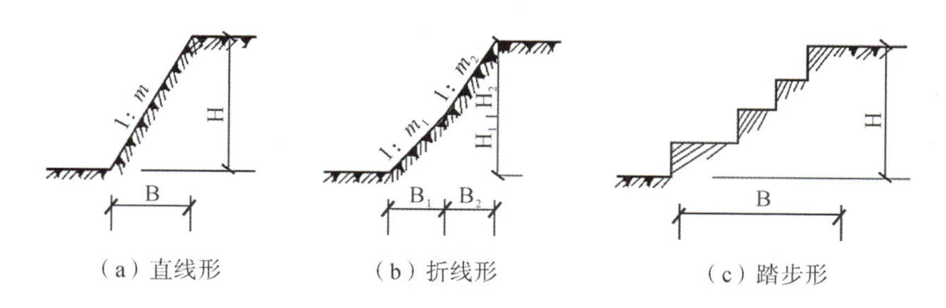

（a）直线形　（b）折线形　（c）踏步形

图 1-2　边坡的形式

表 1-12　不加支撑的挖方深度

土质情况	最大挖方深度/m
密实、中密的砂土和碎石类土	1
硬塑、可塑的粉土及粉质黏土	1.25
硬塑、可塑的黏土和碎石类土	1.5
坚硬的黏土	2

2. 土壁支护

土方边坡深度不大的三级基坑，当放坡开挖有困难时，可采用短柱横隔板支撑、临时挡土墙支撑、斜柱支撑、锚拉支撑等支护方法。

1)基槽支护

基槽开挖一般采用横撑式土壁支撑。横撑式土壁支撑分为水平挡土板、垂直挡土板两大类，如图 1-3 所示。前者挡土板的布置又分为间断式和连续式两种。湿度小的黏性土挖土深度小于 3 m 时，可用间断式水平挡土板支撑；对松散、湿度大的土可用连续式水平挡土板支撑，挖土深度可达 5 m。对松散和湿度很高的土可用垂直挡土板式支撑，其挖土深度不限。

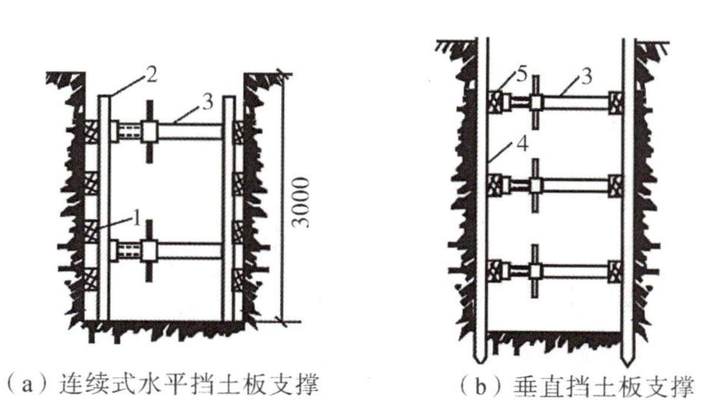

（a）连续式水平挡土板支撑　（b）垂直挡土板支撑

1—水平挡土板；2—竖楞木；3—工具式横撑；4—竖直挡土板；5—横楞木。

图 1-3　横撑式土壁支撑

2)斜柱支撑

对于深度不大的大型基坑,可以沿基坑边缘打设柱桩,在柱桩内侧支设挡土板并用斜撑支顶,挡土板内侧填土夯实。

3)简易支护

对于放坡开挖的基坑,当部分地段放坡宽度不够时,可采用短柱横隔板支撑、临时挡土墙支撑等简易支护方法进行基础施工。

4)锚拉支护

对于深度不大、不能安装横撑或斜撑的大型基坑,可先沿基坑边缘打设柱桩,在柱桩内侧支设挡土板,柱桩上端用拉杆拉紧,挡土板内侧填土夯实。

5)深基坑支护

对于开挖深度超过 5 m(含 5 m),或深度虽未超过 5 m,但地质条件和周围环境及地下管线特别复杂的工程,应采用深基坑支护的方法。

1.1.3 深基坑支护

为保证地下结构施工及基坑周边环境的安全,对基坑侧壁及周边环境采用支挡、加固与保护措施。建筑基坑支护应综合考虑场地工程地质与水文地质条件、基坑开挖深度、降排水条件、基础类型、周边环境对基坑侧壁变形控制的要求、基坑周边荷载、施工季节及施工条件、支护结构使用期限等因素,做到因地制宜、因时制宜、精心勘察、合理设计、精心施工、严格监控。

1.基坑的分级

一级基坑:重要工程,支护结构与基础结构合一的工程,开挖深度大于 10 m,邻近建筑物、重要设施在开挖深度以内;开挖影响范围内有历史或近代优秀建筑、重要管线需严加保护。

三级基坑:开挖深度小于 7 m,且无特别要求的基坑。

二级基坑:不属于一级或三级的其他基坑。

2.深基坑的支护方式

1)深基坑支护的基本要求

①确保支护结构能起挡土作用,基坑边坡保持稳定。

②确保相邻的建(构)筑物、道路、地下管线的安全。

③不因土体的变形、沉陷、坍塌受到危害。

④通过排降水,确保基础施工在地下水位以上进行。

2)常用的支护结构体系

①水泥挡土墙式:深层搅拌水泥土桩墙、高压喷射注浆桩墙、粉体喷射注浆桩墙。

②排桩与板墙式:排桩式(钻孔灌注桩、挖孔灌注桩、钢管桩)、板桩式(钢板桩、型钢横挡板、

现浇地下连续墙)、板墙式、组合式。

③边坡稳定式:土钉墙(加筋水泥土围护墙、灌注桩与水泥土桩结合)、锚杆支护。

④逆作拱墙式。

3. 排桩支护

排桩支护是利用常规的各种桩体,例如钻孔灌注桩、挖孔桩、预制桩及混合式桩等并排连续起来形成的地下挡土结构。

按照单个桩体成桩工艺的不同,排桩围护体桩大致有以下几种:钻孔灌注桩、预制混凝土桩、挖孔桩、压浆桩、SMW 工法(型钢水泥土搅拌桩)等。

按照结构形式排桩支护可分为悬臂式支护结构、与(预应力)锚杆结合形成桩锚式和与内支撑(混凝土支撑、钢支撑)结合形成桩撑式支护结构。

排桩支护的常见形式如图 1-4 所示。

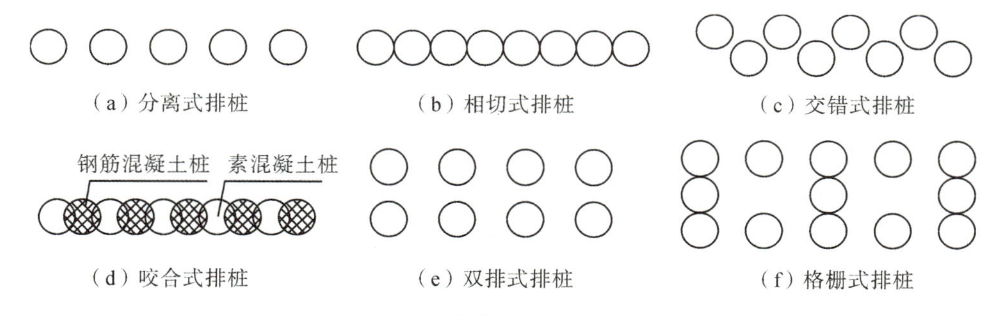

图 1-4 排桩支护的常见形式

开挖前在基坑周围设置混凝土灌注桩,桩的排列有间隔式、双排式和连续式,桩顶设置混凝土连系梁或锚桩、拉杆,施工方便、安全度好、费用低。直径 0.6～1.1 m 的钻孔灌注桩可用于深 7～13 m 的基坑支护,直径 0.5～0.8 m 的沉管灌注桩可用于深度在 10 m 以内的基坑支护,单层地下室常用 0.8～1.2 m 的人工挖孔灌注桩作支护结构。

4. 土钉墙支护

1)定义

天然土体通过钻孔、插筋、注浆来设置土钉(亦称砂浆锚杆)并与喷射混凝土面板相结合,形成类似重力挡墙的土钉墙,以抵抗墙后的土压力,保持开挖面的稳定。土钉墙也称为喷锚网加固边坡或喷锚网挡墙。

土钉墙能合理利用土体的自稳能力,将土体作为支护结构不可分割的部分,结构合理;有良好的抗震性和延性,破坏前有变形发展过程;密封性好,完全将土坡表面覆盖,没有裸露土方,阻止或限制了地下水从边坡表面渗出,防止了水土流失及雨水、地下水对边坡的冲刷侵蚀;土钉数量众多靠群体作用,即便个别土钉有质量问题或失效对整体影响不大;施工所需场地小,移动灵活，支护结构基本不单独占用空间，能贴近已有建筑物开挖，故在施工场地狭小、建筑距离近、大型护坡施工设备没有足够工作面等情况下，显示出独特的优越性；施工速度快。土钉墙随土方开挖施工，分层分段进行，与土方开挖基本同步，不需养护或单独占用施工工期，故多数情况下施工速度较其他支护结构快。

2)土钉墙支护施工工艺

(1)开挖工作面。土钉墙支护应自上而下分段分层进行，分层深度视土层情况而定，工作面宽度不宜小于 6 m，纵向长度不宜小于 10 m。

(2)喷射第一层混凝土。为防止土体松弛和崩解，须尽快做第一层喷射混凝土，厚度不宜小于 40 mm。喷射混凝土水泥用量不小于 400 kg/m^3。

(3)土钉成孔。土钉成孔直径为 70～120 mm，向下倾角为 15°～200°，成孔方法和工艺由承包商根据土层条件、设备和经验而定。

(4)安设土钉、注浆。土钉有单杆和多杆之分，单杆多为 ϕ22～32 mm 的粗螺纹钢筋，多杆一般为 2～4 根 ϕ16 mm 钢筋。采用灰浆泵注浆，土钉注浆可不加压。

(5)挂钢筋网、喷射混凝土面层。通常钢筋网直径为 ϕ6～10 mm、间距为 200～300 mm，与土钉连接牢固。钢筋与第一层喷射混凝土的间隙不小于 20 mm。设置双层钢筋网时，第二层钢筋网应在第一层钢筋网被覆盖后铺设。混凝土面板厚度为 50～100 mm。

5. 锚杆支护

1)定义

锚杆支护，是指在未开挖的土层立壁上钻孔至设计深度，孔内放入拉杆，灌入水泥砂浆与土层结合成抗拉力强的锚杆，锚杆一端固定在坑壁结构上，另一端锚固在土层中，将立壁土体侧压力传至深部的稳定土层的一种支护方式。

锚杆支护适用于在较硬土层或破碎岩石中开挖的较大、较深的基坑，邻近有建筑物时须保证边坡稳定。

2)锚杆支护施工工艺

(1)造孔。造孔包括钻机就位、施钻成孔、清孔三个作业步骤。造孔用冲击式钻机、旋转式钻机或旋转式冲击钻机，偏心钻机跟进护壁套管方式钻进，造孔须干钻，严禁水钻；考虑沉渣厚度，孔底应超钻 30～50 mm；成孔后用高压风清洗孔壁，以保证砂浆与孔壁的黏结力。

(2)锚杆的制作与安装。锚杆的制作与安装包括下料、除锈防腐、焊接导向锥、绑扎、入孔六个步骤。拉杆常用钢管、粗钢筋或钢丝束、钢绞线制成的锚索。锚索预留长度为 1～1.5 m，锚固段间隔 1～2 m 设置隔离架和紧箍环，中心布置灌浆管；自由段外套塑料管，前端切实做好隔浆措施。

(3)灌浆。基坑锚杆常采用埋管式灌浆的一次灌浆法，即由孔底向上有压一次性灌浆，压力不小于 0.6 MPa，将砂浆灌至孔口溢满为止，注浆管不拔出；当土体松散或岩石破碎易发生漏浆时采用二次灌浆法。

(4)预应力张拉及封锚。这一部分与结构施工预应力张拉及封锚工艺相同。

6. 挡土灌注桩与土层锚杆结合支护

桩顶不设锚桩、拉杆，而是挖至一定深度，每隔一定距离向桩背面斜向打入锚杆，达到强度后，安上横撑，拉紧固定，在桩中间挖土，直至设计深度。适用于大型较深基坑，施工期较长，邻近有建筑物，不允许支护、邻近地基不允许有下沉位移时。

7. 钢板桩支护

当基坑较深、地下水位较高且未施工降水时，采用板桩作为支护结构，既可挡土、防水，还可防止流砂的发生。板桩支撑可分为无锚板桩(悬臂式板桩)和有锚板桩。常用的钢板桩为 U 型钢板桩，又称拉森钢板桩。

1)无锚板桩

从一角开始逐块插打，每块钢板桩自起打到结束中途不停顿；打法简便、快速，但单块打入易向一边倾斜，累计误差不易纠正，壁面平直度也较难控制；仅在桩长小于 10 m、工程要求不高时采用。无锚板桩又称单独打入法。

2)有锚板桩的双层围檩插桩法

先沿板桩边线搭设双层围檩支架，然后将板桩依次在双层围檩中全部插好，形成一个高大的板桩墙；待四角封闭合拢后，再按阶梯形逐渐将板桩一块块打至设计标高。该打法可保证平面尺寸的准确性和板桩的垂直度，但施工速度慢。

8. 地下连续墙支护

先建造钢筋混凝土地下连续墙，达到强度后在墙间用机械挖土。该支护法刚度大、强度高，可挡土、承重、截水、抗渗，可在狭窄场地施工，适于大面积、有地下水的深基坑施工。

9. 挡墙加内撑支护

当基坑深度较大，悬臂式挡墙的强度和变形无法满足要求、坑外锚拉可靠性低时，则可在坑内采用内撑支护。内撑支护适用于各种地基土层，缺点是内支撑会占用一定的施工空间。常用的内撑支护有钢管内撑支护和钢筋混凝土构架内撑支护。

1)钢管内支撑

钢管支撑一般采用 $\phi60$ 钢管，用不同壁厚适应不同的荷载。钢管支撑的形式为对撑或角撑，对撑的间距较大时，可设置腹杆形成桁架式支撑。

2)钢筋混凝土内支撑

钢筋混凝土内支撑刚度大、变形小，能有效控制挡墙和周围地面的变形。它可随挖土逐层就地现浇，形式可随基坑形状而变化，适用于周围环境要求较高的深基坑。

平面尺寸大的内支撑应在交点处设置立柱，立柱宜为格构式柱，以免影响底板穿筋，立柱下端插入工程桩内不小于 2 m，否则应设置专用的桩基础。

1.1.4 施工排水与降低地下水位

在基坑开挖过程中，当基底低于地下水位时，由于土的含水层被切断，地下水会不断地渗入坑内。雨期施工时，地面水也会不断流入坑内。如果不采取降水措施，把流入基坑内的水及时排走或把地下水位降低，不仅会使施工条件恶化，而且地基土被水泡软后，容易造成边坡塌方并使地基的承载力下降。另外，当基坑下遇有承压含水层时，若不降水减压，则基底可能被冲溃破坏。因此，为了保证工程质量和施工安全，在基坑开挖前或开挖过程中，必须采取措施，控制地下水位，使地基土在开挖及基础施工时保持干燥。施工中常用的两种降排水方法是集水明沟法和井点降水法。

1. 集水明沟法

当基坑开挖深度不大，基坑涌水量不大时，常采用集水明排法，此方法简单、经济。明沟、集水井排水多是在基坑的两侧或四周设置排水明沟，在基坑四角或每隔 30～40 m 设置集水井，使基坑渗出的地下水通过排水明沟汇集于集水井内，然后用水泵将其排出基坑外。排水明沟宜布置在拟建建筑基础边 0.4 m 以外，沟边缘离开边坡坡脚应不小于 0.3 m；排水明沟的底面应比挖土面低 0.3～0.4 m。集水井底面应比沟底面低 0.5 m 以上，并随基坑的挖深而加深，以保持水流通畅。

2. 井点降水法

井点降水法是在基坑开挖前，预先在基坑四周埋设一定数量的滤水管（井），利用抽水设备从中抽水，使地下水位降到坑底以下；在基坑开挖过程中仍不断抽水，使所挖的土始终保持干燥状态。井点降水法有轻型井点、喷射井点、管井井点、深井井点及电渗井点等。

轻型井点降水

1）轻型井点降水法：沿基坑的四周将许多直径较细的井点管埋入地下蓄水层内，井点管的上端通过弯联管与总管相连，利用抽水设备将地下水从井点管内不断抽出，可将原有的地下水位降至坑底以下。主要适用于粉土、粉质黏土、砂土等，其作用为降低地下水位，增加边坡的稳定性，在降水过程中应减少对地下水资源的影响；并将对工程环境的影响保持在可控范围之内；充分利用抽排的地下水资源。适用的降水深度：单级≤6 m，多级≤12 m。

轻型井点设备由管路系统和抽水设备组成，管路系统包括滤管、井点管、弯联管及总管等。抽水设备由真空泵、离心泵和水汽分离器等组成。

轻型井点的安装程序是：挖井点沟槽，敷设集水总管，埋设井点管，用弯联管将井点管与总管连接，安装抽水设备。井管的埋设一般采用水冲法，并根据现场条件及土层情况选择冲水管冲孔后沉入井点管，直接利用井点管水冲下沉、套管式冲枪水冲法或振动水冲法成孔后沉入井点管等方法。冲孔过程中孔洞必须保持垂直，孔径不应小于300 mm，并应上下一致。冲孔深度应比滤管底深0.5 m以上。井孔成型后，应立即拔出冲管，插入井点管，并填满砂滤层，以防孔壁塌土。砂滤层的填灌质量是保证轻型井点顺利工作的关键，一般要选择干净的粗砂，以免堵塞滤管网眼，填灌要均匀，并填塞至滤管顶上1.0～1.5 m。井点管与孔壁之间填砂滤料时，管口应有泥浆水冒出，或向管内灌水时，能很快下渗方为合格。砂滤层填灌好后，距地面下的0.5～1.0 m深度内，应用黏土封口，以防漏气影响抽水效果。

井点系统全部安装完毕后，需进行试抽，以检查有无漏气现象。一旦试抽成功，应连续抽水，不得停止，直至施工进行到地下水位以上才可停止。

2)喷射井点降水法：在井点管内部装设特制的喷射器，用高压水泵或空气压缩机通过井点管中的内管向喷射器输入高压水或压缩空气形成水气射流，将地下水经井点外管与内管之间的间隙抽出排走。主要适用于粉土、砂土等，在降水过程中应减少对地下水资源的影响；并将对工程环境的影响保持在可控范围之内；充分利用抽排的地下水资源。适用的降水深度：≤20 m。

3)管井井点降水法：由滤水井管、吸水管和抽水机械等组成。适用于粉土、砂土、碎石土、岩土等，在降水过程中应减少对地下水资源的影响；并将对工程环境的影响保持在可控范围之内；应能充分利用抽排的地下水资源；停用期间，应定期抽水，以避免过滤器堵塞。适用的降水深度：不限。

4)电渗井点降水法：利用电泳作用，带正电荷的孔隙水则向阴极方向集中产生电渗现象。在电渗与真空的双重作用下，强制黏土中的水在井点管附近积集，由井点管快速排出，使井点管连续抽水，地下水位逐渐降低。适用于黏性土、淤泥、淤泥质黏土，在降水过程中应减少对地下水资源的影响；并将对工程环境的影响保持在可控范围之内，充分利用抽排的地下水资源，适用的降水深度：≤6 m。

5)深井井点降水法：在深坑周围埋置深于基底的井管，依靠深井泵或深井潜水泵将地下水从深井内扬升到地面排出，使地下水位降低至坑底以下。适用于渗透系数为10～250 m/昼夜的土，适用的降水深度：＞15 m。

3. 流砂防治

当基坑开挖到地下水位以下时，坑底土会进入流动状态，随地下水涌入基坑，这种现象称为流砂现象。此时，基底土完全丧失承载能力，严重时会造成边坡塌方，基坑附近的建筑会产生下沉、倾斜和倒塌。

流砂的产生与水有很大关系，工程上常说“治流砂必先治水”。流砂防治的主要途径一是减小或平衡动水压力；二是截住地下水流；三是改变动水压力的方向。

1)防治方法

①枯水期施工法：枯水期地下水位较低，基坑内外水位差小，动水压力小，在这时施工就可以减小流砂发生的概率。

②打板桩：将板桩沿基坑打入不透水层或打入坑底面一定深度，可以截住水流或增加渗流长度、改变动水压力方向，从而达到减小动水压力的目的。

③水中挖土：即不排水施工，使坑外的水压相平衡，不致形成动水压力，如沉井施工，不排水下沉、进行水中挖土、水下浇筑混凝土。

④人工降低地下水位法：采用井点降水法截住水流，不让地下水流入基坑，这样不仅可防治流砂和土壁塌方，还可改善施工条件。

⑤抢挖并抛大石块法：分段抢挖土方，使挖土速度超过冒砂速度，在挖至标高后立即铺竹、芦席，并抛大石块，以平衡动水压力，将流砂压住。此法适用于治理局部的或轻微的流砂。

此外，采用地下连续墙法、止水帷幕法、压密注浆法、土壤冻结法等，都可以阻止地下水流入基坑，防止流砂发生。

2)应对措施

人工挖孔在开挖时，如遇细砂、粉砂层地质时，再加上地下水的作用，极易形成流砂，严重时会发生井漏，造成质量、安全事故，因此要采取有效可靠的措施。

流砂情况较轻至一般时，先将附近无流砂的桩孔挖深，使其起集水井的作用，采用水泵抽水时，把桩孔和附近的地下水位降到井底以下，力争枯期处理完流砂桩位，避免地下水上升而增加施工难度。发现流砂层后，有效的处理方法是缩短这一循环的开挖深度，将正常的 0.9～1.2 m 高度缩短为 0.5 m，混凝土应加速凝剂，加快其凝固速度，以减少挖层孔壁的暴露时间，每段护壁内的竖向钢筋应互相钩连 20 cm，并安装好护壁钢筋，及时进行护壁混凝土灌注。当孔壁塌落，有泥沙流入而不能形成桩孔时，可用草袋等阻泥，形成桩孔的外壁，保证内壁满足设计要求。

流砂情况较严重时，常用的办法是下钢套筒，钢套筒与护壁用的钢膜板相似，以孔外径为直径，可分成 4～6 段圆弧，再加上适当的肋条，相互用螺栓或钢筋环扣连接，在开挖 0.5 m 左右时，即可分片将套筒装入，深入孔底不少于 0.2 m，插入上部混凝土护壁外侧不小于 0.5 m，装后即支模浇注护壁混凝土，若放入套筒后流砂仍上涌，可采取突击挖出后即用混凝土封闭孔底的方法，待混凝土凝结后，将孔心部位的混凝土清凿以形成桩孔。

1.1.5 土方工程量计算

场地平整就是将天然地面改造成工程上所要求的设计平面，其施工工艺一般为先经过现场勘察，清除地面障碍物，标定整平范围，随后设置水准基点、方格网等，再测量标高，计算土方挖填工程量，平整土方，对建筑场地进行碾压，最后进行验收。场地平整时，一般要兼顾施工便利及工程造价，通常会利用挖方段的土对填方段进

场地平整

行回填。

场地平整高度计算常用的方法为“挖填土方量平衡法”，因其概念直观，计算简便，精度能满足工程要求，应用最为广泛。其计算步骤和方法：首先计算场地设计标高；其次考虑设计标高的调整值；还需考虑排水坡度对设计标高的影响。

场地平整的施工方案在通常情况下有三种：先平整场地后开挖基坑（槽），先开挖基坑（槽）后平整场地，边开挖基坑（槽）边平整场地。在工程中，要根据现场的情况进行具体选择。

1. 基坑（槽）土方量计算

基坑土方量可按立体几何中拟柱体（由两个平行的平面作底的一种多面体）体积公式计算：

$$V=\frac{H}{6}(A_1+4A_0+A_2)$$

式中：H ——基坑深度，m；

A_1、A_2——基坑上、下底的面积，m^2；

A_0 ——基坑中截面的面积，m^2。

基坑土方量计算如图 1-5 所示。

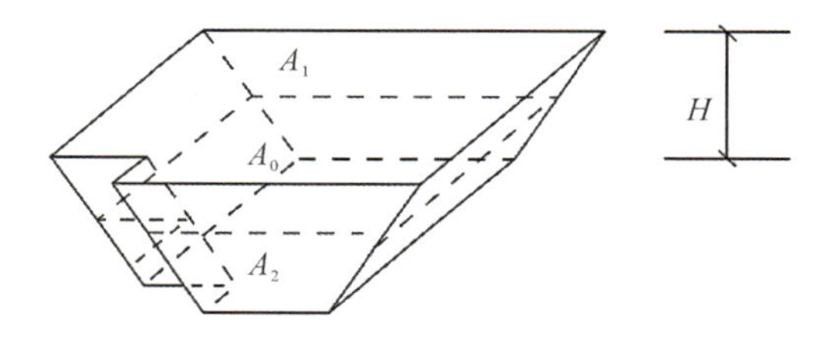

图 1-5 基坑土方量计算

基槽土方量计算可沿长度方向分段计算，然后将各段土方量相加即得总土方量。

$$V=V_1+V_2+\cdots+V_n$$

$$V_1=\frac{L}{6}(A_1+4A_0+A_2)$$

式中：V_1 ——第一段的土方量，m^3；

L_1 ——第一段的长度，m。

基槽土方量计算如图 1-6 所示。

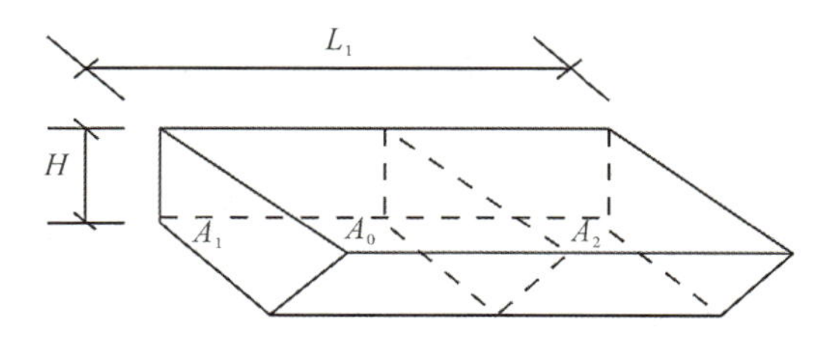

图 1-6 基槽土方量计算

2. 场地平整土方计算

对于在地形起伏的山区、丘陵地带修建较大厂房、体育场、车站等占地广阔工程的平整场地，主要是削凸填凹，移挖方作填方，将自然地面改造为场地设计要求的平面。

场地挖填土方量计算有方格网法和横截面法两种方法。横截面法是将要计算的场地划分成若干横截面后，用横截面计算公式逐段计算，最后将逐段计算结果汇总的一种方法。横截面法计算精度较低，可用于地形起伏变化较大的地区。对于地形较平坦地区，一般采用方格网法。

方格网法计算场地平整土方量的步骤如下。

1)读识方格网图

方格网图由设计单位(一般在 1/500 的地形图上)将场地划分为边长 $a=10\sim40$ m 的若干方格，与测量的纵横坐标相对应，在各方格角点规定的位置上标注角点的自然地面标高(H)和设计标高(H_n)，如图 1－7 所示。

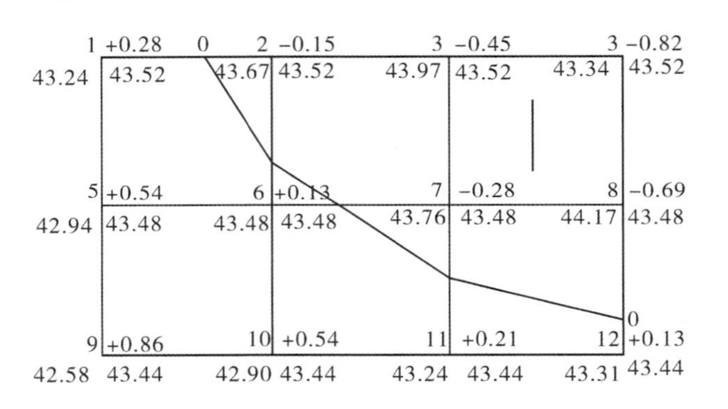

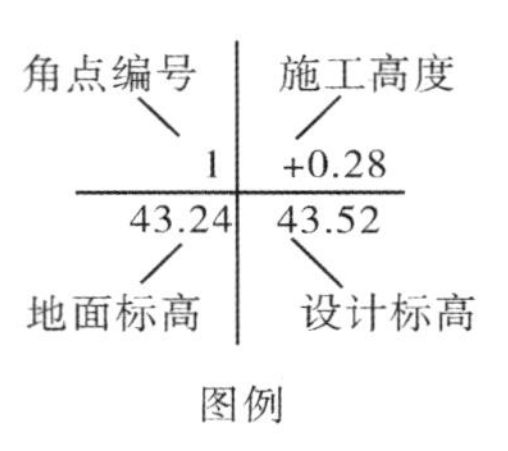

图 1－7 方格网法计算土方量图

2)计算场地各个角点的施工高度

施工高度为角点设计地面标高与自然地面标高之差，是以角点设计标高为基准的挖方或填方的施工高度。各方格角点的施工高度按下式计算：

$$h_n=H_n-H$$

式中：h_n ——角点施工高度，即填挖高度，m("＋"为填，"－"为挖)；

n ——方格的角点编号(自然数列 1,2,3,…,n)。

3)计算"零点"位置，确定零线

若方格边线一端施工高程为"＋"，另一端为"－"，则沿其边线必然有一不挖不填的点，即为"零点"(见图 1－8)。零点位置按下式计算：

$$x_1=\frac{ah_1}{h_1+h_2} \qquad x_2=\frac{ah_2}{h_1+h_2}$$

式中：x_1、x_2 ——角点至零点的距离，m；

h_1、h_2 ——相邻两角点的施工高度(均用绝对值)，m；

a ——方格网的边长，m。

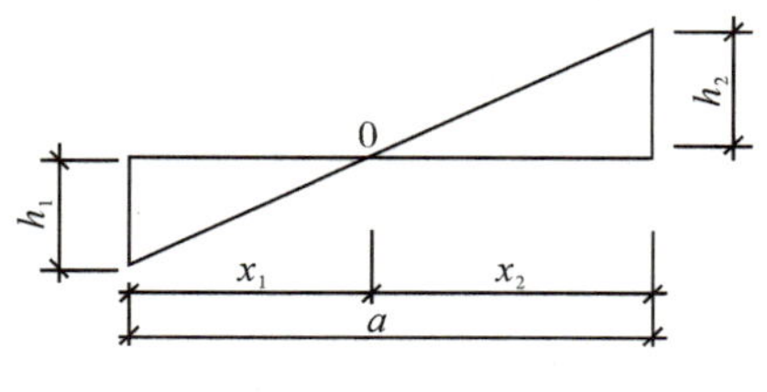

图 1-8　求零点的方法

4)计算方格土方工程量

按照表 1-13 所列计算公式，逐格计算每个方格内的挖方量或填方量。

表 1-13　常用方格网点计算公式

项目	图式	计算公式
一点填方或挖方（三角形）		$V=\frac{1}{2}bc\frac{\sum h}{3}=\frac{bch_3}{6}$ 当 $b=a=c$ 时，$V=\frac{a^2h_3}{6}$
两点填方或挖方（梯形）		$V_+=\frac{b+c}{2}a\frac{\sum h}{4}=\frac{a(b+c)(h_1+h_3)}{8}$ $V_-=\frac{d+e}{2}a\frac{\sum h}{4}=\frac{a(d+e)(h_2+h_4)}{8}$
三点填方或挖方（五角形）		$V=(a^2-\frac{bc}{2})\frac{\sum h}{5}$ $=(a^2-\frac{bc}{2})\frac{h_1+h_2+h_3}{5}$
四点填方或挖方（正方形）		$V=\frac{a}{4}\sum h=\frac{a^2}{4}(h_1+h_2+h_3+h_4)$

5)边坡土方量计算

场地的挖方区和填方区的边沿都需要做成边坡，以保证挖方土壁和填方区的稳定。边坡的土方量可以划分成两种近似的几何形体进行计算，一种为三角棱锥体(如图 1－9 中①～③，⑤～⑪)，另一种为三角棱柱体(如图 1－9 中④)。

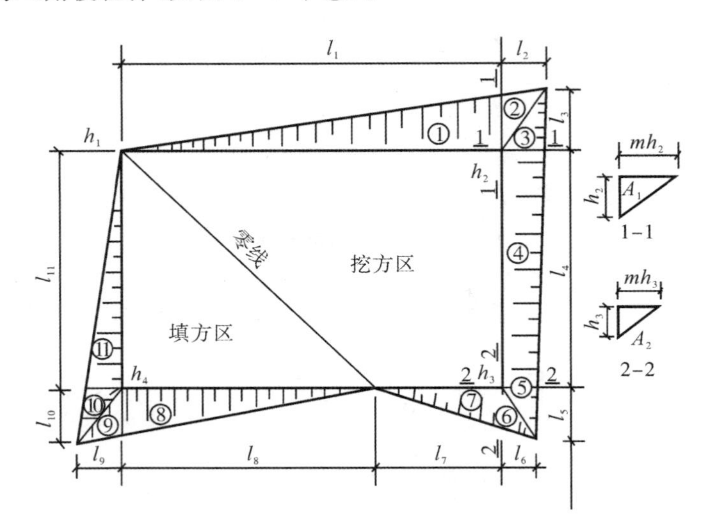

图 1－9　场地边坡平面图

三角棱锥体边坡体积

$$V_1=\frac{1}{3}A_1l_1$$

图中：l_1 ——边坡①的长度；

A_1——边坡①的端面积；

h_2 ——角点的挖土高度；

m ——边坡的坡度系数，m＝宽/高。

三角棱柱体边坡体积

$$V_4=\frac{A_1+A_2}{2}l_4$$

两端横断面面积相差很大的情况下，边坡体积可按下式计算：

$$V_4=\frac{l_4}{6}(A_1+4A_0+A_2)$$

式中：　　l_4 ——边坡④的长度；

A_1、A_2、A_0——边坡④两端及中部横断面面积。

将挖方区(或填方区)所有方格计算的土方量和边坡土方量汇总，即得该场地挖方和填方的总土方量。

1.1.6 土方调配

土方调配是土方工程施工组织设计(土方规划)中的一个重要内容,在平整场地土方工程量计算完成后进行。编制土方调配方案应根据地形及地理条件,把挖方区和填方区划分成若干个调配区,计算各调配区的土方量,并计算每对挖、填方区之间的平均运距(即挖方区重心至填方区重心的距离),确定挖方各调配区的土方调配方案,应使土方总运输量最小或土方运输费用最少,而且便于施工,从而缩短工期、降低成本。

土方调配的原则:力求达到挖方与填方平衡和运距最短的原则;近期施工与后期利用的原则。进行土方调配必须依据现场具体情况、有关技术资料、工期要求、土方施工方法与运输方法,综合上述原则,并经计算比较,选择经济合理的调配方案。

调配方案确定后,绘制土方调配图(如图 1-10 所示)。在土方调配图上要注明挖填调配区、调配方向、土方数量和每对挖填之间的平均运距。图中的土方调配,仅考虑场内挖方、填方平衡。W 为挖方,T 为填方。

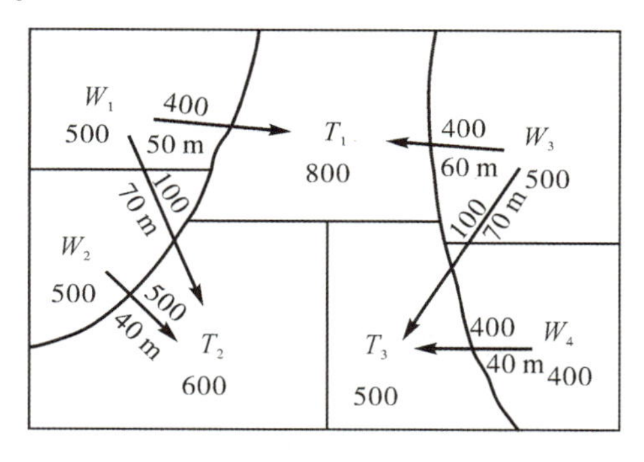

图 1-10 土方调配图

任务实施

1. 工作任务

通过土方工程相关知识学习,能根据土的类别对土进行分类,掌握边坡与土方量计算、施工降排水、深基坑支护的知识。

2. 实施过程

1)收集资料

利用在线开放课程、网络资源等查找相关资料,收集土方工程施工的资料;收集边坡与土方量计算资料;收集深基坑支护资料。

2)引导文

(1)填空题。

①工程中,按照土的________分类,可将土划分为八类、________个级别。

②基坑边坡的坡度是以 1∶m 来表示，其中 m=________，称为坡度系数。

③轻型井点系统主要是由管路系统及________组成。

④轻型井点的平面布置形式有________、________、________。

⑤水在土中渗流时，水头差与渗透路程长度之比，称为________。

⑥降低地下水位的方法一般可分为________、________两大类；每一级轻型井点的降水深度一般不超过________m。

⑦保持边坡稳定的基本条件：在土体重力及外部荷载作用下产生的________小于土体的________。

⑧在压实功相同的条件下，当土的含水量处于最佳范围内时，能使填土获得________。

(2)简答题

①土方工程施工的特点及组织施工的要求有哪些？

②影响土方边坡稳定的主要因素有哪些？

③试述流砂现象发生的原因及主要防治方法。

④简述什么是混凝土排桩支护。

⑤试述降低地下水位对周围环境的影响及预防措施。

3)任务实施

(1)完成轻型井点降水的整个流程。

①施工准备：________

②井点安装：

③抽水：

④注意事项：

(2)锚杆支护的工艺流程。

①造孔：

②锚杆的制作与安装：

③灌浆：

④预应力张拉与封锚：

(3)查阅资料,填写常见的深基坑支护的类型和适用范围。

排桩支护：

土钉墙支护：

钢板桩支护：

地下连续墙支护：

挡墙加内撑支护：____

____

____

3.检查与评价

学生首先自查，然后以小组为单位进行互查，发现错误及时纠正，遇到问题商讨解决，教师做出改进指导后，结合学生在实施过程中表现出来的职业素养、参与程度综合考核评价每位同学的成绩。学生自评表和教师评定表分别见任务表1－1和任务表1－2。

任务表1－1　学生自评表

项目名称	土方工程施工	任务名称	土方工程的准备和辅助工作
学生姓名		实际得分	标准分值
土的分类认知能力			10
土方基本知识应用能力			20
土的边坡与土方量计算能力			20
深基坑支护方式选择能力			20
是否能认真描述困难、错误和修改内容			10
对自己工作的评价			10
团队协作能力评价			10
合计得分			100
改进内容及方法：			

任务表1－2　教师评定表

项目名称	土方工程施工	任务名称	土方工程的准备和辅助工作
学生姓名		实际得分	标准分值
土的分类认知能力			10
土方基本知识应用能力			20
土的边坡与土方量计算能力			20
深基坑支护方式选择能力			20
是否能认真描述困难、错误和修改内容			10

续表

项目名称	土方工程施工	任务名称	土方工程的准备和辅助工作
对学生工作的评价		10	
团队协作能力评价		10	
合计得分		100	

知识拓展

基坑监测小知识

深基坑主要监测项目包括地表及管线沉降变形监测，相邻建筑物沉降、倾斜及裂缝发展观测，支护结构倾斜及位移监测，支护结构应力监测，支护结构沉降监测，支撑轴力及应力监测，地基隆起监测，水位监测及水土压力监测等。

具体施工中应根据设计图纸要求，结合工程实际情况委托具有专业资质的第三方监测机构进行监测。施工前编制专项监测方案，并报总监理工程师审批，监测时按审批的方案进行布点，实施监测，并及时进行监测数据的提交。

1. 地表沉降监测

测点布置：基点埋设在沉降影响范围以外的稳定区域内，且应埋设在视野开阔的地方，以利于观测。施工时至少埋设两个基点，方便互相校核，基点的埋设要牢固可靠。施工开始前，将基点和附近水准点联测以取得原始高程。地表沉降点根据施工现场的情况布置在基坑周边。监测工具：精密水准仪、铟钢尺。监测频率：基坑开挖过程中每天一次，如遇紧急情况可加密监测。

2. 建筑物沉降与倾斜监测

测点布置：建筑物沉降观测点埋设时先在建筑物的基础或墙上钻孔，然后将预埋件放入，孔与测点四周空隙用水泥砂浆填实。测点基本布设在被测建筑物的角点上，测点的埋设高度应方便观测，同时测点应采取保护措施，避免在施工和使用期间受到破坏。每幢建筑物上一般布置2～4个观测点，特别重要的建筑物布置6个测点。监测工具：精密水准仪、铟钢尺。监测频率：基坑开挖过程中每天一次，如遇紧急情况可加密监测。

3. 支护结构倾斜顶部位移监测

测点布置：围护结构施工时进行，将PVC测斜管逐节绑扎在围护墙体钢筋骨架上，管间用套管连接，接头用自攻螺丝拧紧，并用防水胶带密封。混凝土浇筑时注意对测斜管进行保护，测斜管水平向间距不大于25 m。监测工具：测斜仪、PVC测斜管。监测频率：基坑开挖时，每天一次；主体结构施工时，2～3天一次。

4. 下水位监测

测点布置：测点埋设采用地质钻钻孔，孔深根据要求而定(保证能测出施工期产生的水位变化)，基坑外沿基坑周边布设，基坑内利用降水井和减压井进行观测。测孔的安装应确保测出施工期间水位的变化。用地质钻机钻直径为 89 mm 的孔，水位孔的深度在最低设计水位之下(坑外孔深同基底，坑内孔深达到基坑底 1～2 m)，成孔完成后，放入裹有滤网的水位管，管壁与孔壁之间用净砂回填至离地表 0.5 m 处，再用黏土进行封填，以防地表水流入。监测工具：电测水位计、PVC 塑料管、电缆线。监测频率：施工期间 1～2 天一次。

5. 支撑轴力及应力监测

测点布置：钢支撑的支撑轴力采用轴力计(又称为反力计)直接测量。将轴力计支架焊于钢管横撑一端，架设横撑时将轴力计放入支架内，并保护好引线。测量混凝土支撑的支撑轴力及应力时，将振弦式应变计安装在混凝土支撑内，混凝土浇筑时注意保护好引线。监测工具：轴力计、钢筋计、频率接收仪。监测频率：开挖初期每天一次，挖至基底时每天 2～3 次。

任务 1.2　基坑开挖和回填

任务描述

学习基坑开挖的程序步骤，能够根据施工现场的情况选择合适的土方机械，能够根据施工现场土质情况设置合理的开挖方案；学习基坑验槽的程序步骤，掌握基坑验槽的方法；学习土方回填的压实方法，掌握土料选择、填筑要求等知识。

知识学习

土方施工必须遵循十六字原则：开槽支撑，先撑后挖，分层开挖，严禁超挖。施工中应防止地面水流入坑、沟内，以免边坡塌方。挖方边坡要随挖随撑，并支撑牢固，且在施工过程中应经常检查，如有松动、变形等现象，要及时加固或更换。

土方工程施工机械的种类繁多，有推土机、铲运机、平土机、松土机、单斗挖土机及多斗挖土和各种碾压、夯实机械等。在土木工程施工中，推土机、铲运机和单斗挖土机应用较广，也具有代表性。

1.2.1　常用的土方施工机械

1. 推土机

1)推土机的基本知识

按行走的方式，推土机可分为履带式推土机和轮胎式推土机。履带式推土机附着力强，爬坡性能好，适应性强；轮胎式推土机行驶速度快，灵活性好。目前，我国生产的履带式推土机有东方 32100、T－120、黄河 220 等；轮胎式推土机有 TL160 等。

推土机具有操作灵活，运转方便，所需工作面小，可挖土、运土，易于转移，行驶速度快等特点，在工程上应用广泛。推土机适用于挖土深度不大的场地平整，找平表面，铲除腐殖土并运送到附近的弃土区；开挖深度不大于 1.5 m；回填基坑和沟槽；堆筑高度在 1.5 m 以内的路基、堤坝；平整其他机械卸置的土堆；推送松散的硬土、岩石和冻土；配合铲运机进行助铲；配合挖土机施工，为挖土机清理余土和创造工作面。

推土机开挖的基本作业是铲土、运土和卸土三个工作行程和空载回驶行程。铲土时应根据土质情况，尽量采用最大切土深度并在最短距离(6～10 m)内完成，以便缩短低速运行时间，然后直接推运到预定地点。回填土和填沟渠时，铲刀不得超出土坡边沿。上下坡坡度不得超过

35°,横坡坡度不得超过10°。几台推土机同时作业时,推土机的前后距离应大于8 m。

2)推土机的施工方法

(1)下坡推土法。在斜坡上,推土机顺下坡方向切土与堆运,借机械向下的重力作用切土,增大切土深度和运土数量,可提高生产率30%~40%,但坡度不宜超过15°,在一般情况下,增大推土机铲土深度和运土数量,提高生产效率和推土机回填管沟的时候都可以采用这种方法进行施工。

(2)槽形挖土法。推土机重复多次在一条作业线上切土和推土,使地面逐渐形成一条浅槽,当运距远、挖土层较厚时,利用前次推土的槽形推土,可大大减少土壤散失,从而增大推土量。

(3)并列推土法。在较大面积的平整场地施工中,采用两台或三台推土机并列推土。一般可使每台推土机的推土量增加20%。并列推土时,铲刀间距15~30 cm。并列台数不宜超过四台。

(4)分批集中、一次推送。当运距较远而土质又比较坚硬时,由于切土的深度不大,宜采用多次铲土、分批集中、一次推送的方法,以便在铲刀前保持满载,有效地利用推土机的功率,缩短运土时间。

(5)斜角推土法。将铲刀斜装在支架上或水平放置,并与前进方向成一倾斜角度(松土为60°,坚实土为45°)进行推土。本法可减少机械来回行驶次数,提高效率,但推土阻力较大,需要使用较大功率的推土机。斜角推土法适用于管沟推土回填、垂直方向无倒车余地或在坡脚及山坡下推土。

(6)"之"字斜角推土法。推土机与回填的管沟或洼地边缘成"之"字或一定角度推土的方法即为"之"字斜角推土法。本法可减少平均负荷距离和改善推集中土的条件,并可使推土机转角减少一半。

推土机的施工方法如图1-11所示。

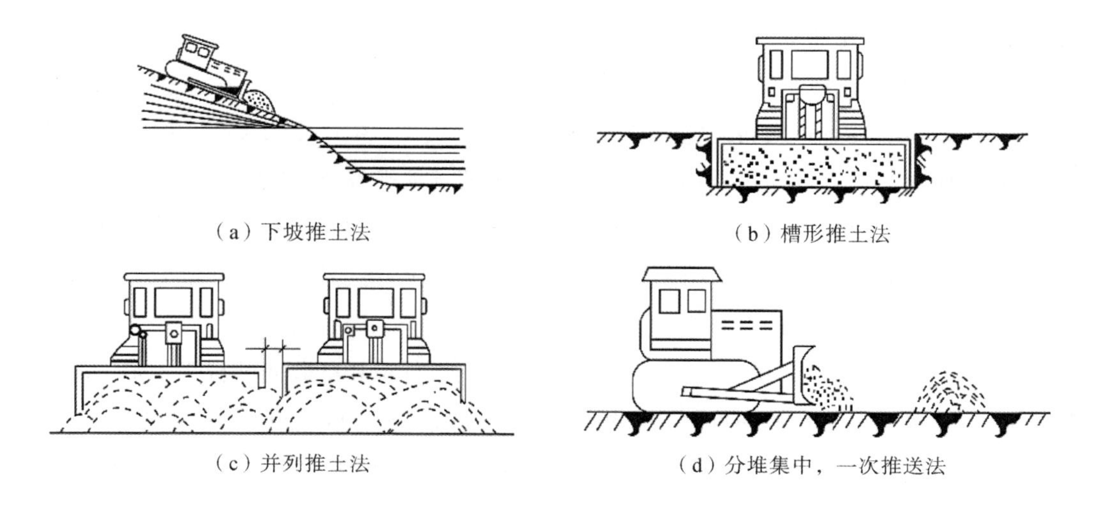

(a)下坡推土法　(b)槽形推土法

(c)并列推土法　(d)分堆集中,一次推送法

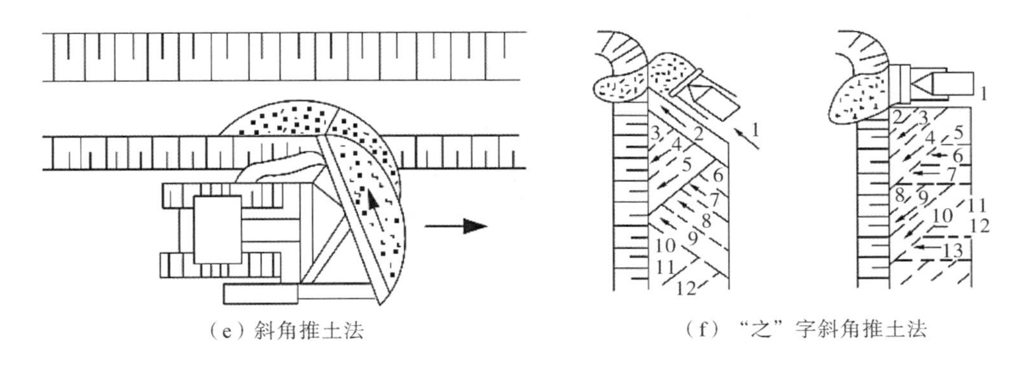

（e）斜角推土法　　（f）“之”字斜角推土法

图 1－11 推土机的施工方法

2.铲运机

铲运机按行走方式分为牵引式铲运机和自行式铲运机；按铲斗操纵系统分类，可分为液压操纵和机械操纵两种。为了提高铲运机的生产效率，可以采取下坡铲土、推土机推土助铲等方法，缩短装土时间，使铲斗的土装得较满。使用铲运机时，要根据填、挖方区分布情况，结合当地具体条件，合理选择运行路线，以提高生产率。铲运机的运行路线一般有环形路线和“8”字形路线两种形式。

(1)环行路线。对于地形起伏不大、施工地段较短(50～100 m)和填方不高(0.1～1.5 m)的路堤、基坑及场地平整工程宜采用图 1－12(a)所示的环形路线。当填、挖交替，且相互之间的距离又不大时，则可采用图 1－12(b)所示的大环形路线。这样，可进行多次铲土和卸土，从而减少铲运机的转弯次数，提高工作效率。

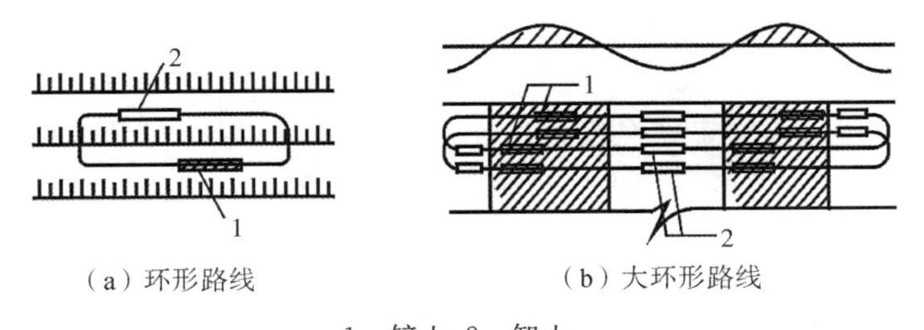

（a）环形路线　　（b）大环形路线

1—铲土；2—卸土。

图 1－12 环形路线

(2)“8”字形路线。如图 1－13 所示，装土、运土和卸土时按“8”字形路线运行，一个循环完成两次挖土和卸土作业。装土和卸土沿直线开行时进行，转弯时刚好把土装完或倾卸完毕，但两条路线间的夹角应小于 60°。本法可减少转弯次数和空车行驶距离，提高生产率，同时一个循环中两次转变方向不同，可避免机械行驶部分单侧磨损。“8”字形路线适于开挖管沟、沟边卸土或取土坑较长时(300～500 m)的侧向取土、填筑路基和场地平整等工程。

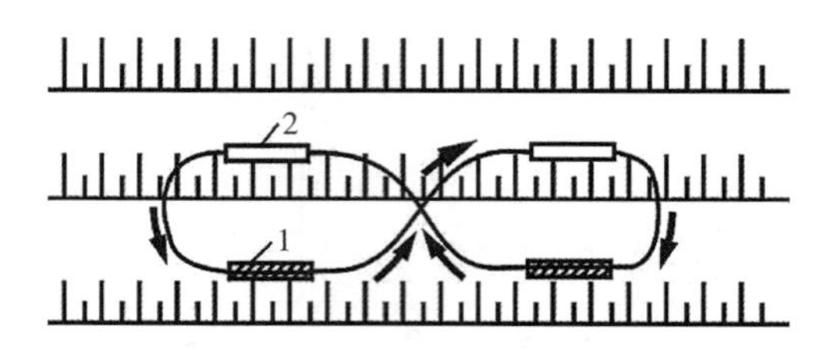

1—铲土；2—卸土。

图 1－13 “8”字形路线

3. 单斗挖土机

单斗挖土机按工作装置不同，可分为正铲、反铲、拉铲和抓铲四种；按其操纵机构的不同，可分为机械式和液压式两类。液压式单斗挖土机的优点是能无级调速且调速范围大；快速作业时，惯性小，并能高速反转；转动平稳，可减少强烈的冲击和振动；结构简单，机身轻，尺寸小；附有不同的装置，能一机多用；操纵省力，易实现自动化。

1)正铲挖土机

正铲挖土机的工作特点是前进行驶，铲斗由下向上强制切土，挖掘力大，生产效率高；适用于开挖含水量不大于 27%的一至三类土，且与自卸汽车配合完成整个挖掘运输作业；可以挖掘大型干燥基坑和土丘等。如图 1－14 所示，正铲挖土机的开挖方式，根据开挖路线与运输车辆的相对位置的不同，有以下两种：正向挖土，反向卸土；正向挖土，侧向卸土。

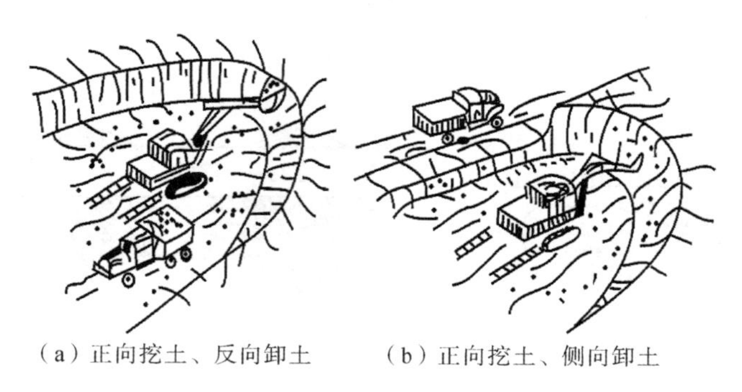

（a）正向挖土、反向卸土　（b）正向挖土、侧向卸土

图 1－14 正铲挖土机和卸土方式

2)反铲挖土机

反铲挖土机的工作特点是机械后退行驶，铲斗由上而下强制切土，用于开挖停机面以下的一至三类土，适用于挖掘深度不大于 4 m 的基坑、基槽、管沟，也适用于湿土、含水量较大及地下水位以下的土壤开挖。反铲挖土机的开挖方式有沟端开挖和沟侧开挖两种，如图 1－15 所示。

沟端开挖：反铲挖土机停在沟端，向后退着挖土；沟侧开挖：挖土机在沟槽一侧挖土，挖土机移动方向与挖土方向垂直。

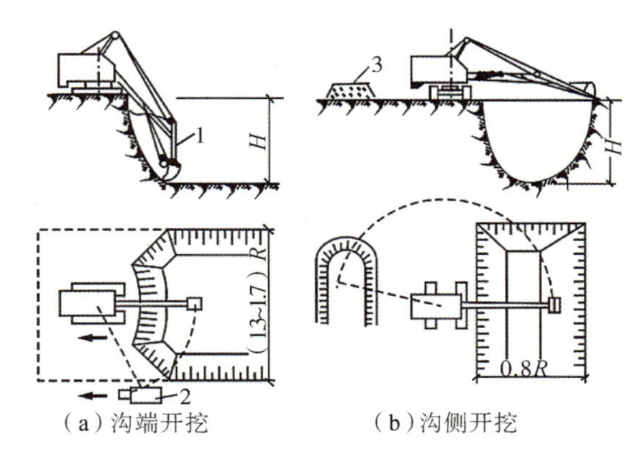

(a)沟端开挖 (b)沟侧开挖

1—反铲挖土机;2—自卸汽车;3—弃土堆。

图 1-15 反铲挖土机开挖方式

3)拉铲挖土机

拉铲挖土机工作时利用惯性,把铲斗甩出后靠收紧和放松钢丝绳进行挖土或卸土,铲斗由上而下,靠自重切土,适用于开挖一、二类土壤的基坑、基槽和管沟等地面以下的挖土工程,特别适用于含水量大的水下松软土和普通土的挖掘。拉铲开挖方式与反铲相似,可沟端开挖,也可沟侧开挖。

4)抓铲挖土机

抓铲挖土机主要用于开挖土质比较松软,施工面比较狭窄的基坑、沟槽、沉井等工程,特别适于水下挖土。土质坚硬时不能用抓铲施工。

1.2.2 土方机械的选择

1. 土方机械选择的原则

土方机械选择的原则:施工机械的选择应与施工内容相适应;土方施工机械的选择与工程实际情况相结合;主导施工机械确定后,要合理配备完成其他辅助施工过程的机械;选择土方施工机械要考虑其他施工方法,辅助土方机械化施工。

土方工程综合机械化施工,是以土方工程中某一施工过程为主导,按其工程量大小、土质条件、工期要求、运距及场地来选择主导施工机械,并以此为依据来合理配备其他辅助施工机械,实现机械化施工。如:大型基坑整体开挖以正铲为主,小型基坑及管沟开挖以反铲为主等。

2. 土方开挖方式与机械选择

1)平整场地

平整场地常由土方的开挖、运输、填筑和压实等工序组成。

地势较平坦、含水量适中的大面积平整场地,选用铲运机较适宜。地形起伏较大,挖方、填方量大且集中的平整场地，运距在 100 m 以上时，可选择正铲挖土机配合自卸车进行挖土、运土，在填方区配备推土机平整及压路机碾压施工。挖填方高度均不大，运距在 100 m 以内时，采用推土机施工，既灵活又经济。

2)地面上的坑式开挖

单个基坑和中小型基础基坑开挖，在地面上作业时，多采用抓铲挖土机和反铲挖土机。抓铲挖土机适用于开挖一、二类土质和较深的基坑；反铲挖土机适于开挖四类以下土质和深度在 4 m 以内的基坑。

3)长槽式开挖

长槽式开挖指在地面上开挖具有一定截面、长度的基槽或沟槽，适于挖大型厂房的柱列基础和管沟，宜采用反铲挖土机；若为水中取土或土质为淤泥，且坑底较深，则可选择抓铲挖土机挖土。若土质干燥，槽底开挖不深，基槽长 30 m 以上，可采用推土机或铲运机施工。

4)整片开挖

大型浅基坑且基坑土干燥时，可采用正铲挖土机开挖。若基坑内土潮湿，则采用拉铲或反铲挖土机，可在坑上作业。

5)独立柱基础的基坑及小截面条形基础基槽的开挖

对于独立柱基础的基坑及小截面条形基础基槽的开挖，则采用小型液压轮胎式反铲挖土机配以翻斗车来完成浅基坑(槽)的挖掘和运土。

1.2.3 房屋定位

在基础施工之前根据建筑总平面图设计要求，将拟建房屋的平面位置和零点标高在地面上固定下来。定位一般用经纬仪、水准仪和钢尺等测量仪器，根据主轴线控制点，将外墙轴线的四个交点用木桩测设在地面上。房屋外墙轴线测定后，根据建筑平面图将内部纵横的所有轴线都一一测出，并用木桩及桩顶面小钉标识出来。

房屋定位后，根据基础的宽度、土质情况、基础埋置深度及施工方法，计算确定基槽(坑)上口开挖宽度，拉通线后用石灰在地面上画出基槽(坑)开挖的上口边线即放线。

1.2.4 基坑(槽)土方开挖

1.基槽开挖宽度的计算

当基槽(坑)底在地下水位以上时，每边留出工作面宽度为 300 mm，基槽放灰线尺寸为

$$d=a+2c$$

式中：d ——基础放灰线宽，mm；

a ——基础底宽，mm；

c ——工作面宽，mm(一般取 300 mm)。

当留工作面并加支撑，基础埋置较深，场地又狭窄不能放坡时，为防止土壁坍塌，必须设置支撑。此时，放灰线尺寸除考虑基础底宽、工作面宽外，还需加上支撑所需尺寸(一般为 100 mm)。

$$d=a+2c+2\times100$$

式中：d ——基础放灰线宽，mm；

a ——基础底宽，mm；

c ——工作面宽，mm(一般取 300 mm)。

如果基槽深度超过《土方和爆破工程施工及验收规范》的规定时，即使土质良好且无地下水，亦需根据挖土深度和土质情况进行放坡。放灰线尺寸为

$$d=a+2c+2b$$

式中：b——放坡宽度，$b=mh$(m——坡度系数；h——基槽开挖深度)。

不放坡基槽留工作面如图 1－16 所示，放坡基槽留工作面如图 1－17 所示。

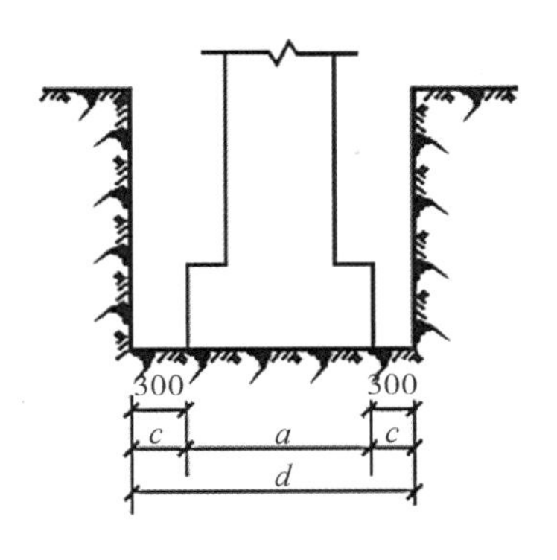

图 1－16 不放坡基槽留工作面

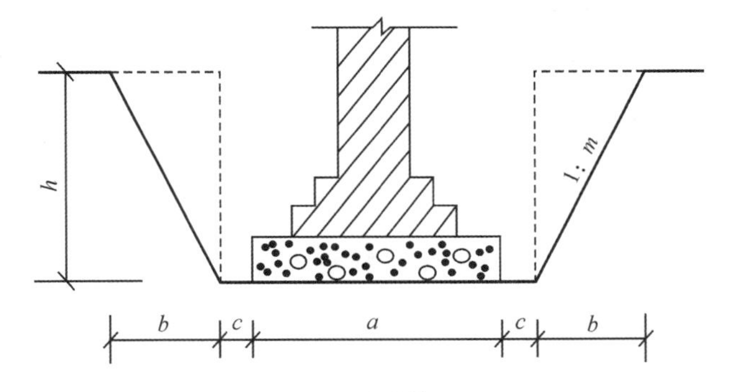

图 1－17 放坡基槽留工作面

2. 土方开挖

土方开挖

1)概述

基槽(坑)开挖有人工开挖和小型液压挖土机开挖两种形式。开挖基槽(坑)应按规定的尺寸，合理安排开挖顺序，分层进行，且连续施工。土方开挖的顺序、方法必须与设计工况一致，并遵循“开槽支撑，先撑后挖，分层开挖，严禁超挖”的原则。一般情况下，土方开挖的工艺流程为确定开挖的顺序和坡度，沿灰线切出槽边轮廓线，分层开挖，修整槽边，清底。

当基槽(坑)挖到离坑底 0.5 m 左右时，根据龙门板上标高及时用水准仪抄平，在土壁上打上水平桩，作为控制开挖深度的依据。

在开挖基槽(坑)之前，应检查龙门板、轴线桩有无走动现象，并根据设计图纸校核基础轴线的位置、尺寸及水准点的标高等。基槽(坑)、管沟的挖土应分层进行。在施工过程中，基槽(坑)、管沟边堆置土方不应超过设计荷载。基槽(坑)土方施工中及雨后，应对支护结构、周围环境进行观察和监测，如出现异常情况应及时处理，待恢复正常后方可继续施工。基槽(坑)开挖

时，要加强垂直高度方向的测量，防止超挖，防止搅动基底土层。对特大型基坑，应分区分块挖至设计标高并及时浇筑垫层。土方开挖施工中，若发现古墓及文物等，要保护好现场，并立即通知文物管理部门，经查看处理后方可施工。

2）基坑开挖的方法

（1）开挖各种浅基础。如不放坡时，应先沿灰线直边切出槽边的轮廓线。

（2）开挖各种槽坑。

①浅条形基础，一般黏性土可自上而下分层开挖，每层深度以 60 cm 为宜，从开挖端部逆向倒退按踏步型挖掘。碎石类土先用镐翻松，正向挖掘，每层深度视翻土厚度而定，每层应清底和出土，然后逐步挖掘。

②浅管沟，与浅条形基础开挖基本相同，仅沟帮不切直修平。标高按龙门板上平往下返出沟底尺寸，当挖土接近设计标高时，再从两端龙门板下面的沟底标高上返 50 cm 为基准点，拉小线用尺检查沟底标高，最后修整沟底。

③开挖放坡的坑（槽）和管沟时，应先按施工方案定的坡度，粗略开挖，再分层按坡度要求做出坡度线，每隔 3 m 左右做出一条，以此线为准进行铲坡，深管沟挖土时，应在沟帮中间留出宽度 80 cm 左右的倒土台。

④开挖大面积浅基坑时，沿坑三面同时开挖，挖出的土方装入手推车或翻斗车，从未开挖的一面运至弃土地点。

对定位标准、轴线引桩、标准水准点、龙门板等，挖运时不得碰撞，也不得坐在龙门板上休息。并应经常测量和校核其面位置、水平标高和边坡坡度是否符合设计要求。定位标准和标准水准点，也应定期复测，检查是否正确。

3）基坑开挖应注意的问题

土方开挖时，应防止邻近已有建筑物或构筑物、道路、管线等发生下沉或变形。必要时与设计单位或建设单位协商采取防护措施，并在施工中进行沉降和位移观测。

施工中如发现有测量用的永久性标桩或地质、地震部门设置的长期观测点等，应加以保护。在敷设地上或地下管道、电缆的地段进行土方施工时，应事先取得有关管理部门的书面同意，施工中应采取措施，以防止损坏管线。

施工中应当注意以下几个问题：

①基底超挖，开挖基坑（槽）或管沟超过基底标高。个别地方超挖时，其处理方法应取得设计单位的同意，不得私自处理。

②在软土地区进行桩基挖土时桩基位移。在密集群桩上开挖基坑时，应在打桩完成后，间隔一段时间，再对称挖土；在密集桩附近开挖基坑（槽）时，应事先确定防桩基位移的措施。

③基底未保护。基坑（槽）开挖后应尽量减少对基土的扰动。基础不能及时施工时，可在基底标高以上留出 0.3 m 厚土层，待做基础时再挖掉。

④施工顺序不合理。土方开挖宜先从低处进行，分层分段依次开挖，形成一定坡度，以利排水。

⑤开挖尺寸不足。基坑(槽)或管沟底部的开挖宽度，除结构宽度外，应根据施工需要增加工作面宽度，如排水设施、支撑结构所需的宽度，在开挖前均应考虑。

⑥基坑(槽)或管沟边坡不直不平。应加强检查，随挖随修，并要认真验收。

1.2.5　基坑验槽

基坑开挖与验槽

1. 验槽时必须具备的资料和条件

(1)勘察、设计、建设(或监理)、施工等单位有关负责人员及技术人员到场。

(2)基础施工图和结构总说明。

(3)详勘阶段的岩土工程勘察报告。

(4)开挖完毕，槽底无浮土、松土(若分段开挖，则每段条件相同)，条件良好的基槽。

2. 无法验槽的情况

有下列条件之一者，不能达到验槽的基本要求，无法验槽。

(1)基槽底面与设计标高相差太大。

(2)基槽底面坡度较大。

(3)槽底有明显的机械车辙痕迹，槽底土扰动明显。

(4)槽底有明显的机械开挖、未加人工清除的沟槽、铲齿痕迹。

(5)现场没有详勘阶段的岩土工程勘察报告或基础施工图和结构总说明。

3. 推迟验槽的情况

(1)设计所使用承载力和持力层与勘察报告所提供不符。

(2)场地内有软弱下卧层而设计方未说明相应的原因。

(3)场地为不均匀场地，勘察方需要进行地基处理而设计方未进行处理。

4. 验槽前的准备工作

(1)查看结构说明和地质勘查报告，对比结构设计所用的地基承载力、持力层与报告所提供的是否相同。

(2)询问、察看建筑位置是否与勘察范围相符。

(3)察看场地内是否有软弱下卧层。

(4)察看场地是否为特别的不均匀场地，以及是否存在勘察方要求进行特别处理，而设计方没有进行处理的情况。

(5)察看场地内是否有地下管线和相应的地下设施。

(6)察看场地是否处于采空影响区而未采取相应的地基、结构措施。

5. 验槽的主要内容

不同建筑物对地基的要求不同，基础形式不同，验槽的内容也不同。验槽的主要内容有以下几点：

(1)根据设计图纸检查基槽的开挖平面位置、尺寸是否与设计图纸相符，开挖深度是否符合设计要求。

(2)仔细观察槽壁、槽底的土质类型、均匀程度和异常土质是否存在，核对基坑土质及地下水情况是否与勘察报告相符。

(3)检查基槽之中是否有旧建筑物基础、古井、古墓、洞穴、地下掩埋物及地下人防工程等。

(4)检查核实分析钎探资料，对存在的异常点位进行复核检查。

6.验槽方法

验槽方法通常主要采用观察法，而对于基底以下的土层，要先辅以钎探法配合共同完成。

1)观察法

(1)观察槽壁、槽底的土质情况，验证基槽开挖深度，初步验证基槽底部土质是否与勘察报告相符，观察槽底土质结构是否被人为破坏。

(2)观察基槽边坡是否稳定，是否有影响边坡稳定的因素存在，如地下渗水、坑边堆载或近距离扰动等(对难于鉴别的土质，应采用洛阳铲等工具挖至一定深度仔细鉴别)。

(3)观察基槽内有无旧的房基、洞穴、古井、掩埋的管道和人防设施等。如存在上述问题，应沿其走向进行追踪，查明其在基槽内的范围、延伸方向、长度、深度及宽度。

(4)在进行直接观察时，可用袖珍式贯入仪作为辅助工具。

2)钎探法

(1)工艺流程。绘制钎点平面布置图→放钎点线→核验点线→就位打钎→记录锤击数→拔钎→盖孔保护→验收→灌砂。

(2)人工(机械)钎探。采用直径 ϕ22～25 mm 的钢筋制作的钢钎，使用人力(机械)使大锤(穿心锤)自由下落规定的高度，撞击钎杆垂直打入土层中，记录其单位进深所需的锤数，为设计承载力、地勘结果、基土土层的均匀度等质量指标提供验收依据。钎探法是在基坑底进行轻型动力触探的主要方法。

(3)作业条件。人工挖土或机械挖土后由人工清底到基础垫层下表面设计标高，表面人工铲平整，基坑(槽)宽、长均符合设计图纸要求；钎杆上预先用钢锯锯出以 300 mm 为单位的横线，0 刻度从钎头开始。

(4)主要机具。钎杆：用直径为 22～25 mm 的钢筋制成，钎头呈 60°尖锥形状，钎长 2.1～2.6 m；大锤：普通锤子，重量为 8～10 kg；穿心锤：钢质圆柱形锤体，在圆柱中心开孔 28～30 mm，穿于钎杆上部，锤重 10 kg；钎探机械：专用的提升穿心锤的机械，与钎杆、穿心锤配套使用。

(5)根据基坑平面图，依次编号绘制钎点平面布置图，按钎点平面布置图放线，在孔位洒上白灰点，用盖孔块压在点位上做好覆盖保护。盖孔块宜采用预制水泥砂浆块、陶瓷锦砖、碎磨石块、机砖等。每块盖块上面必须用粉笔写明钎点编号。

(6)就位打钎,钢钎的打入分人工和机械两种。人工打钎:将钎尖对准孔位,一人扶正钢钎,一人站在操作凳子上,用大锤打钢钎的顶端,锤举高度一般为 50 cm,自由下落,将钎垂直打入土层中。也可使用穿心锤打钎。机械打钎:将触探杆尖对准孔位,再把穿心锤套在钎杆上,扶正钎杆,利用机械动力拉起穿心锤,使其自由下落,锤距为 50 cm,把触探杆垂直打入土层中。

(7)记录锤击数。钎杆每打入土层 30 cm 时,记录一次锤击数。钎探深度以设计为依据,如设计无规定时,一般钎点按纵横间距 1.5 m、梅花形布设,深度为 2.1 m。

(8)拔钎、移位。用麻绳或钢丝将钎杆绑好,留出活套,套内插入撬棍或钢管,利用杠杆原理,将钎拔出。每拔出一段将绳套往下移一段,依此类推,直至完全拔出为止;将钎杆或触探器搬到下一孔位,以便继续拔钎。

(9)灌砂。钎探后的孔要用砂灌实。打完的钎孔,经过质量检查人员和有关工长检查孔深与记录无误后,用盖孔块盖住孔眼。当设计、勘察和施工方共同验槽办理完验收手续后,方可灌孔。

(10)质量控制及成品保护。

7. 验槽注意事项

验槽时应重点观察柱基、墙角、承重墙下或其他受力较大部位,如有异常部位,要会同勘察、设计等有关单位进行处理。

1.2.6　不良地基处理

局部不良地基的处理方法:

(1)验槽时,基槽内常有填土出现,处理时,应根据填土的范围、厚度和周围岩土性质分别对待。

①当填土面积、厚度较大时,一般不建议用灰土进行局部处理,尤其是周围岩土的力学性质较差时,因灰土的力学性质与周围岩土的力学性质差异太大,极易引起建筑物的不均匀沉降而对建筑物造成损坏(具体情况可根据与灰土垫层处于同一位置的岩土的压缩特性、建筑物的抗变形能力等计算沉降量确定。灰土的压缩模量可取 $E_s=30$ MPa)。此时,宜用砂石、碎石垫层等柔性垫层或素填土进行处理;或在局部用灰土处理后,再全部用 300～500 mm 厚的相同材料的垫层进行处理。

②基槽内有小面积、且深度不大的填土时,可用灰土或素土进行处理。

(2)当基槽内有水井时,一般情况下不可能把填土清到底并逐步放台处理。对于废弃的水井,可以对主要压缩层内进行换土处理后用过梁跨过;仍可使用或仍需使用的水井,且水位变化幅度在坚硬岩土层内时,可用加大基础面积、改变局部基础形式的方法,并用过梁跨过。

(3)对于扰动土,无论是被压密的还是已被剪切破坏的(俗称橡皮土),均应全部清除,用换填法进行处理。

(4)对经过长时间压密的老路基应全部清除,老建(构)筑物的三七灰土基础、毛石基础及坚硬垫层，原则上应全部清除，若不能全部清除的，按土岩组合地基处理。

（5）当机械施工时，对硬塑——坚硬状松散黏性土和粗粒土，应预留 300 mm 左右厚的土用人工开挖，对含水量较高（可塑以下）的黏性土和粉土，应最少预留 500 mm 厚的土用人工开挖，严禁基槽土被扰动。

（6）冬季施工，当基槽施工完毕后当天不能进行下一步施工的，本地区应预留 300～400 mm 厚的黏性土以防基槽岩土被冻。若出现基槽岩土被冻的情况，所有冻土应全部清除，作换填处理。

（7）被雨、雪及其他水浸泡的黏性土地基，水浸部分应全部清除，作换填处理。

（8）基底为黏性土时，应防止被曝晒。若因被曝晒而龟裂的槽底岩土，应全部清除。

（9）若在安全距离之内有老建筑物，当未采取支护措施时，基槽应分段施工。

1.2.7　土方回填与压实

基础回填

1. 材料要求

为了保证填方工程强度和稳定性方面的要求，必须正确选择填土的种类和填筑方法。选择的填方土料应符合设计要求，如设计无要求时，应符合下列规定。

（1）碎石类土、砂土和爆破石碴，可用作表层以下的填料。含水量符合压实要求的黏性土，可用作各层填料。碎块草皮和有机质含量大于 8%的土，仅用于无压实要求的填方工程；淤泥和淤泥质土一般不能用作填料，但在软土或沼泽地区，经过处理其含水量符合压实要求后，可用于填方中的次要部位；含盐量符合规定的盐渍土，一般可以使用，但填料中不得含有盐晶、盐块或含盐植物的根茎。

碎石类土或爆破石碴用作填料时，其最大粒径不得超过每层铺填厚度的 2/3（当使用振动辗时，不得超过每层铺填厚度的 3/4）。铺填时，大块料不应集中，且不得填在分段接头处或填方与山坡连接处。填方内有打桩或其他特殊工程时，块（漂）石填料的最大粒径不应超过设计要求。

（2）含有大量有机物、石膏和水溶性硫酸盐（含量大于 5%）的土和淤泥、冻土、膨胀土等，均不应作为填方土料；以黏土为土料时，应检查其含水量是否在控制范围内，含水量大的黏土不宜做填土用；碎石类土、砂土和爆破石渣可作表层以下填料，其最大粒径不得超过每层铺垫厚度的 2/3。

2. 施工要求

填方前，应根据工程特点、填料种类、设计压实系数、施工条件等因素合理选择压实机具，并确定填料含水量控制范围、铺土厚度和压实遍数等参数。对于重要的填方工程或采用新型压实机具时，上述参数应通过填土压实试验确定。

填土时应先清除基底的树根、积水、淤泥和有机杂物，并分层回填、压实。填土应尽量采用同类土填筑。如采用不同类填料分层填筑时，上层宜填筑透水性较小的填料，下层宜填筑透水性较大的填料。填方基土表面应做成适当的排水坡度，边坡不得用透水性较小的填料封闭。填方施工应接近水平的分层填筑。当填方位于倾斜的地面时，应先将斜坡挖成阶梯状，然后分层填筑以防填土横向移动。

分段填筑时，每层接缝处应做成斜坡形，辗迹重叠 0.5～1.0 m。上、下层错缝距离不应小于 1 m。

填土应按整个宽度水平分层进行，当填方位于倾斜的山坡时，应将斜坡修筑成 1∶2 阶梯形边坡后施工，以免填土横向移动，并尽量用同类土填筑。

回填施工前，填方区的积水采用明沟排水法排除，并清除杂物。

3. 填土的压实方法

填土的压实方法一般有碾压、夯实、振动压实等几种。

1）碾压法

碾压法是指利用沿着填筑表面滚动的鼓筒或轮子的压力压实土壤，主要用于大面积的填土工程，如场地平整、大型车间的室内填土等。碾压机械包括平滚碾（压路机）、羊足碾和气胎碾，碾压机械进行大面积填方碾压时，宜采用“薄填、低速、多遍”的方法。

平滚碾适用于碾压黏性和非黏性土；羊足碾只能用来压实黏性土；气胎碾压实的土壤较为均匀，故其填土质量较好。

2）夯实法

夯实法是指利用夯锤自由下落的冲击力来夯实土壤的方法，适用于小面积填土的压实。夯实机械有夯锤、内燃夯土机和蛙式打夯机等。夯实法的优点是可以夯实较厚的土层。

3）振动法

振动法是指将重锤放在土层的表面或内部，借助于振动设备使重锤振动，使土壤颗粒发生相对位移达到紧密状态，此法用于振实非黏性土效果良好。

4. 影响填土压实质量的因素

影响填土压实质量的主要因素为压实功、土的含水量和铺土厚度。

1）压实功的影响

当土的含水量一定，在开始压实时，土的密度急剧增加，待到接近土的最大密度时，压实功虽然增加许多，但是土的密度变化小。实际施工中，砂土需碾压或夯击 2～3 遍，亚砂土需 3～4 遍，亚黏土或黏土需 5～6 遍。

2）土的含水量的影响

在同一压实功的作用下，填土的含水量与压实质量有直接关系。较为干燥的土，由于土颗粒之间的摩阻力较大，因而不易压实；当土具有适当含水量时，水起了润滑作用，土颗粒之间摩阻力减小，从而容易压实。

为了保证填土在压实过程中处于最佳含水量状态，当土过湿时，应翻松晾干，也可掺入同类干土或吸水性土料；当土过干时，则应预先洒水润湿。土的最佳含水量和最大干密度见表1-14。

表1-14 土的最佳含水量和最大干密度参考表

项次	土的种类	变动范围	
		最佳含水量(质量比)/%	最大干密度/(g/cm³)
1	砂土	8～12	1.80～1.88
2	黏土	19～23	1.58～1.70
3	粉质黏土	12～15	1.85～1.95
4	粉土	16～22	1.61～1.81

3)铺土厚度的影响

土在压实功的作用下，其应力随深度增加而逐渐减小，其影响大小与压实机械、土的性质和含水量等有关。铺得过厚，要压很多遍才能达到规定的密实度；铺得过薄，则要增加机械的总压实遍数。最优的铺土厚度应能使土方压实而机械功耗费最少。

5.填土质量检查

填土压实后必须要达到密实度要求，填土密实度以设计规定的控制干密度 ρ_d(或规定的压实系数 λ)作为检查标准。土的控制干密度与最大干密度之比称为压实系数。土的最大干密度乘以规范规定或设计要求的压实系数，即可计算出填土控制干密度 ρ_d 的值。土的实际干密度可用“环刀法”测定。填方施工结束后，应检查标高、边坡坡度、压实程度等，检验标准应符合表1-15的规定。

表1-15 填土工程质量检验标准

<table>
<tr><th rowspan="3">项</th><th rowspan="3">序</th><th rowspan="3">项目</th><th colspan="5">允许偏差或允许值</th><th rowspan="3">检验方法</th></tr>
<tr><th rowspan="2">柱基基坑基槽</th><th colspan="2">场地平整</th><th rowspan="2">管沟</th><th rowspan="2">地(路)面基层</th></tr>
<tr><th>人工</th><th>机械</th></tr>
<tr><td rowspan="2">主控项目</td><td>1</td><td>标高</td><td>−50</td><td>±30</td><td>±50</td><td>−50</td><td>−50</td><td>水准仪</td></tr>
<tr><td>2</td><td>分层压实系数</td><td colspan="5">设计要求</td><td>按规定方法</td></tr>
<tr><td rowspan="3">一般项目</td><td>1</td><td>回填土料</td><td colspan="5">设计要求</td><td>取样检查或直接鉴别</td></tr>
<tr><td>2</td><td>分层厚度及含水量</td><td colspan="5">设计要求</td><td>水准仪及抽样检查</td></tr>
<tr><td>3</td><td>表面平整度</td><td>20</td><td>20</td><td>20</td><td>20</td><td>20</td><td>用靠尺或水准仪</td></tr>
</table>

1.2.8　人工回填土

1. 施工准备

1)材料及主要机具

宜优先利用基槽中挖出的土,但不得含有有机杂质,使用前应过筛,其粒径不大于 50 mm,含水量应符合规定。主要机具有蛙式或柴油打夯机、手推车、筛子(孔径 40～60 mm)、木耙、铁锹(尖头与平头)、2 m 靠尺、胶皮管、小线和木折尺等。

2)作业条件

(1)施工前应根据工程特点、填方土料种类、密实度要求、施工条件等,合理地确定填方土料含水量的控制范围、虚铺厚度和压实遍数等参数;重要回填土方工程,其参数应通过压实试验来确定。

(2)回填前应对基础、箱型基础墙或地下防水层、保护层等进行检查验收,并且要办好隐检手续。其基础混凝土强度应达到规定的要求,方可进行回填土。

(3)房心和管沟的回填,应在完成上下水、煤气的管道安装和管沟墙间加固后,再进行,并将沟槽、地坪上的积水和有机物等清理干净。

(4)施工前,应做好水平标志,以控制回填土的高度或厚度。如在室内和散水的边墙上弹上水平线或在地坪上钉上标高控制木桩。

2. 施工工艺

工艺流程:基坑(槽)底清理→检验土质→分层铺土→耙平→夯打密实→检验密实度→找平验收。

(1)基坑(槽)底清理。填土前应将基坑(槽)底的垃圾杂物等清理干净;肥槽回填,必须清理到基础底面标高,将回落的松散土、砂浆、石子等清除干净。

(2)检验土质。检验回填土的含水量是否在控制范围内,如含水量偏高,可采用翻松、晾晒或均匀掺入干土等措施;如遇回填土的含水量偏低,可采用预先洒水润湿等措施。

(3)分层铺土、耙平。回填土应分层铺摊,每层铺土厚度应根据土质、密实度要求和机具性能确定,再用一般蛙式打夯机打平。每层铺土厚度为 200～250 mm,人工打夯厚度不大于 200 mm,每层铺摊后,随之耙平。

(4)夯打密实。回填土每层至少夯打三遍。打夯应一夯压半夯,夯夯相连,行行相连,纵横交叉。并且严禁采用浇水使土下沉的所谓“水夯法”。

深浅两基坑(槽)相连时,应先填夯深基坑;填至浅基坑标高时,再与浅基坑一起填夯。如必须分段填夯时,交接处应填成阶梯形,上下层错缝距离不小于 1.0 m。

基坑(槽)回填应在相对两侧或四周同时进行。基础墙两侧标高不可相差太多,以免把墙挤歪；较长的管沟墙，应采用内部加支撑的措施。

回填房心及管沟时，为防止管道中心线位移或损坏管道，应用人工先在管子两侧填土夯实；并应由管道两边同时进行，直至管顶0.5 m以上时，在不损坏管道的情况下，方可采用蛙式打夯机夯实。在抹带接口处、防腐绝缘层或电缆周围，应回填细粒料。

(5)检验密实度。回填土每层填实后，应按规范规定进行环刀取样，测出干土的质量密度，达到要求后，再进行上一层的铺土。

(6)找平验收。填土全部完成后，应进行表面拉线找平，凡高出允许偏差的地方，及时依线铲平；凡低于标准高程的地方应补土夯实。

注意，雨期施工时，基坑(槽)或管沟的回填应连续进行，尽快完成。施工中应防止地面水流入基坑(槽)内，以免边坡塌方或基土遭到破坏。现场应有防雨排水措施。

冬期回填土每层铺土厚度应比常温施工时减少20%～50%，其中冻土块体积不得超过填土总体积的15%，其粒径不得大于150 mm。铺填冻土块应均匀分布，逐层压(夯)实。管沟底至管顶0.5 m范围内不得用含有冻土块的土回填。室内房心、基坑(槽)或管沟不得用含冻土块的土回填。回填土工作应连续进行，防止基土或已填土层受冻，并应及时采取防冻措施。

3. 质量标准

基底处理、回填的土料必须符合设计要求和施工规范的规定。

回填土必须按规定分层夯压密实。取样测定夯压实后土的干土质量密度，其合格率不应小于90%；不合格的干土质量密度的最低值与设计值的差不应大于0.08 g/cm^3，且不应集中，环刀法取样的方法及数量应符合规定。

回填土工程允许偏差项目如表1－16所示。

表1－16　回填土工程允许偏差项目

项次	项目	允许偏差/mm	检验方法
1	顶板标高	+0，−50	用水准仪或拉线尺量检查
2	表面平整度	20	用2 m靠尺和楔形塞尺检查

4. 成品保护

(1)施工时，应注意保护定位桩、轴线桩、标高桩、防止碰撞位移。

(2)夜间施工时，应合理安排施工顺序，设有足够的照明设施，防止铺填超厚，严禁汽车直接倒土入槽。

(3)基础或管沟的现浇混凝土应达到一定强度，不致因填土而受损坏时，方可回填。

(4)管沟中的管线、肥槽内从建筑物伸出的各种管线，均应妥善保护后，再按规定回填土料，不得碰坏。

5.应注意的质量问题

(1)未按要求测定土的干土质量密度。回填土每层都应测定夯实后的干土质量密度,检验其密实度,符合设计要求才能铺摊上层土。试验报告要注明土料种类、干土质量密度、试验日期、试验结论并需试验人员签字。未达到设计要求的部位应有处理方法和复验结果。

(2)回填土下沉。虚铺土超过规定厚度或冬季施工时有较大冻土块,或夯实不够遍数甚至漏夯,坑(槽)底有机物或落土清理不干净,以及冬期散水、施工用水渗入垫层中,回填土受冻膨胀等原因都会造成回填土下沉。这些问题均应在施工中认真执行规范规定,发现后须及时纠正。

(3)管道下部夯填不实。管道下部应按要求填夯回填土,如果漏夯或夯不实会造成管道下方空虚,造成管道折断而渗漏。

(4)回填土夯压不密。回填土太干时,应在夯压时对干土进行适当洒水加以润湿;回填土太湿时,同样夯不密实呈"橡皮土"现象,这时应将"橡皮土"挖出,重新换好土再夯实。

6.质量记录

本工艺标准应具备以下质量记录:

(1)地基钎探记录。

(2)地基隐蔽验收记录。

(3)回填土的试验报告。

1.2.9 机械回填土

1.材料要求

(1)碎石类土、砂土(使用细砂、粉砂时应取得设计单位同意)和爆破石碴,可用作表层以下填料。这类土的最大粒径不得超过每层铺填厚度2/3的或3/4(使用振动碾时),含水量应符合规定。

(2)黏性土应检验其含水量,达到设计控制范围后方可使用。

(3)盐渍土一般不可使用。但填料中不含有盐晶、盐块或含盐植物的根茎,并符合《土方与爆破工程施工及验收规范》中附表规定的盐渍土则可以使用。

2.主要机具

(1)装运土方机械:铲土机、自卸汽车、推土机、铲运机及翻斗车等。

(2)碾压机械:平碾、羊足碾和振动碾等。

(3)一般机具:蛙式或柴油打夯机、手推车、铁锹(平头或尖头)、钢尺、20号铅丝、胶皮管等。

3.作业条件

(1)施工前应根据工程特点、填方土料种类、密实度要求、施工条件等,合理地确定填方土料含水量控制范围、虚铺厚度和压实遍数等参数;重要回填土方工程,其参数应通过压实试验来确定。

(2)填土前应对填方基底和已完工程进行检查和中间验收,合格后要做好隐蔽检查和验收手续。

(3)施工前,应做好水平高程标志布置。如大型基坑或沟边上每隔 3 m 钉上水平桩橛或在邻近的固定建筑物上标上标准高程点。大面积场地上或地坪上每隔一定距离钉上水平桩。

(4)土方机械和车辆的行走路线应事先经过检查,必要时要进行加固加宽等准备工作,同时要编制好施工方案。

4. 施工工艺

工艺流程:基坑底地坪上清理→检验土质→分层铺土→分层碾压密实→检验密实度→找平验收。

(1)基坑底地坪上清理。填土前,应将基土上的洞穴或基底表面上的树根、垃圾等杂物都处理完毕,清除干净。

(2)检验土质。检验回填土料的种类、粒径,有无杂物,是否符合规定,以及土料的含水量是否在控制范围内。

(3)分层铺土。填土应分层铺摊,每层铺土的厚度应根据土质、密实度要求和机具性能确定,或按表 1-17 选用。

表 1-17　填土每层的铺土厚度和压实遍数

压实机具	每层铺土厚度/mm	每层压实遍数
平碾	200～300	6～8
羊足碾	200～350	8～16
振动碾	600～1500	6～8
蛙式、柴油式打夯机	200～250	3～4

(4)分层碾压密实。用碾压机械压实填方时,应控制行驶速度,一般应不超过以下规定:平碾,2 km/h;羊足碾,3 km/h;振动碾,2 km/h。碾压时,轮(夯)迹应相互搭接,防止漏压或漏夯。长宽比较大时,填土应分段进行。每层接缝处应作成斜坡形,碾迹重叠。重叠距离为 0.5～1.0 m 左右,上下层错缝距离不应小于 1 m。

填方超出基底表面时,应保证边缘部位的压实质量。填土后,如设计不要求边坡修整,宜将填方边缘的宽填取为 0.5 m;如设计要求边坡修平拍实,宽填可为 0.2 m。

机械施工碾压不到的填土部位,应配合人工推土填充,用蛙式或柴油打夯机分层夯打密实。

(5)检验密实度。回填土方每层压实后,应按规范进行环刀取样,测出干土的质量密度,达到要求后，再进行上一层的铺土。

(6)找平验收。填方全部完成后，表面应进行拉线找平，凡超过标准高程的地方，及时依线铲平；凡低于标准高程的地方，应补土找平夯实。

注意，雨期施工的填方工程，应连续进行，尽快完成；工作面不宜过大，应分层分段逐片进行。重要或特殊的土方回填，应尽量在雨期前完成。雨期施工时，应有防雨措施或方案，要防止地面水流入基坑和地坪内，以免边坡塌方或基土遭到破坏。

填方工程也不宜在冬期施工，如必须在冬期施工时，其施工方法需经过技术、经济比较后确定。冬期填方前，应清除基底上的冰雪和保温材料；距离边坡表层 1 m 以内不得用冻土填筑；填方上层应用未冻、不冻胀或透水性好的土料填筑，其厚度应符合设计要求。

冬期施工室外平均气温在－5 ℃以上时，填方高度不受限制；平均温度在－5 ℃以下时，填方高度不宜超过表 1－18 的规定。但用石块和不含冰块的砂土(不包括粉砂)、碎石类土填筑时，可不受表内填方高度的限制。

表 1－18　冬期填方高度限制

平均气温/℃	填方高度/m
－10～－5	4.5
－15～－11	3.5
－20～－16	2.5

冬期回填土方，每层铺筑厚度应比常温施工时减少 20%～25%，其中冻土块体积不得超过填方总体积的 15%；其粒径不得大于 150 mm。铺冻土块要均匀分布，逐层压(夯)实。回填土方的工作应连续进行，防止基土或已填方土层受冻，并且要及时采取防冻措施。

5.质量标准

(1)基底处理必须符合设计要求或施工规范的规定。

(2)回填的土料必须符合设计要求或施工规范的规定。

(3)回填土必须按规定分层夯压密实。取样测定压实后的干土质量密度，其合格率不应小于 90%；不合格的干土质量密度的最低值与设计值的差，不应大于 0.08 g/cm^3，且不应集中。环刀取样的方法及数量应符合规定。

回填土工程的允许偏差项目，见表 1－16。

6.成品保护

(1)施工时，不得碰撞定位标准桩、轴线控制极、标准水准点及龙门板等，也不得在龙门板上休息。并应定期复测检查这些标准桩点是否正确。

(2)夜间施工时，应合理安排施工顺序，要有足够的照明设施。防止铺填超厚，严禁用汽车直接将土倒入基坑(槽)内。但大型地坪不受限制。

(3)基础或管沟的现浇混凝土应达到一定强度,不会因回填土而受破坏时,方可回填土方。

7. 应注意的质量问题

(1)未按要求测定土的干土质量密度。回填土每层都应测定夯实后的干土质量密度,当其符合设计要求后才能铺摊上层土。试验报告要注明土料种类、试验日期、试验结论,并由试验人员签字。未达到设计要求的部位,应有处理方法和复验结果。

(2)回填土下沉。当虚铺土超过规定厚度、冬期施工时有较大的冻土块、夯实不够遍数、漏夯、基底有机物或树根等杂物清理不彻底等情况时,会造成回填土下沉。为此,应在施工中认真执行规范的有关规定,并要严格检查,发现问题及时纠正。

(3)回填土夯压不密实。回填土太干时,应在夯压时对干土进行适当洒水加以润湿;回填土太湿时,同样夯不密实呈"橡皮土"现象,这时应将"橡皮土"挖出,重新换好土再予夯实。

(4)在地形、工程地质复杂地区内填方,且对填方密实度要求较高时,应采取措施(如设排水暗沟、护坡桩等),以防填方土粒流失,造成不均匀下沉和坍塌等事故。

(5)填方基土为杂填土时,应按设计要求加固地基,并要妥善处理基底下的软硬点、空洞、旧基和暗塘等。

(6)回填管沟时,为防止管道中心线发生位移或损坏管道,应用人工先在管子周围填土夯实,并应从管道两边同时进行,直至管顶以上,在不损坏管道的情况下,可采用机械回填和压实。

(7)在抹带接口处、防腐绝缘层或电缆周围,应使用细粒土料回填。

(8)填方应按设计要求预留沉降量,如设计无要求时,可根据工程性质、填方高度、填料种类、密实要求和地基情况等,与建设单位共同确定(沉降量一般不超过填方高度的3%)。

8. 质量记录

本工艺标准应具备以下质量记录:

(1)地基处理记录。

(2)地基钎探记录。

(3)地基隐蔽验收记录。

(4)回填土的试验报告。

任务实施

1. 工作任务

通过土方工程相关知识学习,能掌握基坑开挖的工艺流程,知晓土方回填与压实的要求;能够正确选用开挖机械的类型;能够完成基坑的验槽与处理。

2. 实施过程

1)收集资料

利用在线开放课程、网络资源等收集土方工程施工、基坑开挖与回填和土方机械、基坑的验槽及质量验收的资料。

2)引导文

(1)填空题。

①填土压实的影响因素较多,主要有________、________及________。

②土方开挖应遵循________,________,________,________的原则。

③土经开挖后的松散体积与原自然状态下的体积之比,称为________。

④填土压实的方法有碾压法、________和________等几种。

⑤推土机一般可开挖________类土,运土时的最佳运距为________。

⑥土钉的施工工序包括________、成孔、________及注浆等。

⑦钢板桩既能挡土,又可起到________的作用。按固定方法分为有锚板桩和无锚板桩,后者的悬臂长度一般不得大于________。

⑧反铲挖土机的开挖方式有________开挖和________开挖两种,其中________开挖的挖土深度和宽度较大。

⑨机械开挖基坑时。基底以上应预留________厚土层由人工清底,以避免超挖和________。

(2)简答题。

①简述什么是喷锚支护。

____

____

____

②解释土的压实功。

____

____

____

③试述土钉墙的施工顺序。

____

____

____

④单斗挖土机按工作装置分为哪几种类型?试述其各自特点及适用范围。

____

⑤试述影响填土压实质量的主要因素及保证质量的主要方法。

3)任务实施

(1)完成基坑验槽整个流程。

①验槽必备资料和条件：

②验槽前的准备工作：

③验槽的主要内容：

(2)回填土的整个工艺流程。

①人工回填土。

作业条件：

操作工艺：

质量标准：

②机械回填土。

作业条件：

操作工艺：

质量标准：

3. 检查与评价

学生首先自查，然后以小组为单位进行互查，发现错误及时纠正，遇到问题商讨解决，教师做出改进指导后，结合学生在实施过程中表现出来的职业素养、参与程度综合考核评价每位同学成绩。学生自评表和教师评定表分别见任务表1－3、1－4。

任务表1－3　学生自评表

项目名称	土方工程施工	任务名称	基础开挖和回填
学生姓名		实际得分	标准分值
土方机械的选择能力			10
土方基本知识应用能力			20
土开挖方式选择的能力			20
基坑验槽与处理的能力			20
是否能认真描述困难、错误和修改内容			10
对自己工作的评价			10
团队协作能力评价			10
合计得分			100
改进内容及方法：			

任务表 1-4 教师评定表

项目名称	土方工程施工	任务名称	基础开挖与回填
学生姓名		实际得分	标准分值
土方机械的选择能力			10
土方基本知识应用能力			20
土开挖方式选择的能力			20
基坑验槽与处理的能力			20
是否能认真描述困难、错误和修改内容			10
对学生工作的评价			10
团队协作能力评价			10
合计得分			100

知识拓展

土方工程冬、雨季施工

1. 冬季施工

1)土方开挖

土在冬期由于遭受冻结变坚硬，挖掘施工困难，费用也较常温施工时高。为了减少挖土困难，应在冬期初就采取措施，如把表面土开挖 20～40 cm，形成一层松土，起保暖作用，在正式施工时冻土深度就不会很深，冬期温度在 −10 ℃以内时，采用该种措施，通常冻土深度不超过 40 cm。

目前深层冻土的开挖方法有爆破法、机械法和人工开挖法三种。爆破法需要专门的施工人员进行打眼、装药、引爆等工作，施工中要注意安全防护、设立禁区等。当冻土厚度小于 40 cm 时，可用机械法，使用大功率挖土机开挖。人工开挖法则比较艰苦，要用大锤、铁楔子一块一块开挖，开挖初期可借用火烤，先将一块地化开作为突破口，然后进行开挖。

人工挖冻土应注意以下几点：

(1)必须先有一个周密的计划，组织合理的力量，进行连续施工，以加快进度减少继续冻结的深度。

(2)挖完一处应覆盖一处，可根据气温情况，盖一层或二层草帘。如间歇时间较长应把底部的土挖松，再加覆盖层，保温效果会更好。

(3)使用的大锤要经常检查，防止锤头飞出，掌铁楔的人与打锤的人不能脸对脸，必须互成 90°。

(4)严禁挖大块土方时,在下面进行掏挖,以防止冻土断裂下坠把人压伤或埋入土中,造成重大安全事故。

2)土方回填

冬期施工时的土方回填,主要应注意避免用冻土块回填,造成土层互相搁空,回暖后土面下沉,乃至内部不密实。总体要求:室内基坑(槽)的回填土不得用有冻土块的土回填;室外的基槽或管沟用含有冻土块的土回填时,其冻土块体积总量不超过回填土量的 15%;管沟回填,管底到管顶上 50 cm 范围内不得用含冻土块的土回填。因此在施工前要采用以下一些措施:

(1)在施工前将回填土进行保温,把挖出的不冻土堆在一起,加草帘二至三层覆盖防冻,留作回填土用。

(2)进行流水作业的方法,甲幢挖土后回填至乙幢,并迅速夯实,这样可以减少覆盖材料的消耗。

(3)将大块冻土放到向阳处,让其软化后击碎到直径 50 mm 以下,也可掺入不冻土中回填利用。

(4)重大工程在必要时采用砂土进行回填。

(5)回填土处的积雪等应清扫干净,然后才能进行回填。

2. 雨季施工

土方工程雨季施工时,会因土壤受水量大,地面水量增多,道路泥泞造成施工困难。因此,对土方工程施工时,尽量避开的雨季,可以抢在雨季来到之前完成基础,也可以在雨季末开工。施工中如果碰到了雨季,可以按以下几点做好防护措施。

1)大土方的开挖

如深基坑地下施工开挖土方时正逢雨季,那么在开挖前应做好施工方案,在挖土范围外周先挖好挡水沟,沟边做土堤防止雨水流入坑内。其次设计好运土线路,把临时路基用碎石废渣填好,挖土采用反向铲挖掘机为宜。挖土机不宜挖到底标高,应留 30~40 cm,人工清土与浇筑垫层结合进行,防止基土被水浸泡降低基土的质量。坑内四周在清土前也应先挖好排水沟及排水井。

2)一般基槽挖土

通常应在挖土区范围外做一些土堤,高 50 cm、宽 50 cm 即可。然后放线挖土,应注意的是土在一开始也不应挖到底,而应适当留 20~30 cm,待大部分基槽已挖到离底 20~30 cm 时,可以流水作业,一部分人员清土找平槽底,一部分人员随之浇筑基槽内垫层,浇好后应适当遮盖,防止雨水把垫层中水泥浆冲走,降低强度。

3)土方的回填

雨季施工土方最怕的是水饱和,回填后成为“橡皮土”很难密实。因此土方在挖出来后,考虑到在雨季回填,就应采取遮盖措施,防止雨水大量浸入土堆中。如采取措施后,土含水量仍偏大,则应晾干一段时间待含水量适宜后再回填。如急于回填,则应与建设方协商增加费用,掺加废渣或碎石进行回填,从而达到回填土密实的要求。

项目二

地基与基础工程施工

项目描述

当工程结构荷载较大，地基土又较软弱，不能作为天然地基时，可对不同情况采取地基处理与加固方法，如地基换填、强夯地基、灰土挤密桩等。随着我国地基处理设计水平的提高、施工工艺的不断改进和施工设备的更新，各种不良地基经过地基处理后，均能满足建造大型、重型或高层建筑的需求。土质条件较好，建筑层数较低时，基础形式多采用浅基础，如钢筋混凝土条形基础、独立基础、筏板基础等。浅基础造价较低、施工简便。当浅层土层无法满足建筑物对地基的变形和承载力要求时，需要利用下部土层或坚实的土层、岩层作为持力层，常采用桩基础施工。桩基础承载力高、沉降速度慢、施工速度快、质量好，因此在高层建筑、高耸构筑物及抗震设防建筑中广泛应用。

学习方法

(1)遵循“熟练识图→精准施工→质量管控→组织验收”知识链；

(2)学习施工技能不仅要有必需的理论知识，更要有较强的操作技能，可以多去实训基地观察、动手操作，提高自己解决问题的能力；

(3)在掌握地基、基础工程基本知识的基础上，不断总结地基与基础工程施工及质量控制知识，做到举一反三地掌握地基处理、基础工程施工技术的知识。

知识目标

(1)了解地基处理与加固的方法；

(2)掌握换填垫层法、强夯法、挤密桩法地基施工工艺；

(3)掌握钢筋混凝土条形基础、独立基础、筏形基础的施工知识；

(4)掌握预制桩制作、起吊、运输、堆放工艺；

(5)掌握预制桩压桩工艺；

(6)掌握灌注桩施工工艺、质量要求。

技能目标

（1）掌握地基处理与加固的技能；

（2）具备基础工程施工的能力；

（3）具备处理基础工程常见质量事故的能力。

素质目标

（1）认真负责，团结合作，维护集体的荣誉和利益；

（2）努力学习专业技术知识，不断提高专业技能；

（3）遵纪守法，具有良好的职业道德；

（4）严格执行建设行业有关标准、规范、规程和制度。

任务 2.1　地基处理

任务描述

学习换填垫层法地基施工（灰土垫层地基施工、砂和砂石垫层地基施工）、强夯法地基施工、挤密桩法地基施工（灰土挤密桩地基施工、砂石桩地基施工、CFG 桩复合地基施工）的施工准备、施工工艺及质量要求。

知识学习

地基是指基础底面下产生压缩变形的土层。任何建筑物都必须有可靠的地基和基础，因为建筑物的全部重量（包括各种荷载）最终将通过基础传给地基。所以，对某些地基的处理及加固就成为基础工程施工中的一项重要内容。在施工过程中如发现地基土质过软或过硬，不符合设计要求时，应本着使建筑物各部位沉降尽量趋于一致，以减小地基不均匀沉降的原则对地基进行处理。

在软弱地基上建造建筑物（构筑物）或是建筑物（构筑物）对地基的要求较高时，采用天然地基有时不能满足设计要求，则需要对地基进行人工处理，以满足结构对地基的要求。地基处理的目的就是为了提高软弱地基的强度、保证地基的稳定性；降低软弱地基的压缩性、减少基础的沉降；防止地震时地基土的振动液化；消除特殊土的湿陷性、胀缩性和冻胀性。随着我国地基处理设计水平的提高、施工工艺的不断改进和施工设备的更新，各种不良地基经过地基处理后一般均能满足建造大型、重型或高层建筑的需求。

常用的人工地基处理加固方法有换填垫层法、强夯法、挤密桩法、预压地基、深层搅拌、化学加固等，这里主要学习前三种方法。

2.1.1 换填垫层法地基施工

1.概述

1)基本概念

当建筑物基础下的持力层比较软弱，不能满足上部结构荷载对地基的要求时，常采用换填垫层法来处理软弱地基。将基础下一定范围内的土层挖去，然后回填强度较大的砂、砂石或灰土等，并分层夯实至设计要求的密实度，作为地基的持力层。换填垫层法适于浅层地基处理，处理深度可达 2～3 m。在饱和软土上换填砂垫层时，砂垫层具有提高地基承载力，减小沉降量，防止冻胀和加速软土排水固结的作用。

工程实践表明，在合适的条件下，采用换填垫层法能有效地解决中小型工程的地基处理问题。本方法的优点是：可就地取材，施工方便，不需特殊的机械设备，既能缩短工期，又能降低造价。因此，换填垫层法得到了较为普遍的应用。

2)适用范围

换填法垫层法适用于淤泥、淤泥质土、湿陷性黄土、素填土、杂填土地基及暗沟、暗塘等浅层软弱地基及不均匀地基的处理。在用于消除黄土湿陷性时，应符合国家现行标准《湿陷性黄土地区建筑标准》(GB 50025—2018)中的有关规定。在采用大面积填土作为建筑地基时，应符合国家标准《建筑地基基础设计规范》(GB 50007—2011)中的有关规定。

3)加固机理

(1)置换作用。将基底以下软弱土全部或部分挖出，换填为较密实材料，可提高地基承载力，增强地基稳定。

(2)应力扩散作用。基础底面下一定厚度垫层的应力扩散作用，可减小垫层下天然土层所受的压力和附加压力，从而减小基础沉降量，并使下卧层满足承载力的要求。

(3)加速固结作用。用透水性大的材料作垫层时，软土中的水分可部分通过它排除，在建筑物施工过程中，可加速软土的固结，减小建筑物建成后的沉降。

(4)防止冻胀。由于垫层材料是不冻胀材料，采用换填垫层法对基础地面以下可冻胀土层全部或部分置换后，可防止土的冻胀作用。

(5)均匀地基反力与沉降作用。对石芽出露的山区地基，将石芽间软弱土层挖出，换填成压缩性低的土料，并在石芽以上也设置垫层；对于建筑物范围内局部存在松填土、暗沟、暗塘、古井、古墓或拆除旧基础后的坑穴，可进行局部换填，保证基础底面范围内土层的压缩性和反力趋于均匀。

换填的目的就是提高承载力，增加地基强度；减少基础沉降；垫层的透水材料可加速地基的排水固结。

4)垫层设计

(1)垫层材料。

①砂石。宜选用级配良好的碎石、卵石、角砾、原砾、砾砂、粗砂、中砂或石屑(粒径小于2 mm的部分不应超过总重的45%)，且应不含植物残体、垃圾等杂质。当使用粉细砂或石粉(粒径小于0.075 mm的部分不应超过总重的9%)时，应掺入不少于总重30%的碎石或卵石，其最大粒径不宜大于50 mm。对湿陷性黄土地基，不得选用砂石等渗水材料。

②粉质黏土。土料中的有机质含量不得超过5%，亦不得含有冻土或膨胀土。当含有碎石时，其粒径不宜大于50 mm。用于湿陷性黄土地基或膨胀土地基的粉质黏土垫层，土料中不得夹有砖、瓦和石块。

③灰土。体积配合比宜为2∶8或3∶7。土料宜用粉质黏土，不得使用块状黏土和砂质粉土，不得含有松软杂质，并应过筛，其颗粒直径不得大于15 mm。石灰宜用新鲜的消石灰，其颗粒直径不得大于5 mm。

④粉煤灰。粉煤灰可用于道路、堆场和小型建筑、构筑物等的换填垫层。粉煤灰垫层上宜覆土0.3～0.5 m。粉煤灰垫层中采用掺加剂时，应通过试验确定其性能及适用条件。作为建筑物垫层的粉煤灰应符合有关放射性安全标准的要求。粉煤灰垫层中的金属构件、管网宜采取适当防腐措施。大量填筑粉煤灰时应考虑对地下水和土壤的环境影响。

⑤矿渣。垫层使用的矿渣是指高炉重矿渣，可分为分级矿渣、混合矿渣及原状矿渣。矿渣垫层主要用于堆场、道路和地坪，也可用于小型建筑、构筑物地基。选用矿渣的松散重度不小于11 kN/m^3，有机质及含泥总量不超过5%。设计、施工前必须对选用的矿渣进行试验，在确认其性能稳定并符合安全规定后方可使用。作为建筑物垫层的矿渣应符合放射性安全标准的要求。易受酸、碱影响的基础或地下管网不得采用矿渣垫层。大量填筑矿渣时，应考虑对地下水和土壤的环境影响。

⑥其他工业废渣。在有可靠试验结果或成功工程经验时，质地坚硬、性能稳定、无腐蚀性和放射性危害的工业废渣等均可用于填筑换填垫层。被选用废渣的粒径、级配和施工工艺等应通过试验确定。

⑦土工合成材料。由分层铺设的土工合成材料与地基土构成加筋垫层。所用土工合成材料的品种与性能及填料的土类应根据工程特性和地基土条件，按照现行国家标准《土工合成材料应用技术规范》(GB 50290—2014)的要求，通过设计并进行现场试验后确定。

加筋的土工合成材料应采用抗拉强度较高、受力时伸长率不大于4%～5%、耐久性好、抗腐蚀的土工格栅、土工格室、土工垫或土工织物等土工合成材料；垫层填料宜用碎石、角砾、砾砂、粗砂、中砂或粉质黏土等材料。如工程要求垫层具有排水功能时，垫层材料应具有良好的透水性。在软土地基上使用加筋垫层时，应保证建筑稳定并满足允许变形的要求。

(2)垫层的厚度设计。换填垫层设计时应根据建筑体型、结构特点、荷载性质和地质条件，并结合施工机械设备与当地材料来源等因素综合分析，设计换填垫层，选择换填材料和夯实施工方法。

如图 2-1 所示，垫层的厚度 z 应根据下卧土层的承载力确定，垫层的自重应力与附加应力之和不应大于软弱下卧层土的承载力特征值，即作用在垫层底面处的土的自重应力与附加应力之和不应大于软弱下卧层土的承载力特征值，并符合下式要求：

$$p_z + p_{cz} \leqslant f_{az}$$

式中：p_z ——相应于荷载标准组合时垫层底处的附加压力，kPa；

p_{cz}——垫层底面处土的自重压力，kPa；

f_{az}——垫层底面处土层经深度修正后的地基承载力特征值，kPa。

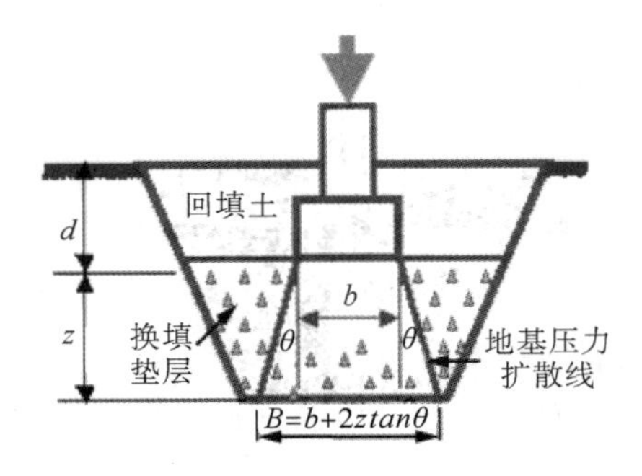

图 2-1　垫层设计示意图

垫层底面处的附加压力廊按软弱下卧层验算方法计算，按下列公式进行简化计算。

对于条形基础：

$$p_z = \frac{b(p_k - p_c)}{b + 2z\tan\theta}$$

对于矩形基础：

$$p_z = \frac{bl(p_k - p_c)}{(b + 2z\tan\theta)(l + 2z\tan\theta)}$$

式中：b ——矩形基础或条形基础底面的宽度，m；

l ——矩形基础底面的长度，m；

p_k——相应于荷载效应标准组合时，基础底面处的平均压力值，kPa；

p_c——基础底面处土的自重压力值，kPa；

z ——基础底面下垫层的厚度，m；

θ ——垫层的压力扩散角，可通过实验确定，当无实验数据时，可采用表 2-1 中的数据。

表 2-1　压力扩散角

<table>
<tr><th>z/b
换填材料</th><th>中砂、粗砂、砾砂、圆砾、
角砾、石屑、石卵碎石、碎渣</th><th>粉质黏土、粉煤灰</th><th>灰土</th></tr>
<tr><td>0.25</td><td>20°</td><td>6°</td><td rowspan="2">28°</td></tr>
<tr><td>≥0.5</td><td>30°</td><td>23°</td></tr>
</table>

注：①当 $z/b<0.25$ 时，除灰土取 $\theta=28°$ 外，其余材料取 $\theta=0°$，必要时，宜由实验确定；

②当 $0.25<z/b<0.50$ 时，θ 值可由内插法求得。

垫层的厚度一般不小于 0.5 m，且不宜大于 3 m。

(3)垫层的宽度设计。垫层底面的宽度应满足基础底面应力扩散的要求，可按下式确定：

$$b'\geqslant b+2z\tan\theta$$

式中：b'——垫层底面宽度；

θ——垫层的压力扩散角，可按表 2-1 采用，当 $z/b<0.25$ 时，仍按 $z/b=0.25$ 取值。

整片垫层底面的宽度可按施工要求适当加宽。

垫层顶面宽度可从垫层底面两侧向上，按基坑开挖期间保持边坡稳定的经验放坡确定。垫层顶面每边超出基础底边的长度不宜小于 300 mm。

垫层的承载力宜通过现场载荷实验确定，并应进行下卧层承载力的验算。

(4)垫层的设计步骤。

①按垫层的承载力确定基础宽度。

②初步确定(估算)垫层厚度，一般初设垫层厚度为 1～2 m。

③按公式：$p_z+p_{cz}\leqslant f_{az}$，验算软弱土层的承载力，若不满足，则改变垫层厚度重新验算，直至满足要求。

④按公式：$b'\geqslant b+2z\tan\theta$，确定垫层底面宽度。

2. 灰土垫层地基施工

1)施工准备

(1)材料及主要机具。

①土：宜优先采用基槽中挖出的土，但不得含有有机杂物，使用前应先过筛，其粒径不大于 15 mm。含水量应符合规定。

②石灰：应用块灰或生石灰粉，使用前应充分熟化过筛，不得含有粒径大于 5 mm 的生石灰块，也不得含有过多的水分。

③主要机具：一般应备有木夯、蛙式或柴油打夯机、手推车、筛子(孔径 6～10 mm 和 16～20 mm两种)、标准斗、靠尺、耙子、平头铁锹、胶皮管、小线和木折尺等。

(2)作业条件。

①基坑(槽)在铺灰土前必须先进行钎探验槽，并按设计和勘探部门的要求处理完地基，办

完隐检手续。

②基础外侧打灰土，必须对基础，地下室墙和地下防水层、保护层进行检查，发现损坏时应及时修补处理，办完隐检手续。现浇的混凝土基础墙、地梁等均应达到规定的强度，不得碰坏损伤混凝土。

③当地下水位高于基坑(槽)底时，施工前应采取排水或降低地下水位的措施，使地下水位经常保持在施工面以下 0.5 m 左右，在 3 天内不得受水浸泡。

④施工前应根据工程特点、设计压实系数、土料种类、施工条件等，合理确定土料中含水量的控制范围、铺灰土的厚度和夯打遍数等参数。重要的灰土填方参数应通过压实试验来确定。

⑤房心灰土和管沟灰土的施工，应在完成上下水管道的安装或管沟墙间加固等措施后，再进行。并且将管沟、槽内、地坪上的积水或杂物、垃圾等清除干净。

⑥施工前，应做好水平高程的标志。如在基坑(槽)或管沟的边坡上每隔 3 m 钉上灰土上平的木橛，在室内和散水的边墙上弹上水平线或在地坪上钉好标高控制的标准木桩。

2)施工工艺

工艺流程：检验土料和石灰粉的质量并过筛→灰土拌和→槽底清理→分层铺灰土→夯打密实→找平验收。

(1)检验土料和石灰粉的质量并过筛。首先检查土料种类和质量及石灰材料的质量是否符合标准的要求，然后分别过筛。如果是块灰闷制的熟石灰，要用 6～10 mm 的筛子过筛，生石灰粉可直接使用；土料要用 16～20 mm 筛子过筛，均应确保粒径的要求。

(2)灰土拌和。灰土的配合比应用体积比，除设计有特殊要求外，一般为 2∶8 或 3∶7。基础垫层的灰土必须过标准斗，严格控制配合比。拌和时必须均匀一致，至少翻拌两次，拌和好的灰土颜色应一致。

灰土施工时，应适当控制含水量。工地检验方法是：用手将灰土紧握成团，两指轻捏即碎为宜。如土料水分过大或不足时，应晾干或洒水润湿。

(3)槽底清理。基坑(槽)底或基土表面应清理干净，特别是槽边掉下的虚土和风吹入的树叶、木屑纸片、塑料袋。

(4)分层铺灰土。每层的灰土铺摊厚度，可根据不同的施工方法，按表 2－2 选用。

表 2－2　灰土最大虚铺厚度

项次	夯具的种类	重量/t	虚铺厚度/mm	备注
1	石夯、木夯	0.04～0.08	200～250	人力送夯，落距为 400～500 mm，每夯搭接半夯，夯实后的厚度为 80～100 mm
2	轻型夯实机械	0.12～0.4	200～250	蛙式打夯机或柴油打夯机，夯实后的厚度为 100～150 mm
3	压路机	6～10	200～300	双轮

各层铺摊后均应用木耙找平，与坑（槽）边壁上的木橛或地坪上的标准木桩对应检查。

（5）夯打密实。夯打（压）的遍数应根据设计要求的干土质量密度或现场试验确定，一般不少于三遍。人工打夯应一夯压半夯，夯夯相接，行行相接，纵横交叉。

灰土分段施工时，不得在墙角、柱基及承重窗间墙下接槎，上下两层灰土的接槎距离不得小于 500 mm。

灰土回填每层夯（压）实后，应根据规范规定进行环刀取样，测出灰土的质量密度，达到设计要求时，才能进行上一层灰土的铺摊。

用贯入度仪检查灰土质量时，应先进行现场试验以确定贯入度的具体要求。环刀取土的压实系数一般为 0.93～0.95；也可按照表 2－3 的规定执行。

表 2－3　灰土质量密度标准

土料种类	灰土最小质量密度（g/cm^3）
轻亚黏土	1.55
亚黏土	1.50
黏土	1.45

（6）找平与验收。灰土最上一层完成后，应拉线或用靠尺检查标高和平整度，超高处用铁锹铲平，低洼处应及时补打灰土。

雨、冬期施工时，基坑（槽）或管沟灰土回填应连续进行，尽快完成。施工中应防止地面水流入槽坑内，以免边坡塌方或基坑遭到破坏。

雨天施工时，应采取防雨或排水措施。刚打完毕或尚未夯实的灰土，如遭雨淋、浸泡，则应将积水及松软灰土除去，并重新补填新灰土夯实，受浸湿的灰土应在晾干后，再夯打密实。

冬期打灰土的土料，不得含有冻土块，要做到随筛、随拌、随打、随盖，认真执行留、接槎和分层夯实的规定。在土壤松散时可洒盐水。气温在－10 ℃以下时，不宜施工。冬期施工要有冬施方案。

3）质量标准

（1）保证项目。

①基底的土质必须符合设计要求。

②灰土的干土质量密度或贯入度必须符合设计要求和施工规范的规定。

（2）基本项目。

①配料正确，拌和均匀，分层虚铺厚度符合规定，夯压密实，表面无松散、起皮。

②留槎和接槎。留槎和接槎的位置、方法正确，接槎密实、平整。

（3）允许偏差项目。灰土地基的允许偏差项目见表 2－4。

表 2-4 灰土地基的允许偏差项目

项目	允许偏差/mm	检验方法
顶面标高	±15	用水平仪或拉线和尺量检查
表面平整度	15	用 2 m 靠尺和楔形塞尺量检查

4)成品保护

(1)施工时应注意妥善保护定位桩、轴线桩,防止碰撞位移,并应经常复测。

(2)对基础、基础墙或地下防水层、保护层和从基础墙伸出的各种管线,均应妥善保护,防止回填灰土时发生碰撞或损坏。

(3)夜间施工时,应合理安排施工顺序,要配备有足够的照明设施,防止铺填超厚或配合比错误。

(4)灰土地基打完后,应及时进行基础的施工和地坪面层的施工,否则应临时遮盖,防止日晒雨淋。

5)应注意的质量问题

(1)未按要求测定干土的质量密度。灰土回填施工时,切记每层灰土夯实后都得测定干土的质量密度,符合要求后,才能铺摊上层的灰土。并且在试验报告中,注明土料种类、配合比、试验日期、层数(步数)、结论等,并且要有试验人员的签字。密实度未达到设计要求的部位,均应有处理方法和复验结果。

(2)留槎、接槎不符合规定。灰土施工时应严格执行留槎、接槎的规定。当灰土基础标高不同时,应做成阶梯形,上下层的灰土接槎距离不得小于 500 mm。接槎的槎子应垂直切齐。

(3)生石灰块熟化不良。没有认真过筛,颗粒过大,造成颗粒遇水熟化体积膨胀,会将上层垫层、基础拱裂。务必认真对待熟石灰的过筛要求。

(4)灰土配合比不准确。土料和熟石灰没有认真过标准斗、将石灰粉洒在土的表面、拌和不均匀时,均会造成灰土地基软硬不一致,干土质量密度相差过大。应认真做好计量工作。

(5)房心灰土表面平整偏差过大,致使地面混凝土垫层过厚或过薄,造成地面开裂、空鼓。应认真检查灰土表面的标高及平整度。

(6)雨、冬期不宜做灰土工程,要适当考虑修改设计。否则应编好雨季、冬期施工的方案。

(7)施工时严格执行施工方案中的技术措施,防止造成灰土水泡、冻胀等质量返工事故。

3. 砂和砂石垫层地基施工

1)施工准备

(1)材料及主要机具。

①天然级配砂石或人工级配砂石:宜采用质地坚硬的中砂、粗砂、砾砂、碎(卵)石、石屑或其

他工业废粒料。在缺少中砂、粗砂和砾石的地区，可采用细砂，但同时宜掺入一定数量的碎石或卵石，其掺量应符合设计要求。颗粒级配应良好。级配砂石材料，不得含有草根、树叶、塑料袋等垃圾。砂石用作排水固结地基时，含泥量不宜超过3%。碎石或卵石的最大粒径不得大于垫层或虚铺厚度的2/3，并不宜大于50 mm。

②主要机具：一般应备有木夯、蛙式或柴油打夯机、推土机、压路机、手推车、平头铁锹、喷水用胶管、2 m靠尺、小线或细铅丝、钢尺或木折尺等。

(2)作业条件。

①设置控制铺筑厚度的标志，如水平标准木桩或标高桩，或在固定的建筑物墙上、槽和沟的边坡上弹上水平标高线或钉上水平标高木橛。

②在地下水位高于基坑(槽)底面的工程中施工时，应采取排水或降低地下水位的措施，使基坑(槽)保持无水状态。

③铺筑前，应组织有关单位共同验槽，包括轴线尺寸、水平标高、地质情况，如有无孔洞、沟、井、墓穴等。验槽应在未做地基前处理完毕并办理隐检手续。

④检查基槽(坑)、管沟的边坡是否稳定，并清除基底上的浮土和积水。

2)施工工艺

工艺流程：检验砂石质量→分层铺筑砂石→洒水→夯实或碾压→找平验收。

(1)检验砂石质量。对级配砂石进行技术鉴定，如是人工级配砂石，应将砂石拌和均匀，其质量均应达到设计要求或规范的规定。

(2)分层铺筑砂石。

①铺筑砂石的每层厚度，一般为15～20 cm，不宜超过30 cm，分层厚度可用样桩控制。视不同条件，可选用夯实或压实的方法。大面积的砂石垫层，铺筑厚度可达35 cm，宜采用6～10 t的压路机碾压。

②砂和砂石地基底面宜铺设在同一标高上，如深度不同时，基土面应挖成踏步和斜坡形，接槎处应注意压(夯)实。施工应按先深后浅的顺序进行。

③分段施工时，接槎处应做成斜坡，每层接槎处的水平距离应错开0.5～1.0 m，并应充分压(夯)实。

④铺筑的砂石应级配均匀。如发现砂窝或石子成堆现象，应将该处砂子或石子挖出，分别填入级配好的砂石。

(3)洒水。铺筑级配砂石在夯实碾压前，应根据其干湿程度和气候条件，适当地洒水以保持砂石的最佳含水量，一般为8%～12%。

(4)夯实或碾压。夯实或碾压的遍数，由现场试验确定。用水夯或蛙式打夯机时，应保持落距为400～500 mm，要一夯压半夯，行行相接，全面夯实，一般不少于3遍。采用压路机往复碾压，一般碾压不少于4遍，其轮距搭接不小于50 cm。边缘和转角处应用人工或蛙式打夯机补夯密实。

(5)找平和验收。

①施工时应分层找平,夯压密实,并应设置纯砂检查点,用 200 cm^3 的环刀取样,测定干砂的质量密度。下层密实度合格后,方可进行上层施工。用贯入法测定质量时,用贯入仪、钢筋或钢叉等检查贯入度,小于试验所确定的贯入度为合格。

②最后一层压(夯)完成后,表面应拉线找平,并且要符合设计规定的标高。

3)质量标准

(1)保证项目。

①基底土质必须符合设计要求。

②纯砂检查点的干砂质量密度,必须符合设计要求和施工规范的规定。

(2)基本项目。

①级配砂石的配料正确,拌和均匀,虚铺厚度符合规定,夯压密实。

②分层留接槎位置正确,方法合理,接槎夯压密实、平整。

(3)允许偏差项目。砂石地基的允许偏差项目如表 2-5 所示。

表 2-5 砂石地基的允许偏差项目

项目	允许偏差/mm	检验方法
顶面标高	±15	用水平仪或拉线和尺量检查
表面平整度	15	用 2 m 靠尺和楔形塞尺量检查

4)成品保护

(1)回填砂石时,应注意保护好现场轴线桩、标准高程桩,防止碰撞位移,并应经常复测。

(2)地基范围内不应留有孔洞。完工后如无技术措施,不得在影响其稳定的区域内进行挖掘工程。

(3)施工中必须保证边坡稳定,防止边坡坍塌。

(4)夜间施工时,应合理安排施工顺序,配备足够的照明设施,防止级配砂石不准或铺筑超厚。

(5)级配砂石成活后,应连续进行上部施工,否则应适当洒水润湿。

5)应注意的质量问题

(1)大面积下沉。未按质量要求施工,如分层铺筑过厚、碾压遍数不够、洒水不足等均会造成大面积下沉,因此施工中要严格执行操作工艺的要求。

(2)局部下沉。边缘和转角处夯打不实,留接槎没按规定搭接和夯实均会造成局部下沉。因此,对边角处的夯打不得遗漏。

(3)级配不良。应配专人及时处理砂窝、石堆等问题,做到砂石级配良好。

(4)在地下水位以下的砂石地基,其最下层的铺筑厚度可适当增加 50 mm。

(5)密实度不符合要求。应坚持分层检查砂石地基的质量。每层的纯砂检查点的干砂质量密度必须符合规定,否则不能进行上一层的砂石施工。

(6)砂石垫层的厚度不宜小于 100 mm;冻结的天然砂石不得使用。

2.1.2 强夯法地基施工

强夯法指的是为提高软弱地基的承载力,用重锤自一定高度下落夯击土层使地基迅速固结的方法。利用起吊设备,将 10～25 t 的重锤提升至 10～25 m 高处使其自由下落,依靠强大的夯击能和冲击波作用夯实土层。

1. 适用范围

强夯法适用于碎石土、砂土、低饱和度粉土、黏性土、湿陷性黄土、高回填土、杂填土等地基加固工程,也可用于粉土及粉砂液化的地基加固工程,但不得用于不允许对工程周围建筑物和设备有一定振动影响的地基加固工程,必须用时,应采取防振、隔振措施。经过处理后的地基既提高了地基土的强度,又降低了其压缩性,同时还能改善其抗振动液化的能力,所以这种处理方法还常用于处理可液化砂土地基等。

2. 施工准备

1)主要机具设备

(1)夯锤。锤重可取 10～40 t,底面形式宜采用圆形或多边形。夯锤的材质最好为铸钢,如条件所限,则可用钢板壳内填混凝土。夯锤底面宜对称设置若干个 ϕ250～300 mm 与顶面贯通的排气孔,以利于夯锤着地时坑底空气迅速排出和起锤时减小坑底的吸力。夯锤如图 2 - 2(a)所示。

(2)起重机械。宜选用 15 t 以上带有自动脱钩装置的履带式起重机或其他专用的起重设备。采用履带式起重机时,可在臂杆端部设置辅助门架或采取其他安全措施,防止落锤时机架倾覆。当起重机吨位不够时,亦可采取加钢支架的办法,起重能力应大于夯锤重量的 1.5 倍。起重机如图 2 - 2(b)所示。

(3)自动脱钩器。要求有足够强度,起吊时不产生滑钩;脱钩灵活,能保持夯锤平稳下落,同时挂钩方便、快捷。自动脱钩器如图 2 - 2(c)所示。

(4)推土机。可选用 T - 140 型,用于平场、整平夯坑和作地锚。

(5)检测设备。有标准贯入重型触探或轻便触探、静力承载力等设备和土工常规试验仪器。

（a）夯锤　　（b）起重机　　（c）自动脱钩器

图 2－2　强夯法施工机械

2)作业条件

(1)应有工程地质勘探报告、强夯场地平面图及设计对强夯的夯击能、压实度、加固深度、承载力要求等技术资料。

(2)强夯范围内的所有地上、地下障碍物及各种地下管线已经拆除或拆迁,对不能拆除的已采取防护措施。

(3)场地已整平,并修筑了机械设备进出道路。表面松散土层已经碾压,雨期施工时周边已挖好排水沟,以防止场地表面积水。

(4)已选定试夯区做强夯试验,通过原位试夯和测试,确定强夯施工的各项技术参数,制订强夯施工方案。

(5)当作业区地下水位较高或表层为饱和黏性土层不利于强夯时,应先在表面铺 0.5～2.0 m 厚的砂砾石或块石垫层,以防设备下陷和便于消散孔隙水压,或采取降低地下水位措施后强夯。

(6)当强夯所产生的振动对周围邻近建(构)筑物有影响时,应在靠建(构)筑物一侧挖减振沟或采取适当加固防振措施,并设观测点。

(7)测量放线,按设计图坐标定出强夯场地边线,钉木桩、撒白灰标出夯点位置,并在不受强夯影响的场地外缘,设置若干个水准基点。

3. 施工工艺

1)工艺流程

强夯法施工工艺流程:清理整平场地→标出第一遍夯点位置,测量场地高程→起重机就位,夯锤对准夯点位置→测量夯前锤顶高程→将夯锤吊到预定高度,脱钩自由下落进行夯击,测量锤顶高程→重复夯击,按规定夯击次数及沉量差控制标准,完成一个夯点的夯击→重复以上工序,完成第一遍全部夯点的夯击→用推土机将夯坑填平,测量场地高程→在规定的间隔时间后,按上述程序逐次完成全部夯击遍数→用低能量满夯,将场地表层松土夯实,并测量夯后场地高程。

2)操作要点

(1)强夯前应通过试夯确定施工技术参数,试夯区平面尺寸不宜小于 20 m×20 m。在试夯区夯击前,应选点进行原位测试,并取原状土样,测定有关土性数据,留待试夯后,仍在此处进行测试并取土样进行对比分析,如符合设计要求,即可按试夯时的有关技术参数,确定正式强夯的技术参数。否则,应对有关技术参数进行适当调整或补夯。强夯施工技术参数的选择见表 2-6。

表 2-6　强夯施工技术参数的选择

项次	项目	施工技术参数
1	锤重和落距	锤重 C 与落距 h 是影响夯击能和加固深度的重要因素,锤重一般不宜小于 8 t,常用的有 10、15、20 t;落距一般不小于 10 m,多采用 10、13、15、18、20、25 m等几种
2	夯击能	锤重 C 与落距 h 的乘积称为夯击能 E,一般取 600～3000 kN,一般对砂质土取 1000～1500 kN/m^2,对黏性土取 1500～3000 kN/m^2。夯击能过小,加固效果差;夯击能过大,对于饱和黏土,会破坏土体形成橡皮土(需另行采取措施处理),降低强度
3	夯击点布置及间距	对大面积地基,一般采用梅花形或正方形网格排列;对条形基础,夯击点可成行布置;对工业厂房独立柱基础,可按柱网设置单点夯击。夯击点间距取夯锤直径的 3 倍,一般为 5～9 m,一般第一遍夯击点的间距宜大,以便夯击能向深部传递
4	夯击变数与击数	一般为 2～3 遍,前两遍为"点夯",最后一遍以低能量(为前几遍能量的 1/2～1/3或按设计要求)进行"满夯"(即锤印彼此搭接),以加固前几遍夯击点之间的黏土和被振松的表土层。每个夯击点的夯击数以使土体竖向压缩量最大而侧向移动最小,最后两击沉降量之差小于规范要求或试夯确定的数值为准,一般软土控制瞬时沉降量为 5 cm,废渣填石地基控制的最后两击下沉量之差≤5 cm。每个夯击点的夯击数一般为 6～9,点夯击数宜多些,满夯只夯 1～2 击
5	两遍之间的间隔时间	通常待土层内超孔隙水压力大部分消散,地基稳定后再夯下一遍,一般时间间隔 1～2 周。对黏土或冲积土常为 3 周,若无地下水或地下水位在 5 m 以下,含水量较少的碎石类填土或透水性强的砂性土,可采取间隔 1～2 周,或采用连续夯击而不需要间歇
6	强夯加固范围	对于重要工程应比设计地基长(L)、宽(B)各大出一定加固宽度,有设计要求的则按设计,对于一般建筑物,则加宽 3～5 m
7	加固影响深度	加固影响深度 H(m)与强夯工艺有密切关系,一般按修正的梅那氏(法)公式估算:$H=K/\sqrt{Gh/10}$,式中,H 为加固深度;K 为修正系数,一般黏性土取 0.5,砂性土取 0.7,黄土取 0.35;G 为锤重;h 为落差

(2)强夯应分段进行,从边缘夯向中央。对厂房柱基可一排一排夯,起重机直线行驶,从一边向另一边进行,每夯完一遍,用推土机整平场地,放线定位,即可接着进行下一遍夯击。强夯法的加固顺序:先深后浅,即先加固深层土,再加固中层土,最后加固表层土。两遍点夯完成后,再以低能量满夯一遍,有条件的宜采用小夯锤夯击。强夯法的有效加固深度见表 2-7。

表 2-7 强夯法的有效加固深度 单位:m

单击夯击能/(kN·m)	碎石土、砂土等粗颗粒土	粉土、黏性土、湿陷性黄土等细颗粒土
1000	5.0～6.0	4.0～5.0
2000	6.0～7.0	5.0～6.0
3000	7.0～8.0	6.0～7.0
4000	8.0～9.0	7.0～8.0
5000	9.0～9.5	8.0～8.5
6000	9.5～10.0	8.5～9.0
8000	10.0～10.5	9.0～9.5

(3)夯击时应按试夯和设计确定的强夯参数进行,落锤应保持平稳,夯击点位应准确,夯击坑内积水应及时排除。若错位或坑底倾斜过大,宜用砂土将坑底垫平;坑底含水量过大时,可铺砂石后再进行夯击。在每一遍夯击之后,要用新土或用周围的土将夯击坑填平,再进行下一遍夯击。强夯后,基坑应及时平整,场地四周挖排水沟,防止场内积水,最好浇筑混凝土垫层封闭。

(4)夯击过程中,每点夯击均要用水平仪进行测量,保证最后两击沉量差满足规范要求。夯击一遍完成后,应测量场地平均下沉量,并做好现场施工记录。

(5)雨季施工时,应及时排除夯坑内或夯击过的场地内积水,并晾晒 3～4 天。夯坑回填土时,宜用推土机稍加压实,并稍高于附近地面,防止坑内填土吸水过多,出现橡皮土现象。若出现橡皮土可置换土体或加片石。

(6)冬期施工时,如地面有积雪,必须清除;如有冻土层,应先将冻土层击碎,并适当增加夯击数。

(7)强夯结束,待孔隙水压力消散后,间隔 1～2 周后进行检测,检测点一般不少于 3 处。

4. 质量标准

1)验收批划分原则

竣工后的结果(地基压实度或承载力)必须达到设计要求的标准。压实度检验数量为每单位工程不应少于 6 点,1000 m^2 以上工程,至少应有 6 点,以后每增加 1000 m^2 则增加 1 点。承载力一般一个工程只做 1 或 2 组,或按设计要求。每一个独立基础下至少应有 1 个压实度检验点或触探,基槽每 20 延米应有 1 点。

2)主控项目

(1)强夯地基主控项目质量检验标准应符合表 2－8 的规定。

表 2－8　强夯地基质量检验标准

项目	序号	检查项目	允许偏差和允许值	检查方法
主控项目	1	地基压实度	设计要求	按规定方法
	2	地基承载力	设计要求	按规定方法
一般项目	1	夯锤落距/mm	±300	钢索设标志
	2	锤重/kg	±100	称重
	3	夯击击数及顺序	设计要求	计数法
	4	夯击间距/mm	±500	用钢尺量
	5	夯击范围(超出基础范围距离)	设计或规范要求	用钢尺量
	6	前后两遍间歇时间	设计或规范要求	设计或规范要求

(2)施工结束后,检查被夯地基强度、承载力,消除湿陷程度及液化程度。

3)一般项目

(1)施工前应检查夯锤重量、尺寸,落距控制手段。施工中应检查夯锤落距、夯击遍数及顺序、夯点间距、夯击范围、前后两遍间歇时间等。

(2)强夯地基一般项目质量检验标准应符合表 2－8 的规定。

4)特殊工艺、关键控制点控制方法

特殊工艺、关键控制点控制方法见表 2－9。

表 2－9　特殊工艺、关键控制点控制方法

序号	关键控制点	主要控制方法
1	夯前原位测试	强夯前应做好夯区岩土工程勘察,对不均匀土层适当增加钻孔和原位测试工作,掌握土质情况,用于制订强夯方案和对比夯前、夯后的加固效果,必要时进行现场试验性强夯,确定强夯的各项参数
2	夯后原位测试	夯击后应对地基土进行原位测试,包括室内土工分析试验、野外标准贯入、静力(轻便)触探、旁压仪(或野外载荷试验),测定有关数据,以检验地基的实际影响深度
3	检测时间	检测强夯的测试工作时间,不得在强夯后立即进行,必须根据不同土质条件间歇一至数周,以避免测得的土体强度偏低,而出现较大误差,影响测试的准确性

5)其他质量控制要求

(1)强夯施工前不允许地表水存在,并应挖去含水量较大的土方。

(2)强夯过程中如发现橡皮土现象,应停止对该区域的施工,挖去该部分土方并填入含水量符合要求的土方重新施工。

(3)强夯施工时,夯击点中心位移偏差应小于 15 cm。

(4)质检员在施工过程中要严格抽查,严禁少打多记或多打少记。

(5)雨天禁止强夯施工,晴天时,夯坑尽量裸露晾晒,使土层含水量加速蒸发。严禁夯坑内带水作业。

(6)强夯后,夯坑内出现地下冒出的积水,应采用水泵等措施排除。

(7)强夯施工,当坑底倾斜大于 30°时,应加料将坑底填平,再进行施工。

(8)按设计要求检查每个夯点的夯击次数和每击的夯沉量。

(9)强夯锤底面积 A 和锤底静压强 P 参照表见表 2-10。

表 2-10 强夯锤底面积 A 和锤底静压强 P 参照表

土的名称	湿陷性黄土	一般黏性土、粉土	砂土、碎石土、人工填土等
锤底面积 A/m^2	4～6	3～4	2～4
锤底静压强 P/kPa	25～35	35～40	40～45

5. 成品保护

当作业区地下水位较高、夯坑底积水或表层为饱和黏性土层不利于强夯时,应先在表面铺 0.5～2.0 m 厚的中(粗)砂、砂砾或块石垫层,以防设备下陷和便于消散孔隙水压,或采取降低地下水位的方法,使地下水位低于坑底面以下 2 m。坑内或场地积水应及时排除。

6. 应注意的质量问题

(1)地面隆起及翻浆。调整夯点间距、落距、夯击数等,使之不出现地面隆起和翻浆为准(视不同的土层、不同机具等确定)。在易翻浆的饱和黏性土上,可在夯点下铺填碎石垫层,以利孔隙水压的消散,可一次铺成或分层铺填。尽量避免雨期施工,必须雨期施工时,要挖排水沟,设集水井,地面不得有积水,减少夯击数,增加孔隙水的消散时间。

(2)夯击效果差。若基础埋置较深时,可采取先挖除表层土的办法,对荷载较大的部位,可适当增加夯击点。土层发生液化应停止夯击,此时的夯击数为该遍确定的夯击数,或视夯坑周围隆起情况确定的最佳夯击数。目前常用的夯击数在 5～20 击范围内。间歇时间是保证夯击效果的关键,主要根据孔隙水压力消散的程度确定。

(3)土层中有软弱土。尽量避免在软弱夹层地区采用强夯加固地基,如果必须用,应加大夯击能量。

2.1.3 挤密桩法地基施工

挤密桩法是软土地基加固处理的方法之一。通常在湿陷性黄土地区使用较广，用冲击或振动方法，把圆柱形钢质桩管打入原地基，拔出后形成桩孔，然后进行素土、灰土、石灰土、水泥土等物料的回填和夯实，从而达到形成较大直径的桩体，并同原地基一起形成复合地基。特点在于不取土，挤压原地基成孔；回填物料时，夯实物料会进一步扩孔。

挤密桩法与其他地基处理方法比较，有如下主要特征。

(1)灰土、素土等挤密桩法是横向挤密，但同样可达到所要求加密处理后的最大干密度的指标。

(2)与土垫层相比，无需开挖回填，因而节约了开挖和回填土方的工作量，比换填法缩短工期约一半。

(3)由于不受开挖和回填的限制，一般处理深度可达 12～20 m。

(4)由于填入桩孔的材料均属就地取材，因而比其他处理湿陷性黄土和人工填土的方法造价低，能取得很好的效益。

灰土、素土等挤密桩法适用于处理地下水位以上的湿陷性黄土、素填土和杂填土等地基，可处理地基的深度为 5～20 m。当以消除地基土的湿陷性为主要目的时，宜选用素土挤密桩法。当以提高地基土的承载力或增强其水稳性为主要目的时，宜选用灰土挤密桩法。当地基土的含水量大于 24%、饱和度大于 65%时，不宜选用灰土挤密桩法或素土挤密桩法。

1. 灰土挤密桩地基施工

1)施工准备

(1)材料要求。

①土料：可采用就地挖出的黏性土及塑性指数大于 4 的粉土，不得使用含有有机杂质或用耕植土；土料应过筛，其颗粒直径不应大于 15 mm。

②石灰：应用Ⅰ级以上新鲜的块灰，使用前 1～2 天消解并过筛，其颗粒直径不应大于 5 mm，不得夹有未熟化的生石灰块粒及其他杂质，也不得含有过多的水分。

③对选定的石灰和土进行原材料和土工试验，确定石灰土的最大干密度、最佳含水量等技术参数。灰土桩的石灰剂量占 12%(重量比)，配制时确保充分拌和及颜色均匀一致，灰土的夯实最佳含水量宜控制在 21%～26%之间，加水时边拌和边加水，确保灰土的含水量为最优含水量。

(2)主要机具设备。

①成孔设备：0.6 t 或 1.2 t 柴油打桩机或自制锤击式打桩机，亦可采用冲击钻或洛阳铲。

②夯实设备：卷扬机、提升式夯机或偏心轮夹杆式夯实机及梨形锤。

③主要工具：铁锹、量斗、水桶、胶管、喷壶、铁筛、手推胶轮车等。

(3)作业条件。

①岩土工程勘察报告、基础施工图纸、施工组织设计应齐全。

②施工场地地面上所有障碍物和地下管线、电缆、旧基础等均需全部拆除，保证场地表面平整。沉管振动对邻近结构物有影响时，需采取有效保护措施。

③施工场地进行平整，对桩机运行的松软场地进行预压处理，场地形成横坡，做好临时排水沟，保证排水畅通。

④设置桩轴线控制桩及水准点桩并编号。桩孔位置已经放线并钉标桩定位或撒石灰。

⑤已进行成孔、夯填工艺和挤密效果试验，确定有关施工工艺参数(分层填料厚度、夯击次数和夯实后的干密度、打桩次序)，并对试桩进行了测试，承载力及挤密效果等符合设计要求。

⑥供水、供电、运输道路、现场小型临时设施已经设置就绪。

(4)作业人员。施工机具应由专人负责使用和维护，大、中型机械和特殊机具需执证上岗，主要作业人员须经过安全培训，并有施工技术交底(作业指导书)。

2)施工工艺

(1)工艺流程：基坑开挖→桩成孔→清底夯→桩孔夯填土→夯实。

(2)操作要点。

①成孔施工。

a.沉管机就位后，使沉管尖对准桩位，调平扩桩机架，使桩管保持垂直，用线锤吊线检查桩管垂直度。在成孔过程中，如土质较硬且均匀，可一次性成孔达到设计深度，如中间夹有软弱层，则需反复几次才能达到设计深度。

b.对含水量较大的地基，桩管拔出后，会出现缩孔现象，造成桩孔深度或孔径不够。对深度不够的孔，可采取超深成孔的方式确保孔深。对孔径不够的孔，可采用洛阳铲扩孔，扩孔后及时夯填石灰土。

②灰土拌和。首先分别对土和消解后的石灰过筛，灰土桩石灰剂量为12%(重量比)与土进行配料搅和，在拌料场拌和3遍运至孔位旁，夯填前再拌和一次，拌和好的灰土要及时夯填，不得隔日使用。每天施工前测定土和石灰的含水量，确保拌和后灰土的含水量接近最佳含水量。

③夯填灰土。

a.夯填前测量成孔深度、孔径、垂直度是否符合要求(相关标准见“灰土挤密桩工程质量检验标准”，如表2-11所示。)，并做好记录。

表 2－11　灰土挤密桩工程质量检验标准

项	序	检查项目	允许偏差或允许值		检查方法
			单位	数值	
主控项目	1	桩长	mm	±50	测桩管长度或垂球
	2	地基承载力	设计要求		按规范方法
	3	桩体及桩间土干密度	设计要求		现场取样检查
	4	桩径	mm	－20	用钢尺量
一般项目	1	土料有机质含量	%	＜5	试验室焙烧法
	2	石灰粒径	mm	＜5	筛分法
	3	桩位偏差	≤0.4 d		用钢尺量
	4	垂直度	%	＜1.5	用经纬仪测桩管
	5	桩径	mm	－20	用钢尺量

注：桩径允许偏差是指个别断面。

b.先对孔底夯击 3～4 锤，再按照填夯试验确定的工艺参数连续施工，分层夯实至设计标高。

④灰土挤密桩施工完成后应挖除桩顶松动层后开始施工灰土垫层。

(3)试验桩。

①要求灰土桩在大面积施工前，要进行试桩施工，以确定施工技术参数。试桩段落由各标段在原设计水泥搅拌桩段落范围内自行确定，施工过程中要求监理人员全程旁站，灰土拌和、成孔、孔间距及回填灰土都严格按照要求进行施工。要求在挤密前、后分别做出表 2－12 所列出的土工试验数据。

表 2－12　土工试验数据表

取土深度/cm	挤密前地基土				挤密后地基土			
	湿容重/(g/cm^3)	干容重/(g/cm^3)	孔隙比 e	压缩系数 α	湿容重/(g/cm^3)	干容重/(g/cm^3)	孔隙比 e	压缩系数 α
100								
200								
300								
400								
500								
600								

②夯击设备及技术参数。偏心轮夹杆式夯实机，夯锤重 100～150 kg，落距 0.6～1 m，夯击 40～50 次/min，同时严格控制填料速度，以 10～20 cm 为一层，夯实到发出清脆回声为止，然后再进行下一层填料。

3)质量检验及标准

(1)主控项目。灰土挤密桩的桩数、排列尺寸、孔径、深度、填料质量及配合比，必须符合设计要求或施工规范规定。

(2)一般项目。

①施工前应对土及灰土的质量、桩孔放样位置等做检查。

②施工中应对桩孔直径、桩孔深度、夯击次数、填料的含水量等做检查。

③施工结束后，应检查成桩的质量及复合地基承载力。

④土和灰土挤密桩地基质量检验标准应符合表 2－11 中的相关规定。

(3)特殊工艺、关键控制点控制。特殊工艺、关键控制点的控制方法见表 2－13。

表 2－13　特殊工艺、关键控制点控制方法

序号	关键控制点	控制措施
1	施工顺序	分段施工
2	灰土拌制	木料、石灰过筛、计量，拌制均匀
3	桩孔夯填	石灰桩应打一孔填一孔，若土质较差，夯填速度较慢，宜采用间隔打法，以免因振动、挤压造成相邻桩孔出现颈缩或坍孔
4	管理	施工中应加强管理，认真进行技术交底和检查；桩孔要防止漏钻或漏填；灰土要计量拌匀；干湿要适度，厚度和落锤高度、锤击数要符合规定，以免桩出现漏填灰、夹层、松散等情况，造成严重质量事故

4)施工注意事项

(1)沉管桩成孔及注意事项。

①钻机要求准确平稳，在施工过程中机架不应发生位移或倾斜。

②桩管上设置醒目牢固的尺度标志，沉管过程中注意桩管的垂直度和贯入速度，发现反常现象及时分析原因并进行处理。

③桩管沉入设计深度后应及时拔出，不宜在土中搁置较长时间，以免摩阻力增大后拔管困难。

④拔管成孔后，由专人检查桩孔的质量，观测孔径、深度是否符合要求，如发现缩颈、回淤等情况，可用洛阳铲扩桩至设计值，如情况严重甚至无法成孔时在局部地段可采用桩管内灌入砂砾的方法成孔。

(2)夯击注意事项。夯击就位要保持平稳、沉管垂直，夯锤对准桩中心，确保夯锤能自由落入孔底。

(3)桩缩孔或塌孔,挤密效果差等现象。

①地基土的含水量在达到或接近最佳含水量时,挤密效果最好。当含水量过大时,必须采用套管成孔。成孔后如发现桩孔缩颈比较严重,可在孔内填入干散砂土、生石灰块或砖渣,稍等一段时间后再将桩管沉入土中,重新成孔。如含水量过小,应预先浸湿加固范围的土层,使之达到或接近最佳含水量。

②必须遵守成孔挤密的顺序,采用隔排跳打的方式成孔,应打一孔,填一孔,应防止受水浸湿且必须当天回填夯实。为避免夯打造成缩颈堵塞,可隔几个桩位跳打夯实。

(4)桩身回填夯击不密实,疏松、断裂。

①成孔深度应符合设计规定,桩孔填料前,应先夯击孔底3～4锤。根据试验测定的密实度要求,随填随夯,对持力层范围内(约5～10倍桩径的深度范围)的夯实质量应严格控制。若锤击数不够,可适当增加击数。

②每个桩孔回填用料应与计算用量基本相符。

③夯锤重不宜小于100 kg,采用的锤型应有利于将边缘土夯实(如梨形锤和枣核形锤等),不宜采用平头夯锤。

5)安全与环境管理

(1)施工过程危害及控制措施。施工过程危害及控制措施如表2-14所示。

表2-14　施工过程危害及控制措施

序号	作业活动	危险源	控制措施
1	操作振动或锤击沉桩机、冲击机	倾倒或锤头突然下落,造成人员伤亡或设备损坏	振动或锤击沉桩机安放平稳,经常检查设备情况
2	现场施工	人员或物件掉入孔内	应加盖板
3	施工用电	触电	电气设备应设接地、接零,并由持证人员安全操作。电缆、电线应架空

注:表中内容仅供参考,现场应根据实际情况重新辨识。

(2)环境因素辨识及控制措施。环境因素辨识及控制措施如表2-15所示。

表2-15　环境因素辨识及控制措施

序号	作业活动	环境因素	控制措施
1	土方出场	扬尘	道路经常洒水
2	机械使用	废油	施工现场使用或维修机械时,应有防滴漏措施

2.砂石桩地基施工

1)施工准备

(1)材料要求。

①天然级配砂石或人工级配砂石:宜采用质地坚硬的中砂、粗砂、砾砂、碎(卵)石、石屑或其他工业废粒料。在缺少中、粗砂和砾石的地区,可采用细砂,但宜同时掺入一定数量的碎石或卵石,其掺量应符合设计要求。颗粒级配应良好。

②级配砂石材料,不得含有草根、树叶、塑料袋等有机杂物及垃圾。用于排水固结地基时,含泥量不宜超过3%。碎石或卵石最大粒径不得大于垫层或虚铺厚度的2/3,且不宜大于50 mm。

(2)主要机具设备。一般应备有木夯、蛙式或柴油打夯机、推土机、压路机(6~10 t)、手推车、平头铁锹、喷水用胶管、2 m靠尺、小线或细铅丝、钢尺或木折尺等。

(3)作业条件。

①设置控制铺筑厚度的标志,如水平标准木桩或标高桩,或在固定的建筑物墙上、槽和沟的边坡上弹上水平标高线或钉上水平标高木橛。

②在地下水位高于基坑(槽)底面的工程中施工时,应采取排水或降低地下水平的措施,使基坑(槽)保持无水状态。

③铺筑前,应组织有关单位共同验槽,包括轴线尺寸、水平标高、地质情况,如有无孔洞、沟、井、墓穴等。应在未做地基前处理完毕并办理隐检手续。

④检查基槽(坑)、管沟的边坡是否稳定,并清除基底上的浮土和积水。

2)施工工艺

工艺流程:检验砂石质量→分层铺筑砂石→洒水→夯实或碾压→找平验收。

(1)检验砂石质量。对级配砂石进行技术鉴定,如是人工级配砂石,应将砂石拌和均匀,其质量均应达到设计要求或规范的规定。

(2)分层铺筑砂石。

①铺筑砂石的每层厚度,一般为15~20 cm,不宜超过30 cm,分层厚度可用样桩控制。视不同条件,可选用夯实或压实的方法。大面积的砂石垫层,铺筑厚度可达35 cm,宜采用6~10 t的压路机碾压。

②砂和砂石地基底面宜铺设在同一标高上,如深度不同时,基土面应挖成踏步和斜坡形,接槎处应注意压(夯)实。施工应按先深后浅的顺序进行。

③分段施工时,接槎处应做成斜坡,每层接槎处的水平距离应错开0.5~1.0 m,并应充分压(夯)实。

④铺筑的砂石应级配均匀。如发现砂窝或石子成堆现象,应将该处砂子或石子挖出,分别填入级配好的砂石。

(3)洒水。铺筑级配砂石在夯实碾压前，应根据其干湿程度和气候条件，适当地洒水以保持砂石的最佳含水量，一般为8%～12%。

(4)夯实或碾压。夯实或碾压的遍数，由现场试验确定。用木夯或蛙式打夯机时，应保持落距为400～500 mm，要一夯压半夯，行行相接，全面夯实，一般不少于3遍。采用压路机往复碾压，一般碾压不少于4遍，其轮距搭接不小于50 cm。边缘和转角处应用人工或蛙式打夯机补夯密实。

(5)找平和验收。

①施工时应分层找平，夯压密实，并应设置纯砂检查点，用200 cm^3 的环刀取样，测定干砂的质量密度。下层密实度合格后，方可进行上层施工。用贯入法测定质量时，用贯入仪、钢筋或钢叉等进行贯入度检查，小于试验所确定的贯入度为合格。

②最后一层压(夯)完成后，表面应拉线找平，并且要符合设计规定的标高。

3)质量标准

(1)保证项目。

①基底土质必须符合设计要求。

②纯砂检查点的干砂质量密度，必须符合设计要求和施工规范的规定。

(2)基本项目。

①级配砂石的配料正确，拌和均匀，虚铺厚度符合规定，夯压密实。

②分层留接槎位置正确，方法合理，接槎夯压密实、平整。

(3)允许偏差项目。砂石地基的允许偏差项目如表2-16所示。

表2-16　砂石地基的允许偏差项目

序号	项目	允许偏差/mm	检验方法
1	顶面标高	±15	用水准仪或拉线和尺量检查
2	表面平整度	20	用2 m靠尺和楔形塞尺量检查

4)成品保护

(1)回填砂石时，应注意保护好现场轴线桩、标准高程桩，防止碰撞位移，并应经常复测。

(2)地基范围内不应留有孔洞，完工后如无技术措施，不得在影响其稳定的区域内进行挖掘工程。

(3)施工中必须保证边坡稳定，防止边坡坍塌。

(4)夜间施工时，应合理安排施工顺序，配备足够的照明设施，防止级配砂石不符合要求或铺筑超厚。

(5)级配砂石成活后，应连续进行上部施工，否则应适当经常洒水润湿。

5)应注意的质量问题

(1)大面积下沉。未按质量要求施工，如分层铺筑过厚、碾压遍数不够、洒水不足等均会造成大面积下沉，因此施工时要严格执行操作工艺的要求。

(2)局部下沉。边缘和转角处夯打不实，留接槎没按规定搭接和夯实。对边角处的夯打不得遗漏。

(3)级配不良。应配专人及时处理砂窝、石堆等问题，做到砂石级配良好。

(4)在地下水位以下的砂石地基，其最下层的铺筑厚度可适当增加 50 mm。

(5)密实度不符合要求。坚持分层检查砂石地基的质量。每层的纯砂检查点的干砂质量密度必须符合规定，否则不能进行上一层的砂石施工。

(6)砂石垫层厚度不宜小于 100 mm，冻结的天然砂石不得使用。

3. CFG 桩复合地基施工

1)施工准备

(1)材料要求。

①混凝土、混凝土外加剂和掺和料：缓凝剂、粉煤灰，均应符合相应标准要求，其掺量应根据施工要求通过试验来确定。

②褥垫层材料：5～32 mm 碎石或级配砂石，均应符合相应标准要求。

(2)主要机具。应具有长螺旋钻机、混凝土输送泵、搅拌机、三级电箱、小型挖掘机、钢钎、小推车。

(3)作业条件。

①基槽开挖至设计桩顶标高以上 40 cm，肥槽宽度不小于 50 cm。

②长螺旋钻机、混凝土输送泵、混凝土输送管路等设备应经检查、维修，保证浇筑过程顺利进行。

③检查电源、线路，并做好照明准备工作。

④配齐所有管理人员和施工人员，并对所有人员进行技术交底、安全交底。

⑤CFG 桩施工前应清整施工道路，保证混凝土运输通畅。

2)施工工艺

(1)工艺流程。设备、人员进场→测放桩位、材料采购→试桩施工→桩基顺序施工→清槽至桩顶标高→凿桩头→检测→褥垫层施工→退场。

单桩施工：钻机就位→钻孔→终孔至设计深度→压灌混凝土→提钻并压灌混凝土至孔口。

(2)操作要点。

①放线。施工前根据放出的外墙轴线或外墙皮线，四周交点用钢钎打入地下，按照桩位布置图统一进行测放桩位线，桩位中心点用钎子插入地下，并用白灰明示，桩位偏差小于 2 cm。

②成孔。长螺旋钻机成孔，应匀速钻进，避免形成螺旋孔；成孔深度在钻杆上应有明确标记，成孔深度误差不超过 0.1 m，确保桩端进入持力层的深度大于 200 mm，垂直度偏差小于 1%。

③混凝土灌注。成孔至设计深度后，现场指挥员应通知钻机停钻提升钻杆，并同时通知司泵员开始灌注混凝土并保持连续灌注。灌注混凝土至桩顶时，应适当超过桩顶设计标高 70 cm

左右(至槽面上 30 cm 左右),以保证桩顶标高和桩顶混凝土质量均符合设计要求;灌注混凝土之前,应检查管路是否顺畅稳固;每班第 1 根桩灌注前,应用水泥砂浆湿润管路。压灌混凝土时一次提钻高度小于 25 cm,混凝土埋钻高度大于 1.0 m;现场设专人负责检查混凝土灌注质量及处理意外情况;商品混凝土进场后应立即灌注(2 h 内),严禁长时间搁置;保证桩身混凝土至少养护 24 h,避免扰动;施工过程中应认真填写施工记录,每台班或每日留取试块 1～2 组。

④清土及剔桩。

a. 在鑵压桩施工完毕后立即将多余混凝土铲除。

b. 在成桩后 5 天左右剔桩,避免因桩身强度较大造成剔桩困难。

c. 清土采用小型机械设备及人工开挖、运输,避免断桩及对地基土的扰动。

d. 清土时至少预留 20 cm 进行人工清除,找平。

e. 清槽后人工截桩,采用 3 根钢钎,间隔 120 mm,沿径向楔入桩体,直至上部桩体断开,桩顶采用小钎修平。

f. 因剔桩造成桩顶开裂、断裂时,按桩基混凝土接桩规定,断面凿毛,刷素水泥浆后用高一级混凝土填补并振捣密实。

⑤褥垫层。

a. 复合地基施工、检测合格后,方可进行褥垫层施工。

b. 褥垫层材料使用 5～32 mm 碎石或级配砂石;褥垫层虚铺 22～24 cm,采用平板振动仪振密,平板振动仪功率大于 1500 kW,压振 3～5 遍,控制振速,振实后的厚度与虚铺厚度之比小于 0.93,干密度不做要求。

3)质量要求

(1)桩体连续密实,不得有断桩、缩径、加砂等缺陷。

(2)允许偏差。

①桩长:不小于设计值。

②桩顶标高:±200 mm。

③桩径:+50 mm。

④桩位:条基边桩沿轴线≤1/4D、垂直轴线≤1/6D、其他情况≤2/5D。

4)成品保护

(1)已成桩后严防重型机械行走或扰动,防止压松桩头造成桩顶混凝土不成型、断桩。

(2)清土采用小型机械设备及人工开挖、运输,清土至少预留 20 cm 进行人工清除、找平;避免断桩及对地基土的扰动。

任务实施

1. 工作任务

掌握换填垫层法地基施工(灰土垫层地基施工、砂和砂石垫层地基施工)、强夯法地基施工、挤密桩法地基施工(灰土挤密桩地基施工、砂石桩地基施工、CFG桩复合地基施工)施工工艺及质量要求。

2. 实施过程

1)收集资料

利用在线开放课程、网络资源等查找相关资料,收集换填垫层法地基施工、强夯法地基施工、挤密桩法地基施工前准备、施工工艺、质量要求等资料。

2)引导文

(1)选择题。

①换填法不适用于__________。

A. 湿陷性黄土　　B. 杂填土　　C. 深层松砂地基　　D. 淤泥质土

②在人工填土地基的换填垫层法中,下面________不宜用作填土材料。

A. 级配砂石　　B. 矿渣　　C. 膨胀性土　　D. 灰土

③当选用灰土作为垫层材料进行换填法施工时。灰土的体积配合比宜选为________。

A. 4∶6　　B. 5∶5　　C. 7∶3　　D. 2∶8

④换填法适用于处理各类软弱土层,其处理深度通常控制在________范围内,较为经济合理。

A. 3 m以内　　B. 5 m以内　　C. 8 m以内　　D. 15 m以内

⑤夯实地基中,________适用于处理松散的碎石土、砂土、低饱和度的黏性土、粉土、湿陷性黄土及填土地基的深层加固。

A. 强夯法　　B. 换填垫层法　　C. 挤密桩法　　D. 砂石桩法

⑥采用换填垫层法处理湿陷性黄土时,对填料分层夯实应处的状态是________。

A. 天然湿度　　B. 翻晒晾干

C. 最优含水量下　　D. 与下卧层土层含水量相同

⑦灰土地基质量检验标准中,分层厚度偏差为________。

A. ±50 mm　　B. ±40 mm　　C. ±30 mm　　D. ±60 mm

⑧灰土地基施工结束后,应检验灰土地基的________。

A. 平整度　　B. 坡度　　C. 承载力　　D. 干密度

⑨CFG 桩采用沉管灌注桩施工时，提拔速度为________。

A. 1.2～1.5 m/min　　B. 1.5～1.8 m/min

C. 2.2～2.5 m/min　　D. 2.5～2.8 m/min

⑩CFG 桩施工结束后，应检查的项目中，不正确的是________。

A. 单桩承载力　　B. 成孔深度　　C. 复合地基承载力　　D. 桩体质量

(2)简答题。

①换填垫层法的适用范围是什么？

②换填垫层法的加固机理是什么？

③灰土垫层地基施工的工艺流程是什么？

④灰土垫层地基施工操作要点的灰土拌和有哪些要求？

⑤砂和砂石垫层地基施工的工艺流程是什么？

⑥什么是强夯法？其适用范围是什么？

⑦强夯法地基施工中主要的机具设备有哪些？

⑧挤密桩法与其他地基处理方法比较，有哪些特征？

⑨灰土挤密桩地基施工的工艺流程是什么？

⑩砂石桩地基施工的工艺流程是什么？

3)任务实施

查阅资料，完成水泥粉煤灰碎石桩复合地基施工的方案。

①材料要求：

②主要机具：

③作业条件：

④施工工艺流程：

⑤质量要求：

⑥成品保护措施：

3. 检查与评价

学生首先自查，然后以小组为单位进行互查，发现错误及时纠正，遇到问题商讨解决，教师做出改进指导后，结合学生在实施过程中表现出来的职业素养、参与程度综合考核评价每位同学成绩。学生自评表和教师评定表分别见任务表 2-1、2-2。

任务表 2-1　学生自评表

项目名称	地基与基础工程施工	任务名称	地基处理
学生姓名		实际得分	标准分值
灰土垫层地基施工能力			10
砂和砂石垫层地基施工能力			10
强夯法地基施工能力			20
灰土挤密桩地基施工能力			10
砂石桩地基施工能力			10
CFG 桩复合地基施工能力			10
是否能认真描述困难、错误和修改内容			10
对自己工作的评价			10
团队协作能力评价			10
合计得分			100
改进内容及方法：			

任务表 2-2　教师评定表

项目名称	地基与基础工程施工	任务名称	地基处理
学生姓名		实际得分	标准分值
灰土垫层地基施工能力			10
砂和砂石垫层地基施工能力			10
强夯法地基施工能力			20
灰土挤密桩地基施工能力			10
砂石桩地基施工能力			10
CFG 桩复合地基施工能力			10
是否能认真描述困难、错误和修改内容			10
对学生工作的评价			10
团队协作能力评价			10
合计得分			100

知识拓展

认识其他地基处理方法

地基处理方法通常有以下几种不同分类:根据处理时间,可分为临时处理和永久处理;根据处理深度,可分为浅层处理和深层处理;根据被处理土的特性,可分为砂性土处理和黏性土处理、饱和土处理和非饱和土处理;根据地基处理的作用机理,可以分为置换法、排水固结法、加筋法、胶结法和热学法。

1.置换法

置换法是指利用物理力学性质较好的岩土材料置换天然地基中部分或全部软弱土体,以形成双层地基或复合地基。置换法的优点是,可提高持力层的承载力,减少沉降量,消除或部分消除土的湿陷性和胀缩性,防止土的冻胀作用和改善土的抗液化性。

置换法常用于基坑面积宽大和开挖土方量较大的回填土方工程,适用于处理浅层软弱地基、湿陷性黄土地基、膨胀土地基、季节性冻土地基、素填土和杂填土地基。

2.排水固结法

排水固结法的基本原理是软土地基在附加荷载的作用下完成排水固结,使孔隙比减小,抗剪强度提高,以实现提高地基承载力,减少沉降的目的。排水固结法适用于处理厚度较大的饱和软土地基,但对于厚度较大的泥炭层要慎重对待。

3.加筋法

加筋法的基本原理是在人工填土的路堤或挡墙内,铺设土工合成材料、钢带、钢条、尼龙绳或玻璃纤维等作为拉筋,使这种人工复合土体可承受抗拉、抗压、抗剪和抗弯作用,用以提高地基承载力。加筋法可减少沉降和增加地基稳定性。加筋法适用于人工填土的路堤和挡墙结构。

4.胶结法

胶结法是指向土体内灌入或拌入水泥、水泥砂浆,以及石灰等化学固化物,在地基中形成加固或增强体,用以提高地基承载力、减少沉降、增加稳定性、防止渗漏。

胶结法适用于处理岩基、砂土、粉土、淤泥质黏土、粉质黏土、黏土和一般人工填土,也可使用于托换加固工程。

5.热学法

热学法是通过渗入压缩的热空气和燃烧物,并依靠热传导,而将细颗粒土加热到100 ℃以上,则土的强度就会增加,压缩性随之降低,从而达到理想的截水性能和较高的承载力。适用于非饱和黏性土、粉土和湿陷性黄土。

任务2.2　浅基础施工

任务描述

学习浅基础施工的相关内容；掌握钢筋混凝土条形基础和钢筋混凝土独立基础的施工工艺及质量控制要求；掌握筏形基础的施工工艺及质量控制要求。

知识学习

2.2.1　浅基础施工概述

1. 地基和基础的基本概念

在建筑工程中，建筑物与土层直接接触的部分称为基础，支承建筑物重量的土层叫地基。基础是建筑物的组成部分，它承受着建筑物的全部荷载，并将其传给地基。而地基不是建筑物的组成部分，它只是承受建筑物荷载的土壤层。其中，具有一定的地耐力，直接支承基础，持有一定承载能力的土层称为持力层；持力层以下的土层称为下卧层。地基土层在荷载作用下产生的变形，随着土层深度的增加而减少，到了一定深度则可忽略不计。地基与基础的关系如图2-3所示。

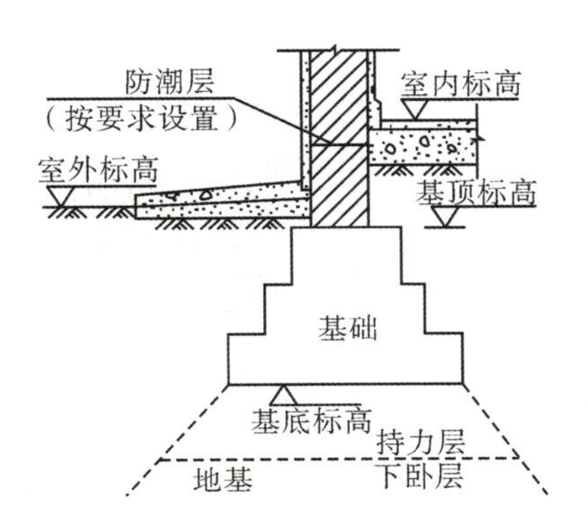

图2-3　地基与基础的关系

2. 地基、基础和荷载的关系

为保证建筑物的安全和正常使用，必须要求基础和地基都有足够的强度与稳定性。基础是建筑物的组成部分，它承受建筑物的上部荷载，并将这些荷载传给地基，地基不是建筑物的组成部分。基础的强度与稳定性既取决于基础的材料、形状与底面积的大小，以及施工的质量等因素，又与地基的性质有着密切的关系。地基的强度应满足承载力的要求，如果天然地基不能满足要求，应考虑采用人工地基；地基的变形应有均匀的压缩量，以保证有均匀的下沉。若地基下沉不均匀时，建筑物上部会产生开裂变形；地基的稳定性要有防止产生滑坡、倾斜方面的能力，必要时（特别是有较大的高度差时）应加设挡土墙，以防止滑坡变形。

为保证建筑物的稳定和安全，基础底面面积 A 必须满足：

$$A \geqslant \frac{N}{P}$$

式中：N ——建筑物总荷载；

P ——地基承载力。

3. 基础的埋置深度

室外设计地面至基础底面的垂直距离称为基础的埋置深度，简称基础的埋深，如图 2-4 所示。埋深大于或等于 5 m 的称为深基础；埋深小于 5 m 的称为浅基础；基础直接在地表面上的称为不埋基础。在保证安全使用的前提下，应优先选用浅基础，可降低工程造价。但当基础埋深过小时，有可能在地基受到压力后，会把基础四周的土挤出，使基础产生滑移而失去稳定，同时易受到自然因素的侵蚀和影响，使基础破坏，故基础的埋深在一般情况下，不要小于 0.5 m。因此，基础的埋置深度应按下列条件确定：

①建筑物的用途，有无地下室、设备基础和地下设施，基础的类型和构造；

②作用在地基上的荷载大小和性质；

③工程地质和水文地质条件；

④相邻建筑物的基础埋深；

⑤地基土冻胀和融陷的影响。

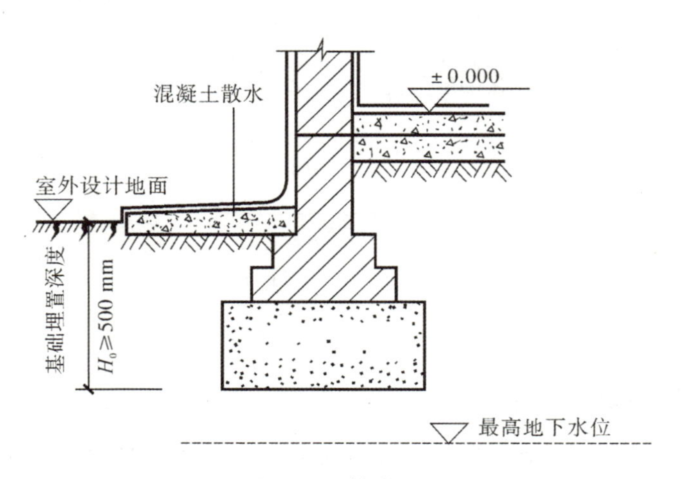

图 2-4 基础埋深

2.2.2　钢筋混凝土扩展基础施工

钢筋混凝土扩展基础是指墙下钢筋混凝土条形基础和柱下钢筋混凝土独立基础，分别如图2-5、2-6所示。

图2-5　墙下钢筋混凝土条形基础

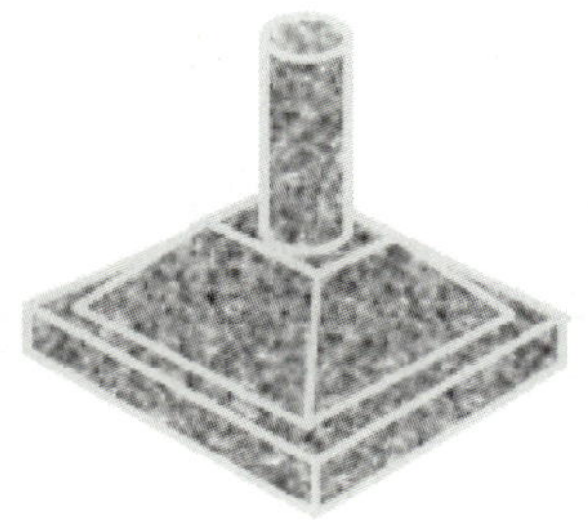

图2-6　柱下钢筋混凝土独立基础

1. 钢筋混凝土条形基础施工

1)施工准备

(1)作业条件。

①由建设、监理、施工、勘察、设计单位进行地基验槽，完成验槽记录及地基验槽隐检手续，如遇地基处理，办理设计洽商，完成后监理、设计、施工三方复验签认。

②完成基槽验线预检手续。

(2)材质要求。

①水泥：根据设计要求选水泥品种、强度等级。水泥进场时应对其品种、级别、包装或散装仓号、出厂日期等进行检查，并对其强度、安定性及其他必要的性能指标进行复验，其质量应符合现行国家标准《通用硅酸盐水泥》(GB 175—2007)的规定；当在使用过程中对水泥质量有怀疑或水泥出厂超过三个月时，应进行复验，并按结果使用。

②砂、石子：有试验报告，符合规范要求。

③水：宜采用饮用水。

④外加剂、掺合料：根据设计要求通过试验确定。

⑤商品混凝土:所用原材须符合上述要求,必须具有合格证、原材试验报告、符合防碱集料反应要求的试验报告。

⑥钢筋:要有材质证明、复试报告。钢筋进场时,应按现行国家标准《钢筋混凝土用热轧带肋钢筋》(T/JSQA 007—2020)等规定抽样进行力学性能检验,其质量须符合有关标准的规定。

(3)工器具。备有搅拌机、磅秤、手推车或翻斗车、铁锹、振捣器、刮杆、木抹子、胶皮手套、串桶或溜槽等。

(4)作业条件。

①基础垫层均已施工完毕并验收合格,办理了隐蔽手续。

②设置了轴线桩,标出了建筑物或构筑物的主要轴线,标出了基础、墙身及柱身轴线和标高。

③有混凝土配合比通知单、准备好需要的工器具。

④基坑(基槽)安全防护已完成,并通过安全员的检查验收。

⑤运输通道通畅,各类机具准备就绪。

2)施工工艺

基槽清理、验槽→混凝土垫层浇筑、养护→抄平、放线、钢筋绑扎、支模板→相关专业施工→钢筋、模板质量检查、清理,基础混凝土浇筑、混凝土振捣→混凝土找平→混凝土养护→拆除模板。

3)施工要点

(1)先检查基坑底进行验槽,清除基槽(坑)内的松散软弱土层及杂物。对局部软弱土层应挖去,用灰土或砂砾回填夯实。

(2)验槽后应立即浇灌混凝土垫层,以保护地基。当垫层素混凝土达到一定强度后,在其上弹线、支模、铺放钢筋,底层钢筋下设水泥砂浆垫块。

(3)清除钢筋和模板上的泥土、油污、杂物。木模板应浇水湿润,缝隙应堵严,基坑积水应排除干净。

(4)基础混凝土浇筑高度在 2 m 以内,混凝土可直接卸入基槽(坑);浇筑高度在 2 m 以上时,应通过漏斗、串筒或溜槽下料,以防止混凝土产生分层离析。浇筑时注意先使混凝土充满模板边角,然后浇灌中间部分。

(5)混凝土宜分段分层灌筑,每层厚 200～250 mm,每段长 2～3 m,各段各层间应相互衔接,使逐段逐层呈阶梯形推进。

(6)混凝土应连续浇灌,以保证结构良好的整体性,如必须间歇,间歇时间不应超过规范规定。如时间超过规定,应设置施工缝,并应待混凝土的抗压强度达到 1.2 MPa 以上时,才允许继续浇灌筑。继续绕筑混凝土前,应清除施工缝处的松动石子,并将之前的混凝土层用水冲洗干净,充分湿润,且不得积水,然后铺一层 15～25 mm 厚水泥砂浆,再继续浇筑混凝土,并仔细捣实,使其紧密结合。

(7)混凝土浇筑完,应覆盖洒水养护。养护达到设计要求强度后及时分层回填土方并夯实。基础混凝土浇筑后,应覆盖表面并洒水养护,必要时采取保湿养护措施。

4)施工安全要求

(1)钢筋工程。

①钢筋加工机械安装应稳固,外作业应设置机棚,机旁应有堆放原料、半成品的场地;加工较长的钢筋时,应有专人帮扶,要听从操作人员的指挥。

②钢筋加工完毕,应堆放好成品,清理好场地,并切断电源,锁好电闸。

③焊机必须接地,导线和焊钳接导处的绝缘必须可靠。

④焊接变压器不得超负荷运行,变压器升温不得超过 60 ℃;点焊、对焊时必须开放冷却水,焊机出水温度不得超过 40 ℃,排水量应符合要求。天冷时应放尽焊机内存水,以免冻塞。

⑤对焊机闪光区域,须设铁皮隔挡。焊接时禁止其他人员停留在闪光区范围内,以防火花烫伤;焊机工作范围内严禁堆放易燃物品,以免引起火灾。

⑥室内电弧焊时,应有排气装置,焊工操作地点相互之间设挡板,以防弧光刺伤眼睛。

(2)混凝土工程。

①施工人员进入现场必须进行入场安全教育,经考核合格后方可进入施工现场。

②作业人员进入施工现场必须戴合格安全帽,系好下颌带,锁好带扣。

③施工人员要严格遵守操作规程,确认振捣设备安全可靠。

④泵送混凝土浇筑时,输送管道头应紧固可靠,不漏浆,安全阀完好,管道支架牢固,检修时必须卸压。

⑤浇注框架梁、柱、墙时,应搭设操作平台,铺满绑牢跳板,严禁直接站在模板或支架上操作。

⑥使用溜槽、串桶时必须固定牢固,操作部位应设护身栏,严禁站在溜槽上操作。

⑦用料斗吊运混凝土时,要与信号工密切配合,缓慢升降,防止料斗碰撞伤人。

⑧混凝土振捣时,操作人员必须戴绝缘手套,穿绝缘鞋,防止触电。

⑨夜间施工照明行灯电压不得大于 36 V,行灯、流动闸箱不得放在墙模平台或顶板钢筋上,如遇有大风、雨、雪、大雾等恶劣天气应停止作业。

(3)模板工程。由于钢筋混凝土条形基础的模板支设较简单,安全要求不再叙述。

5)施工中常见的质量通病、现象的产生原因及防治措施

(1)出现"蜂窝"。混凝土结构局部有类似蜂窝形的窟窿,石子之间有空隙。

①产生的原因。

a. 模板缝隙未堵严,水泥浆流失。

b. 混凝土配合比不当或材料计量不准,造成砂浆少、石子多。

c. 混凝土搅拌不均匀,和易性差。

d. 混凝土下料不当、未设串筒使石子集中；未分层浇筑，造成石子砂浆离析。

e. 混凝土振捣不实。

f. 钢筋较密，使用的石子粒径过大或坍落度过小。

g. 基础台阶根部未稍加间歇就继续灌上层混凝土。

②防治措施。

a. 模板缝应堵塞严密，浇灌中应随时检查模板支撑情况，防治露浆。

b. 严格控制混凝土的配合比，经常检查，做到计量准确；混凝土搅拌均匀，坍落度适合。

c. 混凝土下料高度超过 2 m 时，应设串筒或溜槽；应分层下料，分层捣实，防治滑振。

d. 基础台阶根部应在下部浇完间歇 1～1.5 h，沉实后再浇上部混凝土，避免出现“烂脖子”。

e. 小蜂窝处理：洗刷干净后，用 1∶2 或 1∶2.5 水泥砂浆抹平压实。

f. 较大蜂窝处理：凿去蜂窝处薄弱、松散的颗粒，刷洗净后，用强度高一级的细石混凝土仔细填塞捣实。

g. 较深蜂窝处理：如清除困难，可埋压浆管、排气管，表面抹砂浆或灌筑混凝土封闭后，进行水泥压浆处理。

(2)出现“孔洞”。混凝土结构内部有尺寸较大的空隙，局部没有混凝土，钢筋局部或全部裸露。

①产生的原因。

a. 混凝土捣空，砂浆严重分离，石子成堆，严重跑浆。

b. 在钢筋较密的部位或预留孔洞处，混凝土下料被卡住，未振捣就继续浇筑上层混凝土。

c. 混凝土内掉入工具、木块、泥块等杂物，混凝土被卡住。

②防治措施。

a. 保证混凝土质量，不发生分层离析；浇筑时，应使混凝土充满模板，然后认真分层捣实。

b. 在钢筋密集处及复杂部位，采用细石混凝土浇灌。

c. 砂石中混有土块或模板工具等杂物掉入混凝土内时，应及时清除干净。

d. 将孔洞周围的松散混凝土凿除，用压力水冲洗，支设模板，洒水充分湿润后用高强度等级细石混凝土仔细浇灌、捣实。

(3)出现缺棱、掉脚。结构或构件边角处混凝土局部掉落，棱角有缺陷。

①产生的原因。

a. 木模板未充分浇水湿润或湿润不够，棱角处混凝土浇筑中水分被模板吸去，水化不充分，强度低，拆模时，棱角被损坏。

b. 低温施工时，过早拆除侧面非承重模板。

c. 拆模时保护不好，边角受外力或重物撞击，棱角被碰掉。

d. 模板未涂刷隔离剂，或涂刷不均。

②防治措施。

a. 木模板在浇筑混凝土前应充分湿润，浇筑混凝土后应认真浇水养护。

b. 拆除侧面非承重模板时，混凝土强度应达到 1.2 MPa 以上。

c. 拆模时，注意保护棱角，避免用力过猛、过急；调运模板时，防止撞击棱角。

d. 缺棱掉角时，可将该处松散颗粒凿除，在冲洗并充分湿润后，视破损程度用 1∶2 或 1∶2.5 的水泥砂浆抹补齐整，或用比原来高一级的混凝土捣实补好，认真养护。

(4)出现不均匀沉降裂缝。裂缝多为贯穿性的，其走向与沉降情况有关，一般与地面呈 45°～90°方向发展，裂缝的宽度与荷载的大小有较大的关系，而且与不均匀沉降值成正比。

①产生的原因。

a. 结构和构件下面的地基未经夯实和必要的加固处理，或地基受到破坏，在混凝土浇筑后，地基产生不均匀沉降。

b. 模板、支撑没有固定牢固，以及过早的拆模，也常会引起不均匀沉降。

②防治措施。

a. 结构和构件下面的地基应夯实和进行必要的加固处理。

b. 模板、支撑固定牢固，模板及支撑拆除时间不宜过早。

(5)出现干缩裂缝。裂缝在表面出现，宽度较细，多在 0.05～0.2 mm 之间，走向无规律，发生在结构截面、侧面。

①产生的原因。

a. 混凝土成型后，养护不当，表面水分散失快，内部湿度变化很小，混凝土表面剧变收缩受到内部的约束，出现拉应力而引起开裂。

b. 混凝土基础长期暴露，未进行回填，表面湿度发生剧烈变化。

c. 采用含泥量大的粉砂配制混凝土，收缩大，抗拉强度低。

②防治措施。

a. 加强混凝土早期养护，并适当延长养护时间；控制混凝土水泥用量，水灰比和砂率不要过大；混凝土应振捣密实，并注意对表面进行二次抹压，以提高抗拉强度，减少收缩。

b. 长期暴露应覆盖草帘、草袋，避免暴晒，并定期适当洒水，保持湿润。

c. 严格控制砂石含泥量，避免使用过量粉砂。

d. 表面干缩裂缝，一般可不作处理。

(6)出现温度裂缝。温度裂缝有表面的、深进的和贯穿的，裂缝走向无规律，多平行于短边；裂缝沿全长分段出现，中间较密。裂缝宽度大小不一，一般在 0.5 mm 以下。表面裂缝多发生在施工期间，深进的或贯穿的裂缝多发生在灌注 2～3 个月或更长时间后，缝宽受温度变化影响较明显，冬季较宽，夏季较细。

①产生的原因。

a. 表面温度裂缝，多由于温差较大引起，如冬期施工过早拆除模板，或受到寒潮袭击，导致混凝土表面急剧降温收缩，但受到内部混凝土的约束，产生较大的拉应力，而使表面出现裂缝。

b. 深进的和贯穿的温度裂缝，多由于结构温差较大，受到外界约束而引起。如混凝土浇筑时温度较高，加上水化热温度很大，当混凝土冷却收缩，受到地基、混凝土垫层或其他外部结构的约束，将使混凝土内部出现很大的拉应力，产生降温收缩裂缝。

c. 基础长期不回填，受风吹日晒或寒潮袭击作用。

②防治措施。

a. 预防表面温度裂缝，应控制构件内外不出现过大温差。浇灌混凝土后，应及时覆盖，并洒水养护；在冬期，混凝土表面应采取保温措施，不应过早拆除模板和保温层；拆模时，块体中部和表面温差不宜大于 25 ℃，以防急剧冷却造成表面裂缝。

b. 预防深进和贯穿温度裂缝，应尽量选用矿渣水泥或粉煤炭灰配制混凝土，或在混凝土中掺适量粉煤灰、减水剂，以减少水化热。

c. 基础拆模后要及时回填。

(7)强度不够，均质性差。同批混凝土试块的抗压强度平均值低于设计要求强度等级。

①产生的原因。

a. 水泥过期或受潮，活性降低；砂、石集料级配不好，空隙大，含泥量大，杂物多；外加剂使用不当，掺量不准确。

b. 混凝土配合比不当，计量不准，施工中随意加水，使水灰比增大。

c. 混凝土加料顺序颠倒，搅拌时间不够，拌和不匀。

d. 冬期施工，拆模过早或早期受冻。

e. 混凝土试块制作时未振捣密实，养护管理不善，或养护条件不符合要求，在同条件养护时，早期脱水或受外力破坏。

②防治措施。

a. 水泥应有出厂合格证，新鲜无结块，过期水泥经试验合格才可以使用；砂、石子、粒径、级配、含泥量等应符合要求。

b. 严格控制混凝土配合比，保证计量准确；混凝土应按顺序拌制，保证搅拌时间和拌匀。

c. 防止混凝土早期受冻。冬期施工时，强度达到 30%(普通水泥配制混凝土)或 40%(矿渣水泥配制混凝土)以上，可遭受冻结。

d. 按施工规范要求认真制作混凝土试块，并加强对试块的管理和养护。

e. 当混凝土试块强度偏低，可用非破损方法(如回弹仪法、超声波法)来测定结构混凝土实际强度和校核结构的安全度，研究处理方案，采取相应的加固或补强措施。

2.钢筋混凝土独立基础施工

独立基础施工

当建筑物上部采用框架结构或排架结构承重，且柱距较大，地基条件较好时，常采用独立基础，也称作单独基础。独立基础常见的断面形式有阶梯形、锥形、杯形等。独立基础采用扩展基础。其材料为钢筋混凝土，因此也称为钢筋混凝土独立基础。钢筋混凝土独立基础图如图 2-7 所示。

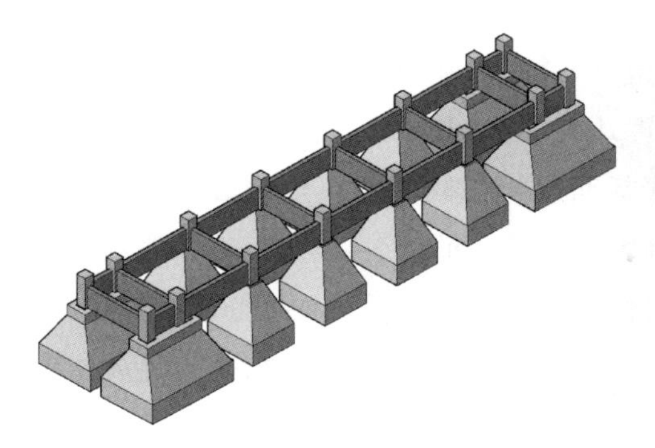
（a）独立基础立体图

（b）独立基础实例

图 2-7　钢筋混凝土独立基础图

1)施工准备

(1)作业条件。

①办完地基验槽及隐检手续。

②办完基槽验线验收手续。

③有混凝土配合比通知单、准备好试验用工器具。

(2)材料要求。

①水泥：水泥品种、强度等级应根据设计要求确定，质量符合现行水泥标准。工期紧时可做水泥快测。

②砂、石子：根据结构尺寸、钢筋密度、混凝土施工工艺、混凝土强度等级的要求确定石子粒径、砂子细度。砂、石质量符合现行标准要求。

③水：自来水或不含有害物质的洁净水。

④外加剂：根据施工组织设计要求，确定是否采用外加剂。外加剂必须经试验合格后，方可在工程上使用。

⑤掺合料：根据施工组织设计要求，确定是否采用掺合料。掺合料质量符合现行标准要求。

⑥钢筋：钢筋的级别、规格必须符合设计要求，质量符合现行标准要求。钢筋表面应保持清洁，无锈蚀和油污。

⑦脱模剂：水质隔离剂。

(3)施工机具。搅拌机、磅秤、手推车或翻斗车、铁锹、振捣器、刮杆、木抹子、胶皮手套、串桶或溜槽、钢筋加工机械、木制井字架等。

2)施工工艺流程

清理及混凝土垫层浇灌→钢筋绑扎→相关专业施工→模板安装→清理→混凝土搅拌→混凝土浇筑→混凝土振捣→混凝土找平→混凝土养护→模板拆除。

3)施工要点

(1)清理及垫层浇灌。地基验槽完成后,清除表层浮土及扰动土,不留积水,立即进行垫层混凝土施工,垫层混凝土必须振捣密实,表面平整,严禁晾晒基土。

(2)钢筋绑扎。垫层浇灌完成后,混凝土强度达到 1.2 MPa 后,在表面弹线进行钢筋绑扎,钢筋绑扎不允许漏扣,柱插筋弯钩部分必须与底板筋成 45°绑扎,连接点处必须全部绑扎,距底板 5 cm 处绑扎第一个箍筋,距基础顶 50 mm 处绑扎最后一道箍筋,作为标高控制筋及定位筋,柱插筋最上部再绑扎一道定位筋,上下箍筋及定位箍筋绑扎完成后将柱插筋调整到位并用井字木架临时固定,然后绑扎剩余箍筋,保证柱插筋不变形走样,两道定位筋在基础混凝土浇完后,必须进行更换。放置保护层塑料垫块,厚度为设计保护层厚度,垫块间距不得大于 100 mm(视设计钢筋直径确定),以防出现露筋的质量问题。注意对钢筋的成品保护,不得任意碰撞钢筋,以免造成钢筋移位。

(3)模板安装。钢筋绑扎及相关专业施工完成后立即进行模板安装。模板采用小钢模或木模,利用架子管或木方加固。锥形基础坡度小于 30°时,采用斜模板支护,利用螺栓与底板钢筋拉紧,防止上浮。模板上部设透气及振捣孔,坡度小于等于 30°时,利用钢丝网(间距 30 cm)防止混凝土下坠,上口设井字木架控制钢筋位置。不得用重物冲击模板,不准在吊帮的模板上搭设脚手架,保证模板的牢固和严密。

(4)清理。清除模板内的木屑、泥土等杂物,木模浇水湿润,堵严板缝及孔洞。

(5)混凝土搅拌。如果不使用商品混凝土,而采取现场搅拌,则应注意以下问题。

①每次浇筑混凝土前 1.5 h 左右,由施工现场专业工长填写申报“混凝土浇灌申请书”,由建设(监理)单位和技术负责人或质量检查人员批准,每一台班都应填写。

②试验员依据“混凝土浇灌申请书”填写有关资料,根据砂石含水量,调整混凝土配合比中的材料用量,换算每盘的材料用量,写配合比板,经施工技术负责人校核后,挂在搅拌机旁醒目处。

③材料用量、投放。水泥、掺合料、水、外加剂的计量误差为±2%,粗、细骨料的计量误差为±3%。

投料顺序:石子→水泥、外加剂粉剂→掺合料→砂子→水→外加剂液剂。

④搅拌时间。为使混凝土搅拌均匀,自全部拌和料装入搅拌筒中起到混凝土开始卸料止。混凝土搅拌的最短时间:强制式搅拌机,不掺外加剂时,不少于 90 s;掺外加剂时,不少于 120 s;自落式搅拌机,在强制式搅拌机搅拌时间的基础上增加 30 s。

⑤用于承重结构及抗渗防水工程使用的混凝土,采用预拌混凝土的,开盘鉴定是指第一次

使用的配合比在混凝土出厂前由混凝土供应单位自行组织有关人员进行开盘鉴定。现场搅拌的混凝土由施工单位组织建设(监理)单位、搅拌机组、混凝土试配单位进行开盘鉴定工作。共同认定试验室签发的混凝土配合比确定的组成材料是否与现场施工所用材料相符,以及混凝土拌和物性能是否满足设计要求和施工需要。如果混凝土和易性不好,可以在维持水灰比不变的前提下,适当调整砂率、水及水泥量,至和易性良好为止。

(6)混凝土浇筑。混凝土应分层连续浇筑,间歇时间不超过混凝土初凝时间,一般不超过2 h。为保证钢筋位置正确,先浇一层5～10 cm厚的混凝土固定钢筋。台阶形基础每一台阶高度整体浇捣,每浇完一台阶停顿0.5 h待其下沉,再浇上一层。分层下料,每层厚度为振捣器的有效振动长度。防止由于下料过厚、振捣不实或漏振、吊帮的根部砂浆涌出等原因造成蜂窝、麻面或孔洞。

浇筑混凝土时,经常观察模板、支架、钢筋、螺栓、预留孔洞和管有无走动情况,一经发现有变形、走动或位移时,立即停止浇筑,并及时修整和加固模板,然后再继续浇筑。

(7)混凝土振捣。采用插入式振捣器,插入的间距不大于振捣器作用部分长度的1.25倍。上层振捣器插入下层3～5 cm。尽量避免碰撞预埋件、预埋螺栓,防止预埋件移位。

(8)混凝土找平。混凝土浇筑后,表面比较大的混凝土,使用平板振捣器振一遍,然后用刮杆刮平,再用木抹子搓平。收面前必须校核混凝土表面标高,不符合要求处立即整改。

(9)混凝土养护。已浇筑完的混凝土,应在12 h左右覆盖和浇水。一般常温养护不得少于7天,特种混凝土养护不得少于14天。养护设专人检查落实,防止由于养护不及时,造成混凝土表面裂缝。

(10)模板拆除。侧面模板在混凝土强度能保证其棱角不因拆模板而受损坏时方可拆除,拆模前设专人检查混凝土强度,拆除时采用撬棍从一侧顺序拆除,不得采用大锤砸或撬棍乱撬,以免造成混凝土棱角破坏。

4)现浇钢筋混凝土独立基础的质量问题与防治措施

现浇钢筋混凝土独立基础的质量问题与防治措施可参考钢筋混凝土条形基础施工相关内容。

5)常见质量事故与处理方法

(1)基坑底有浮土或已扰动土未清理干净。对此应严格清底检查,验槽及清底验收合格后,应立即进行垫层施工。施工运料时,砖石等应沿斜板滑下,以免扰动基槽地基土质。若槽底土被践踏而受到扰动时,基础施工前应将扰动部分清除至硬底为止,如不能完全清除或槽底位于地下水位以下以致土的湿度较大、土质较软时,应先铺一层砂石垫层,将浮土挤紧,然后再进行基础施工。干砂地基,在基础施工前应适当洒水夯实。基槽开挖后应防止水浸和土受冻。

(2)基坑超挖。对此开工前应根据设计要求试挖几个基坑,并请地勘、监理、建设方、施工方、设计方验槽,确定持力层的验收标准,再进行大面积施工。

2.2.3 筏形基础施工

当地质条件差、上部荷载大时，可将部分或整个建筑范围的基础连在一起，其形式犹如倒置的楼板，又似筏子，故称为筏形基础，又称筏板基础或满堂基础。筏形基础根据有无设梁可分为平板式和梁板式两种，如图 2-8 所示。前者一般在荷载不很大，柱网较均匀，且间距较小的情况下采用；后者用于荷载较大的情况。由于筏形基础扩大了基础底面积，增强了基础的整体性，抗弯刚度大，可以调整建筑物局部发生的显著的不均匀沉降。

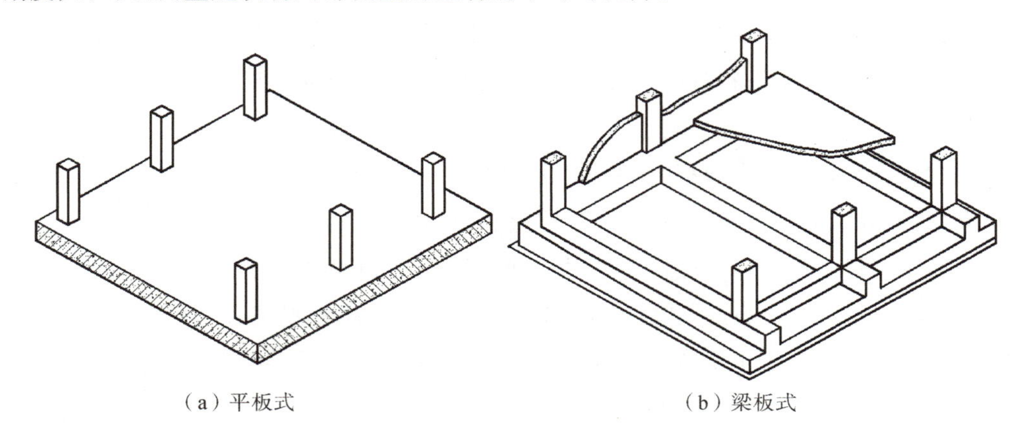

图 2-8 筏形基础

高层建筑地下室通常作为地下停车库使用，建筑上不允许设置过多的内墙，因而限制了箱型基础的使用。筏形基础既能充分发挥地基承载力，调整不均匀沉降，又能满足停车库的空间使用要求，因而就成为较理想的基础形式。平板式筏形基础由于施工简单，在高层建筑中得到广泛的应用。

1. 筏形基础施工工艺流程

测量放线→基坑支护→排水、降水(或隔水)→基坑开挖，验槽→混凝土垫层施工→钢筋绑扎→支基础模板→浇基础混凝土。

筏形基础应根据整个建筑场地、工程地质和水文地质及现场环境等条件进行施工组织设计。施工前应根据工程特点、工程环境、水文地质和气象条件制订监测计划。施工中应做好监测记录并及时反馈信息，发现异常情况及时处理。

2. 施工要点

(1)基坑支护结构应根据当地工程经验，综合考虑水文地质条件、基坑开挖深度、场地条件及周围环境进行设计。在场地宽阔，不影响邻近建筑、周围地下构筑物或地下管线的情况下，宜采用放坡开挖，并根据稳定性分析确定坡度，当基坑深度较大，不具备自然放坡施工条件，或地基土质松软并有地下水或较多的上层滞水时，应采取支护措施；当基坑开挖危及邻近建(构)筑物、道路及地下管线的安全与使用时，也应采取支护措施。

(2)当地下水位影响基坑施工时，应采取人工降低地下水位或隔水的措施。降水、隔水方案应根据水文地质条件、基坑开挖深度、支护方式及降水影响区域内的建筑物，管线对降水反应的敏感程度等因素确定。应设置降水观察井，对降水的效果进行观察。当降低地下水位会影响周边建(构)筑物、道路、地下管线的安全时，宜采取设置隔水帷幕、回灌井点、回灌砂井、回填砂沟等措施进行处理。

(3)当采用机械开挖时，应保留 200～300 mm 土层由人工挖除；基坑边的施工荷载不得超过设计规定的荷载值；冬期施工时，必须采取有效措施，防止基土的冻胀。

(4)基坑开挖完成并经验收后，应立即进行基础施工，防止暴晒或雨水浸泡造成基土破坏。

(5)基础长度超过 40 mm 时，宜设置施工缝，缝宽不宜小于 80 cm。在施工缝处，钢筋必须贯通；当主楼与裙房采用整体基础，且主楼基础与裙房基础之间采用后浇带时，后浇带的处理方法与施工缝相同。

(6)基础混凝土应采用同一品种水泥、掺合料、外加剂和同一配合比。大体积混凝土可采用掺合料和外加剂改善混凝土的和易性，减少水泥用量，降低水化热。大体积混凝土宜采用蓄热养护法养护，其内外温差不宜大于 25 ℃，宜采用斜面式薄层浇捣，利用自然流淌形成斜坡，并应采取有效措施防止混凝土将钢筋推离设计位置。为减少表面收缩裂缝，大体积混凝土必须进行二次抹面工作。混凝土的泌水可采用抽水机抽吸或在侧模上开设泌水孔排出。

(7)基础施工完毕后，基坑应及时回填，回填前应清除基坑中的杂物；回填应在相对的两侧或四周同时均匀进行，并分层夯实。

3. 常见质量事故及处理方法

(1)基坑开挖造成周边管线破坏、道路开裂。对此，在基坑开挖前要详细了解周边地下管线的情况，制订详细合理的基坑开挖和降水方案。

(2)筏板挖至设计标高时，持力层有局部未达到设计要求。对此，在施工前应进行详细的地质勘探，合理设置筏板埋置深度。当出现局部不能满足承载力要求时，可通过修改设计、加深局部筏板的埋置深度来解决。

4. 筏形基础的质量通病与防治措施

筏形基础的质量通病与防治措施可参考钢筋混凝土条形基础施工相关内容。

任务实施

1. 工作任务

掌握钢筋混凝土条形基础的施工工艺及质量要求；掌握钢筋混凝土独立基础的施工工艺及质量要求；掌握筏形基础的施工工艺及质量要求。

2. 实施过程

1)收集资料

利用在线开放课程、网络资源等途径查找相关资料,收集钢筋混凝土条形基础施工工艺及质量要求资料;收集钢筋混凝土独立基础施工工艺及质量要求资料;收集筏形基础施工工艺及质量要求资料。

2)引导文

(1)填空题。

①在建筑工程中,建筑物与土层直接接触的部分称为________,支承建筑物重量的土层叫________。

②为保证建筑物的安全和正常使用,必须要求基础和地基都有足够的________与________。

③____________至基础底面的垂直距离称为基础的埋置深度。

④埋深大于或等于 5 m 的基础称为____________。

⑤钢筋混凝土扩展基础是指____________和____________。

⑥阶梯形独立基础混凝土浇筑完毕后________h 以内对混凝土加以覆盖并养护。

⑦筏形基础根据有无设梁可分为________和________两种。

⑧普通独立基础和杯形独立基础的底部双向配筋注写规定中,以 B 代表各种独立基础底板的________钢筋。

⑨杯形基础的杯口下口尺寸,为插入杯口的相应柱截面边长尺寸,每边各加________mm,设计不注。

⑩对于梁板式筏形基础,梁高出地板部分的混凝土可分层浇筑,每层浇筑厚度不宜大于________mm。

(2)简答题。

①确定基础埋置深度的条件是什么?

____

____

____

②简述钢筋混凝土条形基础的施工工艺流程。

____

____

____

③简述钢筋混凝土独立基础施工工艺流程。

④简述筏形基础施工工艺流程。

⑤钢筋混凝土独立基础的常见质量事故与处理方法是什么？

3)任务实施

钢筋混凝土条形基础施工常见质量通病产生的原因及防治措施。

①出现“蜂窝”。

产生的原因：

防治措施：

②出现“孔洞”。

产生的原因：

防治措施：

③出现缺棱掉脚。

产生的原因：

防治措施：

④出现不均匀沉降裂缝。

产生的原因：

防治措施：

⑤出现干缩裂缝。

产生的原因：

防治措施：

⑥出现温度裂缝。

产生的原因：

防治措施：

⑦强度不够，均质性差。

产生的原因：

防治措施：

3. 检查与评价

学生首先自查，然后以小组为单位进行互查，发现错误及时纠正，遇到问题商讨解决，教师做出改进指导后，结合学生在实施过程中表现出来的职业素养、参与程度综合考核评价每位同学的成绩。学生自评表和教师评定表分别见任务表 2－3、2－4。

任务表 2－3　学生自评表

项目名称	地基与基础工程施工	任务名称	浅基础施工
学生姓名		实际得分	标准分值
钢筋混凝土条形基础施工能力			20
钢筋混凝土独立基础施工能力			20
筏形基础施工能力			20
常见质量通病辨别与防治能力			10
是否能认真描述困难、错误和修改内容			10
对自己工作的评价			10
团队协作能力评价			10
合计得分			100
改进内容及方法：			

任务表 2－4　教师评定表

项目名称	地基与基础工程施工	任务名称	浅基础施工
学生姓名		实际得分	标准分值
钢筋混凝土条形基础施工能力			20
钢筋混凝土独立基础施工能力			20
筏形基础施工能力			20
常见质量通病辨别与防治能力			10
是否能认真描述困难、错误和修改内容			10
对学生工作的评价			10
团队协作能力评价			10
合计得分			100

知识拓展

箱形基础的施工

箱形基础是由钢筋混凝土底板、顶板、外墙和一定数量的内隔墙构成的封闭箱体，与一般实体基础相比，箱形基础能显著减小基底压力，降低基础沉降量，有较好的抗震性能。箱形基础适用于上部结构分布不均匀的高层建筑物及软弱地基上的高层、重型建筑物。

1. 箱形基础施工工艺流程

测量放线→基坑支护→排水、降水→基坑开挖、验槽→混凝土垫层施工→钢筋绑扎→支底板模板、浇筑底板混凝土→支墙模板、浇筑墙体混凝土→支顶板模板、浇筑顶板混凝土。

2. 施工要点

(1)箱形基础底板钢筋绑扎注意事项。

①放线。除放出基础轴线、墙边线外，还应放出门窗洞口线并打叉示意，门窗洞口与墙身垂直的边线应延伸至墙外不少于200 mm，以免底板上下层钢筋绑扎完毕，插入门窗洞口两边暗柱钢筋时，看不清门窗洞口两边的位置。当箱形基础内有框架生根时，放线人员应将柱边线、柱中心线、柱边墙角线全部弹出，以免插筋位置有误。

②钢筋马凳放置。钢筋马凳主要用于控制底板上下层钢筋间距和上层钢筋保护层厚度。放置马凳的正确做法是，将马凳底脚放在钢筋混凝土底板砂浆垫块上，不宜放在底板下层钢筋上，也不宜直接把钢筋马凳放在防水保护层上，马凳上层钢筋的上方应留出架立钢筋直径、上层钢筋纵横两个方向的钢筋直径及保护层厚度。

③钢筋接头位置。底板钢筋受力为地基反力，底板钢筋下筋接头位置在跨中，上筋接头位置在支座，应特别注意接头位置除满足上述要求外，还应相互错开。

④隐蔽工程检查。隐蔽工程检查应分步进行，下层钢筋绑扎完毕，上层钢筋未铺放时，应进行一次下层钢筋检查，发现问题及时纠正。如果待上层钢筋绑完再查出问题，就不便返工了，上层钢筋绑扎完后应再进行一次检查。

(2)箱形基础底板混凝土浇捣注意事项。

①控制好商品混凝土的配合比，尽量降低水泥用量，尽可能缩短商品混凝土运输、浇筑的时间，从而可以适当减少商品混凝土的坍落度，减少干缩裂缝。

②对墙板混凝土进行保温、保湿养护。降低混凝土内外温差，从而减小温度应力；养护期间保持混凝土表面湿润，避免混凝土表面失水过快而产生收缩裂缝。

③加强施工工序之间的衔接，墙板拆模后应及早进行防水处理，及时回填土，避免基础墙板混凝土长期暴露在空气中造成的干缩裂缝。

任务 2.3　桩基础施工

任务描述

学习钢筋混凝土预制桩制作、起吊、运输、堆放工艺，完成预制桩基础的施工；通过学习钢筋混凝土灌注桩的施工工艺与质量要求，编制混凝土灌注桩专项施工方案。

知识学习

桩基础是一种常用的基础形式，往往由数根桩组成，桩顶设置承台或梁，把各桩连成整体，并将上部结构的荷载均匀传递给桩。当天然地基上部土层的土质不良，不能满足建筑物对地基强度和变形等方面的要求时，往往采用桩基础。

桩的作用是将上部建筑物的荷载传递到承载力较大的深处土层中；使软弱土层挤密，以提高地基土的密实度及承载力，保证建筑物的稳定和减少其沉降。在土质较差和有地下水的地区进行大开槽施工时，可打桩作为临时土壁支撑，以防止塌方，也可以起防水、防流沙的作用。因此在工业建筑、高层建筑、高耸构筑物和抗震设防建筑中广泛应用。

桩按传力及作用性质不同分为端承桩和摩擦桩两种，如图 2－9 所示。端承桩是穿过软弱土层达到坚实土层的桩，上部建筑的荷载主要由桩尖土层的阻力来承受。摩擦桩只打入软弱土层，将软弱土层挤压密实，提高土层的密实度及承载力，上部建筑物的荷载主要由桩身侧面与土层之间的摩擦力及桩尖的土层阻力承担。

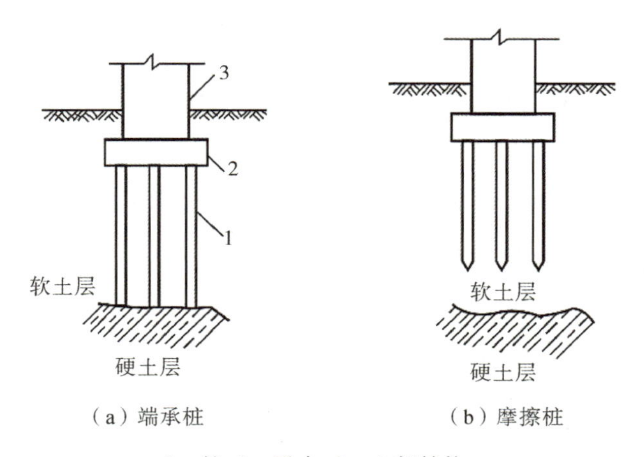

（a）端承桩　　（b）摩擦桩

1—桩；2—承台；3—上部结构。

图 2－9　桩基础

桩按桩顶承台位置的高低分为高承台桩和低承台桩。承台底面低于地面即为低承台桩基础，一般用于房屋建筑工程中；反之承台底面高于地面为高承台桩基础，一般应用在桥梁、码头工程中。

桩按桩身的材料不同有钢筋混凝土桩、钢桩、木桩、砂石桩及灰土桩等。目前我国主要以钢筋混凝土桩为主，钢桩的承载力较大，起吊、运输、沉桩、接桩都较方便，但消耗钢材多，造价高。木桩已很少使用，只在某些加固工程或临时工程中使用。砂石桩和灰土桩主要用于地基加固，挤密土壤。

桩按桩身直径大小分为小直径桩（$d \leqslant 250$ mm）、中等直径桩（250 mm$<d<$800 mm）和大直径桩（$d \geqslant 800$ mm）。

桩按截面形式分为方形截面桩和圆形空心桩。

桩按照施工方法分为预制桩和灌注桩两大类。预制桩是在工厂或施工现场制作的各种材料和形式的桩（钢管桩、钢筋混凝土实心方桩、离心管桩等），然后用沉桩设备将桩沉入土中。预制桩按沉桩方法不同分为锤击沉桩（打入桩）、静力压桩、振动沉桩和水冲沉桩等。灌注桩是在施工现场的桩位处成孔，然后在孔中安放钢筋骨架，再浇筑混凝土成桩。灌注桩的成孔，按设计要求和地质条件、设备情况，可采用钻孔、冲孔、抓孔和挖孔等不同方式。成孔作业还分为干式作业和湿式作业，分别采用不同的成孔设备和技术措施。

灌注桩近年来发展较快，由于灌注桩是按照使用状态设计的，而预制桩除了要考虑使用状态，还要考虑吊装、运输、打桩等因素，因此灌注桩比预制桩更节省钢材和水泥等材料，成本也较低，但在施工中影响质量的因素较多，应严格按照《建筑地基基础工程施工质量验收标准》（GB 50202—2018）要求进行施工。

2.3.1 钢筋混凝土预制桩施工

预制桩具有制作和沉桩工艺简单、施工速度快、沉桩机械普及、不受地下水位高低及潮湿变化影响等特点，较钢桩和木桩等坚固耐用。其施工现场干净、文明程度高，但耗钢量较大，桩长也不易适应地层变化。

钢筋混凝土预制桩施工包括桩的制作、起吊、运输、堆放和沉桩、接桩等工艺。

1. 桩的制作、起吊、运输和堆放

1）桩的制作

预制钢筋混凝土方桩

钢筋混凝土预制桩有实心方桩和空心管桩两种。实心方桩为便于制作，大多数做成方形断面，断面边长一般为 250～550 mm。空心管桩是在工厂用离心法成形的空心圆柱形预制桩，其直径有 400 mm、450 mm 及 500 mm 等几种。与实心方桩相比，使用相同体积混凝土，空心管桩的直径大、表面积大、承载能力高。

单节桩的最大长度，取决于打桩架的高度，一般在 27 m 以内，必要时可做到 30 m。若桩长超过桩架高度，则应分节(段)制作，打桩时采用接桩的方法把桩接长。

钢筋混凝土预制桩所用混凝土强度等级不宜低于 C30，采用静压沉桩时，不宜低于 C20，预应力混凝土桩的混凝土强度等级不宜低于 C40。主筋数量根据桩断面及吊装验算确定，一般为 4～8 根，直径为 12～25 mm；箍筋直径为 6～8 mm，间距不大于 200 mm。在桩顶和桩尖部分应加强配筋。

较短的桩(长度在 12 m 以下)多在预制厂制作；较长的桩一般在施工现场附近露天就地预制。确定单节桩制作长度应考虑桩架的有效高度、制作场地大小、运输和装卸能力等，同时应考虑接桩节点的竖向位置应避开硬夹层。

施工现场预制桩多采用叠层浇筑，重叠生产的层数应根据施工条件和地基承载力确定，一般不宜超过 4 层。预制场地应平整坚实，不应产生浸水湿陷和不均匀沉陷。上下层桩之间，邻桩之间及桩与地模和模板之间应做好隔离层，以防接触面黏结及拆模时损坏棱角。常用隔离剂有纸筋石灰浆、皂脚滑石粉浆、塑料布等。隔离剂要求干燥速度快、隔离性能好、施工方便及造价低廉。上层桩及邻桩的混凝土浇筑，应在下层桩及邻桩混凝土达到设计强度等级的 30%以上，再进行。

2)桩的起吊、运输

钢筋混凝土预制桩应在混凝土达到设计强度标准值的 70%后，方可起吊，达到设计强度标准值的 100%才能运输和打桩。如提前起吊，必须做强度和抗裂度验算，并采取必要措施。起吊时，吊点位置应符合设计规定。无吊环时，绑扎点的数量和位置视桩长而定，当吊点或绑扎点不超过 3 个时，其位置按正负弯矩相等原则计算确定；当吊点或绑扎点大于 3 个时，应按正负弯矩相等且吊点反力相等的原则确定吊点位置。桩的几种不同的吊点位置如图 2 - 10 所示。桩起吊时应保持平稳，保护桩身。

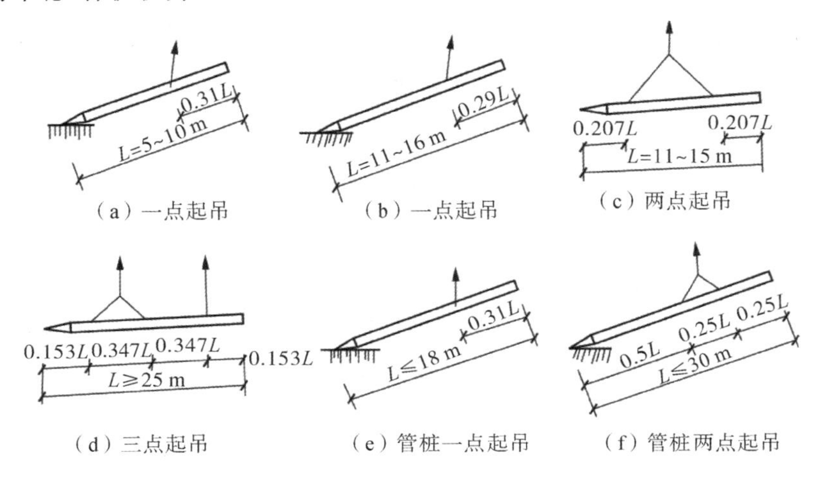

图 2 - 10 桩的几种不同的吊点位置

桩的运输应根据打桩进度和打桩顺序确定，宜采用随打随运法，这样可以减少二次搬运工作。运输时，其支点应与吊点位置一致，并使桩身平稳放置，避免较大振动。当桩的运输距离较短时，可以在桩的下面垫滚筒，用卷扬机拖动桩身前进；当运距较远时，可采用平板拖车或轻轨平板车运输；对于工厂生产的短桩，可采用汽车或平板拖车运输。

3）桩的堆放

打桩前需要将桩运输到现场堆放，桩在堆放和运输时应使桩尖的方向符合桩吊升的要求，避免打桩前因桩掉头发生困难。堆放时，垫木位置应与吊点位置相同，保持在同一平面上，并上下对齐，最下层垫木应适当加宽。堆放场地应平整坚实，堆放层数一般不宜超过 4 层，不同规格的桩应分别堆放。

2. 锤击沉桩（打入桩）施工

锤击沉桩施工

锤击沉桩也称打入桩，锤击沉桩利用桩锤下落产生的冲击能量将桩沉入土中，是预制钢筋混凝土桩最常用的沉桩方法，该法施工速度快、机械化程度高、适用范围广，但施工时有噪声、污染和振动，对于城市中心和夜间施工有所限制。

1）打桩机具及选择

打桩机具主要有打桩机及辅助设备。打桩机主要包括桩锤、桩架和动力装置三部分。

（1）桩锤。桩锤是对桩施加冲击力、将桩打入土层中的主要机具。桩锤按动力源和动力作用方式分为落锤、单动汽锤、双动汽锤、柴油锤、振动锤和液压锤等。落锤一般由铸铁制成，有穿心锤和龙门锤两种，重 0.2～2 t。它利用绳索或钢丝绳通过吊钩由卷扬机沿桩架导杆提升到一定高度，然后自由落下击打桩顶。汽锤是以高压蒸汽或压缩空气为动力的打桩机械，有单动汽锤和双动汽锤两种。柴油打桩锤利用燃油爆炸来推动活塞往返运动进行锤击打桩，柴油桩锤与桩架、动力设备配套组成柴油打桩机。振动锤是利用机械强迫振动，通过桩帽传到桩上使桩下沉。液压锤属于冲击式打桩锤，靠液压装置产生动力。

选择桩锤时应遵循“重锤低击”的原则。否则，锤击能量的大部分会被桩身吸收，桩不仅不容易打入，且容易打碎桩头。应根据地质条件、桩的类型、桩的长度、桩身结构强度、桩群密度和施工条件等因素来确定桩锤类型及重量，其中地质条件的影响最大。当锤重为桩重的 1.5～2 倍时，沉桩效果较好。

（2）桩架。桩架的作用是吊桩就位、悬吊桩锤、打桩时引导桩身方向。桩架要求稳定性好、锤击准确、可调整垂直度；机动性、灵活性好，工作效率高。桩架的种类和高度，应根据桩锤的种类、桩的长度和施工条件确定。桩架高度应为桩长＋桩帽高度＋桩锤高度＋滑轮组高度＋起锤工作伸缩的余位高度（1～2 m）。若桩架高度不满足，则桩可考虑分节制作、现场接桩；若采用落锤，还应考虑落距高度。

桩架形式多种多样，常用桩架基本为两种形式：一种是沿轨道或滚杠移动的多功能桩架，另一种为装在履带式底盘上可自由行走的桩架。

①多功能桩架由立柱、斜撑、回转工作台、底盘及传动机构等组成。它的机动性和适应性较强，在水平方向可做360°回转，导架可伸缩和前后倾斜。底盘下装有铁轮，可在轨道上行走。这种桩架可用于各种预制桩和灌注桩施工。缺点是机构较庞大，现场组装和拆卸、转运较困难。多功能桩架如图2-11(a)所示。

②履带式桩架以履带式起重机为底盘，利用履带式起重机做动力，增加导架、桩锤、导杆等。其行走、回转、起升的机动性好，使用方便，适用范围广泛。履带式桩架如图2-11(b)所示。

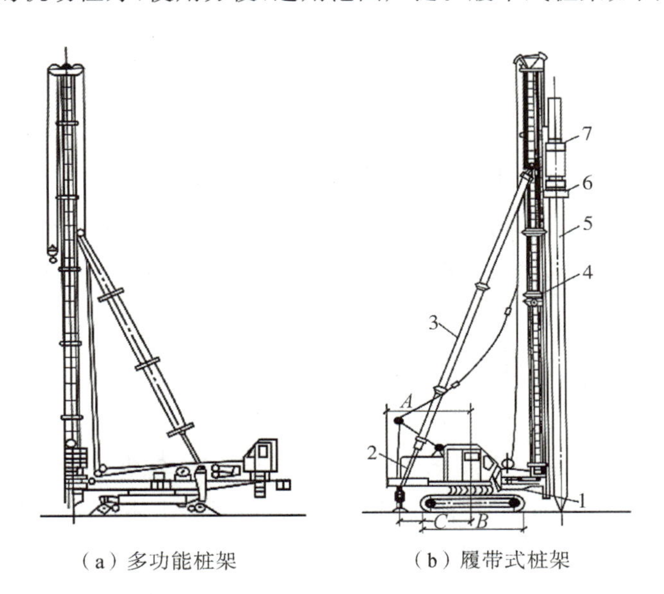

(a)多功能桩架　　(b)履带式桩架

1—支撑；2—发动机；3—斜撑；4—立柱；5—桩；6—桩帽；7—桩锤。

图2-11　桩架示意图

(3)动力装置。打桩机械的动力装置及辅助设备主要根据选定的桩锤种类而定。落锤以电源为动力，再配置电动卷扬机、变压器、电缆等；蒸汽锤以高压饱和蒸汽为驱动力，配置蒸汽锅炉、蒸汽绞盘等；气锤以压缩空气为动力源，需配置空气压缩机、内燃机等；柴油锤以柴油为能源，桩锤本身有燃烧室，不需要外部动力设备。

2)打桩前的准备工作

(1)清除妨碍打桩施工的高空及地下障碍物、平整场地。做好施工现场自然条件、地质状况、附近建筑物及附近地下管线等相关资料的调查。打桩前应清除地上、地下的障碍物，如地下管线、旧有基础、树木等。桩机进场及移动范围内的场地应平整压实，使地基承载力满足施工要求，并保证桩架的垂直度。施工现场及周围应保持排水通畅。架空高压电线距桩架顶部净空不小于10 m。

(2)材料、机具准备及接通水、电源。桩机进场后，按施工顺序铺设轨道，选定位置架设桩机和设备，接通水电源或燃炉升火、进行试机，并移机至起点就位，力求桩架平稳垂直，做好对桩的质量检验。

(3)抄平放线、定桩位、设标尺。打桩现场附近应设置水准点，数量不少于两个，用以抄平场地和检查桩的入土深度；然后根据建筑物的轴线控制桩，定出桩基轴线位置及每个桩的桩位，其轴线位置允许偏差为 20 mm。当桩较稀疏时可用小木桩定位；当桩较密集时，用龙门板(标志板)定位，以防打桩时土体挤压位移使桩错位。

在桩架或桩侧面设置标尺，以观测、控制桩的入土深度。

(4)打桩试验。打试桩主要是检验打桩设备和工艺是否符合要求；了解桩的贯入深度、持力层强度及桩的承载力，以确定打桩方案和打桩技术。试桩时应做好试桩记录，画出各土层深度，记录打入各土层的锤击次数，最后精确测量贯入度。按规范规定，试桩不得少于 2 根。

(5)确定打桩顺序。打桩时，由于桩对土体的挤密作用，先打入的桩会被后打入的桩水平挤推而造成偏移和变位，或被垂直挤拔造成浮桩；而后打入的桩则会难以达到设计标高或入土深度，造成土体隆起和挤压，截桩过大。有时打桩可能对周围建筑物产生一定的影响。所以，群桩施打时，为了保证质量和进度、防止周围建筑物破坏，打桩前应根据桩的密集程度、桩的规格、长短和方便桩架移动来正确选择打桩顺序。

当桩较稀疏时(桩中心距大于 4 倍边长或直径)，可采用由一侧向单一方向进行施打的方式，即逐排施打，如图 2－12(a)所示。这样，桩架单方向移动，打桩效率高。但打桩前进方向一侧不宜有防侧移、防振动的建筑物、构筑物、地下管线等，以防土体挤压破坏。

当桩较密集时(桩中心距小于或等于 4 倍边长或直径)，应由中间向两侧对称施打，如图 2－12(c)所示，或由中间向四周施打，如图 2－12(b)所示。这样，打桩时土体由中间向两侧或四周挤压，易于保证施工质量。当桩数较多时，也可采用分区段施打。

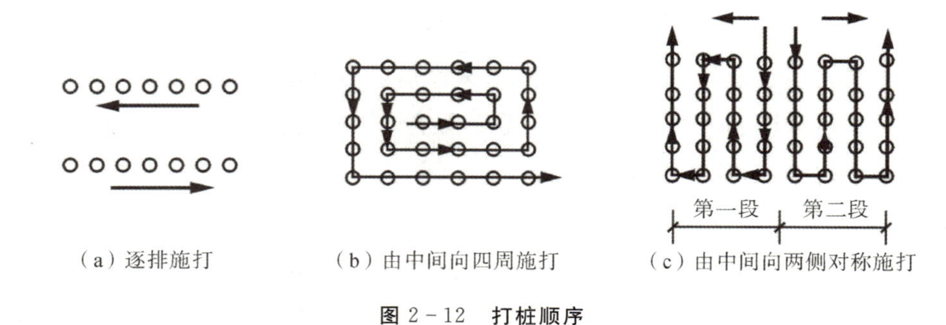

(a) 逐排施打　(b) 由中间向四周施打　(c) 由中间向两侧对称施打

图 2－12　打桩顺序

3)打桩施工

(1)提锤吊桩。桩机就位后应平稳垂直，导杆中心线与打桩方向一致并检查桩位是否正确，然后将桩锤和桩帽吊起使锤底高度高于桩顶，以便进行吊桩。

吊桩时用桩架上的钢丝绳和卷扬机将桩提升就位，吊点数量和位置与桩运输起吊时相同。

桩提升到垂直状态后，送入桩架导杆内，桩尖垂直对准桩位中心，扶正桩身，将桩缓缓下放插入土中。桩的垂直度偏差不得超过0.5%。

桩就位后，在桩顶放上弹性衬垫(如草纸、麻袋、草绳等)，扣上桩帽或桩箍。待桩稳定后，即可脱去吊钩，再将桩锤缓慢落在桩帽上。桩锤底面、桩帽上下面及桩顶应保持水平；桩锤、桩帽(送桩)和桩身应在同一中心线上。此时，在锤重作用下，桩沉入土中一定深度达到稳定位置，再次校正桩位和垂直度后即可打桩。

(2)打桩。初打应采用小落距轻击桩顶数锤，落距以0.5～0.8 m为宜，随即观察桩身与桩锤、桩架是否在同一垂线上。待桩入土一定深度，桩尖不易发生偏移时，再全落距施打。

打桩宜采用重锤低击的方法。重锤低击对桩顶的冲击小，桩顶不易损坏，大部分能量用于克服桩身摩擦力与桩尖阻力；桩身反弹小，不致使桩身被拉坏；桩锤的落距小、打桩速度快、效率高。当采用落锤或单动汽锤时，落距不宜大于1 m；采用柴油锤时，应使桩锤跳动正常，落距不超过1.5 m。

打桩时入土速度应均匀，锤击间歇时间不应过长，否则会使桩身与土层之间的摩擦力恢复，造成固结现象，使桩施打困难。所以在组织施工和现场接桩时应尽量加快速度，保证施工连续进行。

打桩工程属于隐蔽工程，为确保工程质量，应对每根桩的施工过程进行观测，并做好记录，作为验收时鉴定质量的依据。开始打桩时应测量并记录桩身每沉入1 m的锤击次数及桩锤落距的平均高度，当桩下沉接近设计标高时，应在规定落距下，锤击一阵(每阵10击)后测量其贯入度，当最后贯入度小于设计要求时，停止打桩。施工中所控制的贯入度以合格的试桩数据为准。

打桩时，桩顶要打入土中一定深度时，则采用送桩器，以减少预制桩的长度，节省材料。送桩器通常用钢材制作，其长度和尺寸视需要而定。送桩施打时，应保证桩与送桩器尽量在同一垂直轴线上。送桩器两侧应设置拔出吊环，拔出送桩器后，桩孔应及时回填。

打桩时应随时注意观察桩锤回弹情况。若桩锤经常性回弹较大，桩的入土速度慢，说明桩锤太轻，应更换桩锤；若桩锤发生突发性的较大回弹，说明桩尖遇到障碍，应停止锤击，找出原因后进行处理。如果继续施打，贯入度突增，说明桩尖或桩身遭受破坏。打桩时，还要随时注意观察贯入度的变化，贯入度过小，可能遇到土中障碍；贯入度突然增大，可能遇到软土层、土洞或桩尖、桩身破坏。当贯入度剧变、桩身发生突然倾斜、移位或严重回弹，桩顶、桩身出现严重裂缝或破坏时，应暂停打桩并及时进行研究处理。

(3)接桩。当设计桩较长时，受桩架有效高度，现场情况，运输、吊装能力等限制，桩只能分节制作、逐节打入、现场接桩。常用的接桩形式有焊接接桩、法兰接桩和硫黄胶泥锚接桩三种，如图2-13所示。

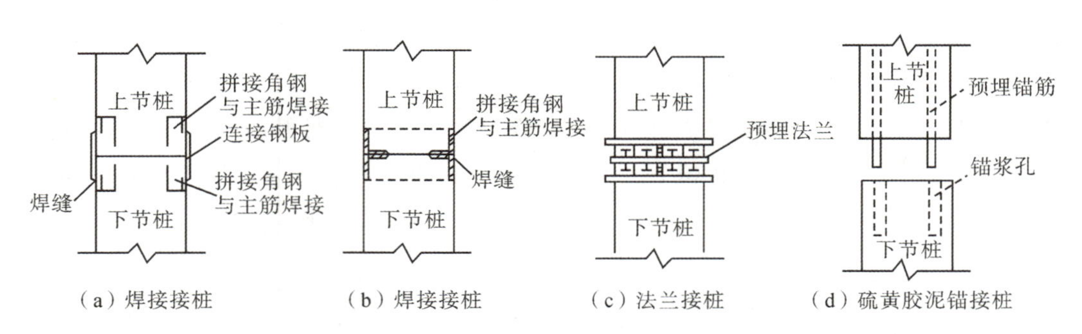

图 2-13　桩的接头形式

焊接接桩是在上下两节桩端部预埋钢板或角钢，将上节桩用桩架吊起，对准下节桩头，检查无误后，用点焊将四角连接角钢与预埋钢板临时焊接，再次检查位置及垂直度后，随即由两名焊工对角对称施焊。焊接接桩适用各类土层。

法兰接桩主要用于离心法成形的钢筋混凝土管桩。该法适用各种土层的离心管桩接桩。硫黄胶泥锚接桩又称浆锚法。接桩时，将上节桩下端伸出 4 根锚筋插入下节桩的锚筋孔，上下桩间隙为 20 mm 左右。然后在四周安设施工夹箍，将熔化的硫黄胶泥注满锚筋孔内，并使之溢出桩面，然后将上节桩下落，当硫黄胶泥冷却后，拆除施工夹箍，则可继续压桩和打桩。硫黄胶泥锚接桩节约钢材、操作简单、施工速度快、质量好，适用于软弱土层中的打桩和压桩。

(4)截桩。预制桩施打完毕后，按设计桩顶标高，应将桩头多余部分凿去，凿桩头可用人工或风镐完成，但不得打裂桩身混凝土，并保证桩顶嵌入承台梁内的长度不小于 50 mm，当桩主要承受水平力时，不小于 100 mm。

4)打桩质量控制

打桩质量评定主要有两个方面：一是能否满足贯入度或标高的设计要求；二是桩的位置偏差是否在施工及验收规范允许范围之内。

当桩尖位于坚硬、硬塑的黏土、碎石土、中密以上砂土或风化岩等土层时，打桩以贯入度控制为主，以桩尖进入持力层深度或桩尖标高做参考。当贯入度已达到而桩尖标高未达到时，应继续锤击 3 阵，其每阵 10 击的平均贯入度不应大于规定数值。当桩尖位于其他软土层时，以桩尖设计标高控制为主，贯入度做参考。控制贯入度应通过打桩试验或与有关单位研究确定。打桩时，如控制指标已符合要求，而其他指标与要求相差较大时，应会同有关单位研究确定。

此外，按标高控制的预制桩，桩顶的允许误差为－50～＋100 mm，钢筋混凝土预制桩在沉桩后垂直度偏差不大于 1%，平面位置偏差不大于 1/2～1 个桩直径或边长。

3. 静力压桩施工

1)特点及原理

静压沉桩施工

静力压桩是在软土地基上，利用静力压桩机或液压压桩机用无振动的静压力(自重和配重)将预制桩压入土中的一种沉桩新工艺，在我国沿海软土地基上较为广泛地采用。与锤击沉桩相比，它具有施工无噪声、无振动、节约材料、成本较低、施工质量较高、沉桩速度快等特点，特别适宜于扩建工程和城市内桩基工程施工。工作原理：通过安置在压桩机上的卷扬机的牵引，由钢丝绳、滑轮及压梁，将整个桩机的自重力（800～1500 kN）反压在桩顶上，以克服桩身下沉时与土的摩擦力，迫使预制桩下沉。

2）压桩机械设备

压桩机有两种类型：一种是机械静力压桩机，如图 2-14 所示，它由压桩架（桩架与底盘）、传动设备（卷扬机、滑轮组、钢丝绳）、平衡设备（铁块）、量测装置（测力计、油压表）及辅助设备（起重设备、送桩）等组成；另一种是液压静力压桩机，如图 2-15 所示，它由操作室、液压吊装机构、液压夹持与压桩机构（千斤顶）、行走机构、回转机构、液压系统、电控系统、导向架、配重铁块等部分组成，该机具有体积轻巧、使用方便等特点。

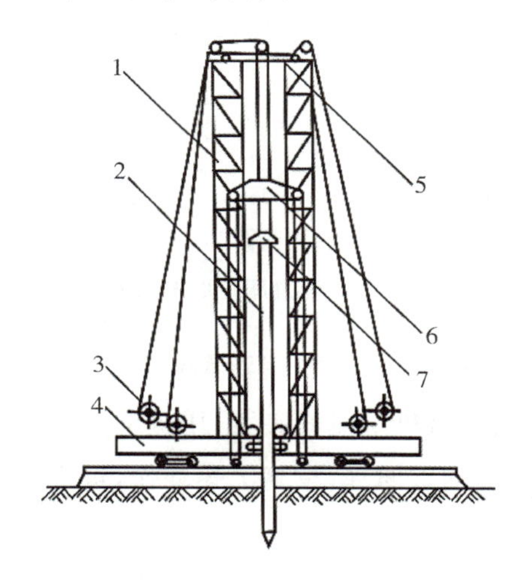

1—桩架；2—桩；3—卷扬机；4—底盘；5—顶梁；6—压梁；7—桩帽。

图 2-14 机械静力压桩机

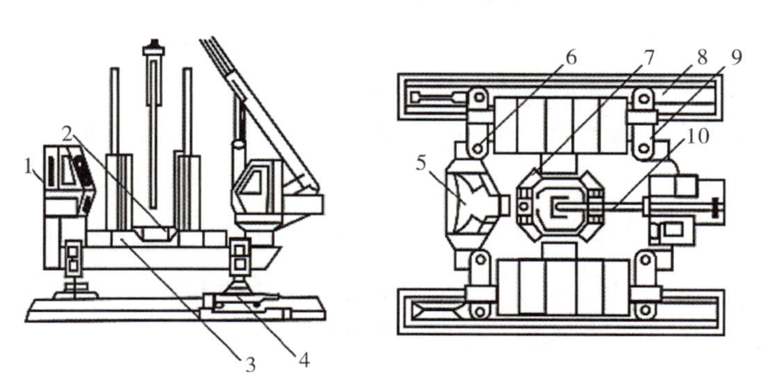

1—操作室；2—液压夹持与压桩结构；3—配重铁块；4—回转机构；5—电控系统；
6—液压系统；7—导向架；8—行走机构；9—支腿式底盘结构；10—液压吊装机构。

图 2-15 液压静力压桩机

3)液压压桩工艺方法

(1)施工程序。静力压桩的施工程序:测量定位→桩机就位→吊桩插桩→桩身对中调直→静压沉桩→接桩→再静压沉桩→终止压桩→切割桩头,如图 2-16 所示。

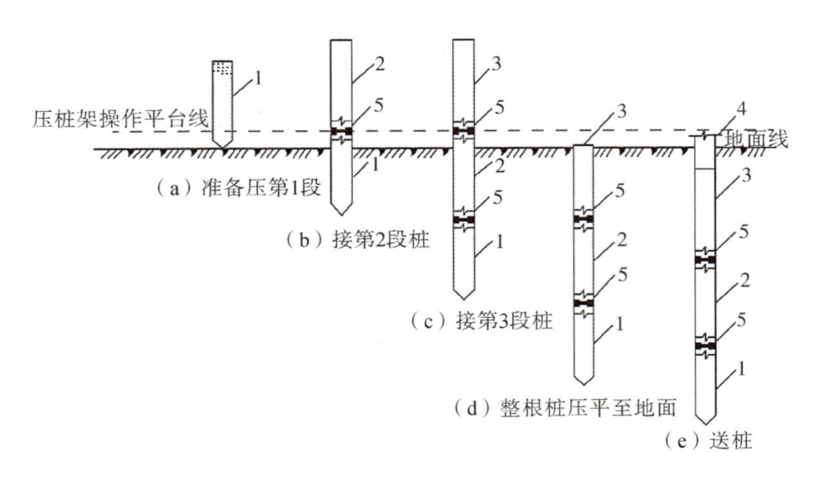

1—第 1 段桩;2—第 2 段桩;3—第 3 段桩;4—送桩;5—接桩处。

图 2-16 静力压桩的施工程序

(2)压桩方法。用起重机将预制桩吊运或用汽车运至桩机附近,再利用桩机自身设置的起重机将其吊入夹持器中,夹持油缸将桩从侧面夹紧,压桩油缸做伸程动作,把桩压入土层中。伸长完后,夹持油缸回程松夹,压桩油缸回程,重复上述动作,可实现连续压桩操作,直至把桩压入预定深度土层中。

(3)桩拼接的方法。静力压桩在一般情况下桩分段预制,分段压入,逐段接长。每节桩长度取决于桩架高度,通常为 6 m 左右,压桩桩长可达 30 m 以上,桩断面为 400 mm×400 mm。常用的接桩方法有焊接法、硫黄胶泥锚接法。

4)压桩施工要点

(1)压桩应连续进行,因故停歇时间不宜过长,否则压桩力将大幅度增长而导致桩压不下去或桩机被抬起。

(2)压桩的终压控制很重要。对长度大于 21 m 的静压桩,应以设计桩长控制为主,终压力值做对照;对一些设计承载力较高的桩基,终压力值宜尽量接近压桩机满载值;对于长 14～21 m的静压桩,应以终压力达满载值为终压控制条件;对桩周土质较差且设计承载力较高的,宜复压 1～2 次为佳;对长度小于 14 m 的桩,宜连续多次复压,特别对长度小于 8 m 的短桩,连续复压的次数应适当增加。

(3)静力压桩单桩竖向承载力,可通过桩的终止压力值大致判断。如判断的终止压力值不能满足设计要求,应立即采取送桩加深处理或补桩,以保证桩基的施工质量。

4. 其他沉桩工艺

1)振动沉桩

振动沉桩利用固定在桩顶部的振动器所产生的激振力，通过桩身使土颗粒受迫振动，使其改变排列组织，产生收缩和位移，这样桩表面与土层间的摩擦力就会减少，桩在自重和振动力共同作用下沉入土中。该方法在砂土中施工效率较高。

振动沉桩设备简单，不需要其他辅助设备，重量轻，体积小，搬运方便，费用低，工效高，适用于在黏土、松散砂土及黄土和软土中沉桩，更适合于打钢板桩，同时可以借助起重设备拔桩。

2)射水沉桩

射水沉桩方法往往与锤击(或振动)法同时使用，具体选择应视土质情况而定。必须注意，不论采取何种射水施工方法，在沉入最后阶段 1～1.5 m 至设计标高时，应停止射水，用锤击或振动法使之沉入至设计深度，以保证桩的承载力。

3)植桩沉桩

在沉桩部位按设计要求的孔径和孔深先用钻机钻孔，钻出的土体通过湿法或干法排出地面外运，在孔内再插入预制钢筋混凝土桩，然后采用锤击或振动锤打入法，将桩打入设计持力层标高。

2.3.2　钢筋混凝土灌注桩施工

钢筋混凝土灌注桩是直接在施工现场桩位上成孔，然后在孔内安装钢筋骨架，浇筑混凝土成桩。与预制桩相比，由于避免了锤击和挤土(套管成孔灌注桩除外)的影响，桩混凝土强度和配筋要求相对较低，具有节约钢筋、节省模板、施工方便、工期短、成本低等优点，并可制作大直径、大承载力桩。此外，灌注桩能适应持力层变化制成不同长度的桩，桩径大，不需要接桩，施工时无振动、无挤土、无噪音。但也存在着不能立即承受荷载，操作要求严，在软土地基中易出现缩颈、断桩等质量问题，冬期施工困难等缺点。施工时应严格遵守操作规程和技术规范。

灌注桩按成孔方法可分为钻孔灌注桩、套管成孔灌注桩、人工挖孔灌注桩等。

1. 钻孔灌注桩

1)干作业成孔灌注桩

干作业成孔灌注桩施工

干作业成孔灌注桩是先用螺旋钻机等成孔设备在桩位处成孔，然后在孔内放入钢筋笼，再浇筑混凝土而成桩。该方法适合在地下水位以上的黏性土、粉土、填土、中等密实以上的砂土、风化岩层中成孔。

(1)施工设备。干作业成孔机械主要有螺旋钻机和钻扩机等。目前常用的是螺旋钻机。

螺旋钻机由主机、滑轮组、螺旋钻杆、钻头、滑动支架、出土装置等组成。成孔时由螺旋钻头切削土体，切下的土随钻头旋转并沿螺旋叶片上升而排出孔外。其成孔直径一般为 400～600 mm，成孔深度一般在 12 m 以内。步履式螺旋钻机如图 2-17 所示。

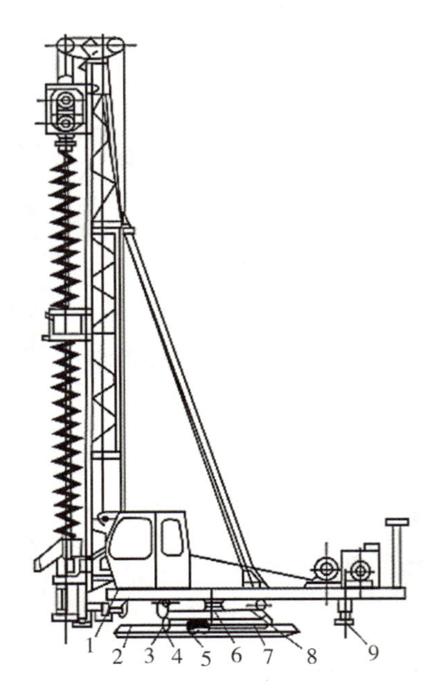

1—上盘；2—下盘；3—回转滚轮；4—行走滚轮；5—钢丝滑轮；
6—回转中心轴；7—行车油缸；8—中盘；9—支撑盘滚轮。

图 2-17　步履式螺旋钻机

(2)施工方法。

①钻机钻孔前，应做好现场准备工作。钻孔场地必须平整、碾压或夯实，雨季施工时需要加白灰碾压以保证钻孔行车安全。钻机按桩位就位时，钻杆要垂直对准桩位中心，放下钻机使钻头触及土面。

②钻孔时，开动转轴旋动钻杆钻进，先慢后快，避免钻杆摇晃，并随时检查钻孔偏移量，有问题应及时纠正。施工中应注意钻头在穿过软硬土层交界处时，应保持钻杆垂直，缓慢进尺。在含砖头、瓦块的杂填土或含水量较大的软塑黏性土层中钻进时，应尽量减小钻杆晃动，以免扩大孔径及增加孔底虚土。当出现钻杆跳动、机架摇晃、钻不进等异常现象，应立即停钻检查。钻进过程中应随时清理孔口积土，遇到地下水、缩孔、坍孔等异常现象，应同有关单位研究处理。

③钻孔至要求深度后，可用钻机在原处空转清土，然后停止回转，提升钻杆卸土。如孔底虚土超过容许厚度，可用辅助掏土工具或二次投钻清底。清孔完毕后应用盖板盖好孔口。

④桩孔钻成并清孔后，先吊放钢筋笼，后浇筑混凝土。为防止孔壁坍塌，避免雨水冲刷，成孔经检查合格后，应及时浇筑混凝土。若土层较好，没有雨水冲刷，从成孔至混凝土浇筑的时间间隔也不得超过 24 h。灌注桩的混凝土强度等级不得低于 C15，坍落度一般采用 80～100 mm；混凝土应连续浇筑，分层捣实，每层的高度不得大于 1.5 m；当混凝土浇筑到桩顶时，应适当超过桩顶标高，以保证在凿除浮浆层后，桩顶标高和质量能符合设计要求。螺旋钻机钻孔灌注桩施工过程如图 2-18 所示。

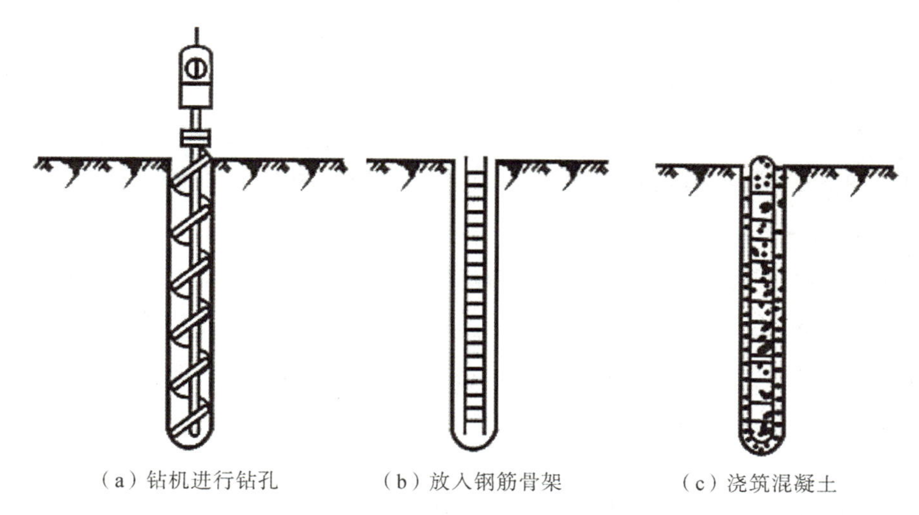

图 2-18　螺旋钻机钻孔灌注桩施工过程

(3)质量要求。垂直度容许偏差 1%，孔底虚土容许厚度不大于 100 mm。桩位允许偏差：单桩、条形桩基沿垂直轴线方向和群桩基础边沿的偏差是 1/6 桩径；条形桩基沿顺轴方向和群桩基础中间桩的偏差为 1/4 桩径。

2)泥浆护壁成孔灌注桩施工

(1)施工程序。

当地下水位较高或土质较差(如淤泥、淤泥质土、砂土等)容易塌孔时，应采用泥浆护壁成孔的方法进行施工，这种桩也称为湿作业成孔灌注桩。泥浆护壁成孔灌注桩的主要施工程序如图 2-19 所示。

机械成孔灌注桩施工

泥浆护壁成孔灌注桩施工

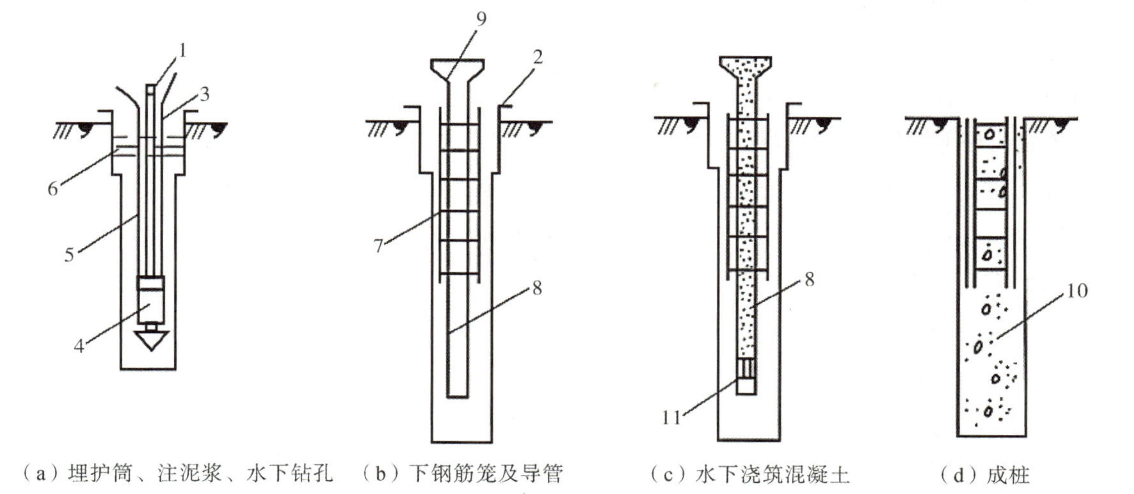

1—钻杆；2—护筒；3—电缆；4—潜水电钻；5—输水胶管；
6—泥浆；7—钢筋骨架；8—导管；9—料斗；10—混凝土；11—隔水栓。

图 2-19　泥浆护壁成孔灌注桩的主要施工程序

泥浆护壁成孔灌注桩施工时,先在施工现场测量放线定桩位,修筑泥浆池、安装桩架和导管架等。泥浆护壁成孔灌注桩施工的具体程序包含以下几步。

①埋设护筒。护筒是用3~5 mm厚钢板制成的圆筒,护筒内径应大于钻头直径,采用回转钻时,宜大于100 mm;采用冲击钻时,宜大于200 mm。埋设护筒时,先挖去桩孔处表土,将护筒埋入土中,其埋设深度,在黏土中不宜小于1 m,在砂土中不宜小于1.5 m。护筒中心线应与桩位中心线重合,偏差不得大于50 mm,护筒与坑壁之间用黏土填实,以防漏水;护筒顶面应高于地面400~600 mm,上部留有1~2个溢浆口,并应保持孔内泥浆面高出地下水位1 m以上。

护筒的作用是固定桩孔位置,防止地面水流入,保护孔口,增高桩孔内水压力,防止塌孔,成孔时引导钻头方向。

②制备泥浆。泥浆在桩孔内吸附在孔壁上,形成一层透水性较差的泥皮,将孔壁上空隙填塞密实,防止漏水;由于孔内的水位高于地下水位,同时泥浆相对密度大于水的相对密度,因此孔内的水压大于孔外的水压,护壁泥浆起到液体支撑的作用,以稳固土壁、防止塌孔。泥浆有一定的黏度,通过循环泥浆可将切削碎的泥石碴屑悬浮后排出,起到携砂、排土的作用,泥浆对钻头有冷却的作用,对钻头切削土体有润滑的作用,可减少切削阻力。

制备泥浆的方法应根据土质条件确定:在黏性土和粉质黏土中成孔时,可在孔中注入清水,钻机旋转时,切削土屑与水旋拌,用原土造浆;在砂土或其他土中钻,应采用高塑性黏土或膨润土加水配制护壁泥浆。泥浆的性能指标要符合规定的要求。施工中应经常测定泥浆密度,并定期测定黏度、含砂率和胶体率等。

③成孔。泥浆护壁成孔灌注桩成孔方法有钻孔、冲孔和抓孔三种。

a.钻孔。钻孔常用潜水钻机,它是一种将动力、变速机构与钻头连在一起加以密封、潜入水中工作的一种体积小而轻的钻机。钻机的钻头带有合金刀齿,由电动机带动刀齿切削土体。钻头靠桩架悬吊吊杆定位,钻孔时钻杆不旋转,正循环送入泥浆,被切碎的土屑靠泥浆循环排出孔外。该钻机桩架轻便、移动灵活、钻进速度快(0.5~2 m/min)、噪声小,钻孔直径为600~800 mm,钻孔深度可达50 m。钻孔成孔适用于黏性土、淤泥及淤泥质土及砂土,也可钻入岩层,尤其适于地下水位较高的土层中成孔。潜水钻机示意图如图2-20所示。

b.冲孔。冲孔是用冲击钻机把带钻刃的重钻头(又称冲锤)提高,靠自由下落的冲击力来削切岩层,排出碎碴成孔。它适用于各类土层及风化岩、软质岩。

c.抓孔。抓孔是将冲抓锥头提升到一定高度,锥斗内有压重铁块和活动抓片,下落时抓片张开,钻头自由下落冲入土中,然后开动卷扬机拉升钻头,此时抓片闭合抓土,将冲抓锥整体提升至地面卸土,依次循环成孔。冲抓锥成孔适用于碎石土、砂土、砂卵石、黏性土、粉土、强风化岩。

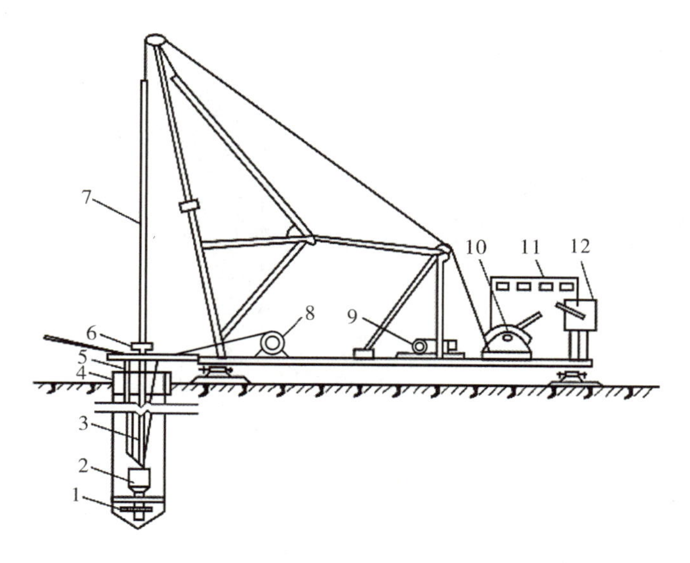

1—钻头；2—潜水电机；3—电缆；4—护筒；5—水管；6—滚轮；

7—钻杆；8—电缆盘；9、10—卷扬机；11—电流电压表；12—启动开关。

图 2-20　潜水钻机示意图

④泥浆循环排渣。泥浆循环排渣可分为正循环排渣和反循环排渣法。

正循环排渣法是泥浆由钻杆内部沿钻杆从底部喷出，携带土渣的泥浆沿孔壁向上流动，由孔口将土渣带出，流入沉淀池，经沉淀的泥浆流入泥浆池，再由泵注入钻杆，如此循环，如图 2-21(a)所示。正循环成孔泥浆的上返速度低，携带土粒直径小，排渣能力差，岩土重复破碎现象严重，适用于填土、淤泥、黏土、粉土、砂土等地层，但采用正循环回转钻机成孔，设备简单，操作方便，工艺成熟，当孔径小于 1000 mm 且孔深不大时，效率较高。

反循环排渣法是泥浆由孔口流入孔内，同时泥浆泵通过钻杆底部吸渣，使钻下的土渣由钻杆内腔吸出并排入沉淀池，沉淀后流入泥浆池，如图 2-21(b)所示。由于钻杆内腔断面比钻杆与孔壁间隙断面面积小得多，因此，泥浆的上返速度大，一般可达到 2～3 m/s，可以提高排渣能力，保持孔内清洁，减少渣土在孔底重复破碎的概率，提高成孔效率。反循环排渣法是目前大直径成孔施工中一种高效、先进的工艺，应用较广泛。

⑤清孔。钻孔达到要求的深度后要清除孔底沉渣，以防止灌注桩沉降过大、承载力降低。当孔壁土质较好，不易塌孔时，可用空气吸泥机清孔，清孔后使泥浆比重控制在 1.1 t/m^3；孔壁土质较差时，宜用反循环排渣法清孔，清孔后泥浆比重应控制在 1.15～1.25 t/m^3 之间。清孔满足要求后，应立即安放钢筋笼，浇筑混凝土。

⑥安放钢筋笼。钻孔达设计深度后(一般要求达到较坚实的持力层)，即可安装钢筋笼，钢筋骨架预先在施工现场制作，用起重机械悬吊、在护筒上口分段焊接或绑扎后下放到孔内。吊放入孔时，不得碰撞孔壁，并应设置保护层垫块。

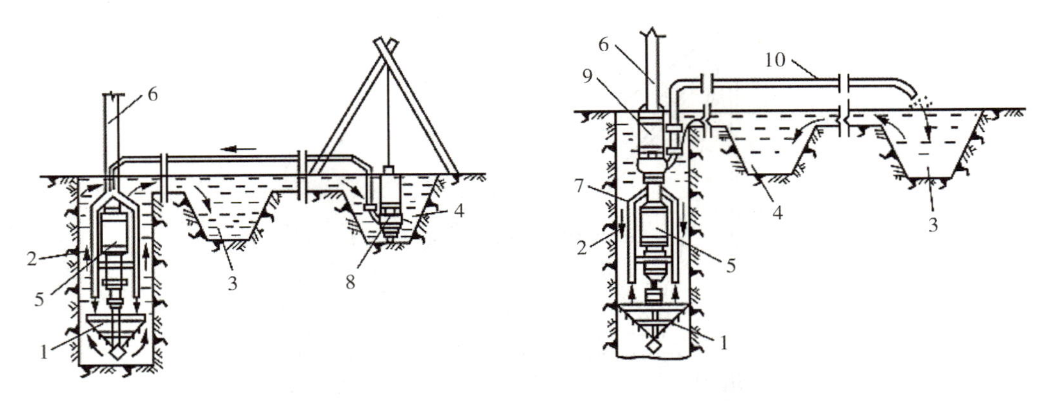

(a) 正循环排渣法　　　　(b) 反循环排渣法

1—钻头;2—泥浆循环方向;3—沉淀池;4—泥浆池;5—主机;
6—钻杆;7—抽渣管;8—泥浆泵;9—砂石泵;10—排渣胶管。

图 2-21　泥浆循环排渣方法图

⑦水下浇筑混凝土。水下浇筑混凝土常用导管法。导管直径大于 250～300 mm,每节长 3 m,但第一节底管长度应大于 4 m;节之间用法兰连接,要求接头严密,不漏浆、不进水。水下浇筑混凝土如图 2-22 所示。

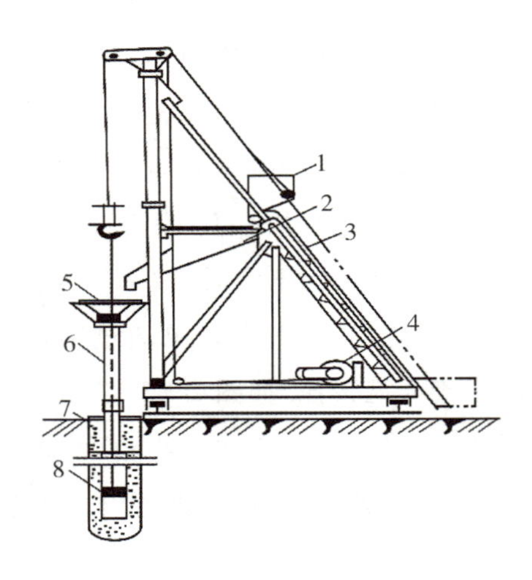

1—上料斗;2—贮料斗;3—滑道;4—卷扬机;5—漏斗;6—导管;7—护筒;8—隔水塞。

图 2-22　水下浇筑混凝土

采用导管法浇筑混凝土时,先将安装好的导管吊入桩孔内,导管顶部连接漏斗,底部距桩孔底 0.3～0.5 m,在导管内设隔水塞(栓),用细钢丝悬吊在导管下口,隔水塞可用预制混凝土块四周加橡皮封圈、橡胶球胆或软木球。

灌筑混凝土时,先在漏斗内灌入足够量的混凝土,保证混凝土下落后能将导管下端埋入不小于 500 mm,然后剪断钢丝,隔水塞下落,混凝土随隔水塞冲出导管下口,并把导管底部埋入混凝土内。由于混凝土的密度比泥浆大，因此混凝土下沉而泥浆上浮。然后连续浇筑混凝土，当导管埋入混凝土达 2～2.5 m 时，即可提升导管，提升速度不宜过快，应保持导管埋在混凝土内 1 m 以上，这样边浇筑，边拔管，边拆除上部导管，直至桩顶。

水下浇筑混凝土时，其强度等级不应低于 C20，粗骨料粒径不宜大于 30 mm，坍落度为 160～220 mm。混凝土保护层厚度不应小于 50 mm。导管最大外径应比钢筋笼内径小 100 mm 以上，以便顺利提出。

(2)常见质量问题及处理方法。

泥浆护壁成孔灌注桩施工时常易发生孔壁坍塌、斜孔、孔底隔层、夹泥、流沙等工程问题，因水下混凝土浇筑属隐蔽工程，一旦发生质量事故难以观察和补救，所以必须严格遵守施工操作规程，在有经验的施工技术人员指导下认真施工，并做好隐蔽工程记录，以确保工程质量。

①塌孔。在成孔过程中或成孔后，在泥浆中不断出现气泡或护筒内的水位突然下降，均是塌孔的迹象。其形成原因主要是土质松散，泥浆护壁不得力，护筒周围未用黏土紧密填实，孔内泥浆液面下降，孔内水压降低等。如发生塌孔，应探明塌孔位置，将砂和黏土混合物回填到塌孔位置以上 1～2 m，如塌孔严重，应全部回填，等回填物沉积密实后再重新钻孔。

②斜孔。斜孔指成孔过程中出现孔位偏移或孔身倾斜。形成斜孔的主要原因是桩架不稳固、钻杆不垂直或土层软硬不均。处理方法：将桩架重新安装牢固、平稳垂直；钻孔偏斜时，可提起钻头，上下反复扫钻几次；如偏移过大，应填入砂和黏土混合物，重新成孔。

③孔底隔层。孔底隔层指孔底残留石渣过厚，孔脚涌进泥沙或坍壁泥土落底。形成孔底隔层的主要原因是清孔不彻底，清孔后泥浆浓度减小或浇筑混凝土、安放钢筋骨架时碰撞孔壁造成塌孔落土。主要预防方法：做好清孔工作；注意泥浆浓度及孔内水位变化，施工时注意保护孔壁。

④夹泥或软弱夹层。夹泥或软弱夹层指桩身混凝土混进泥土或形成浮浆泡沫软弱夹层。形成夹泥或软弱夹层的主要原因是浇筑混凝土时孔壁坍塌或导管下口埋入混凝土高度太小，泥浆被喷翻，掺入混凝土中。预防措施是经常注意混凝土表面标高变化，并保持导管下口埋入混凝土下的高度，并应在钢筋笼下放孔内 4 h 内浇筑混凝土。

2. 套管成孔灌注桩施工

沉管灌注桩施工

套管成孔灌注桩是利用锤击沉桩或振动沉桩方法，将带有桩尖的钢制桩管沉入土中，然后在钢管内放入钢筋骨架，边浇筑混凝土边锤击、振动套管，边上拔套管，最后成桩。前者利用锤击沉管成孔，则称为锤击沉管灌注桩；后者利用振动沉管成孔，称为振动沉管灌注桩。套管成孔灌注桩整个施工过程在套管护壁条件下进行，不受地下水位高低和土质条件好坏的限制，适合于在地下水位高、地质条件差的可塑、软塑、流塑以上黏土、淤泥及淤泥质土、稍密和松散的砂土中施工。但是由于设备性能的特点使桩径、桩长都受到限制，施工有振动，噪音大，施工工艺不当易造成质量问题。沉管成孔灌注桩施工过程如图 2-23 所示。

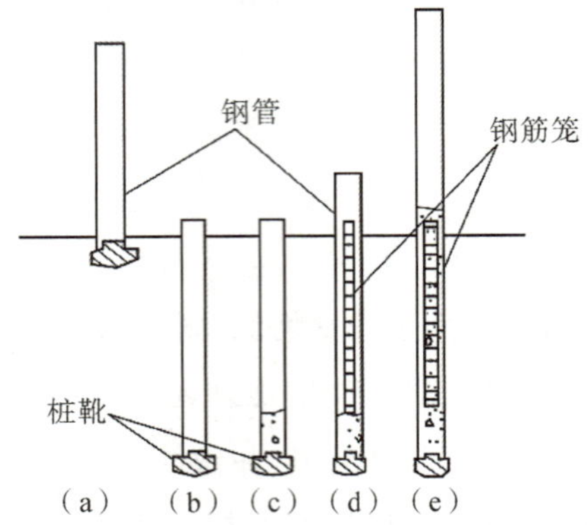

(a) 就位；(b) 沉管套；(c) 浇筑混凝土；(d) 放钢筋笼、继续浇筑混凝土；(e) 拔管成桩。

图 2-23 沉管成孔灌注桩施工过程

1)锤击沉管灌注桩施工

(1)施工工艺。

锤击沉管灌注桩又称为打拔管式灌注桩，是用锤击沉桩设备(落锤、汽锤、柴油锤)将桩管打入土中成孔。然后灌注混凝土或钢筋混凝土，抽出钢管而成。其施工工艺流程如下：桩机就位→安放桩尖→吊放桩管→扣上桩帽→锤击沉管至要求贯入度或标高，用吊铊检查管内有无泥水并测孔深→提起桩锤→安放钢筋笼→浇筑混凝土→拔管成桩。

锤击沉管灌注桩施工时，首先将打桩机就位，吊起桩管，对准预先在桩位埋好的预制混凝土桩尖，放置麻、草绳垫于桩管和桩尖连接处，以作缓冲和防止泥水进入桩管，再缓慢放下桩管，套入桩尖，将桩管压入土中。然后在桩管上部扣上桩帽，检查桩管与桩锤、桩尖是否在一条垂直线上，其垂直度偏差应小于 0.5%桩管高度。

初打时应低锤轻击，观察桩管无偏移时，方能正常施打。桩锤施打的冲击频率视桩锤的类型和土质而定，宜采用低锤密击，即小落距、高频率，尽量控制每分钟击打 70 次以上，直至将桩管打至设计要求的贯入度或桩尖标高，并检查管内有无泥浆或水进入，即可(安放钢筋笼)灌注混凝土。

浇筑混凝土以及拔管时应保证混凝土的质量，桩管内应尽量灌满混凝土，并应保持不少于 2 m 高度，然后开始拔管。拔管要均匀，第一次拔管高度控制在能容纳第二次需要灌入的混凝土量为限，不宜拔管过高，以后始终保持管内的混凝土量略高于地面，直到桩管全部拔出地面为止。拔管时应保持连续密锤低击不停，并控制拔出速度，对一般土层，以不大于 1 m/min 为宜；在软弱土层及软硬土层交界处，应控制在 0.8 m/min 以内。

上面所述的这种灌注桩的施工方法称为单打法。为了提高桩的质量和承载能力，常采用复打法扩大灌注桩。其施工方法是，在第一次单打法（不安放钢筋笼）施工完毕并拔出桩管后，清除桩管外壁上和桩孔周围地面上的污泥，立即在原桩位上再次安放桩尖，再做第二次沉管，使未凝固的混凝土向四周挤压扩大桩径，然后（安放钢筋笼）第二次灌注混凝土，拔管方法与第一次相同。复打法示意图如图 2-24 所示。复打施工时要注意前后两次沉管的轴线应重合，复打必须在第一次灌注的混凝土初凝之前进行。

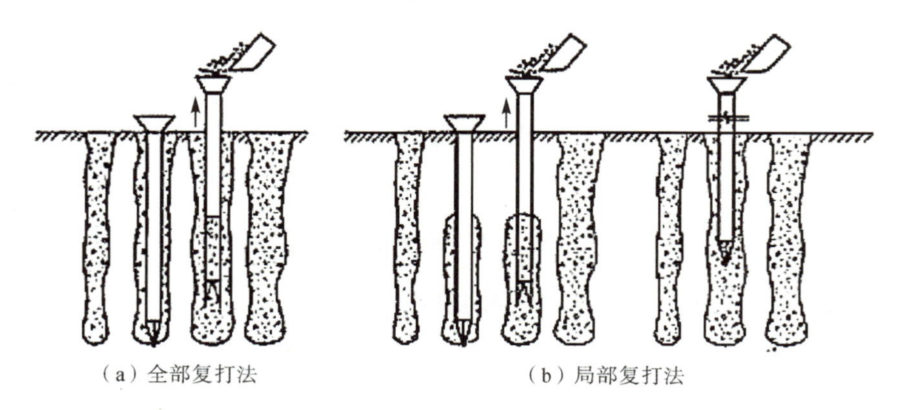

图 2-24　复打法示意图

(2)质量要求。

①锤击沉管灌注桩混凝土强度等级应不低于 C20；混凝土坍落度，在配筋时宜为 80～100 mm，无筋时宜为 60～80 mm；碎石粒径，配筋时不大于 25 mm，无筋时不大于 40 mm；桩尖混凝土强度等级不得低于 C30。

②当桩的中心距为桩管外径的 5 倍以内或小于 2 m 时，均应跳打，中间空出的桩须待邻桩混凝土达到设计强度的 50%以后，方可施打。

③桩位允许偏差：群桩不大于 $0.5d$（d 为桩管外径），对于两个桩组成的基础，在两个桩的连线方向上偏差不大于 $0.5d$，垂直此线的方向上则不大于 $1/6d$，墙基由单桩支承的，平行墙的方向偏差不大于 $0.5d$，垂直墙的方向不大于 $1/6d$。

2)振动沉管灌注桩施工

振动沉管灌注桩是采用振动冲击锤（激振器）沉入套管，它与锤击沉管灌注桩的区别是用振动箱代替桩锤。振动箱与桩管刚性联结，桩管下安设活瓣桩尖，活瓣桩尖应有足够的强度和刚度，活瓣间缝隙应紧密。活瓣桩尖如图 2-25 所示。

振动沉管施工时，先安装好桩机，将桩管下端活瓣闭合，对准桩位，缓慢放下桩管压入土中，然后校正垂直度，即可开动振动器沉管。当降沉到设计要求的深度后，便停止振动，立即利用吊斗向管内灌满混凝土，并再次开动振动器，边振动边拔管，同时在拔管过程中继续向管内浇筑混凝土。如此反复进行，直至桩管全部拔出地面后即形成混凝土桩身。

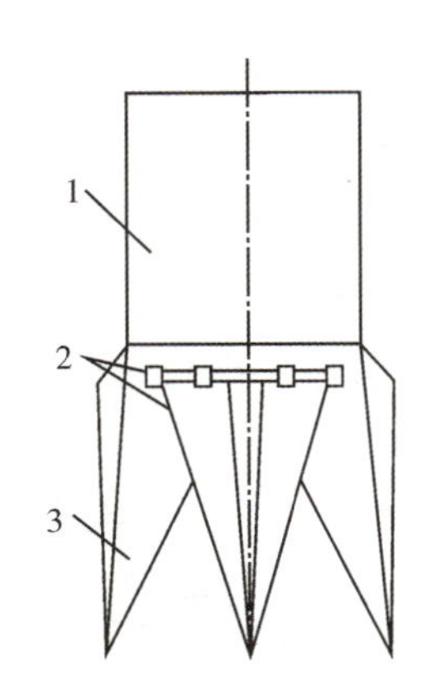

1—桩管；2—锁轴；3—活瓣。

图 2-25 活瓣桩尖

振动沉管灌注桩可采用单振法、反插法和复振法。

(1)单振法。施工时，在桩管内灌满混凝土，开动振动桩机，振动 5～10 s，开始拔管，边振边拔。每拔 0.5～1.0 m，停拔振动 5～10 s，如此反复，直到桩管全部拔出为止。拔管时应控制拔管速度，拔管速度在一般土层中为 1.2～1.5 m/min，在较软弱土层中不宜大于 0.8～1.0 m/min，单振法施工速度快，混凝土用量少，但桩的承载力低，适用于含水量较小的土层。

(2)反插法。在桩管内灌满混凝土后，先振动再开始拔管。每次拔管高度为 0.5～1.0 m，再向下反插 0.3～0.5 m，如此反复进行并始终保持振动，直至桩管拔出地面。反插法能使混凝土的密实性增加、桩的直径增大，从而提高桩的承载力。宜在较差的软土地基中应用，但混凝土耗用量大，一般适用于饱和软土层。

(3)复振法。施工方法及要求与锤击沉管灌注桩的复打法大致相同。

3)施工中常遇到的问题及处理方法

套管成孔灌注桩施工时常发生断桩、瓶颈桩、吊脚桩、桩尖进水进泥等问题，出现这些问题应认真分析原因并及时处理。

(1)断桩。断桩指裂缝贯通全截面，呈水平或略倾斜状，多出现在地面以下 1～3 m 深的软硬土层交界处。断桩产生的主要原因是桩距过小，邻桩施打时土体水平挤压产生的横向水平力和土体反弹、隆起的竖向上拔力共同作用，使刚终凝不久的桩身混凝土受弯、受剪而造成断桩。预防措施：布桩不宜过密，过密时可采用跳打法或控制时间法以减少振动的影响；合理制订打桩顺序和桩架行走路线；当桩身混凝土强度较低时，应避免振动、挤压的影响。断桩检查，可用锤敲击桩头侧面，同时用脚踏在桩头上，如桩已断，会感到浮振。断桩一旦发现，应将断桩段拔去，略增大面积或加铁箍连接，再重新浇筑混凝土补做桩身。

(2)瓶颈桩。瓶颈桩是指桩的某处直径缩小形似“瓶颈”，其截面面积不符合设计要求。瓶颈桩多数发生在黏性土、土质软弱、含水量大的情况下，特别是饱和的淤泥或淤泥质软土层中。

产生瓶颈桩的主要原因：在含水率较大的软弱土层中沉管时，土体受到强烈扰动和挤压，产生很高的孔隙水压，拔管后便挤向新浇筑的混凝土，使桩身产生不同程度的缩径；拔管速度过快；混凝土量少、和易性差，混凝土出管扩散性差。处理方法：施工中应保持管内混凝土略高于地面，使之有足够的扩散压力，拔管时采用复打或反插法，并严格控制拔管速度。

(3)吊脚桩。吊脚桩是指桩的底部混凝土隔空或混进泥沙而形成软弱夹层的桩。其产生的主要原因是，预制钢筋混凝土桩尖承载力或钢活瓣桩尖刚度不够，沉管时被破坏或变形，因而水或泥沙进入桩管；拔管时桩靴未脱出或活瓣未张开，混凝土未及时从管内流出等。处理方法：应拔出桩管，填砂后重打；或者可采取密振动慢拔，开始拔管时先反插几次再正常拔管等预防措施。

(4)桩尖进水进泥。桩尖进水进泥常发生在地下水位高或含水量大的淤泥和粉泥土土层中。产生的主要原因：钢筋混凝土桩尖与桩管接合处或钢活瓣桩尖闭合不紧密；钢筋混凝土桩尖被打破或钢活瓣桩尖变形等。处理方法：将桩管拔出，清除管内泥沙，修整桩尖钢活瓣变形缝隙，用黄沙回填桩孔后再重打；若地下水位较高，待沉管至地下水位时，先在桩管内灌入 0.5 m 厚度的水泥砂浆做封底，再灌 1 m 高度的混凝土增压，然后再继续下沉桩管。

3.人工挖孔灌注桩施工

人工挖孔灌注桩的施工工艺

人工挖孔灌注桩是指桩孔采用人工挖掘方法成孔，然后安放钢筋笼，浇筑混凝土而成的桩。其施工特点是设备简单；无噪声、无振动、不污染环境，对施工现场周围原有建筑物的影响小；施工速度快，可按施工进度要求决定同时开挖桩孔的数量，必要时，各桩孔可同时施工；土层情况明确，可直接观察到地质变化，桩底沉渣能清除干净，施工质量可靠。尤其当高层建筑选用大直径的灌注桩，而其施工现场又在狭窄的市区时，采用人工挖孔比机械挖孔具有更大的适应性。但其缺点是人工耗量大，开挖效率低，安全操作条件差等。

1)适用范围

人工挖孔灌注桩适用于桩径 800 mm 以上，无地下水或地下水位较低的黏土、粉质黏土、含少量砂、砂卵石的黏土层等地质条件，可用于高层建筑、公用建筑、水工结构(如泵站、桥墩)作桩基、支承、抗滑、挡土之用，但对于软土、流沙、地下水位较高、涌水量大的土层不宜采用。

2)一般构造要求

人工挖孔桩示意图如图 2－26 所示。桩直径(d)一般为 800～2000 mm，最大直径可达 3500 mm。桩埋置深度(桩长)一般在 20 m 左右，最深可达 40 m。底部扩底时，扩底直径一般为 1.3～3.0d，最大扩底直径可达 4.5d。扩底直径尺寸按$(d_1-d)/2:H=1:4$，$h\geqslant(d_1-d_2)/4$进行控制。桩底应支承在可靠的持力层上。

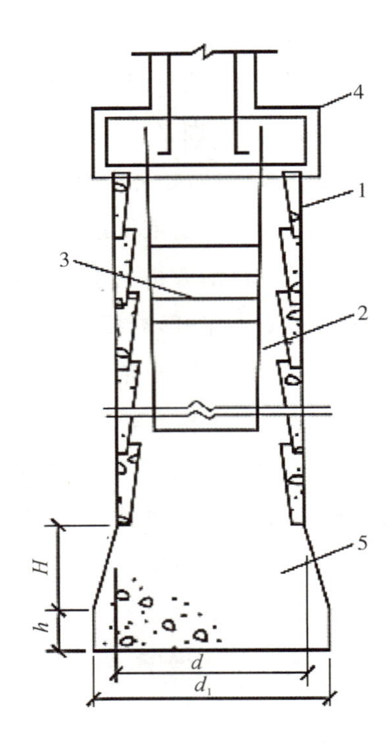

1—现浇混凝土护壁；2—主筋；3—箍筋；4—承台；5—混凝土。

图 2-26 人工挖孔桩示意图

3)施工设备

人工挖孔灌注桩施工设备一般可根据孔径、孔深和现场具体情况加以选用，常用的有电动葫芦、提土桶、潜水泵、鼓风机和输风管、镐、锹、土筐、照明灯、对讲机及电铃等。

4)施工工艺

人工挖孔灌注桩的施工程序：场地整平→放线、定桩位→挖第一节桩孔土方→支模浇灌第一节混凝土护壁→在护壁上二次投测标高及桩位十字轴线→安装活动井盖、设置垂直运输架、安装卷扬机或电动葫芦、吊土桶、照明设施等→挖第二节桩孔土方→清理桩孔四壁、校核桩孔垂度和直径→拆上节模板、支第二节模板、浇筑第二节混凝土护壁→重复上述施工过程直至设计深度→检查持力层后进行扩底→对桩孔直径、深度、扩底尺寸、持力层进行全面检查验收→清理虚土、排除孔底积水→吊放钢筋笼→浇筑桩身混凝土。

混凝土护壁分段高度根据土质情况和施工方便而定，一般为 0.9～1.0 m，厚 8～15 cm，或加配适量直径 6～8 mm 的光圆钢筋。混凝土强度采用 C20 或 C25，相邻两节护壁之间用钢筋拉接。

护壁施工采取一节组合钢模板拼装而成，拆上节、支下节，循环周转使用。模板间用 U 形卡连接，上下设两半圆组成的钢圈顶紧，中间用螺栓连接，不另设支撑。第一节混凝土护壁宜高出地面 200 mm，便于挡水和定位，也可防止地面土块滚入桩孔中。

5)质量要求

(1)必须保证桩孔的挖掘质量。桩孔挖成后应有专人下孔检验,检查土质是否符合勘察报告,扩孔几何尺寸与设计是否相符,孔底虚土残渣情况等,检查结果作为隐蔽验收记录归档。

(2)按规程规定桩孔中心线的平面位置偏差不大于 20 mm,桩的垂直度偏差不大于 1%桩长,桩径不得小于设计直径。

(3)钢筋骨架要保证不变形,箍筋与主筋要点焊,钢筋笼吊入孔内后,要保证其与孔壁间有足够的保护层。

(4)混凝土坍落度宜在 100 mm 左右,用浇灌漏斗桶直落浇筑,避免离析,必须振捣密实。

6)安全措施

人工挖孔桩施工应对施工安全予以特别重视,应制订周密可靠的安全技术措施、安全操作规定,并严格认真执行,经常检查。

桩孔内操作人员必须戴安全帽;孔下有人时孔口必须有监护人员;护壁要高出地面 150~200 mm,以防杂物滚入孔内;孔内必须设置应急软爬梯;供人员上下井使用的电葫芦、吊笼等应安全可靠并配有自动卡紧保险装置,不得使用麻绳和尼龙绳吊挂或脚踏井壁凸缘上下,使用前必须检验其安全起吊能力;每日开工前必须检测井下的有毒有害气体,并应有足够的安全防护措施。桩孔开挖深度超过 10 m 时,应有专门向井下送风的设备。

孔口四周必须设备护栏;挖出的土石方应及时运离孔口,不得堆放在孔口四周 1 m 范围内;机动车辆的通行不得对井壁的安全造成影响。

施工现场的一切电源、电路的安装和拆除必须由持证电工操作;电器必须严格接地、接零和使用漏电保护器。各孔用电必须分闸,严禁一闸多用。孔上电缆必须架空 2.0 m 以上,严禁拖地和埋压土中,孔内电缆、电线必须有防磨损、防潮、防断等保护措施。照明应采用安全矿灯或 12 V 以下的安全灯。

2.3.3 桩基础工程检测与验收

1.桩基础工程检测

桩基础属于地下隐蔽工程,尤其是灌注桩,很容易出现缩颈、夹泥、断桩或泥浆过厚等多种形态的质量缺陷,影响桩身结构完整性和单桩承载力,因此必须进行施工监督、现场记录和质量检测,以保证质量,减少隐患。对于柱下单桩或大直径灌注桩工程,保证桩身质量就更为重要。目前有多种桩身结构完整性和单桩承载力的检测技术,下列几种较为常用。

1)桩身结构完整性检测

(1)开挖检查。这种方法只能对所暴露的桩身进行观察检查。

(2)抽芯法。在灌注桩桩身内钻孔(直径 100~150 mm),了解混凝土有无离析、空洞、桩底沉渣和入泥等情况,取混凝土芯样进行观察和单轴抗压试验。有条件时可采用钻孔电视直接观察孔壁孔底质量。

(3)声波检测法。声波检测法是指利用超声波在不同强度(或不同弹性模量)的混凝土中传播速度的变化来检测桩身质量的方法。因此,可预先在桩中埋入3～4根金属管,然后,在其中一根管内放入发射器,而在其他管中放入接收器,并记录不同深度处的检测资料。

(4)动测法。动测包括PDA(打桩分析仪)等大应变动测、PIT(桩身结构完整性分析仪)和其他(如锤击激振、机械阻抗、水电效应、共振等)小应变动测。对于等截面、质地较均匀的预制桩,这些测试效果可靠(PIT、PDA)或较为可靠。灌注桩的动测检验,目前已有相当多的实践经验,而具有一定的可靠性。小应变动测法常用于普查,其他方法用于抽查。

2)单桩承载力检测

单桩承载力检测一般采用静载试验法,即对单根桩进行属相抗压试验,通过静载加压,确定单桩承载力。在桩顶逐级施加轴向荷载,直至桩达到破坏状态为止,并在试验过程中测量每级荷载下不同时间的桩顶沉降,根据沉降与荷载及时间的关系,分析确定单桩轴向容许承载力。

2. 桩基础工程验收要求

1)预制桩打(沉)桩验收要求

(1)打(沉)入桩的桩位偏差按施工验收规范要求进行控制,桩顶标高的允许偏差为－50 mm,＋100 mm;斜桩倾斜度的偏差不得大于倾斜角正初值的15%(倾斜角系桩的纵向中心线与铅垂线间夹角)。

(2)施工结束后应对承载力进行检查。桩的静载荷试验根数应不少于总桩数的1%,且不少于3根,当总桩数少于50根时,桩的静载荷试验根数应不少于2根;当施工区域地质条件单一,又有足够的实际经验时,可根据实际情况由设计人员酌情而定。

(3)桩身质量应进行检验,对多节打入桩不应少于桩总数的15%,且每个柱子承台不得少于1根。

(4)由工厂生产的预制桩应逐根检查,工厂生产的钢筋笼应抽查总量的10%,但不少于10根。

(5)现场预制成品桩时,应对原材料,钢筋骨架、混凝土强度进行检查;用工厂生产的成品桩时,进场后应对外观及尺寸进行检查,并应附相应的合格证、复验报告。

(6)施工中应对桩体垂直度、沉桩情况、桩顶完整状况、桩顶质量等进行检查,对电焊接桩、重要工程应作10%的焊缝探伤检查。

(7)施工结束后,应对承载力及桩体质量进行检验。

(8)钢筋混凝土预制桩的质量检验标准按现行施工验收规范执行。

2)灌注桩验收要求

(1)灌注桩在沉桩后的桩位偏差按施工验收规范要求进行控制,桩顶标高至少要比设计标高高出0.5 m。

(2)灌注桩的沉渣厚度。当以摩擦桩为主时，不得大于150 mm；当以端承力为主时，不得大于50 mm，套管成孔的灌筑桩不得有沉渣。

(3)灌注桩每灌筑50 m^3 应有一组试块，小于50 m^3 的桩应每根桩有一组试块。

(4)桩的静载荷载试验根数应不少于总桩数的1%，且不少于3根，当总桩数少于50根时，应不少于2根。

(5)对桩身质量应进行检验，检验数不应少于总数的20%，且每个桩子承台下不得少于1根。

(6)对砂子、石子、钢材、水泥等原材料的质量，检验项目、批量和检验方法，应符合国家现行有关标准的规定。

(7)施工中应对成孔、清渣、放置钢筋笼，灌筑混凝土等全过程进行检查；人工挖孔桩应复验孔底持力层土(岩)性。嵌岩桩必须有桩端持力层的岩性报告。

(8)施工结束后，应检查混凝土强度，并对桩体质量及承载力进行检验。

(9)混凝土灌筑桩的质量检验标准详见施工验收规范要求。

任务实施

1. 工作任务

掌握钢筋混凝土预制桩的施工工艺及质量要求；掌握灌注桩的施工工艺及质量要求；补充人工挖孔灌注桩施工方案中的相关内容。

2. 实施过程

1)收集资料

利用在线开放课程、网络资源等查找相关资料，收集钢筋混凝土预制桩制作、起吊、制作、运输及堆放工艺资料；收集预制桩压桩工艺资料；收集灌注桩施工工艺、质量要求资料。

2)引导文

(1)填空题。

①按桩的受力情况分类，可分为________和________两种，其中端承桩的荷载由________承受，摩擦桩的荷载由________承受。

②桩按照施工方法分为________和________两大类。

③钢筋混凝土预制桩施工包括桩的制作、________、堆放和________、接桩等工艺。

④钢筋混凝土预制桩应在混凝土达到设计强度标准值的________后方可起吊，达到设计强度标准值的________才能运输和打桩。如提前起吊，必须做强度和________验算，并采取必要措施。

⑤打桩质量控制主要包括________和________。

⑥在静力压桩施工中常用的接桩方法有________和________。

⑦灌注桩按成孔方法可分为________、________、________等。

⑧泥浆护壁成孔灌注桩成孔时，泥浆的作用包括__________、__________和__________。

⑨沉孔灌注桩施工在黏性土层施工时，当接近桩底标高时宜采用的施工方是__________。

⑩套管成孔灌注桩是利用__________或__________方法，将带有桩尖的钢制桩管沉入土中，然后在钢管内放入钢筋骨架，边浇筑混凝土边锤击、振动套管，边上拔套管，最后成桩。

(2)简答题。

①简述桩基础的组成与分类。

②在预制桩施工中，打桩前的准备工作有哪些？

③静力压桩的施工程序是什么？

④泥浆护筒成孔灌注桩施工中的孔口护筒、泥浆各有什么作用？

⑤简述泥浆护壁成孔灌注桩的施工工艺及要点。

⑥泥浆护壁成孔灌注桩施工中常见的质量问题与处理方法？

⑦简述锤击沉管灌注桩的施工工艺流程。

⑧套管成孔灌注桩施工常遇到的问题及处理方法？

⑨简述人工挖孔桩的施工工艺。

⑩简述人工挖孔桩的施工安全技术措施。

3)任务实施

完成人工挖孔灌注桩施工方案中的以下内容。

工程概况：本工程为××省人力资源中心，位于××省××学校西南角，紧靠友谊南路，本工程总建筑面积为25 303 m^2，地下1层，地上9层，地下室面积约6190 m^2，基础采用人工挖孔桩，桩身长6～14 m，桩总数为162根。裙楼桩持力层为强风化，入持力层深度不少于0.5 m，主楼为中风化，入持力层深度不少于1 m。

①材料及主要机具：

②作业条件：

③施工程序：

④劳动力组织及进度计划：人工挖孔桩安排现场施工员两名，技术员1名，水电工2名，安全员1名，挖孔工人40人以上，钢筋工15人，确保在30天内完成人工挖孔桩的施工。

⑤施工安全措施：

⑥质量要求：

⑦成品保护：

3. 检查与评价

学生首先自查，然后以小组为单位进行互查，发现错误及时纠正，遇到问题商讨解决，教师做出改进指导后，结合学生在实施过程中表现出来的职业素养、参与程度综合考核评价每位同学成绩。学生自评表和教师评定表分别见任务表 2－5、2－6。

任务表 2－5　学生自评表

项目名称	地基与基础工程施工	任务名称	桩基础施工
学生姓名		实际得分	标准分值
桩基础的基本认知能力			10
钢筋混凝土预制桩的施工能力			25
钢筋混凝土灌注桩的施工能力			25
桩基础工程检测与验收能力			10
是否能认真描述困难、错误和修改内容			10
对自己工作的评价			10
团队协作能力			10
合计得分			100
改进内容及方法：			

任务表 2-6　教师评定表

项目名称	地基与基础工程施工	任务名称	桩基础施工
学生姓名		实际得分	标准分值
桩基础的基本认知能力			10
钢筋混凝土预制桩的施工能力			25
钢筋混凝土灌注桩的施工能力			25
桩基础工程检测与验收能力			10
是否能认真描述困难、错误和修改内容			10
对学生工作的评价			10
团队协作能力			10
合计得分			100

知识拓展

桩基础施工背景知识

19 世纪 70 年代以前，建筑施工使用的大多数是中小型桩，进入 19 世纪 80 年代以后，大直径长桩和嵌岩桩的使用越来越多，其直径可达 3.0 m，长度达 100 m 以上，黄河某大桥的桩长为 104 m。

我国的深桩基础，绝大多数采用泥浆护壁、水下灌注混凝土成桩工艺；国外则多用钢管护壁。两者相比，前者的设备简单，功效高，造价低，所以更适合我国国情，只要按照工艺要求精心施工，其成桩质量同样可以得到保证。

近几年来，我国还开发了横断面为十字形或梅花形的异形灌注桩，与传统的圆形断面灌注桩相比，其技术性能更适合某些地下工程的特殊需要。它已成功地应用于北京地铁永安里车站、天津冶金科贸中心大厦及天津紫金花园公寓等工程的地下连续墙施工。

为了提高灌注桩的承载能力，降低灌注桩的沉降变形，一些工程开展了孔底压浆与超声检测相结合的工艺措施。这项措施在天津已推广应用于多项工程的长桩基础工程中，对于长度为 50 m 左右的摩擦桩可提高承载力 20％～30％；在北京、锦州等地应用于长度为 10 m 左右的摩擦端承桩的桩底加固，单桩承载力可提高 80％～100％。

项目三 模板工程施工

项目描述

模板工程对混凝土结构施工的质量、安全有十分重要的影响，它在混凝土结构施工中劳动量大、占施工工期也较长，对施工成本的影响也很显著，决定着施工方法和施工机械的选择，直接影响施工质量、施工安全及工期和造价。根据国内外统计，在一般工业与民用建筑中，平均每立方米混凝土需用模板 7.4 m^2，模板工程的费用约占混凝土工程费用的 34%，占劳动量的 30%～40%，占工期的 50%左右，因此，在混凝土结构施工中应根据结构状况与施工条件，选用合理的模板形式、模板结构及施工方法，以达到保证混凝土工程施工质量与安全、加快进度和降低成本的目的。

学习方法

(1)遵循“熟练识图→精准施工→质量管控→组织验收”知识链；

(2)学习施工技能不仅要有必需的理论知识，更要有较强的操作技能，可以多去实训基地观察、动手操作，提高自己解决问题的能力；

(3)在掌握模板基本知识的基础上，不断总结模板工程施工及质量控制知识，做到举一反三地掌握模板工程施工技术。

知识目标

(1)了解模板的分类、组成及基本要求；

(2)了解模板支撑结构、材料用量的计算；

(3)掌握基础、柱、墙、梁板及楼梯模板的拼装及配板图的绘制；

(4)掌握基础、柱、墙、梁板及楼梯模板的安装和拆除；

(5)掌握基础、柱、墙、梁板及楼梯模板的质量检查和评价；

(6)了解模板工程中安全、劳动和环境保护措施计划及文明施工计划。

技能目标

(1)初步掌握模板工程中安装、管理方面的基本技能；

(2)具备选用模板类型、安装及质量检测的能力；

(3)具备能够解决模板安装及拆除施工过程中一般施工技术问题的能力。

素质目标

(1)认真负责，团结合作，维护集体的荣誉和利益；

(2)努力学习专业技术知识，不断提高专业技能；

(3)遵纪守法，具有良好的职业道德；

(4)严格执行建设行业有关标准、规范、规程和制度。

模板相关配套知识

1. 模板的组成与基本要求

1)模板的组成

模板主要由模板系统和支撑系统组成。

模板系统：与混凝土直接接触，使混凝土具有构件所要求的体积。

支撑系统：支持模板，保证模板位置正确和承受模板、混凝土等重量的结构。

2)模板的基本要求

①形状尺寸准确；②足够的强度、刚度及稳定性；③构造简单、装拆方便，能多次周转使用；④接缝严密，不得漏浆；⑤用料经济。

2. 模板的分类

模板按所用材料的不同，分为木模板、钢模板、木胶合板模板、钢竹模板、钢木模板、塑料模板、玻璃钢模板、铝合金模板等，下面主要介绍前三种。

1)木模板

木模板的主要优点是制作方便、拼装随意，尤其适用于浇筑外形复杂、数量不多的混凝土构件。此外，因木材导热系数小，混凝土冬期施工时，木模板有一定的保温作用，但周转次数少。

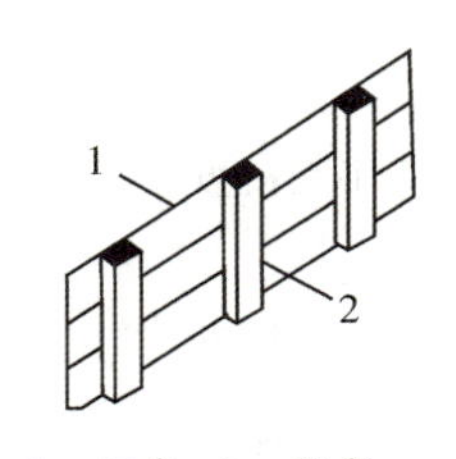

1—板条；2—拼条。

图 3-1 木拼板

木模板的木材主要采用松木和杉木，其含水量不宜过高，以免干裂，一般含水量应低于 19%，木模板的基本元件为木拼板，如图 3-1 所示，由板条与拼条钉成。板条的宽度不宜大于 200 mm，以免受潮翘曲。拼条的间距取决于板条面受荷大小和板条厚度，板条厚度一般为 400～500 mm。

2)钢模板

定型组合钢模板重复使用率高,周转使用次数可达 100 次以上,但一次投资大。组合钢模板由平面模板、阴角模板、阳角模板、连接角模及连接件、支撑件组成,如图 3-2 所示。

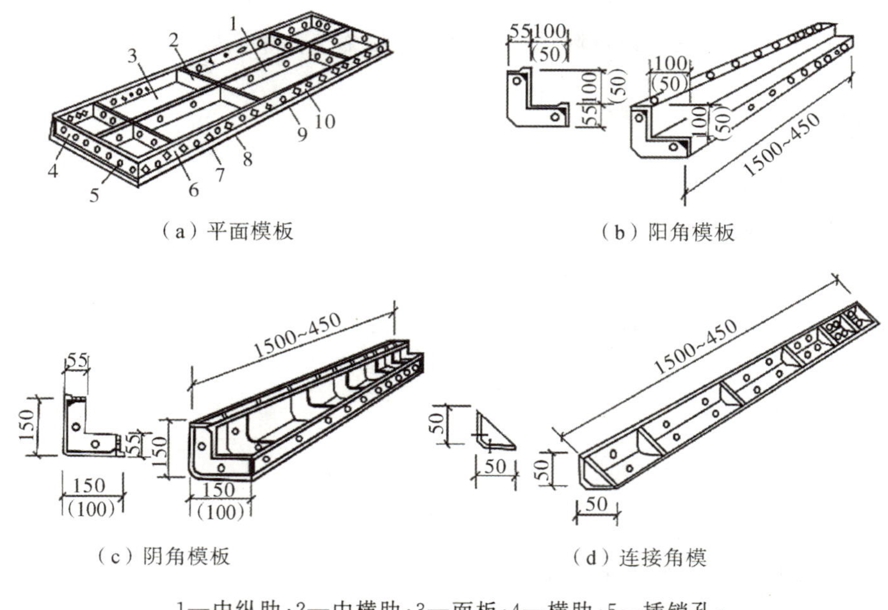

(a) 平面模板 (b) 阳角模板

(c) 阴角模板 (d) 连接角模

1—中纵肋;2—中横肋;3—面板;4—横肋;5—插销孔;
6—纵肋;7—凸棱;8—凸鼓;9—U 形卡孔;10—钉子孔。

图 3-2 钢模板类型

(1)组合钢模板的板块。板块由厚度为 2.3~2.5 mm 的薄钢板压轧成型。板块的宽度以 100 mm 为基础,按 50 mm 进级;长度以 450 mm 为基础,按 150 mm 进级。常用组合钢模板板块的规格如表 3-1 所示。用表 3-1 中的板块可以组合拼成长度和宽度方向上以 50 mm 进级的各种尺寸。组合钢模板配板设计中,遇有不合 50 mm 进级的模数尺寸,空隙部分可用木模填补。

表 3-1 常用组合钢模板规格 单位:mm

名称	宽度	长度	肋高
平面模板(P)	600,550,500,450,400,350,300,250,150,100	1800,1500,1200,900,750,600,450	55
阴角模板(E)	150×150,100×150		
阳角模板(Y)	100×100,50×50		
连接角板(J)	50×50		

(2)组合钢模板的连接件。组合钢模板连接件包括U形卡、L形插销、钩头螺栓、紧固螺栓、对拉螺栓、扣件等,如图3-3所示。U形卡用于钢模板与钢模板间的拼接,其安装间距一般不大于300 mm,即每隔一孔卡插一个,安装方向一顺一倒相互错开。当L形插销用于两个钢模板端肋与端肋连接时,将L形插销插入钢模板端部横肋的插销孔内。当需将钢模板拼接成大块模板时,除了用U形卡及L形插销外,在钢模板外侧要用钢楞(圆形钢管、矩形钢管、内卷边槽钢等)加固,钢楞与钢模板间用钩头螺栓及“3”形扣件、蝶形扣件连接。浇筑钢筋混凝土墙体时,墙体两侧模板间用对拉螺栓连接,对拉螺栓截面应保证安全承受混凝土的侧压力。

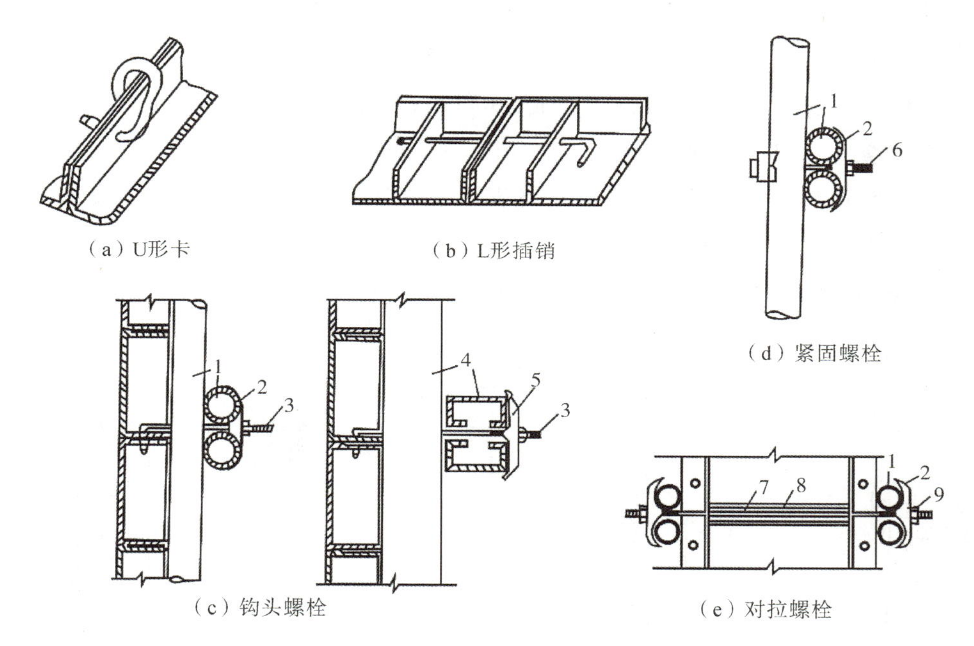

1—圆钢管钢楞;2—“3”形扣件;3—钩头螺栓;4—内卷边槽钢钢楞;5—蝶形扣件;6—紧固螺栓;7—对拉螺栓;8—塑料套管;9—螺母。

图3-3 钢模板连接件

(3)组合钢模板的支撑件。组合钢模板的支承件包括柱箍、钢楞、钢管支架、斜撑、钢桁架及梁卡具等。

①柱箍。柱模板四角设角钢柱箍。角钢柱箍由两根互相焊成直角的角钢组成,用弯角螺栓及螺母拉紧,如图3-4所示。

②钢楞。钢楞即模板的横档和竖档,分内钢楞与外钢楞,内钢楞配置方向一般应与钢模板垂直,直接承受钢模板传来的荷载,其间距一般为700～900 mm。钢楞一般用圆钢管、矩形钢管、槽钢或内卷边槽钢,其中钢管用得较多。

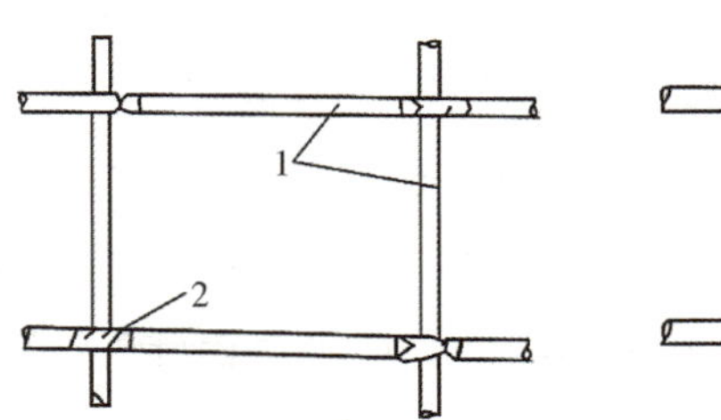

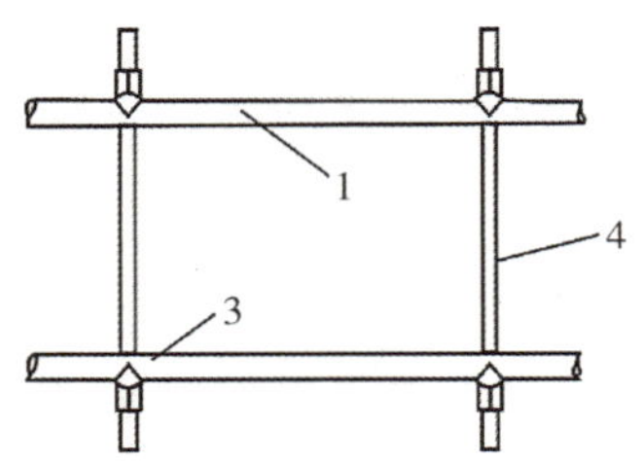

1—圆钢管;2—直角扣件;3—“3”形扣件;4—对拉螺栓。

图 3-4 柱箍

③钢支架。钢支架由内外两节钢管制成,其高低调节距模数为 100 mm;支架底部除垫板外,均用木楔调整标高,以利于拆卸。钢支架如图 3-5(a)所示。

另一种钢管支架本身装有调节螺杆,能调节一个孔距的高度,使用方便,但成本略高,如图 3-5(b)所示。当荷载较大、单根支架承载力不足时,可用组合钢支架或钢管井架,如图 3-5(c)所示。还可用扣件式钢管脚手架、门型脚手架作支架,如图 3-5(d)所示。

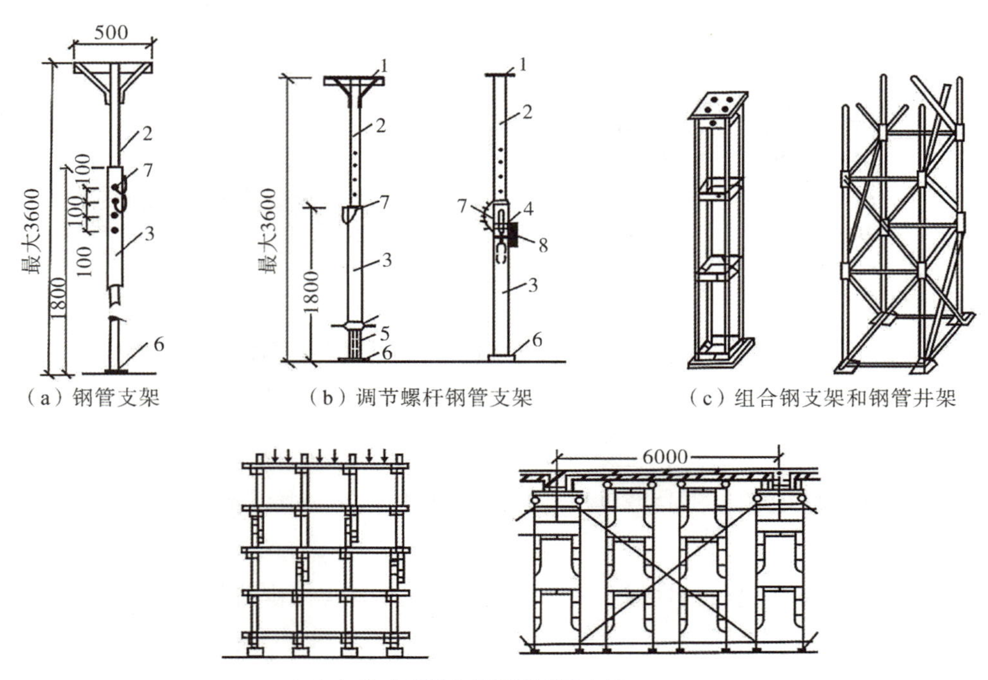

1—顶板;2—插管;3—套管;4—转盘;5—螺杆;6—底板;7—插销;8—转动手柄。

图 3-5 钢支架

④斜撑。由组合钢模板拼成的整片墙模或柱模,在吊装就位后,应由斜撑调整和固定其垂直位置,如图 3-6 所示。

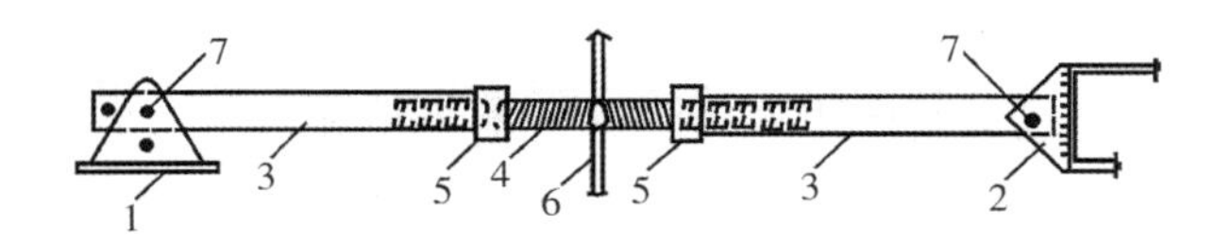

1—底座；2—顶撑；3—钢管斜撑；4—花篮螺丝；5—螺母；6—旋杆；7—销钉。

图 3-6 斜撑

⑤钢桁架。钢桁架作为梁模板的支撑工具可取代梁模板下的立柱。跨度小、荷载小时桁架可用钢筋焊成，跨度或荷重较大时可用角钢或钢管制成，也可制成两个半根，再拼装成整体，如图 3-7 所示，每根梁下边设一组桁架。梁的跨度较大时，可以连续安装桁架，中间加支柱。桁架两端可以支承在墙上、工具式立柱上或钢管支架上。桁架支承在墙上时，可用钢筋托具，托具用 ϕ8～12 钢筋制成。托具可预先砌入或砌完墙后 2～3 天打入墙内。

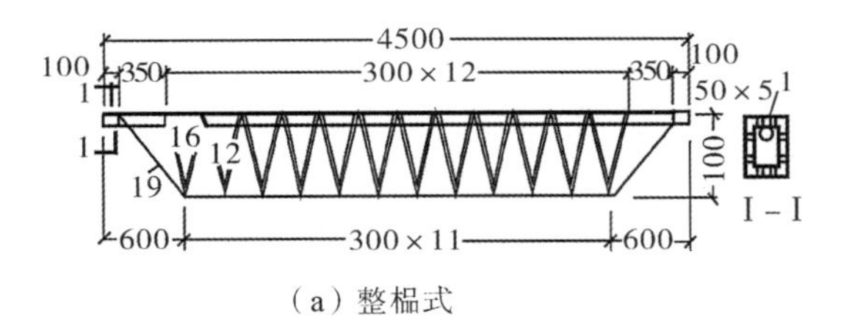

(a) 整榀式

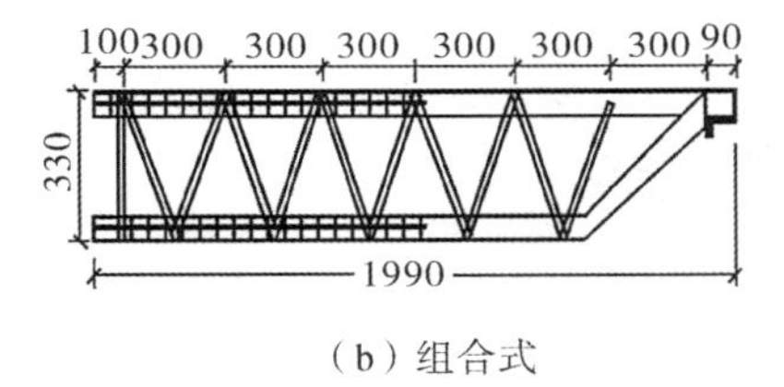

(b) 组合式

图 3-7 钢桁架

⑥梁卡具。梁卡具又称梁托架，用于固定矩形梁、圈梁等模板的侧模板，可节约斜撑等材料，也可用于侧模板上口的卡固定位，如图 3-8 所示。

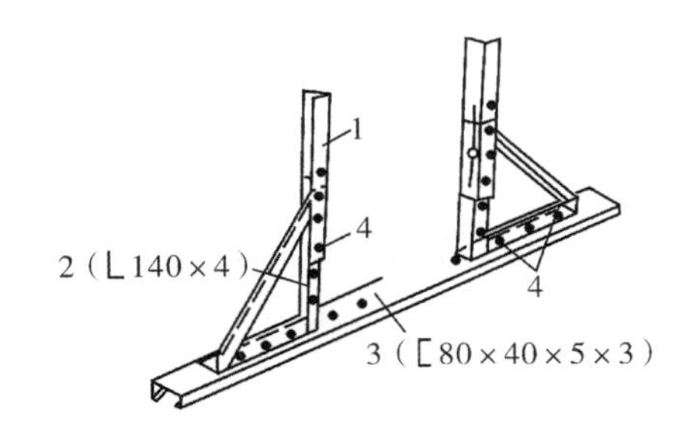

1—调节杆；2—三脚架；3—底座；4—螺栓。

图 3-8 梁卡具

3)木胶合板模板

木胶合板是一组单板(薄木片)按相邻层木纹方向相互垂直组坯、相互胶合形成的板材。其表板和内层板对称配置在中心层或板芯的两层。混凝土模板用的木胶合板属具有高耐气候性耐水性的Ⅰ类胶合板，其具有板幅大，板面平整，材质轻，承载能力大，保温性能好，锯截方便，能多次重复使用等特点。

模板用木胶合板的幅面尺寸，一般宽度为1200 mm左右，长度为2400 mm左右，厚约12～18 mm，通常由5、7、9、11层等奇数层单板经热压固化而胶合成型。相邻层的纹理方向相互垂直，通常最外层表板的纹理方向和胶合板板面的长向平行，因此，整张胶合板的长向为强方向，短向为弱方向，使用时必须加以注意。

生产胶合板的木材树种较杂。质量差的胶合板，在浇筑混凝土后拆模时，会直接影响拆模后混凝土的表面质量，特别是清水混凝土，有时也会影响到新浇筑混凝土的正常硬化。为了使胶合板板面具有良好的耐碱性、耐水性、耐热性、耐磨性以及脱模性，增加胶合板的重复使用次数，因此必须选用经过板面处理的胶合板。

任务 3.1 基础模板工程施工

任务描述

学习阶梯基础模板、杯形基础模板、条形基础模板的构造及制作安装，完成阶梯形独立基础模板、杯形独立基础模板、条形基础模板的施工及质量控制。

知识学习

3.1.1 基础模板的构造及制作安装

1. 阶梯基础模板的构造及制作安装

阶梯基础模板每一台阶模板由四块侧板拼钉而成，其中两块侧板的尺寸与相应的台阶侧面尺寸相等；另两块侧板长度应比相应的台阶侧面长度大150～200 mm，高度与其相等。四块侧板用木档拼成方框。上台阶模板通过轿杠木，支撑在下台阶上，下层台阶模板的四周要设斜撑及平撑。斜撑和平撑一端钉在侧板的木档上，另一端顶紧在木桩上。上台阶模板的四周也要用斜撑和平撑支撑，斜撑和平撑的一端钉在上台阶侧板的木档上，另一端可钉在下台阶侧板的木档顶上。模板安装时，先在侧板内侧划出中线，在基坑底弹出基础中线，把各台阶侧板拼成方框，然后把下台阶模板放在基坑底，两者中线互相对准，并用水平尺校正其标高，在模板周围钉上木桩。上台阶模板放在下台阶模板上的安装方法相同。

2. 杯形基础模板的构造及制作安装

杯形基础模板的构造与阶形基础相似，只是在杯口位置要装设杯芯模。杯芯模两侧钉上轿杠，以便搁置在上台阶模板上。如果下台阶顶面带有坡度，应在上台阶模板的两侧钉上轿杠，轿杠端头下方加钉托木，以便于搁置在下台阶模板上。近旁有基坑壁时，可贴基坑壁设垫木，用斜撑和平撑支撑侧板木档。

杯芯模有整体式和装配式两种，整体式杯芯模是用木板和木档根据杯口尺寸钉成一个整体，为了便于脱模，可在芯模的上口设吊环，或在底部的对角十字档穿设 8 号铅丝，以便于芯模脱模。装配式芯模是由四个角模组成，每侧设抽芯板，拆模时先抽去抽芯板，即可脱模。杯芯模的上口宽度要比柱脚宽度大 100～150 mm，下口宽度要比柱脚宽度大 40～60 mm，杯芯模的高度（轿杠底到下口）应比柱子插入基础杯口中的深度大 20～30 mm，以便安装柱子时校正柱列轴线及调整柱底标高。杯芯模一般不装底板，这样浇筑杯口底处混凝土比较方便，也易于振捣密实。

3. 条形基础模板的构造及制作安装

条形基础模板一般由侧板、斜撑、平撑组成。侧板可用长条木板加钉竖向木档拼制，也可用短条木板加横向木档拼成。斜撑和平撑钉在木桩（或垫木）与木档之间。

（1）条形基础模板安装时，先在基槽底弹出基础边线，再把侧板对准边线垂直竖立，校正调平无误后，用斜撑和平撑钉牢。如基础较长，可先立基础两端的两块侧板，校正后再在侧板上口拉通线，依照通线再立中间的侧板。当侧板高度大于基础台阶高度时，可在侧板内侧按台阶高度弹准线，并每隔 2 m 左右在准线上钉圆钉，作为浇捣混凝土的标志。每隔一定距离在侧板上口钉上搭头木，防止模板变形。

（2）带有地梁的条形基础，轿杠布置在侧板上口，用斜撑、吊木将侧板吊在轿杠上，吊木间距为 800～1200 mm。

3.1.2　基础模板施工

独立基础模板施工

1. 阶梯形独立基础模板施工工艺

根据图纸尺寸制作每一阶梯模板，支模顺序由下至上逐层向上安装，先安装底层阶梯模板，用斜撑和水平撑钉牢撑稳；核对模板墨线及标高，配合绑扎钢筋及垫块，再进行上一阶模板安装，重新核对墨线各部位尺寸，并把斜撑、水平支撑以及拉杆加以钉紧、撑牢，最后检查拉杆是否稳固，校核基础模板几何尺寸及轴线位置。

2. 杯形独立基础模板施工工艺

1）施工工艺

杯形独立基础模板的施工工艺与阶梯形独立基础相似，不同的是增加了一个中心杯芯模，杯口上大下小，斜度按工程设计要求制作，芯模安装前应钉成整体，轿杠钉于两侧，中心杯芯模完成后要全面校核中心轴线和标高。

2）常见问题

中心线不准、杯口模板位移混凝土浇筑时芯模浮起、拆模时芯模拆不出。

3)预防措施

(1)中心线位置及标高要准确,支上段模板时采用抬轿杠可使位置准确。托木的作用是将轿杠与下段混凝土面隔开少许,便于将混凝土面拍平。

(2)杯芯模板要刨光直拼,芯模外表面涂隔离剂,底部再钻几个小孔,以便排气,减少浮力。

(3)脚手板不得搁置在模板上。

(4)浇筑混凝土时,在芯模四周要对称均匀下料及振捣密实。

(5)拆除杯芯模板,一般在初凝前后用锤轻打,拨棍拨动。

3. 条形基础模板施工工艺

1)施工工艺

侧板和端头板制成后,应先在基槽底弹出中心线、基础边线,再把侧板和端头板对准边线和中心线,用水平仪抄测校正侧板顶面水平,经检测无误后,用斜撑、水平撑及拉撑钉牢。

2)常见问题

基础通长方向模板上口不直,宽度不够,下口陷入混凝土内;拆模时上段混凝土缺损,底部钉模不牢。

3)预防措施

(1)模板应有足够的强度、刚度和稳定性,支模时垂直度要准确。

(2)模板上口应钉木带,以控制带形基础上口宽度,并通长拉线,保证上口平直。

(3)隔一定距离,将上段模板下口支承在钢筋支架上。

(4)支撑直接在土坑边时,下面应垫以木板,以扩大其承力面,两块模板长向接头处应加拼条,使板面平整,连接牢固。

3.1.3 模板设计

模板设计与施工的基本要求是保证结构和构件的形状、位置、尺寸的准确;具有足够的强度、刚度和稳定性;装拆方便,能多次周转使用;接缝严密不漏浆。定型模板、常用模板和工具式支撑系统在其适用范围不需进行设计或验算,但重要结构、特殊形式的模板和超出适用范围的定型模板及支撑系统应进行设计或验算。

模板和支架的设计,包括选型、选材、荷载计算、结构计算、拟订制作安装和拆除方案、绘制模板图。

1. 设计原则与步骤

1)设计原则

(1)保证构件的形状尺寸及相互位置的正确。

(2)模板有足够的强度、刚度和稳定性,能承受新浇混凝土的重力、侧压力及各种施工荷载,变形不大于 2 mm。

(3)构造简单、装拆方便,不妨碍钢筋绑扎、不漏浆。配制的模板应使其规格和块数最少、镶拼量最少。

(4)对拉螺栓和扣件根据计算配置,减少模板的开孔。

(5)支架系统应有足够的强度和稳定性,节间长细比宜小于 110,安全系数 $K>3$。

2)设计步骤

(1)划分施工段,确定流水作业顺序和流水工期,明确配置模板的数量。

(2)确定模板的组装方法及支架搭设方法。

(3)按配模数量进行模板组配设计。

(4)进行夹箍和支撑件的设计计算和选配工作。

(5)明确支撑系统的布置、连接和固定方法。

(6)确定预埋件、管线的固定及埋设方法,预留孔洞的处理方法。

(7)将所需模板、连接件、支撑及架设工具等统计列表,以便于备料。

2. 荷载及组合

1)荷载标准值

(1)模板及支架自重。可按图纸或实物计算确定,或参考表 3－2 计算。

表 3－2 楼板模板自重标准值

模板构件	木模板/(kN/m^2)	定型组合钢模板/(kN/m^2)
平板模板及小楞自重	0.3	0.5
楼板模板自重(包括梁模板)	0.5	0.75
楼板模板及支架自重(楼层高度在 4 m 以下)	0.75	1.1

(2)新浇筑混凝土的自重标准值。普通混凝土为 24 kN/m^3,其他混凝土按实际重力密度确定。

(3)钢筋自重标准值。每立方米混凝土:楼板 1.1 kN;梁 1.5 kN。

(4)施工人员及设备荷载标准值。计算模板及小楞时:均布活荷载 2.5 kN/m^2,另以集中荷载 2.5 kN 验算,取两者中较大值;计算支承小楞的构件时:均布活荷载 1.5 kN/m^2;计算支架立柱等构件时:均布活荷载 1.0 kN/m^2。

对大型浇筑设备(上料平台等)、混凝土泵等按实际情况计算。如混凝土堆积料的高度超过 100 mm 时,则按实际情况计算。

(5)振捣混凝土时产生的荷载标准值。水平面模板 2.0 kN/m^2;垂直面模板 4.0 kN/m^2(作用范围在有效压头高度之内)。

(6)新浇筑混凝土对模板侧面的压力标准值。影响混凝土侧压力的因素很多,如与混凝土组成有关的骨料种类、配筋数量、水泥用量、外加剂、坍落度等都有影响。此外还有外界影响,如混凝土的浇筑速度、混凝土的温度、振捣方式、模板情况、构件厚度等。

混凝土的浇筑速度是一个重要影响因素,最大侧压力一般与其成正比。但当其达到一定速度后,再提高浇筑速度,则对最大侧压力的影响就不明显。混凝土的温度影响混凝土的凝结速度,温度越低、凝结越慢。混凝土侧压力的有效压头高,最大侧压力就大;反之,最大侧压力就小。模板情况和构件厚度影响拱作用的发挥,因此对侧压力也有影响。由于影响混凝土侧压力的因素很多,想用一个计算公式全面加以反映是有一定困难的。国内外研究混凝土侧压力,都是抓住几个主要影响因素,通过典型试验或现场实测取得数据,再用数学方法分析归纳后提出公式。

我国目前采用的计算公式,当采用内部振动器时,新浇筑的混凝土作用于模板的最大侧压力,按下列两式计算,并取两式中的较小值:

$$F=0.22\gamma_c t_0 \beta_1 \beta_2 V^{\frac{1}{2}}$$

$$F=\gamma_c H$$

式中:F ——板的最大侧压力(kN/m^2);

γ_c ——混凝土的重力密度(kN/m^3);

t_0 ——新浇混凝土的初凝时间(h),可由实测确定,当缺乏试验资料时,可采用 $t_0=200(t+15)$计算(t 为混凝土的温度,单位:℃);

V ——混凝土的浇筑速度(m/h);

H ——混凝土侧压力计算位置至新浇混凝土顶面的高度(m);

β_1 ——外加剂影响修正系数,不掺外加剂时取 1.0,掺具有缓凝作用的外加剂时取 1.2;

β_2 ——混凝土坍落度影响修正系数,当坍落度小于 30 mm 时取 0.85,坍落度为 50～90 mm时取 1.0;坍落度为 110～150 mm 时,取 1.15。

(7)倾倒混凝土时产生的荷载标准值。向模板中倾倒混凝土时对垂直面模板产生的水平荷载标准值如表 3-3 所示。

表 3-3 向模板中倾倒混凝土时对垂直模板产生的水平荷载标准值

项次	向模板中供料方法	水平荷载标准/(kN/m^2)
1	用溜槽、串筒或由导管输出	2
2	用容量小于 0.2 m^3的运输器具倾倒	2
3	用容量为 0.2～0.8 m^3的运输器具倾倒	4
4	用容量大于 0.8 m^3的运输器具倾倒	6

注:作用范围在有效压头高度以内。

2)荷载组合

(1)荷载设计值。计算模板及支架时,应将前述(1)~(7)项荷载标准值乘以相应的荷载分项系数以求得荷载设计值,荷载分项系数如表3-4所示。

表3-4 荷载分项系数

项次	荷载类别	荷载分项系数 γ_i
1	模板及支架自重	1.2
2	新浇筑混凝土自重	
3	钢筋自重	
4	施工人员及施工设备荷载	1.4
5	振捣混凝土时产生的荷载	
6	新浇筑混凝土对模板侧面的压力	1.2
7	倾倒混凝土时产生的荷载	1.4

(2)荷载组合。对不同结构的模板及支架进行计算时,应分别取不同的荷载效应组合,参与模板及其支架荷载效应组合的各项荷载如表3-5所示。

表3-5 参与模板及其支架荷载效应组合的各项荷载

模板类别	参与组合的荷载项	
	计算承载能力	验算刚度
平板和薄壳的模板及支架	1,2,3,4	1,2,3
梁和拱模板的底板及支架	1,2,3,5	1,2,3
梁、拱、柱(边长≤300 mm)、墙(厚≤100 mm)的侧面模板	5,6	6
厚大结构、柱(边长>100 mm)、墙(厚>100 mm)的侧面模板	6,7	6

3.模板设计的有关计算规定

计算钢、木模板及支架时参照相应的设计规范。考虑是临时结构,对于钢模板及支架,其荷载设计值可按0.85折减;木模板及支架(木材含水量小于25%时),其荷载设计值可按0.9折减。

验算模板及其支架的刚度时,其最大变形值不得超过下列允许值:对结构表面外露的模板,为模板构件计算跨度的1/400;对结构表面隐蔽的模板,为模板构件计算跨度的1/250;对支架的压缩变形值或弹性挠度,为相应的结构计算跨度的1/1000。

支架的立柱或桁架应保持稳定,并用撑拉杆件固定。验算模板及其支架在自重和风荷载作用下的抗倾倒稳定性时,应符合有关的专门规定。

3.1.4 模板施工质量标准

1.一般规定

(1)模板工程应编制施工方案。爬升式模板工程、工具式模板工程及高大模板支架工程的施工方案,应按有关规定进行技术论证。

(2)模板及支架应根据安装、使用和拆除工况进行设计,并应满足承载力、刚度和整体稳固性要求。

(3)模板及支架拆除的顺序及安全措施应符合现行国家标准的规定和施工方案的要求。

2.模板安装

1)主控项目

(1)模板及支架用材料的技术指标应符合国家现行有关标准的规定。进场时应抽样检验模板和支架材料的外观、规格和尺寸。

检查数量:按国家现行相关标准的规定确定。

检验方法:检查质量证明文件;观察,尺量。

(2)现浇混凝土结构模板及支架的安装质量,应符合国家现行有关标准的规定和施工方案的要求。

检查数量:按国家现行相关标准的规定确定。

检验方法:按国家现行有关标准的规定执行。

(3)后浇带处的模板和支架应独立设置。

检查数量:全数检查。

检验方法:观察。

(4)支架竖杆和竖向模板安装在土层上时,应符合下列规定:

①土层应坚实、平整,其承载力或密实度应符合施工方案的要求。

②应有防水、排水措施;对冻胀性土,应有预防冻融措施。

③支架竖杆下应有底座或垫板。

检查数量:全数检查。

检验方法:观察;检查土层密实度检测报告、土层承载力报告或现场检测报告。

2)一般项目

(1)模板安装质量应符合下列规定:

①模板接缝应严密。②模板内不应有杂物、积水或冰雪等。③模板与混凝土的接触面应平整、清洁。④用作模板的地坪、胎膜等应平整、清洁,不应有影响构件质量的下沉、裂缝、起砂或起鼓。⑤对清水混凝土及装饰混凝土构件,应使用能达到设计效果的模板。

检查数量：全数检查。

检验方法：观察。

(2)隔离剂的品种和涂刷方法应符合施工方案的要求。隔离剂不得影响结构性能及装饰施工；不得玷污钢筋、预应力筋、预埋件和混凝土接槎处；不得对环境造成污染。

检查数量：全数检查。

检验方法：检查质量证明文件；观察。

(3)模板的起拱应符合现行国家标准《混凝土结构工程施工规范》(GB 50666—2019)的规定，并应符合设计及施工方案的要求。

检查数量：在同一检验批内，对梁，跨度大于 18 m 时应全数检查，跨度不大于 18 m 时应抽查构件数量的 10%，且不应少于 3 件；对板，应按有代表性的自然间抽查 10%，且不少于 3 间；对大空间结构，板可按纵、横轴线划分检查面，抽查 10%，且不少于 3 面。

检验方法：水准仪或尺量。

(4)现浇混凝土结构多层连续支模应符合施工方案的规定。上下层模板支架的竖杆宜对准；竖杆下垫板的设置应符合施工方案的要求。

检查数量：全数检查。

检验方法：观察。

(5)固定在模板上的预埋件和预留孔洞不得遗漏，且应安装牢固。有抗渗要求的混凝土结构中的预埋件，应按设计及施工方案的要求采取防渗措施。

预埋件和预留孔洞的位置应满足设计和施工方案的要求。当设计无具体要求时，其位置偏差应符合表 3-6 的规定。

表 3-6 预埋件和预留孔洞的安装允许偏差

<table>
<tr><th colspan="2">项目</th><th>允许偏差/mm</th></tr>
<tr><td colspan="2">预埋钢板中心线位置</td><td>3</td></tr>
<tr><td colspan="2">预埋管、预留孔中心线位置</td><td>3</td></tr>
<tr><td rowspan="2">插筋</td><td>中心线位置</td><td>5</td></tr>
<tr><td>外露长度</td><td>+10,0</td></tr>
<tr><td rowspan="2">预埋螺栓</td><td>中心线位置</td><td>2</td></tr>
<tr><td>外露长度</td><td>+10,0</td></tr>
<tr><td rowspan="2">预留洞</td><td>中心线位置</td><td>10</td></tr>
<tr><td>尺寸</td><td>+10,0</td></tr>
</table>

注：检查中心线位置时，应沿纵、横两个方向量测，并取其中的较大值。

检查数量：在同一检验批内，对梁、柱和独立基础，应抽查构件数量的 10%，且不应少于 3 件；对墙和板，应按有代表性的自然间抽查 10%，且不应少于 3 间；对大空间结构，墙可按相邻轴线间高度 5 m 左右划分检查面，板可按纵、横轴线划分检查面，抽查 10%，且均不应少于 3 面。

检验方法：观察、尺量。

（6）现浇结构模板安装的允许偏差及检验方法应符合表 3－7 的规定。

表 3－7　现浇结构模板安装的允许偏差及检验方法

<table>
<tr><th colspan="2">项目</th><th>允许偏差/mm</th><th>检验方法</th></tr>
<tr><td colspan="2">轴线位置</td><td>5</td><td>尺量</td></tr>
<tr><td colspan="2">底模上表面标高</td><td>±5</td><td>水准仪或拉线、尺量</td></tr>
<tr><td rowspan="3">模板内部尺寸</td><td>基础</td><td>±10</td><td>尺量</td></tr>
<tr><td>柱、墙、梁</td><td>±5</td><td>尺量</td></tr>
<tr><td>楼梯相邻踏步高差</td><td>±5</td><td>尺量</td></tr>
<tr><td rowspan="2">垂直度</td><td>柱、墙层高小于等于 6 m</td><td>8</td><td>经纬仪或吊线、尺量</td></tr>
<tr><td>柱、墙层高大于 6 m</td><td>10</td><td>经纬仪或吊线、尺量</td></tr>
<tr><td colspan="2">相邻两板表面高低差</td><td>2</td><td>尺量</td></tr>
<tr><td colspan="2">表面平整度</td><td>5</td><td>2 m 靠尺和塞尺检查</td></tr>
</table>

注：检查中心线位置时，应沿纵、横两个方向量测，并取其中的较大值。

检查数量：在同一检验批内，对梁、柱和独立基础，应抽查构件量的 10%，且不应少于 3 件；对墙和板，应按有代表性的自然间抽查 10%，且不应少于 3 间；对大空间结构，墙可按相邻轴线间高度 5 m 左右划分检查面，板可按纵、横轴线划分检查面，抽查 10%，且均不应少于 3 面。

（7）预制构件模板安装的允许偏差及检验方法应符合表 3－8 的规定。

表 3－8　预制构件模板安装的允许偏差及检验方法

<table>
<tr><th colspan="2">项目</th><th>允许偏差/mm</th><th>检验方法</th></tr>
<tr><td rowspan="4">长度</td><td>梁、板</td><td>±4</td><td rowspan="4">尺量两侧边，取其中较大值</td></tr>
<tr><td>薄腹梁、桁架</td><td>±8</td></tr>
<tr><td>柱</td><td>0，－10</td></tr>
<tr><td>墙板</td><td>0，－5</td></tr>
<tr><td rowspan="2">宽度</td><td>板、墙板</td><td>0，－5</td><td rowspan="2">尺量两端及中部，取其中较大值</td></tr>
<tr><td>梁、薄腹梁、桁架</td><td>＋2，－5</td></tr>
</table>

续表

项目		允许偏差/mm	检验方法
高(厚)度	板	+2,−3	尺量两端及中部,取其中较大值
	墙板	0,−5	
	梁、薄腹梁、桁架、柱	+2,−5	
侧向弯曲	梁、板、柱	$L/1000$ 且小于等于 15	拉线、尺量最大弯曲处
	墙板、薄腹梁、桁梁	$L/1500$ 且小于等于 15	
板的表面平整度		3	2 m 靠尺和塞尺量测
相邻两板表面高低差		1	尺量
对角线差	板	7	尺量两个对角线
	墙板	5	
翘曲	板、墙板	$L/1500$	水平尺在两端量测
设计起拱	薄腹梁、桁架、梁	±3	拉线、尺量跨中

注:L 为构件长度(mm)。

检查数量:首次使用及大修后的模板应全数检查;使用中的模板应抽查 10%,且不应少于 5 件,不足 5 件时应全数检查。

任务实施

1. 工作任务

通过模板工程相关知识学习,能根据基础构件的位置、尺寸、形状正确选用模板的类型,能够完成基础模板的制作安装与质量验收。

2. 实施过程

1)收集资料

利用在线开放课程、网络资源等查找相关资料,收集模板的组成与分类资料;收集基础模板构造及制作安装资料;收集模板配板设计资料;收集基础模板施工工艺及质量验收资料。

2)引导文

(1)填空题。

①模板主要由模板系统和__________组成。

②组合钢模板由平面模板、__________、阳角模板、__________及连接件、支撑件组成。

③组合钢模板连接件包括 U 形卡、L 形插销、__________、__________、紧固螺栓、扣件等。

④组合钢模板的支撑件包括柱箍、钢楞、__________、__________、斜撑、钢桁架等。

⑤__________是一组单板按相邻木纹方向相互垂直组坯相互胶合成的板材。

⑥条形基础模板一般由__________、斜撑、平撑组成。

⑦模板设计与施工的基本要求是保证结构和构件的形状、__________、尺寸的准确；具有足够的强度、刚度和__________；装拆方便能多次周转使用；接缝严密不漏浆。

⑧模板的设计内容包括选型、选材、__________、__________、拟订制作安装和拆除方案、绘制模板图。

(2)简答题。

①模板的基本要求有哪些？

②验算模板及其支架的刚度时，其最大变形值有哪些规定？

③简述阶梯形独立基础模板施工工艺。

④简述杯形独立基础模板施工工艺。

⑤简述常用组合钢模板的规格。

3)任务实施

(1)完成条形基础模板施工工艺。

①施工工艺：

②常见的问题：

③预防措施：

(2)完成模板安装质量标准中的主控项目。

①模板及支架用材料的技术指标应符合国家现行有关标准的规定。进场时应抽样检验模板和支架材料的外观、规格和尺寸。

检查数量：

检验方法：

②现浇混凝土结构模板及支架的安装质量，应符合国家现行有关标准的规定和施工方的要求。

检查数量：

检验方法：

③后浇带处的模板和支架应独立设置。

检查数量：

检验方法：

④支架竖杆和竖向模板安装在土层上时，应符合下列规定：

a. 土层应坚实、平整，其承载力或密实度应符合施工方案的要求。

b. 应有防水、排水措施；对冻胀性土，应有预防冻融措施。

c. 支架竖杆下应有底座或垫板。

检查数量：

检验方法：

(3)查阅资料，填写模板设计的设计原则与步骤。

设计原则：

设计步骤：

3. 检查与评价

学生首先自查，然后以小组为单位进行互查，发现错误及时纠正，遇到问题商讨解决，教师做出改进指导后，结合学生在实施过程中表现出来的职业素养、参与程度综合考核评价每位同学成绩。学生自评表和教师评定表分别见任务表 3－1 和任务表 3－2。

任务表 3－1　学生自评表

项目名称	模板工程施工	任务名称	基础模板施工
学生姓名		实际得分	标准分值
模板分类认知能力			10
模板基本知识应用能力			20
基础模板的构造及制作安装能力			20
基础模板施工能力			20
是否能认真描述困难、错误和修改内容			10
对自己工作的评价			10
团队协作能力评价			10
合计得分			100
改进内容及方法：			

任务表 3－2　教师评定表

项目名称	模板工程施工	任务名称	基础模板施工
学生姓名		实际得分	标准分值
模板分类认知能力			10
模板基本知识应用能力			20
基础模板的构造及制作安装能力			20
基础模板施工能力			20
是否能认真描述困难、错误和修改内容			10
对学生工作的评价			10
团队协作能力评价			10
合计得分			100

知识拓展

铝模板介绍

铝模板自重轻，装配周转方便，结构成型效果好，在国外，如美国、加拿大已成功推广了10年之久，目前在工程项目施工中引进并得到充分运用，获得了良好的效益。通过工程实践并不断总结完善，形成了一套完善的铝模板施工方法。

1. 特点

铝模板由工厂按施工图进行深化配板，采用铝板型材制作，铝板自重轻，模板受力条件好，不易变形走样，便于混凝土机械化、快速施工作业；铝模板以标准板加上局部非标准板配置，并在非标准板上编号，相同构件的标准板可以混用，拼装速度快；铝模板拆装时操作简便，拆卸安装速度快。模板与模板之间采用定型的销钉固定，安装便捷；铝模板拆除后混凝土表面质量好，可确保模板安装平整牢固，确保混凝土表面能达到与混凝土构件相同的清水混凝土效果；铝模板技术含量高，实用性强、周转次数多，能显著降低工程模板费用，缩短工程施工工期，经济效益、社会效益显著，具有广阔的应用前景。

2. 适用范围

铝模板适用所有装配式结构类型建筑，表观质量要求达到清水混凝土效果的节点、模板工程。以高强度的铝合金型材为背楞，与铝板组成定型的铝模板，模板与模板之间通过特制的销钉固定，因现浇节点的铝模板与PC预制墙板、预制叠合楼板模板组成了一个具备一定刚度的整体，铝模板在36 h后即可拆除。由于该体系能定型、刚度高，在混凝土浇筑的过程中基本上不会有变形，浇筑完成后混凝土构件成型好，尺寸精确，表观成型质量好，完全能达到清水混凝土的效果。

3. 工艺流程及操作方法

(1)施工准备。

①PC结构墙板现浇节点钢筋绑扎完毕，各专项工程的预埋件已安装完毕并通过了隐蔽验收。

②作业面各构件的分项工作已妥当完成并完成复核。

③墙根部位的标高要保证，否则会导致模板无法安装，高出的部分及时凿除并调整至设计标高。

④墙柱模板面应清理干净，均匀涂刷水性的模板隔离剂。

(2)模板安装。通常按照“先内墙，后外墙”“先非标板，后标准板”的要领进行安装作业。

①墙板节点铝模板安装。按编号将所需的模板找出清理，刷水性模板隔离剂后摆放在模板的相应位置，复合墙底脚的混凝土标高后，穿套筒及高强螺栓，依次用销钉将墙模与踢脚板固定后，再用销钉将墙模与墙模固定。墙模板安装完后，吊挂垂直线检测其垂直度，将其垂直度调整至规范范围内。

②模板校正及固定。模板安装完毕后，对所有节点铝模墙板进行平整度与垂直度的校核。校核完成后在墙柱模板上加特制的双方钢背楞并用高强螺栓固定。

③混凝土浇筑。校正固定后，检查各接口缝隙情况，超过规定要求的必须粘贴泡沫塑料条防止漏浆。楼层混凝土浇筑时，安排专门的模板工在作业层下进行留守看模，以解决混凝土浇筑时出现的模板下沉、爆模等突发问题。

④模板拆除。严格控制混凝土的拆模时间，拆模时间应能保证拆模后墙体不掉脚、不起皮，必须以同条件试块实验为准，混凝土拆模的依据以同条件试块强度达到 3 MPa 为准(普通混凝土拆模强度 1 MPa)。

拆除时要先均匀撬松、再脱开。拆除时零件应集中堆放，防止散失；拆除的模板要及时清理干净和修整，拆除下来的模板必须按顺序平整地堆放好。

4. 质量标准及检测方法

安装尺寸允许偏差及检验方法见表 3－9。

表 3－9　安装尺寸允许偏差及检验方法

项次	项目	允许偏差/mm	检验方法
1	模板表面平整	±2	用 2 m 靠尺和楔尺检查
2	相邻两板接缝平整	1	用不锈钢靠尺和手摸
3	轴线位移	±2	经纬仪和拉线
4	截面尺寸	＋2，－3	钢卷尺量
5	垂直度	3	线坠和经纬仪

任务 3.2　墙、柱模板工程施工

任务描述

学习墙、柱模板的构造及制作安装，完成剪力墙模板、柱模板的施工及质量控制。

知识学习

3.2.1　墙、柱模板的制作安装

1. 墙模板的构造及制作安装

混凝土墙体的模板主要由侧板、立档、牵杠、斜撑等组成。

(1)侧板可以采用长条板横拼，预先与立档钉成大块板，板块的高度一般不超过 1.2 m。牵杠(横档)钉在立档外侧，从底部开始每隔 1.0～1.5 m 一道。在牵杠与木桩之间支斜撑和平撑，如木桩间距大于斜撑间距时，应沿木桩设通长的落地牵杠，斜撑与平撑紧顶在落地牵杠上。当坑壁较近时，可在坑壁上立垫木，在牵杠与垫木之间用平撑支撑。

(2)安装墙模板时，根据边线先立一侧模板，临时用支撑撑住，用线锤校正模板的垂直，然后钉牵杠，再用斜撑和平撑固定。大块侧模组拼时，上下竖向拼缝要互相错开，先立两端，后立中间部分。待钢筋绑扎后，按同样方法安装另一侧模板及斜撑等。

(3)为了保证墙体的厚度正确，在两侧模板之间可用小方木撑头(小方木长度等于墙厚)，小方木要随着浇筑混凝土逐个取出。为了防止浇筑混凝土的墙身鼓胀，可用 8～10 号铅丝或直径为 12～16 mm 的螺栓拉结两侧模板，间距不大于 1 m。螺栓要纵横排列，并在混凝土凝结前经常转动，以便在凝结后取出。如墙体不高，厚度不大，亦可在两侧模板上口钉上搭头木。

2. 柱模板的构造及制作安装

柱子的特点是断面尺寸不大而比较高。因此，柱模板主要解决垂直度、施工时的侧向稳定及抵抗混凝土的侧压力的问题。同时也应考虑方便浇筑混凝土、清理垃圾与钢筋工配合等问题。

图 3 - 9 所示的柱模板由两块内拼板夹在两块外拼板之间组成。为保证模板在混凝土侧压力作用下不变形，拼板外设木制、钢木制或钢制的柱箍。柱箍的间距与混凝土侧压力大小及拼板厚度有关，侧压力愈向下愈大，因此愈靠近模板底端，柱箍就愈多；愈向顶端，柱箍就愈少。如柱子断面较大，一般在柱子四周的拼条后还加有背枋。拼板上端应根据实际情况开与梁模板连接的梁缺口，底部开清理模板内的清理孔，沿高度每隔约 2 m 开灌筑口。在模板的四角为防止柱面棱角碰损，可钉三角木条。柱底一般有个木框，用以固定柱子的水平位置。

为了节约木材，还可将两块外拼板全部替换成短横板，如图 3 - 10 所示，其中一个面上的短板部分可以先不钉死，灌筑混凝土时，临时拆开作为灌筑口，浇灌振捣后钉回。当设置柱箍时，短横板外面要设竖向拼条，以便箍紧。

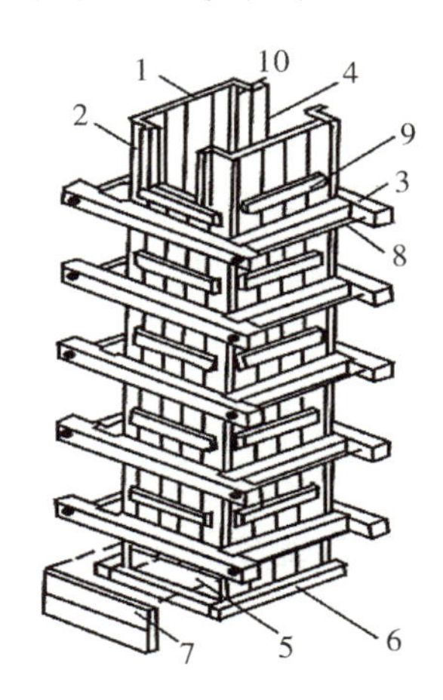

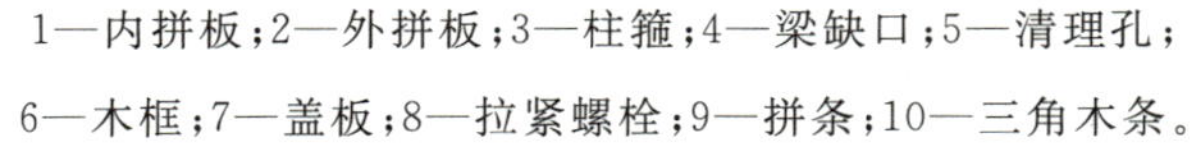
1—内拼板；2—外拼板；3—柱箍；4—梁缺口；5—清理孔；6—木框；7—盖板；8—拉紧螺栓；9—拼条；10—三角木条。

图 3 - 9　柱模板

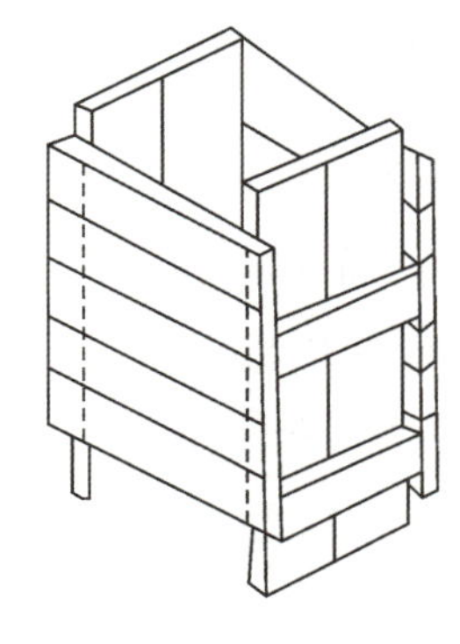

图 3 - 10　短板柱模板

在安装柱模板前，应先绑扎好钢筋，测出标高标在钢筋上，同时在已灌筑的地面、基础顶面或楼面上固定好柱模底部的木框，在预制的拼板上弹出中心线，根据柱边线及木框立模板并用临时斜撑固定，然后由顶部用锤球校正，使其垂直。检查无误，即用斜撑钉牢。同在一条直线上的柱，应先校两头的柱模，再在柱模上口中心线拉一铁丝来校正中间的柱模。柱模之间，还要用水平撑及剪刀撑相互牵搭住。

3.2.2 墙、柱模板的施工工艺

1.散装木模板墙、柱模板的施工工艺

剪力墙模板施工

1)剪力墙模板的施工工艺

(1)施工工艺流程。

①按位置线安装门洞模板，下预埋件或木砖。

②把一面模板按位置线就位，然后安装拉杆或斜撑，安装塑料套管和穿墙螺栓，穿墙螺栓的规格和间距在模板设计时应明确。

③清扫墙内杂物，再安另一侧模板，调整斜撑(拉杆)使模板垂直后，拧紧穿墙螺栓。

④模板安装完毕后，检查一遍扣件、螺栓是否紧固，模板拼缝及下口是否严密。

⑤墙模板宜将木方作竖肋，双根 $\phi48\times3.5$ 钢管或双根槽钢作水平背楞。

⑥墙模板立缝、角缝宜设于木方和胶合板所形成的企口位置，以防漏浆和错台。墙模板的水平缝背面应加木方拼接。

⑦墙模板的吊钩，设于模板上部，吊钩铁件的连接螺栓应将面板和竖肋木方连接在一起。

(2)常见问题。

①混凝土墙体厚薄不一致。

②墙体上口过大。

③混凝土墙体表面贴连。

④角模与大模板缝隙过大导致跑浆。

⑤角模入墙过深。

⑥门窗洞口变形。

(3)预防措施。

①墙身放线应准确，误差控制在允许范围内，模板就位调整应认真，穿墙螺栓要全部穿齐、拧紧。

②支模时上口卡具按设计要求尺寸卡紧。

③模板清理干净，隔离剂涂刷均匀，拆模不能过早。

④模板拼装时缝隙过大，连接固定措施不牢固，应加强检查，及时处理。

⑤改进角模支模方法。

⑥门窗洞口模板的组装及固定要牢固,必须认真进行洞口模板设计,能够保证尺寸,便于装拆。

2)柱模板的施工工艺

柱模板施工

(1)施工工艺流程。

①按图纸尺寸制作柱侧模板后,按放线位置钉好压脚板再安装柱模板,两垂直向加斜拉顶撑,校正垂直度及柱顶对角线。

②安装柱箍:柱箍应根据柱模尺寸、侧压力的大小等因素进行设计选择(有木箍、钢箍、钢木箍等)。柱箍间距、柱箍材料及对拉螺栓直径应通过计算确定。

(2)常见问题。如,胀模、断面尺寸鼓出、漏浆、混凝土不密实、蜂窝麻面、偏斜、柱身扭曲。

(3)预防措施。

①严格按规定的柱箍间距钉牢固。

②成排柱模支模时,应先立两端柱模,校直与复核位置无误后,顶部拉通长线,再立中间柱模。

③四周斜撑要固定牢固。

2. 定型组合模板墙、柱模板的施工工艺

1)材料要求

(1)定型组合大钢模板。定型组合大钢模板的主要部件有组合钢模板(面板、边框、横竖肋及模板背楞)、支撑架、浇筑混凝土工作平台、穿墙螺栓和柱箍等,具体材料要求如下所示。

①定型组合大钢模板面板采用 6 mm 热轧原平板,边框采用 80 mm 宽、6～8 mm 厚的扁钢或钢板,横竖肋采用 6～8 mm 扁钢,模板总厚度为 86 mm。

②模板背楞采用 8 号或 10 号槽钢,支撑架采用钢管或槽钢焊接而成,操作平台可采用钢管焊接并搭设木板构成,穿墙螺栓采用 T16×6～20×6 的螺栓,长度根据结构具体尺寸而定,柱箍采用双 8 号或 10 号槽钢。

③模板面板的配板应根据具体情况确定,一般采用横向或竖向排列,也可以采用横、竖向混合排列。

④模板与模板之间采用 M16 的螺栓连接。

⑤以定型组合大模板拼装而成的大模板必须安装 2 个吊钩,吊钩必须采用未经冷拉的 I 级热轧钢筋制作。

⑥组装后的模板应配置支撑架和操作平台,以确保混凝土浇筑过程中模板体系的稳定性。

(2)钢框胶合板模板。钢框胶合板模板是以热轧异型钢为边框,以胶合板(竹胶合板或木胶合板)为面板,并用沉头螺丝或拉铆钉连接面板与横竖肋的一种模板体系,具体材料要求如下。

①边框厚度为 95 mm,面板采用 15 mm 的胶合板,面板与边框相接处缝隙涂密封胶。

②模板之间用螺栓连接,同时配以专用的模板夹具,以加强模板间连接的紧密性。

③采用双 10 号槽钢做水平背楞，以确保板面的平整度。

④模板背面配专用支撑架和操作平台。

(3)小钢模。小钢模由面板和横竖肋组成，面板厚度为 2.3～2.5 mm。模板之间采用 U 形卡和 L 形插销进行横纵方向的拼接，采用碟形扣件对拉螺栓等对模板进行加固，$\phi48\times3.5$ 钢管作为支架。

2)施工工艺流程

(1)定型组合大钢模板施工工艺流程。

①墙体模板施工工艺流程。放线→检查调整钢筋→安装内墙模板→安装穿墙螺栓→吊装外墙模板→紧固穿墙螺栓→模板垂直度校正→浇筑混凝土→拆内外墙模板→拆外墙模板支座→混凝土养护。

②柱模板施工工艺流程。放线、吊装柱模板→柱模垂直度校正→安装柱箍→垂直度校正→浇筑混凝土→拆柱模板→混凝土养护。

(2)钢框胶合板模板施工工艺流程。

①墙体模板施工工艺流程。安装前检查→安装门窗洞口模板→一侧模板吊装就位→安装斜撑→安装对拉螺栓→吊装另一侧模板→安装穿墙螺栓及斜撑→调整模板平直→紧固穿墙螺栓→固定斜撑→与相邻模板连接。

②柱模板施工工艺流程。

a. 组拼柱模施工工艺流程。搭设安装架子→吊装组拼柱模→检查对角线、垂直度和位置→安装柱箍→安装有梁口的柱模板→模板安装质量检查→柱模固定。

b. 整体预组拼柱模施工工艺流程。吊装整体柱模并检查组拼后的质量→吊装就位→安装斜撑→全面质量检查→柱模固定。

(3)小钢模施工工艺流程。

①柱模板施工工艺流程。弹柱位置线→抹找平层→安装小钢模→安装柱箍→安装拉杆斜撑或对拉螺栓→柱模固定。

②墙体模板施工工艺流程。弹墙体位置线→安装洞口模板→安装墙体模板→安装对拉螺栓→安装斜撑→墙体模板固定。

3)施工工艺要点

(1)定型组合大钢模板施工工艺要点。

①墙体组合大钢模板的安装。

a. 在下层墙体混凝土强度不低于 7.5 MPa 时，开始安装上层模板，利用下一层外墙螺栓孔安装挂架。

b. 在内墙模板的外端头安装活动堵头模板，可用木方或铁板根据墙厚制作，模板要严密，防止浇筑时混凝土漏浆。

c. 先安装外墙内侧模板，按照楼板上的位置线将大模板就位找正，然后安装门窗洞口模板。

d. 合模前将钢筋、水电等预埋件进行验收。

e. 安装外墙外侧模板，模板安装在挂架上，紧固穿墙螺栓，施工过程中要保证模板上下连接处严密，牢固可靠，防止出现错台和漏浆现象。

②墙体组合大钢模板的拆除。

a. 在常温下，模板应在混凝土强度能够保证结构不变形，棱角完整时方可拆除；冬季施工时要按照设计要求和冬施方案确定拆模时间。

b. 模板拆除时首先拆下穿墙螺栓，再松开地脚螺栓，使模板向后倾斜与墙体脱开。如果模板与混凝土墙面吸附或黏结不能离开时，可用撬棍撬动模板下口，不得在墙上口撬模板或用大锤砸模板，应保证拆模时不晃动混凝土墙体，尤其是在拆门窗洞口模板时不得用大锤砸模板。

c. 模板拆除后，应清扫模板平台上的杂物，检查模板是否有钩挂兜绊的地方，然后将模板吊出。

d. 大模板吊至存放地点，必须一次放稳，按设计计算确定的自稳角要求存放，及时进行板面清理，涂刷隔离剂，防止粘连灰浆。

e. 大模板应定期进行检查和维修，保证使用质量。

③柱子组合大钢模板的安装。

a. 柱子位置弹线要准确，柱子模板的下口用砂浆找平，保证模板下口的平直。

b. 柱箍要有足够的刚度，防止在浇筑过程中模板变形；柱箍的间距布置合理，一般为 600 mm 或 900 mm。

c. 斜撑安装牢固，防止在浇筑过程中柱身整体发生变形。

d. 柱角安装牢固、严密，防止漏浆。

④柱子模板的拆除。先拆除斜撑，然后拆柱箍，用撬棍拆离每面柱模，然后用塔吊吊离，使用后的模板及时清理，按规格进行码放。

(2)钢框胶合板模板施工工艺要点。

①墙体模板的安装。

a. 检查墙模安装位置的定位基准面墙线及墙模板的编号，符合图纸要求后，安装门窗洞口模板及预埋件等。

b. 将一侧预拼装墙模板按位置线吊装就位，安装斜撑或使用其他工具型斜撑调整至模板与地面成 75°，使其稳定坐落于基准面上。

c. 安装穿墙螺栓或对拉螺栓和套管，使螺栓杆端向上，套管套于螺杆上，清扫墙体内的杂物。

d. 用上面同样的方法吊装另一侧模板，使穿墙螺栓穿过模板，并在螺栓杆端戴上扣件和螺母，然后调整两块模板的位置和垂直度，与此同时调整斜撑角度，合格后，固定斜撑，紧固全部穿墙螺栓的螺母。模板安装完毕后，全面检查扣件、螺栓、斜撑是否紧固稳定，模板拼缝及下口是否严密。

②墙体模板的拆除。

a. 单块就位组拼墙模先拆除墙两边的接缝窄条模板，再拆除背楞和穿墙螺栓，然后逐次向墙中心方向逐块拆除。

b. 整体预组拼模板拆除时，先拆除穿墙螺栓，调节斜撑支腿丝杠，使地脚离开地面，再拆除组拼大模板端部接缝处的窄条模板，然后敲击大模板上部，使之脱离墙体，用撬棍撬组拼大模板底边肋，使之全部脱离墙体，用塔吊吊运拆离后的模板。

③柱模板的安装。

a. 组拼柱模的安装。将柱子的四面模板就位组拼好，每面带一阴角模或连接角模，用 U 形卡正反交替连接，使柱模四面按给定柱截面线就位，并使之垂直，对角线相等；用定型柱箍固定，锲块到位，销铁插牢；对模板的轴线位移、垂直偏差、对角线、扭向等全面校正，并安装定型斜撑或将一般拉杆和斜撑固定在预先埋在楼板中的钢筋环上；检查柱模板的安装质量，最后进行群体柱子水平拉杆的固定。

b. 整体吊装柱模的安装。吊装前，先检查整体预组拼的柱模板上下口的截面尺寸、对角线偏差及连接件、卡件、柱箍的数量及紧固程度。检验柱筋是否妨碍柱模套装，用铅丝将柱顶筋预先内向绑拢，以便于柱模从顶部套入；当整体柱模安装于基准面上时，用四根斜撑与柱顶四角连接，另一端锚于地面，校正其中心线、柱边线、柱模桶体扭向及垂直度后，固定支撑；当柱高超过 6 m 时，不宜采用单根支撑，宜采用多根支撑连成构架。

④柱模板的拆除。分散拆除柱模板时应自上而下、分层拆除。拆除第一层时，用木槌或带橡皮垫的锤向外侧轻击模板上口，使之松动，脱离柱混凝土。依次拆下一层模板时，要轻击模板边肋，不可用撬棍从柱角撬离。拆除的模板及配件用绳子绑扎放到地下。分片拆除柱模时，要从上口向外侧轻击和轻撬连接角模，使之松动，要适当加设临时支撑，以防止整片柱模倾倒伤人。

(3)小钢模施工工艺要点。

①柱模板的安装。

a. 按设计标高抹好水泥砂浆找平层，按位置线做好定位墩台，以保证柱轴线与标高的准确，在柱四边离地 50～80 mm 处的主筋上焊接支杆，从四面顶住模板，防止位移。

b. 安装柱模板。通排柱，先安装两端柱，经校正、固定后拉通线校正中间的各柱。模板按柱子的大小，预拼成一面一片或两面一片，就位后用铅丝与主筋绑扎临时固定，用 U 形卡将两侧模板连接卡紧，安装完两面后再安装另外两面模板。

c. 安装柱箍。柱箍可用角钢或钢管等制作，柱箍应根据柱模尺寸、侧压力大小，在模板设计中确定柱箍尺寸间距。

d. 安装柱模的拉杆或斜撑。柱模每边设 2 根立杆，固定于事先预埋在楼板内的钢筋环上，拉杆或斜撑与地面成 45°,预埋的钢筋环与柱距离宜为 3/4 柱高。

e. 将柱模内清理干净,封闭清扫口,办理柱模验收。

②柱模板的拆除。先拆掉柱斜拉杆或斜撑,卸掉柱箍,再把连接每片柱模的 U 形卡拆掉,然后用撬棍轻轻撬动模板,使模板与混凝土脱离。

③墙体模板的安装。

a. 按位置线安装门窗洞口模板,安装预埋件。

b. 将预先拼装好的一面模板按位置线就位,然后安装拉杆或斜撑,安装套管和穿墙螺栓,穿墙螺栓的规格和间距在模板设计时应明确。

c. 清扫墙内杂物,安装另一侧模板,调整拉杆或斜撑,使模板垂直后,拧紧穿墙螺栓。

d. 模板安装完毕后,检查一遍扣件、螺栓是否紧固,模板拼缝及下口是否严密,办理模板验收。

④墙体模板拆除。先拆除穿墙螺栓等附件,再拆除斜拉杆或斜撑,用撬棍轻轻撬动模板,使模板离开墙体,即可把模板运走。

4)应注意的质量问题

(1)柱子模板易产生的问题。

①胀模、断面尺寸不准确。预防措施:根据柱高和断面尺寸设计柱箍截面尺寸、间距和大断面柱所使用的穿墙螺栓规格等,以保证柱模的强度、刚度足以抵抗混凝土的侧压力。施工过程中应按设计要求作业。

②柱身扭向。预防措施:支模前先校正主筋,使其不扭向。安装斜撑(或拉筋)吊线找垂直时,相邻两片柱模从上端每面吊两点,使线坠到地面,线坠投影点到柱位置线的距离相等,即柱模不扭向。

③轴线位移、一排柱不在同一直线上。预防措施:成排的柱子,支模前要在地面上弹出柱轴线及轴边通线,然后分别弹出每柱的另一方向轴线,再确定柱的另两条边线。支模时,先立两端柱模,校正垂直与位置无误后,柱模顶拉通线,再支中间各柱模。柱距不大时,通排支设水平拉杆及剪刀撑;柱距较大时,每柱四面设立支撑;保证每柱垂直和位置正确。

(2)墙体模板易产生的问题。

①墙体厚度不一、平整度差。预防措施:模板设计应有足够的强度和刚度,龙骨的尺寸和间距、穿墙螺栓间距、墙体的支撑方法等在施工过程中要严格按照设计的要求实施。

②墙体烂根、模板接缝处跑浆。预防措施:模板根部用砂浆找平塞严,模板间连接牢固可靠。

③门窗洞口混凝土变形。预防措施:将门窗洞口模板与墙体模板或墙体钢筋连接牢固,加强门窗洞口内的支撑。

3.2.3 其他模板简介

1. 大模板

1)大模板工程分类

我国目前的大模板工程大体分为三类:外墙预制内墙现浇(简称内浇外板)、内外墙全现浇(简称全现浇)、外墙砌砖内墙现浇(简称内浇外砌)。

(1)内浇外板工程。内浇外板工程的内纵墙和内横墙为大模板现浇混凝土,外纵墙和山墙为预制墙板。

预制外墙板,采用单一材料或复合材料制成,其厚度主要根据各个地区保温、隔热和结构抗震的要求决定。

楼板,一般采用整间预应力大楼板、预制实心板或小块空心板。

在 8 度抗震设防区,当大模板工程高度超过 50 m 时,为了加强建筑物的整体刚度,则采用现浇楼板或在预制楼板上增设现浇层和采用预制与现浇相结合的叠合楼板。

(2)全现浇工程。这种工程的内外墙均采用大模板现浇墙体混凝土。

采用这种类型的工程,建筑物施工缝少,整体性好;造价比外墙预制类型低,对起重运输设备及预制构件生产能力的要求也比较低。但模板型号较多,支模工序复杂,湿作业多,影响施工速度;同时外墙外模板要在高空作业条件下安装,存在安全问题。如采用外承式外模,安全问题可以解决,但模板用钢量大,对下层墙体的强度要求高,模板周转较慢。

这种类型工程建造的高层数,已达 30 层以上。

外墙混凝土,一种是采用轻骨料混凝土,另一种是采用与内墙一样的普通混凝土。

内墙采用普通混凝土,而外墙为轻骨料混凝土时,由于两种混凝土的质量密度和收缩不同,接缝处容易出现裂缝,一般采用先浇内墙后浇外墙的方法。当内外墙同时浇筑时,应在内外墙交接处设置钢板网,防止内墙混凝土流入外墙,影响热工性能,同时也避免发生裂缝。

内外墙均采用普通混凝土时,由于外墙热工性能差,故在"三北"(华北、东北、西北)地区,其墙面需做隔热、保温处理,一般采用泡沫聚苯石膏板或石膏珍珠岩空心板贴面。

(3)内浇外砌工程。这种体系是大模板剪力墙与砖混结构的结合,发挥了钢筋混凝土承重墙坚固耐久和砖砌体造价低的特点。内浇外砌工程主要用于多层建筑。

内墙采用大模板现浇混凝土,外墙采用普通黏土砖、空心砖或其他砌体。

内浇外砌结构,根据建筑物层数和抗震设防烈度,在建筑区段四大角、内墙与外墙交接处,采取适当的连接构造。

钢筋混凝土构造柱贯通建筑物全高,与屋盖、楼盖处的圈梁相连接,其主筋下端锚固在基础圈梁、基础大方角或桩基承台梁内,上端宜延伸至女儿墙顶部。

2)大模板的构造

大模板由面板、加劲肋、竖楞、支撑桁架、稳定机构和操作平台、穿墙螺栓等组成，是一种现浇钢筋混凝土墙体的大型工具式模板，常用于剪力墙、筒体、桥墩的施工。由于一面墙用一块大模板，装拆均用起重机械吊装，故机械化程度高，且能减少用工量和缩短工期。

(1)面板。面板是直接与混凝土接触的部分，通常采用钢面板(3～5 mm 厚的钢板制成)或胶合板面板(用 7～9 层胶合板)。面板要求板面平整，接缝严密，具有足够的刚度。

(2)加劲肋。加劲肋的作用是固定面板，可做成水平肋或垂直肋，加劲肋把混凝土传给面板的侧压力传递到竖楞上，加劲肋与金属面板牌接固定，与胶合板面板可用螺栓固定。加劲肋一般采用[65 或∠65 制作，肋的间距根据面板的大小、厚度及墙体厚度确定，一般为 300～500 mm。

(3)竖楞。竖楞的作用是加强大模板的整体刚度，承受模板传来的混凝土侧压力和垂直力并作为穿墙螺栓的支点。竖楞一般采用[65 或[80 制作，间距一般为 1.0～1.2 m。

(4)支撑桁架与稳定机构。支撑桁架采用螺栓或焊接方式与竖愣连接在一起，其作用是承受风荷载等水平力，防止大模板倾覆。桁架上部可搭设操作平台。稳定机构为在大模板两端的桁架底部伸出支腿上设置的可调整螺旋千斤顶。在模板使用阶段，用以调整模板的垂直度，并把作用力传递到地面或楼板上；在模板堆放时，用来调整模板的倾斜度，以保证模板的稳定。

(5)操作平台。操作平台是施工人员的操作场所，有两种做法。

①将脚手板直接铺在支撑桁架的水平弦杆上形成操作平台，外侧设栏杆。这种操作平台工作面较小，但投资少，装拆方便。

②在两道横墙之间的大模板的边框上用角钢连接成为搁栅，在其上满铺脚手板。这种操作平台的优点是施工安全，但耗钢量大。

(6)穿墙螺栓。穿墙螺栓的作用是控制模板间距，承受新浇混凝土的侧压力，并能加强模板刚度。为了避免穿墙螺栓与混凝土黏结，在穿墙螺栓外边套一根硬型料管或穿孔的混凝土垫块，其长度为墙体厚度。穿墙螺栓一般设置在大模板的上、中、下三个部位，上穿墙螺栓距模板顶部 250 mm 左右，下穿墙螺栓距模板底部 200 mm 左右。

3)大模板的施工

为了提高模板的利用率，避免施工中大模板在地面和施工楼层间上、下升降，大模板施工应划分流水段，组织流水施工，使拆卸后的大模板清理后即可安装到下一段的施工墙体上。

(1)工艺流程。以内、外墙全现浇体系为例，大模板混凝土施工按以下流程进行：抄平放线→敷设钢筋→固定门窗框→安装模板→浇筑混凝土→拆除模板→修整混凝土墙面→养护混凝土。

(2)施工要点。

①抄平放线。在每栋房屋的四个大角和流水段分段处，应设置标准轴线和控制桩。用经纬

仪引测出各楼层的控制轴线,至少要有相互垂直的两条控制轴线。根据各层的控制轴线用钢尺放出墙位线和模板的边线。

每层房屋应设水准标点,在底层墙上确定控制水平线,并用钢尺引测出各层水平标高。在墙身线外侧用水准仪测出模板底标高,然后在墙身线外侧抹两道顶面与模板底标高一致的水泥砂浆带,作为支放模板的底垫。

②敷设钢筋。墙体宜优先采用点焊网片。钢筋的搭接部分应调直理顺,绑扎牢固。搭接部分和长度应符合设计要求。双排钢筋之间应设 S 钩以保证两排间距。钢筋与模板间应设砂浆垫块,保证钢筋位置准确和保护层厚度,垫块间距不宜大于 1 m。

流水段划分处的竖向接缝应按设计要求留出连接钢筋并绑扎牢固,以备下段连接。

当外墙用预制板时,外墙板安装前应将两侧伸出的钢筋套环理直。外墙板就位后,两块外墙板的套环应与内墙的套环重合,在其中插入竖向钢筋。对每块外墙板和内墙,竖筋插入的套环数均不应少于 3 个。竖筋和钢筋套环应绑扎牢固。

③安装和拆除大模板。大模板进场后应检查整修,清点数量进行编号。涂刷脱模剂时,应做到涂层质地均匀,不得在模板就位后涂刷。常用的脱模剂有甲基硅树脂脱模剂、皂角脱模剂、机柴油脱模剂等。

大模板的组装顿序:应先组装横墙第 2、3 轴线的楼板和相应内纵墙的模板,形成框架后再组装横墙第一轴线的内模及相应纵模,然后依次组装第 4、5 等轴线的横墙和纵墙的模板,最后组装外墙外模板。每间房间的组装顺序为先组装横墙模板,然后组装内纵墙模板,最后插入角模。

组装时,先用塔吊将模板吊运至墙边线附近,模板斜立放稳。在墙边线内放置预制的混凝土导墙块,间距为 1.5 m,一块大模板不得放置少于 2 块导墙块。将大模板贴紧墙身边线,利用调整螺栓将模板竖直,同时检查和调整两个方向的垂直度,然后临时固定。另一侧模板也同样立好后,随即在两侧模板间旋入穿墙螺栓及套管加以固定。纵、横内墙模板和角模安装好后应形成一个整体,然后即可安装外墙的外模。

在常温条件下,墙体混凝土强度必须超过 1 MPa 时方可拆模。拆除时应先拆除连接附件,再旋转底部调整螺栓,使模板后倾与墙体脱离。任何情况下,不得在墙上口晃动、撬动或用大锤砸模板。经检查各种连接附件拆除后,才可以起吊模板。

模板直接吊往下一流水段进行支模前,应在下一流水段的楼层上临时停放,并清除板面上的水泥浆,涂刷脱模剂。

(4)浇筑混凝土。当内、外墙使用不同混凝土时,要先浇内墙后浇外墙。当内、外墙使用相同的混凝土时,内、外墙应同时浇筑。浇筑时,宜先浇灌一层厚 5~10 cm 左右,成分与混凝土内砂浆成分相同的砂浆。墙体混凝土的浇筑应分层连续进行,每层浇筑厚度不得大于 60 cm;每层浇筑时间不应超过 2 h 或根据水泥的初凝时间确定。门窗口两侧混凝土应同时浇筑,保证两侧混凝土的高度一致，以防门窗口模板走动，窗口下部的混凝土浇筑时应防止漏振。混凝土浇筑到模板上口应随即找平。

使用矿渣硅酸盐水泥时，为达到浇筑后 10 h 左右拆模，以保证大模板每天周转一次，完成一个流水段作业的要求，往往需掺用早强剂。常用的早强剂有三乙醇胺复合剂和硫酸钠复合剂等。

混凝土入模时宜采用低坍落度(6～10 cm)混凝土。混凝土中可加入木质素磺酸钙等减水剂，以节约水泥并提高混凝土的性能。

如采用预制楼板，一般情况下，墙体混凝土强度达到 4 MPa 以上时方可安装楼板。如要提早安装，必须采取措施支撑楼板。

2. 液压滑升模板

液压滑升模板工程是现浇钢筋混凝土结构机械化施工的一种施工方法。

液压滑升模板施工是在建筑物或构筑物的底部，按照建筑物平面或构筑物平面，沿其墙、柱、梁等构件周边安装高 1.2 m 左右的模板和操作平台，随着向模板内不断分层浇筑混凝土，并利用液压提升设备不断向上滑升模板连续成型，逐步完成建筑物或构筑物的混凝土浇筑工作的。液压滑升模板工程适用于各种构筑物，如烟囱、筒仓、冷却塔等现浇钢筋混凝土工程的施工。

1)液压滑升模板工程的特点

(1)大量节约模板和脚手架，节省劳动力，减轻劳动强度，降低施工费用。在筒仓和烟囱等工程中，采用液压滑模施工方法与采用普通现浇支模施工方法相比较，可以节省 70%以上的木材和 30%～50%的劳动力，降低施工费用达 20%左右。

(2)加快了施工速度，缩短了工期。

(3)提高了机械化程度，能保证结构的整体性，提高工程质量。

(4)施工安全可靠。

(5)液压滑模工程耗钢量大，液压滑模装置一次性投资费用较多。

2)液压滑升模板的组成

液压滑升模板由模板系统、操作平台系统和提升机具系统和施工精度控制系统等部分组成。模板系统包括模板、腰梁(又叫围圈)和提升架等，模板又称围板，依赖腰梁带动其沿混凝土的表面滑动，主要作用是使混凝土成型，承受混凝土的侧压力、冲击力和滑升时的摩擦力。操作平台系统包括操作平台、上辅助平台和内外吊脚手架等，是施工操作的地点。提升机具系统包括支承杆、千斤顶和提升操纵装置等，是液压滑升模向上滑升的动力。提升架将模板系统、操作平台系统和提升机具系统连成整体，构成整套液压滑升模系统，如图 3 - 11 所示。

液压滑升模板系统要求具有较好的整体刚度，能保证结构的几何形状与截面尺寸，运转可靠，施工安全。

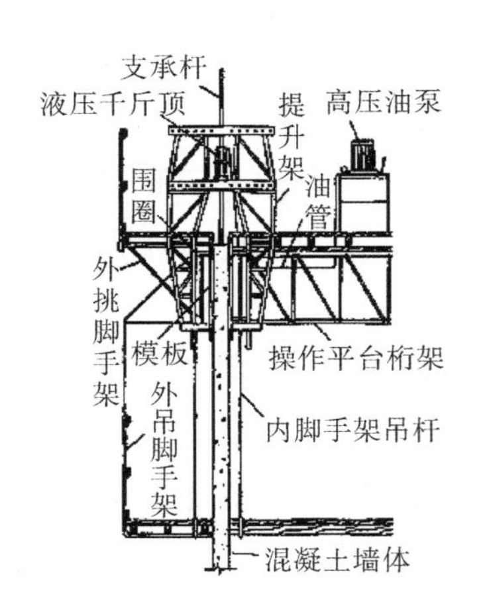

图 3－11 液压滑升模板系统示意图

3)液压滑升模板的工作原理

滑动模板(高 1.5～1.8 m)通过围圈与提升架相连,固定在提升架上的千斤顶(35～120 kN)通过支承杆(ϕ25 钢筋～ϕ48 钢管)承受全部荷载并提供滑升动力。滑升施工时,依次在模板内分层(30～45 cm)绑扎钢筋、浇筑混凝土,并滑升模板。滑升模板时,整个滑模装置沿不断接长的支承杆向上滑升,直至达到设计标高;滑出模板的混凝土出模强度已能承受自重和上部新浇筑混凝土的重量,保证出模混凝土不致塌落变形。

3. 爬升模板

爬模施工

爬升模板,简称爬模,是一种适用于现浇钢筋混凝土竖向、高耸建(构)筑物施工的模板工艺,其工艺优于液压滑模。

1)爬模的分类

爬模按爬升方式可分为“有架爬模”(模板爬架子、架子爬模板)和“无架爬模”(模板爬模板)。爬模按爬升设备可分为电动爬模和液压爬模。

液压爬模自带液压顶升系统,液压系统可使模板架体与导轨间形成互爬,从而使液压自爬模稳步向上爬升,液压自爬模在施工过程中无需其他起重设备,操作方便,爬升速度快,安全系数高,是高耸建筑物施工时的首选模板体系。

2)爬模的工作原理

以建筑物的钢筋混凝土墙体为支承主体,通过附着于已浇筑完成的钢筋混凝土墙体上的爬升支架或大模板,利用连接爬升支架与模板的爬升设备,使一方固定,另一方相对运动,交替向上爬升,以完成模板的爬升、下降、就位和校正等工作。

任务实施

1. 工作任务

通过模板工程相关知识学习，能根据墙、柱构件的位置、尺寸、形状正确选用模板的类型，能够完成墙、柱模板的制作安装与质量验收。

2. 实施过程

1）收集资料

利用在线开放课程、网络资源等查找相关资料，收集墙、柱模板的构造与制作安装；收集墙、柱模板的施工工艺资料；收集墙、柱模板的施工应注意的质量问题及预防措施资料；收集大模板、液压滑升模板、爬升模板施工的相关资料。

2）引导文

(1)填空题。

①混凝土墙体模板主要由侧板、________、牵杠、________组成。

②柱子的特点是断面尺寸不大但高度比较高，因此，柱模板主要解决垂直度、施工时的侧向稳定及________________的问题，同时也应考虑方便浇筑混凝土、清理垃圾与钢筋工配合的问题。

③大模板工程分为三类：____________、____________和外墙砌砖内墙现浇。

④大模板由面板、________、竖楞、________、稳定机构和操作平台、穿墙螺栓等组成，是一种现浇钢筋混凝土墙体的大型________模板。

⑤在柱模板施工中，为防止混凝土浇筑时模板发生鼓胀变形，柱箍应根据________经计算确定，下部的间距应小些，往上可逐渐增大间距，但一般不超过 1.0 m。柱截面尺寸较大时，应考虑在柱模内设置________。

⑥液压滑升模板是由模板系统、操作平台系统和________________及施工精度控制系统等部分组成。

⑦爬模按爬升设备可分为____________和____________。

⑧柱模板须在底部留设____________，沿高度每 2 m 开有混凝土浇筑孔和振捣孔。

(2)简答题。

①在散装木模板墙模板的安装中，剪力墙模板安装的施工工艺是什么？

____

____

____

②在散装木模板墙模板的安装中，剪力墙模板安装常见问题和预防措施是什么？

③简述小钢模柱模板施工工艺流程。

④简述小钢模墙模板施工工艺流程。

⑤简述钢框胶合板模板墙体模板安装工艺流程。

⑥简述钢框胶合板模板柱模板安装工艺流程。

⑦简述定型组合大钢模板墙体模板施工工艺流程。

⑧简述定型组合大钢模板柱模板施工工艺流程。

⑨液压滑升模板工程的特点有哪些？

⑩简述大模板混凝土施工工序。

3)任务实施

(1)完成散装木模板柱模板的施工工艺。

①施工工艺：

②常见的问题：

③预防措施：

(2)完成定型组合大钢模板墙体模板的施工要点。

①安装要点：

②拆除要点：

(3)完成定型组合大钢模板柱模板的施工要点。

①安装要点：

②拆除要点：

(4)完成柱模板施工应注意的质量问题。

①胀模的预防措施：

②柱身扭向的预防措施：

③轴线位移的预防措施：________________

____

____

____

(5)完成墙模板施工应注意的质量问题。

①墙体厚度不一、平整度差的预防措施：________________

____

②墙体烂根的预防措施：________________

____

③门窗洞口混凝土变形的预防措施：________________

____

____

3.检查与评价

学生首先自查，然后以小组为单位进行互查，发现错误及时纠正，遇到问题商讨解决，教师做出改进指导后，结合学生在实施过程中表现出来的职业素养、参与程度综合考核评价每位同学成绩。学生自评表和教师评定表分别见任务表3－3和任务表3－4。

任务表3－3 学生自评表

项目名称	模板工程施工	任务名称	墙、柱模板工程施工
学生姓名		实际得分	标准分值
墙、柱模板的构造及安装制作能力			10
散装木模板墙、柱模板的制作与安装能力			20
定型组合模板墙、柱模板的制作与安装能力			20
大模板、液压滑升模板、爬升模板施工认知能力			20
是否能认真描述困难、错误和修改内容			10
对自己工作的评价			10
团队协作能力评价			10
合计得分			100
改进内容及方法：			

任务表 3-4　教师评定表

项目名称	模板工程施工	任务名称	墙、柱模板工程施工
学生姓名		实际得分	标准分值
墙、柱模板的构造及安装制作能力			10
散装木模板墙、柱模板的制作与安装能力			20
定型组合模板墙、柱模板的制作与安装能力			20
大模板、液压滑升模板、爬升模板施工认知能力			20
是否能认真描述困难、错误和修改内容			10
对学生工作的评价			10
团队协作能力评价			10
合计得分			100

知识拓展

清水混凝土模板技术

清水混凝土又称原浆混凝土，是一种装饰混凝土，是混凝土材料中最高级的表达形式，因其极具装饰效果而得名，清水混凝土显示的是一种最本质的美感，它不做任何外装饰，直接采用现浇混凝土的自然表面效果作为饰面，因此不同于普通混凝土，清水混凝土表面平整光滑、色泽均匀、棱角分明、无碰损和污染，只是在表面涂一层或两层透明的保护剂，体现的是“素面朝天”的品位，显得天然、庄重，因此建筑师们认为，这是一种高贵的朴素，看似简单，其实比金碧辉煌更具有艺术效果。

清水混凝土不仅是结构本身，也是一种装饰，这就要求模板要比一般模板有更高的精度，对施工人员有更高的要求，因而清水混凝土模板要符合下列规定：

(1)模板体系的选型应根据工程设计要求和工程具体情况确定，并应满足清水混凝土质量要求；所选择的模板体系应技术先进，构造简单、支拆方便、经济合理。

(2)模板面板可采用胶合板、钢板、塑料板、铝板、玻璃钢等材料，应满足强度、刚度和周转使用要求，且加工性能好。

(3)模板骨架材料应顺直、规格一致，应有足够的强度、刚度，且满足受力要求。

(4)模板之间的连接可采用模板夹具、螺栓等连接件。

(5)对接螺栓的规格、品种应根据混凝土侧压力、墙体防水、人防要求和模板面板等情况选用，选用的对接螺栓应有足够的强度。

(6)对拉螺栓套管及堵头应根据对拉螺栓的直径进行确定,可选用塑料、橡胶、尼龙等材料。

(7)明缝条可选用硬木、铝合金等材料,截面宜为梯形。

(8)内衬模可选用塑料、橡胶、玻璃钢、聚氨酯等材料。

(9)模板龙骨不宜有接头,当需有接头时,接头数量不应超过主龙骨总数量的 50%。

(10)模板加工后宜预拼,应对模板平整度、外形尺寸、相邻板面高低差以及对接螺栓组合情况进行校核。

任务 3.3　梁、楼板及楼梯模板工程施工

任务描述

学习梁、楼板、楼梯模板的构造及制作安装,完成梁模板、楼板模板、楼梯模板的施工及质量控制。

知识学习

3.3.1　梁、楼板及楼梯模板的构造及制作安装

1. 梁模板的构造及制作安装

1)梁模板的构造

梁的特点是跨度较大而宽度不大,梁高一般为 1 m 左右,工业建筑的梁高可达 2 m 以上。梁下一般架空,因此混凝土对梁模板既有横向侧压力,又有垂直压力。梁模板及其支架系统要能承受这些荷载而不致发生超过规范允许的变形。

如图 3-12 所示是一例单梁模板。其底模板承担垂直荷载,一般较厚,厚度不宜小于 50 mm。支架称为琵琶撑,琵琶撑的支柱最好做成可以伸缩的,以便调整高度,一般支柱(高度在 3.6 m 以下)断面不宜小于 100 mm×100 mm。支柱底部应垫以木楔和木垫板。木楔可调整梁模的标高,在调整好后,应用钉子将木楔钉牢,但不钉死,否则木楔松动时会造成事故。放木垫板是便于将上部荷载均匀分布。如地面是回填土,要夯实防止下沉。琵琶撑的间距根据梁的高度决定,一般为 1 m 左右。梁的侧模板承担横向侧压力,其厚度一般不宜小于 30 mm,底部用固定夹板钉在琵琶撑的横担木上将侧模板夹住,顶部斜撑(抛撑)固定在琵琶撑上,两块侧板间撑以木条,等混凝土灌到顶部时拆去。对于高大的梁,可在侧板中部加铁丝或螺杆相互拉住以防变形。

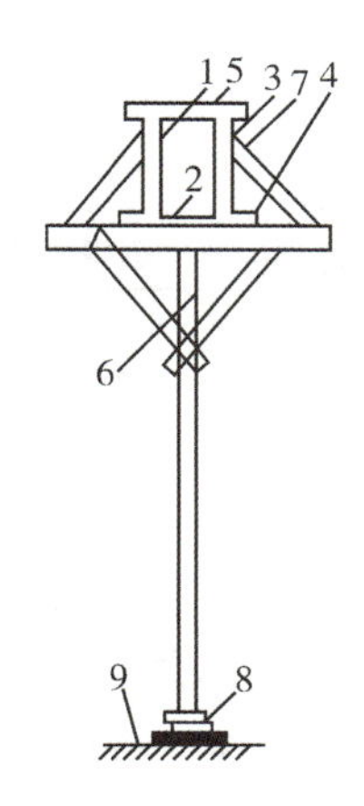

1—侧模版；2—底模板；3—侧板拼条；4—固定夹板；

5—木条；6—琵琶撑；7—斜撑；8—木楔；9—木垫板。

图 3－12　单梁模板

单梁的侧模板一般拆除较早，因此侧板应包在底模的外面。梁的模板不应伸到柱模板的开口里面，次梁模板也不应伸到大梁侧板开口里面。如梁的跨度在 4 m 及 4 m 以上，应使梁中部略为起拱，防止由于浇筑混凝土后跨中梁底下垂。如设计无规定时，起拱高度宜为全跨长度的 1‰～3‰。

2）梁模板的安装

首先安装底模，即在相对的两个柱模的缺口下部外侧，钉一根支座木（支座木上口的高度为梁底标高减去底模厚度），将梁底模放在支座木上，然后竖立琵琶撑，安装梁的侧模，在柱模缺口两侧钉上搭头，在琵琶撑上钉夹板、斜撑以固定侧板。

安装琵琶撑时应先放好垫板，以保证底部有足够的支撑面积。在多层建筑中，应注意使上下层的支柱尽可能在同一条竖向中心线上，或采取措施保证上层支柱的荷载能传递到下层的支架结构上，防止压裂下层构件。支柱之间应注意用水平及斜向拉条钉牢，防止模板系统倾侧或支柱失稳，发生事故。

2. 楼板模板的构造及制作安装

1）楼板模板的构造

楼板的特点是面积大而厚度不大。因此横向侧压力很小，楼板模板及其支架系统主要用于抵抗混凝土的垂直荷载和其他施工荷载，保证楼板不变形下垂。

如图 3－13 所示为梁及楼板的模板。楼板模板以前也用拼板拼成，其厚度一般不宜小于 30 mm，现绝大多数工地已用定型模板代替，尺寸不足处用零星木材或钢板补足。模板支承在楞木（搁栅）上，楞木断面尺寸一般采用 60 mm×120 mm，间距不宜大于 600 mm，楞木支承在梁侧模板外的托板（背杠）上，托板下安装短撑，撑在固定夹板上。如跨度大于 2 m 时，楞木中间应增加一至几排支撑排架作为支架系统。

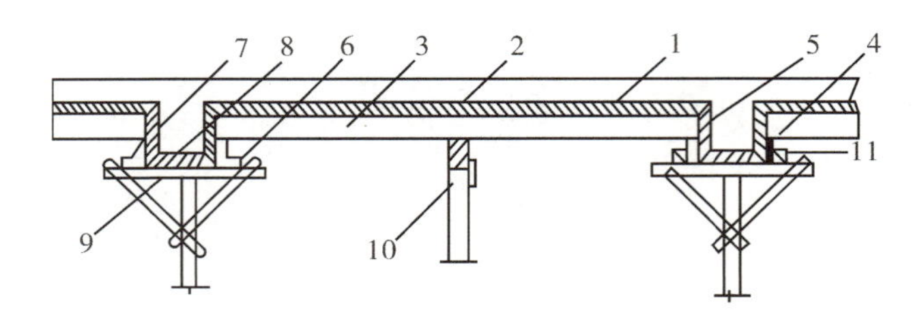

1—定型模板；2—非定型模板；3—楞木；4—托板；5—侧模板拼条；6—固定夹板；
7—梁侧模板；8—梁底模板；9—琵琶撑；10—中间支撑排架；11—短撑。

图 3－13　梁及楼板的模板

2)楼板模板的制作安装

楼板模板的安装，是在主次梁模板安装完毕后进行的，首先安托板，然后安楞木，最后铺定型模板。铺好后核对楼板标高、预留孔洞及预埋铁等的部位和尺寸。

肋形楼板模板的安装流程：安装柱模底框→立柱模→校正柱模→斜撑固定柱模→安主梁底模→立主梁模板的琵琶撑→安次梁侧模→安次梁底模→立次梁模板的琵琶撑→安次梁侧模→安楞木托板并搁上楞木→铺楼板模板。

3.楼梯模板的构造及制作安装

楼梯模板施工

楼梯模板的构造，与楼板模板相似，不同点是前者要做成倾斜和踏步。

如图 3－14 所示，安装楼梯模板时，先在楼梯间墙上画第一个楼梯段、楼梯踏步及平台板、平台梁的位置。在平台梁下竖起支柱，下垫木楔及垫板。在支柱上钉平台梁的底板，立侧板，钉夹板和托板。同时在贴墙处立支柱，支柱上钉牵杠，搁木楞，铺钉平台底板，然后在楼梯基础侧板上钉托板，将楼梯斜木楞钉固在此托板和平台梁侧板外的托板上。在斜木楞上面铺钉楼梯底板，在下面立斜向支柱。如楼梯较宽，支柱顶上设牵杠以增加牢固，斜面支柱下也加垫木楔和垫板。再沿楼梯边立外帮板，用外帮板上的横档木将外帮板钉固在斜木楞上。如外帮板较高，可用斜撑，下端撑在牵杠上，上端撑在外帮板的横档木上，再把反三角钉在外帮板的内侧面。沿楼梯踏步的侧板应钉设 2～3 道反三角，防止在灌注混凝土时，踏步侧板变形。靠墙应有一道反三角，反三角一般是由 50～60 mm 厚的木条与三角木钉成。为了防止反三角向下滑动，需将反三角的下端钉固在基础侧板上。

第二个楼梯段楼梯模板照第一个程序安装。

在划线时，特别要注意每层楼梯第一级与最后一级踏步的高度，避免因疏忽了粉面层的厚度，造成高低不同的现象。

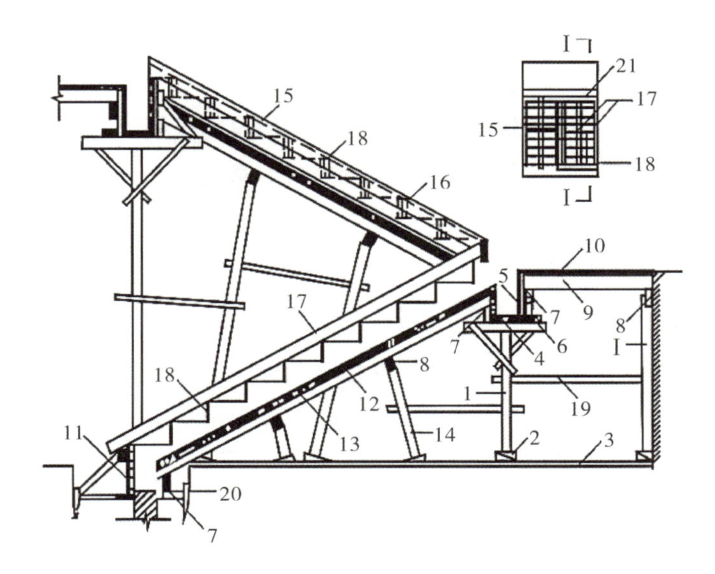

1—支柱;2—木楔;3—垫板;4—平台梁底板;5—侧板;6—夹板;7—托板;8—牵杠;9—木楞;10—平台底板;11—梯基侧板;12—斜木楞;13—楼梯底板;14—斜向支柱;15—外帮板;16—横档木;17—反三角;18—踏步侧板;19—拉杆;20—木桩;21—平台梁模。

图 3-14 楼梯模板

3.3.2 梁、楼板及楼梯模板的施工工艺

1. 散装木模板梁、楼板及楼梯模板的制作与安装

1)梁模板安装

(1)梁模板安装工艺流程。

框架梁模板施工

①在柱子上弹出轴线、梁位置和水平线,钉柱头模板。

②按设计标高调整支柱的标高,然后安装梁底模板,并拉线找平。当梁跨度超过 4 m 时,跨中梁底处应按设计要求起拱,如设计无要求时,起拱高度为梁跨度的 1‰~3‰。主次梁交接时,先对主梁起拱,后对次梁起拱。

③梁下支柱支承在基土面上时,应对基土平整夯实,满足承载力要求,并加木垫板或混凝土垫板等有效措施,确保混凝土在浇筑过程中不会发生支撑下沉。

④楼层高度在 4.5 m 以下时,应设两道水平拉杆和剪刀撑,若楼层高度在 4.5 m 以上时要另做施工方案。

⑤根据墨线安装梁侧模板、压脚板、斜撑等。梁侧模板制作高度应根据梁高及楼板模板来确定。

⑥当梁高超过 750 mm 时,梁侧模板宜加穿梁螺栓加固。

(2)梁模板易发生的质量问题及预防措施。

①质量问题:梁身不平直、梁底不平及下挠、梁侧模胀模、局部模板嵌入柱梁间、拆除困难。

②预防措施:支模时应遵守边模包底模的原则,梁模与柱模连接处,下料尺寸一般应略为缩短;梁侧模必须有压脚板、斜撑,拉线通直后将梁侧钉固;梁底模板按规定起拱;混凝土浇筑前,应将模内清理干净,并浇水湿润。

2)楼板模板安装

(1)楼板模板安装工艺流程。

楼板模板施工

①根据模板的排列图架设支柱和龙骨。支柱与龙骨的间距,应根据楼板混凝土重量与施工荷载的大小在模板设计中确定。一般支柱间距为800～1200 mm,大龙骨间距为600～1200 mm,小龙骨间距为400～600 mm。支柱排列要考虑设置施工通道。

②底层地面应夯实,并铺垫脚板。采用多层支架支模时,支柱应垂直,上下层支柱应在同一竖向中心线上。各层支柱间的水平拉杆和剪刀撑要加强。

③通线调节支柱的高度,将大龙骨找平,架设小龙骨。

④铺模板时可从四周铺起,在中间收口。楼板模板压在梁侧模时,角位模板应通线钉固。

⑤楼板模板铺完后,应认真检查支架是否牢固,模板梁面、板面应清扫干净。

(2)楼板模板易发生的质量问题及预防措施。

①质量问题:板中部下挠,板底混凝土面不平。

②预防措施:楼板模板厚度要一致,搁栅木料要有足够的强度和刚度,搁栅面要平整;支顶要符合规定并保证项目要求,板模按规定起拱。

2. 定型组合模板梁、楼板及楼梯模板的制作与安装

1)定型组合模板的施工工艺流程

(1)梁模板安装工艺流程。弹出梁轴线及水平线并复核→搭设梁模支架→预组拼模板检查→安装梁底模板→梁底起拱→绑扎钢筋→安装梁侧模板→安装侧向支撑或对拉螺栓→检查梁口、符合模板尺寸→与相邻模板连接。

(2)楼板模板安装工艺流程。搭设支架→安装纵横木楞→调整楼板的下皮标高→铺设模板→检查模板的上皮标高、平整度等。

2)定型组合模板的施工工艺要点

(1)在柱子混凝土上弹出梁的轴线及水平线,并复核。

(2)安装梁模板支架时,若首层为土壤地面,应平整夯实,并有排水措施。铺设通长脚手板,楼地面上的支架立杆宜加可调支座,楼层间的上下支座应在同一平面位置。梁的支架立杆一般

采用双排，间距以 600～900 mm 为宜；板的支架立杆间距以 900～1200 mm 为宜。支柱上的纵肋采用 100 mm×100 mm 的方木，横肋采用 50 mm×100 mm 的方木。支柱中间加横杆或斜杆连接成整体。

(3)在支柱上调整预留梁底模板的厚度，符合设计要求后，拉线安装梁底模板并找直。

(4)在底板上绑扎钢筋，经检验合格后，清除杂物，安装梁侧模板。用梁卡具或安装上下锁口楞及外竖楞，附以斜撑，其间距一般宜为 600 mm；当梁高超过 600 mm 时，需要加腰肋，并用对拉螺栓加固，侧模上口要拉线找直，用定型夹子固定。

(5)复核检查梁模尺寸，与相邻梁柱模板连接固定，安装楼板模板时，在梁侧模及墙模上连接阴角模，与楼板模板连接固定，逐步向楼板跨中铺设模板。

(6)钢框胶合板模板的相邻两块模板之间用螺栓或钢销连接，对不够整模数的模板和窄条缝采用拼缝模板或方木嵌补，保证拼缝严密。

(7)模板铺设完毕后，用靠尺、塞尺和水平仪检查平整度与楼板底标高，同时进行校正。

任务实施

1. 工作任务

通过模板工程相关知识学习，能根据楼板、梁、楼梯构件的位置、尺寸、形状正确选用模板的类型，能够完成楼板、梁、楼梯模板制作安装与质量验收。

2. 实施过程

1)收集资料

利用在线开放课程、网络资源等查找相关资料，收集梁、楼板及楼梯模板的构造与制作安装资料；收集梁、楼板及楼梯模板的施工工艺资料。

2)引导文

(1)填空题。

①梁模板及支撑系统要求稳定性好，有足够的________和________，不产生超过规范允许的变形。

②当梁的跨度不小于 4 m 时，梁模板的跨中要起拱，起拱高度为梁跨度的________。

③阳台、挑檐模板必须撑牢拉紧，防止向外________，确保安全。

④板模板及支撑系统要保证能承受混凝土自重和施工荷载，保证板不________、不________。

⑤梁模板安装应在复核________、校正轴线位置无误后进行。

⑥模板的拆除日期取决于混凝土硬化的快慢、________、结构的性质及环境温度。

(2)单选题。

①现浇结构模板安装的表面平整度允许偏差为________mm

A. 5　　B. 10　　C. ±5　　D. ±10

②现浇结构模板安装的轴线位置允许偏差为________。

A. 2 mm　　B. 3 mm　　C. 4 mm　　D. 5 mm

③跨度为 6 m、混凝土强度为 C30 的现浇混凝土板，当混凝土强度至少应达到________时方可拆除底模。

A. 15 MPa　　B. 21 MPa　　C. 22 MPa　　D. 30 MPa

④现浇混凝土墙板的模板垂直度主要靠________来控制。

A. 对拉螺栓　　B. 模板卡具　　C. 水平支撑　　D. 模板刚度

⑤梁模板承受的荷载是________。

A. 垂直力　　B. 水平力　　C. 垂直力和水平力　　D. 斜向力

⑥跨度较大的梁模板支撑拆除的顺序是________。

A. 先拆跨中　　B. 先拆两端　　C. 无一定要求　　D. 自左向右

⑦模板按________分类，可分为现场拆装式模板、固定式模板和移动式模板。

A. 材料　　B. 结构类型　　C. 施工方法　　D. 施工顺序

⑧梁的截面较小时，木模板的支撑形式一般采用________。

A. 琵琶支撑　　B. 井架支撑　　C. 隧道模　　D. 桁架

⑨梁底模板设计时，何种荷载不考虑：________。

A. 施工荷载　　B. 混凝土及楼板自重　　C. 混凝土侧压力　　D. 钢筋自重

⑩常用于高耸烟囱结构的模板体系是________。

A. 大模板　　B. 爬模　　C. 滑模　　D. 台模

3)任务实施

(1)完成散装木模板梁模板的施工工艺。

①安装工艺流程：____

____

____

____

____

②易发生的质量问题：____

③预防措施：

(2)完成散装木模板楼板模板的施工工艺。

①安装工艺流程：

②易发生的质量问题：

③预防措施：

(3)完成定型组合模板的施工工艺流程。

①梁模板安装工艺：

②楼板模板安装工艺：

(4)完成现浇结构模板的拆除顺序与注意事项。

①拆除顺序：

②注意事项：

3.检查与评价

学生首先自查，然后以小组为单位进行互查，发现错误及时纠正，遇到问题商讨解决，教师做出改进指导后，结合学生在实施过程中表现出来的职业素养、参与程度综合考核评价每位同学成绩。学生自评表和教师评定表分别见任务表 3-5 和任务表 3-6。

任务表 3-5 学生自评表

项目名称	模板工程施工	任务名称	梁、楼板及楼梯模板工程施工
学生姓名		实际得分	标准分值
梁模板的安装能力			20
楼板模板的安装能力			20
楼梯模板的安装能力			20
现浇结构模板的拆除能力			10
是否能认真描述困难、错误和修改内容			10
对自己工作的评价			10
团队协作能力评价			10
合计得分			100
改进内容及方法：			

任务表 3-6 教师评定表

项目名称	模板工程施工	任务名称	梁、楼板及楼梯模板工程施工
学生姓名		实际得分	标准分值
梁模板的安装能力			20
楼板模板的安装能力			20
楼梯模板的安装能力			20
现浇结构模板的拆除能力			10
是否能认真描述困难、错误和修改内容			10
对学生工作的评价			10
团队协作能力评价			10
合计得分			100

知识拓展

台　模

台模又称为桌模、飞模，是一种由台板、梁、支架、支撑、调节支腿及配件组成的工具式模板，可实现一次组装、整体就位、整体拆除和整体提升。台架为台模的支承系统，按其支承形式可分为立柱式、悬架式、整体式等。

台模的工作原理是利用起重机械从已浇筑完的楼层中吊运至上层重复使用，中途不落地。

台模适用于高层建筑大柱网、大空间的现浇混凝土框架、框-剪结构施工，特别适合于无柱帽的无梁楼盖结构工程施工。

台模转层如图 3-15 所示，台模在楼间的整体移动如图 3-16 所示。

图 3-15　台模转层

图 3-16　台模在楼间的整体移动

项目四

钢筋工程施工

项目描述

钢筋工程属于混凝土结构施工中的隐蔽工程，其施工工艺包括钢筋进场验收、钢筋下料、钢筋加工制作及钢筋的绑扎安装，在浇筑混凝土前应对钢筋及预埋件进行验收，并做好隐蔽工程记录。目前，钢筋工程施工中，大力推广应用HRB400钢筋、冷轧带肋钢筋等高效钢筋、低松弛高强度钢绞线及钢筋网焊接技术，粗直径钢筋的机械连接与焊接；采用了数控调直剪切机、光电控制点焊机、钢筋冷拉联动线等；在电渣压力焊、气压焊、套筒挤压连接技术、锥螺纹及直螺纹连接技术和线性规划用于钢筋下料等方面取得了不少成绩。

学习方法

(1)遵循“熟练识图→精准施工→质量管控→组织验收”知识链；

(2)学习施工技能不仅要有必需的理论知识，更要有较强的操作技能，可以多去实训基地观察、动手操作，提高自己解决问题的能力；

(3)在掌握钢筋基本知识的基础上，不断总结钢筋工程施工及质量控制知识，做到举一反三地掌握钢筋工程施工技术。

知识目标

(1)了解钢筋的种类、主要技术性能和验收存放方法；

(2)掌握钢筋的下料计算方法和钢筋加工配料单的编制；

(3)掌握钢筋代换原则和方法；

(4)掌握钢筋性能、进场验收方法和程序；

(5)掌握钢筋的连接方法、加工制作和绑扎安装方法；

(6)掌握钢筋(包括隐蔽钢筋)的质量检查、验收和评价；

(7)了解钢筋工程中安全、劳动和环境保护措施计划和文明施工计划。

技能目标

(1)初步掌握钢筋工程施工中管理方面的基本技能；

(2)具备钢筋下料、加工、绑扎安装和质量检测的能力；

(3)具备解决钢筋加工、绑扎、安装施工过程中一般施工技术问题的能力。

素质目标

(1)认真负责，团结合作，维护集体的荣誉和利益；

(2)努力学习专业技术知识，不断提高专业技能；

(3)遵纪守法，具有良好的职业道德；

(4)严格执行建设行业有关标准、规范、规程和制度。

钢筋相关配套知识

钢筋的种类

1. 钢筋的分类

1)按外形分

(1)光圆钢筋。光圆钢筋(plain round bars)是经热轧成型并自然冷却的成品钢筋，由低碳钢和普通合金钢在高温状态下压制而成，主要用于钢筋混凝土和预应力混凝土结构的配筋，是土木建筑工程中使用量最大的钢材品种之一。光圆钢筋如图 4-1 所示。

(2)带肋钢筋。带肋钢筋就是钢筋上面有月牙形突起的钢筋，如图 4-2 所示。带肋钢筋分为冷轧带肋钢筋和热轧带肋钢筋。

图 4-1　光圆钢筋

图 4-2　带肋钢筋

2)按直径分

(1)钢丝：$d=3\sim5$ mm。

(2)细钢筋：$d=6\sim10$ mm。

(3)粗钢筋：$d\geqslant12$ mm。

3)按化学成分分

(1)普通碳素钢。普通碳素钢根据含碳量的多少可分为高碳钢(含碳量 0.6%～1.4%)、中碳钢(含碳量 0.25%～0.6%)、低碳钢(含碳量少于 0.25%)。随着含碳量的增加,这些钢的强度、硬度增加,但塑性、韧性减少。建筑中常用普通低碳钢。

(2)合金钢。在普通碳素钢中加入某些合金元素,如锰、钛、硅、钒,而冶炼成的钢称为合金钢。这些钢中有些含碳量也较高,但由于加入了合金元素,不但强度提高,而且其他性能有所改善。合金钢根据合金量的多少可分为高合金钢(含合金量 10%以上)、中合金钢(含合金量 3.5%～10%)、低合金钢(含合金量少于 3.5%)。建筑上常用低合金钢。

4)按生产工艺分

按钢筋生产工艺,混凝土结构用的普通钢筋可分为两类:热轧钢筋和冷加工钢筋(冷拉钢筋、冷拔低碳钢丝、冷轧带肋和冷轧扭钢筋)。

5)按用途分

(1)受拉钢筋。沿梁的纵向跨度方向布置,承受梁中由弯矩引起的拉力的钢筋称为受拉钢筋,又称纵向受拉钢筋。

(2)弯起钢筋。将一部分纵向钢筋弯起,称为弯起钢筋。它的斜段承受梁中剪力引起的拉力。

(3)架立钢筋。沿梁的纵向布置的钢筋,基本不受力,而是起架立和构造作用,称为架立钢筋,它往往布置成直线形,与梁中的受拉钢筋和箍筋一起形成钢筋骨架。

(4)箍筋。箍筋在梁中承受剪力,同时与架立钢筋、受拉钢筋形成钢筋骨架。

(5)分布钢筋。只有钢筋混凝土板才有分布钢筋,它的作用是固定板中的受拉钢筋,它沿板的横向布置,与纵向钢筋垂直。

板、梁的配筋分别如图 4-3、图 4-4 所示。

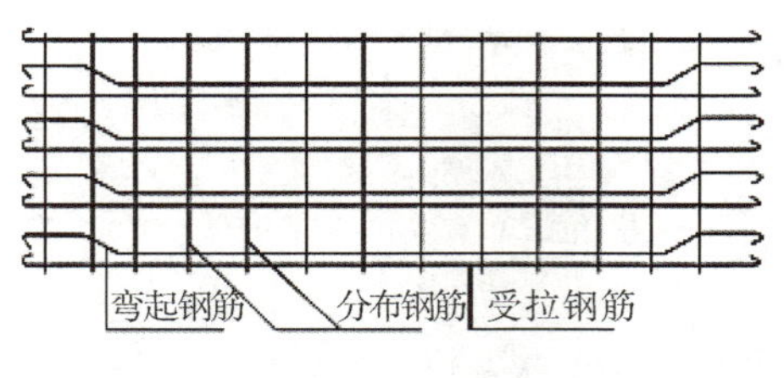

图 4-3 板的配筋

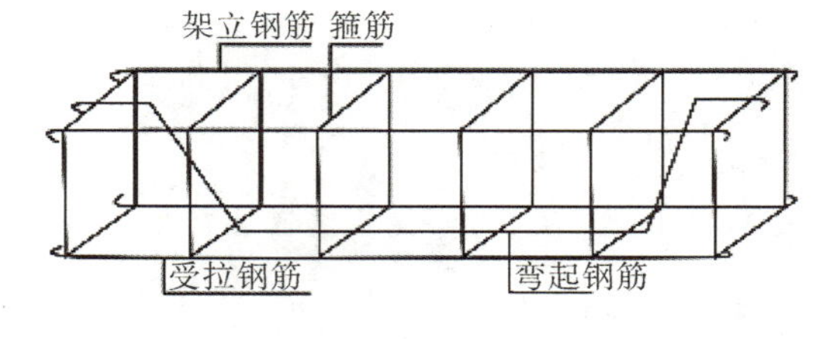

图 4-4 梁的配筋

2.钢筋的主要力学性能

在钢筋混凝土结构中所使用的钢材是否符合标准,直接关系着工程的质量,因此,在使用前,必须对钢筋进行一系列的检查与试验,机械性能试验就是其中的一个重要检验项目,是评估钢材能否满足设计要求,检验钢质及划分钢号的重要依据之一。

力学性能又叫机械性能,是指钢材在外力作用下所表现出的各种性能。其主要指标有抗拉性能和塑性性能。

1)抗拉性能

钢筋混凝土及预应力混凝土结构中所用的钢筋可分为两类:有明显屈服点的钢筋(一般称为软钢)和无明显屈服点的钢筋(一般称为硬钢)。低碳钢(mild steel)为碳含量低于0.25%的碳素钢,因其强度低、硬度低而软,故又称软钢。热处理钢筋、高强钢丝和钢绞线都属于硬钢。

软钢应力-应变曲线如图 4-5 所示。

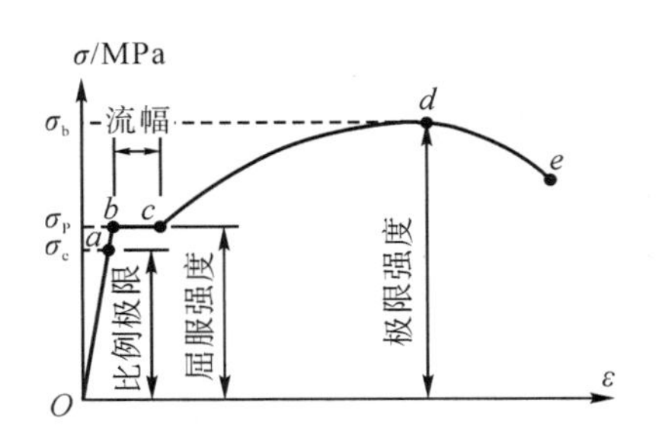

图 4-5 软钢应力-应变曲线

(1)弹性阶段。应力-应变曲线上的 Ob 段为材料的弹性阶段。在此阶段内,可以认为变形是完全弹性的。如果在试件上加载,使其应力不超过与 B 点对应的应力 σ_P,然后再卸载,则应力-应变曲线仍沿着 Ob 段退回到原点,表示变形完全消失。试件能恢复到原状,说明在这阶段内只产生弹性变形,因此这个阶段称为弹性阶段。与这段曲线的最高点 b 相对应的应力值 σ_P 称为材料的弹性极限,它是卸载后试件上不产生塑性变形的应力最大值。

在弹性阶段内,曲线上有一段是直线 Oa,它表示应力与应变成正比,材料服从虎克定律。过 a 点后应力-应变曲线开始微弯,表示应力与应变不再成正比,a 点所对应的应力值 σ_e,即应力与应变成正比例关系的最高值,称为比例极限。低碳钢的比例极限在 200 MPa 左右。

另外,由应力-应变曲线也可以知道,在比例极限范围内,Oa 直线的斜率 $\tan\alpha=\sigma/\varepsilon=E$,是一个常数,它就是材料的弹性模量。因此,材料的弹性模量可以通过拉伸试验测得。

弹性极限 σ_P 和比例极限 σ_e,两者的意义虽然不同,但由试验测得的结果表明,两者的数值非常接近,很难严格区分。因此,在工程中也经常说,在弹性范围内材料服从虎克定律。

(2)屈服阶段。在应力超过弹性极限 σ_P 以后,应力-应变曲线逐渐变弯。到达 c 点后,应变迅速增加,在应力-应变图上呈现出接近于水平的“锯齿”形段,这说明应力在很小的范围内波动,而应变却急剧地增加,此时材料好像对外力屈服了一样,所以此阶段称为屈服阶段,也称流动阶段。

在屈服阶段内,材料的应力几乎不增加,但应变迅速增加,材料暂时失去抵抗变形的能力。如果试件表面光滑,则应力达到屈服极限后,就会在其表面出现许多倾斜的条纹,这些条纹与试件轴线的夹角接近 45°,一般称为滑移线,如图 4-6 所示。滑移线是由于材料内部的晶格之间发生相互滑移而引起的，晶格间的滑移是产生塑性变形的根本原因。

在应力到达屈服阶段以后，若将试件所受的荷载卸除，则试件存在显著的残余变形。由于工程中一般不允许构件出现塑性变形，所以通常规定钢材的最大工作应力不能到达屈服极限 σ_s。

(3)强化阶段。经过屈服阶段后，材料内部的结构组织起了变化，使材料重新产生了抵抗变形的能力，故应力-应变曲线又继续上升，到达 d 点时，与之对应的应力达到最大值。材料经过屈服阶段后抗力增加的这种现象称为材料的强化，这个阶段(Dd 段)称为强化阶段。对应于最高点 d 的应力称为强度极限，用 σ_b 表示。低碳钢的强度极限 σ_b 在 400 MPa 左右。

(4)颈缩阶段。材料强化到达最高点 E 之后，试件不断伸长，它的横截面不断缩小，然后在某一较弱的横截面处显著变细，出现"颈缩"现象，如图 4－7 所示。

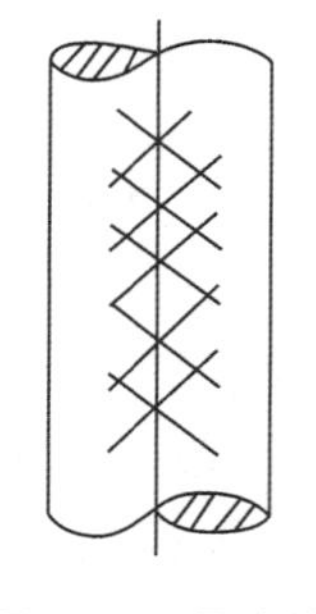
图 4－6 滑移线

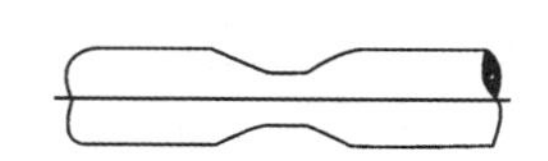
图 4－7 颈缩现象

在这之前，试件在整个标距内的变形是均匀的，但一开始颈缩后，"颈"部就急剧地缩细和伸长，同时荷载急剧下降，很快达到应力-应变曲线的终点 F，试件突然断裂。

上述每一阶段都是由量变到质变的过程。四个阶段的质变点就是比例极限 σ_e、屈服极限 σ_s 和强度极限 σ_b。σ_e 表示材料处于弹性状态的范围，σ_s 表示材料开始进入塑性变形，σ_b 表示材料最大的抵抗力。故 σ_s、σ_b 是衡量材料强度的重要指标。

硬钢的应力-应变曲线如图 4－8 所示，可以看出其屈服现象不明显，无法测定其屈服点。一般常以发生 0.2%残余变形时的应力值当作屈服点，用 $\sigma_{0.2}$ 表示。

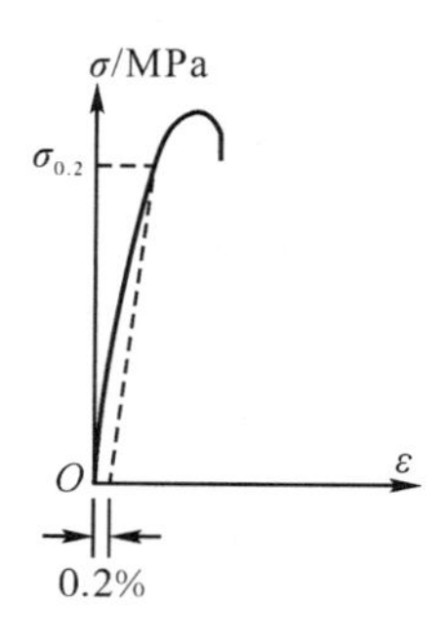

图 4－8 硬钢应力-应变曲线

2)塑性性能

通过钢材受拉时的应力-应变图,可对其塑性性能进行分析。

钢筋对塑性性能有较高的要求,以防止钢筋在加工过程中出现弯曲处断裂和构件受荷过程中出现脆断破坏。

表示钢材塑性性能的指标有两个,一个是伸长率,另一个是断面收缩率。

(1)伸长率。伸长率用 δ 表示,它的计算公式为

$$\delta=\frac{\text{标距长度内总伸长值}}{\text{标距长度 }L\text{(包括断口)}}\times100\%=\frac{\Delta L}{L}\times100\%$$

此公式的表示方法对于长试件,一般热轧钢筋的标距取 10 倍钢筋直径长度,作为量测检验标准,用 δ_{10} 表示;钢丝的标距取 100 倍直径,用 δ_{100} 表示;钢绞线的标距取于 200 倍直径,用 δ_{200} 表示;对于短试件,标距取 5 倍直径,用 δ_5 表示。低碳钢试件原尺寸及断裂后尺寸如图 4 - 9 所示。

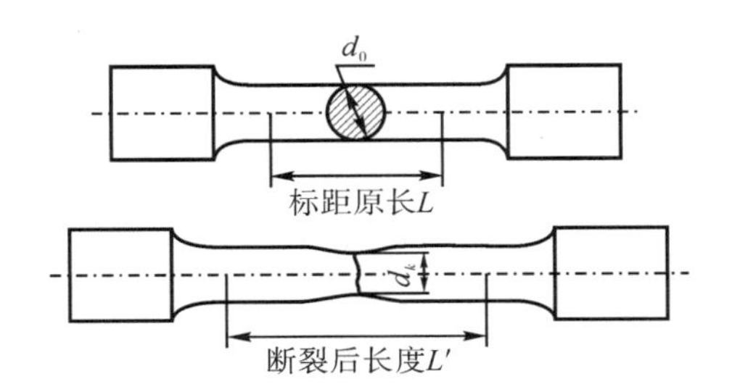

图 4 - 9 低碳钢试件原尺寸及断裂后尺寸

[**例** 1]直径为 12 mm 的Ⅰ级钢筋,取两根做试验,因而试样标距长度 $L_5=60$ mm,$L_{10}=120$ mm,经试验拉断后测得标距长度分别为 $L'_5=77$ mm,$L'_{10}=150$ mm。

代入已知数据即可得实测伸长率:

$$\delta_5=\frac{77-60}{60}\times100\%=28\%$$

$$\delta_{10}=\frac{150-120}{120}\times100\%=25\%$$

伸长率是衡量钢筋(钢丝)塑性性能的重要指标,伸长率愈大,钢筋的塑性愈好;伸长率也是钢材冷加工的保证条件。

(2)断面收缩率。

$$\text{断面收缩率}=\frac{\text{试件的原始断面面积(mm}^2\text{)}-\text{试件拉断时的断面面积(mm}^2\text{)}}{\text{试件的原始断面面积(mm}^2\text{)}}$$

(3)冷弯。钢筋的冷弯性能是指钢筋在常温下弯曲变形的能力,就是把钢筋围绕某个具有规定直径的辊轮进行弯转,要求达到规定的冷弯角度 α 时,钢筋不会发生裂纹、起层、甚至断裂。钢筋冷弯加工示意图如图 4 - 10 所示。

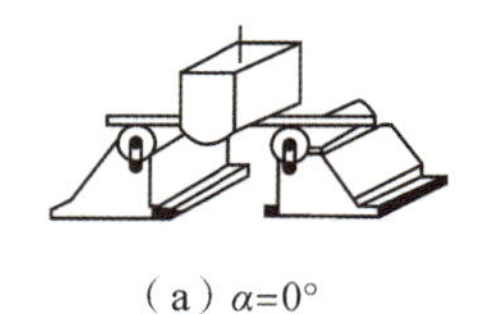

(a) $\alpha=0°$

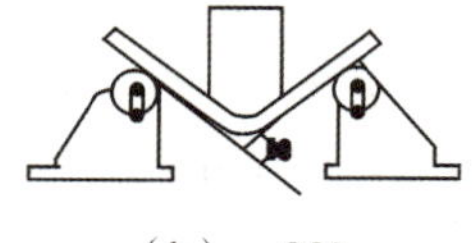

(b) $\alpha=90°$

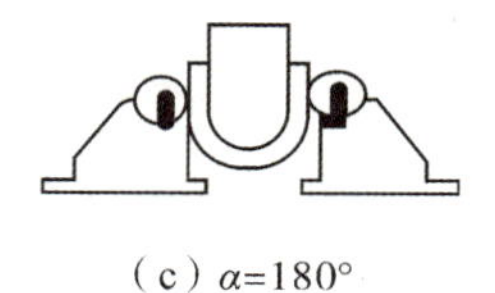

(c) $\alpha=180°$

图 4-10 钢筋冷弯加工示意图

热轧钢筋的力学性能如表 4-1 所示。

表 4-1 热轧钢筋的力学性能

牌号	公称直径/mm	$\sigma_s(\sigma_p0.2)$/MPa	σ_b/MPa	δ_5/%	弯曲试验弯心直径
		不小于			
HRB335	6～25 28～50	335	490	16	3a 4a
HRB400	6～25 28～50	400	570	14	4a 5a
HRB500	6～25 28～50	500	630	12	6a 7a

任务 4.1 基础钢筋工程施工

任务描述

熟悉基础钢筋施工工艺流程，掌握基础钢筋检验的内容、钢筋配料计算、钢筋代换方法，钢筋加工、钢筋连接方法等；掌握基础钢筋的绑扎工艺及质量验收及控制。

知识学习

4.1.1 基础钢筋的加工、制作及绑扎

1. 钢筋工程施工工艺流程

原材料→调直(除锈)→切断→接长→弯曲→骨架。

2. 钢筋检验

对进场的钢筋除应检查其标牌、外观、尺寸外，还应按规定采取试样检验。

按一、二、三级抗震等级设计的框架和斜撑构件中的纵向受力钢筋，其检验所得的强度实测值，应符合下列要求：钢筋的抗拉强度实测值与屈服强度实测值的比值不应小于1.25。钢筋的屈服强度实测值与屈服强度标准值的比值，不应大于1.3。

1)外观检查

(1)热轧钢筋。

①热轧光圆钢筋。钢筋表面不得有裂纹、结疤和折叠；钢筋表面凸块和其他缺陷的深度和高度不得大于所在部位尺寸的允许偏差。从每批中抽取5%进行外观检查。

②热轧圆盘条钢筋。盘条应将头尾有害缺陷部分切除；盘条的截面不得有分层及夹杂；盘条表面应光滑，不得有裂纹、折叠、耳子、结疤；盘条不得有夹杂及其他有害缺陷。从每批中抽取5%进行外观检查。

③热轧带肋钢筋。钢筋表面不得有裂纹、结疤和折叠；钢筋表面允许有凸块，但不得超过横肋的高度，钢筋表面上其他缺陷的深度和高度不得大于所在部位尺寸的允许偏差。从每批中抽取5%进行外观检查。

(2)冷拉钢筋。在4.2.1小节下“钢筋冷加工”部分讲。

(3)冷拔低碳钢丝。钢丝表面不得有裂纹和影响力学性质的锈蚀及机械损伤。

(4)预应力钢筋混凝土用钢丝。它包括光面钢丝和刻痕钢丝。钢丝表面不得有裂纹、小刺、机械损伤、氧化铁皮和油污；除非供需双方另有协议，否则钢丝表面只要没有目视可见的麻坑，就不应被拒收。表面浮锈不应作为拒收的理由。

(5)热处理钢筋(RRB400)。钢筋表面不得有肉眼可见的裂纹、结疤和折叠；钢筋表面允许有凸块，但不得超过横肋的高度，钢筋表面允许有不影响使用的缺陷；钢筋表面不得沾有油污。钢筋在制造过程中，除端部外，应使钢筋不受到切割火花或其他方式造成的局部加热影响，从每批中抽取5%进行外观检查。

2)机械性能试验

(1)热轧钢筋。

①热轧光圆钢筋。热取样方法：每批钢筋由同一牌号、同一炉罐号、同一规格的钢筋组成，重量不大于60 t。从每批钢筋中，任选二根钢筋，去掉钢筋端头500 mm。取样数量：在每根钢筋中取二个试样，一个试样做拉力试验，测定屈服点、抗拉强度和伸长率三向指标；另一个试样做冷弯试验。每批钢筋总计取拉力试样二个，冷弯试样二个。试样规格：拉力试验试样为$5d+200$ mm；冷弯试验试样取$5d+150$ mm(d为标距部分的钢筋直径)。试验结果评定：若各项技术指标全部符合标准要求，应评定为合格，若有某一项试验结果不符合标准要求，应从同一批中再任取双倍数量的试样进行不合格项目的复验。复验结果包括该项试验要求的任一指标，即使有一个指标不合格，则评定为该批钢筋为不合格品，应降级使用。

②热轧圆盘条钢筋。取样方法及数量：每60 t为一批；拉伸试验仅取一个试件，从任一盘

中切取;冷弯试验取两个试件,从不同盘切取。试样规格:同热轧光圆钢筋。试验结果评定:同热轧光圆钢筋。

③热轧带肋钢筋。热取样方法、取样数量、试样规格、试验结果评定均同热轧光圆钢筋。

(2)冷拉钢筋。在4.2.1小节下“钢筋冷加工”部分讲。

(3)冷拔低碳钢丝。

取样方法:甲级冷拔低碳钢丝在每盘任一端截取二个试样(甲级冷拔低碳钢丝要求较严,要求逐盘检验);乙级冷拔低碳钢丝,在每批中任取3盘,每盘各截取二个试样(乙级冷拔低碳钢丝要求抽样检验)。

取样数量:甲、乙级中各取二个试样,均为一个做拉力试验,测定抗拉强度和伸长率,另一个做反复弯曲试验。

取样规格:拉力试验试样取 $10d+200$ mm;反复弯曲试验试样取100~150 mm。

试验结果评定:若各项技术指标全部符合标准要求,应评定为X级X组冷拔低碳钢丝,若有一个试样不符合乙级钢丝的各项标准要求,应在未取过试样的钢丝盘中另取双倍数量的试样,重做各项试验,若仍有一个试样不合格,该批钢丝应该逐盘试验,合格者方可使用。

(4)预应力混凝土用钢丝。

取样方法:每批钢丝由同一牌号、同一规格、同一生产工艺制度的钢丝组成,重量不大于60 t。在形状尺寸和表面检查合格的每批钢丝中抽取10%,但不得少于3盘,在每盘钢丝的两端截取试样。

取样数量:对每盘钢丝两端截取来的试样,分别进行抗拉强度、弯曲、伸长率试验。

取样规格:拉力试样为350 mm;反复弯曲试样为100~150 mm。

试验结果评定:预应力混凝土用钢丝评定,矫直回火钢丝、冷拉钢丝及刻痕钢丝应分别按有关标准评定。若各项技术指标全部符合相应的标准要求,则应分别评为合格品,若有某一项试验结果不符合标准要求,该盘不得交货并从同一批未经试验的钢丝盘中再取双倍数量的试样进行复验,包括该项试验所要求的任一指标,复验结果即使有一个指标不合格,该批不得交货或逐盘检验合格后方可使用。

(5)热处理钢筋。

取样方法:每批钢筋由同一外形截面尺寸、同一热处理制度和同一炉罐号的钢筋组成,重量不大于60 t。从每批钢筋中选取10%的盘数(不少于25盘)。

取样数量:在每盘的末端截取一根试样做力学性能试验。

取样规格:$10d+200$ mm。

试验结果评定:若各项技术指标全部符合标准要求,应评为合格品,若有一项不合格时,该盘为不合格品,要再从未试验过的钢筋中取双倍数量的试样进行复验,仍有一项不合格,则该批钢筋为不合格。

3. 钢筋的验收

钢筋是钢筋混凝土中的主要组成部分，所以使用的钢筋是否符合质量标准，直接影响着建筑物的使用安全，因此在施工过程中必须做好钢筋的验收工作，不合格者不得使用。

1）钢筋进入现场（加工厂）验收

（1）应有产品质量证明文件（试验报告单）。

（2）每捆（盘）钢筋均应有标牌。

（3）应按炉罐（批）号及直径（d）分批堆放、分批验收。

（4）应按国家标准抽取试件做屈服强度、抗拉强度、伸长率、弯曲性能和重量偏差检验。

2）钢筋的保管

为了确保质量，钢筋验收合格后，还要做好保管工作，主要是防止生锈、腐蚀和混用。

（1）堆放场地要干燥，并用方木或混凝土板等作为垫件，一般保持离地 20 cm 以上。非急用钢筋，宜放在有棚盖的仓库内。

（2）钢筋必须严格分类、分级、分牌号堆放，不合格钢筋另做标记分开堆放。

（3）钢筋不要和酸、盐、油这一类的物品放在一起，要在远离有害气体的地方堆放，以免腐蚀。

4. 钢筋的配料

1）钢筋配料的含义

钢筋配料是根据构件的配筋图计算构件各钢筋的直线下料长度、根数及重量，然后编制钢筋配料单，作为钢筋备料加工的依据。钢筋配料单的形式如表 4－2 所示。

表 4－2　钢筋配料单的形式

构件名称	钢筋编号	简图	直径	下料长度	单位根数	合计根数	重量

2）进行钢筋下料长度计算的原因

构件配筋图中注明的尺寸一般是钢筋外轮廓尺寸，即从钢筋外皮到外皮量得的尺寸，称为外包尺寸。钢筋加工前直线下料，如果下料长度按钢筋外包尺寸的总和来计算，则加工后的钢筋尺寸将大于设计要求的外包尺寸或者弯钩平直段太长造成材料的浪费。这是由于钢筋弯曲时外皮伸长，内皮缩短，只有中轴线长度不变。按外包尺寸总和下料是不准确的，只有按钢筋轴线长度尺寸下料加工，才能使加工后的钢筋形状、尺寸符合设计要求。所以在施工现场施工时，要对钢筋进行翻样，翻样内容包括：将设计图纸上钢材明细表中的钢筋尺寸改为施工时的适用尺寸；根据施工图纸计算钢筋的下料长度；列出钢筋配料单。

3）计算方法

钢筋下料时，其下料长度应为：

钢筋的下料长度＝钢筋各段长度之和－钢筋保护层厚度＋搭接长度＋弯曲调整值

(1)钢筋长度。钢筋长度在施工图中是指钢筋外缘至外缘之间的长度,即外包尺寸。

(2)混凝土保护层厚度。混凝土保护层厚度指钢筋外缘至混凝土表面的距离,其作用是保护钢筋在混凝土中不被锈蚀。

(3)钢筋搭接长度。由于钢筋直条的供货长度一般为6~10 m,而有的钢筋混凝土构件尺寸较大,需要对钢筋直条进行接长,因此钢筋下料要考虑接头增加值。钢筋绑扎接头的最小搭接长度、钢筋对焊长度的损失值、钢筋焊接搭接的最小搭接长度分别如表4-3、4-4、4-5所示。

表4-3　钢筋绑扎接头的最小搭接长度(d为钢筋直径)

钢筋级别	Ⅰ级钢筋	Ⅱ级钢筋	Ⅲ级钢筋
受拉区	$30d$	$35d$	$40d$
受压区	$20d$	$25d$	$30d$

表4-4　钢筋对焊长度损失值

钢筋直径/mm	<16	16~25	>25
损失值/mm	20	25	30

表4-5　钢筋焊接搭接的最小搭接长度(d为钢筋直径)

钢筋级别	Ⅰ级钢筋	Ⅱ级钢筋
双面焊	$4d$	$5d$
单面焊	$8d$	$10d$

(4)弯曲调整值。钢筋弯曲后的特点:一是外壁伸长、内壁缩短,轴线长度不变;二是在弯曲处形成圆弧。钢筋的量度方法是沿直线量外包尺寸,因此弯起钢筋的量度尺寸大于下料尺寸(见图4-11),两者之间的差值称为弯曲调整值。

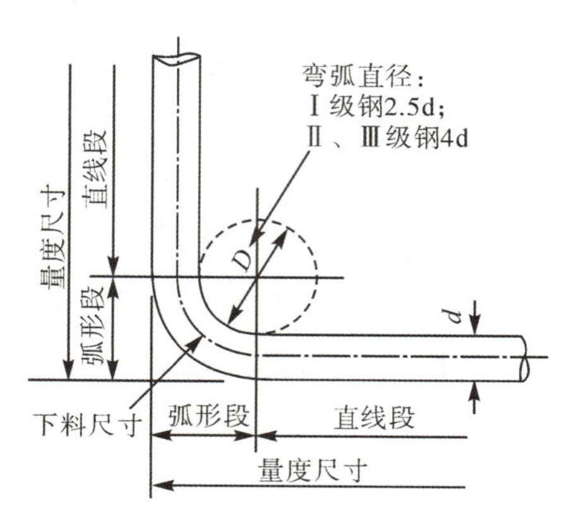

图4-11　钢筋弯起尺寸示意图

弯曲调整值分为两种：弯钩和弯折。

①弯钩增加长度。钢筋弯钩有 180°、90°和 135°弯钩三种，如图 4－12 所示。180°弯钩常用于Ⅰ级钢筋；90°弯钩常用于柱立筋的下部、附加钢筋和无抗震要求的箍筋中；135°弯钩常用于Ⅱ、Ⅲ级钢筋和有抗震要求的箍筋中。

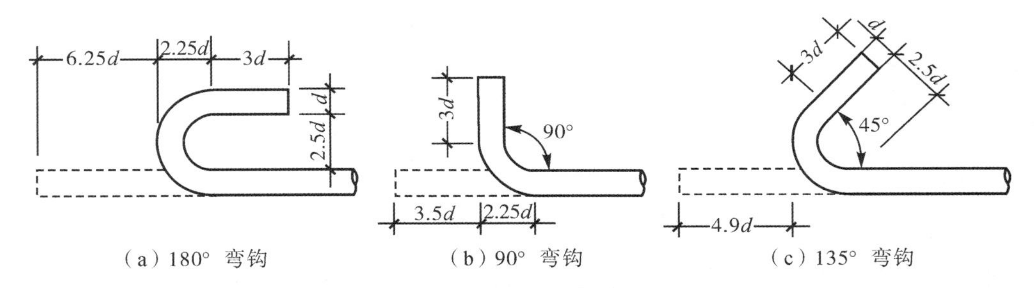

(a) 180° 弯钩　(b) 90° 弯钩　(c) 135° 弯钩

图 4－12　钢筋弯钩示意图

以 180°弯钩为例，弯曲直径 $D=2.5d$，平直部分为 $3d$，如图 4－13 所示，每个弯钩的增加长度为

$$
\begin{aligned}
EF &= ABC+EC-AF \\
&= \frac{1}{2\pi}(D+d)+3d-\left(\frac{1}{2}D+d\right) \\
&= 0.5\pi(2.5d+d)+3d-(0.5\times 2.5d+d) \\
&= 6.25d
\end{aligned}
$$

同理，可得 135°斜弯钩每个弯钩的增加长度为 $5d$。

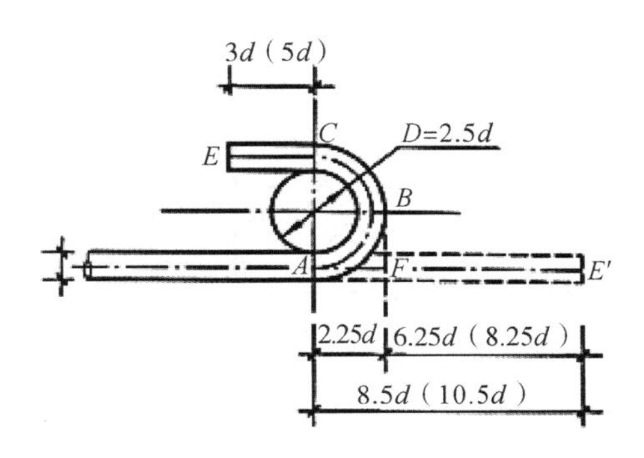

图 4－13　钢筋 180°弯钩尺寸图

②弯折减少长度。按照《混凝土结构工程施工质量验收规范》(GB 50204—2015)规定，钢筋 90°弯折时有两种情况：Ⅰ级钢筋弯曲直径 $D=2.5d$，Ⅱ级钢筋弯曲直径 $D=4d$，见图 4－14。

每个弯折的减少长度为

$$ABC-A'C'-C'B'=\frac{1}{4\pi}(D+d)-2\left(\frac{1}{2}D+d\right)=-(0.215D+1.215d)$$

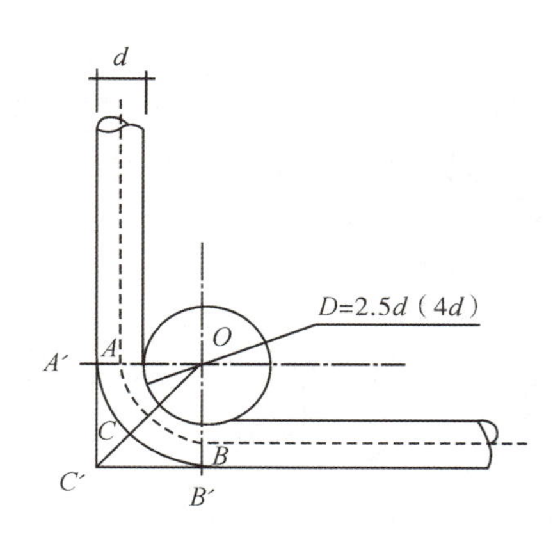

图 4-14　钢筋 90°弯折示意图

根据上式可知，当弯曲直径 $D=2.5d$ 时，其值为 $-1.75d$；当弯曲直径 $D=4d$ 时，其值为 $-2.07d$；为了计算方便，两者都取其近似值 $-2d$。

钢筋弯曲调整值见表 4-6。

表 4-6　钢筋弯曲调整值

弯曲类型	弯钩			弯折				
	180°	135°	90°	30°	45°	60°	90°	135°
调整长度	6.25d	5d	3.2d	−0.35d	−0.5d	−0.85d	−2d	−2.5d

(3)箍筋调整值。箍筋弯钩方式一般设计无要求时，按照图 4-15、4-16 加工，有抗震要求的结构按照图 4-17 加工。

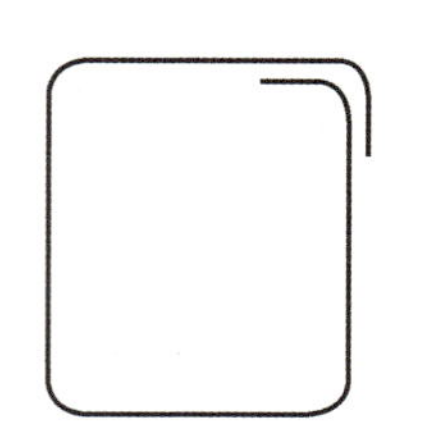

图 4-15　90°/90°弯钩

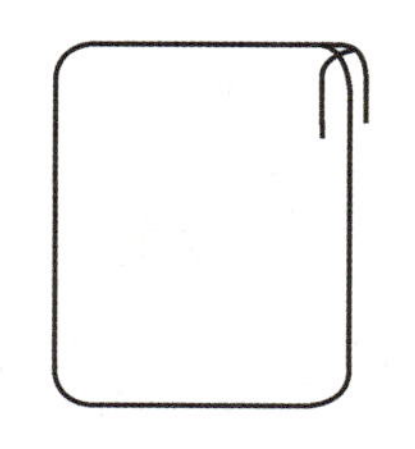

图 4-16　90°/180°弯钩

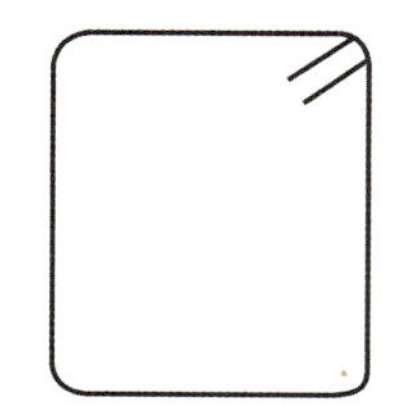

图 4-17　135°/135°弯钩

箍筋尺寸示意图如图 4-18 所示。

箍筋下料长度的计算方法为：

箍筋下料长度＝箍筋外包尺寸(箍筋内皮尺寸)＋箍筋调整值

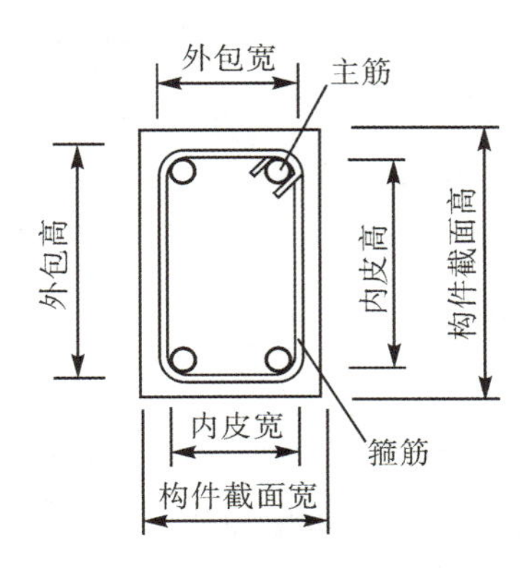

图 4-18 箍筋尺寸示意图

箍筋调整值，是为了计算方便，一般将箍筋的弯钩增加长度和弯折减少长度两项合成一项，具体取值参考表 4-7。

表 4-7 箍筋调整值

箍筋量度方法	箍筋直径/mm			
	4～5	6	8	10～12
量外包尺寸	40	50	60	70
量内皮尺寸	80	100	120	150～170

[例 2]某建筑物一层共有 10 根 L 梁，如图 4-19 所示，绘制 L 梁钢筋配料单。

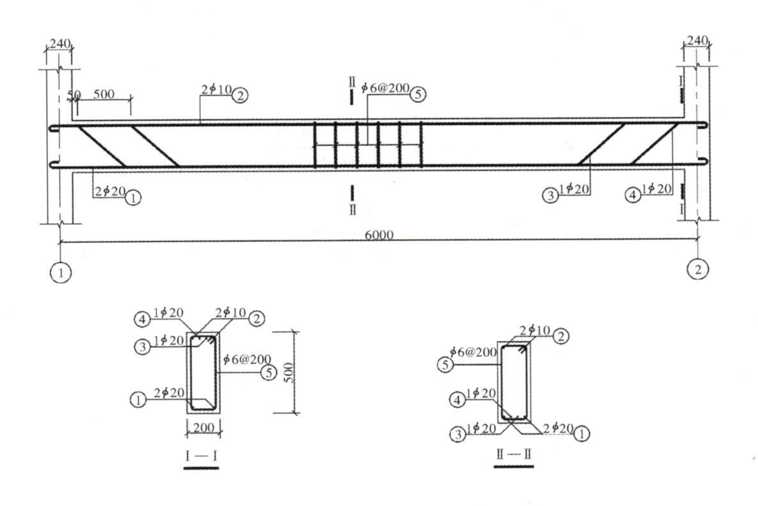

图 4-19 某建筑物 L 梁配筋示意图

(1)①号钢筋端部保护层厚度取 25 mm。

钢筋外包尺寸：6240－2×25＝6190(mm)；

下料长度：6190＋2×6.25d＝6190＋2×6.25×20＝6440(mm)。

(2)②号钢筋，外包尺寸同①号钢筋为 6190 mm。

下料长度：6190＋2×6.25×10＝6315(mm)。

(3)③号弯起钢筋，外包尺寸分段计算。

端部平直段长：240＋50＋500－25＝765(mm)；

斜段长：(500－2×25)×1.414＝636(mm)；

中间直段长：6240－2×(240＋50＋500＋450)＝3760(mm)。

③号钢筋下料长度(外包尺寸＋端部弯钩增加值－弯折减少值)：

2×(765＋636)＋3760＋2×6.25d－4×0.5d＝6562＋2×6.25×20－4×0.5×20＝6772(mm)

(4)④号弯起钢筋，外包尺寸分段计算。

端部平直段长度：240＋50－25＝265(mm)；

斜段长：同③号钢筋为 636 mm；

中间直段长：6240－2×(240＋50＋450)＝4760(mm)。

④号钢筋下料长度：2×(265＋636)＋4760＋2×6.25×20－4×0.5×20＝6772(mm)。

(5)⑤号箍筋。

外包尺寸：宽度 200－2×25＝150(mm)；高度 500－2×25＝450(mm)。

弯钩增长值：钢筋弯钩形式(90°/90°)，D＝25 mm，弯钩平直段取 5d，则⑤号箍筋两个弯钩的增长值为 11d＝11×6＝66(mm)

弯折减少值：箍筋有三处 90°弯折，弯折减少值为 3×2d＝6×6＝36(mm)。

⑤号箍筋的下料长度：2×(150＋450)＋66－36＝1230(mm)。

(6)绘制钢筋配料单，如表 4－8 所示。

表 4－8　钢筋配料单

项次	构件名称	钢筋编号	简图	钢筋直径/mm	钢号	下料长度/mm	单位根数	合计根数	重量/kg
1	L 梁 10 根	①		20	ϕ	6440	2	20	317.62
2		②		10	ϕ	6315	2	20	77.93
3		③		20	ϕ	6772	1	10	167
4		④		20	ϕ	6772	1	10	167
5		⑤		6	ϕ	1230	32	320	90.79
ϕ6＝0.232 kg/m；ϕ8＝0.395 kg/m；ϕ10＝0.617 kg/m；ϕ12＝0.888 kg/m；ϕ14＝1.21 kg/m；ϕ16＝1.58 kg/m；ϕ18＝2.0 kg/m；ϕ20＝2.47 kg/m；ϕ22＝2.98 kg/m；ϕ25＝3.85 kg/m；ϕ32＝6.31 kg/m									

5.钢筋的代换

1)代换原因

进行钢筋施工时,之所以发生需要进行钢筋规格代换的做法,一般是基于以下几点考虑:

(1)由于材料供应不可能满足设计图纸的全部要求,因此得用现有库存或有把握从别处调进的钢筋代替缺货钢筋。

(2)某种钢筋有充足的来源,并且价廉物美,与原设计钢筋对比,有明显的经济优势。

(3)由于施工技术需要(例如钢筋配置过密,不便浇捣混凝土),改变钢筋规格之后可方便施工或改善工程质量。

(4)为了适应现有施工工艺、设备条件(如钢筋连接方法的选择),必须改变原设计配筋。

2)代换原则

(1)等强度代换。构件配筋受强度控制时,按代换前后强度相等的原则进行代换,称为等强度代换。代换时应满足下式要求:

$$A_{S_2} f_{y_2} \geqslant A_{S_1} f_{y_1}$$

即

$$A_{S_2} \geqslant \frac{A_{S_1} f_{y_1}}{f_{y_2}}$$

式中:A_{S_1}——原设计钢筋总面积;

A_{S_2}——代换后钢筋总面积;

f_{y_1}——原设计钢筋的设计强度;

f_{y_2}——代换后钢筋的设计强度。

在设计图纸上钢筋都是以根数表示的,由于 $A_{S_1}=n_1\frac{\pi d_1{}^2}{4}$,$A_{S_2}=n_2\frac{\pi d_2{}^2}{4}$,所以

$$n_2\frac{\pi d_2{}^2}{4} f_{y_2} \geqslant n_1\frac{\pi d_1{}^2}{4} f_{y_1}$$

得出:

$$n_2 \geqslant \frac{n_1 d_1{}^2 f_{y_1}}{d_2{}^2 f_{y_2}}$$

式中:n_1——原设计钢筋根数;

d_1——原设计钢筋直径;

n_2——代换后钢筋根数;

d_2——代换后钢筋直径。

(2)等面积代换。构件按最小配筋率配筋时,按代换前后面积相等的原则进行代换,称为等面积代换,即 $A_{S_2} \geqslant A_{S_1}$。

3)钢筋代换应注意的问题

(1)钢筋代换后,应满足混凝土结构设计规范中所规定的钢筋间距、锚固长度、最小钢筋直径和根数的要求。

(2)对重要受力构件如吊车梁、薄腹梁、屋架下弦等,不宜用光面钢筋替换变形钢筋。

(3)梁的纵向受力钢筋与弯起钢筋应分别进行代换。

(4)当构件配筋受抗裂裂缝宽度或挠度控制时,钢筋代换后应进行抗裂裂缝宽度或挠度验算。

(5)有抗震要求的框架,不宜以强度等级较高的钢筋代替原设计中的钢筋。如必须替换时,其替换的钢筋检验所得的实际强度,尚应符合下列要求:

①钢筋的实际抗拉强度与实际屈服强度的比值应大于1.25;

②钢筋的实际屈服强度与钢筋标准强度的比值不应大于1.3。

(6)不同种类钢筋的代换,应按钢筋受拉承载力设计值相等的原则进行。

6.钢筋的加工

钢筋的加工包括钢筋的冷加工(冷拉和冷拔)、焊接、调直、除锈、切断、弯曲成型等。下面主要介绍后四种加工。

1)钢筋的调直

钢筋调直切割

调直就是将弯的钢筋进行拉直。钢筋调直方法可分为人工调直和机械调直两类。

(1)人工调直。直径不大于12 mm的钢筋可以在工作台上用小锤敲直,也可以采用绞磨拉直。直径大于12 mm的粗钢筋,一般仅出现一些慢弯,常用人工在钢筋调直工作台上调直。钢筋调直工作台两端都设有底盘,底盘上有四根板柱,板柱两旁方向的净空距离一般为34 mm,如图4-20所示。

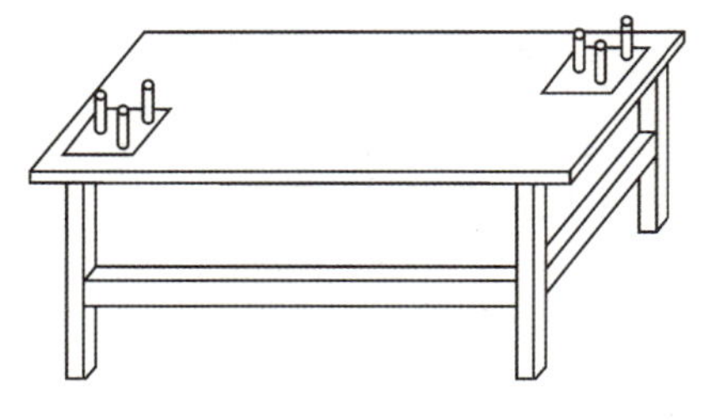

图4-20 钢筋调直工作台

在调直32 mm的钢筋时,都在板柱中间配上钢套,钢套尺度根据需要调直的钢筋粗细来决定。调直时把钢筋放在底盘板柱间,把有弯的地方对着板柱,然后用手扳动钢筋,就可使钢筋调直,如图4-21所示。

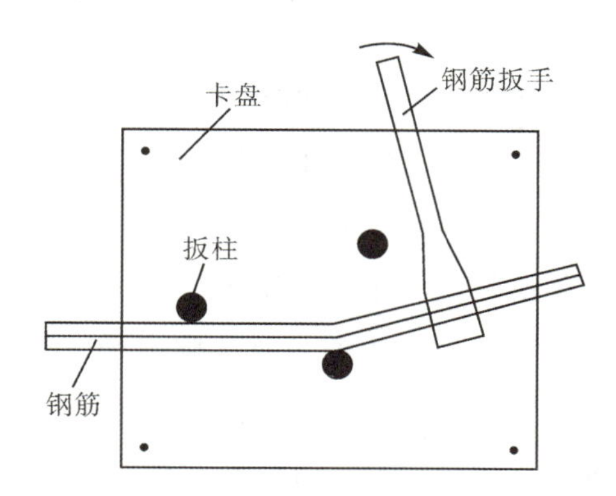

图 4－21　钢筋调直操作示意图

(2)机械调直。使用钢筋调直机或数控钢筋调直切断机进行机械调直。全自动钢筋调直切断机如图 4－22 所示。

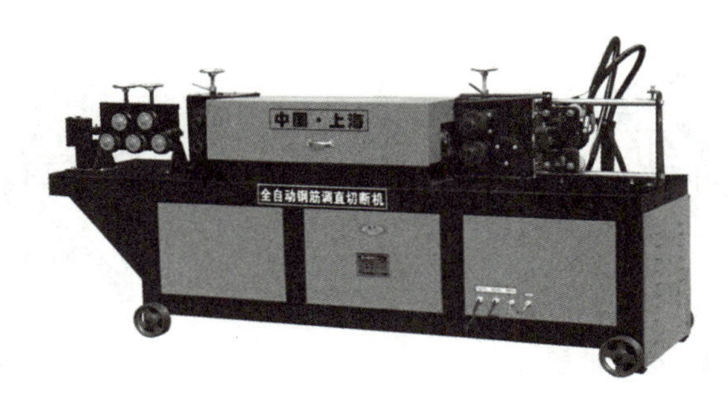

图 4－22　全自动钢筋调直切断机

2)钢筋的除锈

(1)锈蚀预防及现象。钢筋锈蚀现象与原材料保管条件优劣和存放时间长短相关,长期处于潮湿环境或堆放于露天场地会导致严重的锈蚀。

一般锈蚀现象有以下三种:

①浮锈:钢筋表面附着较均匀的细粉末,呈黄色或淡红色。

②陈锈:锈迹粉末较粗,用手捻略有微粒感,颜色转红,有的呈红褐色。

③老锈:锈斑明显,有麻坑,出现起层的片状分离现象,锈斑几乎遍及整根钢筋表面;颜色变暗,深褐色,严重的接近黑色。

因此,应有一定的措施预防钢筋锈蚀。钢筋原材料应存放在仓库或料棚内,保持地面干燥,钢筋不得堆置在地面上,必须用混凝土墩、砖或垫木垫起,使其离地面 200 mm 以上;库存期限不得过长,原则上先进库的先使用。工地上临时保管原材料时,应先选择地势较高、地面干燥的露天场地。根据天气情况,必要时加盖雨布。场地四周要有排水措施,堆放期尽量缩短。

锈蚀程度可由锈迹分布状况、色泽变化以及钢筋表面平滑或粗糙程度等,凭肉眼外观确定,根据锈蚀轻重的具体情况采用除锈措施。

(2)清除方法。

①浮锈清除方法。浮锈处于铁锈形成的初期(如无锈钢筋经雨淋之后出现),在混凝土中不影响钢筋与混凝土黏结,因此除了在焊接操作时在焊点附近需擦干净之外,一般可不做处理。但是,有时为了防止锈迹污染,也可用麻袋布擦拭。

②陈锈清除方法。陈锈必须清除。清除方法有以下几种。

a. 手工除锈。工作量不大或在工地设置的临时工棚中操作时,可用麻袋布擦或用钢刷子刷;对于较粗的钢筋,可用砂盘除锈法,即制作钢槽或木槽,槽盘内放置干燥的粗砂和细石子,将有锈的钢筋穿进砂盘中来回抽拉。钢筋砂盘除锈如图 4-23 所示。

b. 调直中除锈。直径 12 mm 以下的钢筋在采用机械调直后冷拔时,就可以把铁锈清除干净。

c. 机械除锈。使用圆盘钢丝刷除锈机除锈,如图 4-24 所示。

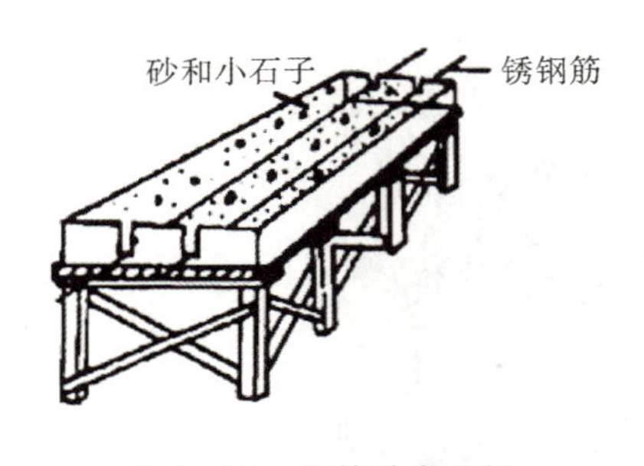

图 4-23　钢筋砂盘除锈

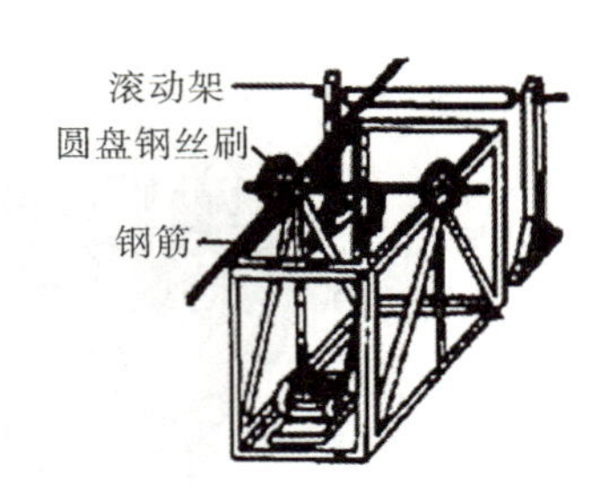

图 4-24　圆盘钢丝刷除锈机

3)钢筋的切断

(1)准备工作。

①汇集当班所要切断的钢筋加工牌,如图 4-25 所示,将同规格、同级别、同直径的钢筋分别统计,按不同长度进行长短搭配,一般情况下考虑先断长料,后断短料,以尽量减少短头。

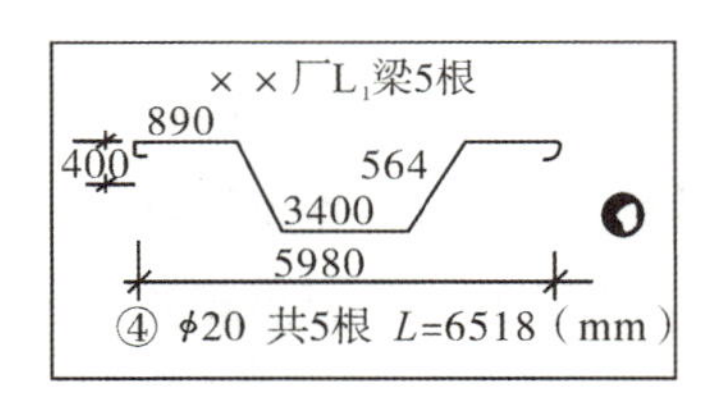

图 4-25　钢筋加工牌

②检查测量长度所用工具或标志(在切断机一端工作辐道台上有长度标尺)的准确性;如果是利用工作辐道台上的长度标尺,应事先检查定尺挡板的牢固和可靠性。

③对根数较多的批量切断任务,在正式操作前应试切两三根,以检验长度准确性。

(2)切断方法。

①克子切断法。一般是在钢筋工作量较小的工程上采用克子切断法切断钢筋,该方法用到

的主要工具有上克、下克、铁砧等，如图 4－26 所示。操作时将下克插在铁砧的孔里，把钢筋放在克子槽内，上克边紧贴下克边，用锤击打上克使钢筋切断。

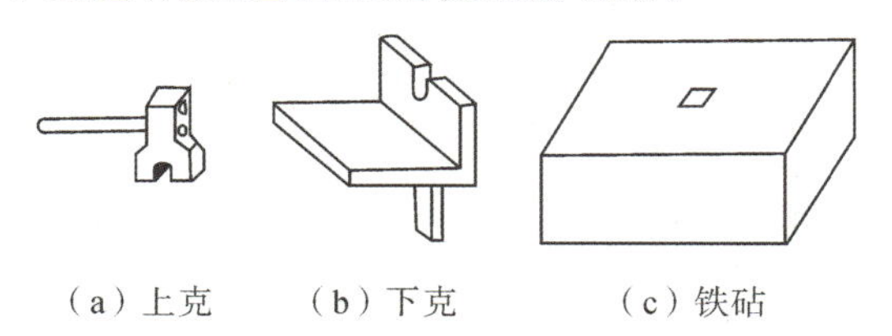

（a）上克　　（b）下克　　（c）铁砧

图 4－26　**克子法切断钢筋工具**

②断线钳。切断钢丝可用断线钳，断线钳如图 4－27 所示。

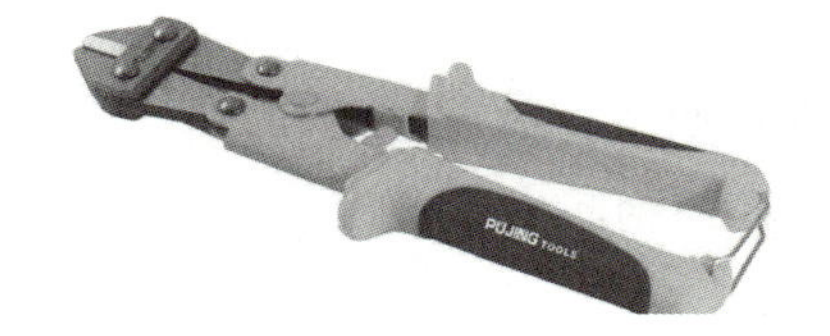

图 4－27　**断线钳**

③手动切断机。直径为 16 mm 以下的钢筋可用手动切断机切断，钢筋手动切断机如图 4－28 所示。

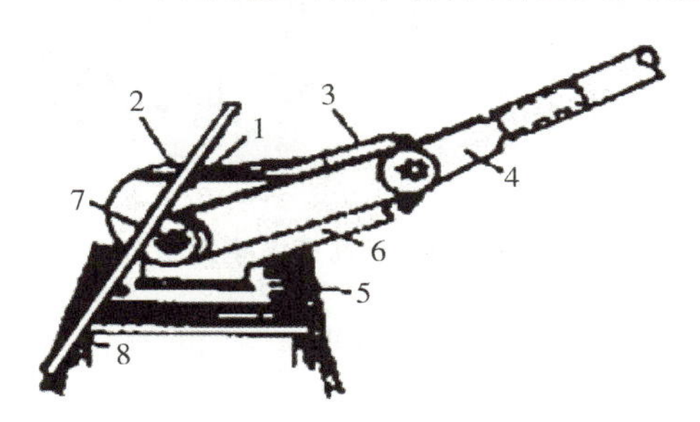

1—固定刀口；2—活动刀口；3—边夹板；4—把柄；5—底座；6—固定板；7—轴；8—钢筋。

图 4－28　**钢筋手动切断机**

④机械切断。40 mm 及以上的钢筋可用钢筋切断机切断，GQ40 型钢筋切断机如图 4－29 所示。

图 4－29　GQ40 **型钢筋切断机**

4)弯曲成型

钢筋的弯曲成型是将已切断、配好的钢筋，按图纸规定的要求，将钢筋准确地加工成规定的形状尺寸。弯曲成型的顺序：划线→试弯→弯曲成型。

钢筋弯曲有手工弯曲和机械弯曲两种方法。

(1)手工弯曲。手工弯曲钢筋的方法设备简单、成型正确，工地经常采用。

①工具和设备。工作台：弯曲钢筋的工作台，台面尺寸为 4 m×0.8 m，可用 10 cm 厚的木板钉制，其高度约为 90～100 cm，也可以用 20 号以上槽钢拼制的钢制工作台。台面要求光滑，便于操作。弯曲粗钢筋的工作台，台面尺寸为 8 m×0.8 m，用 20 cm×20 cm 的方木拼成，要求平稳牢固。

②手摇扳。手摇扳是弯曲细钢筋的主要工具，如图 4－30 所示。弯曲单根钢筋的手摇扳，可以弯 12 mm 以下的钢筋；弯曲多根钢筋的手摇扳，每次可以弯曲 4ϕ8 的钢筋，主要适宜弯制箍筋。

图 4－30　钢筋弯曲手摇板

③卡盘。卡盘是弯曲粗钢筋的主要工具，如图 4－31 所示，由一块钢板底盘和板柱(ϕ20～ϕ25)组成，底盘固定在工作台上。卡盘有两种形式：一种是由一块钢板上焊四个板柱，如图 4－31(a)所示，水平方向净距约为 100 mm，垂直方向净距约为 34 mm，可弯 32 mm 钢筋；另一种钢板上焊三个板柱，如图 4－31(b)所示，板柱的两条斜边净距为 100 mm，底边净距为 80 mm，板柱直径一般为 20～25 mm，1 卡盘钢板厚约 12～16 mm。

(a)四板柱卡盘　(b)三板柱卡盘

图 4－31　卡盘

④钢筋扳子。它主要和卡盘配合使用，钢筋扳子有横口扳子和顺口扳子两种，如图 4－32 所示。横口扳子又有平头和弯头之分，弯头横口扳子仅在绑扎钢筋时纠正某些钢筋形状或位置时使用，常用的是平头横口扳子。钢筋扳子的扳口尺寸要比弯制的钢筋大 2 mm 较为合适，所以在准备钢筋弯曲工具时，应配有各种规格的扳子。

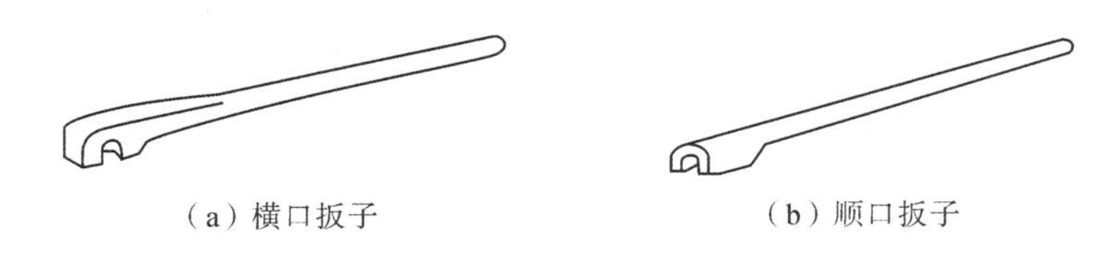

图 4-32 扳子

a. 准备。要熟悉进行弯曲加工钢筋的规格、形状和各部分尺寸，以便确定弯曲操作步骤和准备工具等。

b. 划线。弯曲前将钢筋的各段长度尺寸划在钢筋上，要根据钢筋几种弯曲类型、弯曲角度伸长值、弯曲的曲率半径、板距等因素综合计算后才能进行。弯起钢筋的划线方法如图 4-33 所示。

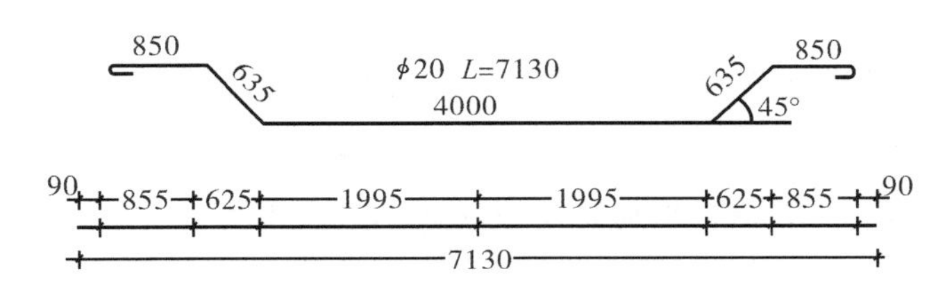

图 4-33 弯起钢筋的划线方法

根据不同的弯曲角度扣除弯曲调整值(量度差值)，其扣法是从相邻两段长度中各扣一半。钢筋末端做成 180°弯钩时，该段长度划线增加 $0.5d$。

划线工作宜从钢筋中线开始向两边进行，两边不对称的钢筋，也可从钢筋的一端开始划线，如划到另一端有出入时，则应重复调整。

[**例** 3]某钢筋，$\phi 20$，$L=6770$ mm。

第一步：在钢筋中心点划第一道线；

第二步：取中段 $4000/2-0.5d/2=1995$(mm)划第二道线；

第三步：取斜段 $635-2\times 0.5d=625$(mm)划第三道线；

第四步：取直段 $850-0.5d/2+0.5d=855$(mm)划第四道线。

上述划线方法仅供参考。第一根钢筋成型后应与设计尺寸校对一遍，完全符合后再成批生产。

(2)机械弯曲。采用钢筋弯曲机，可将钢筋弯曲成各种形状和角度，使用方便。

7. 钢筋的连接

1)钢筋位置划线

为了便于在绑扎钢筋时确定它们的相应位置，操作时需要在该位置上事先用粉笔画上标志(一般称为划线)，如图 4-34 所示，这根梁的纵筋长 5950 mm，按箍筋间距的要求，可在纵筋上划线。

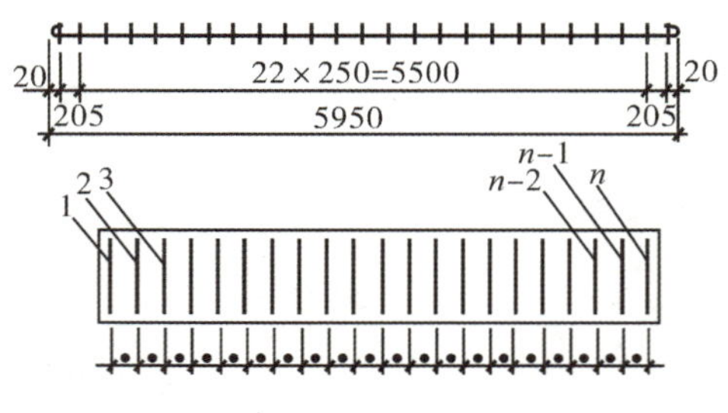

图 4-34 纵筋划线示意图

一般情况下，梁的箍筋位置划在纵向钢筋上，平板或墙板钢筋划在模板上，柱的箍筋划在两根对角线纵向钢筋上。

有的施工图上仅写出钢筋间距 a，必须按照公式 $n=\frac{L}{a}+1$ 将所用根数 n 算出来；有的施工图上仅写出钢筋根数 n，必须按照公式 $a=\frac{L}{n-1}$ 将它们的间距 a 算出来。其中 L 为配筋范围的长度。

施工图上标明的钢筋间距通常是整数，如写@120 或@250（其中@是间距的符号）遇到这种情况，应先算出实际需用的根数，再加以复核，以确定实际间距。

2)绑扣

(1)工具。钢筋绑扎所用工具可用钳子或铁钩，用钳子可以节约一些铁丝，但不如用钩子灵活方便。铁钩的形状有很多种，或为直钩，或为斜钩，工地有不同种类，以图 4-35 所示的形式最佳，它容易钩住铁丝，操作顺手，所绑的扣松紧随意。

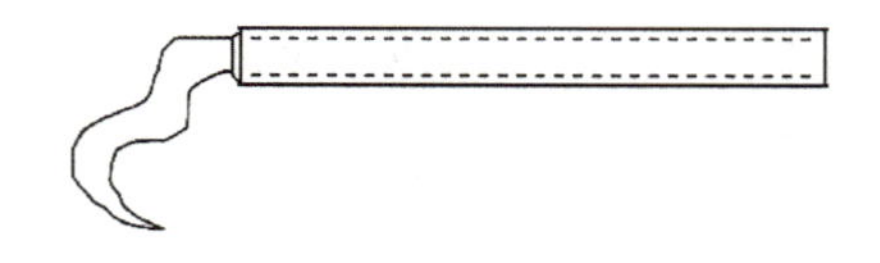

图 4-35 铁钩

铁钩可以做成活把式的，在钩柄装置一个套筒，紧扣时转动非常灵活。铁钩直径可为 12～16 mm，长约 150～180 mm。

(2)扣样。平板扣样的形式如表 4-9 所示。

表 4-9 平板扣样的形式

十字花扣	
兜扣	
缠扣	
反十字花扣	
套扣	

①一面顺扣:用于平面上扣量很多、不易移动的构件,如底板、墙壁等。

②十字花扣和反十字花扣:用于要求比较牢固结实的地方。

③兜扣:可用于平面,也可用于直筋与钢筋弯曲处的交接,如梁的箍筋转角处与纵向钢筋的连接。

④缠扣:为防止钢筋滑动或脱落,可在扎结时加缠,缠绕方向根据钢筋可能移动的情况确定,缠绕一次或两次均可。缠扣可结合十字花扣、反十字花扣、兜扣等。

⑤套扣:为了利用废料,绑扎用的铁丝也有用废钢丝绳烧软破出股丝代替的,这种股丝较粗,可预先弯折,绑扎时往钢筋交叉点插套即可,这就是套扣。

实际上,表 4-9 所列的扣样只是一些基本形式,方法的选择要根据所绑扎的部位确定。

立柱扣样的形式如图 4-36 所示。

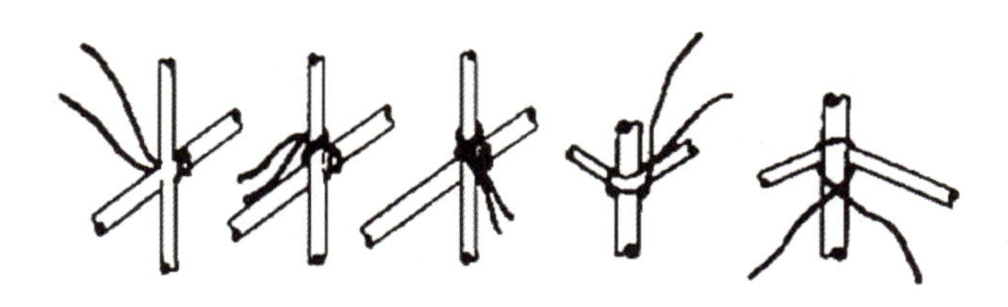

图 4-36 立柱扣样的形式

在墙体或柱转角处,也可按图 4-36 所示绑扣。

3)单根钢筋的接头

钢筋的连接可分为三类:绑扎搭接、机械连接和焊接。

(1)受力钢筋的接头宜设置在受力较小处。在同一根钢筋上宜少设接头,不宜设置两个或两个以上的接头,接头末端至钢筋弯起点的距离不应小于钢筋直径的 10 倍。

(2)轴心受拉及小偏心受拉杆件(如桁架和拱的拉杆)的纵向受力钢筋不得采用绑扎搭接接头。

(3)当受拉钢筋的直径 $d>28$ mm 及受压钢筋的直径 $d>32$ mm 时,不宜采用绑扎搭接接头。

(4)同一构件中相邻纵向受力钢筋的绑扎搭接接头宜相互错开。

(5)钢筋绑扎搭接接头连接区段的长度为 1.3 倍搭接长度,凡搭接接头中点位于该连接区段长度内的搭接接头均属于同一连接区段,如图 4-37 所示。同一连接区段内纵向钢筋搭接接头面积百分率为该区段内搭接接头的纵向受力钢筋截面面积与全部纵向受力钢筋截面面积的比值。

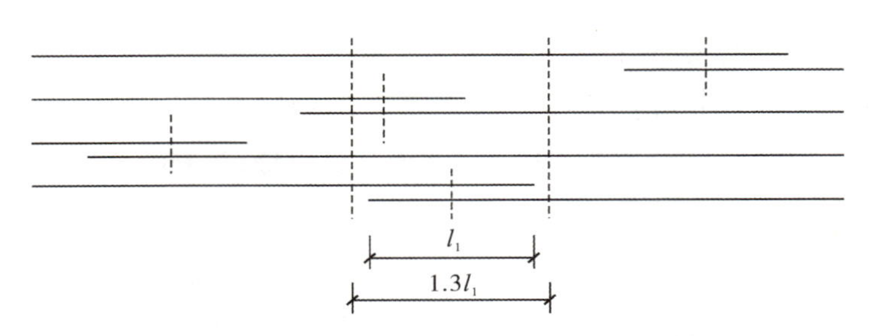

图 4-37 同一连接区段内的纵向受拉钢筋绑扎搭接接头

注:图 4-37 中所示同一连接区段内的搭接接头钢筋为两根,当钢筋直径相同时,钢筋搭接接头面积百分率为 50%。

(6)位于同一连接区段内的受拉钢筋搭接接头面积百分率:对梁类、板类及墙类构件,不宜大于 25%;对柱类构件,不宜大于 50%。

(7)当工程中确有必要增大受拉钢筋搭接接头面积百分率时,对梁类构件,不应大于 50%;对板类、墙类构件可根据实际情况放宽。

(8)纵向受拉钢筋绑扎搭接接头的搭接长度应根据位于同一连接区段内的钢筋搭接接头面积百分率按下列公式计算:

$$l_1 = \zeta_1 l_a$$

式中:l_1——纵向受拉钢筋的搭接长度;

l_a——纵向受拉钢筋的锚固长度,按《混凝土结构设计规范》(GB 50010—2010)第 8.3.1 条确定;

ζ_1——纵向受拉钢筋搭接长度修正系数,按表 4-10 取用。当为表的中间值时,修正系数可按内插取值。

表 4-10 纵向受拉钢筋搭接长度修正系数

纵向钢筋搭接接头面积百分率/%	≤25	50	100
ζ_1	1.2	1.4	1.6

(9)在任何情况下,纵向受拉钢筋绑扎搭接接头的搭接长度均不应小于 300 mm。构件中的纵向受压钢筋,当采用搭接连接时,其受压搭接长度不应小于纵向受拉钢筋搭接长度的 0.7 倍,且在任何情况下不应小于 200 mm。

(10)在绑扎接头搭接处,要用 20~22 号铁丝扎牢它的中心和两端,如图 4-38 所示。

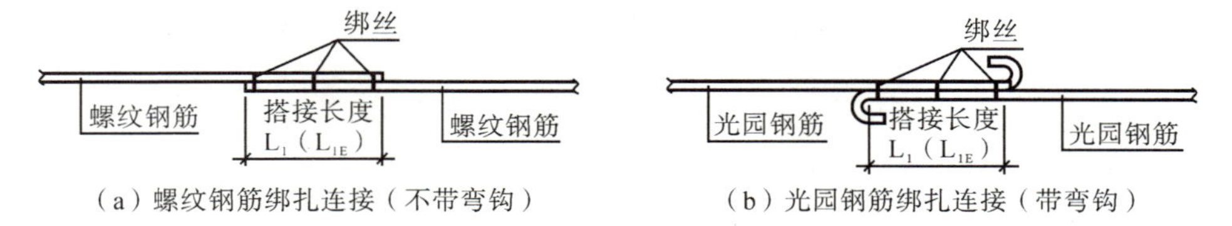

图 4-38 钢筋绑扎搭接示意图

(11)HPB235 级光面钢筋绑扎接头的末端应做 180°弯钩，弯厚平直段长度不应小于 $3d$，但做受压钢筋时可不做弯钩。

(12)在纵向受力钢筋搭接长度范围内应配置箍筋，其直径不应小于搭接钢筋较大直径的 0.25 倍。当钢筋受拉时，箍筋间距不应大于搭接钢筋较小直径的 5 倍，且不应大于 100 mm；当钢筋受压时，箍筋间距不应大于搭接钢筋较小直径的 10 倍，且不应大于 200 mm。当受压钢筋直径 $d>25$ mm 时，尚应在搭接接头两个端面外 100 mm 范围内各设置两个箍筋。

(13)纵向受力钢筋机械连接接头宜相互错开。钢筋机械连接接头连接区段的长度为 $35d$ (d 为纵向受力钢筋的较小直径)，凡接头中点位于该连接区段长度内的机械连接接头均属于同一连接区段。

(14)在受力较大处设置机械连接接头时，位于同一连接区段内的纵向受拉钢筋接头面积百分率不宜大于 50%；纵向受压钢筋的接头面积百分率可不受限制。

(15)直接承受动力荷载的结构构件中的机械连接接头，除应满足设计要求的抗疲劳性能外，位于同一连接区段内的纵向受力钢筋接头面积百分率不应大于 50%。

(16)机械连接接头连接件的混凝土保护层厚度宜满足纵向受力钢筋最小保护层厚度的要求，连接件之间的横向净间距不宜小于 25 mm。

(17)纵向受力钢筋的焊接接头应相互错开。钢筋焊接接头连接区段的长度为 $35d$(d 为纵向受力钢筋的较小直径)且不小于 500 mm，凡接头中点位于该连接区段长度内的焊接接头均属于同一连接区段。

(18)位于同一连接区段内纵向受力钢筋的焊接接头面积百分率，对纵向受拉钢筋接头，不应大于 50%。纵向受压钢筋的接头面积百分率可不受限制。

4)对绑扎的基本要求

(1)钢筋网片绑扣。钢筋的交叉点应采用铁丝扎牢。对于板和墙的钢筋网，除靠近外围两行钢筋的相交点应全部扎牢外，中间部分交叉点可间隔交替扎牢，但必须保证受力钢筋不产生位置偏移；在靠近外围两行钢筋的相交点最好按十字花扣绑扎；在按一面顺扣绑扎的区段内，绑扣的方向应根据具体情况交错地变化，以免网片朝一个方向歪扭，如图 4－39 所示。对于面积较大的网片，可适当地用钢筋作斜向拉结加固。双向受力的钢筋须将所有相交点全部扎牢。

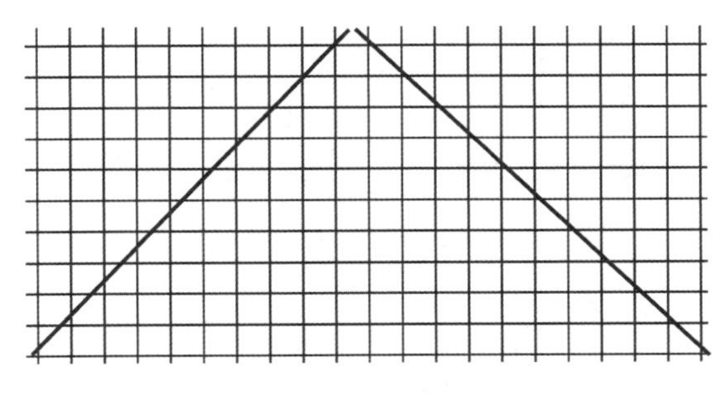

图 4－39　一面顺口交错绑扎

(2)梁和柱的箍筋。对梁和柱的箍筋，除设计有特殊要求(如用于桁架端部节点采用斜向箍筋)之外，箍筋应与受力钢筋保持垂直；箍筋弯钩叠合处应沿受力钢筋方向错开放置，如图4-40所示。其中梁的箍筋弯钩应放在受压区，即不放在受力钢筋这一面，在个别情况下，如连续梁支座处，受压区在截面下部，要是箍筋弯钩位于下面，有可能被钢筋压“开”，这时，只能将箍筋弯钩放在受拉区(截面上部，即受力钢筋一面)，但应特别绑牢，必要时用电弧焊点焊几处。

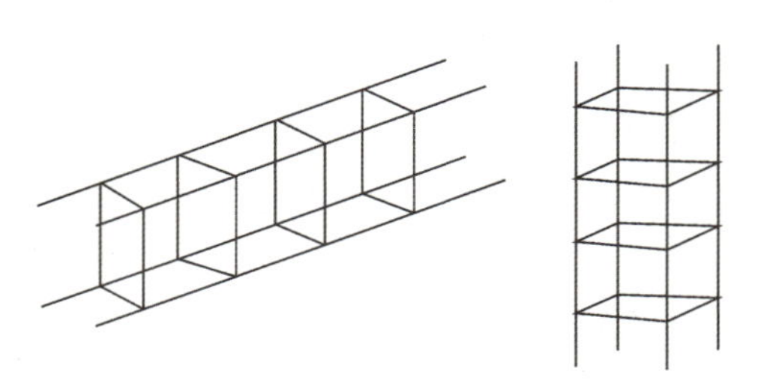

图4-40 箍筋弯钩叠合错开放置

(3)弯钩朝向。绑扎矩形柱的钢筋时，角部钢筋的弯钩平面应与模板面成45°角(多边形柱角部钢筋的弯钩平面应位于模板内角的平分线上；圆形柱钢筋的弯钩平面应与模板切平面垂直，即弯钩应朝向圆心)；矩形柱和多边形柱的中间钢筋(即不在角部的钢筋)的弯钩平面应与模板面垂直；当采用插入式振捣器浇筑截面很小的柱时，弯钩平面与模板面的夹角不得小于15°。

(4)构件交叉点钢筋处理。在构件交叉点，如柱与梁、梁与梁以及框架和桁架节点处杆件交汇点，钢筋纵横交错，大部分在同一位置上发生碰撞，无法安装。遇到这种情况，必须在施工前的审图过程中就予以解决。处理办法一般是使一个方向的钢筋设置在规定的位置(按规定取保护层厚度)，而另一个方向的钢筋则去避开它(常以调整保护层厚度来实现)。

在高层建筑中，这种情况尤为普遍，例如有的框架节点或基础底板，甚至有三四个方向的梁集聚在柱上，钢筋布置复杂，顺畅地安排几乎不可能。对施工人员来说，就得多动脑筋，多考虑几种方案(一般是布置成多层，必要时还得对钢筋端部做少量弯曲)，并且要体现在钢筋材料表中，作为具体安装依据，特别要注意对有关工人和质量检查员进行方案交底。

①主梁与次梁交叉。对于肋形楼板结构，在板、次梁与主梁交叉处，纵横钢筋密集，在这种情况下，钢筋的安装顺序自下至上应该为主梁钢筋、次梁钢筋、板的钢筋，如图4-41所示。

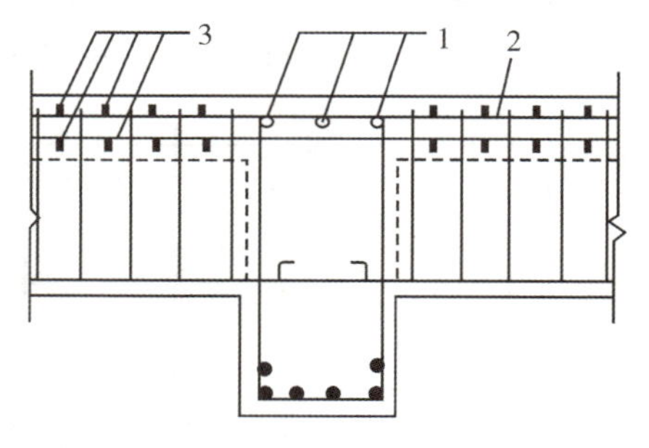

1—主梁钢筋；2—次梁钢筋；3—板的钢筋。

图4-41 梁和板的钢筋布置示意图

由于各方向钢筋互相重叠，交错凌乱，有的甚至碰撞在一条线上，因此安装钢筋的准备工作中还应对施工图进行详细审阅，并且要纠正设计不周之处。例如，图 4 - 42 所示的主梁钢筋放在次梁钢筋下面，次梁钢筋想要维持常规的混凝土保护层厚度，那么，主梁上部混凝土保护层就必须加厚，加厚值为次梁钢筋的直径，亦即主梁箍筋高度应相应减小。

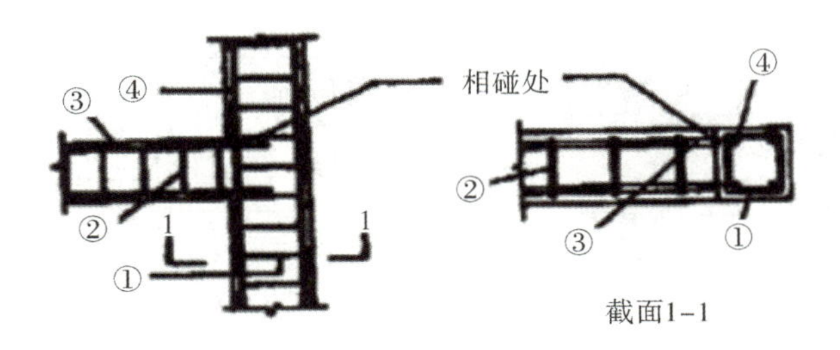

图 4 - 42　主梁、次梁钢筋重叠布置

②杆件交叉。框架、桁架的杆件交叉点（节点）是钢筋交叠密集的部位，如果交叉件的截面高度（或宽度）一样，而按照同样的混凝土保护层厚度取用，两杆件的主筋就会碰触到一起，这种现象通常发生在桁架的交叉杆、柱的牛腿与柱身交接处、框架节点处等。

安装钢筋前也要事先对杆件交叉处配筋情况详加审核，避免操作时出现问题，处理困难，既浪费人工和材料，又耽误施工时间。例如，图 4 - 42 为一支架节点，从截面 1 - 1 可以看出，按照梁、柱的混凝土保护层厚度要求，③号钢筋与④号钢筋处于同一平面，会碰到一起，无法安装，这种设计上的毛病如果事先发现，就可以采取有效的措施纠正。

纠正方法一般是将横杆（梁）的纵向钢筋弯折，插入竖杆（柱）的钢筋骨架内，如图 4 - 43(a)所示；也可以征得技术人员同意，将梁钢筋的保护层厚度加大，即将如图 4 - 43(b)所示的②号箍筋宽度改小（比①号箍筋小两个柱筋的直径），使纵向钢筋能够直接插入柱的钢筋骨架内如图 4 - 43(b)所示，在这种情况下，由于箍筋宽度改小，就避免了梁的纵向钢筋不位于箍筋转角处的缺陷。

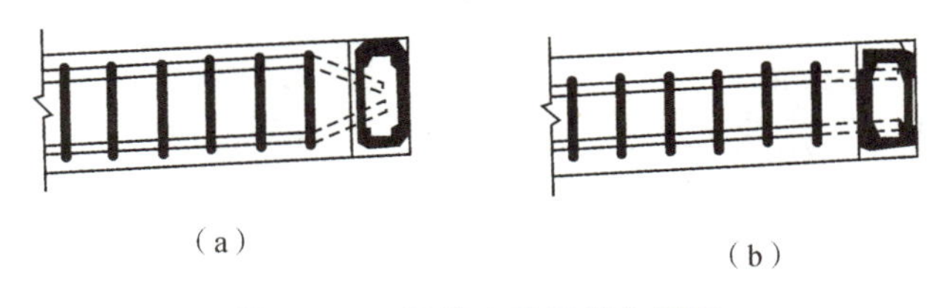

图 4 - 43　杆件交叉钢筋布置图

(5)钢筋位置的固定。为了使安装钢筋处于准确位置之后，不致因施工过程中被人踩踏、或因放置工具、混凝土浇捣等影响而位移，必要时需预先规划一些相应的支架、撑件或垫筋备用。

①支架或撑件。如图 4 - 44 所示，高截面上部钢筋使用了支架，两层钢筋网使用了撑脚。撑脚和支架都可用钢筋弯折制成。支架的设置根据混凝土构件的形式灵活确定，宽度不能太大，以防止被压弯；如果构件本身的宽度就很大，可使用几个支架并排连成一片；几排支架之间要用斜撑联系，以免造成失稳。

在大型设备基础中，钢筋骨架的高度有时高达 3 m 以上的，平面面积也相当大，钢筋规格又很粗，在这种情况下，制作支架的用料必须加强，一般可用型钢焊成格构式支架应用。

②垫筋。梁的纵向钢筋布置成两层时，为使上层钢筋保持准确位置，可在下层钢筋上放短钢筋头，以作为上层钢筋的垫筋(垫筋直径应符合设计要求)，如图 4-45 所示。

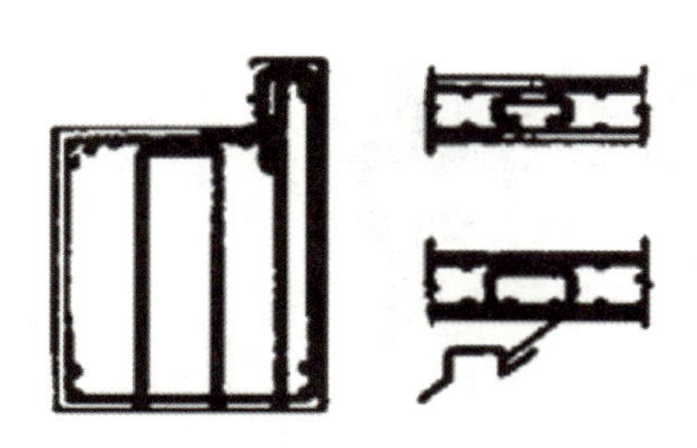
图 4-44 钢筋位置固定

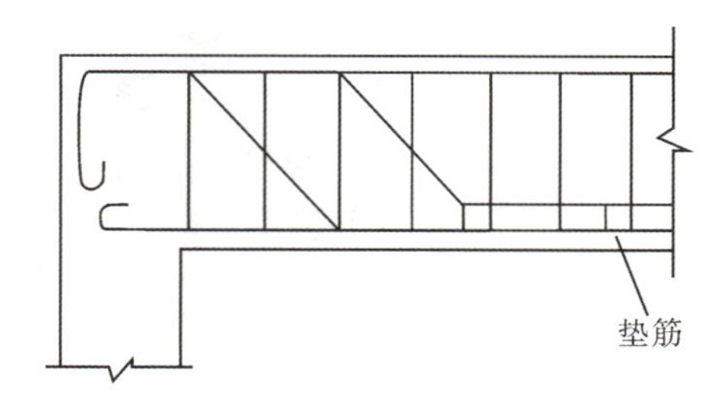

图 4-45 垫筋示意图

(6)钢筋保护层。

①保护层厚度。钢筋骨架或钢筋网被浇筑于混凝土中之后，四周必须有混凝土包裹住，钢筋外皮离混凝土面(即构件外表)的最小距离就是钢筋的混凝土保护层。混凝土保护层必须有一定的厚度，以使钢筋不致产生锈蚀，并且能使混凝土与钢筋握裹得好，保证在受力工作时结合可靠。虽然混凝土保护层不可太薄，但也不应太厚，以避免混凝土面离钢筋太远而被碰撞掉边掉角。

受力钢筋的混凝土保护层最小厚度(从最外层钢筋外皮算起)应符合表 4-11 的规定，且不应小于受力钢筋的直径。

处于一类环境且由工厂生产的预制构件，当混凝土强度等级不低于 C20 时，其保护层厚度可按表 4-11 中规定减少 5 mm，但预应力钢筋的力层厚度不应小于 15 mm；处于二类环境且由工厂生产的预制构件，当表面采取有效保护措施时，保护层厚度可按表 4-11 中一类环境值取用。

表 4-11 受力钢筋的混凝土保护层

环境		板、墙、壳			梁			柱		
		WC20	C25～C45	NC50	WC20	C25～C45	MC50	WC20	C25～C45	NC50
一		20	15	15	30	25	25	30	30	30
二	a	—	20	20	—	30	30	—	30	30
	b	—	25	25	—	35	30	—	35	30
三		—	30	30	—	40	35	—	40	35

注：一类环境为室内正常环境；二类环境 a 为室内潮湿环境、非严寒和非寒冷地区的露天环境、与无侵蚀的水或土壤直接接触的环境，b 为严寒和寒冷地区的露天环境、与无侵蚀的水或土壤直接接触的环境；三类环境为使用除冰盐的环境、严寒和寒冷地区冬季水位变动的环境、滨海室外环境。基础中纵向受力钢筋的混凝土保护层厚度不应小于 40 mm。

预制钢筋混凝土受弯构件钢筋端头的保护层厚度不应小于10 mm；预制肋形板主肋钢筋的保护层厚度应按梁的数值取用。

板、墙、壳中分布钢筋的保护层厚度不应小于表4-11中相应数值减10 mm，且不应小于10 mm；梁、柱中箍筋和构造钢筋的保护层厚度不应小于15 mm。当梁、柱中纵向受力钢筋的混凝土保护层厚度大于50 mm时，应对保护层采取有效的防裂构造措施。

处于二、三类环境中的悬臂板，其上表面应采取有效的保护措施。对有防火要求的建筑物，其混凝土保护层厚度应符合国家现行有关标准的要求。

处于四、五类环境中的建筑物，其混凝土保护层厚度应符合国家现行有关标准的要求。

②保证保护层符合要求的措施。混凝土保护层利用水泥砂浆块加垫而成（垫于模板上）。一般情况下，当保护层厚度在20 mm以下时，垫块平面尺寸约为30 mm^2；厚度在20 mm以上时，垫块平面尺寸约为50 mm^2；垫块厚度即保护层厚度。砂浆应有足够的强度，能承受钢筋骨架重压，不致破损。

混凝土保护层砂浆垫块应根据钢筋粗细和间距垫得适量可靠。对于竖立钢筋（例如立柱、水沟壁、墙面等），可采用埋有铁丝的垫块，绑在钢筋骨架外侧。同时，为使保护层厚度准确，需用铁丝将钢筋骨架拉向模板，将垫块挤牢。如图4-46所示的竖向钢筋是用埋有铁丝的垫块垫着的，垫块与钢筋绑在一起，但不能防止竖向钢筋向内侧倾倒，因此需用铁丝将它拉向模板，将垫块挤牢。

当保护层处于浇捣混凝土的位置上方时，如板式构件反向浇捣，网片有可能在浇捣过程沉落，这时可用铁丝将网片绑吊在模板楞上，或按如图4-47所示的方法用钢筋穿过侧模作为托件以承托网片，浇捣完将基础垫层清扫干净，用石笔和墨斗在上面弹放钢筋或在混凝土稍硬后抽去承托钢筋。

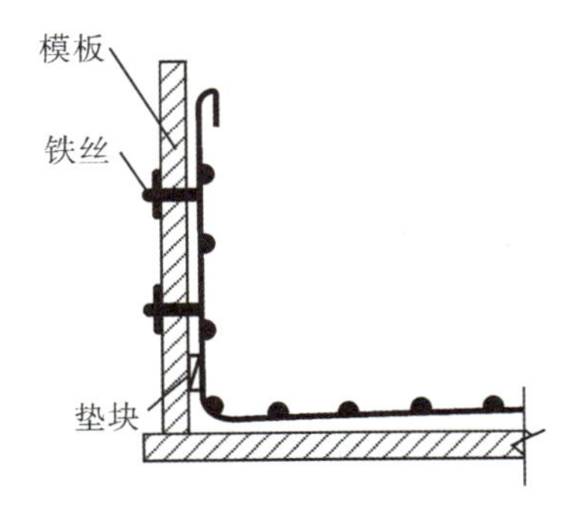

图4-46 垫块布置示意图

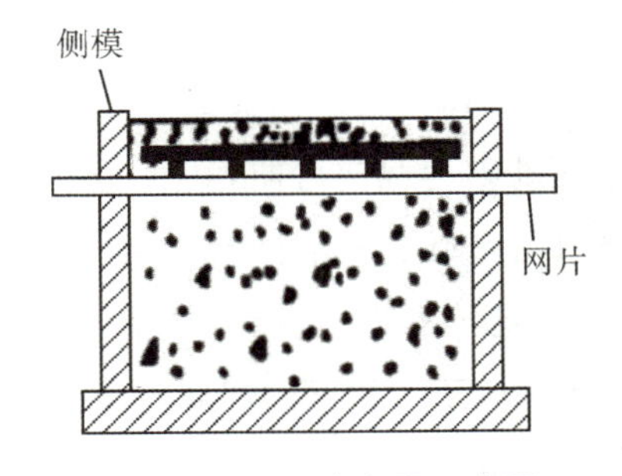

图4-47 网片布置示意图

4.1.2 基础钢筋绑扎施工工艺

独立基础钢筋施工

基础钢筋绑扎

1. 工艺流程

基础垫层→弹底板钢筋位置线→钢筋半成品运输到位→按线布放钢筑绑扎。

2. 操作工艺及相关规定

1)操作工艺

(1)将基础垫层清扫干净,用石笔和墨斗在上面弹放钢筋位置线。

(2)按钢筋位置线布放基础钢筋。

(3)绑扎钢筋。四周两行钢筋交叉点应每点绑扎牢。中间分交叉点可相隔交错扎牢,但必须保证受力钢筋不位移。双向主筋的钢筋网,则需将全部钢筋相交点扎牢。相邻绑扎点的钢丝扣成八字形,以免网片歪斜变形。

(4)基础底板采用双层钢筋网时,在上层钢筋网下面应设置钢筋撑脚或混凝土撑脚,以保证钢筋位置正确,钢筋撑脚下应在下片钢筋网上。钢筋脚撑图如图 4-48、图 4-49 所示。图 4-48 所示类型的脚撑每隔 1 m 放置 1 个,当板厚 h_w = 300 mm 时,钢筋直径取 8~10 mm;当板厚 h_w = 300~500 mm 时,钢筋直径取 12~14 mm。当板厚 h_w > 500 mm 时,选用图 4-49 所示撑脚,钢筋直径为 16~18 mm,沿短向通长布置。

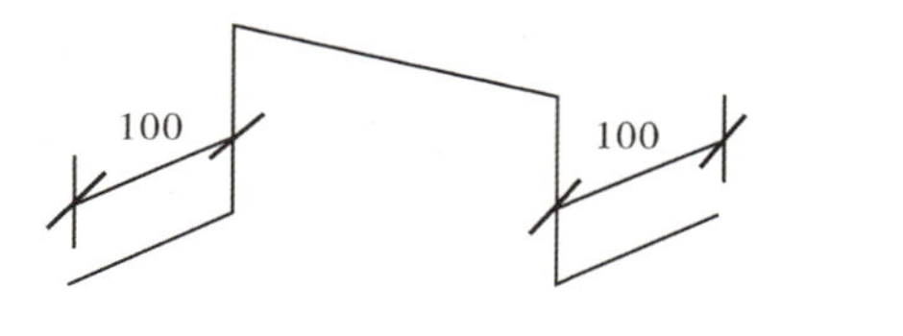

图 4-48 钢筋脚撑图(1)

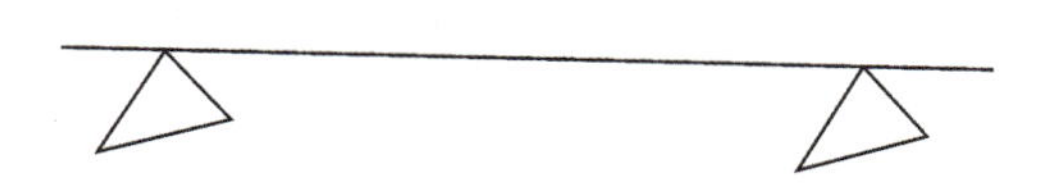
图 4-49 钢筋脚撑图(2)

(5)钢筋的弯钩应朝上,不要倒向一边;双层钢筋网的上层钢筋弯钩应朝下。

(6)独立柱基础为双向弯曲,其底面短向钢筋应放在长向钢筋上面。

(7)现浇筑与基础连用的插筋,其箍筋应比柱的箍筋小一个柱筋直径,以便连接。箍筋的位置一定要绑扎固定牢靠,以免造成柱轴线偏移。

(8)基础中纵向受力钢筋的混凝土保护层厚度不应小于 40 mm,当无垫层时不应小于 70 mm。

(9)钢筋的连接注意事项。

①受力钢筋的接头宜设置在受力较小处,接头末端至钢筋弯起点的距离不应小于钢筋直径的 10 倍。

②若采用绑扎搭接接头,则接头相邻纵向受力钢筋的绑扎接头宜相互错开。钢筋绑扎接头连接区段的长度为 1.3 倍搭接长度。凡搭接接头中点位于该区段的搭接接头均属于同一连接

区段。位于同一区段内的受拉钢筋搭接接头面积百分率为25%。

③当钢筋的直径 $d>16$ mm时，不宜采用绑扎接头。

④纵向受力钢筋采用机械连接接头或焊接接头时，连接区段的长度为 $35d$（d 为纵向受力钢筋的较大值）且不小于500 mm。同一连接区段内，纵向受力钢筋的接头面积百分率应符合设计规定，当设计无规定时，应符合下列规定：在受拉区不宜大于50%；直接承受动力荷载的基础中，不宜采用焊接接头；当采用机械连接接头时，不应大于50%。

2)相关规定

(1)基础钢筋的若干规定。

①当条形基础的宽度 $B\geqslant1600$ mm时，横向受力钢筋的长度可减至 $0.9B$，交错布置。

②当单独基础的边长 $B\geqslant3000$ mm（除基础支承在桩上外）时，受力钢筋的长度可减至 $0.9B$，交错布置。

(2)基础浇筑完毕后，把基础上预留墙柱插筋扶正理顺，保证插筋位置准确。

(3)承台钢筋绑扎前，一定要保证桩基伸出钢筋到承台的锚固长度。

3.质量验收要点

《混凝土结构工程施工质量验收规范》(GB 50204—2015)对钢筋分项工程有如下几种规定。

1)一般规定

(1)在浇筑混凝土之前，应进行钢筋隐蔽工程验收，其验收的内容包括以下几方面。

①纵向受力钢筋的牌号、规格、数量、间距、位置。

②钢筋的连接方式、接头位置、接头质量、接头面积百分率、搭接长度、锚固方式及锚固长度。

③箍筋、横向钢筋的牌号、规格、数量、间距、位置，箍筋弯钩的弯折角度及平直段长度。

④预埋件的规格、数量、位置。

(2)钢筋、成型钢筋进场检验，当满足下列条件之一时，其检验批容量可扩大一倍。

①获得认证的钢筋、成型钢筋。

②同一厂家、同一牌号、同一规格的钢筋，连续三批均一次检验合格。

③同一厂家、同一类型、同一钢筋来源的成型钢筋，连续三批均一次检验合格。

2)材料

(1)主控项目。钢筋进场时，应按现行国家标准的规定抽取试件进行力学性能和重量偏差检验，检验结果应符合相应标准的规定。

检查数量：按进场批次和产品的抽样检验方案确定。

检验方法：按检查质量证明文件和抽样检验报告确定。

(2)一般项目。钢筋应平直、无损伤，表面不得有裂纹、油污、颗粒状或片状老锈。

检查数量：全数检查。

检验方法:观察。

3)钢筋加工

(1)主控项目。

①光圆钢筋末端应做180°弯钩,其弯孤内直径不应小于钢筋直径的2.5倍,弯钩的弯后平直部分长度不应小于钢筋直径的3倍。

②335 MPa级、400 MPa级带肋钢筋的弯弧内直径不应小于钢筋直径的4倍;500 MPa级带肋钢筋的弯孤内直径,当直径为28 mm以下时不应小于钢筋直径的6倍,当直径为28 mm及以上时不应小于钢筋直径的7倍,弯钩的弯后平直部分长度应符合设计要求。

③箍筋弯钩的弯折角度:对一般结构,不应小于90°;对有抗震等要求的结构,应为135°;箍筋弯钩的弯弧内直径尚应不小于受力钢筋直径。

④箍筋弯后平直部分长度:对一般结构,不宜小于箍筋直径的5倍;对有抗震设防要求或设计有专门要求的结构构件,不应小于箍筋直径的10倍。

检查数量:按每工作班同一类型钢筋、同一加工设备抽查不应少于3件。

检验方法:尺量。

(2)一般项目。

钢筋加工的形状、尺寸应符合设计要求,其偏差应符合表4-12的规定。

表4-12 钢筋加工的允许偏差

项目	允许偏差/mm
受力钢筋沿长度方向的净尺寸	±10
弯起钢筋的弯折位置	±20
箍筋外廓尺寸	±5

检查数量:按每工作班同一类型钢筋、同一加工设备抽查不应少于3件。

检验方法:尺量。

4)钢筋连接

(1)主控项目。

①钢筋的连接方式应符合设计要求。

检查数量:全数检查。

检验方法:观察。

②钢筋采用机械连接或焊接连接时,其接头的力学性能、弯曲性能应符合国家现行相关标准的规定。接头试件应从工程实体中截取。检查数量:按现行行业标准《钢筋机械连接技术规程》(JGJ 107—2016)和《钢筋焊接及验收规程》(JGJ 18—2012)的规定确定。

检验方法:根据检查质量证明文件和抽样检验报告确定。

③螺纹接头应检验拧紧扭矩值，挤压接头应量测压痕直径，检验结果应符合现行行业标准《钢筋机械连接技术规程》(JGJ 107—2016)的相关规定。

检查数量：按现行行业标准《钢筋机械连接技术规程》(JGJ 107—2016)的规定确定。

检验方法：采用专用扭力扳手和专业量规检查。

(2)一般项目。

①钢筋接头的位置应符合设计和施工方案要求。有抗震设防要求的结构中，梁端、柱端箍筋加密区范围内不应进行钢筋搭接。接头末端至钢筋弯起点的距离不应小于钢筋直径的10倍。

检查数量：全数检查。

检验方法：观察，尺量。

②钢筋机械连接接头、焊接接头的质量应符合现行行业标准《钢筋机械连接技术规程》(JGJ 107—2016)及《钢筋焊接及验收规程》(JGJ 18—2012)的规定。

检查数量：按现行行业标准《钢筋机械连接技术规程》(JGJ 107—2016)和《钢筋焊接及验收规程》(JGJ 18—2012)的规定确定。

检验方法：观察，尺量。

③当纵向受力钢筋采用机械连接接头或焊接接头时，同一连接区段内纵向受力钢筋的接头面积百分率应符合设计要求。当设计无具体要求时，应符合下列规定：

a. 受拉接头，不宜大于50%；受压接头，可不受限制。

b. 直接承受动力荷载的结构构件中，不宜采用焊接；当采用机械连接时，不应超过50%。

检查数量：在同一检验批内，对梁、柱和独立基础，应抽查构件数量的10%，且不应少于3件；对墙和板，应按有代表性的自然间抽查10%，且不应少于3间；对大空间结构，墙可按相邻轴线间高度5 m左右划分检查面，板可按纵横轴线划分检查面，抽查10%，且均不应少于3面。

检验方法：观察，尺量。

注：接头连接区段是指长度为$35d$(d为连接两根钢筋的较小直径)且不小于500 mm的区段；同一连接区段内纵向受力钢筋接头面积百分率为接头中点位于该连接区段内的纵向受力钢筋截面面积与全部纵向受力钢筋截面面积的比值。

④当纵向受力钢筋采用绑扎搭接接头时。接头的横向净间距不应小于钢筋直径，且不应小于25 mm；同一连接区段内，纵向受拉钢筋的接头面积百分率应符合设计要求。当设计无具体要求时，应符合下列规定：

a. 梁类、板类及墙类构件，不宜超过25%；基础筏板，不宜超过50%。

b. 对柱类构件，不宜超过50%。

c. 当工程中确有必要增大接头面积百分率时，对梁类构件，不应大于50%。纵向受力钢筋绑扎搭接接头的最小搭接长度应符合规范规定要求。

注:接头连接区段是指长度为 1.3 倍搭接长度的区段(搭接长度取相互连接两根钢筋中较小的直径计算);同一连接区段内纵向受力钢筋接头面积百分率为接头中点位于该连接区段长度内的纵向受力钢筋截面面积与全部纵向受力钢筋截面面积的比值。

⑤梁、柱类构件的纵向受力钢筋搭接长度范围内箍筋的设置应符合设计要求。当设计无具体要求时,应符合下列规定:

a. 箍筋直径不应小于搭接钢筋较大直径的 1/4。

b. 受拉搭接区段的箍筋间距不应大于搭接钢筋较小直径的 5 倍,且不应大于 100 mm。

c. 受压搭接区段的箍筋间距不应大于搭接钢筋较小直径的 10 倍,且不应大于 200 mm。

d. 当柱中纵向受力钢筋直径大于 25 mm 时,应在搭接接头两个端面外 100 mm 范围内各设置两个箍筋,其间距宜为 50 mm。

检查数量:在同一检验批内,应抽查构件数量的 10%,且不应少于 3 件。

检验方法:观察、尺量。

5)钢筋安装

(1)主控项目。

①钢筋安装时,受力钢筋的牌号、规格和数量必须符合设计要求。

检查数量:全数检查。

检验方法:观察,尺量。

②受力钢筋安装位置、锚固方式应符合设计要求。

检查数量:全数检查。

检验方法:观察,尺量。

(2)一般项目。

①钢筋安装允许偏差及检验方法应符合表 4-13 的规定。

表 4-13 钢筋安装允许偏差和检验方法

项目		允许偏差/mm	检验方法
绑扎钢筋网	长、宽	±10	尺量
	网眼尺寸	±20	钢尺量连续三挡,取最大偏差值
绑扎钢筋骨架	长	±10	尺量
绑扎钢筋骨架	宽、高	±5	尺量
纵向受力钢筋	锚固长度	−20	尺量
	间距	±10	尺量两端、中间各一点,取最大偏差值
	排距	±5	

续表

项目		允许偏差/mm	检验方法
纵向受力钢筋、箍筋的混凝土保护层厚度	基础	±10	尺量
	柱、梁	±5	尺量
	板、墙、壳	±3	尺量
绑扎箍筋、横向钢筋间距		±20	尺量连续三挡，取最大偏差值
钢筋弯起点位置		20	尺量，沿纵、横两个方向量测，并取其中偏差的较大值
预埋件	中心线位置	5	尺量
	水平高差	+3,0	塞尺量测

②梁板类构件上部受力钢筋保护层厚度的合格点率应达到90%及以上，且不得有超过表中数值1.5倍的尺寸偏差。

检查数量：在同一检验批内，对梁、柱和独立基础，应抽查构件数量的10%，且不应少于3件；对墙和板，应按有代表性的自然间抽查10%，且不应少于3间；对大空间结构，墙可按相邻轴线间高度5 m左右划分检查面，板可按纵、横轴线划分检查面，抽查10%，且均不应少于3面。

任务实施

1. 工作任务

(1)根据图纸进行钢筋的配料计算，并编制钢筋配料单。

(2)根据钢筋配料单进行钢筋制作。

(3)根据施工图纸进行钢筋绑扎。

(4)用检测工具，按照施工规范及质量评定标准对钢筋工程质量进行检验和评定。

2. 实施过程

1)课前预习

利用在线开放课程、课程群等线上资源进行课前预习，并完成测试进行自检。

2)课前预习测试题

(1)名词解释。

①钢筋保护层厚度：________________。

②外包尺寸：________________。

③钢筋冷拉：________________。

④@120：________________。

⑤垫筋：________________。

(2)选择题。

①钢筋的冷拉是在常温下对钢筋进行拉伸，目的是________。

A. 提高强度节约钢筋　　B. 便于施工

C. 为了除锈　　D. 提高塑性

②6 根 ϕ10 钢筋代换成 ϕ6 钢筋应为________。

A. 10ϕ6　　B. 13ϕ6　　C. 17ϕ6　　D. 21ϕ6

③已知某钢筋混凝土梁中的①号钢筋外包尺寸为 5980 mm，钢筋两端弯钩增长值共计 156 mm，钢筋中间部位弯折的量度差值为 36 mm，则①号钢筋下料长度为________。

A. 6172 mm　　B. 6100 mm　　C. 6256 mm　　D. 6292 mm

④钢筋混凝土框架结构中柱，墙的竖向钢筋焊接宜采用________。

A. 电弧焊　　B. 闪光对焊　　C. 电渣压力焊　　D. 搭接焊

E. 电阻点焊

⑤钢筋绑扎搭接长度随着混凝土强度等级提高而________。

A. 增加　　B. 减少　　C. 固定不变　　D. 施工单位自行确定

⑥钢筋闪光对焊和电渣压力焊接头要求轴线弯折不大于 4°，轴线偏移________。

A. 不大于 0.1d　　B. 不大于 0.2d

C. 不大于 0.1d 和 2 mm　　D. 不限制

⑦施工现场如不能按图纸要求钢筋，需要代换时应注意征得________同意。

A. 施工总承包单位　　B. 设计单位　　C. 单位政府主管部门　D. 施工监理单位

⑧受力钢筋接头位置应相互错开，允许受拉钢筋搭接接头面积占受拉钢筋总面积的________。

A. 25%　　B. 50%　　C. 不限制　　D. 施工单位自行确定

⑨受力钢筋接头位置应相互错开，允许受拉钢筋闪光对焊接头面积占受拉钢筋总面积的________。

A. 25%　　B. 50%　　C. 不限制　　D. 施工单位自行确定

⑩钢筋骨架的保护层厚度一般用________来控制。

A. 悬空　　B. 水泥砂浆垫块　　C. 木块　　D. 铁丝

⑪HPB235 级钢筋(一级钢筋)末端应做________弯钩，其弯弧内直径 $D\geqslant 2.5d$，弯钩的弯后平直部分长度不小于 3 倍钢筋直径。

A. 180°　　B. 135°　　C. 90°　　D. 45°

⑫钢筋的摆放，受力钢筋放在下面时，弯钩应向________。

A. 上　　B. 下　　C. 任意方向　　D. 水平或45°角

⑬柱中纵向钢筋用来帮助混凝土承受压力，钢筋直径不宜小于________。

A. 14 mm　　B. 12 mm　　C. 10 mm　　D. 8 mm

⑭有抗震要求的柱钢筋绑扎，箍筋弯钩应弯成________。

A. 180°　　B. 135°　　C. 90°　　D. 15°

⑮对于双向双层板钢筋，为确保筋体位置准确，要垫________。

A. 木块　　B. 垫块　　C. 铁马凳　　D. 钢筋凳

⑯箍筋的间距不应大于________。

A. 200 mm　　B. 200～300 mm　　C. 400 mm　　D. 500 mm

(3)简答题。

①简述钢筋进场如何验收。

②简述钢筋连接的类型和有关规定。

③钢筋代换方法及其使用范围如何？代换时应该注意什么问题？

④基础钢筋工程绑扎安装的要点和常见质量问题有哪些？

3)实战演练

背景资料：某教学楼为抗震结构，梁的配筋图如任务图4－1所示。

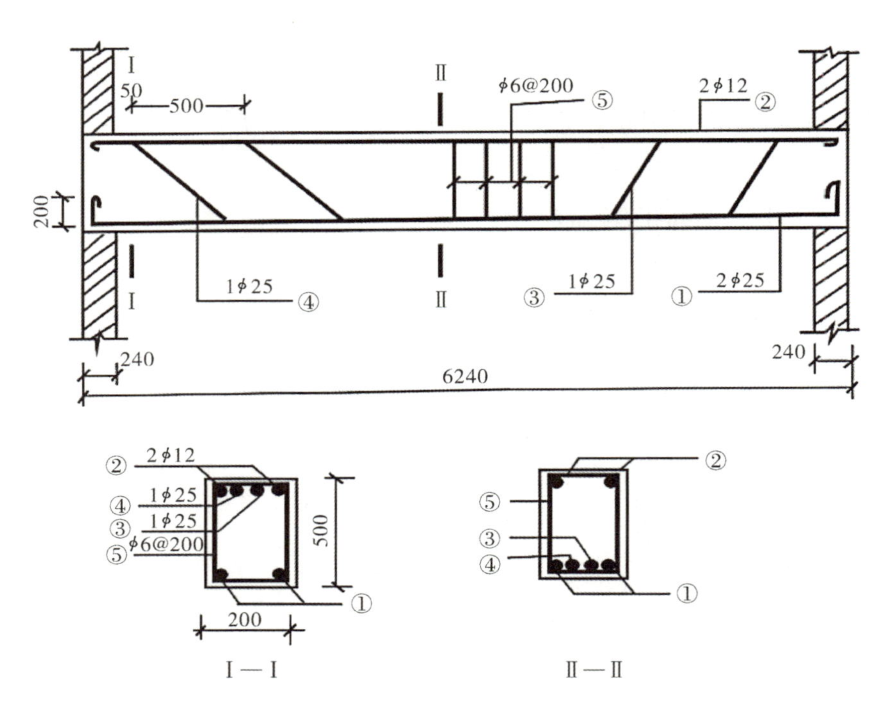

任务 4－1 梁的配筋图

(1)计算梁的下料长度,并编制钢筋配料单(见任务表 4－1)。

任务表 4－1 钢筋配料单

项次	构件名称	钢筋编号	简图	钢筋直径	钢号	下料长度	单位根数	根数	重量/kg
1		①							
2		②							
3		③							
4		④							
5		⑤							

(2)根据钢筋配料单,以小组为单位,在建筑实训工区进行钢筋制作和绑扎。

3.检查与评价

学生首先自查，然后以小组为单位进行互查，发现错误及时纠正，遇到问题商讨解决，教师做出改进指导后，结合学生在实施过程中表现出来的职业素养、参与程度综合考核评价每位同学成绩。学生自评表和教师评定表分别见任务表4-2和任务表4-3。

任务表4-2 学生自评表

项目名称	钢筋工程施工	任务名称	基础钢筋工程施工
学生姓名		实际得分	标准分值
钢筋分类认知能力			10
钢筋配料计算能力			20
基础钢筋的构造及制作安装能力			20
基础钢筋施工能力			20
是否能认真描述困难、错误和修改内容			10
对自己工作的评价			10
团队协作能力			10
合计得分			100
改进内容及方法：			

任务表4-3 教师评定表

项目名称	钢筋工程施工	任务名称	基础钢筋工程施工
学生姓名		实际得分	标准分值
钢筋分类认知能力			10
钢筋配料计算能力			20
基础钢筋的构造及制作安装能力			20
基础钢筋施工能力			20
是否能认真描述困难、错误和修改内容			10
对学生工作的评价			10
团队协作能力			10
合计得分			100

知识拓展

高强钢筋简介

我国建设工程以钢筋混凝土结构为主，钢筋消耗量很大。2010年全国城镇房屋建筑钢筋和线材用量1.3亿吨，占钢铁总产量的16%。推广应用高强钢筋是实践减量化用钢的重要途径。提高钢筋的档次、质量和稳定性，支撑建筑业转型升级，同时缓解钢铁生产的资源、能源和环境制约，对我国钢铁工业从重产量到重品质的历史性转型具有重要意义。

高强钢筋是指抗拉屈服强度达到400MPa级及以上的螺纹钢筋，具有强度高、综合性能优的特点，据测算，以HRB400钢筋替代HRB335钢筋平均可节约钢材12%～14%；HRB500钢筋取代HRB400钢筋可再节约钢材5%～7%。在高层或大跨度建筑中应用高强钢筋，效果更加明显，可节省钢筋用量30%，2010年全国高强钢筋用量比例约35%，按照当前我国工程建设规模，如果高强钢筋用量比例达到65%，每年大约可再节约钢材1000万吨。高强钢筋作为节材节能环保产品，在建筑工程中推广应用，既能有效减少钢材使用量，达到节能减排的目的，又能减少物流运输、建筑钢筋加工和钢筋连接工作量。对促进钢铁和建筑两大行业科技进步、产业结构优化升级、淘汰落后生产力、实施可持续发展具有重要意义。

加速淘汰HRB335级螺纹钢筋，优先使用HRB400级螺纹钢筋，积极推广HRB500级螺纹钢筋。2013年底，在建筑工程中以HRB400以上级高强螺纹钢筋淘汰HRB335级螺纹钢筋。2015年底，高强钢筋的产量占螺纹钢筋总产量的80%，在建筑工程中高强钢筋使用量达到建筑用钢筋总量的比例从之前的35%提高到65%以上。对大型高层建筑和大跨度公共建筑，优先采用HRB500级螺纹钢筋，逐年提高HRB500级钢筋的生产和应用比例。开展HRB600级钢筋的应用技术研发。对于地震多发地区，重点应用高强屈比、均匀伸长率高的高强抗震钢筋。

推广应用高强钢筋会产生巨大的经济及环境效益。按照2010年建筑用钢筋使用量计算，如果高强钢筋使用量比例达到建筑用钢筋总量的65%时，在2010年节材的基础上，每年大约再减少钢材消耗1000万吨左右，增加钢铁工业经济效益近150亿元，每年减少铁矿石消耗1600万吨左右，减少能源消耗600万吨标准煤左右，减少二氧化碳排放2000万吨左右。占国家年均节能目标的2%。据有关专家测算，建筑工程中应用高强钢筋代替HRB335级钢筋每平方米能减少建筑成本25～35元。同时，在建筑设计中应用高强钢筋可减少混凝土结构尺寸，提高建筑使用面积，施工中可减少钢筋加工与连接工作量，方便混凝土浇筑，有利于保证混凝土施工质量。这项工作意义深远，既有经济效益又有良好的社会和环境效益。

目前我国大城市及东部地区的建筑工程中已较广泛应用HRB400级钢筋，典型工程有长江三峡水利枢纽工程、北京奥运工程、上海世博工程、苏通长江公路大桥工程等。HRB500级钢筋应用于河南郑州华林都市家园、河北建设服务中心、京津城际铁路、京沪高铁、港珠澳大桥、昆明新机场航站楼等多项工程。河北钢铁集团承钢有限公司生产的HRB500级钢筋应用在京津城际铁路、京沪高铁、港珠澳大桥等国家重点工程。中国建筑科学研究所建筑机械化研究分院的钢筋剥肋滚压直螺纹连接技术应用在昆明新机场航站楼等工程。我们有理由相信，通过新规范、新标准的实施，届时，我国高强钢筋一定能为建筑业转型升级及发展做贡献。

任务 4.2　墙、柱钢筋工程施工

任务描述

掌握墙、柱钢筋的加工、制作及绑扎，掌握墙、柱钢筋检验的内容、钢筋加工、钢筋连接方法等。

知识学习

4.2.1　墙、柱钢筋的加工、制作及绑扎

1. 钢筋的冷加工

钢筋的冷加工是指在常温下对热轧钢筋进行机械加工，包括冷拉、冷拔和冷轧。

常见的品种有冷拉热轧钢筋、冷拔低碳钢丝和冷轧钢筋。

1)冷拉热轧钢筋

在常温下将热轧钢筋拉伸至超过屈服点小于抗拉强度的某一应力，然后卸荷，即制成了冷拉热轧钢筋。卸荷后立即重新拉伸，卸荷点成为新的屈服点，因此冷拉可使屈服点提高，材料变脆、屈服阶段缩短，塑性、韧性降低。若卸荷后不立即重新拉伸，而是保持一定时间后重新拉伸，钢筋的屈服强度、抗拉强度进一步提高，而塑性、韧性继续降低，这种现象称为冷拉时效。

对于普通钢筋混凝土结构的钢筋，冷拉仅是调直、除锈的手段(拉伸过程中钢筋表面锈皮会脱落)，与钢筋的力学性能无关，当采用冷拉方法调直钢筋时，冷拉率 HPB235 级钢筋不宜大于 4%，HRB335、HRB400 级钢筋不宜大于 1%。冷拉的另一个目的是提高强度，但在冷拉过程中，也同时完成了调直、除锈工作，此时钢筋的冷拉率为 4%～10%，强度可提高 30%左右，主要用于预应力筋。

2)冷拔低碳钢丝

钢筋冷拔就是将直径 6.5～8 mm 的 Q235 或 Q215 盘圆条钢筋在常温下强力拉拔，使其通过特制的钨合金拔丝模孔，使钢筋变细，逐步拉拔而成直径 3～5 mm 的冷拔低碳钢丝。钢筋冷拔并非一次拔成，而要反复多次，由于经多次拔制，产生较大塑性变形，提高强度。冷拔后，屈服强度可提高 40%～60%，塑性低，脆性大，具有硬质钢材的特点。

3)冷轧钢筋

钢筋冷轧就是将圆钢在冷轧机上轧成断面形状规则的钢筋，可提高其强度及与混凝土的黏结力，冷轧钢筋通常有冷轧带肋钢筋和冷轧扭钢筋。

(1)冷轧带肋钢筋是用低碳钢热轧盘圆条直接冷轧或经冷拔后再冷轧，形成三面或两面横肋的钢筋。现行国家标准《冷轧带肋钢筋》(GB/T 13788—2017)规定，冷轧带肋钢筋分为CRB500、CRB650、CRB800、CRB970、CRB1170 五个牌号。CRB500 用于非预应力钢筋混凝土，其他牌号用于预应力混凝土。目前，CRB500 的应用最广泛。

(2)冷扎扭钢筋是将低碳热轧圆盘条(Q235)经钢筋冷轧扭机组调直、冷轧扁、冷扭转一次成型，具有规定截面尺寸和节距的连续螺旋状钢筋。

(3)冷轧带肋与冷轧扭工艺相比少了冷扭转，切在钢筋表面形成肋装条纹，黏结力增强。

2. 钢筋的焊接

钢筋的焊接质量与钢材的可焊性、焊接工艺有关。钢材可焊性的好坏，受钢材所含化学元素种类及其含量影响很大。含碳、锰量增加，则可焊性差，而含适量的钛，可改善可焊性。焊接工艺(焊接工艺与操作水平)也影响焊接质量，即使可焊性差的钢材，若焊接工艺合宜，亦可获得良好的焊接质量。常用的焊接方法有闪光对焊、电阻点焊、电弧焊、电渣压力焊、埋弧压力焊、气压焊等。

1)闪光对焊

闪光对焊广泛用于焊接直径为 10～40 mm 的 HPB235、HRB335、HRB400 热轧钢筋和直径为 10～25 mm 的 RRB400 余热处理钢筋及预应力筋与螺丝端杆的焊接。

(1)焊接原理。利用低电压、强电流在钢筋接头处产生高温，使钢筋熔化，再施加压力顶锻，使两根钢筋焊接在一起，形成对焊接头。对焊机由机架、导轨、动夹具、固定夹具、送进机构、夹紧机构、顶座(支座)、变压器、控制系统等几部分组成，对焊机的外形如图 4－50 所示。

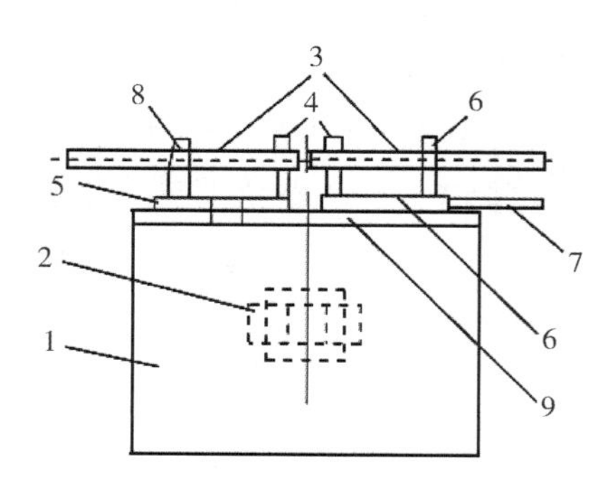

1—机架；2—变压器；3—钢筋；4—夹紧机构；

5—固定夹具；6—动夹具；7—送进机构；8—顶座；9—导轨。

图 4－50　对焊机的外形

对焊机的全部基本部件紧固在机架上，机架具有足够刚性，并且用强度很高的材料(铸铁、铸钢，或用型钢焊成)制成；导轨是供动板移动时导向用的，有圆柱形、长方体形或平面形的多种。

送进机构的作用是使被焊钢筋同动夹具一起移动，并保证有必要的顶锻力；它使动板按所要求的移动路线前进，并且在预热时能往返移动；在工作时没有振动和冲动。送进机构按其动力类型，有手动杠杆式、电动凸轮式、气动式以及气液压复合式等几种。

夹紧机构由两个夹具构成，一个是不动的，称为固定夹具；另一个是可移动的，称为动夹具。固定夹具直接安装在机架上，与焊接变压器次级线圈的一端相接；动夹具安装在动板上，可随动板左右移动，与焊接变压器次级线圈的另一端相连接。常见的夹具形式有手动偏心轮夹紧、手动螺旋夹紧等，也有用气压式、液压式及气液压复合式等夹具。

(2)焊接工艺。根据钢筋的品种、直径和选用的对焊机功率，闪光对焊分为连续闪光焊、预热闪光焊和闪光-预热闪光焊三种工艺。对焊接头的外形图焊性差的钢筋，对焊后采取通电热处理的方法，以改善对焊接头的塑性。钢筋对焊接头的外形如图 4-51 所示。

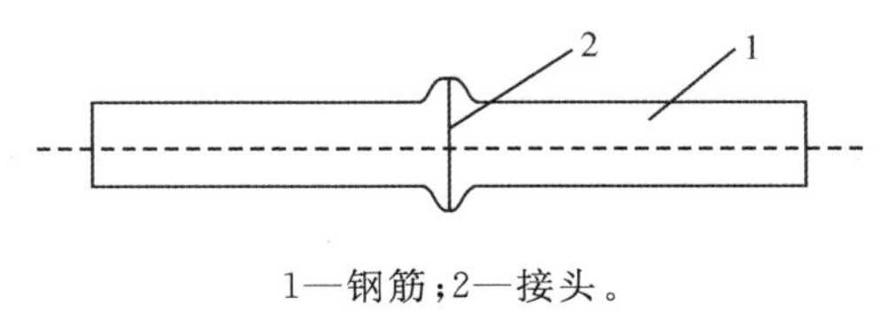

1—钢筋；2—接头。

图 4-51 钢筋对焊接头的外形

①连续闪光焊。连续闪光焊的工艺过程：先将钢筋夹入对焊机的两极中，闭合电源，然后使两根钢筋端面轻微接触。此时由于钢筋端部表面不平，接触面很小，电流通过时电流密度和电阻很大，接触点很快熔化，产生金属蒸汽飞溅，形成闪光现象。形成闪光后，徐徐移动钢筋，形成连续闪光。当钢筋烧化规定长度后，接头烧平，闪去杂质和氧化膜，白热熔化时，以一定的压力迅速进行顶锻，使两根钢筋焊牢，形成对焊接头。连续闪光焊适用于直径 25 mm 以下的钢筋。连续闪光焊如图 4-52(a)所示。

②预热闪光焊。预热闪光焊是在连续闪光焊前增加一次预热过程，以使钢筋均匀加热。其工艺过程为预热→闪光→顶锻。即先闭合电源，使两根钢筋端面交替轻微接触和分开，发出断续闪光使钢筋预热，当钢筋烧化到规定的预热留量后，连续闪光，最后进行顶锻，如图 4-52(b)所示。预热闪光焊适用于直径 25 mm 以上，端部平整的钢筋。

③闪光-预热闪光焊。闪光-预热闪光焊是在预热闪光焊前加一次闪光过程，使钢筋端面烧化平整，预热均匀，如图 4-52(c)所示。闪光-预热闪光焊适用于直径 25 mm 以上端部不平整的钢筋。

对于 RRB400 级余热处理钢筋，为改善其焊接接头的塑性，可在焊后进行通电热处理。焊后通电热处理在对焊机上进行，钢筋对焊完毕当焊接接头温度降低至呈暗黑色(300 ℃以下)，松开夹具将电极钳口调至最大距离，重新夹紧，然后进行脉冲式通电加热，钢筋加热至表面呈橘红色(750～850 ℃)时，通电结束，松开夹具，待钢筋稍冷后取下，在空气中自然冷却。

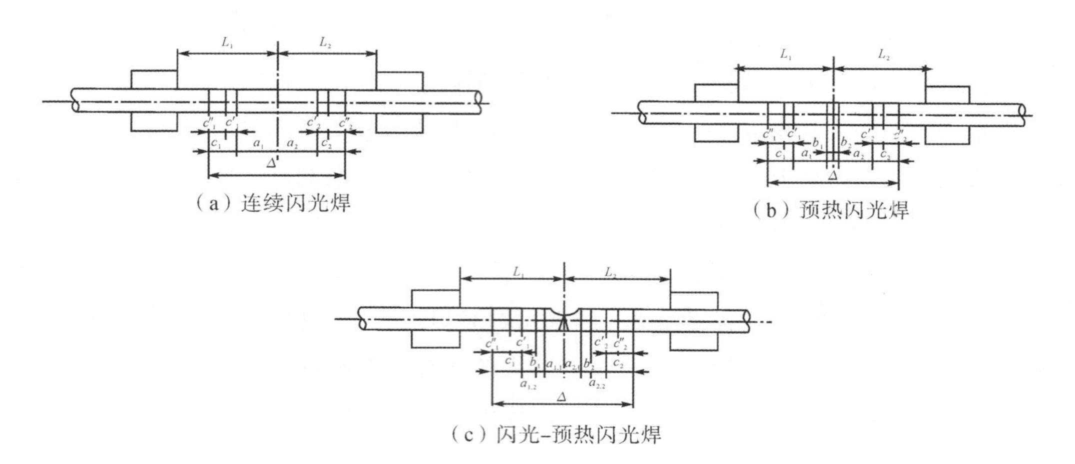

（a）连续闪光焊　（b）预热闪光焊

（c）闪光-预热闪光焊

L_1、L_2—调伸长度；a_1、a_2—烧化留量；c_1、c_2—顶锻留量；c'_1、c'_2—有电顶锻留量；c''_1、c''_2—无电顶锻留量；$a_{1,1}$、$a_{2,1}$—一次烧化留量；$a_{1,2}$、$a_{2,2}$—二次烧化留量；b_1、b_2—预热留量；Δ—焊接总留量。

图 4-52　钢筋焊接

(3)闪光对焊参数。闪光对焊参数包括调伸长度、烧化留量、预热流量、顶锻留量和变压器级数等。

①调伸长度。调伸长度的选择，应随着钢筋牌号的提高和钢筋直径的加大而增长，主要是减缓接头的温度梯度，防止热影响区产生淬硬组织；当焊接 HRB400、HRBF400 等牌号的钢筋时，调伸长度宜在 40～60 mm 内选用。

②烧化留量。烧化留量的选择，应根据焊接工艺方法确定。当连续闪光焊时，闪光过程应较长；烧化留量应等于两根钢筋在断料时切断机刀口严重压伤部分(包括端面的不平整度)再加 8～10 mm；当闪虹预热闪光焊时，应区分一次烧化留量和二次烧化留量。一次烧化留量不应小于 10 mm，二次烧化留量不应小于 6 mm。

③预热流量。需要预热时，宜采用电阻预热法。预热流量应为 1～2 mm，预热次数应为 1～4次；每次预热时间应为 1.5～2 s，间歇时间应为 3～4 s。

④顶锻留量。顶锻留量应为 3～7 mm，并应随钢筋直径的增大和钢筋牌号的提高而增加。其中，有电顶锻留量约占 1/3，无电顶锻留量约占 2/3，焊接时必须控制得当。焊接 HRB500 级钢筋时，顶锻留量宜稍微增大，以确保焊接质量。

⑤变压器级数。变压器级数应根据钢筋牌号、直径、焊机容量及焊接工艺方法等具体情况选择。

(4)焊接质量检查。

①分批。在同一台班内，由同一焊工完成的 300 个同级别、同直径钢筋焊接接头应作为一批。当同一台班内焊接的接头数量较少时，可在一周之内累计计算；累计如仍不足 300 个接头时，应按一批计算。

②外观检查。应从每批中抽查 10%，且抽出不得少于 10 个的接头作外观检查。检查结果

应符合下列要求：

a. 接头处不得有横向裂纹。

b. 与电极接触处的钢筋表面，对于 HPB235、HRB335、HRB400 级钢筋，不得有明显烧伤；对于 RRB400 级钢筋，不得有烧伤。在负温条件下进行闪光对焊时，对于 HPB235～RRB400 级钢筋，均不得有烧伤。

c. 接头处的弯折角不得大于 2。

d. 接头处的轴线偏移不得大于钢筋直径的 0.1 倍，且不得大于 2 mm。

经过外观检查，如发现有一个接头不符合要求，就应对全部接头进行检查，剔出不合格接头，切除热影响区后重新焊接。

③力学性能试验。

a. 取样。从每批接头中任意切取 6 个试件，其中 3 个做拉伸试验，3 个做弯曲试验。

b. 拉伸试验。拉伸试验时试件尺寸为试件长度$=L_s+2L_j$(mm)，L_s 为受试长度，L_j 为夹持长度(100～200 mm)。

对试验结果的要求：3 个热轧钢筋接头试件的抗拉强度均不得低于该级别钢筋规定的抗拉强度；余热处理钢筋按 RRB400 级钢筋规定，即接头试件的抗拉强度不得低于 570 N/mm^2。此外，应至少有 2 个试件断于焊缝之外，并呈延性断裂。

评定：当试验结果有 1 个试件的抗拉强度低于上述规定值，或有 2 个试件在焊缝或热影响区发生脆性断裂时，应再取 6 个试件进行复验；复验结果若仍有 1 个试件的抗拉强度低于规定值，或有 3 个试件断于焊缝或热影响区，呈脆性断裂，应确认该批接头为不合格品。

c. 弯曲试验。进行弯曲试验时，试件长度宜为两支辐轮内侧距离再加 150 mm，应将受压面的金属毛刺和镦粗变形部分消除，使与母材的外表齐平。试样应放在两支点上，试验时焊缝应处于弯曲中心点，并应使焊缝中心与压头中心线一致，缓慢对试样施加弯曲力，当弯至 90°时，至少有两个试件不得发生破断。

评定：如试验结果有 2 个试件发生破断，应再取 6 个试件进行复验；复验结果若仍有 3 个试件发生破断，应确认该批接头为不合格品。

2)电阻点焊

(1)点焊设备。混凝土结构中的钢筋骨架和钢筋网片的交叉钢筋焊接宜采用电阻点焊。焊接时将钢筋的交叉点放入点焊机两极之间，通电使钢筋加热到一定温度后，加压使焊点处钢筋互相压入一定的深度(压入深度为两钢筋中较细者直径的 1/4～2/5)，将焊点焊牢。采用点焊代替绑扎，可以提高工效，便于运输。在钢筋骨架和钢筋网成型时优先采用电阻点焊。

点焊机的基本构造如图 4－53 所示。

加压过程是利用踏板杠杆推动压紧弹簧实现的，这种加压形式一般用于焊接细钢筋的小容量点焊机。此外，还有气压式加压机构，通过所设置的汽缸、活塞使电极产生抬起、落下的行为，从而对所焊钢筋施加压力；在缺少气源的车间，也可利用电动机作动力，通过凸轮和杠杆作用，对钢筋加压。

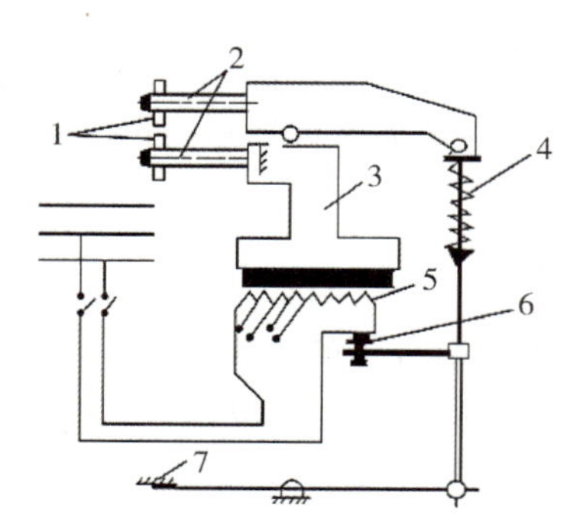

1—电极；2—电极臂；3—变压器的次级线圈；4—加压机构；
5—变压器的初级线圈；6—断路器；7—踏板。

图 4-53 点焊机的基本构造

厂家出品的点焊机多为单点工作的，使用极不方便，因此，许多建筑企业的钢筋加工厂都有自制的“多头点焊机”，专门用于焊制订型钢筋网（用于焊接大型屋面板板面钢筋通常为 8“头”的，钢筋网孔格尺寸为 200 mm²）。多头点焊机加上一些附属设施（如钢丝卷盘的放盘架、平移拉网拖板或辊道部分、网片承托架等），并考虑必要焊接顺序的自动装置，可构成专用工艺生产线。

图 4-51 所示的点焊机是固定式的，被焊的钢筋接点应输送至电极下接受焊接，如果所制的钢筋网尺寸很大，则操作甚不方便，尤其是焊制钢筋骨架，更显困难。因此，钢筋加工厂中还可以配备悬挂式点焊机，这种点焊机的特点是电极移动而焊件则是固定的。悬挂式点焊机悬挂在焊件上方的单轨上，可以沿单轨移动，它的电极通过各种软管管路接至手持焊钳上，实际上夹钳就构成两个电极，这样，便可以用于焊接各种钢筋骨架或大型钢筋网。

(2)工艺和操作要点。

①焊件选择。

a. 电阻点焊适用于热轧 HPB235、HRB335 级钢筋、冷轧带肋钢筋和冷拔低碳钢丝。

b. 当焊接不同直径的钢筋时，其较细钢筋的直径小于或等于 10 mm 时，粗细钢筋直径之比不宜大于 3；当较细钢的直径为 12～14 mm 时，粗细钢筋直径之比不宜大于 2。

c. 焊接网的纵向钢筋可采用单根钢筋或双根钢筋；横向钢筋应采用单根钢筋如图 4-54 所示。

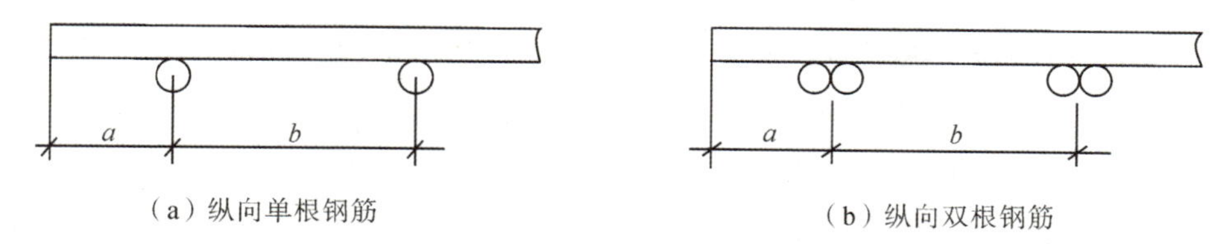

(a) 纵向单根钢筋　　(b) 纵向双根钢筋

图 4-54 焊接网的纵向钢筋示意图

d. 焊接网的纵向、横向钢筋均为单根钢筋时，钢筋的直径应符合下式要求：

$$d_{min} \geqslant 0.6 d_{max}$$

式中：d_{min}——较细钢筋的公称直径；

d_{max}——较粗钢筋的公称直径。

e. 当焊接网中纵向钢筋采用双根钢筋时，钢筋的直径应符合下式要求：

$$0.7 d_t \leqslant d_1 \leqslant 1.25 d_t$$

式中：d_1——横向钢筋的公称直径；

d_t——双根钢筋之一的公称直径。

②工艺过程。

a. 预压。在压力作用下，两交叉钢筋紧密接触，这段时间属于预压阶段。

b. 通电。通电阶段即加热熔化阶段。在通电开始一段时间内，接触点面积扩大，固态金属因加热而膨胀，在焊接压力作用下，焊接处金属产生塑性变形，并挤向钢筋间缝隙中；继续加热后，开始出现熔化点，并逐渐扩大成所要求的核心尺寸时切断电流。

c. 锻压。由切断电流开始，熔核冷却并逐渐凝固，这时要施加必要的锻压，有足够的锻压力，才可以补充塑性区的变形。

d. 电阻点焊应根据钢筋牌号、直径及焊机性能等具体情况选择必要的焊接参数，如变压器级数、焊接通电时间和电极压力等。

e. 在焊接骨架或焊接网的电阻点焊中，两钢筋相互压入的深度应为较小钢筋直径的18%～25%。

(3)质量检查与验收。

①一般规定。焊接骨架和焊接网应进行形状尺寸检查、外观质量检查和力学性能试验。凡钢筋级别、直径及尺寸相同的焊接骨架和焊接网应视为同一类型制品，按每300件为一批，一周内不足300件的亦应按一批计算。

②形状尺寸检查和外观检查。

a. 取样，按同一类型制品分批检查。每批抽查5%，且不得少于5件。

b. 对焊接骨架检查结果的要求：焊点处熔化金属应均匀；压入深度应符合上面规定的要求；每件制品的焊点脱落、漏焊数量不得超过焊点总数的4%，且相邻两焊点不得有漏焊及脱落；焊点应无裂纹、多孔性缺陷及明显的烧伤现象；应量测焊接骨架的长度、宽度和高度，并应抽查纵、横方向3～5个网格的尺寸，其允许偏差应符合有关规定。

当外观检查结果不符合上述要求时，应逐件检查，并剔出不合格品。对不合格品经整修后可提交二次验收。

c. 对焊接网检查结果的要求：焊点处熔化金属应均匀；压入深度应符合上面规定的要求；焊

接网的长度、宽度及网格尺寸的允许偏差均为±10 mm，取规定间距的±5%的较大值；焊接网交叉点开焊数量不得大于整个网片交叉点数的1%，并且在任意一根钢筋上开焊点数不得多于该根钢筋交叉点总数的1/2，焊接网最外边钢筋上的交叉点不得开焊；焊接网组成的钢筋表面不得有裂纹、折叠、结疤、凹坑、油污及其他影响使用的缺陷，但焊点处可有不大的毛刺和表面浮锈。

3）电弧焊

电弧焊是利用弧焊机使焊条和焊件之间产生高温电弧，熔化焊条和高温电弧范围内的焊件金属，熔化的金属凝固后形成焊接接头。电弧焊广泛用于钢筋的接长、钢筋骨架的焊接、装配式结构钢筋接头焊接及钢筋与钢板、钢板与钢板的焊接等。

电弧焊的主要设备是弧焊机，分为交流弧焊机和直流弧焊机两类。工地常用交流弧焊机。焊接时，先将焊件和焊条分别与电焊机的两极相连，然后引弧，引弧时，先将焊条端部轻轻地和焊件接触，造成瞬间短路，随即很快提起2～4 mm，使空气产生电离，而引燃电弧，以熔化金属。

熔化的金属与空气接触时，将吸收氧、氮影响这部分金属的机械性能，降低其塑性和冲击韧性，为改善这种状况，焊条表面常涂一层药皮，在电弧高温的作用下，焊条表面药皮一部分氧化，在电弧周围形成保护性气体，另一部分起脱氧作用，它的氧化物形成熔渣，浮于焊缝金属表面，这样可以保护焊缝金属不受有害气体的影响。

钢筋电弧焊接头主要有三种形式。

（1）帮条焊。帮条焊适用于直径6～40 mm的HPB300、HRB335、HRB400、HRB500、HRBF335、HRBF400、HRBF500级钢筋。

帮条焊是将两根待焊的钢筋对正，使两端头离开2～5 mm，然后用短帮条，帮在外侧，在与钢筋接触部分，焊接一面或两面。帮条焊既可采用单面焊缝，也可采用双面焊缝，如图4-55所示。若采用双面焊，接头中应力传递对称、平衡，受力性能好；若采用单面焊，则受力情况差。因此，应尽可能采用双面焊，而只有在受施工条件限制不能进行双面焊时，才采用单面焊。

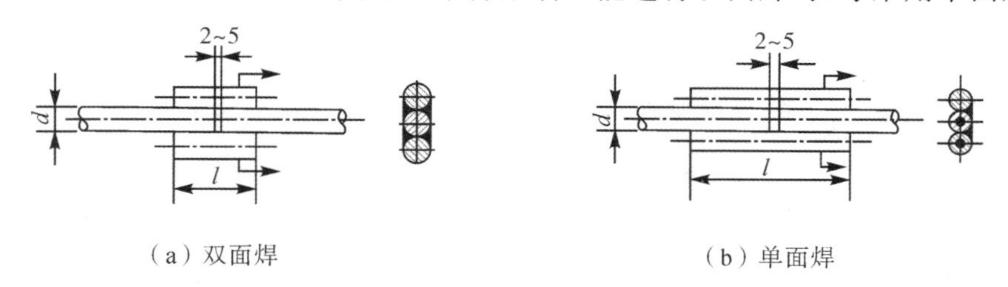

（a）双面焊　　（b）单面焊

d—钢筋直径；l—搭接长度。

图4-55　钢筋帮条焊

帮条焊宜采用与主筋同级别、同直径的钢筋制作，其帮条长度：

HPB300级钢筋：单面焊 $l \geqslant 8d_0$，双面焊 $l \geqslant 4d_0$；

HRB335、HRB400、HRBF335、HRBF400、HRB500 及 HRBF500 级钢筋：单面焊 $l \geqslant 10d_0$，双面焊 $l \geqslant 5d_0$。

若帮条级别与主筋相同时，帮条直径可比主筋直径小一个规格；如帮条直径与主筋相同时，帮条的级别可比主筋低一个级别。

钢筋帮条焊接头的焊缝厚度 s 应不小于 $0.3d_0$；焊缝宽度 b 不小于 $0.8d_0$。

焊接时，引弧应在垫板或帮条上，不得烧伤主筋；焊接地线与钢筋应紧密接触；焊接过程中应及时清渣，焊缝表面应光滑，焊缝余高平缓过渡，引坑应填满。

(2)搭接焊。搭接焊又称搭接接头。把钢筋端部弯曲一定角度叠合起来，在钢筋接触面上焊接形成焊缝的过程即为搭接焊。图 4－56 所示的钢筋搭接焊宜采用双面焊，不能进行双面焊时，也可采用单面焊。搭接焊的搭接长度 l、焊缝高度 s 和焊缝宽度 b 同帮条焊。

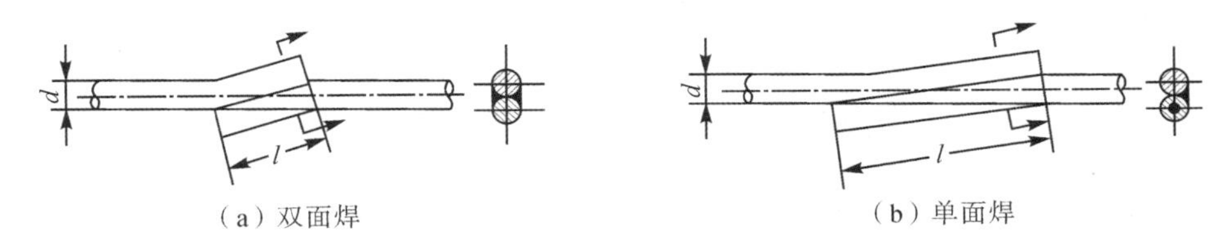

(a) 双面焊　　(b) 单面焊

d—钢筋直径；l—搭接长度。

图 4－56　钢筋搭接焊

(3)坡口焊。坡口焊又叫剖口焊。钢筋坡口焊可分为坡口平焊和坡口立焊两种，如图 4－57 所示。

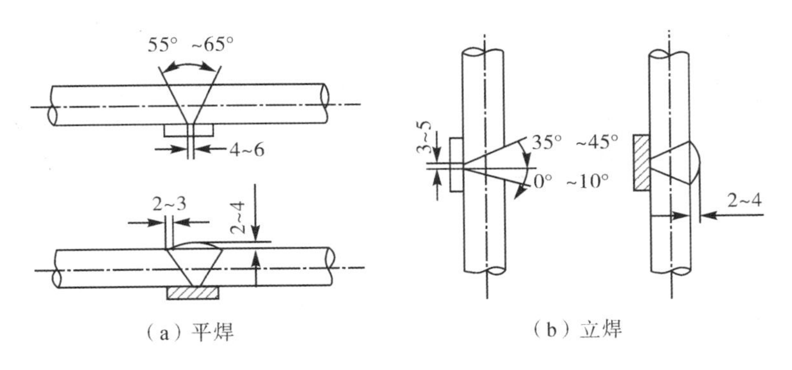

(a) 平焊　　(b) 立焊

图 4－57　钢筋坡口焊

搭接焊适用范围：直径为 16～40 mm 的 HPB300、HRB335、HRB400 级钢筋及 RRB400 级钢筋；装配式结构节点的焊接。钢筋坡口平焊采用 V 形坡口，坡口夹角为 55°～65°，两根钢筋的根部空隙为 3～5 mm，下垫钢板长度 40～60 mm，厚度 4～6 mm，钢垫板宽度为钢筋直径加 10 mm。钢筋坡口立焊采用 40°～55°坡口。

(4)质量检查与验收。

①外观检查。应在接头清渣后逐个进行目测或量测，检查结果应符合下列要求：

a. 焊缝表面应平整，不得有凹陷或焊瘤。

b. 焊缝接头不得有裂纹。

c. 咬边深度、气孔、夹渣等缺陷允许值及接头尺寸的允许偏差应符合有关要求。

②力学性能试验。

a. 取样。在一般构筑物中，应从成品中每批任意切取 3 个接头进行拉伸试验；在装配式结构中，可按生产条件制作模拟试件。在工厂焊接条件下，以 300 个同接头样式、同钢筋级别的接头作为一批。在现场安装条件下，每一至二层楼中以 300 个同接头样式、同钢筋级别的接头作为一批；不足 300 个时，仍作为一批。

b. 拉伸试验。电弧焊拉伸试件尺寸见图 4-58。

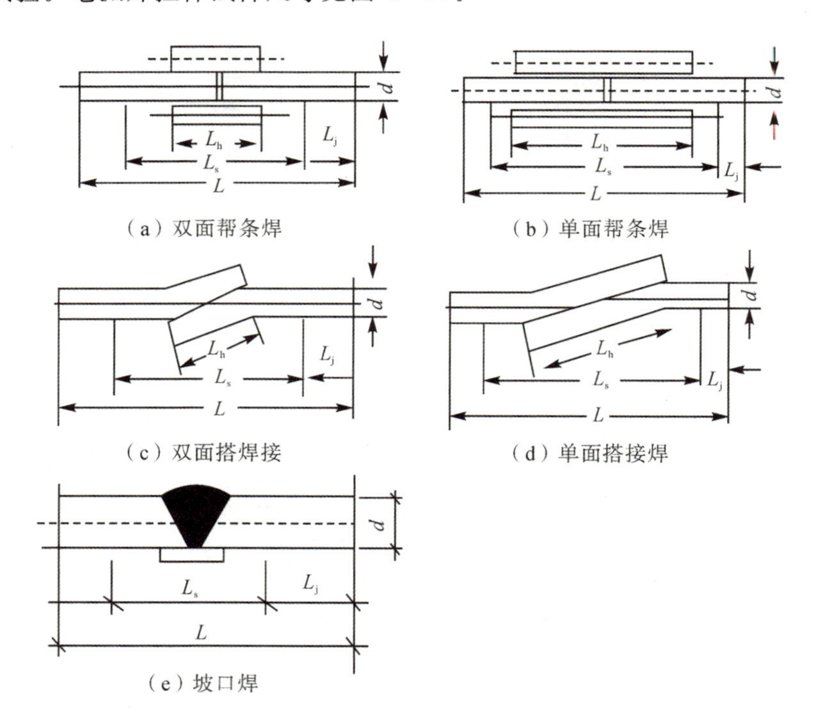

L_s—受试长度(mm)；L_h—焊缝长度(mm)；L_j—夹持长度(mm)；

L—试件长度(mm)；d—钢筋直径(mm)。

图 4-58 电弧焊拉伸试件尺寸

对于图 4-58(a)中的双面帮条焊：$L=L_s+2L_j(L_s=8d+L_h)$；对于图 4-58(b)中的单面帮条焊：$L=L_s+2L_j(L_s=5d+L_h)$；对于图 4-58(c)中的双面搭接焊：$L=L_s+2L_j(L_s=8d+L_h)$；对于图 4-58(d)中的单面搭接焊：$L=L_s+2L_j(L_s=5d+L_h)$；对于图 4-58(e)中的坡口焊：$L=$

$L_s+2L_j(L_s=8d)$。

c. 对试验结果的要求。接头的力学性能主要是以拉伸试验结果为评定依据。接头拉伸试验结果应符合下列要求：3 个热轧钢筋试件的抗拉强度均不得低于该级别钢筋规定的抗拉强度，余热处理钢筋按 HRB400 级钢筋取值；3 个接头试件均应断于焊缝之外，并应至少有两个试件呈延性断裂。

d. 评定。当试验结果有 1 个试件的抗拉强度低于规定值，或有 1 个试件断于焊缝，或有 2 个试件发生脆性断裂时，应再取 6 个试件进行复验；当复验结果有 1 个试件的抗拉强度低于规定值，或有 1 个试件断于焊缝，或有 3 个试件呈脆性断裂时，应确认该批接头为不合格品。模拟试件的数量和要求与从成品中切取相同，当模拟试件试验结果不符合要求时，复验应从成品中切取，其数量和要求应与初始试验相同。

4)电渣压力焊

(1)焊接原理及适用范围。电渣压力焊利用电流通过渣池所产生的热量来熔化母材，待到一定程度后施加压力，完成钢筋连接。这种钢筋接头的焊接方法与电弧焊相比，焊接效率高 5～6倍，且接头成本较低，质量易保证，它适用于直径为 14～40 mm 的 HPB235、HRB335 级竖向或斜向钢筋的连接。

电渣压力焊可用手动电渣压力焊机或自动压力焊机进行焊接。手动电渣压力焊由焊接变压器、夹具及控制箱等组成，如图 4－59 所示。杠杆式单柱焊接机头和丝杆传动式双柱焊接机头，如图 4－60 所示。

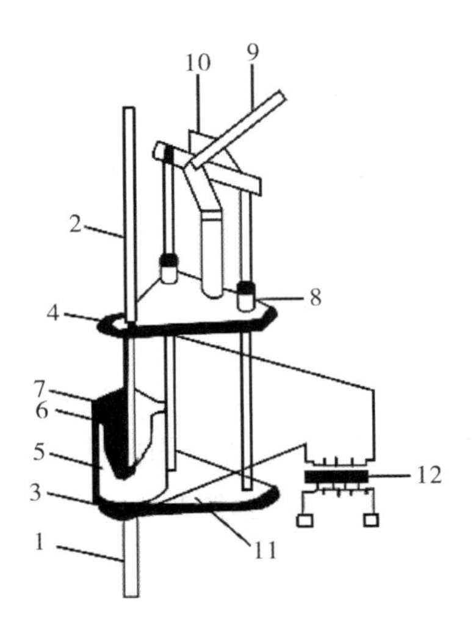

1,2—钢筋；3—固定电极；4—滑动电极；5—焊剂盒；6—导电剂；
7—焊剂；8—滑动架；9—操纵杆；10—标尺；11—固定架；12—变压器。

图 4－59　手动电渣压力焊

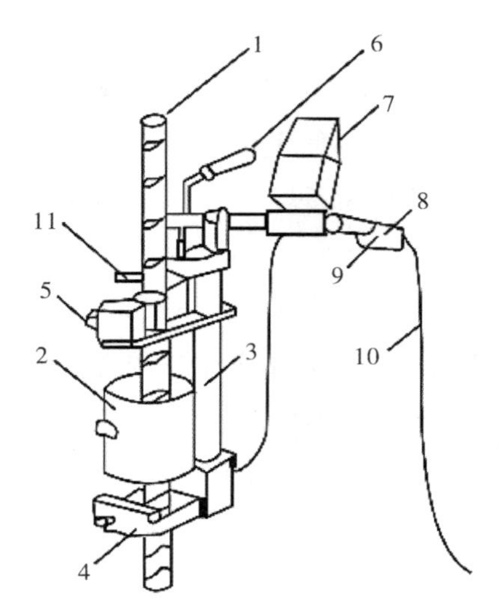

(a) 杠杆式单柱焊接机头

1—钢筋；2—焊剂盒；3—单导柱；4—固定夹头；
5—活动夹头；6—手柄；7—监控仪表；8—操作把；
9—开关；10—控制电缆；11—电缆插座。

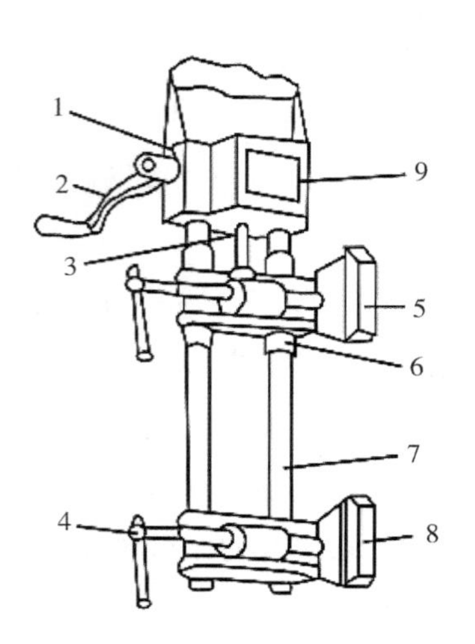

(b) 丝杆传动式双柱焊接机头

1—伞形齿轮箱；2—手柄；3—升降丝杆；
4—夹紧装置；5—上夹头；6—导管；
7—双导柱；8—下夹头；9—操作盒。

图 4-60 焊接接头

施焊前先将钢筋端部 120 mm 范围内的铁锈、杂质刷净，把钢筋安装于夹具钳口内夹紧，在两根钢筋接头处放一铁丝小球(钢筋端面较平整而焊机功率又较小时)或导电剂(钢筋直径较大时)。然后，在焊剂盒内装满焊剂，焊剂采用高锰、高硅、低氟型 431 焊剂。焊剂的作用是使熔渣形成渣池，保护熔化的高温金属，避免发生氧化、氮化作用，形成良好的钢筋接头。焊剂使用前必须经烘烤 2 h。施焊时，接通电源使小球(或导电剂)、钢筋端部及焊剂相继熔化，形成渣池；维持数秒后，用操纵压杆使钢筋缓缓下降，熔化量达到规定数值(用标尺控制)后，切断电路，用力迅速顶压，挤出金属熔渣和熔化金属，形成坚实的焊接接头。待冷却 1～3 分钟后，打开焊剂盒，卸下夹具。

(2)焊接工艺。竖向钢筋电渣压力焊的工艺过程包括引弧、电弧、电渣和挤压过程。

①引弧过程。引弧可采用直接引弧法或铁丝球引弧法。

直接引弧法是在通电后迅速将上钢筋提起，使两端头之间的距离为 2～4 mm，这种过程很短。当钢筋端头夹杂不导电物质或端头过于平滑造成引弧困难时，可以多次把上钢筋移下与下钢筋短接后再提起，达到引弧目的。

铁丝球引弧法是将铁丝球放在上下钢筋端头之间，电流通过铁丝球与上下钢筋端面的接触点形成短路引弧。铁丝球采用 0.5～1.0 mm 的退火铁丝，球径不小于 10 mm，球的每一层缠绕方向应相互垂直交叉。当焊接电流较小，钢筋端面较平整或引弧距离不易控制时，宜采用此法。

②电弧过程。电弧过程亦称造渣过程，即靠电弧的高温作用，将钢筋端头的凸出部分不断

烧化，同时将接口周围的焊剂充分熔化，形成一定深度的渣池。

③电渣过程。渣池形成一定深度后，将上钢筋缓缓插入渣池中，此时电弧熄灭，进入电渣过程。由于电流直接通过渣池，产生大量的电阻热，使渣池温度升到近200°，将钢筋端头迅速而均匀地熔化。其中，上钢筋端头熔化量比下钢筋大一倍。经熔化后的上钢筋端面呈微凸形，并在钢筋的端面上形成一个由液态向固态转化的过渡薄层。

④挤压过程。电渣压力焊的接头，是利用过渡层使钢筋端部的分子与原子产生巨大的结合力完成的。因此，在停止供电的瞬间，对钢筋施加挤压力，把焊口部分熔化的金属、熔渣及氧化物等杂质全部挤出结合面。由于挤压时焊口处于熔融状态，因此所需的挤压力很小，对各种规格的钢筋仅为0.2～0.3 kN。

经过四个阶段的焊接过程之后，接头焊毕应适当停歇，方可回收焊剂和卸下焊接夹具，并敲去渣壳；四周焊包应均匀，凸出钢筋表面的高度应不小于4 mm，如图4－61所示。

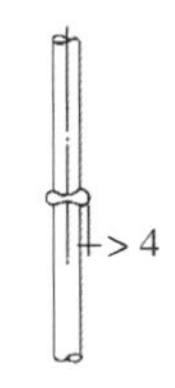

图4－61 钢筋接头

(3)质量检验。

①取样数量。钢筋电渣压力焊接头的外观检查应逐个进行。进行强度检验时，从每批成品中切取3个试件进行拉伸试验。在一般构筑物中，每300个同类型接头(同钢筋级别、同钢筋直径)作为一批。在现浇钢筋混凝土结构中，以300个同类型接头作为一批；不足300个时，仍作为一批。

②外观检查。钢筋电渣压力焊接头的外观检查，应符合下列要求：

a. 接头焊包应饱满和比较均匀，四周凸出钢筋表面的高度，当$d \leqslant 25$ mm时，不得小于4 mm；当$d \geqslant 28$ mm时，不得小于6 mm。钢筋表面无明显烧伤等缺陷。

b. 接头处钢筋轴线的偏移不得大于1 mm。

c. 接头处弯折角度不得大于2°。

外观检查不合格的接头，应切除重焊或采取补强措施。

③拉伸试验。电渣压力焊拉伸试验的试件形式如图4－62所示，试件长度$L=8d+2L_j$，其中L_j为夹持长度(100～200 mm)。钢筋电渣压力焊接头拉伸试验结果，三个试件均不得低于该级别钢筋的抗拉强度标准值。如有一个试件的抗拉强度低于规定数值，应取双倍数量的试件进行复验。复验结果如仍有一个试件的强度达不到上述要求，则该批接头即为不合格品。

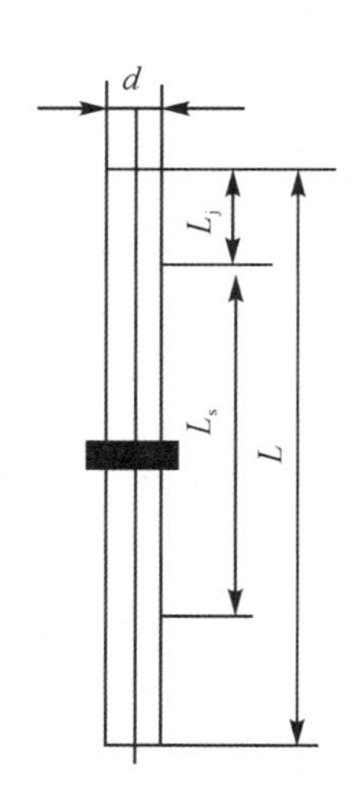

图 4-62　电渣压力焊拉伸试验的试件形式

5)埋弧压力焊

埋弧压力焊利用焊剂层下的电弧燃烧将两焊件相邻部位熔化,然后加压顶锻使两焊件焊合,如图 4-63 所示。这种焊接方法工艺简单,比电弧焊工效高、质量好(焊后钢板变形小、抗拉强度高)、成本低(不用焊条),适用于钢筋与钢板作丁字形接头焊接。

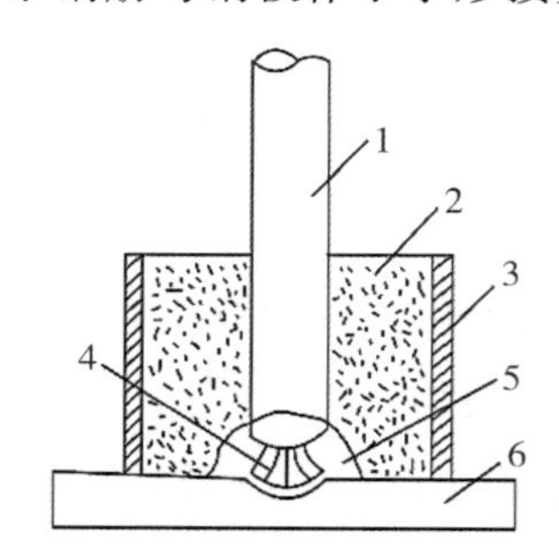

1—钢筋;2—431 焊剂;3—焊剂盒;4—电弧柱;5—弧焰;6—钢板。

图 4-63　埋弧压力焊

(1)焊接设备。

①手工埋弧压力焊机。手工埋弧压力焊机的组成如图 4-64 所示。

焊接机头装在摇臂的前端,其下端连接钢筋夹钳(活动电极),工作平台上装有电磁吸盘(固定电极),用以固定钢板。

高频引弧器的作用是利用高频电压电流来引弧,它能使周围空气剧烈电离,在其输出端距离 1～3 mm 的情况下,能产生电击穿现象。但应注意,焊接变压器的初级与次级间要有良好绝缘,以防被高频电压击穿。

焊剂宜采用 431 型。

②自动埋弧压力焊机。自动埋弧压力焊机是在手工埋弧压力焊机的基础上,增加带有延时调节器的自动控制系统。

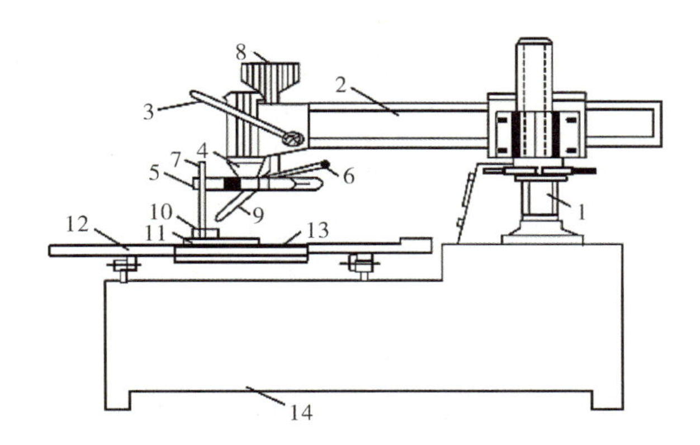

1—立柱；2—摇臂；3—操作手柄；4—焊接机头；5—钢筋夹钳；6—夹钳手柄；7—钢筋；8—焊剂斗；9—焊剂下料管；10—焊剂盒；11—钢板；12—可移动的工作台面；13—电磁吸盘；14—机架。

图 4-64 手工埋弧压力焊机的组成

(2)焊接工艺。施焊前，钢筋钢板应清洁，必要时要除锈，以保证台面与钢板、钳口与钢筋接触良好，不致起弧。

①采用手工埋弧压力焊时，接通焊接电源后，立即将钢筋上提 2.5～3.5 mm，引燃电弧。随后，根据钢筋直径大小，适当延时；或者继续缓慢提升 3～4 mm，再渐渐下送，使钢筋端部和钢板熔化，待达到一定时间后，迅速顶压。

②采用自动埋弧压力焊时，在引弧之后，根据钢筋直径大小，延续一定时间进行熔化，随后及时顶压。

(3)焊接参数。埋弧压力焊的焊接参数主要包括焊接电压、焊接电流和焊接通电时间等。焊接电压：在电弧过程宜为 35～45 V，在电渣过程宜为 22～27 V。焊接电流：在钢筋直径为 8～22 mm时为 400～600 A，在钢筋直径为 25～36 mm 时为 550～800 A；通电时间：相应为 6～30 s、35～60 s。

(4)质量检查。

①外观检查。预埋件钢筋 T 形接头的外观检查，应从同一台班内完成的同一类型成品中抽取 5%，并不得少于 10 件。

预埋件钢筋埋弧压力焊接头的外观检查，应符合下列要求：焊包均匀；钢筋咬边深度不得超过 0.5 mm；与钳口接触处的钢筋表面无明显烧伤；钢板无焊穿、凹陷现象；钢筋相对钢板的直角偏差不大于 2°；钢筋间距偏差不大于±10 mm。检查结果如有一个接头不符合上述要求时，应逐个进行检查，剔出不合格品。不合格品接头经补焊后可提交二次验收。

②强度检验。进行强度检验时，以 300 件同类型成品作为一批。一周内连续焊接时，可以累计计算。一周内累计不足 300 件成品时，也按从每批成品中切取 3 个试件进行拉伸试验。预埋件 T 形接头的拉伸试验如图 4-65 所示。

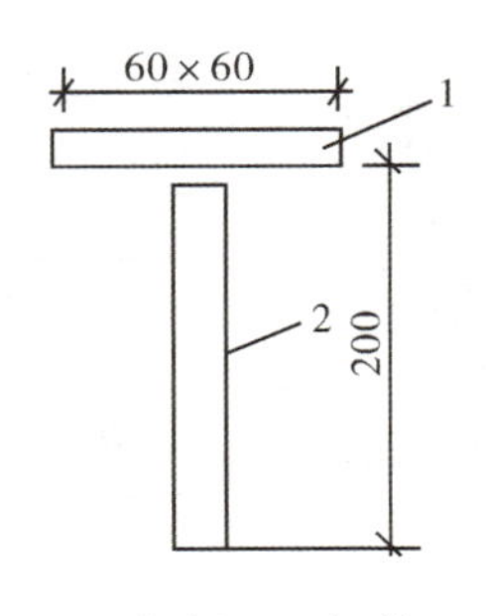

1—钢板；2—钢筋。

图 4－65 预埋件 T 形接头的拉伸试验

检验结果：当有一个试样不能达到要求时，应取双倍数量的试件进行复验。复验结果如仍有一个试件低于规定数值，则该批预埋件即为不合格品。对于不合格品采取加强焊接后，可提交二次验收。

6）气压焊

钢筋气压焊是采用氧-乙炔火焰对钢筋接缝处进行加热，使钢筋端部加热达到高温状态，并施加足够的轴向压力而形成牢固的对焊接头。钢筋气压焊接方法具有设备简单、焊接质量好、效果高，且不需要大功率电源等优点。

（1）气压焊设备钢筋气压焊可用于直径 40 mm 以下的 HPB235、HRB335 级钢筋的纵向连接。当两钢筋直径不同时，其直径之差不得大于 7 mm，钢筋气压焊设备示意图如图 4－66 所示。

（2）工艺过程。施焊前钢筋要用砂轮锯下料并用磨光机打磨，边棱要适当倒角，端面要平，端面基本上要与轴线垂直。端面附近 50～100 mm 范围内的铁锈、油污等必须清除干净，然后用卡具将两根被连接的钢筋对正、夹紧。

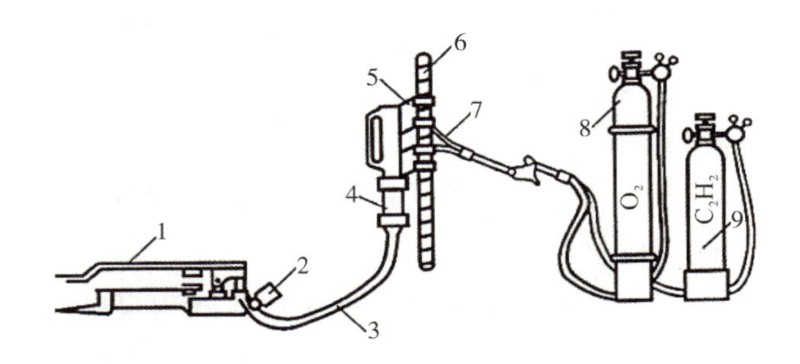

1—脚踏液压泵；2—压力表；3—液压胶管；4—活动油缸；
5—钢筋卡具；6—钢筋；7—焊枪；8—氧气瓶；9—乙炔瓶。

图 4－66 钢筋气压焊设备示意图

钢筋气压焊的施焊过程包括预压、加热与压接过程。钢筋卡好后施加初压力（30～40 MPa）使钢筋端面密贴，间隙不超过 3 mm；钢筋先用强碳化焰加热，待钢筋端面间隙闭合后改用中性焰加热，以加快加热速度。当钢筋端面加热到所需温度（宜在熔点以下 1150～1250℃）时，对钢筋轴向加压，使接缝处膨鼓的直径达到母材钢筋直径的 1.4 倍，变形长度为钢筋直径的 1.3～1.5 倍，此时可停止加热、加压，待焊接点的红色消失后取下夹具。

(3)质量检查。气压焊接头的质量检查包括外观检查和强度检验。

外观检查要求：焊接部位钢筋轴线偏心应小于钢筋直径的 1/10（焊接不同直径钢筋时偏心应小于小直径钢筋直径的 1/10，且小直径钢筋不得错出大直径的钢筋范围），焊接处隆起的直径不小于钢筋直径的 1/4 倍，隆起的变形长度不小于钢筋直径的 1.3～1.5 倍；焊接接头隆起形状，不应有显著的凸出和塌陷，不应有裂缝及过烧现象；焊接钢筋轴线夹角不得大于 2°。

强度检查要求：钢筋气压焊接头，5 个试件的抗拉强度均不得低于该级别钢筋的抗拉强度标准值，全部试件断于焊缝之外并呈塑性断裂。气压焊拉伸试验的试件形式如图 4－67 所示，试件长度 $L=8d+2L_j$，L_j 为夹持长度（100～200 mm）。

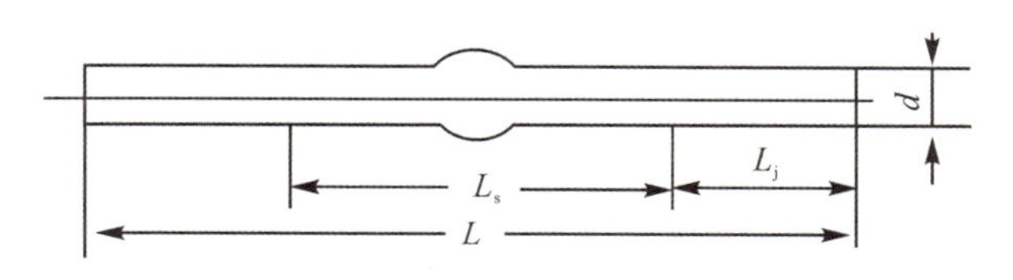

图 4－67 气压焊拉伸试验的试件形式

3. 钢筋挤压连接

钢筋挤压连接是一项新型钢筋连接工艺，它改变了电弧焊、电渣焊、闪光焊、气压焊等传统焊接工艺的热操作方法，它是在常温下采用特别钢筋连接机，将钢套筒和两根待接钢筋压接成一体，使套筒塑性变形后与钢筋上的横肋纹紧密地咬合在一起，从而达到连接效果的一种机械接头方式。冷压接头具有性能可靠、操作简便、施工速度快、施工不受气候影响、省电等优点。两根钢筋插入钢套筒后，用带有梅花齿形内模的钢筋连接机对套筒外壁加压，螺纹钢筋的横肋间隙中，这时继续加压使钢套筒的金属冷塑性变形程度加剧，进一步加强硬化程度，其强度提高 110～140 MPa。钢筋挤压连接如图 4－68 所示。

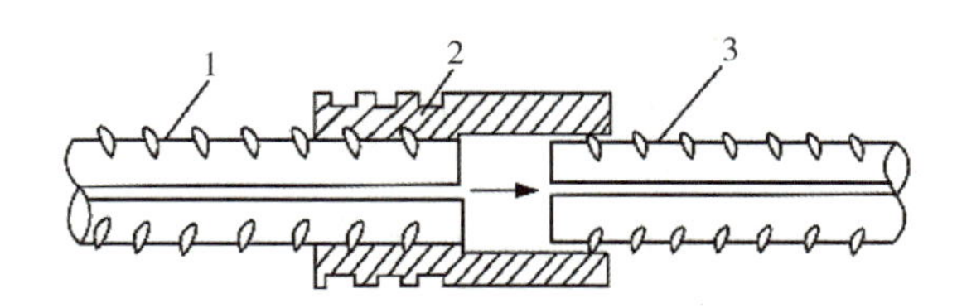

1—已挤压的钢筋；2—钢套筒；3—未挤压的钢筋图。

图 4－68 钢筋挤压连接

4. 螺纹连接

钢筋螺纹连接采用的是螺纹连接钢筋的新技术。螺纹连接套是在工厂专用机床上加工制成的，钢筋套丝的加工是在钢筋套丝机上进行的。钢筋螺纹连接速度快，对中性好，工期短，连接质量好，不受气候影响，适应性强。

4.2.2 墙、柱钢筋施工工艺

1. 剪力墙钢筋绑扎工艺

剪力墙钢筋施工

1)质量关键要求

施工中应注意下列质量问题，遇之要妥善解决，以达到质量要求。

(1)水平筋的位置、间距不符合要求。墙体绑扎钢筋时应搭设高凳或简易脚手架，确保水平筋位置准确。

(2)下层伸出的墙体钢筋和竖向钢筋绑扎不符合要求。绑扎时应先将下层伸出钢筋调直理顺，然后再绑扎或焊接。若下层伸出的钢筋位移较大时，应征得设计同意再进行处理。

(3)门窗洞口加强筋位置尺寸不符合要求。应在绑扎前根据洞口边线将加强筋位置调整，绑扎加强筋时应吊线找正。

(4)剪力墙水平筋锚固长度不符合要求。认真学习图纸。在拐角、十字节点、墙端、连梁等部位钢筋的锚固应符合设计要求。

2)工艺流程

弹墙体线→剔凿墙体混凝土浮浆→修理预留搭接筋→绑纵向筋绑横筋→绑拉筋或支撑筋。

3)操作要点

(1)将预留钢筋调直理顺，并将表面砂浆等杂物清理干净。先立 2～4 根纵向筋，并划好纵筋分挡标志，然后于下部及齐胸处绑两根定位水平筋，并在横筋上划好分挡标志，然后绑其余纵向筋，最后绑其余横筋。如剪力墙中有暗梁、暗柱时，应先绑暗梁、暗柱再绑周围横筋。

(2)剪力墙钢筋绑扎完后，把垫块或垫圈固定好确保钢筋保护层的厚度。平均每段长度不宜超过 8 m，以利绑扎。

(3)绑扎剪力墙的钢筋网，全部钢筋的相交点都要扎牢，绑扎时相邻绑扎点的铁丝扣成八字形，以免网片歪斜变形。

(4)为控制墙体钢筋保护层厚度，宜采用比墙体竖向钢筋大一型号的钢筋梯子凳，在原位替代墙体钢筋，间距 1500 mm 左右。

(5)剪力墙水平分布钢筋的搭接长度不应小于 $1.2l_a$(l_a 为钢筋锚固长度)。同排水平分布钢筋的搭接接头之间及上、下相邻水平分布钢筋的搭接接头之间沿水平方向的净间距不宜小于 500 mm。若搭接采用焊接时应符合《钢筋焊接及验收规程》(JGJ 18—2012)的规定。

(6)剪力墙竖向分布钢筋可在同一高度搭接，搭接长度不应小于 $1.2l_a$。

(7)剪力墙分布钢筋的锚固：剪力墙水平分布钢筋应伸至墙端，并向内水平弯折 $10d$ 后截断，其中 d 为水平分布钢筋直径。当剪力墙端部有翼墙或转角墙时，内墙两侧的水平分布钢筋和外墙内侧的水平分布钢筋应伸至翼墙或转角墙外边，并分别向两侧水平弯折后截断，其水平弯折长度不宜小于 15d。在转角墙处，外墙外侧的水平分布钢筋应在墙端外角处弯入翼墙，并与翼墙外侧水平分布钢筋搭接。搭接长度为 1.2l_a。带边框的剪力墙，其水平和竖向分布钢筋宜分别贯穿柱、梁或锚固在柱、梁内。

(8)剪力墙洞口连梁应沿全长配置箍筋，箍筋直径不宜小于 6 mm，间距不宜大于 150 mm。在顶层洞口连梁纵向钢筋伸入墙内的锚固长度范围内，应设置间距不大于 150 mm 的箍筋，箍筋直径与该连梁跨内箍筋直径相同。同时，门窗洞边的竖向钢筋应按受拉钢筋锚固在顶层连梁高度范围内。

(9)混凝土浇筑前，对伸出的墙体钢筋进行修整，并绑一道临时横筋固定伸出筋的间距(甩筋的间距)。墙体混凝土浇筑时派专人看管钢筋，浇筑完后，立即对伸出的钢筋(甩筋)进行修整。

(10)外砖内模剪力墙结构，剪力墙钢筋与外砖墙连接：绑内墙钢筋时，先将外墙预留的拉结筋理顺，然后再与内墙钢筋搭接绑牢。

4)质量标准

(1)主控项目。

①钢筋、焊条的品种和性能以及接头中使用的钢板和型钢，必须符合设计要求和有关标准的规定。

②带有颗粒状和片状老锈，经除锈后仍留有麻点的钢筋，严禁按原规格使用。钢筋表面应保持清洁。

③钢筋的规格、形状、尺寸、数量、锚固长度、接头设置，必须符合设计要求和施工规范的规定。

④钢筋焊接接头机械性能试验结果，必须符合焊接规程的规定。

(2)一般项目。

①钢筋网片和骨架绑扎缺扣、松扣数量不超过绑扣数的 10%，且不应集中。

②钢筋焊接网片钢筋交叉点开焊数量不得超过整个网片交叉点总数的 1%，且任一根钢筋上开焊点数不得超过该根钢筋上交叉点总数的 50%。焊接网最外边钢筋上的交叉点不得开焊。

③弯钩的朝面应正确。绑扎接头应符合施工规范的规定，其中每个接头的搭接长度不小于规定值。

④箍筋数量、弯钩角度和平直长度，应符合设计要求和施工规范的规定。

⑤钢筋点焊焊点处熔化金属均匀，无裂纹、气孔及烧伤等缺陷；焊点压入深度符合钢筋焊接规程的规定。

对接焊头：无横向裂纹和烧伤，焊包均匀，接头弯折不大于 2d，轴线位移不大于 0.1d，且不大于 2 mm。

电弧焊接头：焊缝表面平整，无凹陷、焊瘤、裂纹、气孔、夹渣及咬边，接头处弯折不大于 2d，轴线位移不大于 0.1d，且不大于 3 mm，焊缝宽度不小于 0.1d，长度不小于 0.5d。

⑥钢筋绑扎允许偏差应符合表 4-12 的规定。

2. 框架柱钢筋绑扎工艺

框架柱钢筋施工

1）工艺流程

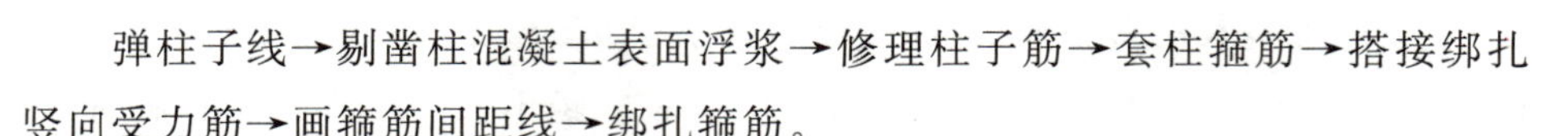

弹柱子线→剔凿柱混凝土表面浮浆→修理柱子筋→套柱箍筋→搭接绑扎竖向受力筋→画箍筋间距线→绑扎箍筋。

2）操作要点

（1）套柱箍筋。按图纸要求间距，计算好每根柱箍筋数量，先将箍筋套在下层伸出的搭接筋上，然后立柱子钢筋，在搭接长度内，绑扣不少于 3 个，绑扣要向柱中心。如果柱子主筋采用光圆钢筋搭接时，角部弯钩应与模板成 45°角，中间钢筋的弯钩应与模板成 90°角。

（2）搭接绑扎竖向受力筋。柱子主筋立起后，绑扎接头的搭接长度、接头面积百分率应符合设计要求。

（3）画箍筋间距线。在立好的柱子竖向钢筋上，按图纸要求用粉笔划箍筋间距线。

（4）绑扎箍筋。

①按已划好的箍筋位置线，将已套好的箍筋往上移动，由上往下绑扎，宜采用缠扣法进行绑扎。

②箍筋与主筋要垂直，箍筋转角处与主筋交点均要绑扎，主筋与箍筋非转角部分的相交点成梅花交错绑扎。

③箍筋的弯钩叠合处应沿柱子竖筋交错布置，并绑扎牢固。

④有抗震要求的地区，柱箍筋端头应弯成 135°，平直部分长度不小于 10d（d 为箍筋直径）。如箍筋采用 90°搭接，搭接处应焊接，焊缝长度单面焊缝不小于 10d。

⑤柱基、柱顶、梁柱交接处箍筋间距应按设计要求加密。柱上下两端箍筋应加密，加密区长度及加密区内箍筋间距应符合设计图纸要求。如设计要求箍筋设拉筋时，拉筋应钩住箍筋。

3）质量标准

柱筋保护层厚度应符合规范要求，主筋外皮为 25 mm，垫块应绑在柱竖筋外皮上，间距一般为 1000 mm，（或用塑料卡卡在外竖筋上）以保证主筋保护层厚度准确。当柱截面尺寸有变化时，柱应在板内弯折，弯后的尺寸要符合设计要求。

任务实施

1. 工作任务

（1）选择相应的设备，完成钢筋的冷加工工作。

（2）选择相应的设备，完成钢筋的焊接工作。

（3）根据施工图纸进行钢筋绑扎。

(4)用检测工具,按照施工规范及质量评定标准对墙、柱钢筋工程进行检查验收和质量评定。

2. 实施过程

1)课前预习

利用在线开放课程、课程群等线上资源进行课前预习,并完成测试进行自检。

2)课前预习测试题

(1)判断题。

①冷拔后,屈服强度可提高40%~60%,塑性低,脆性大,具有硬质钢材的特点。 ( )

②冷拔钢筋经张拉完毕后,强度提高,但塑性降低。 ( )

③柱子纵向受力钢筋直径不宜小于12 mm,全部纵向钢筋配筋率不宜超过5%。 ( )

④钢筋的含碳量增加,其可焊性提高。 ( )

⑤框架-剪力墙结构体系中,剪力墙主要承受抗拉强度和屈服点。 ( )

⑥焊接时零件熔接不好,焊不牢并有黏点现象,其原因可能是电流太小,需要改变接触组插头位置、调整电压。 ( )

⑦柱子钢筋可先绑扎成骨架,整体安装。 ( )

⑧钢筋焊接头接头,焊接制品的机械性能必须符合钢筋焊接及验收的专门规定。其检验方法是:检查焊接试件试验报告。 ( )

⑨梁搁在墙上,梁端对墙的压力是线荷载。 ( )

⑩钢筋对焊接头弯曲试验指标是:HPB235级钢筋,其弯心直径为$2d$,弯曲角度为90°时不出现断裂,在接头外侧不出现宽度大于0.5 mm的横向裂纹为合格。 ( )

(2)选择题。

①钢筋冷加工包括________。

A. 冷拉　B. 冷拔　C. 热轧　D. 调直

②绑扎独立柱时,箍筋间距的允许偏差为±20 mm,其检查方法是________。

A. 用尺连续量三档,取其最大值　B. 用尺连续量三档,取其平均值

C. 用尺连续量三档,取其最小值　D. 随机量一档,取其数值

③计算冷拉钢筋的屈服点和抗拉强度,其截面面积应采用________。

A. 冷拉前的　B. 冷拉后的　C. 没有规定　D. 前、后平均值

④钢筋焊接接头外观检查数量应符合如下要求________。

A. 每批检查10%,并不少于10个　B. 每批检查10%,并不少于20个

C. 每批检查15%,并不少于15个　D. 每批检查15%,并不少于20个

⑤电渣压力焊接头处钢筋轴线的偏移不得超过0.1倍钢筋直径,同时不得大于________。

A. 4 mm　B. 3 mm　C. 2 mm　D. 1 mm

⑥柱中纵向钢筋用来帮助混凝土承受压力，钢筋直径不宜小于________。

A. 14 mm　　B. 12 mm　　C. 10 mm　　D. 8 mm

⑦有抗震要求的柱钢筋绑扎，箍筋弯钩应弯成________。

A. 180°　　B. 135°　　C. 90°　　D. 15°

⑧钢筋根数 n 可由________式来计算(式中 L 为配筋范围的长度，a 为钢筋间距)。

A. $n=L/a$　　B. $n=L/a+1$　　C. $n=a/L$　　D. $n=(a+1)/L$

⑨对焊接头合格的要求有________。

A. 接头处弯折不大于 4°，钢筋轴线位移不大于 $0.5d$ 且不大于 3 mm

B. 接头处弯折不大于 4°，钢筋轴线位移不大于 $0.1d$ 且不大于 3 mm

C. 接头处弯折不大于 4°，钢筋轴线位移不大于 $0.1d$ 且不大于 2 mm

D. 接头处弯折不大于 4°即可

⑩采用电渣压力焊时出现气孔现象时，有可能为________引起的。

A. 焊剂不干　　B. 焊接电流不大　　C. 焊接电流小　　D. 顶压力小

⑪用钢筋切断机切断________cm 以内的短料时，不得用手送料。

A. 80　　B. 60　　C. 30　　D. 20

⑫大、中、小型机电设备要有________人员专职操作、管理和维修。

A. 班长　　B. 技术　　C. 持证上岗　　D. 工长指定

⑬钢筋冷拉时效的最终目的是________。

A. 消除残余应力　　B. 钢筋内部晶格完全变化

C. 提高弹性模量　　D. 提高屈服强度

⑭电渣压力焊接头每________个作为一个检验批，抽取一组做力学性能试验。

A. 500　　B. 400　　C. 300　　D. 100

(3)简答题。

①钢筋冷加工的目的是什么，方法有哪些？

②简述闪光对焊、电弧焊、电渣压力焊和闪光对焊接头的质量验收要求和规定。

③简述剪力墙钢筋绑扎的工艺流程。

④简述框架柱钢筋绑扎的工艺流程。

3)实战演练

背景资料:某宾馆为现浇混凝土框架结构,钢筋搭接采用现场绑扎搭接,梁配筋构造要求按7度三级抗震配置,混凝土等级为C25。

步骤1:钢筋绑扎的工具有______________________________。

步骤2:绘制宾馆剪力墙钢筋绑扎工艺流程图。

步骤3:完成宾馆剪力墙钢筋绑扎并拍照。

步骤4:剪力墙钢筋绑扎质量验收的标准。

3.检查与评价

学生首先自查,然后以小组为单位进行互查,发现错误及时纠正,遇到问题商讨解决,教师做出改进指导后,结合学生在实施过程中表现出来的职业素养、参与程度综合考核评价每位同学成绩。学生自评表和教师评定表分别见任务表4-4和任务表4-5。

任务表 4－4 学生自评表

项目名称	钢筋工程施工	任务名称	墙、柱钢筋工程施工
学生姓名		实际得分	标准分值
进行钢筋冷加工的能力			10
进行钢筋焊接的能力			20
剪力墙钢筋绑扎的能力			20
框架柱钢筋绑扎的能力			20
是否能认真描述困难、错误和修改内容			10
对自己工作的评价			10
团队协作能力			10
合计得分			100
改进内容及方法：			

任务表 4－5 教师评定表

项目名称	钢筋工程施工	任务名称	墙、柱钢筋工程施工
学生姓名		实际得分	标准分值
进行钢筋冷加工的能力			10
进行钢筋焊接的能力			20
剪力墙钢筋绑扎的能力			20
框架柱钢筋绑扎的能力			20
是否能认真描述困难、错误和修改内容			10
对学生工作的评价			10
团队协作能力			10
合计得分			100

知识拓展

装配式建筑物钢筋的连接方式

众所周知，传统钢筋的连接方式有绑扎搭接、焊接连接、机械连接等，这些连接方式应用非常广泛，但却不适用于装配式混凝土钢筋的连接，为了适应住宅产业化的发展需求，人们研究出了两种新型钢筋连接方式：套筒灌浆连接和浆锚搭接连接。

1. 套筒灌浆连接

(1)套筒灌浆连接的原理。钢筋套筒灌浆连接的原理是透过铸造的中空型套筒，钢筋从两端开口穿入套筒内部，不需要搭接或融接，钢筋与套筒间填充高强度微膨胀结构性砂浆，即完成钢筋续接动作。其连接的机理主要是借助砂浆受到套筒的围束作用，加上本身具有微膨胀特性，借此增强与钢筋、套筒内侧间的正向作用力，钢筋即借由该正向力与粗糙表面产生之摩擦力，来传递钢筋应力。

灌浆接头可分为全灌浆接头和半灌浆接头，如图 4-69 所示。

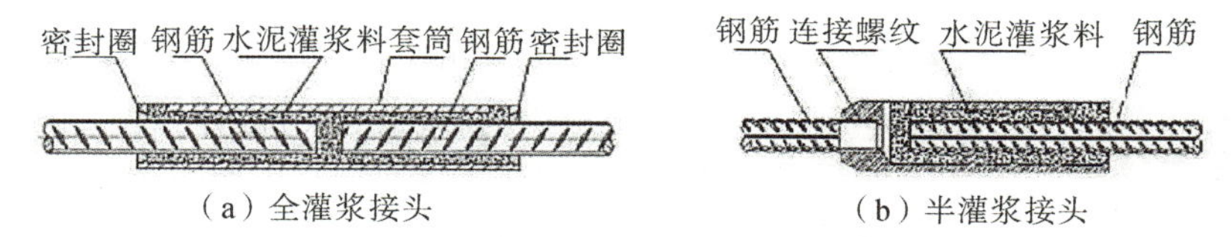

(a) 全灌浆接头　(b) 半灌浆接头

图 4-69　灌浆接头

(2)钢筋套筒灌浆技术的特点。

①套筒采用钢制并设计了复合形式，机械性能稳定，外径及长度显著减小。

②套筒外表局部有凹凸，增强了与混凝土的握裹。

③采用配套灌浆材料，可手动灌浆和机械灌浆。

④加水搅拌具有大流动度、早强、高强微膨胀性，填充于套筒和带肋钢筋间隙内，形成钢筋灌浆连接接头。

⑤更适合于竖向钢筋连接，包括剪力墙、框架柱、挂板灯的连接。

2. 浆锚搭接连接

(1)浆锚搭接连接的原理。这种连接方法是在混凝土中预埋金属波纹管，待混凝土达到要求强度后，钢筋穿入金属波纹管，再将高强度无收缩灌浆料灌入金属波纹管养护，以起到锚固钢筋的作用，如图 4-70 所示。

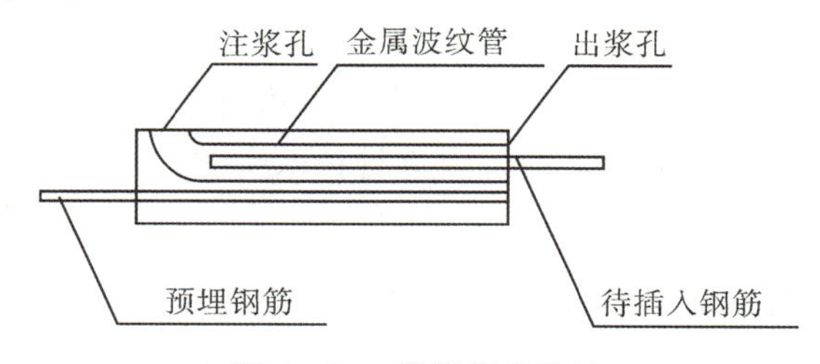

图 4-70　浆锚搭接连接

这种钢筋浆锚体系属多重界面体系，即钢筋与锚固材料（灌浆料）的界面体系、锚固材料与波纹管界面体系及波纹管与原构件混凝土的界面体系。因此，锚固材料对钢筋的锚固力不仅与锚固材料和钢筋的握裹力有关，还与金属波纹管和锚固材料、金属波纹管和混凝土之间的连接有关。

（2）浆锚搭接连接技术的特点。

①机械性能稳定。

②采用配套灌浆材料，可手动灌浆和机械灌浆。

③加水搅拌具有大流动度、早强、高强、微膨胀性，填充于带肋钢筋间隙内，形成钢筋灌浆连接接头。

④更适合于竖向钢筋连接，包括剪力墙、框架柱、挂板灯的连接。

任务 4.3　梁、楼板和楼梯钢筋工程施工

任务描述

掌握梁、楼板、楼梯钢筋绑扎工艺流程及质量验收标准等。

知识学习

4.3.1　梁钢筋绑扎工艺

框架梁钢筋施工

1. 材料和质量要点

1）材料的关键要求

钢筋应有出厂合格证、出厂检验报告，并按规定做力学性能复试。当加工过程中发生脆断等特殊情况，还需做化学成分检验。钢筋应无老锈及油污。对有抗震设防要求的钢筋工程，其纵向受力钢筋的强度要满足设计要求，当设计无具体要求时，受力钢筋强度实测值应符合《混凝土结构工程施工质量验收规范》（GB 50204—2015）的有关规定。

2）技术关键要求

（1）认真熟悉施工图，了解设计意图和要求，编制钢筋绑扎技术交底。

（2）根据设计图纸及工艺标准要求，向班组进行技术交底。

3）质量关键要求

（1）钢筋绑扎前，应检查有无锈蚀，有锈蚀时应除锈之后再运至绑扎部位。

（2）熟悉图纸，按设计要求检查已加工好的钢筋规格、形状、数量是否正确。

(3)做好抄平放线工作，根据弹好的外皮尺寸线，检查下层预留搭接钢筋的位置、数量、长度。绑扎前先整理调直下层伸出的搭接筋，并将锈蚀、水泥砂浆等污垢清理干净。

2. 工艺流程

(1)模内绑扎。画主、次梁箍筋距→放主梁、次梁箍筋→穿主梁底层→纵筋及弯起筋→穿次梁底层纵筋并与箍筋固定→穿主梁上层纵向架立筋→按箍筋间距绑扎→穿次梁上层纵向钢筋→按箍筋间距绑扎。

(2)模外绑扎(先在梁模板上口绑扎成型后再入模内)。画箍筋间距→在主、次梁模板上口铺横杆数根→在横杆上面放箍筋→穿主梁下层纵筋→穿次梁下层钢筋→穿主梁上层钢筋→按箍筋间距绑扎→穿次梁上层纵筋→按箍筋间距绑扎→抽出横杆落骨架于模板内。

3. 操作要点

(1)在梁侧模板上画出箍筋间距，摆放箍筋。

(2)先穿主梁的下部纵向受力钢筋及弯起钢筋，将箍筋按已画好的间距逐个分开；穿次梁的下部纵向受力钢筋及弯起钢筋，并套好箍筋；放主、次梁的架立筋；隔一定间距将架立筋与箍筋绑扎牢固；调整箍筋间距使间距符合设计要求，绑架立筋，再绑主筋，主、次梁同时配合进行。

(3)框架梁上部纵向钢筋应贯穿中间节点，梁下部纵向钢筋伸入中间节点锚固长度及伸过中心线的长度要符合设计要求。框架梁纵向钢筋在端节点内的锚固长度也要符合设计要求。

(4)绑梁上部纵向筋的箍筋，宜用套扣法绑扎。

(5)箍筋在叠合处的弯钩，在梁中应交错绑扎，箍筋弯钩为135°，平直部分长度为$10d$，如做成封闭箍时，单面焊缝长度为$5d$。

(6)梁端第一个箍筋应设置在距离柱节点边缘50 mm处；梁端与柱交接处箍筋应加密，其间距与加密区长度均要符合设计要求。

(7)在主、次梁受力筋下均应垫垫块(或塑料卡)，保证保护层的厚度。受力筋为双排时，可用短钢筋垫在两层钢筋之间，钢筋排距应符合设计要求。

(8)梁筋的搭接：梁的受力钢筋直径等于或大于22 mm时，宜采用焊接接头；小于22 mm时，可采用绑扎接头，搭接长度要符合规范的规定。搭接长度末端与钢筋弯折处的距离，不得小于钢筋直径的10倍。接头不宜位于构件最大弯矩处，受拉区域内HPB235级钢筋绑扎接头的末端应做弯钩(HRB335级钢筋可不做弯钩)，搭接处应在中心和两端扎牢。接头位置应相互错开，当采用绑扎搭接接头时，在规定搭接长度的任一区域内有接头的受力钢筋截面面积占受力钢筋总截面面积百分率，受拉区不大于50%。

4.3.2　板钢筋绑扎工艺

楼板钢筋施工

1. 工艺流程

清理模板→在模板上画线→绑板下受力筋→绑负弯矩钢筋。

2. 操作要点

(1)清理模板上面的杂物,用粉笔在模板上画好主筋、分布筋间距。

(2)按画好的间距,先摆放受力主筋、后放分布筋。预埋件、电线管、预留孔等及时配合安装。

(3)在现浇板中有板带梁时,应先绑板带梁钢筋,再摆放板钢筋。

(4)绑扎板筋时一般用顺扣或八字扣,除外围两根钢筋的相交点应全部绑扎外,其余各点可交错绑扎(双向板相交点需全部绑扎)。如板为双层钢筋,两层钢筋之间须加钢筋马凳,以确保上部钢筋的位置。负弯矩钢筋每个相交点均要绑扎。

(5)在钢筋的下面垫好砂浆垫块,间距为 1.5 m。垫块的厚度等于保护层厚度,应满足设计要求,如设计无要求时,板的层厚度应为 15 mm。钢筋搭接长度与搭接位置的要求与前面所述梁的要求相同。

4.3.3 楼梯钢筋绑扎工艺

楼梯钢筋施工

1. 工艺流程

画位置线→绑主筋→绑分布筋→绑踏步筋。

2. 操作要点

(1)在楼梯底板上画主筋和分布筋的位置线。

(2)根据设计图纸中主筋、分布筋的方向,先绑扎主筋后绑扎分布筋,每个交点均应绑扎。如有楼梯梁时,先绑梁后绑板筋。板筋要锚固到梁内。

(3)底板筋绑完,待踏步模板吊绑支好后,再绑扎踏步钢筋。主筋接头数量和位置均要符合设计和施工质量验收规范的规定。

4.3.4 质量标准

1. 主控项目

(1)钢筋的品种和质量必须符合设计要求和有关标准的规定。

(2)钢筋的表面必须保持清洁。带有颗粒状或片状老锈,经除锈后仍留有麻点的钢筋,严禁按原规格使用。

(3)钢筋规格、形状、尺寸、数量、锚固长度、接头位置,必须符合设计要求和施工规范的规定。

(4)钢筋焊接或机械连接接头的机械性能结果,必须符合钢筋焊接及机械连接验收的专门规定。

2. 一般项目

(1)缺扣、松扣的数量不超过绑扣数的 10%,且不应集中。

(2)弯钩的朝向应正确,绑扎接头应符合施工规范的规定,搭接长度不小于规定值。

(3)箍筋的间距数量应符合设计要求,有抗震要求时,弯钩角度为 135°,弯钩平直长度为 $10d$。

(4)绑扎钢筋时禁止碰动预埋件及洞口模板。

(5)现浇框架钢筋绑扎的允许偏差项目如表 4-14 所示。

表 4-14 现浇框架钢筋绑扎的允许偏差项目

<table>
<tr><th>项次</th><th colspan="2">项目</th><th>允许偏差/mm</th><th>检验方法</th></tr>
<tr><td>1</td><td colspan="2">网的长度、宽度</td><td>±10</td><td>尺量检查</td></tr>
<tr><td>2</td><td colspan="2">网眼尺寸</td><td>±20</td><td>尺量连续三档,取其最大值</td></tr>
<tr><td>3</td><td colspan="2">钢筋骨架的宽度、高度</td><td>±5</td><td rowspan="2">尺量检查</td></tr>
<tr><td>4</td><td colspan="2">钢筋骨架的长度</td><td>±10</td></tr>
<tr><td>5</td><td rowspan="2">受力钢筋</td><td>间距</td><td>±10</td><td rowspan="2">尺量两端、中间各一点,取其最大值</td></tr>
<tr><td>6</td><td>排距</td><td>±5</td></tr>
<tr><td>7</td><td colspan="2">绑扎箍筋、构造筋间距</td><td>±20</td><td>尺量连续三档,取其最大值</td></tr>
<tr><td>8</td><td colspan="2">钢筋弯起点位移</td><td>20</td><td rowspan="3">尺量检查,塞尺量测</td></tr>
<tr><td rowspan="2">9</td><td rowspan="2">预埋件</td><td>中心线位置</td><td>5</td></tr>
<tr><td>水平高差</td><td>+3,0</td></tr>
<tr><td rowspan="2">10</td><td rowspan="2">受力钢筋保护层</td><td>梁、柱</td><td>±5</td><td rowspan="2">尺量检查</td></tr>
<tr><td>墙、板</td><td>±3</td></tr>
</table>

任务实施

1. 工作任务

(1)识读梁、楼板、楼梯的钢筋图。

(2)完成梁钢筋绑扎工艺及质量验收。

(3)完成楼板钢筋绑扎工艺及质量验收。

(4)完成楼梯钢筋绑扎工艺及质量验收。

2. 实施过程

(1)利用在线开放课程、课程群等线上资源进行课前预习,并完成测试进行自检。

(2)课前预习测试题。

①简述梁钢筋绑扎的工艺流程。

____

____

____

②简述楼板钢筋绑扎的工艺流程。

③简述楼梯钢筋绑扎的工艺流程。

(3)实战演练。

某建筑物梁配筋图如任务图 4－2 所示。

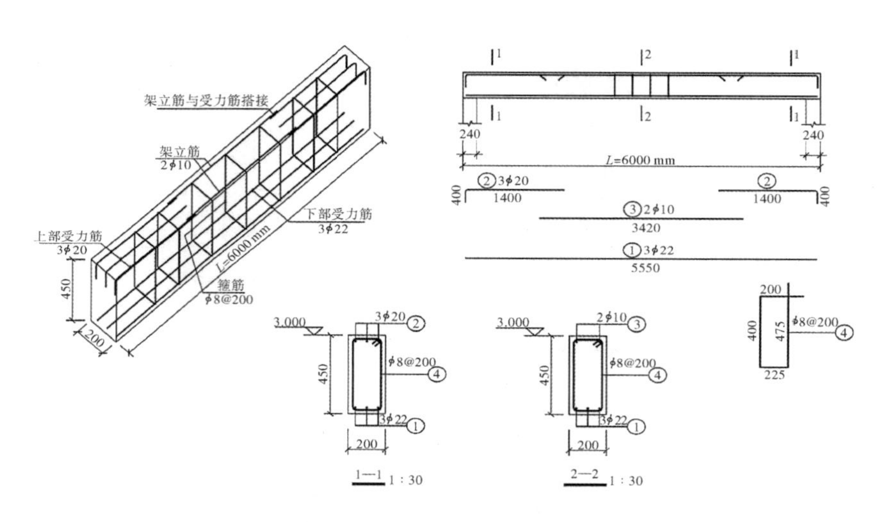

任务图 4－2 某建筑物梁配筋图

根据所给钢筋图描述梁中各种钢筋的含义。

根据所给钢筋图在建筑实训工区进行梁钢筋的绑扎。

3. 检查与评价

学生首先自查，然后以小组为单位进行互查，发现错误及时纠正，遇到问题商讨解决，教师做出改进指导后，结合学生在实施过程中表现出来的职业素养、参与程度综合考核评价每位同学成绩。学生自评表和教师评定表分别见任务表 4－6 和任务表 4－7。

任务表 4－6 学生自评表

项目名称	钢筋工程施工	任务名称	梁、楼板和楼梯钢筋工程施工
学生姓名		实际得分	标准分值
钢筋图识读的能力			10
梁钢筋绑扎的能力			20
楼板钢筋绑扎的能力			20
楼梯钢筋绑扎的能力			20
是否能认真描述困难、错误和修改内容			10
对自己工作的评价			10
团队协作能力			10
合计得分			100
改进内容及方法：			

任务表 4－7 教师评定表

项目名称	钢筋工程施工	任务名称	梁、楼板和楼梯钢筋工程施工
学生姓名		实际得分	标准分值
钢筋图识读的能力			10
梁钢筋绑扎的能力			20
楼板钢筋绑扎的能力			20
楼梯钢筋绑扎的能力			20
是否能认真描述困难、错误和修改内容			10
对学生工作的评价			10
团队协作能力			10
合计得分			100

知识拓展

钢筋螺纹套筒连接

螺纹套筒连接是将两根待接钢筋的端部和套管预先加工成螺纹，然后用手和力矩扳手将两根钢筋端部旋入套筒形成机械式钢筋接头。螺纹套筒连接分锥形螺纹连接和直螺纹连接两种。锥形螺纹钢筋连接克服了套筒挤压连接技术存在的不足。但存在螺距单一的缺陷，已逐渐被直螺纹连接接头所代替。

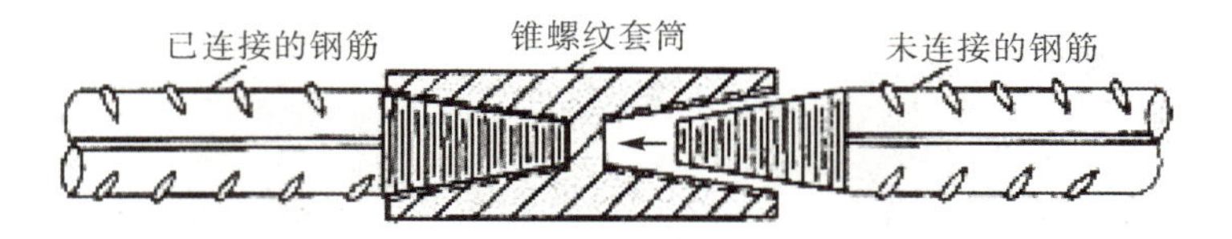

图 4-71 锥螺纹钢筋连接

螺纹套筒连接能在现场连接 ϕ14～40 mm 的同径、异径的竖向、水平或任何倾角的钢筋，它连接速度快、对中性好、工艺简单、安全可靠、节约钢材和能源，可全天候施工。可用于一、二级抗震设防的工业与民用建筑的梁、板、柱、墙、基础的施工。但不得用于预应力钢筋或承受反复动荷载及高应力疲劳荷载的结构。

螺纹套筒由专业厂家提供，螺纹套筒采用优质碳素钢制作，套筒的受拉承载力不小于钢筋抗拉强度的 1.1 倍。钢筋连接端的螺纹采用钢筋剥肋滚丝机在现场加工。施工工艺流程为：钢筋断料→剥肋滚压螺纹→丝头检验→套丝保护→连接套筒检验→现场连接→接头检验。

图 4-72 直螺纹连接套筒

项目五 混凝土工程施工

项目描述

《混凝土结构工程施工质量验收规范》(GB 50204—2015)指出,混凝土分项工程是从水泥、砂、石、水、外加剂、矿物掺和料等原材料进场检验,到混凝土配合比设计及称量、拌制、运输、浇筑、养护、试件制作,直至混凝土达到预定强度等一系列技术工作和完成实体的总称。显然,混凝土工程的施工包含众多的工作内容。这些工作内容之间联系密切、相互影响,是混凝土工程施工质量的重要影响因素。因此,在施工过程中要引起足够的重视。否则,随时都可能形成质量问题甚至造成质量事故。对混凝土的基本质量要求:要有足够的强度,良好的密实性和整体性、正确的形状尺寸。由于工程性质、规模等的不同,混凝土工程的施工可以采取较多的施工组织手段,而且在具体的施工操作中有着不同的要求,反映了混凝土施工的特殊性。施工现场搅拌混凝土后再进行混凝土浇筑,在土木工程施工中是非常普遍的。采用这种施工组织手段时往往需要现场较为宽敞。

学习方法

(1)遵循"熟练识图→精准施工→质量管控→组织验收"知识链;

(2)学习施工技能不仅要有必需的理论知识,更要有较强的操作技能,可以多去实训基地观察、动手操作,提高自己解决问题的能力;

(3)在掌握混凝土基本知识的基础上,总结混凝土工程施工及质量控制知识,做到举一反三地掌握混凝土工程施工技术。

知识目标

(1)了解混凝土组成材料的性能、检测及配料方法;

(2)掌握混凝土搅拌、运输及浇筑振捣机械的选择、使用及适用范围;

(3)掌握混凝土运输、浇筑、振捣施工工艺方法及要求;

(4)掌握混凝土养护、立模和混凝土冬季施工要求及方法;

(5)掌握混凝土的质量检查和验收;

(6)熟悉混凝土工程中安全、劳动和环境保护措施计划及文明施工计划。

技能目标

（1）初步掌握混凝土工程施工中管理方面的基本技能；

（2）具备制订混凝土运输、浇筑、振捣、养护施工方案及质量检测的能力；

（3）能够解决混凝土配料、搅拌、运输、浇筑、振捣及养护施工过程中一般施工技术问题的能力。

素质目标

（1）具备识读建筑结构施工图，培养学生分析问题的能力；

（2）具有规范、标准的理解能力及制订、实施工作计划及合作交流的能力；

（3）遵纪守法，具有良好的职业道德；

（4）培养团队协作精神和创新能力。

混凝土相关配套知识

混凝土定义及分类

1. 混凝土的基本概念

1）混凝土的组成

混凝土是一种使用极为广泛的建筑材料。广义的混凝土是指由胶凝材料，细骨料、粗骨料和水按适当比例配制的混合物，经硬化而成的人造石材，为了改善和提高混凝土的某些性质，可加入适量的外加剂和外掺料配制成具有各种特性的混凝土。但目前建筑工程中使用最广泛，用量最多的还是普通混凝土。普通混凝土是指由水泥、普通碎（卵）石、砂和水配制而成的混凝土。

在混凝土中，石子和砂起骨架作用，称为骨料，石子为粗骨料，砂为细骨料。水泥加水后，形成水泥浆，包裹在骨料表面并填满骨料间的空隙，作为骨料之间的滑润材料，使混凝土混合物具有适于施工的和易性，水泥水化硬化后把骨料胶接在一起形成坚固整体。混凝土的结构示意图如图 5－1 所示。

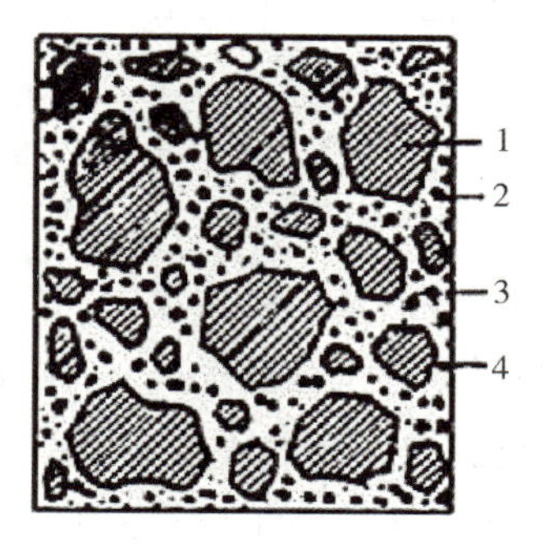

1—石子；2—砂子；3—水泥浆；4—气孔。

图 5－1　混凝土的结构示意图

2)混凝土的特性

(1)混凝土的优点。混凝土在工程中的应用只有一百多年历史,但发展相当迅速,已经成为当代用量最大的建筑材料。其发展如此快,应用这样广泛,是因为它具有很多优点。

①混凝土具有较高的抗压强度,能承受较大的荷载,在外力作用下变形小;可以通过原材料和配合比的变化配制出不同强度要求的混凝土。

②混凝土拌和物具有良好的可塑性,可以根据建筑结构的需要,利用模板浇捣成各种形状和尺寸的构件。如把建筑结构浇捣成钢筋混凝土整体式结构,使其具有良好的抗震和抗冲击能力,亦可在工厂或现场预制,以利于构件预制装配化的推广。

③与钢筋有牢固的黏结力,从而共同组成钢筋混凝土及预应力钢筋混凝土构件以满足建筑结构的各种受力需要。

④所用材料中的砂、石、水等占全部体积的80%以上,可以就地取材,成本低。

⑤经久耐用,结构建成后维修费用少。混凝土对自然气候的干湿、冷热变化、冻融循环、外力磨损等都具有较强的抵抗力,在正常情况下耐用年限较长,可达50年以上。

⑥耐火性好。

(2)混凝土的缺点。

①自重大,其构件的运输和安装比较困难。

②抗拉强度低,抗裂性能差。

③硬化前需要有较长的养护期。因此,现场施工时易受气候条件(低温、曝晒、雨季等)影响,增加了施工难度。

总之,随着建筑科学技术的发展,混凝土的缺点正在被逐步克服,其应用会更加广泛,今后的混凝土将向轻质、高强、多功能发展。

3)混凝土的分类

混凝土的品种很多,它们的性能和用途也各不相同,因此分类方法也很多,通常可按下列方法进行分类。

(1)按质量密度分类。

①特重混凝土。特重混凝土的质量密度大于2500 kg/m^3,是用特别密实和特别重的骨料制成的,主要用于原子能工程的屏蔽结构,具有防X和γ射线的性能。

②重混凝土。重混凝土的质量密度在1900～2500 kg/m^3之间,是用天然砂石作骨料制成的,主要用于各种承重结构,重混凝土也叫普通混凝土。

③轻混凝土。轻混凝土的质量密度小于1900 kg/m^3,包括质量密度为800～1900 kg/m^3的轻骨料混凝土和质量密度在500 kg/m^3以上的多孔混凝土(如泡沫混凝土、加气混凝土等),主要用于承重和承重隔热结构。

④特轻混凝土。特轻混凝土的质量密度在500 kg/m^3以下,包括500 kg/m^3以下的多孔混

凝土和用特轻骨料(如膨胀珍珠岩、膨胀蛭石、泡沫塑料等)制成的轻骨料混凝土,主要用作保温隔热材料。

(2)按胶凝材料分类。

①无机胶凝材料混凝土。无机胶凝材料混凝土包括石灰硅质胶凝材料混凝土(如硅酸盐混凝土)、硅酸盐水泥系混凝土(如硅酸盐水泥、普通水泥,矿渣水泥,粉煤灰水泥、火山灰质水泥、早强水泥混凝土等)、钙铝水泥系混凝土(如高铝水泥、纯铝酸盐水泥、喷射水泥、超速硬水泥混凝土等)、石膏混凝土、镁质水泥混凝土、硫黄混凝土、水玻璃氟硅酸钠混凝土、金属混凝土(用金属代替水泥作胶结材料)等。

②有机胶凝材料混凝土。有机胶凝材料混凝土主要有沥青混凝土和聚合物水泥混凝土、树脂混凝土、聚合物浸渍混凝土等。此外,无机与有机复合的胶体材料混凝土,还可以分聚合物水泥混凝土和聚合物辑靛混凝土。

(3)按用途分类。混凝土按用途分类有结构用混凝土、围护结构用混凝土、水工混凝土和特种混凝土(如耐火混凝土、耐酸混凝土、耐碱混凝土、防辐射混凝土、大坝混凝土、海洋混凝土等)。

(4)按流动性分类。混凝土按流动性分类有干硬性混凝土、低流动性混凝土、塑性混凝土、流态混凝土等。

2. 混凝土拌和物的性质

混凝土的各组成材料(水泥、粗细骨料、水等)按一定比例配合,搅拌而得的尚未凝结硬化的塑性状态拌和物,称为混凝土拌和物,或称为新拌混凝土。

混凝土拌和物的性能对混凝土的施工过程以及硬化后混凝土的强度及耐久性均有很大影响。但如何来判别混凝土拌和物的好坏呢?一般是以混凝土拌和物是否具有良好的和易性来判别的。

1)和易性的概念

混凝土拌和物的和易性是指混凝土在施工中是否适于操作、是否具有能使所浇筑的构件质量均匀、密实成型的性能。所谓和易性好,即为混凝土拌和物容易拌和,具有良好的可塑性,运输、浇筑时不易发生砂、石或水分的离析现象,浇注时容易填满模板的各个角落,容易捣实,分布均匀,与钢筋黏结牢固,不易产生蜂窝,麻面等不良现象。

和易性是一个总的概念。它主要包括流动性、黏聚性和保水性三个方面。

流动性是指混凝土拌和物在本身自重或施工机械振捣的作用下,能产生流动,并均匀密实地填满模板中各个角落的性能。

黏聚性是指混凝土拌和物具有一定的内聚力。在运输、浇灌、捣实过程中不致产生分层(混凝土拌和物出现层状分离现象)、离析(混凝土拌和物内水泥、砂、石、水互相分离的现象)、泌水(又称析水,从水泥浆中泌出部分拌和水的现象),而保持整体均匀的性质。

保水性是指混凝土拌和物保持水分不易析出的能力。

上述这些性质有其各自的内容，这些内容并不是在所有的情况下都能相互一致的，在某些场合下甚至是矛盾的。例如，增加用水量可提高混凝土拌和物的流动性，但同时也增加了分层泌水的可能。因此，和易性无法用单一指标来评定。

2)和易性的测定和坍落度的选择

目前，尚没有能够全面反映混凝土拌和物和易性的实验方法，在工地和试验室，通常是以坍落度为指标测定拌和物的流动性，并辅以直观经验评定黏聚性和保水性。

坍落度试验用的模子称为坍落度筒，是一个 300 mm 高，下口内径为 200 mm，上口内径为 100 mm 的圆台形无底铁筒。试验时将坍落度筒放在平整的地面上，将混凝土拌和物按规定方法分三层填入铁筒内，每填一层用一直径为 16 mm、长为 600 mm 的圆头钢棒插捣 25 次，刮平顶面多余的料。然后将筒小心地垂直提起移到一旁，则拌和物因自重将产生坍落现象，量出筒高与坍落后混凝土拌和物最高点之间的高度差(以 mm 为单位表示)，就叫该拌和物的坍落度。然后，用捣棒轻击拌和物锥体的侧面，观察其黏聚性。如果锥体逐渐下沉，则表示黏聚性良好；如果锥体倒塌，部分崩溃或出现离析现象，则表示黏聚性不好。坍落度试验合格与不合格示意图如图 5－2 所示。

(a) 部分(剪切)坍落型

(b) 正常坍落型

(c) 崩溃坍落型

图 5－2　坍落度试验合格与不合格示意图

保水性的好坏可依观察判别。如坍落度筒提起后有较多稀浆从拌和物锥体底部析出，且因失浆过多而使砂石外露，就表明保水性不好，如坍落筒提起后无稀浆或仅有少量稀浆从底部析出，且拌和物锥体含浆饱满，则表示保水性良好。因此，根据坍落度的测定，黏聚性、保水性的直观观察即可综合评定和易性。

坍落度值小，说明混凝土拌和物的流动性小，过小的流动性会给施工带来不便，影响工程质量，甚至造成工程事故。坍落度过大，又会使混凝土分层，造成上下不匀。所以，混凝土拌和物的坍落度值应在一个适宜范围内。可根据结构种类、钢筋的疏密程度及振捣方法按表 5－1 选用混凝土浇筑时的坍落度。

表 5-1 混凝土浇筑时的坍落度

项次	结构类型	坍落度/mm
1	基础或地面等垫层,无配筋的厚大结构(挡土墙、基础或厚大的块体等)或配筋稀疏的结构	10～30
2	板、梁和大型及中型截面的结构	30～50
3	配筋密列的结构(薄壁、斗仓、筒仓、细柱等)	50～70
4	配筋特密的结构	70～90

注:(1)本表系指采用机械振捣的混凝土坍落度,采用人工振捣时可适当增大混凝土坍落度;
(2)需要配置大坍落度混凝土时应加入混凝土外加剂;
(3)曲面、斜面结构的混凝土,其坍落度应根据需要另行选用。

根据坍落度的不同,混凝土拌和物可分为塑性的(坍落度为 30～80 mm)、低流动性的(坍落度为 10～30 mm)。当坍落度大于 10 mm 时,以坍落度值来评定混凝土拌和物的流动性。当坍落度小于 10 mm 时,应以一种维勃稠度测定仪测定"工作度"来评定流动性,维勃稠度主要是测定干硬性混凝土和特干硬性混凝土的流动性。

3)影响混凝土拌和物和易性的因素

影响混凝土拌和物和易性的因素很多,主要有以下几点。

(1)水泥品种。在其他条件相同的情况下,硅酸盐水泥和普通水泥比火山灰水泥和矿渣水泥配制的混凝土拌和物的和易性好,火山灰水泥配制的混凝土拌和物的黏聚性较好,矿渣水泥配制的混凝土拌和物比较容易泌水。

(2)水泥浆水灰比。在混凝土拌和物中,骨料本身是没有流动性的,混凝土拌和物的流动性是来自于水泥浆。在水灰比一定时,增加水泥浆含量,流动性就会增大,反之减少。此外,与水灰比也有关。若水灰比小,即用水量少,那么水泥浆本身的流动性(稠度)就小,则混凝土的流动性也随之就小。此时混凝土的黏聚性好,泌水也少,但若水灰比过小则施工困难,反之,水灰比太大,混凝土拌和物太稀,易产生流浆,保水性及黏聚性就不好。因此,在保证施工所要求的坍落度的前提下,不应增大水灰比。

(3)粗骨料。砂石的颗粒圆滑、级配良好,则混凝土拌和物的和易性好,反之则差。

(4)砂率。砂率即砂的重量占砂石总重量的百分数。砂率过小时,水泥砂浆的体积不足以填充石子的空隙,混凝土容易离析泌水,和易性差。砂率过大时,包裹砂子的水泥浆层太薄,砂粒间的摩擦力加大,使混凝土拌和物的流动性减小,对混凝土强度有影响。

(5)温度和时间。混凝土拌和物的流动性,随温度的升高而减小。温度提高 10 ℃,坍落度大约减少 20～40 mm。随着拌和后时间的增长,坍落度逐渐减小。

除上述因素外,混凝土拌和物的和易性还与外加剂、搅拌时间等因素有关。

3.硬化混凝土的性质

混凝土拌和物在一定条件下随着时间推移逐渐硬化成具有其他性能的块体称为硬化混凝土，硬化后的混凝土应该具有足够的强度和耐久性。

1)混凝土的强度

混凝土强度等级

强度主要包括抗压、抗拉、抗剪等。一般所说的混凝土强度，是指抗压强度。在钢筋混凝土结构中大都采用混凝土的抗压强度评定混凝土的质量。因此，抗压强度是混凝土很重要的性质。

抗压强度以强度等级表示。它是根据混凝土的标准立方体(150 mm×150 mm×150 mm)试块，在标准养护条件下(温度为20±5 ℃和相对湿度为90%以上潮湿环境或水中)养护 28 d，进行试压，用测得的抗压强度值(单位 MPa)定混凝土强度等级。常用的强度等级有 C7.5、C10、C15、C20、C25、C30、C35、C40、C45、C50、C55、C60。

如采用其他尺寸混凝土试块确定强度等级时，测得的强度值均应换算成标准强度，即应乘以尺寸换算系数：尺寸为 150 mm×150 mm×150 mm 时，系数为 1；尺寸为 100 mm×100 mm×100 mm时，系数为 0.95；尺寸为 200 mm×200 mm×200 mm 时，系数为 1.05。

2)影响混凝土抗压强度的主要因素

混凝土的抗压强度主要取决于水泥标号与水灰比。其次，骨料的强度与级配、养护条件、施工条件等都会对混凝土的抗压强度产生影响。

(1)水泥标号、水灰比。混凝土的强度来自水泥的强度及其与骨料之间的黏结力。而水泥的强度及其与骨料的黏结力，又取决于水泥的标号及水灰比的大小。因此，在相同条件下，水泥标号愈高，混凝土的强度就愈高，水泥标号愈低，混凝土的强度就愈低。而当水泥标号一定时，混凝土的强度又主要取决于水灰比。在一定范围内，水灰比越小，混凝土强度越高；水灰比越大，混凝土强度越低。

(2)骨料的强度与级配。骨料级配优良和质地坚硬能增加混凝土的强度和密实性。表面粗糙而多棱角的骨料，与水泥浆的黏结力大，也能提高混凝土的强度，特别是在强度等级较高的混凝土中，骨料对混凝土强度影响较大。一般来讲，在水灰比相同的条件下，碎石混凝土的抗压强度要略高于卵石混凝土。

(3)养护条件。混凝土硬化过程中，在保持一定的湿度条件下，温度愈高，强度增长愈快；温度愈低，强度增长愈慢。此外，混凝土浇筑后，必须保持一定时间的潮湿，若温度不够，导致失水，会严重影响强度，使混凝土结构疏松，产生干缩裂缝，而影响耐久性。一般混凝土在灌注后，应在 12 h 内加以覆盖和浇水养护。混凝土的浇水养护日期，对硅酸盐水泥、普通水泥和矿渣水泥拌制的混凝土，不得少于 7 昼夜。但平均温度低于 5℃时，不得浇水，并另行制订养护方案。

(4)施工条件。施工条件施工中浇灌混凝土时，必须充分捣实，才能得到密实坚强的混凝土，捣固不密实，会出现蜂窝等缺陷，从而影响混凝土的强度。同样的混凝土，机械振捣比人工振捣质量高。一般情况下，振捣时间愈长，振力愈久，混凝土愈密实。但对塑性混凝土，振力过大或振捣时间过长，会使混凝土产生泌水离析现象，强度降低。

3）混凝土的耐久性

混凝土的耐久性是指混凝土除了具有一定的强度能安全承受荷载外，还应能在外界条件作用下具有经久耐用的性能。例如抗渗、抗冻、抗蚀、抗磨、抗风化等要求。这些性能统称为耐久性。

混凝土的耐久性与混凝土的密实度有着密切的关系，而混凝土的密实度主要取决于水灰比和单位体积中的水泥用量。所以，一般建筑工程中的混凝土或钢筋混凝土结构，每立方混凝土的最大水灰比及水泥最小用量，应符合有关规定。

4. 混凝土试块的留制方法

混凝土工程的质量检验评定，除了对施工完毕的混凝土工程进行外观质量检查外，主要是检查混凝土的抗压强度。而混凝土抗压强度能否达到设计强度要求，又是以混凝土立方体试块在标准养护条件下养护 28 天后进行抗压试验来确定的。因此，试块的留置和制作是混凝土工应该掌握的内容。

1）试块的留置组数

试块要在浇捣地点用钢模制作，试块的留置组数（一组 3 块）应根据工程量大小，按下列要求留置。

①每拌制 100 盘且不超过 100 m^3 的同配合比的混凝土，其取样不得少于一次。

②每一工作班拌制的同一配合比的混凝土不足 100 盘时，其取样不得少于一次。

③每次连续浇筑超过 1000 m^3 时，同一配合比的混凝土每 200 m^3 取样不得少于一次。

④每一楼层、同一配合比的混凝土，取样不得少于一次。

⑤每次取样应至少留置一组试块。

此外，预拌混凝土应在预拌混凝土厂内按上述规定取样，混凝土运到施工现场后，尚应定留置试件。标准养护条件下混凝土试块的强度是衡量混凝土质量的重要标准，但自然条件下硬化的混凝土实际强度，应根据与它同条外下的试块来确定。因此，为了检查结构或构件的拆模、吊装、预应力张拉放张及施工期间临时负荷的需要，尚应留置与结构或构件同条件养护的试块。试块的组数可按实际需要确定。

2）试块的尺寸

试块的尺寸根据骨料粒径大小而定。

①当骨料最大粒径为 20 mm 及小于 20 mm 时，试块的边长为 100 mm。

②当骨料最大粒径为 40 mm 及小于 40 mm 时，试块的边长为 150 mm。

③当骨料最大粒径为 60 mm 及小于 60 mm 时，试块的边长为 200 mm。

钢模在装混凝土前，应擦干净，并在模内表面涂一层机油，以便脱模。

3)试块的制作

(1)人工插捣。将混凝土分两层装入钢模中,插捣时应用直径 16 mm 的捣棒按螺旋方向从边缘向中心均匀地进行。在插捣下层时,捣棒应插至钢摸底面;插捣上层时捣棒应插至底层面以下 20～30 mm 处。面层插捣完后,用抹刀沿模壁插捣数下,以消除混凝土与模壁接触面处的气泡。然后再用抹刀刮去表面多余的混凝土,将表面抹光,使混凝土高于试模,静放半小时后,仔细抹光抹平试块,使之误差不超过±1 mm。

(2)机械振捣。混凝土一次装满试块模,并用捣棒初步捣实,使混凝土略高于试块模,然后放在振动台上,一只手扶住试块模,另一只手用抹刀在混凝土表面来回不断压抹。振捣的时间应根据混凝土坍落度而定,振捣即将结束时,用抹刀刮去表面多余的混凝土并将其抹平。同一组试块的振捣时间必须相同。

在施工现场制作试块时,也可用平板式振动器,使之振动到混凝土表面水泥浆呈现光亮为止。

试块成型后,在室温为 15～25℃的情况下,至少静放一昼夜,但不得超过两昼夜,然后拆模编号,随即将试块放在标准养护室内养护到试压龄期为止,再从标准养护室取出,擦干,即可进行抗压试验。

5. 混凝土常用材料

我们已经知道,混凝土的基本组成材料是水泥、细骨料、粗骨料和水,此外,为了使混凝土具有某些特性或降低成本,有时还要加入化学外加剂或一些磨细的矿物混合材料。

1)水泥

水泥呈粉末状,与适量的水拌和后,即由塑性浆体逐渐变成坚硬的石状体,并能将散粒材料或块状材料胶结成整体。水泥浆体不但能在空气中硬化,还能在水中更好地硬化并长久地保持和继续提高其强度,因而水泥是一种很好的水硬性胶凝材料。

(1)常用水泥的种类和组成。由于水泥是最重要的建筑材料之一,它不但大量应用于工业与民用建筑,还广泛应用于公路、铁路、水利、海港等工程,用来制作各种形式的混凝土、钢筋混凝土及预应力钢筋混凝土结构和构件。目前,我国的水泥品种已发展到几十种之多,但在建筑工程中常用的水泥主要是五种,即硅酸盐水泥、普通硅酸盐水泥、矿渣硅酸盐水泥、火山灰质硅酸盐水泥、粉煤灰硅酸盐水泥。这五种水泥在工程上一般称为五大水泥。

在这五种水泥中,硅酸盐水泥又是最基本的。因为其他四种水泥均是在硅酸盐水泥熟料中加入了各种混合材料而制得,统称为掺混合材料的硅酸盐水泥,因而它们的技术性性质有许多相似之处。目前,已生产出复合硅酸盐水泥,它是由硅酸盐水泥熟料、两种或两种以上规定的混合材料、适量石膏磨细制成的水硬性胶凝材料,称为复合硅酸盐水泥(简称复合水泥),代号 P. C。水泥中混合材料总掺加量按重量百分比计应大于 15%,但不超过 50%。

①硅酸盐水泥。硅酸盐水泥是以适当成分的生料,烧至部分熔融,所得的以硅酸钙为主要成分的硅酸盐水泥熟料中加入适量的石膏,磨细制成的水硬性胶凝材料。烧制水泥熟料用的原

料主要由石灰质和黏土质按一定比例配制而成。烧制后水泥熟料的矿物组成：硅酸三钙，含量为37％～60％；硅酸二钙，含量为15％～37％；铝酸三钙，含量为7％～15％；铁铝酸四钙，含量为10％～18％。

水泥是几种熟料矿物的混合物，改变熟科矿物成分的比例，水泥的性质也将发生变化。如提高钙和硅的含量，可制成高强度水泥；降低铝酸三钙、硅酸三钙含量，可制成水化热低的大坝水泥。国外通称波特兰水泥。硅酸盐水泥分两种类型，不掺加混合材料的称Ⅰ类硅酸盐水泥，代号P.Ⅰ；在硅酸盐水泥粉磨时掺加不超过水泥重量5％的石灰石或粒化高炉矿渣混合材料的称Ⅱ型硅酸盐水泥，代号P.Ⅱ。

硅酸盐水泥的强度等级分为42.5、42.5R、52.5、52.5R、62.5、62.5R(R为快硬水泥)。

②掺混合材料的硅酸盐水泥。混合材料包括天然矿物和人造矿物两种。混合材料按其性质可分为活性混合材料和非活性混合材料。活性混合材料主要包括粒化高炉矿渣和火山灰质混合材料、粉煤灰；非活性混合材料有石灰石、砂岩等。掺混合材料的目的是为了改善水泥的某些性质，调节水泥标号，提高产量，增加品种，扩大水泥使用范围，降低水泥成本。在工程中常用的掺混合材料的硅酸盐水泥有以下四种。

a.普通硅酸盐水泥(简称普通水泥，代号P.O)。普通硅酸盐水泥是由硅酸盐水泥熟料、少量混合材料、适量石膏磨细制成的水硬性胶凝材料。混合材料掺量按重量百分比计：掺活性混合材料时，不得超过15％；掺非活性混合材料时，不得超过10％；同时掺活性与非活性混合材料时，总量不得超过15％，其中非活性混合材料不得超过10％。

由于普通水泥是由硅酸盐水泥熟料和少量混合材料组成，故其各项性质都与硅酸盐水泥相近。

普通硅酸盐水泥的强度等级分为32.5、32.5R、42.5、42.5R、52.5、52.5R(R为快硬水泥)。

b.矿渣硅酸盐水泥(简称矿渣水泥，代号P.S)。矿渣硅酸盐水泥是由硅酸盐水泥熟料和粒化高炉矿渣，加入适量石膏磨细制成的水硬性胶凝材料。按重量百分比计，水泥中粒化高炉矿渣含量为20％～70％。允许用石灰石、窑灰、粉煤灰和火山灰质混合材料中的一种材料代替矿渣，代替数量不得超过水泥重量的8％，替代后水泥中粒化高炉矿渣不得少于20％。

c.火山灰质硅酸盐水泥(简称火山灰水泥，代号P.P)。火山灰质硅酸盐水泥是由硅酸盐水泥熟料和火山灰质混合材料，加入适量石膏磨细制成的水硬性胶凝材料。按重量百分比计，水泥中火山灰质混合材料掺加量为20％～50％。

d.粉煤灰硅酸盐水泥(简称粉煤灰水泥，代号P.F)。粉煤灰硅酸盐水泥是由硅酸盐水泥熟料和粉煤灰加入适量石膏磨细制成的水硬性胶凝材料。按重量百分比计，水泥中粉煤灰掺加量为20％～40％。

由于矿渣水泥、火山灰水泥、粉煤灰水泥中的硅酸盐水泥的熟料比重小，同时又掺有大量的混合材料，因而其性质和使用范围与硅酸盐水泥和普通水泥都有较大差别。

矿渣硅酸盐水泥、火山灰质硅酸盐水泥、粉煤灰硅酸盐水泥的强度等级分为32.5、32.5R、42.5、42.5R、52.5、52.5R(R为快硬水泥)。

(2)常用水泥的标号。水泥的标号是表示水泥硬化后的抗压能力。而水泥的强度是确定标号的依据,按国家标准规定须用“软练法”测定水泥的抗折、抗压强度。所谓“软练法”是指将水泥和标准砂按 1:2.5(重量比)混合,加入规定数量的水,按规定的方法制成试件,在标准条件下进行养护,然后测定 3 天、7 天、28 天龄期的抗折和抗压强度。最后依据测定结果,划分出水泥标号。标号越大则强度越高。

上述常见水泥中各种标号水泥的各龄期强度必须满足一定的要求。

在工程施工中,高强度混凝土应采用高标号水泥,低强度混凝土应采用低标号水泥,这样才能符合技术经济合理的要求。要注意,水泥标号不等于混凝土的强度等级。如果用低标号水泥配制高强度混凝土,则难以达到设计强度。反之用高标号水泥配制低强度混凝土,因水泥较少而施工操作不易。总之,水泥有品种不同和标号高低之分,应根据工程的不同需要,合理选用。

(3)水泥的凝结硬化过程。水泥中加入适量的水调成水泥浆后,经过一定时间,由于本身物理化学变化,会逐渐变稠,失去塑性,称为初凝;开始具有强度时称为终凝,终凝后强度继续增长,称为硬化。凝结(包括初凝和终凝)与硬化总称为凝结硬化过程。

水泥加水后,颗粒表面的矿物成分很快与水发生水化和水解作用,产生氢氧化钙、含水硅酸钙、含水铝酸钙及含水铁酸钙,它们决定了水泥硬化过程中的一些特征。

水泥硬化过程大体上分为三个阶段,即溶解期、胶化期和结晶期。在这个过程中由于新生成物的生成、溶解、形成凝胶,凝胶转为结晶,表面碳化等过程的相互交错进行,使水泥变成了坚硬的水泥石。由于水泥遇水后,水化作用首先在颗粒表面进行,使表面包上一层胶体膜,这层胶体膜阻碍了水泥颗粒内部的进一步水化,从而使得水泥具有初期强度增长快、后期强度增长慢的特点。实践证实水泥的硬化过程可持续几年,几十年的时间,但硬化过程的基本部分大致在 28 天完成。

水泥的凝结与硬化速度快慢与下面各因素有关。

①水泥颗粒的矿物组成。水泥中铝酸三钙和硅酸三钙含量多,则凝结硬化快。

②水泥颗粒的大小。水泥颗粒越细,总的表面积就越大,这样与水的接触面积就大,则水化进行快,凝结硬化也快。

③硬化时的温度与湿度。硬化过程中,温度、湿度越高,水化速度越快,则凝结硬化快。反之则慢。若在完全干燥的情况下,水化就无法进行,硬化停止,强度也不再增长。当温度低于 0 ℃时,硬化停止。因此冬期施工时,需要采取保温措施,以保证凝结硬化正常进行。

④用水量。用水太多会使水泥浆变稀,水泥颗粒间的距离加大,从而减慢水泥的硬化,使强度大大降低。

(4)水泥的凝结时间、水化热、安定性。

①水泥的凝结时间。水泥的凝结时间对于进行混凝土工程施工有着重大的意义。水泥的凝结时间分为初凝和终凝。我们知道,初凝时间是指自加水拌和至水泥浆失去塑性的时间,终凝时间则指水泥浆完全失去塑性并开始产生强度的时间。水泥初凝后混凝土浇捣非常困难,还

可能损害混凝土的强度。为了保证混凝土施工有足够的操作时间，国家标准规定：水泥的初凝时间，不得早于45 min。另外，混凝土必须具有一定强度后，方可在其上进行其他施工，否则就可能破坏已浇筑的混凝土结构。所以为了尽快地开始下一步的施工，缩短工期，又规定水泥的终凝时间不得迟于12 h。目前我国生产的普通水泥，初凝时间一般1～3 h，终凝时间为5～8 h。

在水泥初凝以前，混凝土具有流动性，在这段时间里进行运输、灌筑、捣固等工作。在初凝之后终凝之前，混凝土的流动性逐渐消失，这时如遇到振动，已开始凝结的混凝土还能自行闭合；自拌后6 h(接近终凝)至18 h，混凝土已丧失流动性，但还未具有强度，遇有损伤就不能自行闭合，所以在这段时间内要加强养护，切实避免一切外力的影响，以免混凝土受到损坏。

②水泥的水化热。水泥的水化反应为放热反应，随着水化过程的进行，不断地放出热量，这种热量称为水化热。水化热大部分在水化初期(7天内)放出，以后逐渐减少。其放热量的大小和放热速度的快慢主要与水泥标号、矿物组成和细度有关。

在大型基础、水坝等大体积混凝土工程施工中，由于积聚在混凝土内部的水化热不易散发，内部温度可上升到50～60 ℃，内外温度差所引起的应力，可使混凝土产生裂缝，因此，对于大体积混凝土工程，水化热是有害因素。对于这样的工程，应采用低热水泥，或采用特殊的冷却措施，使内部温升不致过高。对于小断面、小体积的混凝土工程，因水化热能较快散失，故危害不大。

③水泥的安定性。安定性是指水泥在硬化过程中体积变化是否均匀的性质。安定性用沸煮法检验。安定性不合要求的水泥硬化后会出现龟裂、翘曲以至崩溃等不安定的现象。所以，安定性不合要求的水泥不能用在重要的构件中。

(5)常用水泥的主要特性。常用水泥的主要特性如表5-2所示。

表5-2　常用水泥的主要特性

项目		硅酸盐水泥	普通水泥	矿渣水泥	火山灰水泥	粉煤灰水泥
密度/(g/cm³)		3.0～3.15	3.0～3.15	2.9～3.1	2.8～3.0	2.8～3.0
容重/(kg/m³)		1000～1600	1000～1600	1000～1200	1000～1200	1000～1200
特性	硬化	快		慢	慢	慢
	早期强度	高	高	低	低	低
	水化热	高	高	低	低	低
	抗冻性	好	好	较差	较差	较差
	耐热性	较差	较差	好	较差	较差
	干缩性			较大	较大	较小
	抗水性			较好	较好	
	耐硫酸盐类化学侵蚀性			较好	较好	

(6)水泥进场检查及复试。

①水泥进场必须有产品合格证、出厂检验报告。

②对水泥品种、级别、包装或散装仓号、出厂日期等进行检查验收。

③对水泥强度、安定性及其他必要的性能指标进行复试,其质量必须符合《通用硅酸盐水泥》(GB 175—2007)等的规定。

④当在使用中对水泥质量有怀疑或水泥出厂超过三个月(快硬硅酸盐水泥超过一个月)时,应进行复试,并按复试结果使用。

⑤钢筋混凝土结构、预应力混凝土结构中,严禁使用含氯化物的水泥。

⑥水泥在运输和贮存时,应有防潮、防雨措施,防止受潮后水泥凝结成块,强度降低。不同品种和标号的水泥应分别贮存,不得混杂在一起。

2)细骨料

混凝土中凡粒径为 0.15～5 mm 的骨料称为细骨料。一般常用天然砂作为混凝土的细骨料。天然砂有山砂、海砂、河砂之分。海砂中常夹有贝壳、碎片和盐分等有害物质,山砂系岩石风化后在原地沉积而成,颗粒多棱角,并含有较多粉状黏土和有机质,而河砂比较洁净,质量较纯,故使用最多。

(1)砂的颗粒级配。颗粒级配是指砂子中不同粒径颗粒之间的搭配比例关系。由图 5-3 可知,采用同一粒径的砂空隙最大;两种不同粒径的砂互相搭配,空隙减小;只有在有粗、有细、并有适量的中间颗粒组合在一起时,才能互相填充使空隙率达到最小值,这种情况就称为级配良好。使用级配良好的砂子,可以降低水泥用量,提高混凝土的密实度。

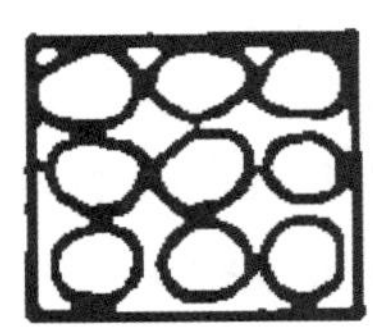
(a)单一颗粒

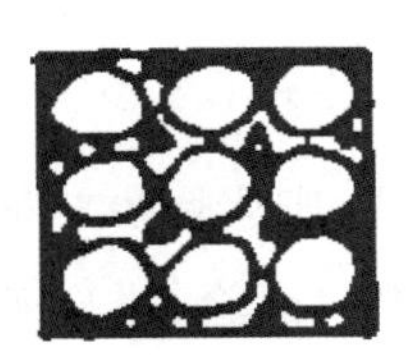
(b)两种颗粒

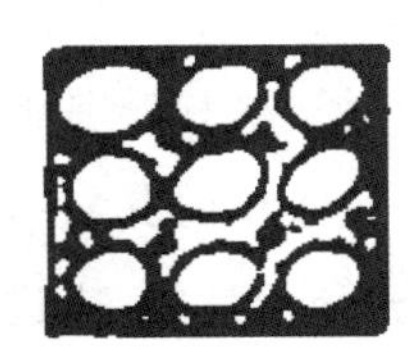
(c)多种颗粒

图 5-3　砂的颗粒级配示意图

(2)砂的分级。按颗粒平均粒径砂可分为四级。

①粗砂:平均粒径为 0.5 mm 以上。

②中砂:平均粒径为 0.35～0.5 mm。

③细砂:平均粒径为 0.25～0.35 mm。

④特细砂:平均粒径为 0.25 mm 以下。

(3)砂的质量要求。配制混凝土的砂子要求颗粒坚硬、洁净,砂中有害杂质的含量严格控制在一定范围之内。

砂中有害杂质是指黏土、淤泥、云母、轻物质、硫化物和硫酸盐及有机质。如黏土、淤泥、云母及轻物质的含量过多会降低混凝土强度，硫化物和硫酸盐会影响混凝土的耐久性，并会引起钢筋的锈蚀，有机质也会影响混凝土强度。

因此，砂中各有害物质的含量应严格控制在表 5－3 所规定的范围之内。砂的密度、体积密度、空隙率应符合表 5－4 的规定。

表 5－3　砂、碎(卵)石的含泥量

混凝土强度等级	高于或等于 C20	低于 C20
砂含泥量、按重量计不大于	3%	5%
碎(卵)石含泥量、按重量计不大于	1%	2%

表 5－4　砂、碎(卵)石的密度、体积密度、空隙率

	砂	碎(卵)石
密度/(g/cm^3)	大于 2.5	大于 2.5
体积密度/(kg/m^3)	大于 1400	大于 1500
空隙率	小于 45%	小于 45%

(4)砂石进场检查及选用。普通混凝土所用的粗、细骨料的质量应符合国家现行标准《普通混凝土用砂质量标准及检验方法》(JGJ 52—2006)的规定。

①骨料进场时，对来自采集厂(生产厂)的附有质量证明书、无质量证明书或其他来源的，均应进行复验。按进场的批次和产品的抽样检验方案，检验其颗粒级配、含泥量及粗细骨料的针片状颗粒含量，必要时还应检验其他质量指标。

②对海砂，还应按批检验其氯盐含量，其检验结果应符合有关标准的规定。对含有活性二氧化硅或其他活性成分的骨料，应进行专门试验，待验证确认对混凝土质量无有害影响时方可使用。

③骨料在生产、采集、运输与存储过程中，严禁混入煅烧过的白云石或石灰块等影响混凝土性能的有害物质。骨料应按品种、规格分别堆放，不得混杂。

④骨料的选用应符合下列规定：

a. 混凝土用的粗骨料，其最大颗粒粒径不得超过构件截面最小尺寸的 1/4，且不得超过钢筋最小净间距的 3/4。

b. 对混凝土实心板，骨料的最大粒径不宜超过钢筋最小净间距的 3/4。

c. 泵送混凝土用的碎石，不应大于输送管内径的 1/3；卵石不应大于输送管内径的 2/5。泵送混凝土用的细骨料，对 0.315 mm 筛孔的通过量不应少于 15%；对 0.16 mm 筛孔通过量不应少于 5%。

泵送混凝土用的骨料还应符合泵车技术条件的要求。

3)粗骨料

混凝土中凡粒径大于5 mm的骨料,称为粗骨科。一般常用天然卵石和人工碎石作为混凝土的粗骨料。天然卵石有河卵石、海卵石和山卵石等。河卵石表面光滑、少棱角,比较洁净,有的具有天然级配。而山卵石含黏土杂质较多,使用前必须加以冲洗,因此采用河卵石作为粗骨料较多。碎石由各种坚硬岩石经人工或机械破碎,筛分而得,其表面粗糙、颗粒有棱角,与水泥黏结较牢。

(1)粗骨料的分级。碎(卵)石按颗粒粒径大小,分为四级。

①粗碎(卵)石:颗粒粒径在40～150 mm之间。

②中碎(卵)石:颗粒粒径在20～40 mm之间。

③细碎(卵)石:颗粒粒径在5～20 mm之间。

④特细碎(卵)石:颗粒粒径在5～10 mm之间。

(2)粗骨料的质量要求。

①碎(卵)石的含泥量应符合表5-3的规定。

②碎(卵)石的密度、体积密度、空隙率应符合表5-4的规定。

③碎(卵)石的坚固性:采用硫酸钠溶液法进行试验,其质量损失应小于12%。

④碎(卵)石的抗压强度:采用直径与高均为50 mm的圆柱体或长、宽、高均为50 mm的立方体岩石样品进行试验,在水饱和状态下,其抗压强度应不小于45 MPa,其极限抗压强度与新浇混凝土强度之比不应小于1.5倍。

(3)石的颗粒级配与最大粒径。石的颗粒级配,通常有连续级配及间断级配两种,其原理与要求,与砂子基本相同。最大粒径是指石子粒径的上限。每一粒级石子的上限就是该粒级的最大粒径。如5～20 mm粒级的小石子,其最大粒径即为20 mm。为能顺利施工和保证构件质量,一般对采用石子的最大粒径,做如下规定:石子的最大粒径不得超过结构断面最小尺寸的1/4,同时又不得大于钢筋之间最小净距的$\frac{3}{4}$。混凝土实心板允许采用最大粒径为$\frac{1}{2}$板厚,但最大粒径不得超过50 mm的骨料。

(4)石进场检查及选用。同砂。

4)水

含有有害杂质(如油类、酸、糖、有机杂物等)的水会影响水泥的正常凝结和硬化,使混凝土强度降低。因此,对混凝土拌和物水的质量要严格要求,一般应用干净的自来水或淡河水。工业不得使用,使用海水也应受到一定限制,以免使钢筋锈蚀或使混凝土抗冻性降低。

当采用其他水源时,应进行水质试验,水质应符合国家现行标准《混凝土拌和用水标准》(JGJ 63—2006)的规定。

5)外加剂

在混凝土拌和过程中掺入的,并能按要求改善混凝土性能的材料,称为外加剂。混凝土中使用外加剂是提高混凝土的强度,改善混凝土性能,节约水泥用量及节省能耗的有效措施。

(1)外加剂的分类。外加剂根据其主要功能可以分为以下几类。

①改善混凝土拌和物流动性能的外加剂,包括减水剂、引气剂、保水剂等。

②调节混凝土凝结、硬化速度的外加剂,包括缓凝剂、早强剂、速凝剂等。

③调节混凝土含气量的外加剂,包括引气剂、加气剂,泡沫剂、消泡剂等。

④改善混凝土耐久性的外加剂,包括抗冻剂、抗渗剂等。

⑤为混凝土提供特殊性能的外加剂,包括膨胀剂、着色剂等。

(2)外加剂的种类和选用。

①外加剂的种类。在混凝土工程中,一般采用以下几种外加剂。

a. 减水剂,如木质素磺酸钙、萘与甲醛缩合的盐类和磺化古玛隆树脂等。

b. 引气剂,如松香热聚物、烷基苯磺酸盐和脂肪醇聚氧乙烯醚等。

c. 缓凝剂,如糖钙、木质素磺酸钙、锌盐和纤维素醚等。

d. 早强剂,如氧化钠、硫酸钠、三乙醇胺和甲酸盐等。

e. 防冻剂,如氯盐和亚硝酸盐等。

f. 膨胀剂,如明矾石膨胀剂、硫铝酸钙类和氯化镁膨胀剂。

②外加剂的选用。选用外加剂时,应根据混凝土的性能要求、施工工艺及气候条件,结合混凝土的原材料性能、配合比以及对水泥的适应性能因素,通过试验确定其品种和掺量。

a. 减水剂。普通减水剂宜用于最低气温 5 ℃以上施工的混凝土,不宜单独用于蒸汽养护混凝土。高效减水剂可用于最低气温 0 ℃以上施工混凝土,并适用于制备大流动性混凝土、高强混凝土以及蒸汽养护混凝土。普通减水剂的掺量为水泥重量的 0.2%～0.3%,但不得大于 0.5%;高效减水剂的掺量宜为 0.5%～1.0%。

b. 引气剂。引气剂可用于抗冻、防渗、抗硫酸盐、轻骨料以及对饰面有要求的混凝土,不宜用于蒸汽养护混凝土及预应力混凝土。抗冻融性能要求高的混凝土,必须掺用引气剂和引气减水剂,其掺量应根据混凝土的含气量,通过试验确定。引气剂及引气减水剂混凝土必须采用机械搅拌,其搅拌时间不宜大于 3～5 min。

c. 缓凝剂。缓凝剂可用于大体积混凝土、炎热气候条件下施工的混凝土以及需长时间停放或长距离运输的混凝土,不宜用于日最低气温 5 ℃以下施工的混凝土和有早强要求的混凝土及蒸汽养护混凝土。掺缓凝剂的混凝土应在混凝土终凝后浇水养护。

d. 早强剂。早强剂可用于蒸汽养护混凝土以及有早强或防冻要求的混凝土工程。在下列结构中,不得在钢筋混凝土中采用氯盐、含氯盐的复合早强剂及早强减水剂:在高湿度空气环境中使用的结构;处于水位升降部位的结构;露天结构或经常受水淋的结构;与镀锌钢材或与铝铁相接触部位的结构；有外露钢筋预埋件而无防护措施的结构；与含有酸、碱或硫酸盐等侵蚀性介质相接触的结构；使用过程中经常处于环境温度为 60 ℃以上的结构；使用冷拉钢筋或冷拔低碳钢丝的结构；薄壁结构、中级或重级工作制吊车梁、屋架、落锤或锻锤基础等结构；电解车间和直接靠近直流电源的结构；直接靠近高压电源（发电站、变电所）的结构；预应力混凝土结构。含有强电解质无机盐类的早强剂，如硫酸盐等早强减水剂，不得用于下列结构：与镀锌钢材或铝铁相接触部位的结构；有外露钢筋预埋铁件而无防护措施的结构；使用直流电源的工厂和使用电气化运输设施的钢筋混凝土结构；含有活性骨料的混凝土结构。

e. 防冻剂。防冻剂适用于负温条件下施工的混凝土，氯盐类防冻剂的使用应符合早强剂中的有关规定。

f. 膨胀剂。膨胀剂混凝土所用水泥的选用：硫铝酸钙类膨胀剂（明矾石膨胀剂除外）、氧化钙类膨胀剂宜用于硅酸盐水泥、普通硅酸盐水泥，如选用其他水泥应由试验确定；明矾石膨胀剂用于普通硅酸盐水泥、矿渣硅酸盐水泥。膨胀混凝土应采用机械搅拌。搅拌时间应不少于 3 min，并应比不掺外加剂的混凝土延长 30 s。膨胀混凝土必须在潮湿状态下养护 14 天以上，在日最低气温低于 5 ℃时，应采取保温措施。

（3）外加剂进场检验及复验。

①混凝土中掺用的外加剂应有产品合格证、出厂检验报告，并按进场的批次和产品的抽样检验方案进行复验，其质量及应用技术应符合现行国家标准《混凝土外加剂》（GB 8076—2008）、《混凝土外加剂应用技术规范》（GB 50119—2013）等有关环境保护的规定。

②预应力混凝土结构中，严禁使用含氯化物的外加剂。钢筋混凝土结构中，当使用含氯化物的外加剂时，混凝土中氯化物的总含量应符合现行国家标准《混凝土质量控制标准》（GB 50164）的规定，选用的外加剂，需要时还应检验其氯化物、硫酸盐等有害物质的含量，经验证确认对混凝土无有害影响时方可使用。

③不同品种的外加剂应分别存储，做好标记，在运输和存储时不得混入杂物和遭受污染。

6. 混凝土工程施工工艺流程

配料→拌制→运输→浇筑→振捣→养护。

7. 混凝土配料

1）适配强度

混凝土配合比的选择，是根据工程要求、组成材料的质量、施工方法等因素，通过试验室计算及试配后确定的。所确定的试验配合比应使拌制出的混凝土能保证达到结构设计中所要求的强度等级，并符合施工中对和易性的要求，同时还要合理地使用材料，节约水泥。施工中按设计图纸要求的混凝土强度等级，正确确定混凝土配制强度，以保证混凝土工程质量。考虑到现场实际施工条件的差异和变化，因此，混凝土的试配强度应比设计的混凝土强度标准值提高一

个数值，即

$$f_{cu,0}=f_{cu,k}+1.645\sigma$$

式中：$f_{cu,0}$——混凝土配制强度，MPa；

$f_{cu,k}$——设计的混凝土立方体抗压强度标准值，MPa；

σ ——施工单位的混凝土强度标准差，MPa。

对于混凝土强度的标准差，应由强度等级相同，配合比和工艺条件基本相同的混凝土在28天的强度统计求得。其统计周期，对预拌混凝土工厂和预制混凝土构件厂，可取一个月；对现场拌制混凝土的施工单位，可根据实际情况确定，但不宜超过三个月。计算时，强度试件组数不应少于25组，混凝土配合比的选择应符合现行国家标准《普通混凝土配合比设计规程》(JGJ 55—2011)。当混凝土强度等级为C20或C25，如计算所得到的，$\sigma<2.5$ MPa时，则取$\sigma=2.5$ MPa；当混凝土强度等级为C30及其以上，如计算得到的$\sigma<3.0$ MPa时，取$\sigma=3.0$ MPa。当施工单位无近期混凝土强度统计资料时，σ可按表5-5取值。

表5-5 σ值选用表

混凝土强度等级	≤C15	C20～C35	≥C35
σ/MPa	4.0	5.0	6.0

2)混凝土的施工配合比换算

混凝土施工配合比

混凝土的配合比是在实验室根据初步计算的配合比经过试配和调整而确定的，称为实验室配合比。确定实验室配合比所用的骨料砂、石都是干燥的。施工现场使用的砂、石都具有一定的含水量，含水量大小随季节、气候不断变化。如果不考虑现场砂、石含水量，还按实验室配合比投料，其结果是改变了实际砂石用量和用水量，而造成各种原材料用量的实际比例不符合原来的配合比的要求。为保证混凝土工程质量，按配合比投料在施工时要按砂、石实际含水量对原配合比进行修正。根据施工现场砂、石含水量，调整以后的配合比称为施工配合比。

假定实验室配合比为水泥∶砂∶石$=1:x:y$；水灰比为W/C；现场测得砂含水量为W_{Sa}；石子含水量为W_g；则施工配合比为水泥∶砂∶石$=1:x(1+W_{Sa}):y(1+W_g)$；水灰比W/C不变(但用水量要减去砂石中的含水量)。

【例1】某工程混凝土实验室配合比为1∶2.28∶4.47，水灰比$W/C=0.63$，每1 m²混凝土水泥用量为$C=285$ kg，现场实测砂含水量为3%，石子含水量为1%，求施工配合比及每1 m³混凝土各种材料用量。

解：施工配合比为

$$1:x(1+W_{Sa}):y(1+W_g)=1:2.28(1+3\%):4.47(1+1\%)=1:2.35:4.51$$

按施工配合比得到1 m²混凝土各组成材料用量为

水泥：$C=285(\text{kg})$

砂：$S=285\times2.35=669.75(\text{kg})$

石：$G=285\times4.51=1285.35(\text{kg})$

水：$W=(W/C-W_{Sa}-W_g)C=(0.63-2.28\times3\%-4.47\times1\%)285=147.32(\text{kg})$

8.混凝土的搅拌

混凝土的搅拌分为人工搅拌和机械搅拌两种。

人工搅拌一般是在钢板上，用铁锨把混凝土组成材料，即砂、石、水泥拌制均匀，然后再加入水，用铁锹翻至均匀。在操作上应保证三干三湿。人工搅拌，由于劳动强度大，均匀性差，水泥用量偏大，因此，只有在混凝土用量较少或没有搅拌机的情况下采用。

1)混凝土搅拌机

(1)自落式搅拌机。自落式搅拌机搅拌筒内壁装有叶片，搅拌筒旋转，叶片将物料提升一定的高度后自由下落，各物料颗粒分散拌和，最终形成均匀的混合物。这种搅拌机体现的是重力原理。自落式混凝土搅拌机按其搅拌筒的形状不同分为鼓筒式、锥形反转出料式和双锥形倾翻出料式三种类型。鼓筒式搅拌机是一种最早使用的传统形式的自落式搅拌机，如图 5－4 所示。这种搅拌机具有结构紧凑，运转平稳，机动性好，使用方便，耐用可靠等优点，在相当长一段时间内广泛使用于施工现场，它适于搅拌塑性混凝土，但由于该机种存在着拌和出料困难，卸料时间长，搅拌筒利用率低，水泥耗量大等缺点，现属淘汰机型。鼓筒式搅拌机的常见型号有 JG150、JG250 等。锥形反转出料式搅拌机的搅拌筒呈双锥形，如图 5－5 所示，筒内装有搅拌叶片和出料叶片，正转搅拌，反转出料。因此，它具有搅拌质量好，生产效率高，运转平稳，操作简单，出料干净迅速和不易发生黏筒等优点，正逐步取代鼓筒形搅拌机。

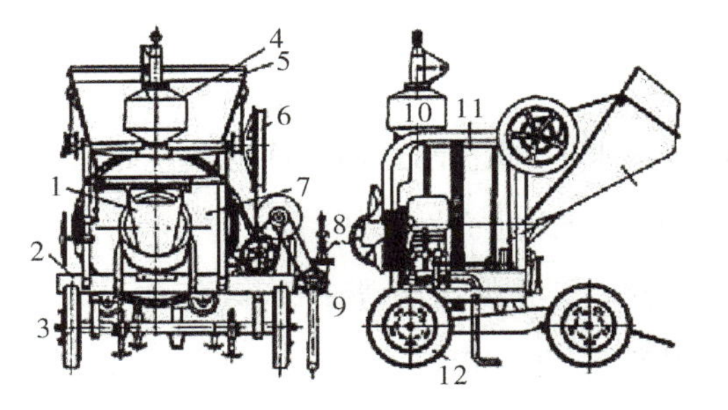

溜槽；2—台架；3—车轮；4—配水箱；5—上料斗；上料斗绳轮；7—搅拌筒；8—水泵管路；9—水泵；10—配水箱；11—搅拌桶；12—车轮。

图 5－4 鼓筒式搅拌机

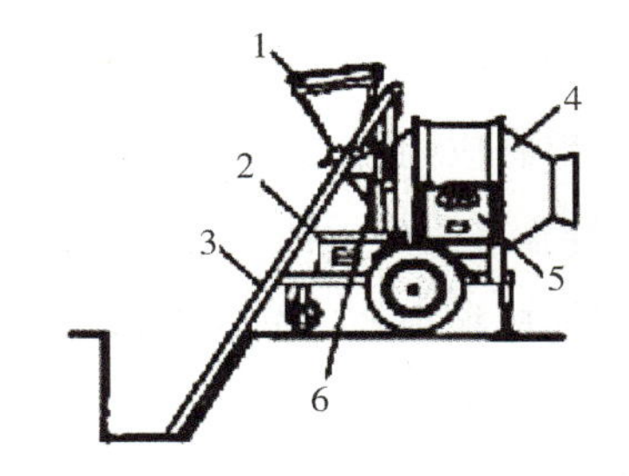

1—上料斗；2—电动机；3—上料轨道；4—搅拌桶；5—开关箱；6—水管。

图 5－5 锥形反转出料式搅拌机

锥形反转出料式搅拌机适于施工现场搅拌塑性、半干硬性混凝土。锥形反转出料式搅拌机的常用型号有 JZ150、JZ250、JZ350 等。

(2)强制式搅拌机。强制式搅拌机的轴上装有叶片,通过叶片强制搅拌装在搅拌筒中的物料,使物料沿环向、径向和竖向运动,拌和成均匀的混合物。这种搅拌机体现的是剪切拌和原理。强制式搅拌机和自落式搅拌机相比,搅拌作用强烈、均匀、搅拌时间短,生产效率高,质量好而且出料干净。它适于搅拌低流动性混凝土、干硬性混凝土和轻骨料混凝土。强制式搅拌机按其构造特征分为立轴式和卧轴式两类如图 5－6、5－7 所示。强制式搅拌机的常用机型有 JD250、JW250、JW500、JD500。

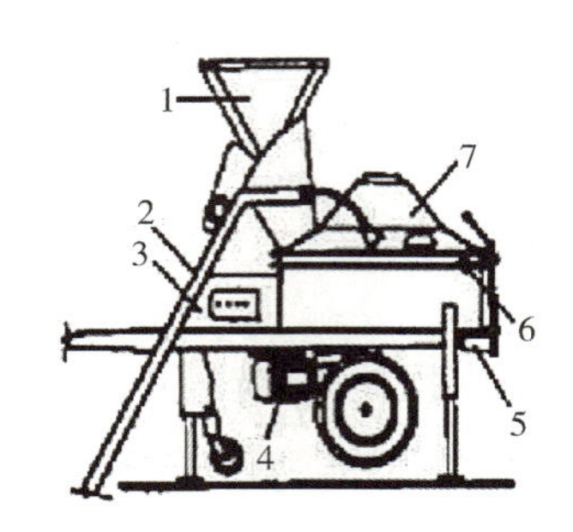

1—上料斗;2—上料轨道;3—开关箱;
4—电动机;5—出浆口;6—进水管;7—搅拌筒。

图 5－6 立轴强制式搅拌机

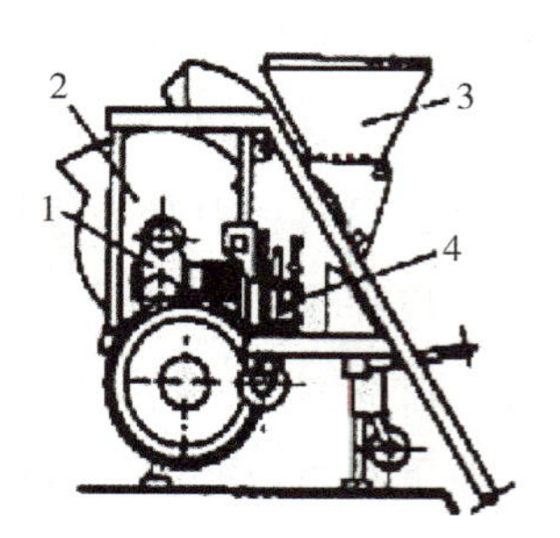

1—变速装置;2—搅拌筒;
3—上料斗;4—水泵。

图 5－7 卧轴强制式搅拌机

(3)搅拌机的工艺参数。搅拌机每次(盘)可搅拌出的混凝土体积称为搅拌机的出料容量。每次可装入干料的体积称为进料容量。搅拌筒内部体积称为搅拌机的几何容量。为使搅拌筒内装料后仍有足够的搅拌空间,一般进料容量与几何容量的比值为 0.22～0.50,称为搅拌筒的利用系数。出料容量与进料容量的比值称为出料系数,一般为 0.60～0.70。在计算出料量时,可取出料系数为 0.65。

(4)搅拌机的维护与保养。

①四支撑脚应同时支撑在地面上,机架应调至水平,底盘与地面之间应用枕木垫牢,使其稳固可靠,进料斗落位处应铺垫草袋,避免进料斗下落撞击地面而损坏。

②使用前应检查各部分润滑情况及油嘴是否畅通,并加注润滑油脂。

③水泵内应加足引水,供电系统线头应牢固安全,并应接地。

④开机前应检查传动系统运转是否正常,制动器、离合器性能应良好,钢丝绳如有松散或严重断丝应及时收紧或更换。

⑤停机前,应倒入一定量的石子和清水,利用搅拌筒的旋转,将筒内清洗干净,并放出石子和水。停机后,机具各部分应清扫干净,进料斗平放在地面上,操作手柄置于脱开位置。

⑥如遇冰冻气候(日平均气温在 5 ℃以下)时,应将配水系统的水放尽。

⑦下班离开搅拌机时应切断电源,并将开关箱锁上。

2)混凝土拌和楼

拌和楼按工艺流程分层布置，分为进料层、储料层、配料层、拌和层和出料层五层，其中配料层是全楼的控制中心，设有主操纵台。混凝土拌和楼如图5－8所示。

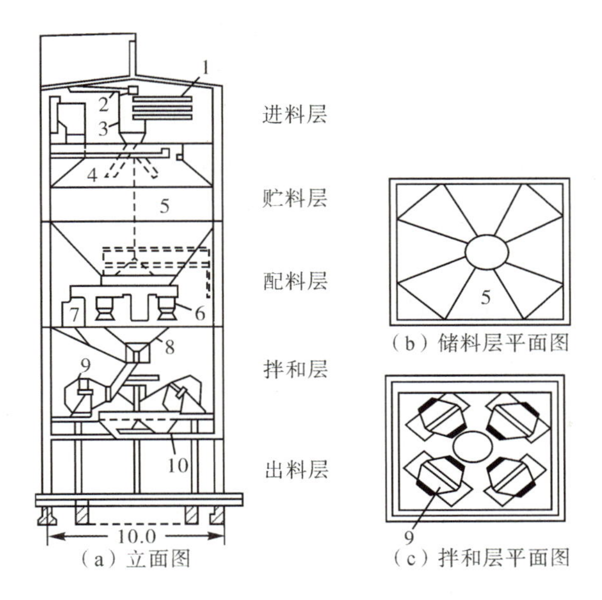

1—进料皮带层；2—水泥螺旋运输层；3—受料斗；4—粉料器；
5—贮料仓；6—配料斗；7—凉水器；8—集料斗；9—拌和机；10—混凝土出料斗。

图5－8　混凝土拌和楼

3)混凝土搅拌制度

混凝土搅拌机的搅拌制度是指搅拌时间、投料方法和进料容量的确定。

(1)搅拌时间。材料完全装入搅拌筒起到开始卸料的时间称之为搅拌时间。

(2)投料方法。常见的投料方法有一次投料法、二次投料法和水泥裹砂法。

①一次投料法：这是目前最常见的方法，即将砂、石、水泥和水混合在一起加入搅拌筒中同时进行搅拌。加料过程中为了减少水泥的飞扬和水泥的粘罐现象，先倒砂子(或石子)再倒水泥，然后再倒入石子(或砂子)，也就是说将水泥加在砂、石之间，最后由上料斗将干物料送入搅拌筒内，加水搅拌。

②二次投料法。这种投料法又分为预拌水泥砂浆法和预拌水泥净浆法。预拌水泥砂浆法是先将水泥、砂和水加入搅拌筒内进行充分搅拌，成为均匀的水泥砂浆后，再加入石子搅拌成均匀的混凝土。国内一般是用强制式搅拌机拌制水泥砂浆约1～1.5 min，然后再加入石子搅拌约1～1.5 min。预拌水泥净浆法是先将水泥和水充分搅拌成均匀的水泥净浆后，再加入砂和石子搅拌成混凝土。国内外的试验表明，二次投料法搅拌的混凝土与一次投料法相比较，混凝土的强度可提高15%，在强度相同的情况下，可节约水泥15%～20%。

③水泥裹砂法。水泥裹砂法又称SEC法，采用这种方法拌制的混凝土称为SEC混凝土或造壳混凝土。该法的搅拌程序是先加一定量的水使砂表面的含水量调到某一规定的数值后（一般为15%～25%），再加入石子并与湿砂拌匀，然后将全部水泥投入与砂石共同拌和使水泥在砂石表面形成一层低水灰比的水泥浆壳，最后将剩余的水和外加剂加入搅拌成混凝土。采用SEC法制备的混凝土与一次投料法相比较，强度可提高20%～30%，混凝土不易产生离析和泌水现象，工作性好。

(3)进料容量。进料容量又称干料容量，是指搅拌前各种材料的体积累积起来的容量。

【例2】按上例，已知条件不变，采用400 L混凝土搅拌机，求搅拌时的一次投料量。

解：400 L搅拌机每次可搅拌出混凝土

$$400\times0.65=260(\mathrm{L})=0.26(\mathrm{m}^3)$$

则搅拌时的一次投料量为

水泥：285×0.26＝74.1(kg)（取75 kg，一袋半）

砂：75×2.35＝176.25(kg)

石子：75×4.51＝338.25(kg)

水：75×(0.63－2.28×3%－4.47×1%)＝38.77(kg)

搅拌混凝土时，根据计算出的各组成材料的一次投料量，按重量投料。投料时允许偏差不得超过下列规定：

水泥、外掺混合材料：±2%；细骨料：±3%；外加剂：±2%。

各种衡器应定期检验，保持准确，骨料含水量应经常测定，雨天施工时应增加测定次数。

9.混凝土的运输

混凝土运输是整个混凝土施工中的一个重要环节，对工程质量和施工进度影响较大。由于混凝土料拌和后不能久存，而且在运输过程中对外界的影响敏感，运输方法不当或疏忽大意，都会降低混凝土质量，甚至造成废品。如供料不及时或混凝土品种错误，正在浇筑的施工部位将不能顺利进行。因此要解决好混凝土拌和、浇筑、水平运输和垂直运输之间的协调配合问题，还必须采取适当的措施，保证运输混凝土的质量。

混凝土料在运输过程中应满足下列基本要求：运输设备应不吸水、不漏浆，运输过程中不发生混凝土拌和物分离、严重泌水及过多降低坍落度；同时运输两种以上强度等级的混凝土时，应在运输设备上设置标志，以免混淆；尽量缩短运输时间、减少转运次数。运输时间不得超过表5-6的规定。因故停歇过久，混凝土产生初凝时，应作废料处理。在任何情况下，严禁中途加水后运入仓内；运输道路基本平坦，避免拌和物振动、离析、分层；混凝土运输工具及浇筑地点，必要时应有遮盖或保温设施，以避免因日晒、雨淋、受冻而影响混凝土的质量；混凝土拌和物自由下落高度以不大于2 m为宜，超过此界限时应采用缓降措施。

表 5-6 混凝土从搅拌机中卸出后到浇筑完毕的延续时间 单位:min

混凝土强度等级	气温	
	≤25 ℃	>25 ℃
≤C30	120	90
>C30	90	60

1)混凝土运输设备

混凝土运输包括两个运输过程:一是从拌和机前到浇筑仓前,主要是水平运输;二是从浇筑仓前到仓内,主要是垂直运输。混凝土的水平运输又称为供料运输,常用的运输方式有人工运输、机动翻斗车、混凝土搅拌运输车、混凝土泵运输、自卸汽车、皮带机、机车等几种,应根据工程规模、施工场地宽窄和设备供应情况选用。混凝土的垂直运输又称为入仓运输,主要由起重机械来完成,常见的起重机有履带式、门机、塔机等几种。下面主要介绍混凝土水平运输的前四种。

(1)人工运输。人工运输混凝土常用手推车、架子车和斗车等。用手推车和架子车时,要求运输道路路面平整,随时清扫干净,防止混凝土在运输过程中受到强烈震动。道路的纵坡,一般要求水平,局部不宜大于 15%,一次爬高不宜超过 2~3 m,运输距离不宜超过 200 m。用窄轨斗车运输混凝土时,窄轨(轨距 610 mm)车道的转弯半径以不小于 10 m 为宜。轨道尽量为水平,局部纵坡不宜超过 4%,尽可能铺设双线;以便轻、重车道分开。如为单线要设避车岔道。容量为 0.60 m^3 的斗车一般用人力推运,局部地段可用卷扬机牵引。

(2)机动翻斗车。机动翻斗车是混凝土工程中使用较多的水平运输机械。它轻便灵活、转弯半径小、速度快且能自动卸料。车前装有容量为 476 L 的翻斗,载重量约 1 t,最高时速为 20 km/h。机动翻斗车适用于短途运输混凝土或砂石料。

(3)混凝土搅拌运输车。混凝土搅拌运输车(如图 5-9 所示)是运送混凝土的专用设备。它的特点是在运量大、运距远的情况下,能保证混凝土的质量均匀,一般用于混凝土制备点(商品混凝土站)与浇筑点距离较远时使用。它的运送方式有两种:一是在 10 km 范围内作短距离运送时,只作运输工具使用,即将拌和好的混凝土接送至浇筑点,在运输途中为防止混凝土分离,让搅拌筒只作低速搅动,使混凝土拌和物不致分离、凝结;二是在运距较长时,搅拌运输两者兼用,即先在混凝土拌和站将干料——砂、石、水泥按配比装入搅拌鼓筒内,并将水注入配水箱,开始只作干料运送,然后在到达距使用点 10~15 min 路程时,启动搅拌筒回转,并向搅拌筒注入定量的水,这样在运输途中边运输边搅拌成混凝土拌和物,送至浇筑点卸出。

图 5-9 混凝土搅拌运输车

(4)混凝土泵运输。混凝土泵运输又称泵送混凝土,是利用混凝土泵的压力将混凝土通过管道输送到浇筑地点,一次完成水平运输和垂直运输。混凝土泵运输具有输送能力大(最大水平输送距离可达 800 m,最大垂直输送高度可达 300 m)、效率高、连续作业、节省人力等优点,是施工现场运输混凝土的较先进的方法,目前已经得到广泛的应用。

①泵送混凝土设备。泵送混凝土设备有混凝土泵、输送管和布料装置。

a. 混凝土泵。混凝土泵按作用原理分为液压活塞式、挤压式和气压式三种。液压活塞式混凝土泵是利用活塞的往复运动,将混凝土吸入和压出。将拌好的混凝土装入泵的料斗内,此时排出端片阀关闭,吸入端片阀开启,在液压作用下,活塞向液压缸体方向移动,混凝土在自重及真空吸力作用下,进入混凝土管内。然后活塞向混凝土缸体方向移动,吸入端片阀关闭,压出端片阀开启,混凝土被压入管道中,输送至浇筑地点。单缸混凝土泵出料是脉冲式的,所以一般混凝土泵都有并列两套缸体,交替出料,使出料稳定。

将液压活塞式混凝土泵装在汽车底盘上,组成混凝土泵车。混凝土泵车转移方便、灵活,适用于中小型工地施工。

挤压式混凝土泵是利用泵室内的滚轮挤压装有混凝土的软管,软管受局部挤压使混凝土向前推移。泵室内保持高度真空,软管受挤压后扩张,管内形成负压,将料斗中混凝土不断吸入,滚轮不断挤压软管,使混凝土不断排出,如此连续运转。

气压式混凝土泵是以压缩空气为动力使混凝土沿管道输送至浇筑地点。其设备由空气压缩机、贮气罐、混凝土泵(亦称混凝土压送器)、输送管道、出料器等组成。

b. 混凝土输送管。混凝土输送管有直管、弯管、锥形管和浇注软管等。直管、弯管的管径以 100 mm,125 mm 和 150 mm 三种为主,直管标准长度以 4.0 m 为主,另有 3.0、2.0、1.0、0.5 m 四种管长作为调整布管长度用。弯管的角度有 15°、30°、45°、60°、90°五种,以适应管道改变方向的需要。

锥形管长度一般为 1.0 m,用于两种不同管径输送管的连接。直管、弯管、锥形管用合金钢制成,浇注软管用橡胶与螺旋形弹性金属制成。软管接在管道出口处,在不移动钢管的情况下,可扩大布料范围。

c. 布料装置。混凝土泵连续输送的混凝土量很大,为使输送的混凝土直接浇注到模板内,应设置具有输送和布料两种功能的布料装置(称为布料杆)。

布料装置应根据工地的实际情况和条件来选择,一种移动式布料装置,放在楼面上使用,其臂架可回转 360°,可将混凝土输送到其工作范围内的浇筑地点。此外,还可将布料杆装在塔式起重机上;也可将混凝土泵和布料杆装在汽车底盘上,组成布料杆泵车,如图 5-10 所示,用于基础工程或多层建筑混凝土浇筑。

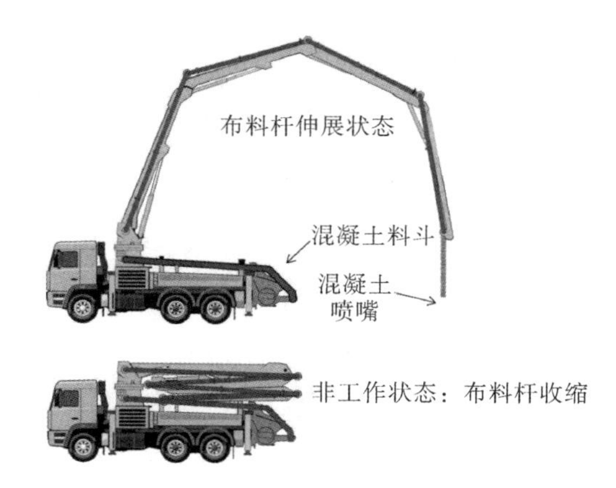

图 5－10 混凝土布料杆泵车

②泵送混凝土的原材料和施工配合比。混凝土在输送管内输送时应尽量减少与管壁间的摩阻力，使混凝土流通顺利，不产生离析现象。选择泵送混凝土的原料和配合比应满足泵送的要求。

a. 粗骨料。粗骨料宜优先选用卵石，当水灰比相同时卵石混凝土比碎石混凝土流动性好，与管道的摩阻力小。为减小混凝土与输送管道内壁的摩阻力，应限制粗骨料最大粒径 d 与输送管内径 D 之比值。一般粗骨料为碎石时，$d \geqslant D/3$；粗骨料为卵石时，$d \leqslant D/2.5$。

b. 细骨料。骨料颗粒级配对混凝土的流动性有很大影响。为提高混凝土的流动性和防止离析，泵送混凝土中通过 0.135 mm 筛孔的砂应不小于 15%，含砂率宜控制在 40%～50%。

c. 水泥用量。水泥用量过少，混凝土易产生离析现象。1 m^3 泵送混凝土最小水泥用量为 300 kg。

d. 混凝土的坍落度。混凝土的流动性大小是影响混凝土与输送管内壁摩阻力大小的主要因素，泵送混凝土的坍落度宜为 80～180 mm。

e. 为了提高混凝土的流动性，减小混凝土与输送管内壁摩阻力，防止混凝土离析，宜掺入适量的外加剂。

③泵送混凝土施工的有关规定。泵送混凝土施工时，除事先拟定施工方案，选择泵送设备，做好施工准备工作外，在施工中应遵守如下规定：混凝土的供应必须保证混凝土泵能连续工作；输送管线的布置应尽量直，转弯宜少且缓，管与管接头严密；泵送前应先用适量的与混凝土内成分相同的水泥浆或水泥砂浆润滑输送管内壁；预计泵送间歇时间超过 45 min 或混凝土出现离析现象时，应立即用压力水或其他方法冲掉管内残留的混凝土；泵送混凝土时，泵的受料斗内应经常有足够的混凝土，防止吸入空气形成阻塞；输送混凝土时，应先输送远处混凝土，使管道随混凝土浇筑工作的逐步完成，逐步拆管。

任务5.1 基础混凝土工程施工

任务描述

学习基础混凝土的浇筑、振捣、养护，底板大体积混凝土的施工和混凝土的质量检查知识，能够进行施工方案的编制。

知识学习

5.1.1 基础混凝土的浇筑

基础混凝土浇筑

1. 浇筑前的准备

为了保证混凝土工程质量和混凝土工程施工的顺利进行，在浇筑前一定要充分做好准备工作。

1)做好施工组织和技术、安全交底工作

混凝土浇筑技术交底内容包括混凝土配合比(挂牌)、计量方法、工程量、施工进度、施工缝留设、浇筑标高、部位、浇筑顺序、技术措施和操作要求等。

2)地基的检查与清理

(1)在地基上直接浇筑混凝土时(如基础、地面)，应对其轴线位置及标高和各部分尺寸进行复核和检查，如有不符，应立即修正。

(2)清除地基底面上的杂物和淤泥浮土。地基面上凹凸不平处，应加以修理整平。

(3)对于干燥的非黏土地基，应洒水润湿，对于岩石地基或混凝土基础垫层，应用清水清洗，但不得留有积水。

(4)对于有地下水涌出或地表水流入地基时，应考虑排水，并应考虑混凝土浇筑后及硬化过程中的排水措施，以防冲刷新浇筑的混凝土。

(5)检查基槽和基坑的支护及边坡的安全措施，以避免运输车辆行驶而造成坍方事故。

3)模板的检查

(1)检查模板的轴线位置、标高、截面尺寸以及预留孔洞和预埋件的位置，并应与设计相一致。

(2)检查模板的支撑是否牢固，对于妨碍浇筑的支撑应加以调整，以免在浇筑过程中产生变形、位移并影响浇筑。

(3)模板安装时应认真涂刷隔离剂，以利于脱模。模板内的泥土、木屑等杂物应清除。

(4)木模应浇水充分润湿，尚未胀密的缝隙应用纸筋灰或水泥袋纸嵌塞；对于缝隙较大处应用木片等填塞，以防漏浆。金属模板的缝隙和孔洞也应堵塞。

4)钢筋检查

(1)钢筋及预埋件的规格、数量、安装位置应与设计相一致,绑扎与安装应牢固。

(2)清除钢筋上的油污、砂浆等,并按规定加垫好钢筋的混凝土保护层。

(3)协同有关人员做好隐蔽工程记录。

5)机具的检查及准备

(1)搅拌机、运输车辆、振捣器及串筒、溜槽、料斗应按需准备充足,并保证完好。

(2)准备急需的备品、配件,以备修理用。

2. 混凝土的浇筑

为确保混凝土工程质量,混凝土浇筑工作必须遵守下列规定。

(1)混凝土须在初凝前浇筑。如已有初凝现象,则应再进行一次强力搅拌方可入模。如混凝土在浇筑前有离析现象,亦须重新拌和才能浇筑。混凝土运输、输送、浇筑过程中严禁加水;混凝土运输、输送、浇筑过程中散落的混凝土严禁用于结构浇筑。

(2)混凝土浇筑时的自由倾落高度。对于素混凝土或少筋混凝土,由料斗、漏斗进行浇筑时,倾落高度不超过 2 m。对于竖向结构(柱、墙),粗骨料粒径大于 25 mm 时,倾落高度不超过 3 m;粗骨料粒径小于或等于 25 mm 时,倾落高度则不超过 6 m。对于配筋较密或不便于捣实的结构,倾落高度不超过 60 cm。否则应采用串筒、溜槽和振动串筒下料,以防产生离析。

(3)浇筑竖向结构混凝土前,底部应先浇入 50~100 mm 厚与混凝土成分相同的水泥砂浆,以避免产生蜂窝、麻面及烂根现象。

(4)混凝土分层浇筑。为了使混凝土能够振捣密实,浇筑时应分层浇灌、振捣,并在下层混凝土初凝之前,将上层混凝土浇灌并振捣完毕。如果在下层混凝土已经初凝以后,再浇筑上面一层混凝土,在振捣上层混凝土时,下层混凝土由于受震动,已凝结的混凝土结构就会遭到破坏。混凝土分层浇筑时每层的厚度应符合表 5 - 7 的规定。

表 5 - 7 混凝土浇筑层厚度

捣实混凝土的方法		浇筑层厚度/mm
插入式振捣		振捣器作用部分长度的 1.25 倍
表面振捣		200
人工振捣	在基础、无筋混凝土或配筋稀疏的结构中	250
	在梁、墙板、柱结构中	200
	在配筋密列的结构中	150
轻骨料混凝土	插入式振捣	300
	表面振动(振动时需加荷)	200

3. 施工缝

1)施工缝的含义

施工缝是一种特殊的工艺缝。浇筑时由于施工技术(安装上部钢筋、重新安装模板和脚手架、限制支撑结构上的荷载等)或施工组织(工人换班、设备损坏、待料等)上的原因,不能连续将结构整体浇筑完成,且停歇时间可能超过混凝土的凝结时间时,则应预先确定在适当的部位留置施工缝。由于施工缝处"新""老"混凝土连接的强度比整体混凝土强度低,所以施工缝一般应留在结构受剪力较小且便于施工的部位。表 5-8 所示为混凝土浇筑中的最大间歇时间。

表 5-8 混凝土浇筑中的最大间歇时间 单位:min

混凝土强度等级	气温	
	≤25 ℃	>25 ℃
≤C30	210	180
>C30	180	150

注:当混凝土中掺加有促凝或缓凝型外加剂时,其允许时间应根据试验结果确定。

这里所说的施工缝,实际并没有缝,而是新浇混凝土与原混凝土之间的结合面,混凝土浇筑后,缝已不存在,与房屋的伸缩缝、沉降缝和抗震缝不同,这三种缝不管是建筑物在建造过程中还是建成后,都存在实际的空隙。

2)允许留施工缝的位置

由于施工技术或施工组织的原因,不能连续将结构整体浇筑完成,预计间隙时间将超过规定时间时,应预先选定适当的部位留置施工缝和后浇带,施工缝和后浇带宜留在结构受剪力较小且便于施工的部位。

(1)柱子、墙施工缝可留在基础、楼层结构顶面,也可留在楼层结构底面。柱子施工缝宜留在基础的顶面、梁或吊车梁牛腿的下面、吊车梁的上面、无梁楼板柱帽的下面,如图 5-11 所示。

(2)与板连成整体的大断面梁(高度大于 1 m 的混凝土梁)单独浇筑时,施工缝应留置在板底面以下 20～30 mm 处。板有梁托时,应留在梁托下部。

(3)有主次梁的楼板,宜顺着次梁方向浇筑,施工缝应留置在次梁跨度中间 1/3 的范围内,如图 5-12 所示。

(4)单向板的施工缝可留置在平行于板的短边的任何位置处。

楼梯的施工缝也应留在跨中 1/3 范围内。

墙的施工缝留置在门洞口过梁跨中 1/3 范围内,也可留在纵横墙的交接处。

双向受力楼板、大体积混凝土结构、拱、穹拱、薄壳、蓄水池、斗包、多层框架及其他结构复杂工程,施工缝位置应按设计要求留置。

注意,留设施工缝是不得已为之,并不是每个工程都必须留设施工缝,有的结构不允许留施工缝。

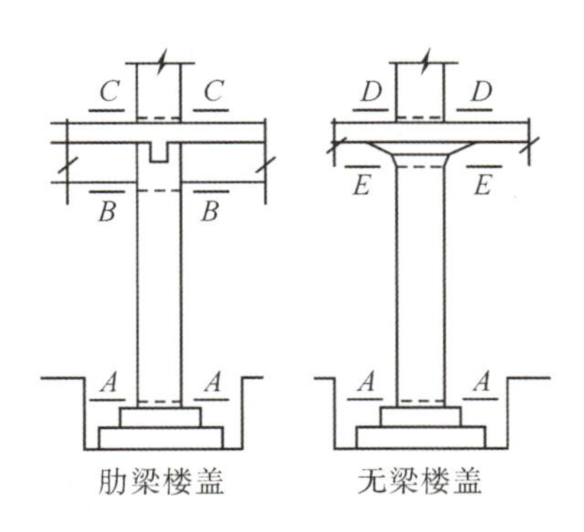

图 5-11 柱子、楼盖的施工缝留设

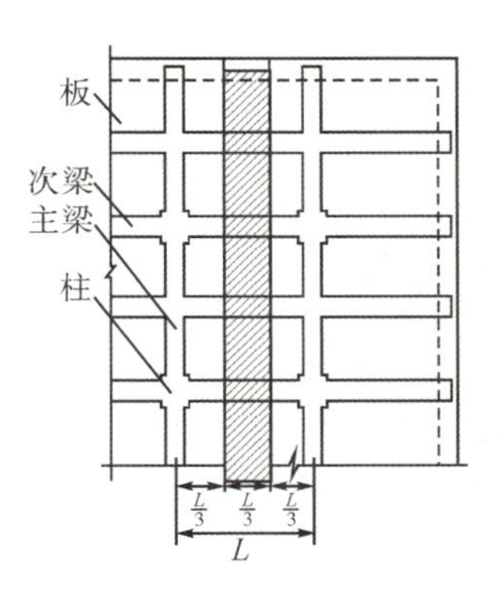

图 5-12 主、次梁楼板施工缝

3)施工缝的处理

(1)在施工缝处继续浇筑混凝土时,先前已浇筑混凝土的抗压强度应不小于 1.2 MPa。

(2)继续浇筑前,应清除已硬化混凝土表面上的水泥薄膜和松动石子以及软弱混凝土层,并加以充分湿润和冲洗干净,且不得积水。

(3)在浇筑混凝土前,先铺一层水泥浆或与混凝土内成分相同的水泥砂浆,然后再浇筑混凝土。

(4)混凝土应细致捣实,使新旧混凝土紧密结合。

5.1.2 混凝土的振捣

混凝土浇灌到模板中后,由于骨料间的摩阻力和水泥浆的黏结作用,不能自动充满模板,其内部是疏松的,有一定体积的空洞和气泡,不能达到要求的密实度。而混凝土的密实性直接影响其强度和耐久性。所以在混凝土浇灌到模板内后,必须进行捣实,使之具有设计要求的结构形状、尺寸和设计的强度等级。

混凝土捣实的方法有人工捣实和机械振捣。施工现场主要用机械振捣法。

1.人工振捣

人工振捣是利用人力的冲击(夯或插)使混凝土密实、成型。一般只有在采用塑性混凝土,而且是在缺少机械或工程量不大的情况下,才用人工振捣。振捣时要注意插匀、插全,实践证明,增加振捣次数比加大振捣力的效果为好。重点要捣好下列部位:主钢筋的下面,钢筋密集处,石子多的地点,模板阴角处,钢筋与侧模之间。

人工振捣采用的振捣工具:对于基础、梁、柱可用竹竿、钢管;对于楼板、地坪、小梁可用铲、锹、平底锤等。

1)操作方法

边下料,边捣插;轻插,多插,密插为佳,不宜用力猛插;插点应均匀分布,钢筋、外模板及边角多插;截面较大的梁柱,可同时用木槌在模板外轻敲。

2)密实饱满现象

不再冒出气泡;不再显著下沉;表面泛浆;表面基本形成水平面;模板拼缝处出现浆水。

2. 机械振捣

1)混凝土机械振捣原理

对混凝土进行机械振捣时,将具有一定频率和振幅的振动力传给混凝土,使混凝土发生强迫振动,新浇筑的混凝土在振动力作用下,颗粒之间的黏着力和摩阻力大大减小,流动性增加。振捣时粗骨料在重力作用下下沉,水泥浆均匀分布填充骨料空隙,气泡逸出,孔隙减少,游离水分被挤压上长,使原来松散堆积的混凝土充满模型,提高密实度。振动停止后混凝土重新恢复其凝聚状态,逐渐凝结硬化。机械振捣比人工振捣效果好,混凝土密实度提高,水灰比减小。

2)混凝土机械振捣设备

混凝土振捣机械按其传递振动的方式分为内部振动器、表面振动器、附着式振动器和振动台。在施工工地主要使用内部振动器和表面振动器。

(1)内部振动器。内部振动器又称为插入式振动器(振动棒),多用于振捣现浇基础、柱、梁、墙等结构构件和大体积设备基础的混凝土捣实。

插入式振动器按产生振动的原理分为偏心式和行星式;按振动频率分有低频(1500～3000次/分)、中频(5000～8000 次/分)、高频(10 000 次/分);建筑工地常用带软轴的插入式振动器主要有中频偏心软轴插入式振动器和高频行星滚锥软轴插入式振动器。其中,高频行星滚锥软轴插入式振动器如图 5 - 13 所示。

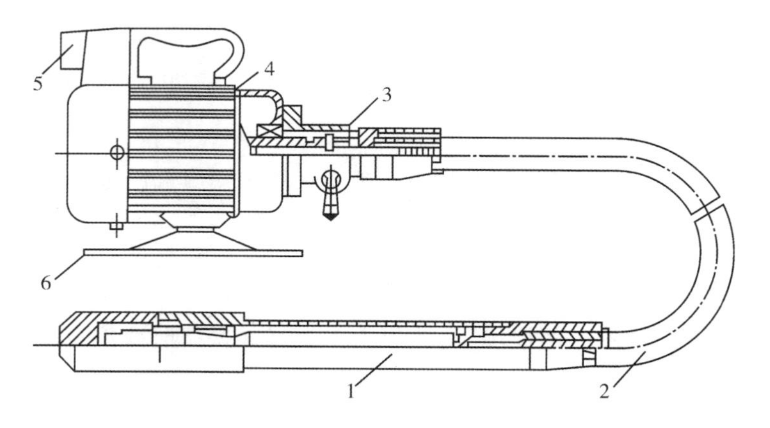

1—振动棒;2—软轴;3—防逆装置;4—电动机;5—电器开关;6—支座。

图 5 - 13　高频行星滚锥软轴插入式振动器

(2)表面振动器。表面振动器主要有平板振动器、振动梁、混凝土整平机和渠道衬砌机等,其作用深度较小,多用在混凝土表面进行振捣。平板振动器适用于楼板、地面及薄型水平构件的振捣,振动梁和混凝土整平机常用于混凝土道路的施工。

(3)附着式振动器。附着式振动器又称外部振动器,它通过螺栓或夹钳等固定在模板外部,通过模板将振动传给混凝土拌和物,因而模板应有足够的刚度。它宜于振捣断面小且钢筋密的构件,如薄腹梁、箱型桥面梁等及地下密封的结构,用于无法采用插入式振动器的场合。其有效作用范围可通过实测确定。

表面振动器和附着式振动器都是在混凝土的外表面施加振动,而使混凝土振捣密实的。

(4)振动台。振动台是一个支承在弹性支座上的工作台。工作台框架由型钢焊成,台面为钢板。工作台下面装设振动机构,振动机构转动时,即带动工作平台强迫振动,使平台上的构件混凝土被振实。振动时应将模板牢固地固定在振动台上(可利用电磁铁固定)。否则模板的振幅和频率将小于振动台的振幅和频率,振幅沿模板分布也不均匀,影响振动效果,振动时噪音也过大。

3)振动器的使用

(1)插入式振动器的使用。

①启动前应检查电动机接线是否正确,电动机运转方向应与机壳上箭头方向一致。电动机运转方向正确时,振动器应发出“呜——”的叫声,振动稳定有力,如振动器有“哗——”声而不振动,可摇晃棒头或将棒头对地轻磕两下,待振动器发出“呜——”的叫声,振动正常后,方可投入使用。

②使用时,前手应紧握在振动棒上端约 50 cm 处,以控制插点,后手扶正软轴,前后手相距 40～50 cm 左右,使振动器自然沉入混凝土内。切忌用力硬插或斜推。振动器的振捣方向有垂直振捣和斜向振捣两种。垂直振捣:容易掌握插点距离、控制插入深度(不超过振动棒长度的 1.25倍),不易产生漏振,不易触及模板、钢筋,混凝土振后能自然沉实、均匀密实。斜向振捣:操作省力,效率高、出浆快,易于排出空气,不会产生严重的离析现象,振动棒拔出时不会形成孔洞。

③操作插入式振动器时,应做到“快插慢拔”,快插是为了防止表面混凝土先振实而下面混凝土发生分层、离析现象,慢拔是为了使混凝土能填满振动器抽出时造成的空洞。振动器插入混凝土后应上下抽动,抽动幅度为 5～10 cm,以保证混凝土振捣密实。

④混凝土分层灌注时,每层的厚度不应超过振动器的 1.5 倍。在振捣上一层混凝土时,要将振动器插入下一层混凝土中约 5 cm 左右,使上下层混凝土接合成一整体。振捣上层混凝土要在下层混凝土初凝前进行。

⑤振动器插点排列要均匀,可按“行列式”或“交错式”的次序移动,两种排列形式不宜混用,以防漏振。普通混凝土的移动间距不宜大于振动器作用半径的 1.5 倍;轻骨料混凝土的移动间距不宜大于振动器作用半径的 1 倍;振动器距离模板不应大于作用半径的 1/2,并应避免碰撞钢筋、模板、芯管、预埋件等。

⑥准确掌握好每个插点的振捣时间。时间过长、过短都会引起混凝土离析、分层。每一插点的振捣延续时间，一般以混凝土表面呈水平，混凝土拌和物不显著下沉，表面泛浆和不出现气泡为准。

(2)平板振动器的使用。

①平板振动器因设计时不考虑轴承承受轴向力，故在使用时，电动机轴承应呈水平状。

②平板振动器在每一位置上连续振动的时间，正常情况下约为 25～40 s，以混凝土表面均匀出现泛浆为准。移动时应成排依次振捣前进，前后位置和排与排之间，应保证振动器的平板覆盖已振实部分的边缘，一般以重叠 3～5 cm 为宜，以防漏振。移动方向应与电动机转动方向一致。

③平板振动器的有效作用深度，在无筋和单筋平板中为 20 cm，在双筋平板中约为 12 cm。因此，混凝土厚度一般不超过振动器的有效作用深度。

④大面积的混凝土楼地面，可采用两台振动器以同一方向安装在两条木杠上，通过木杠的振动，使混凝土密实，但两台振动器的频率应保持一致。

⑤振捣带斜面的混凝土时，振捣器应由低处逐渐向高处移动，以保证混凝土密实。

(3)附着式振动器的使用。

①附着式振动器的有效作用深度约为 25 cm 左右，如构件较厚时，可在构件对应两侧安装振动器，同时进行振捣。

②在同一模板上同时使用多台附着式振动器时，各振动器的频率须保持一致，两面的振动器应错开位置排列。其位置和间距视结构形状、模板坚固程度、混凝土坍落度及振动器功大小，经试验确定，一般每隔 1～1.5 m 设置一台振动器。

③当结构构件断面较深、较狭时可采用边浇灌边振捣的方法。但对于其他垂直构件须在混凝土浇灌高度超过振动器的高度时，方可开动振动器进行振捣。混凝土成一水平，且无气泡出现时，可停止振捣。

3. 混凝土其他成型法

1)离心成型法

离心成型法是将装有混凝土的模板放在离心机上，在离心力作用下，将混凝土分布于模板的内壁、混凝土中的水分挤出，使混凝土密实的成型方法。离心成型法适用于管柱、管桩、电杆、上下水管等构件的生产。

采用离心成型法成型，石子最大粒径不应超过管壁厚的 1/3～1/4，水泥用量不低于 350 kg/m^3，不得使用火山灰水泥，坍落度控制在 30～70 mm。

2)真空作业法

真空作业法是借助于真空负压，将水从刚浇筑成型的混凝土拌和物中吸出并使混凝土密实的成型方法。真空作业法有表面真空作业法和内部真空作业法，较常用的是在混凝土构件的上、下表面或侧面布置真空腔进行吸水。表面真空作业法在机场跑道、道路、隧道顶板、水池、桥墩、预制构件中都有应用。

5.1.3 混凝土的养护

混凝土浇筑后逐渐凝结硬化，强度也不断增长，这个过程主要由水泥的水化作用来实现。而水泥的水化作用又必须在适当的温湿度条件下才能完成，如果混凝土浇筑后即处在炎热、干燥、风吹、日晒的气候环境中，就会使混凝土中的水分很快蒸发，影响混凝土中水泥的正常水化作用。轻则使混凝土表面脱皮、起砂和出现干缩裂缝，严重的会因混凝土内部疏松，降低混凝土的强度和遭到破坏。因此混凝土养护绝不是一件可有可无的工作，而是混凝土施工过程中的一个重要环节。

混凝土浇筑后，必须根据水泥品种、气候条件和工期要求加强养护措施。混凝土养护的方法很多，通常按其养护工艺分为自然养护和蒸汽养护两大类。而自然养护又分为洒水养护及喷膜养护，施工现场则以洒水养护为主要养护方法。

1. 洒水养护

洒水养护是指混凝土终凝后，在日平均气温高于 5 ℃的自然气候条件下，用草帘、草袋将混凝土表面覆盖并经常洒水，以保持覆盖物充分湿润。对于楼地面混凝土工程也可采用蓄水养护的办法加以解决。洒水养护时必须注意以下事项。

(1)对于一般塑性混凝土，应在浇筑后 12 h 内立即加以覆盖和洒水润湿，炎热的夏天养护时间可缩短至 2～3 h。而对于干硬性混凝土应在浇筑后 1～2 h 内即可养护，使混凝土保持湿润状态。

(2)在已浇筑的混凝土强度达到 1.2 MPa 以后，方可允许操作人员行走和安装模板及支架等。

(3)混凝土洒水养护日期视水泥品种而定，硅酸盐水泥和普通硅酸盐水泥、矿渣硅酸盐水泥拌制的混凝土，不得少于 7 天；掺用缓凝型外加剂或有抗渗要求的混凝土，不得少于 14 天。采用其他品种水泥时，混凝土的养护时间，应根据水泥技术性能确定。

(4)养护用水应与拌制用水相同，洒水的次数应以能保持混凝土具有足够的润湿状态为准。

(5)在养护过程中，如发现因遮盖不好、洒水不足，致使混凝土表面泛白或出现干缩细小裂缝时，应立即仔细加以避盖，充分洒水，加强养护，并延长洒水养护日期加以补救。

(6)平均气温低于 5 ℃时，不得洒水养护。

2)喷膜养护

喷膜养护是将一定配比的塑料溶液，用喷洒工具喷洒在混凝土表面，待溶液挥发后，塑料在混凝土表面结成一层薄膜，使混凝土表面与空气隔绝，封闭混凝土中水分的蒸发而完成水泥的水化作用,以达到养护的目的。

喷膜养护适用于不易进行洒水养护的高耸构筑物和大面积混凝土的养护,也可用于表面积大的混凝土施工和缺水地区。喷膜养护剂的喷洒时间,一般待混凝土收水后,混凝土表面以手指轻按无指印时即可进行,施工温度应在 10 ℃以上。喷膜养护剂的配合比如表 5-9 所示。

表 5-9 喷膜养护剂的配合比

材料	过氯乙烯树脂	苯二甲酸二丁酯	粗苯	轻溶剂油	丙酮
过氯乙烯树脂养护液	9.5	4	86	—	0.5
	10	2.5	—	87.5	—

注:配合比可根据材料性质及喷洒工具适当调整。苯二甲酸二丁酯的用量在夏季可酌量少加,冬季多加。若粗苯和树脂质量好,可以不加丙酮。

过氯乙烯树脂养护液配制方法:

(1)按配比先将溶剂倒入缸(桶)内,然后将过氯乙烯树脂倒入溶剂内,边加边搅拌,加完后每隔半小时搅拌一次,直到树脂完全溶解为止(如树脂长时间不能溶解时,加入适量丙酮可加速溶解)。最后加入苯二甲酸二丁酯,边加边搅拌,搅拌均匀后,即可使用。

(2)配制前先检查原材料质量,树脂如受潮应先晒干,溶剂如水化,应以氢氧化钠脱水后方可使用。盛放溶液的容器,应无油污、铁锈、积水等物,容器上应加盖子,防止溶液蒸发。配制过程中应特别注意防火,原料与成品应分别存放,注意防护工作,防止中毒。

3)蒸汽养护

蒸汽养护是将构件放在充有饱和蒸汽或蒸汽空气混合物的养护室内,在较高的温度和相对湿度的环境中进行养护,以加快混凝土的硬化。

蒸汽养护制度包括养护阶段的划分,静停时间,升、降温速度,恒温养护温度与时间,养护室相对湿度等。

常压蒸汽养护过程分为四个阶段:静停阶段、升温阶段、恒温阶段及降温阶段。

(1)静停阶段。构件在浇灌成型后先在常温下放一段时间,称为静停。静停时间一般为 2~6 h,以防止构件表面产生裂缝和疏松现象。

(2)升温阶段。构件由常温升到养护温度的过程即为升温阶段。升温温度不宜过快,以免由于构件表面和内部产生过大温差而出现裂缝。升温速度:薄型构件不超过 25 ℃/h,其他构件不超过 20 ℃/h,用干硬性混凝土制作的构件不得超过 40 ℃/h。

(3)恒温阶段。温度保持不变的持续养护时间即为恒温阶段。恒温养护阶段应保持 90%~100%的相对湿度,恒温养护温度不得大于 95 ℃。恒温养护时间一般为 3~8 h。

(4)降温阶段。降温阶段是恒温养护结束后,构件由养护最高温度降至常温的散热降温过程。降温速度不得超过 10 ℃/h。构件出池后,其表面温度与外界温差不得大于 20 ℃。

对大面积结构可采用蓄水养护和塑料薄膜养护。大面积结构如地坪、楼板可采用蓄水养护。贮水池一类结构，可在拆除内模板，混凝土达到一定强度后注水养护。

5.1.4　基础底板大体积混凝土施工工艺

1. 材料和质量要点

1）材料的关键要求

（1）选用低热和低收缩水泥。

（2）采用低强度等级水泥。

（3）控制各种材料和外加剂的含碱量。

（4）控制骨料含泥量。

2）技术的关键要求

（1）控制混凝土浇筑成型温度。

（2）利用混凝土后期强度或（和）掺入掺和料降低水泥单方用量。

（3）控制坍落度，使坍落损失符合泵送要求。

（4）浇筑混凝土适时进行二次振捣、抹压消除混凝土早期塑性变形。

（5）尽可能延长脱模时间并及时保湿、保温。

3）质量的关键要求

（1）严格控制混凝土搅拌投料计量。

（2）监督膨胀剂加入量。

（3）控制混凝土的温差及降温速率。

2. 施工工艺

1）工艺流程

大体积混凝土施工工艺流程图如图 5－14 所示。

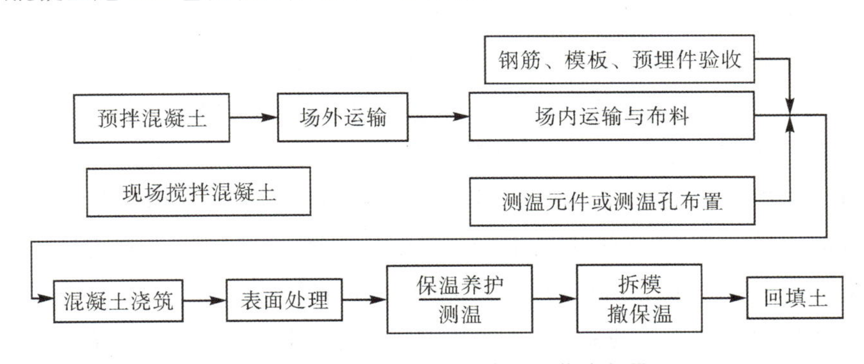

图 5－14　大体积混凝土施工工艺流程图

2)施工操作要点

(1)混凝土搅拌。

①根据施工方案的规定对原材进行温度调节。

②搅拌采用二次投料工艺,加料顺序为先将水、水泥、掺和料、外加剂搅拌约 1 min 成水泥浆,然后投入粗、细骨料拌匀。

③计量精度每班至少检查二次,计量控制范围:外加剂±0.5%,水泥、掺和料、膨胀剂、水±1%,砂石±2%。其中加水量应扣除骨料含水量及冰霄重量。

④搅拌应符合所用机械说明中所规定的时间,一般不少于 90 s,加膨胀剂的混凝土搅拌时间延长 30 s,以搅拌均匀为准,时间不宜过长。

⑤出罐混凝土应随时测定坍落度,与要求不符时应由专业技术人员及时调整。

(2)混凝土的场外运输。

①预拌混凝土的远距离运输应使用滚筒式罐车。

②运送混凝土的车辆应满足均匀、连续供应混凝土的需要。

③必须有完善的调度系统和装备,根据施工情况指挥混凝土的搅拌与运送,减少停滞时间。

④罐车在盛夏和冬季均应有隔热层覆盖。

⑤混凝土搅拌运输车第一次装料时,应多加二袋水泥。运送过程中筒体应保持慢速转动,卸料前,筒体应加快运转 20～30 s 后方可卸料。

⑥送到现场混凝土的坍落度应随到随检,需调整或分次加入减水剂时均应由搅拌站派驻现场的专业技术人员执行。

(3)混凝土的场内运输与布料。

①固定泵(地泵)场内运输与布料。

a. 受料斗必须配备孔径为 50 mm×50 mm 的振动筛防止个别大颗粒骨料流入泵管,料斗内混凝土上表面距离上口宜为 200 mm 左右,以防止泵吸入空气。

b. 泵送混凝土前,先将储料斗内清水从管道泵出,以湿润和清洁管道,然后压入纯水泥浆或 1∶1～1∶2 的水泥砂浆滑润管道后,再泵送混凝土。

c. 开始压送混凝土时速度宜慢,待混凝土送出管子端部时,速度可逐渐加快,并转入用正常速度进行连续泵送。遇到运转不正常时,可放慢泵送速度。进行抽吸往复推动数次,以防堵管。

d. 泵送混凝土浇筑入模时,端部软管均匀移动,使每层布料均匀,不应成堆浇筑。

e. 泵管向下倾斜输送混凝土时,应在下斜管的下端设置相当于 5 倍落差长度的水平配管,若与上水平线倾斜度大于 7°时应在斜管上端设置排气活塞。如因施工长度有限,下斜管无法按上述要求长度设置水平配管时,可用弯管或软管代替,但换算长度仍应满足 5 倍落差的要求。

f. 沿地面铺管,每节管两端应垫 50 mm×100 mm 的方木,以便拆装;向下倾斜输送时,应搭设宽度不小于 1 m 的斜道,上铺脚手板,管两端垫方木支承,泵管不应直接铺设在模板、钢筋上,而应搁置在马凳或临时搭设的架子上。

g. 泵送结束时，计算混凝土需要量，并通知搅拌站，避免剩余混凝土过多。

h. 混凝土泵送完毕，混凝土泵及管道可采用压缩空气推动清洗球清洗，压力不超过 0.7 MPa。方法是先安好专用清洗管，再启动空压机，渐渐加压。清洗过程中随时敲击输送管判断混凝土是否接近排空。管道拆卸后按不同规格分类堆放备用。

i. 泵送中途停歇时间不应多于 60 min，如超过 60 min 则应清管。

j. 泵管混凝土出口处，管端距模板应大于 500 mm。

k. 盛夏施工，泵管应覆盖隔热层。

l. 只允许使用软管布料，不允许使用振动器推赶混凝土。

m. 在预留凹坛模板或预埋件处，应沿其四周均匀布料。

n. 加强对混凝土泵及管道巡回检查，发现声音异常或泵管跳动应及时停泵排除故障。

②汽车泵布料。

a. 汽车泵行走及作业应有足够的场地，汽车泵应靠近浇筑区并应有两台罐车能同时就位卸混凝土的条件。

b. 汽车泵就位后应按要求撑开支腿，加垫枕木，汽车泵稳固后方准开始工作。

c. 汽车泵就位与基坑上口的距离视基坑护坡情况而定，一般应取得现场技术主管的同意。

d. 混凝土的自由落距不得大于 2 m。

e. 混凝土在浇筑地点的坍落度，每工作班至少检查四次。混凝土的坍落度试验应符合现行《普通混凝土拌和物性能试验方法标准》(GB/T 50080—2016)的有规定。混凝土实测的坍落度与要求坍落度之间的偏差应不大于±20 mm。

(4)混凝土浇筑。

①混凝土浇筑可根据面积大小和混凝土供应能力采取全面水平分层、分段分层或斜面分层连续浇筑，如图 5-15 所示，分层厚度为 300～500 mm 且不大于振动棒长的 1.25 倍。分段分层多采取踏步式分层推进，一般踏步宽为 1.5～2.5 m。斜面分层浇灌每层厚 30～50 cm，坡度一般取 1∶6～1∶7。

②浇筑混凝土的时间应按表 5-10 控制。掺外加剂时由试验确定，但最长不得大于初凝时间减 90 min。

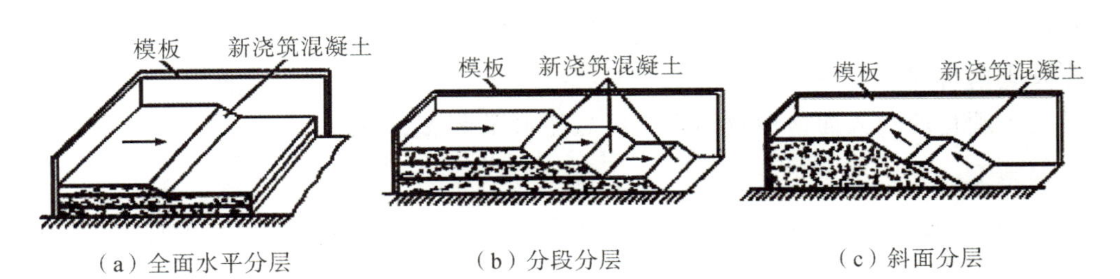

(a) 全面水平分层　(b) 分段分层　(c) 斜面分层

图 5-15　大体积混凝土分层浇筑法

表 5－10 混凝土搅拌至浇筑完的最大延续时间 单位:min

混凝土强度	气温		混凝土强度	气温	
	≤25 ℃	>25 ℃		≤25 ℃	>25 ℃
≤C30	120	90	>C30	90	60

③混凝土浇筑宜从低处开始，沿长边方向自一端向另一端推进，逐层上升。亦可采取中间向两边推进，保持混凝土沿基础全高均匀上升。浇筑时，要在下一层混凝土初凝之前浇筑上一层混凝土，避免产生冷缝，并将表面泌水及时排走。

④局部厚度较大时先浇深部混凝土，2～4 h 后再浇上部混凝土。

⑤振捣混凝土应使用高频振动器，振动器的插点间距为 1.5 倍振动器的作用半径，防止漏振。斜面推进时振动棒应在坡脚与坡顶处插振。

⑥振动混凝土时，振动器应均匀地插拔，插入下层混凝土 50 cm 左右，每点振动时间 10～15 s，以混凝土泛浆不再溢出气泡为准，不可过振。

⑦混凝土浇筑终了以后 3～4 h 在混凝土接近初凝之前进行二次振捣，然后按标高线用刮尺刮平并轻轻抹压。

⑧混凝土的浇筑温度按施工方案控制，以低于 25 ℃为宜，最高不得超过 28 ℃。

⑨间断施工超过混凝土的初凝时应待先浇混凝土具有 1.2 MPa 以上的强度时才允许后续浇筑混凝土。

⑩混凝土浇筑前应对混凝土接触面先行湿润，对补偿收缩混凝土下的垫层或相邻其他已浇筑的混凝土，应在浇筑前 24 h 即大量洒水浇湿。

(5)混凝土的表面处理。

①处理程序：初凝前一次抹灰→临时覆盖塑料膜→混凝土终凝前 1～2 h 掀膜二次抹压→覆膜。

②混凝土表面泌水应及时引导集中排除。

③混凝土表面浮浆较厚时，应在混凝土初凝前加粒径为 2～4 cm 的石子浆，均匀撒布在混凝土表面用抹子轻轻拍平。

④在四级以上大风或烈日下施工应有挡风遮阳措施。

⑤当施工面积较大时可分段进行表面处理。

⑥混凝土硬化后的表面塑性收缩裂缝可灌注水泥素浆刮平。

3)冬期施工

(1)冬期施工的期限：室外日平均气温连续 5 天稳定低于 5 ℃起至高于 5 ℃止。

(2)混凝土的受冻临界强度：使用硅酸盐或普通硅酸盐水泥的混凝土应为混凝土强度标准值的 30%；使用矿渣硅酸盐水泥应为混凝土强度标准值的 40%；掺用防冻剂的混凝土，当气温不低于−15 ℃时，不得小于4 MPa，当气温不低于−30 ℃时，不得小于5 MPa。

(3)冬期施工的大体积混凝土应优先使用硅酸盐水泥和普通硅酸盐水泥，水泥强度等级宜为42.5。

(4)大体积混凝土底板在冬期施工时，当气温在−15 ℃以上时应优先选用蓄热法，当蓄热法不能满足要求时应采用综合蓄热法施工。

(5)蓄热法施工应进行混凝土的热工计算，决定原材料加热及搅拌温度和浇筑温度，确定保温层的种类、厚度等。并且保温层外应覆盖防风材料封闭。

(6)综合蓄热法可在混凝土中加少量抗冻剂或掺少量早强剂。搅拌混凝土用粉剂防冻剂可与水泥同时投入。液体防冻剂应先配制成需要的浓度；各溶液分别置于有明显标志的容器内备用；随时用比重计检验其浓度。

(7)混凝土浇筑后应尽早覆盖塑料膜和保温层且应始终保持保温层的干燥。侧模及平面边角应加厚保温层。

(8)混凝土冬季施工所用外加剂应具有适应低温的施工性能，不准使用缓凝剂和缓凝型减水剂，不准使用含可挥发氯气的防冻剂，不准使用含氯盐的早强剂和早强减水剂。

(9)混凝土的浇筑温度应为10 ℃左右，分层浇筑时已浇混凝土被上层混凝土覆盖时不应低于2 ℃。

(10)原材料加热应优先采用水加热，当气温低于−8 ℃时，再考虑加热骨料，依次为砂，再次为石子。拌和水及骨料加热最高温度如表5－11所示。

表5－11 拌和水及骨料加热最高温度 单位：℃

水泥	水	骨料
≤52.5级的普通硅酸盐水泥，矿渣硅酸盐水泥	80	60
>52.5级的硅酸盐水泥，普通硅酸盐水泥	60	40

当水及骨料加热到最高限温度仍不能满足要求时水可加热到100 ℃，但水泥不得与80 ℃以上的水直接接触。水宜使用蒸汽加热或用热交换罐加热，在容器中调至要求温度后使用。砂可利用火坑或加热料斗升温。水泥、掺和料应提前运入暖棚或罐内保温。

(11)混凝土的搅拌。

①骨料中不得带有冰雪及冻团。

②搅拌机应设置于保温棚内，棚温不低于5 ℃。

③使用热水搅拌应先投入骨料，加水，待水温降到4 ℃左右时再投入水泥和掺和料等。

(12)混凝土运送应尽量缩短耗时，罐车应有保温层。

(13)混凝土泵应设于挡风棚内，泵管应有保温层。

(14)混凝土冬期施工测温项目与次数如表5－12所示。

表 5－12　混凝土冬期施工测温项目和次数

测温项目	测温次数
室外气温及环境温度	每昼夜不少于 4 次，此外还需测最高、最低气温
搅拌机棚温度	每一工作班不少于 4 次
水、水泥、砂、石及外加剂溶液温度	每一工作班不少于 4 次
混凝土出罐、浇筑、入模温度	每一工作班不少于 4 次

注：室外最高最低气温测量起、止日期为本地区冬期施工起始至终了时止。

(15)混凝土浇筑后的测温同常温大体积混凝土的施工要求。

(16)混凝土拆模和保温层应在混凝土冷却到 5 ℃以后进行，如拆模时混凝土与环境温差大于 20 ℃，则拆模后的混凝土表面仍应加覆盖层使其缓慢冷却。

5.1.5　混凝土的质量检查

混凝土的质量检查包括施工中检查和施工后检查。

施工中的检查：对混凝土拌制和浇筑过程中所用材料的质量及用量、搅拌及浇筑地点的坍落度的检查，每一工作班内至少检查 2 次；对执行混凝土搅拌制度及现场振捣质量也应随时检查。

施工后的检查：对已完成混凝土进行外观质量及强度检查，有抗冻、抗渗要求的混凝土进行抗冻抗渗性能检查。

1. 施工前的检查

(1)检查混凝土原材料的质量是否合格。

(2)检查配合比是否正确。首次使用的混凝土配合比应进行开盘鉴定，其工作性应满足设计配合比的要求。混凝土拌制前，应测定砂、石的含水量并根据测试结果调整材料用量，提出施工配合比。

2. 拌制和浇筑过程中的质量检查

(1)检查混凝土拌制计量是否准确。各种衡器应定期校验，每次使用前应进行零点校核，保持计量准确；当遇雨天其含水量有显著变化时，应增加含水量检测次数，并及时调整水和骨料的用量。

(2)应随时检查混凝土的搅拌时间。每一工作班至少检查 2 次混凝土坍落度并填写“混凝土坍落度测定报告”，并对混凝土振捣情况进行检查监督。

(3)混凝土运输、浇筑及间歇的全部时间不应超过混凝土的初凝时间。同一施工段的混凝土应连续浇筑，并应在底层混凝土初凝之前将上一层混凝土浇筑完毕。

(4)检查施工缝、后浇带的留置位置是否正确。

(5)混凝土浇筑完毕后，应按施工技术方案及时采取有效的养护措施。

(6)在混凝土制备和浇筑过程中,还要对原材料的质量、配合比、坍落度、振捣等进行检查,如遇特殊情况还应及时进行抽查。

3.混凝土外观质量检查

现浇结构拆模后,应由监理(建设)单位、施工单位对外观质量和尺寸偏差进行检查,做出记录,并应及时按施工技术方案对缺陷进行处理。

(1)从外观上检查其表面有无麻面、蜂窝、露筋、裂缝、孔洞等缺陷,检查预留洞孔道是否通畅,检查结果是否合格应由监理(建设)单位、施工单位等各方根据其对结构性能和使用功能影响的严重程度来确定。

(2)现浇结构拆模后的尺寸偏差项目包括轴线位置、垂直度(层高、全高)、标高(层高、全高)、截面尺寸、电梯井(井筒长、宽对定位中心线,井筒全高(H),垂直度)、预埋设施中心线位置、预留洞中心线位置。

4.混凝土强度检查

为了检查混凝土是否达到设计强度等级,或混凝土是否已达到拆模、起吊强度及预应力构件混凝土是否达到张拉、放松预应力筋时所规定的强度,应制作试块,做抗压强度试验。

(1)检查混凝土是否达到设计强度等级。混凝土抗压强度(立方强度)是检查结构或构件混凝土是否达到设计强度等级的依据,其检查方法是,制作边长为150 mm的立方体试块,在温度为20±3 ℃和相对湿度为90%以上的潮湿环境或水中的标准条件下,经28天养护后做抗压强度试验确定。试验结果作为核算结构或构件的混凝土强度是否达到设计要求的依据。

混凝土试块应用钢模制作,试块尺寸、数量应符合下列规定。

①试块的最小尺寸,应根据骨料的最大粒径,按下列规定选定:

骨料的最大粒径≤30 mm,选用边长为100 mm的立方体;

骨料的最大粒径≤40 mm,选用边长为150 mm的立方体;

骨料的最大粒径≤60 mm,选用边长为200 mm的立方体。

②当采用非标准尺寸的试块时,应将抗压强度折算成标准试块强度,其折算系数分别如下:边长为100 mm的立方体试块——0.95;边长为200 mm的立方体试块——1.05。

③用作评定结构或构件混凝土强度质量的试块应在浇筑地点随机取样制作。检验评定混凝土强度用的混凝土试块组数,应按下列规定留置:每拌制100盘且不超过100 m^3的同配合比的混凝土,其取样不得少于一次;每工作班拌制的同配合比的混凝土不足100盘时,其取样不得少于一次;现浇楼层,每层取样不得少于一次;预拌混凝土应在预拌混凝土厂内按上述规定留置试块。每项取样应至少留置一组标准试块,同条件养护试块的留置组数,可根据实际需要确定。

(2)检查施工各阶段混凝土的强度。为了检查结构或构件的拆模、出厂、吊装、张拉、放张及施工期间临时负荷的需要,尚应留置与结构或构件同条件养护的试块。试块的组数可按实际需要确定。

5. 混凝土强度验收评定标准

混凝土强度应分批进行验收。同批混凝土应由强度等级相同、龄期相同以及生产工艺和配合比基本相同的混凝土组成。每批混凝土的强度，应以同批内全部标准试件的强度代表值来评定。

1)每组(三块)试块强度代表值

每组(三块)试块应在同盘混凝土中取样制作，其强度代表值按下述规定确定。

(1)取三个试块试验结果的平均值，作为该组试块的强度代表值。

(2)当三个试块中的最大或最小的强度值，与中间值相比超过 15%时，取中间值代表该组的混凝土试块的强度。

(3)当三个试块中的最大和最小的强度值，均超过中间值的 15%时，其试验结果不应作为评定的依据。

2)混凝土强度检验评定

根据混凝土生产情况，在混凝土强度检验评定时，按以下三种情况进行。

(1)当混凝土的生产条件在较长时间内能保持一致，且同一品种混凝土的强度变异性能保持稳定时，由连续的三组试块代表一个验收批，其强度同时满足下列要求：

$$m_{f\mathrm{cu}} \geqslant f_{\mathrm{cu,k}} + 0.7\sigma_0$$

$$f_{\mathrm{cu,min}} \geqslant f_{\mathrm{cu,k}} - 0.7\sigma_0$$

当混凝土强度等级不高于 C20 时，强度的最小值尚应满足下式要求：

$$f_{\mathrm{cu,min}} \geqslant 0.85 f_{\mathrm{cu,k}}$$

当混凝土强度等级高于 C20 时，强度的最小值尚应满足下式要求：

$$f_{\mathrm{cu,min}} \geqslant 0.9 f_{\mathrm{cu,k}}$$

式中：$m_{f\mathrm{cu}}$ ——同一验收批混凝土立方体抗压强度平均值(MPa)；

$f_{\mathrm{cu,k}}$ ——混凝土立方体抗压强度标准值(MPa)；

$f_{\mathrm{cu,min}}$ ——同一验收批混凝土立方体抗压强度最小值(MPa)；

σ_0 ——验收批混凝土立方体抗压强度的标准差(MPa)。

σ_0 应根据前一个检验期内(检验期不应超过三个月，强度数据总批数不得小于 15)同一品种混凝土试块的强度数据按下式确定：

$$\sigma_0 = \frac{0.59}{m} \sum_{m}^{f=1} \Delta f_{\mathrm{cu},i}$$

式中：$\Delta f_{\mathrm{cu},i}$ ——同一验收批混凝土立方体抗压强度中最大值与最小值之差；

m ——用以确定该验收批混凝土立方体抗压强度标准值数据的总批数。

(2)当混凝土的生产条件不能满足上述规定或在前一个检验期内的同一品种混凝土没有足够的数据用以确定验收混凝土立方体抗压强度标准差时，应由不少于 10 组的试块代表一个验收批，其强度同时满足下列要求：

$$m_{fcu}-\lambda_1 s_{fcu}\geqslant 0.9f_{cu,k}$$

$$f_{cu,min}\geqslant \lambda_2 f_{cu,k}$$

式中：m_{fcu}——同一验收批混凝土立方体抗压强度平均值(MPa)；

s_{fcu}——同一验收批混凝土立方体抗压强度的标准差(MPa)，当 s_{fcu} 的计算值小于 $0.06f_{cu,k}$ 时，取 $s_{fcu}=0.06f_{cu,k}$。

混凝土立方体抗压强度的标准差 s_{fcu}。可按下式计算：

$$s_{fcu}=\sqrt{\frac{\sum_{m}^{i=1}f_{cu,i}^{2}-nm_{fcu}^{2}}{n-1}}$$

式中：$f_{cu,i}$——第 i 组混凝土抗压强度值(MPa)；

n——一个验收批混凝土试块的组数。

(3)对零星生产的预制构件的混凝土或现场搅拌的批量不大的混凝土，可采用非统计法评定，此时，验收批混凝土的强度必须同时满足下列要求：

$$m_{fcu}\geqslant 1.15f_{cu,k}$$

$$f_{cu,min}\geqslant 0.95f_{cu,k}$$

(4)当检验结果能满足第(1)或第(2)或第(3)条的规定时，则该批混凝土强度判为合格，当不能满足上述规定时，则该批混凝土强度判为不合格。

由于抽样检验存在一定的局限性，混凝土的质量评定可能出现误判。因此，如混凝土试件强度不符合上述要求时，允许从结构上钻取芯样进行试压检查，亦可用回弹仪或超声波仪直接在构件上进行非破损检验。

任务实施

1. 工作任务

通过基础混凝土的浇筑工程相关知识学习，能根据基础工程的具体情况正确选用混凝土的浇筑方式、振捣方法及养护方法，能够完成基础混凝土施工工艺及质量验收。

2. 实施过程

1)收集资料

利用在线开放课程、网络资源等查找相关资料，收集混凝土的组成、分类及常用材料等资料；收集基础混凝土浇筑、振捣及质量验收资料。

2)引导文

(1)填空题。

①广义的混凝土是指由________、细骨料、粗骨料和水按适当比例配制的混合物。

②混凝土拌和物和易性的测定，通常是以________为指标测定拌和物的流动性，并辅以直观经验评定黏聚性和保水性。

③混凝土的强度主要包括抗压、抗拉、抗剪等强度。一般所说的混凝土强度，是指________。

④________________________总称为水泥的硬化过程。

⑤混凝土在冬期施工时，普通硅酸盐水泥拌制的混凝土临界强度为________设计强度标准值。

(2)简答题。

①试述确定混凝土施工缝留设位置的原则、接缝的时间与施工要求。

②简述大体积混凝土结构温度裂缝的类型及产生原因。

③简述混凝土养护的基本方法。

④如何检查混凝土是否达到设计强度等级？

⑤简述混凝土的组成材料粗骨料如何分级。

3)任务实施

(1)某混凝土实验室配合比为1:2.12:4.37,$W/C=0.62$,每立方米混凝土水泥用量为290 kg,实测现场砂含水量3%,石含水量1%。①求出施工配合比。②当用250 L(出料容量)搅拌机搅拌时,每拌一次投料水泥、砂、石、水各为多少?

____
____
____
____
____
____
____
____

(2)某大体积混凝土施工过程中需要采取一些措施。

控制两阶段温度裂缝:____。

升温阶段表面开裂:____。

降温阶段收缩拉裂:____。

常用的大体积混凝土施工措施有以下几个方面:

①____;

②掺缓凝剂或缓凝型减水剂,也可掺入适量粉煤灰等外掺料;

③采用中粗砂和大粒径、级配良好的石子,尽量减少混凝土的用水量;

④降低混凝土入模温度,______________________________;减少浇筑层厚度,降低混凝土浇筑速度,必要时在混凝土内部埋设冷却水管,用循环水来降低混凝土温度;

⑤加强混凝土的保湿、保温,采取在混凝土表面覆盖保温材料或蓄水养护,减少混凝土表面的热扩散;

⑥与设计方协商,设置____。

(3)简述混凝土养护需要注意的问题。

____
____
____
____
____
____

3. 检查与评价

学生首先自查，然后以小组为单位进行互查，发现错误及时纠正，遇到问题商讨解决，教师做出改进指导后，结合学生在实施过程中表现出来的职业素养、参与程度综合考核评价每位同学成绩。学生自评表和教师评定表分别见任务表 5-1 和任务表 5-2。

任务表 5-1　学生自评表

项目名称	混凝土工程施工	任务名称	基础混凝土工程施工
学生姓名		实际得分	标准分值
混凝土基本认知能力			10
混凝土的常用材料			20
混凝土浇筑			20
混凝土施工工艺			20
是否能认真描述困难、错误和修改内容			10
对自己工作的评价			10
团队协作能力			10
合计得分			100
改进内容及方法：			

任务表 5-2　教师评定表

项目名称	混凝土工程施工	任务名称	基础混凝土工程施工
学生姓名		实际得分	标准分值
混凝土基本认知能力			10
混凝土的常用材料			20
混凝土浇筑			20
混凝土施工工艺			20
是否能认真描述困难、错误和修改内容			10
对学生工作的评价			10
团队协作能力			10
合计得分			100

知识拓展

轻质混凝土

轻质混凝土又名泡沫混凝土，是通过发泡机的发泡系统将发泡剂用机械方式充分发泡，并将泡沫与水泥浆均匀混合，然后经过发泡机的泵送系统进行现浇施工或模具成型，经自然养护所形成的一种含有大量封闭气孔的新型轻质保温材料。它属于气泡状绝热材料，突出特点是在混凝土内部形成封闭的泡沫孔，使混凝土轻质化和保温隔热化；同时它也是加气混凝土中的一个特殊品种。轻质混凝土主要有以下几种优点。

(1)轻质。轻质混凝土的密度小，使建筑物自重大幅降低，且提高构件的承载能力，有显著的经济效益。

(2)保温隔热性能好。由于轻质混凝土中含有大量封闭的细小孔隙，因此具有良好的热工性能，即良好的保温隔热性能，还具有良好的节能效果。

(3)隔音耐火性能好。轻质混凝土属多孔材料，因此它也是一种良好的隔音材料，在建筑物的楼层和高速公路的隔音板、地下建筑物的顶层等可采用该材料作为隔音层。轻质混凝土是无机材料，不会燃烧，从而具有良好的耐火性。

(4)整体性能好。轻质混凝土可现场浇注施工，与主体工程结合紧密。

(5)低弹减震性好。轻质混凝土的多孔性使其具有低的弹性模量，从而使其对冲击载荷具有良好的吸收和分散作用。

(6)防水性能强。现浇轻质混凝土吸水率较低，相对独立的封闭气泡及良好的整体性，使其具有一定的防水性能。

(7)耐久性能好。轻质混凝土的耐久性能好，与主体工程寿命相同。

(8)生产加工方便。轻质混凝土不但能在厂内生产成各种各样的制品，而且还能现场施工，直接现浇成屋面、面和墙体。

(9)环保性能好。轻质混凝土所需原料为水泥和发泡剂，发泡剂为中性，不含苯、甲醛等有害物质，避免了环境污染和消防隐患。

(10)施工方便。只需使用水泥发泡机就可实现自动化作业，可泵送实现垂直高度200 m的远距离输送，工作量为150～300 m^3/天。

任务5.2　墙、柱混凝土工程施工

任务描述

学习墙、柱混凝土的浇筑施工准备、施工工艺、施工质量检查标准相关知识，完成墙、柱混凝土的浇筑施工准备、施工工艺、施工质量检查的质量控制。

知识学习

5.2.1　墙、柱混凝土工程施工准备

1.技术准备

(1)图纸会审已经完成。

(2)在施工前已编制详细的施工组织设计或施工方案并已审批。

(3)在施工前已做好施工技术交底工作，交底时根据工程实际并结合具体操作部位，阐明技术规范和标准的规定，明确对关键部位的质量要求、操作要点及注意事项，其中应包括：操作技术标准、施工工艺；原材料质量标准及验收规定；施工质量对工程进度的影响与关系，以及质量标准和工程验收的规定；安全及环保措施等。

(4)现场搅拌混凝土应有具备试验资质的试验室提供的混凝土配合比，并根据现场材料的含水量调整混凝土配合比。商品混凝土应有出厂合格证。

(5)确定混凝土的搅拌能力是否满足连续浇筑的需求。

(6)施工前做好试块的留置计划和制作准备工作。

(7)混凝土施工时应有开盘鉴定和混凝土浇筑申请书。

(8)钢筋、预埋件及预留洞口已经做好隐蔽验收工作，并有完备的签字手续。

(9)标高、轴线、模板等已进行技术复核。

(10)确定浇筑混凝土所需的各种材料、机具、劳动力需求。

(11)确定浇筑混凝土所需的水、电能满足施工需要。

2.材料要求

1)品种规格

(1)水泥。普通混凝土应根据工程设计的要求、施工工艺的需要选用适当品种和强度等级的水泥，普通混凝土宜按《通用硅酸盐水泥(GB 175—2007)》等标准的规定选用。水泥的主要

技术指标应符合上述标准的规定。

(2)细骨料(砂)。细骨料(砂)宜用粗砂或中砂。

(3)粗骨料(石子)。粗骨料(石子)宜用中碎(卵)石,粒径 5～40 mm;或细碎(卵)石,粒径 5～20 mm。

(4)搅拌用水。拌制混凝土宜采用饮用水,当采用地表水、地下水,以及经过处理的工业废水或其他水源时应进行水质检验,水质应符合国家现行标准《混凝土用水标准》(JGJ 63—2006)的规定;海水可用于无饰面要求的素混凝土,但不得用于拌制钢筋混凝土和预应力混凝土。

(5)掺和料。目前使用较多的掺和料是粉煤灰,其次是硅灰和磨细矿渣粉,其掺量应通过试验确定,其质量应符合有关标准要求。

(6)混凝土外加剂。在混凝土施工中根据混凝土的性能要求、施工工艺及气候条件,结合混凝土原材料性能、配合比以及对水泥的适应性能等因素,一般会掺入减水剂、早强剂、引气剂、缓凝剂、防冻剂、膨胀剂等外加剂,外加剂的质量应符合有关标准的规定,其掺量及品种经试验确定后,方可使用。

2)质量要求

(1)水泥。水泥进场时应对其品种、级别、包装或散装仓号、出厂日期等进行检查,并应对其强度、安定性及其他必要的性能指标进行复验,其质量必须符合现行国家标准《通用硅酸盐水泥》(GB 175—2007)等的规定。当在使用中对水泥质量有怀疑或水泥出厂超过三个月(快硬硅酸盐水泥超过一个月)时,应进行复验,并按复验结果使用。钢筋混凝土结构、预应力混凝土结构中,严禁使用含氯化物的水泥。

检查数量:按同一生产厂家、同一等级、同一品种、同一批号且连续进场的水泥,袋装不超过 200 L 为一批,散装不超过 500 L 为一批,每批抽样不少于一次。

检验方法:检查产品合格证、出厂检验报告和进场复验报告。

(2)细骨料(砂)。普通混凝土用砂的质量要求如下:配制混凝土宜优先选用Ⅱ区砂;当采用Ⅰ区砂时,应提高砂率,并保证足够的水泥用量,以满足混凝土的和易性;当采用Ⅲ区砂时,宜适当降低砂率,以保证混凝土强度。对于泵送混凝土用砂,宜选用中砂。砂的颗粒级配应处于表 5-13 中的任何一个区以内。混凝土强度等级低于 C30 时,含泥量(按重量计)不大于 5.0%,泥块含量不大于 2.0%;混凝土强度等级高于 C30 时,含泥量(按重量计)不大于 3.0%,泥块含量不大于 2.0%。砂的颗粒级配见表 5-13。

(3)粗骨料(石子)。其针、片状颗粒含量应≤15%;压碎指标应≤10%;混凝土强度等级低于 C30 时,含泥量(按重量计)不大于 2.0%,泥块含量不大于 0.7%;混凝土强度等级高于或等于 C30 时,含泥量(按重量计)不大于 1.0%,泥块含量不大于 0.5%。混凝土用的粗骨料,其最大颗粒粒径不得超过构件截面最小尺寸的 1/4,且不得超过钢筋最小净间距的 3/4。对混凝土实心板,骨料的最大粒径不宜超过板厚的 1/3,且不得超过 40 mm。

检查数量:按进场的批次和产品的抽样检验方案确定。

检验方法:检查进场复验报告。

(4)搅拌用水。拌制混凝土宜采用饮用水;当采用其他水源时,水质应符合国家现行标准《混凝土用水标准》(JGJ 63—2006)的规定。

检查数量:同一水源检查不应少于一次。

检验方法:检查水质试验报告。

表 5-13　砂的颗粒级配

筛孔尺寸/mm	累计筛余		
	Ⅰ区	Ⅱ区	Ⅲ区
10.0	0	0	0
5.00	10～0	10～0	10～0
2.50	35～5	25～0	15～15
1.25	65～35	50～10	25～0
0.630	85～71	50～10	40～55
0.315	95～80	92～70	85～55
0.160	100～90	100～90	1000～90

(5)外加剂。混凝土中掺用外加剂的质量及应用技术应符合现行国家标准《混凝土外加剂》(GB 8076—2008)、《混凝土外加剂应用技术规范》(GB 50119—2013)等和有关环境保护的规定。钢筋混凝土结构中,当使用含氯化物的外加剂时,混凝土中氯化物的总含量应符合现行国家标准《混凝土质量控制标准》(GB 50164—2011)的规定。不同品种的外加剂搭配使用可能会出现意料之外的反作用,未经试验验证,禁止随意搭配使用混凝土外加剂。

检查数量:外加剂按进场的批次和产品的抽样检验方案确定。以连续供应的 50 t 为一验收批做进场检验,不足 50 t 亦按一批计。进场检验包括匀质性及与水泥适应性检验。

检验方法:检查产品合格证、出厂检验报告和进场复验报告。

(6)掺和料。混凝土中掺用矿物掺和料的质量应符合现行国家标准《用于水泥和混凝土中的粉煤灰》(GB/T 1596—2017)等的规定。矿物掺和料的掺量应通过试验确定。

检查数量:按进场的批次和产品的抽样检验方案确定。

检验方法:检查出厂合格证和进场复验报告。

3. 材料和质量要点

1)材料的关键要求

施工所用混凝土材料的主要技术指标是强度和耐久性。施工时严格控制原材料的质量,通过有资质的试验室控制混凝土配合比来保证混凝土的强度，混凝土拌和物的基本性能可以用混凝土的和易性与稠度来测定。

2)技术关键要求

(1)混凝土的搅拌质量控制和浇筑质量控制是本工艺的技术控制重点。

(2)混凝土现场搅拌应注意混凝土的原材料的计量、上料顺序、混凝土的拌和时间以及混凝土水灰比和坍落度的控制。

(3)混凝土浇筑应注意施工缝、后浇带的留设、处理和方案的确定、审批。浇筑混凝土应按要求留置试件，并应采取技术措施保证混凝土结构的垂直度和轴线符合设计、规范的规定。

3)质量关键要求

(1)混凝土原材料的质量控制。

(2)混凝土浇筑方式的选择和控制以及混凝土的振捣质量要求是本工艺质量的关键要求。

5.2.2　墙、柱混凝土工程施工工艺

1. 工艺流程

混凝土搅拌→混凝土运输→混凝土浇筑与振捣→混凝土养护。

2. 操作要点

1)混凝土搅拌

混凝土搅拌应采用现场搅拌或使用商品混凝土。采用商品混凝土时应按要求提供混凝土配合比、合格证，做好混凝土的进场检验和试验工作，并应测定每车混凝土的坍落度，做好记录。

采用现场搅拌混凝土时应符合下列规定。

(1)一般要求。混凝土应按国家现行标准《普通混凝土配合比设计规程》(JGJ 55—2011)和《混凝土强度检验评定标准》(GB/T 50107—2010)的有关规定，根据混凝土强度等级、耐久性和工作性等要求进行配合比设计。混凝土施工前应有相关资质的试验室出具的混凝土配合比通知单。混凝土拌制前，应测定砂、石含水量并根据测试结果调整材料用量，提出混凝土施工配合比。

(2)搅拌要求。混凝土原材料每盘称量的偏差应符合表 5-14 的规定。并于每一工作班对原材料的计量情况进行不少于一次的复称。

表 5-14　混凝土原材料每盘称量的允许偏差

材料名称	允许偏差	材料名称	允许偏差
水泥、掺和料	±2%	水、外加剂	±2%
粗、细骨料	±3%		

注：1. 各种衡器应定期校验，每次使用前应进行零点校核，保持计量准确；

2. 当遇雨天或含水率有显著变化时，应增加含水率检测次数，并及时调整水和骨料的用量。

搅拌混凝土前使搅拌机加水空转数分钟，将积水倒净，使搅拌筒充分润滑。搅拌第一盘时考虑到筒壁上的砂浆损失，石子用量应按配合比规定减半。搅拌好的混凝土要做到基本卸尽。在全部混凝土卸出之前不得再投入拌和料，更不得采取边出料边进料的做法。

(3)混凝土搅拌中严格控制水灰比和坍落度，未经试验人员同意不得随意加减用水量。

(4)每台班开始前，对搅拌机及上料设备进行检查并试运转；对所用计量器具进行检查并定磅；校对施工配合比；对所用原材料的规格、品种、产地、牌号及质量进行检查，并与施工配合比进行核对；对砂、石的含水量进行检查，如有变化，及时通知试验人员调整用水量。一切检查符合要求后，方可开盘拌制混凝土。

(5)配合比控制：混凝土搅拌前，应将施工用混凝土强度等级要求对应配合比进行挂牌明示，并对混凝土搅拌施工人员进行详细技术交底。

2)混凝土运输

混凝土自搅拌机中卸出后，应及时送到浇筑地点。在运输过程中，应严格控制混凝土的运输时间(指混凝土从搅拌机中卸出到浇筑完毕的延续时间)，并符合相关要求。混凝土运输过程中要防止混凝土离析及产生初凝等现象。如混凝土运到浇筑地点有离析现象时，必须在浇筑前进行二次拌和。运输容器必须严密，严防漏浆或吸水，导致混凝土坍落度变化，并应及时清理混凝土运输容器，防止混凝土的残渣和硬块混入混凝土中。泵送混凝土时必须保证混凝土泵连接工作，如果发生故障，停歇时间超过 45 min 或混凝土出现离析现象，应立即用压力水或其他方法冲洗管内残留的混凝土。

3)混凝土浇筑与振捣

(1)混凝土浇筑时的坍落度必须符合国家现行标准《混凝土结构工程施工质量验收规范》(GB 50204—2015)的规定。其坍落度的测定方法应符合国家现行技术标准《普通混凝土拌和物性能试验方法标准》(GB/T 50080—2016)的规定。施工中的坍落度应按混凝土实验室配合比进行测定和控制，并填写混凝土坍落度测试记录。

(2)柱、墙混凝土浇筑前底部应先填以 50～100 mm 厚与混凝土配合比相同的减石子水泥砂浆。

(3)混凝土自吊斗口下落的自由倾落高度不得超过 2 m，浇筑高度如超过 3 m 时必须采取措施，用串桶、溜管、振动溜管使混凝土下落，或在柱、墙体模板上留设浇捣孔等。浇筑混凝土时应分段分层连续进行，浇筑层高度应根据结构特点、钢筋疏密决定，一般为振动器作用部分长度的 1.25 倍，最大不超过 500 mm。

(4)使用插入式振动器应快插慢拔，插点要均匀排列，逐点移动，按序进行，不得遗漏，做到均匀振实。移动间距不大于振捣作用半径的 1.25 倍(一般为 300～400 mm)。振捣上一层时应插入下层 50～100 mm，以消除两层间的接缝。

(5)浇筑混凝土应连续进行，如必须有间歇，其间歇时间应尽量缩短，并应在前层混凝土凝结之前，将次层混凝土浇筑完毕。间歇的最长时间应按所用水泥品种、气温及混凝土凝结条件确定，一般超过 2 h 应按施工缝处理。混凝土运输、浇筑和间歇的全部时间不得超过规定，当超过规定时间应留置施工缝。

(6)浇筑混凝土时应经常观察模板、钢筋、预留孔洞、预埋件和插筋等有无移动、变形或堵塞情况，发现问题应立即处理，并应在已浇筑的混凝土凝结前修正完好。

(7)在已浇筑的混凝土强度未达到 1.2 MPa 以前，不得在其上踩踏或安装模板及支架。

(8)柱的混凝土浇筑。

①柱混凝土应分层振捣，使用插入式振动器的每层厚度不大于 500 mm，并边投料边振捣(可先将振动棒插入柱底部，使振动棒产生振动，再投入混凝土)，振动器不得触动钢筋和预埋件。除上面振捣外，下面要有人随时敲打模板。在浇筑柱混凝土的全过程中应注意保护钢筋的位置，要随时检查模板是否变形、位移，螺栓和拉杆是否有松动、脱落和漏浆等现象，以上内容应有专人进行管理。

②柱高在 3 m 之内，可在柱顶直接下料进行浇筑；超过 3 m 时，应采取措施(按前述规定执行)或在模板侧面开门子洞安装斜溜模分段浇筑，每段高度不得超过 2 m，每段混凝土浇筑后将门子洞模板封闭严实，并用箍箍牢。

③柱子混凝土应一次浇筑完毕，如需留置施工缝时应留置在基础的顶面、主梁下面。无梁楼板应留在柱帽下面。施工缝的留置应在施工组织设计、施工方案、或施工技术措施中明确。在与梁板整体浇筑时，应在柱浇筑完毕后停歇 1～1.5 h，使其获得初步沉实后，再继续浇筑。

④浇筑完后，应随时将伸出的搭接钢筋整理到位。

(9)剪力墙的混凝土浇筑。

剪力墙混凝土浇筑

①对墙体浇筑混凝土时应用铁锹或混凝土输送泵管均匀入模，不应用吊斗直接灌入模内。每层混凝土的浇筑厚度控制在 500 mm 左右进行分层浇筑、振捣。混凝土下料点应分散布置。墙体浇筑应连续进行，间隔时间不超过 2 h。墙体混凝土的施工缝宜设在门洞过梁跨中 1/3 区段。当采用大模板时宜留在纵横墙的交界处，墙应留垂直缝。接槎处应振捣密实。浇筑时随时清理落地灰。进行柱、墙连为一体的混凝土浇筑时，如柱、墙的混凝土强度等级相同时，可以同时浇筑；当柱、墙混凝土标高不同时，宜采取先浇高标号混凝土柱、后浇低标号剪力墙混凝土，保持柱高 0.5 m 混凝土高差上升，至剪力墙浇最上部时与柱浇齐的浇筑方法，始终保持高标号混凝土侵入低标号剪力墙混凝土 0.5 m 的要求。

②对墙体上的门窗洞口浇筑混凝土时，宜从两侧同时投料浇筑和振捣，使洞口两侧浇筑高度对称均匀，一次浇筑高度不宜太大，以防止洞口处模板产生位移。因此必须预先安排好混凝土下料点位置和振动器操作人员数量及振动器的数量，使其满足使用要求，以防止洞口变形。混凝土的浇筑次序是先浇筑窗台以下部位的混凝土，后浇筑窗间墙混凝土，长度较大的洞口下

部模板应开口，补充混凝土并振捣，以防止窗台下面混凝土出现蜂窝、空洞现象。

③外砖内模、外板内模大角及山墙构造柱应分层浇筑，每层浇筑厚度不超过 500 mm，内外墙交界处加强振捣，保证密实。外砖内模应采取措施，防止外墙鼓胀。

④作业时振动棒插入混凝土中的深度不应超过棒长的 2/3～3/4，振动棒各插点间距应均匀，插点间距不应超过振动棒有效作用半径的 1.25 倍，且小于 500 mm。振捣时，要做到“快插慢拔”。快插是为了防止将表层混凝土先振实，与下层土发生分层、离析现象。慢拔是为了使混凝土能来得及填满振动棒抽出时所形成的孔洞。每插点的延续时间以表面呈现浮浆为度，约为 20～30 s，以见到混凝土不再显著下沉，不出现气泡，表面泛出水泥浆和外观均匀为止。由于振动棒下部振幅要比上部大，故在振捣时应将振动棒上下抽动 50～100 mm，使混凝土振实均匀。为使上下层混凝土结合成整体，振动器应插入下层混凝土 50～100 mm。振捣时注意钢筋密集及洞口部位，为防止出现漏振，以表面呈现浮浆和不再明显沉落为达到要求，避免碰撞钢筋、模、预埋件、预埋管、外墙板空腔防水构造等。发现有变形、移位，各有关工种相互配合进行处理。

⑤墙上口找平：混凝土浇筑振捣完毕，将上口甩出的钢筋加以整理，用木抹子按预定标高线，将表面找平。

(10)混凝土拆模。常温时柱、墙体混凝土强度大于 1 MPa；冬期时掺防冻剂，当混凝土强度达到 4 MPa 时方可拆模。拆除模板时先拆一个柱或一面墙体，观察混凝土不黏模、不掉角、不坍落即可大面积拆模，拆模后及时修整墙面及边角。

4)混凝土的养护

混凝土养护工艺应根据《混凝土结构工程施工质量验收规范》(GB 50204—2015)的有关规定，制订科学的组织和操作方法。常温养护时应在混凝土浇筑完毕后 12 h 以内加以覆盖和浇水，浇水次数应能保持混凝土有足够的润湿状态，对采用硅酸盐水泥、普通硅酸盐水泥或矿渣硅酸盐水泥拌制的混凝土，养护期不得少于 7 昼夜；对掺用缓凝型外加剂或有抗渗要求的混凝土，养护期不得少于 14 昼夜；当采用其他品种水泥时，混凝土的养护应根据所采用水泥的技术性能确定。当温度低于5 ℃时，不得浇水养护混凝土，应采取加热保温养护或延长混凝土养护时间。

下面介绍正常温度下施工时，几种常用的养护方法。

(1)覆盖浇水养护。利用平均气温高于 5 ℃的自然条件，用适当的材料对混凝土表面加以覆盖并浇水，使混凝土在一定的时间内保持水泥水化作用所需要的适当温度和湿度条件。

(2)薄膜布养护。在有条件的情况下，可采用不透水、不透气的薄膜布(如塑料薄膜布)养护。用薄膜布把混凝土表面敞露的部分全部严密地覆盖起来，保证混凝土在不失水的情况下得到充足的养护。这种养护方法的优点是不必浇水，操作方便，能重复使用，能提高混凝土的早期强度，加速模具的周转。但应该保持薄膜布内有凝结水。

(3)喷涂薄膜养护液。混凝土的表面不便浇水或使用塑料薄膜布养护时，可采用喷涂薄膜养护液，防止混凝土内部水分蒸发的方法进行养护。薄膜养护液养护是将可成膜的溶液喷洒在混凝土表面上，溶液挥发后在混凝土表面凝结成一层薄膜，使混凝土表面与空气隔绝，封闭混凝土中的水分不再被蒸发，而完成水化作用。这种养护方法一般适用于表面积大的混凝土施工和缺水地区。

(4)覆盖式养护。在混凝土柱或墙体拆除模板后，在其上覆盖塑料薄膜进行封闭养护，有两种做法：第一种是在构件上覆盖一层黑色塑料薄膜(厚 0.12～0.14 mm)，在冬季再盖一层气被薄膜；第二种是在混凝土构件上先覆盖一层透明或黑色的塑料薄膜，再盖一层气垫薄膜(气泡朝下)。塑料薄膜应采用耐老化的，接缝应采用热黏合。覆盖时应紧贴四周，用沙袋或其他重物压紧盖严，防止被风吹开，影响养护效果。塑料薄膜采用搭接时，其搭接长度应大于 30 cm。

5)混凝土冬期施工措施

冬季浇筑混凝土时，施工方法有冷混凝土法、综合蓄热法、外部加热法三种，最常用的是冷混凝土法和综合蓄热法。冷混凝土法是促使混凝土早强，降低混凝土冰点。主要通过改善混凝土配合比和掺加混凝土外加剂，掺量应经试验确定。冬期施工的混凝土应由具有资质的试验室提供冬期施工配合比，同时选用符合环境保护要求的外加剂，其掺量用试验确定。冬期施工时，混凝土在浇筑前，应清除干净模板和钢筋上的冰雪和污垢。运输和浇筑混凝土的容器应具有保温措施。混凝土在运输、浇筑过程中的温度，应与热工计算的要求相符，当与要求不符时应采取措施进行调整。当采用加热养护时，混凝土养护前的温度不得低于 2 ℃。对加热养护的现浇混凝土结构，混凝土的浇注顺序和施工缝的位置，应能防止在加热时产生较大的温度应力，当加热温度在 40 ℃以上时，应征得设计单位的同意。

冬期施工的模板及混凝土表面应用塑料薄膜和草袋等保温材料覆盖，不得浇水养护。

对掺加防冻剂的混凝土养护时，在负温时严禁浇水且外露表面必须覆盖。同时混凝土的初期养护温度不得低于防冻剂的规定温度，达不到规定温度时，应立即采取保温措施。采用防冻剂的混凝土，当温度降低到防冻剂的规定温度以下时，其强度不应小于 4 MPa。冬期施工的混凝土拆模后混凝土的表面温度与环境温度差大于 15 ℃时，应采用保温材料对混凝土进行覆盖养护。

冬期施工混凝土的质量检查，除应符合《混凝土结构工程施工质量验收规范》(GB 50204—2015)的要求外，尚应符合下列要求：检查外加剂的掺量；测量水和外加剂溶液以及集料的加热温度和加入搅拌时的温度；测量混凝土自搅拌机中卸出时和浇筑时的温度。

以上要求每一个工作班应测量检查四次。

冬期施工混凝土养护温度的测量应符合下列规定：当采用蓄热法养护时，在养护期间至少每 6 h 测定一次；对掺用防冻剂的混凝土，在强度未达到 4.0 MPa 以前每 2 h 测定一次，以后每 6 h测定一次；当采用蒸汽法或电流加热法时，在升温、降温期间每 1 h 一次，在恒温期间每 2 h 一次；同时室外气温及周围环境温度在每昼夜内至少应定点测量四次。

混凝土养护温度的测量方法应符合下列规定：全部测温孔均应编号，并绘制测温孔布置图；

测量混凝土温度时，测温表应采取措施与外界气温隔离，测温表留置在测温孔内的时间应小于3 min；设置测温孔时，若采用蓄热法养护，应在易于散热的部位设置，若采用加热法养护，应在离热源不同的位置分别设置，大体积结构应在表面及内部分别设置。

6)混凝土试块留置

(1)每拌制100盘且不超过100 m^3 的同配合比的混凝土，取样不少于一次。

(2)现浇结构每一现浇楼层同配合比的混凝土，其取样不少于一次；同一单位工程每一验收项目中同配合比的混凝土，其取样不得少于一次。

(3)每次取样至少留置一组标准试块。对涉及混凝土结构安全的重要部位(一般指梁、板、墙等结构构件)，应与监理(建设)、施工等方共同确定留置结构实体检验用同条件养护试块，一般每一个工程同一强度等级的混凝土，在留置结构实体检验用同条件养护试块时，应根据混凝土量和结构重要性确定留置数量，一般不宜少于10组，且不应少于3组。

(4)每一工作班拌制的冬期混凝土试块除正常规定组数留置外，还应增做不少于两组与结构同条件养护试块，用于检验受冻前的强度。

(5)同条件养护试块留置组数根据以下用途确定，每种功能的试块不少于1组：用于检测等效混凝土强度；用于检测拆模时的混凝土强度；用于检测预应力张拉时的混凝土强度等。

5.2.3 墙、柱混凝土工程施工质量标准

1. 主控项目

(1)结构混凝土的强度等级必须符合设计要求。用于检查结构构件混凝土强度的试块，应在混凝土的浇筑地点随机抽取。取样与试块留置应符合下列规定：

①每拌制100盘且不超过100 m^3 的同配合比的混凝土，取样不得少于一次。

②每工作班拌制的同一配合比的混凝土不足100盘时，取样不得少于一次。

③当一次连续浇筑超过1000 m^3 时，同一配合比的混凝土每200 m^3 取样不得少于一次。

④每一楼层、同一配合比的混凝土，取样不得少于一次。

⑤每次取样应至少留置一组标准养护试块，同条件养护试块的留置组数应根据实际需要确定。

检验方法：检查施工记录及混凝土标准养护试块强度试验报告。

(2)对有抗渗要求的混凝土结构，其混凝土试块应在浇筑地点随机取样。同一工程、同一配合比的混凝土，取样不应少于一次，留置组数可根据实际需要确定。防水混凝土连续浇筑每500 m，留置一组抗渗试块，且每项工程不得少于两组，采取预拌混凝土的抗渗试块，留置的组数视结构的规模和要求而定。

检验方法：检查试块抗渗试验报告。

预拌混凝土除应在预拌混凝土厂内按规定留置试块外，混凝土运到现场后，尚应按以上要求留置试块。

(3)现浇结构的外观质量不应有严重缺陷。对已经出现的严重缺陷，应由施工单位提出技术处理方案，并经监理(建设)单位认可后进行处理。对处理过的部位，应重新检查验收。

检查数量：全数检查。

检验方法：观察，检查技术处理方案。

(4)现浇结构不应有影响结构性能和使用功能的尺寸偏差。对超过尺寸允许偏差且影响结构性能和安装、使用功能的部位，应由施工单位提出技术处理方案，并经监理(建设)单位认可后进行处理。对经处理的部位，应重新检查验收。

检查数量：全数检查。

检验方法：量测，检查技术处理方案。

(5)混凝土原材料每盘称量的偏差应符合规定。

检查数量：每一工作班抽查不应少于一次。

检验方法：复称。

(6)混凝土运输、浇筑及间歇的全部时间不应超过混凝土的初凝时间。同一施工段的混凝土应连续浇筑，并应在底层混凝土初凝之前将上一层混凝土浇筑完毕。当底层混凝土初凝后浇筑上一层混凝土时，应按施工技术方案中对施工缝的要求进行处理。

检查数量：全数检查。

检验方法：观察，检查施工记录。

(7)设计不允许有裂缝的结构，严禁出现裂缝，设计允许有裂缝的结构，其裂缝宽度必须符合设计要求。

2. 一般项目

(1)现浇结构的外观质量不宜有一般缺陷，如表 5-15 所示。对已经出现的一般缺陷，应由施工单位按技术处理方案进行处理，并重新检查验收。

表 5-15 现浇结构外观质量缺陷

名称	现象	严重缺陷	一般缺陷
露筋	构件内钢筋未被混凝土包裹而外露	纵向受力钢筋有露筋	其他钢筋有少量露筋
蜂窝	混凝土表面缺少水泥砂浆而形成石子外露	构件主要受力部分有蜂窝	其他部位有少量蜂窝
孔洞	混凝土中孔穴深度和长度均超过保护层厚度	构件主要受力部位有孔洞	其他部位有少量孔洞

续表

名称	现象	严重缺陷	一般缺陷
夹渣	混凝土中夹有杂物且深度超过保护层厚度	构件主要受力部位有夹渣	其他部位有少量夹渣
疏松	混凝土中局部不密实	构件主要受力部位有疏松	其他部位有少量疏松
裂缝	缝隙从混凝土表面延伸至混凝土内部	构件主要受力部位有影响结构性能或使用功能的裂缝	其他部位有少量不影响结构性能或使用功能的裂缝
连接部位缺陷	构件连接处混凝土缺陷及连接钢筋、连接件松动	连接部位有影响结构传力性能的缺陷	连接部位有基本不影响结构传力性能的缺陷
外形缺陷	缺棱掉角、棱角不直、翘曲不平、飞边凸肋等	清水混凝土构件有影响使用功能或装饰效果的外形缺陷	其他混凝土构件有不影响使用功能的外形缺陷
外表缺陷	构件表面出现麻面、掉皮、起砂等	具有主要装饰效果的清水混凝土构件有外表缺陷	其他混凝土构件有不影响使用功能的外表缺陷

检查数量:全数检查。

检验方法:观察,检查技术处理方案。

(2)结构拆模后,应由监理(建设)单位、施工单位对外观质量和尺寸偏差进行检查,做出记录,并应及时按施工技术方案对缺陷进行处理。

(3)施工缝的位置应在混凝土浇筑前按设计要求和施工技术方案确定。施工缝的处理应按施工技术方案执行。

检查数量:全数检查。

检验方法:观察,检查施工记录。

(4)后浇带的留置位置应按设计要求和施工技术方案确定。后浇带混凝土浇筑应按施工技术方案进行。

检查数量:全数检查。

检验方法:观察,检查施工记录。

(5)首次使用的混凝土配合比应进行开盘鉴定,其工作性应满足设计配合比的要求。开始生产时应至少留置一组标准养护试块,作为验证配合比的依据。

检验方法:检查开盘鉴定资料和试块强度试验报告。

(6)混凝土浇筑完毕后,应按施工技术方案及时采取有效的养护措施。

检查数量:全数检查。

检验方法:观察,检查施工记录。

(7)混凝土应振捣密实,不得有蜂窝、孔洞、露筋、缝隙、夹渣等缺陷,其允许偏差项目应符合

表 5－16 的要求。

表 5－16　现浇结构位置、尺寸允许偏差及检验方法

<table>
<tr><th colspan="3">项目</th><th>允许偏差/mm</th><th>检验方法</th></tr>
<tr><td rowspan="3">轴线位置</td><td colspan="2">整体基础</td><td>15</td><td>经纬仪及尺量</td></tr>
<tr><td colspan="2">独立基础</td><td>10</td><td>经纬仪及尺量</td></tr>
<tr><td colspan="2">柱、墙、梁</td><td>8</td><td>尺量</td></tr>
<tr><td rowspan="4">垂直度</td><td rowspan="2">柱、墙层高</td><td>≤6 m</td><td>10</td><td>经纬仪或吊线、尺量</td></tr>
<tr><td>>6 m</td><td>12</td><td>经纬仪或吊线、尺量</td></tr>
<tr><td colspan="2">全高(H)≤300 m</td><td>H/30 000＋20</td><td>经纬仪、尺量</td></tr>
<tr><td colspan="2">全高(H)>300 m</td><td>H/10 000 且≤80</td><td>经纬仪、尺量</td></tr>
<tr><td rowspan="2">标高</td><td colspan="2">层高</td><td>±10</td><td>水准仪或拉线、尺量</td></tr>
<tr><td colspan="2">全高</td><td>±30</td><td>水准仪或拉线、尺量</td></tr>
<tr><td rowspan="3">截面尺寸</td><td colspan="2">基础</td><td>＋15，－10</td><td>尺量</td></tr>
<tr><td colspan="2">柱、梁、板、墙</td><td>＋10，－5</td><td>尺量</td></tr>
<tr><td colspan="2">楼梯相邻踏步高差</td><td>±6</td><td>尺量</td></tr>
<tr><td rowspan="2">电梯井</td><td colspan="2">中心位置</td><td>10</td><td>尺量</td></tr>
<tr><td colspan="2">长、宽尺寸</td><td>＋25，0</td><td>尺量</td></tr>
<tr><td colspan="3">表面平整度</td><td>8</td><td>2 m 靠尺和塞尺量测</td></tr>
<tr><td rowspan="4">预埋件中心位置</td><td colspan="2">预埋件</td><td>10</td><td>尺量</td></tr>
<tr><td colspan="2">预埋螺栓</td><td>5</td><td>尺量</td></tr>
<tr><td colspan="2">预埋管</td><td>5</td><td>尺量</td></tr>
<tr><td colspan="2">其他</td><td>10</td><td>尺量</td></tr>
<tr><td colspan="3">预留洞、孔中心线位置</td><td>15</td><td>尺量</td></tr>
</table>

注：(1)检查轴线、中心线位置时，沿纵、横两个方向量测，并取其中偏差的较大值；

(2)H 为全高，单位为 mm。

3. 应注意的质量问题

(1)蜂窝。产生蜂窝的原因是混凝土一次下料过厚，振捣不实或漏振，模板有缝隙使水泥浆流失，钢筋较密而混凝土坍落度过小或石子过大，柱、墙根部模板有缝隙，以致混凝土中的砂浆从下部涌出。

(2)露筋。钢筋垫块位移、间距过大、漏放、钢筋紧贴模板，都会造成露筋，或梁、板底部振捣不实，也可能出现露筋。

(3)麻面。拆模过早或模板表面漏刷隔离剂或模板湿润不够时，构件表面混凝土易黏附在模板上而造成麻面脱皮。

(4)孔洞。出现孔洞的原因是钢筋较密的部位混凝土被卡，未经振捣就继续浇筑上层混凝土。

(5)缝隙与夹渣层。施工缝处杂物清理不净或未浇底浆等原因，易造成缝隙、夹渣层。

(6)梁、柱连接处断面尺寸偏差过大。柱接头模板刚度差或支此部位模板时未认真控制断面尺寸都会造成梁、柱连接处断面尺寸偏差过大。

(7)墙、柱烂根。墙体及柱混凝土浇筑前，先均匀浇筑 5 cm 厚砂浆或减石子混凝土。混凝土坍落度要严格控制，防止混凝土离析，底部振捣应认真操作。

(8)洞口移位变形。浇筑时防止混凝土冲击洞口模板，洞口两侧混凝土应对称、均匀进行浇筑、振捣。模板穿墙螺栓应紧固可靠。

(9)外砖墙歪闪。外砖内模墙体施工时，砖墙预留洞，用方木、花篮螺栓将砖墙从外面与大模板拉牢，振捣时振动器不碰砖墙。洞口模应有足够刚度。

(10)墙面、柱面气泡过多。解决方法是采用高频振动器进行振捣，每层混凝土均要振捣至气泡排除为止。

(11)混凝土与模板贴连。解决方法是注意清理模板，拆模不能过早，且隔离剂涂刷要均匀。

(12)剪力墙浇筑除按一般原则进行外，还应注意以下几点：

①门窗洞口部位应在两侧同时下料，高差不能太大，以防止门窗洞口横向位移，施工时应先浇捣窗台下部，后振捣窗间墙，以防窗台下部出现蜂窝孔洞。

②混凝土浇捣过程中，不可随意挪动钢筋，要经常检查钢筋保护层及预埋件的牢固程度和位置的准确性。

(13)混凝土强度不足或强度不均匀，强度离差大，是常见的影响结构安全的质量问题。防止这一质量问题需要综合治理，除了在混凝土运输、浇筑、养护等各个环节要严格控制外，在混凝土拌制阶段更要特别注意。要控制好各种原材料的质量，要认真执行配合比，严格检查原材料的配料计量。

(14)混凝土拌和物和易性差，坍落度不符合要求。造成这类质量问题原因是多方面的：其中水灰比的影响最大；第二是石子的级配差，针、片状颗粒含量过多；第三是搅拌时间过短或太长等。解决的办法也应从以上三方面着手。

(15)冬期施工混凝土易发生冻害。解决的办法是认真执行冬期施工的有关规定，在拌制阶段注意骨料及水的加热温度，保证混凝土的出机温度。要注意水泥、外加剂、混合料的存放保管。水泥应有水泥库，防止雨淋和受潮；出厂超过三个月的水泥应复试。外加剂、混合料要防止受潮和变质，要分规格、品种分别存放，以防止错用。

任务实施

1. 工作任务

通过墙、柱混凝土浇筑施工准备、浇筑施工工艺及质量标准等相关知识学习，能对指定构件完成混凝土浇筑与质量验收。

2. 实施过程

1）收集资料

利用在线开放课程、网络资源等查找相关资料，收集墙、柱混凝土浇筑施工准备资料；收集墙、柱混凝土工程施工工艺资料；收集墙、柱混凝土工程质量标准资料。

2）引导文

（1）填空题。

①柱、墙混凝土浇筑前底部应先填以______________厚与混凝土配合比相同的减石子水泥砂浆。

②使用插入式振动器应快插慢拔，插点要________，________，按序进行，不得遗漏，做到均匀振实。

③柱混凝土应分层振捣，使用插入式振动器的每层厚度不大于________，并边投料边振捣。

④在与梁板整体浇筑时，应在柱浇筑完毕后停歇________，使其获得初步沉实后，再继续浇筑。

⑤对墙体上的门窗洞口浇筑混凝土时，宜从____同时投料浇筑和振捣，使洞口两侧浇筑高度对称均匀，一次浇筑高度不宜太大，以防止洞口处模板产生位移。

（2）简答题。

①混凝土养护的几种常用方法是什么？

____

____

____

____

②现浇结构外观质量缺陷有哪些？

____

____

____

____

③浇筑混凝土时为防止混凝土分层离析，应采取哪些措施？

____

____

____

____

3)任务实施

(1)结构混凝土的强度等级。

检验方法：____。

(2)检验有抗渗要求的混凝土结构。

检验方法：____。

(3)现浇结构的外观质量不应有严重缺陷。对已经出现的严重缺陷，应由施工单位提出技术处理方案，并经监理(建设)单位认可后进行处理。对经处理的部位，应重新检查验收。

检查数量：____。

检验方法：____。

(4)现浇结构不应有影响结构性能和使用功能的尺寸偏差。对超过尺寸允许偏差且影响结构性能和安装、使用功能的部位，应由施工单位提出技术处理方案，并经监理(建设)单位认可后进行处理。对经处理的部位，应重新检查验收。

检查数量：____。

检验方法：____。

(5)混凝土原材料每盘称量的偏差应符合规定。

检查数量：____。

检验方法：____。

(6)混凝土运输、浇筑及间歇的全部时间不应超过混凝土的初凝时间。同一施工段的混凝土应连续浇筑，并应在底层混凝土初凝之前将上一层混凝土浇筑完毕。当底层混凝土初凝后浇筑上一层混凝土时，应按施工技术方案中对施工缝的要求进行处理。

检查数量：____。

检验方法：____。

(7)设计不允许有裂缝的结构，严禁出现裂缝；设计允许有裂缝的结构，其裂缝宽度必须符合设计要求。

3. 检查与评价

学生首先自查，然后以小组为单位进行互查，发现错误及时纠正，遇到问题商讨解决，教师做出改进指导后，结合学生在实施过程中表现出来的职业素养、参与程度综合考核评价每位同学成绩。学生自评表和教师评定表分别见任务表 5-3 和任务表 5-4。

任务表5-3 学生自评表

项目名称	混凝土工程施工	任务名称	墙、柱混凝土工程施工
学生姓名		实际得分	标准分值
墙、柱混凝土浇筑前的准备			20
墙、柱混凝土浇筑施工工艺			25
墙、柱混凝土浇筑质量控制			25
是否能认真描述困难、错误和修改内容			10
对自己工作的评价			10
团队协作能力			10
合计得分			100
改进内容及方法：			

任务表5-4 教师评定表

项目名称	混凝土工程施工	任务名称	墙、柱混凝土工程施工
学生姓名		实际得分	标准分值
墙、柱混凝土浇筑前的准备			20
墙、柱混凝土浇筑施工工艺			25
墙、柱混凝土浇筑质量控制			25
是否能认真描述困难、错误和修改内容			10
对学生工作的评价			10
团队协作能力			10
合计得分			100

知识拓展

发展绿色混凝土责无旁贷

摘自《传承工匠精神 做好绿色混凝土》，作者刘亚平

关于绿色混凝土，目前还没有确切的定义。我认为，绿色混凝土应该是一种理念和方法，而不是一个具体的品种。也就是说，发展绿色混凝土，是基于环境友好和可持续发展的理念以及

在此基础上采取的相应的技术方法和工艺措施。

1998年,吴中伟院士提出了“绿色高性能混凝(GHPC)”的概念,其含义包括四个方面:一是更多地节约熟料水泥,减少环境污染;二是更多地掺加工业废渣为主的细掺料;三是更大地发挥高性能的优势,减少水泥与混凝土用量;四是扩大GHPC的应用范围。

随着对环境友好、可持续发展的进一步认识和技术的进步,绿色混凝土的概念不断得到丰富和完善。2013年,国务院办公厅颁布了《绿色建筑行动方案》,提出绿色建筑应当在全生命周期内具有节约能源和资源(节能、节地、节水、节材)、保护环境、减少污染、宜居的特点;绿色混凝土在全生命周期内应当具有节能、减排、安全、便利和可循环的特点。

如此说来,绿色混凝土至少应该具备以下特点:

(1)更多地节约熟料水泥,以节约能源,减少环境污染;更多地掺加工业废渣为主的细掺料;合理使用尾矿石、建筑垃圾等再生资源作为骨料;尽量降低使用工业废渣及其他资源时的二次能源消耗。

(2)采用先进技术,实现绿色清洁化生产。

(3)具有良好的施工性能、力学性能和耐久性能,尽量减少施工过程的能耗和环境污染,减少混凝土用量,减少修补或拆除过程中产生的能耗和对环境的污染。

(4)拆除后可循环利用。混凝土作为目前我国最大宗的建筑材料,其资源、能源与环境问题十分突出。早期的粗放型生产消耗了大量的能源和资源,导致环境问题非常严重,以至于今天我们深受其害。由于生产混凝土的原材料日益短缺,在这种供求关系的影响下,生产混凝土越来越没有挑选的余地,质量得不到保证,行业发展面临着越来越多的难题。比如:砂石的野蛮开采破坏了河道的生态环境,使原来的青山绿水变得满目疮痍;环境污染导致雾霾时常不期而至,当雾霾来临时,我们的健康不仅遭受到威胁,企业也因被列为高污染行业而被迫停产。产品质量参差不齐,质量事故屡有发生——正在使用的大桥发生坍塌,尚未竣工的大楼因质量不合格被迫拆除,混凝土产能过剩,无序竞争,产品价格低于成本,一些企业亏本生产,濒临倒闭。混凝土行业的发展被质疑而受到严重制约。尽管这些令人不堪的现象产生的原因很多,但是其中最根本的原因正是粗放型的生产模式和由此带来的一系列问题。混凝土行业要持续发展,必须从粗放型生产向精细化模式转变,必须走绿色混凝土的道路。早在上个世纪末,吴中伟院士就呼吁“中国必须走绿色混凝土道路”否则混凝土将成为不可持续发展的材料。

吴中伟院士提出绿色混凝土概念颇具远见卓识。混凝土行业发展到今天,人们对绿色混凝土的认识逐渐清晰全面,已经出台了相关的标准和评价标识管理方法,可以说发展绿色混凝土不仅是万事俱备,而且也是当务之急,别无选择。

任务5.3 梁、板及楼梯混凝土工程

任务描述

学习梁、板及楼梯混凝土的浇筑施工工艺、完成梁、板及楼梯混凝土的浇筑施工准备、施工工艺、施工质量控制。

知识学习

5.3.1 梁、板混凝土工程施工工艺

楼板混凝土浇筑

1. 施工准备

1）作业条件

（1）浇筑混凝土层段的模板、钢筋、顶埋件及管线等全部安装完毕，经检查符合设计要求，并办完隐、预检手续。

（2）浇筑混凝土用的架子及马道已支搭完毕，并经检查合格。

（3）振动器（棒）等混凝土浇筑的工具经检验试运转合格。

（4）工长根据施工方案对操作班组已进行全面施工技术培训，混凝土浇筑申请书已被批准。

2）材质要求

（1）水泥：水泥品种、强度等级应根据设计要求确定，质量应符合国家现行水泥标准。

（2）砂、石子：根据结构尺寸、钢筋密度、混凝土施工工艺、混凝土强度等级的要求确定石子粒径、砂子细度。砂、石质量应符合国家现行标准。

（3）水：自来水。

（4）外加剂：根据施工组织设计要求，确定是否采用外加剂。外加剂须经试验合格后，方可在工程上使用。

（5）掺合料：根据施工组织设计要求，确定是否采用掺合料。掺合料的质量应符合国家现行标准。

（6）隔离剂：水质隔离剂。

以上材料均要有混凝土公司出具的检测报告。

3）施工机具

插入式振动器、木抹子、铁插尺、胶皮水管、铁板、串桶、塔式起重机、混凝土标尺杆等。

2. 施工要点

(1)梁、板应同时浇筑,浇筑方法应由一端开始用“赶浆法”,即先浇筑梁,根据梁高分层浇筑成阶梯形,当达到板底位置时再与板的混凝土一起浇筑,随着阶梯形不断延伸,梁板混凝土浇筑连续向前进行。

(2)和板连成整体高度大于 1 m 的梁,允许单独浇筑,其施工缝应留在板底以下 2～3 mm 处。浇捣时,浇筑与振捣必须紧密配合,第一层下料慢些,梁底充分振实后再下第二层料,用“赶浆法”保持水泥浆沿梁底包裹石子向前推进,每层均应振实后再下料,梁底及梁侧部位要注意振实,振捣时不得触动钢筋及预埋件。

(3)梁柱节点钢筋较密时,此处宜用与小粒径石子同强度等级的混凝土浇筑,并用小直径振动器振捣。

(4)浇筑板混凝土的虚铺厚度应略大于板厚,用平板振动器在垂直浇筑方向来回振捣,厚板可用插入式振动器顺浇筑方向拖拉振捣,并用铁插尺检查混凝土厚度,振捣完毕后用长木抹子抹平。施工缝处或有预埋件及插筋处用木抹子找平。浇筑板混凝土时不允许用振动器铺摊混凝土。

(5)施工缝。

①施工缝的设置应符合下列规定:宜沿着次梁方向浇筑楼板,施工缝应留置在次梁跨度 1/3 范围内,施工缝表面应与次梁轴线或板面垂直。单向板的施工缝留置在平行于板的短边的任何位置;双向受力楼板、大体积混凝土结构、拱、薄壳、蓄水池、斗仓、多层钢架及其他结构复杂的工程,施工缝的位置应按设计要求留置。

②施工缝的处理:施工缝应用木板、钢丝网挡牢。施工缝处须待已浇混凝土的抗压强度不少于 1.2 MPa 时,才允许继续浇筑。在施工缝处继续浇筑混凝土前,混凝土施工缝表面应凿毛,清除水泥薄膜和松动石子,并用水冲洗干净。排除积水后,先浇一层水泥浆或与混凝土成分相同的水泥砂浆然后继续浇筑混凝土。在混凝土强度达到 1.2 MPa 之前,不得在其上踩踏或施工振动。

(6)混凝土结构浇筑后,达到一定强度方可拆模。拆模日期应按结构特点和混凝土所达到的强度确定。

①不承重的侧面模板,应在混凝土强度能保证其表面及棱角不因拆模而受损坏时,方可拆除。

②承重的模板应在混凝土达到下列强度(按设计强度等级的百分率计)后,方能拆除。

a. 板及拱:跨度≤2 m 时,50%;跨度 2～8 m 时,75%。

b. 梁:跨度≤8 m 时,75%。

c. 承重结构:跨度>8 m 时,100%。

d. 悬臂梁和悬臂板:100%。

③钢筋混凝土结构如在混凝土达到上述所规定的强度时进行拆模及承受部分荷载，应计算复核结构在实际荷载作用下的强度。

④已拆除模板及其支架的结构，应在混凝土达到设计强度后，才允许承受全部荷载。施工中不得超载使用，严禁堆放过量建筑材料。当承受施工荷载大于计算荷载时，必须经过核算架设临时支撑。

(7)混凝土浇筑完毕后，应在 12 h 以内加以覆盖，并浇水养护。每日浇水次数应能保持混凝土处于足够的润湿状态。混凝土的养护用水应与拌制用水相同。

混凝土浇水养护的时间：对于采用硅酸盐水泥、普通硅酸盐水泥或矿渣硅酸盐水泥拌制的混凝土，不得少于 7 天；对于掺用缓凝型外加剂或有抗渗要求的混凝土，不得小于 14 天。

但当日平均气温低于 5 ℃时，不得浇水；当采用其他品种水泥时，混凝土的养护应根据所采用的水泥技术性能确定。

混凝土的表面不便浇水或使用塑料布养护时，宜涂刷保护层（如薄膜养护液等），防止混凝土内部水分蒸发。

5.3.2 楼梯混凝土工程施工工艺

1. 施工要点

(1)浇筑混凝土之前，在底面上均匀浇筑 5 cm 厚与混凝土成分相同的水泥砂浆结浆，用铁锹均匀入模。

(2)在浇筑楼梯板混凝土时，按由下而上的施工顺序。混凝土不能直接冲入柱的模板内，要用木板在泵管口前设挡板，再让混凝土下落至浇筑点。每次的浇筑高度都不得超过 0.5 m，浇筑时选用和易性较好的混凝土，通过现场的调度与安排，对柱混凝土在终凝前进行下一次的浇筑。

(3)楼梯处的混凝土的下料点应分散布置，连续进行，施工缝均留成水平线与竖直缝。

(4)在浇筑振捣混凝土时，振动棒交错有序，快插慢拔，不漏振，不过振，每次的移动距离不超过振动棒作用半径的 1.5 倍，振动时间控制在 20～30 s。在有间歇时间差的混凝土界面处，为使上、下层混凝土结合成整体，振动器伸入下层混凝土 5 cm 处，特别加强柱接槎处及钢筋较密处的振捣，以确保混凝土无烂根、蜂窝、麻面等不良现象。整个振捣作业中，不振模振筋，不碰撞各种埋件、铁件等。

2. 施工缝

根据结构情况可将施工缝位置留设于楼梯平台板跨中或楼梯段 1/3 范围内。在施工缝处继续浇筑混凝土时，应符合下列规定。

(1)已浇筑的混凝土，其抗压强度不应小于 1.2 MPa。

(2)在已硬化的混凝土表面上,应清除水泥薄膜和松动石子以及软弱混凝土层,并加以充分湿润和冲洗干净,且不得积水。

(3)在浇筑混凝土前,宜先在施工缝处铺一层水泥浆或与混凝土内成分相同的水泥砂浆。

5.3.3 常见质量问题

1. 混凝土试件强度偏低

(1)现象。混凝土试件强度达不到设计要求。

(2)原因分析。

①混凝土原材料质量不符合要求。

②混凝土拌制时间不符合要求或拌和物不均匀。

③混凝土配合比每盘称量不准确。

④混凝土试件没有做好,如模子变形,振捣不密实,养护不及时。

2. 混凝土施工出现冷缝

(1)现象。已浇筑完毕的混凝土表面有不规则的接缝痕迹。

(2)原因分析。

①泵送混凝土由于堵管或机械故障等原因,造成混凝土运输、浇筑及间歇时间过长。

②施工缝未处理好,接缝清理不干净,无接浆,直接在底层混凝土上浇筑上一层混凝土。

③混凝土浇筑顺序安排不妥当,造成底层混凝土初凝后浇筑上一层混凝土。

3. 混凝土施工坍落度过大

(1)现象。混凝土坍落度大,和易性差。

(2)原因分析。

①随意往泵送混凝土内加水。

②雨季施工,未做含水量测试,施工配合比不正确。

任务实施

1. 工作任务

通过学习梁、板、楼梯混凝土浇筑的施工工艺及可能出现的质量问题,能选择正确的施工工艺,完成梁、板、楼梯的质量验收。

2. 实施过程

1)收集资料

利用在线开放课程、网络资源等查找相关资料,收集梁、板、楼梯的混凝土浇筑资料;收集梁、板、楼梯的施工工艺及质量验收资料。

2)简答题

①梁、板混凝土浇筑工程的工艺流程是什么?

②什么是赶浆法?

③梁柱节点钢筋较密时如何浇筑?

④楼梯混凝土浇筑振捣时候应该注意什么问题?

3)任务实施

以小组为单位,搜集工程案例技术交底资料,总结该工程案例特点。

3.检查与评价

学生首先自查,然后以小组为单位进行互查,发现错误及时纠正,遇到问题商讨解决,教师做出改进指导后,结合学生在实施过程中表现出来的职业素养、参与程度综合考核评价每位同学成绩。学生自评表和教师评定表分别见任务表5－5和任务表5－6。

任务表 5－5　学生自评表

项目名称	混凝土工程施工	任务名称	楼板、梁、楼梯混凝土工程施工
学生姓名		实际得分	标准分值
板、梁混凝土工程施工工艺			25
楼梯混凝土工程施工工艺			25
常见质量问题分析			15
是否能认真描述困难、错误和修改内容			15
对自己工作的评价			10
团队协作能力			10
合计得分			100
改进内容及方法：			

任务表 5－6　教师评定表

项目名称	混凝土工程施工	任务名称	楼板、梁、楼梯混凝土工程施工
学生姓名		实际得分	标准分值
板、梁混凝土工程施工工艺			25
楼梯混凝土工程施工工艺			25
常见质量问题分析			15
是否能认真描述困难、错误和修改内容			15
对学生工作的评价			10
团队协作能力			10
合计得分			100

知识拓展

钢筋混凝土冷缝与施工缝的区别

冷缝是指在混凝土浇筑过程因突发不可预料因素而导致混凝土浇筑中断且间隔时间超过混凝土的初凝时间，但小于混凝土的终凝时间而在混凝土结构中形成的一个受力薄弱面。冷缝是一种概念缝。

冷缝可能是宏观的裂缝，也可能不是因突发因素出现的不可完全预料性，冷缝可能出现在结构的任何部位，对结构的承载性能造成较大的影响。施工缝则是因混凝土浇筑区过大，无法连续浇筑，或因特殊施工工序要求而人为留设的混凝土浇筑结合区。施工缝应留设在结构承受剪力较小的部位，且应与结构主轴线垂直。施工缝部位在重新浇筑混凝土前应清除表面的浮浆、松动的石子和软弱层，将结合面冲毛或人工凿毛，以增加结合面混凝土的摩擦咬合力。为避免已浇筑的混凝土因固结力小于振动的影响力，而破坏已初凝混凝土内部的凝结和钢筋与混凝土的黏结，应待结合面混凝土终凝强度达到 1.2 MPa 以后再重新浇筑混凝土。且结合面在浇筑前应充分洒水湿润，并满铺一层 10～15 mm 厚、配合比与混凝土内砂浆成分相同的水泥砂浆，以增强上、下层混凝土交接面的黏结。

项目六 预应力混凝土工程施工

项目描述

在结构承受外荷载之前，预先对其在外荷载作用下的受拉区施加压应力，以改善结构使用性能的这种结构形式，可以称之为预应力结构。预应力混凝土结构具有如下的一些特点：改善结构的使用性能，提高结构的耐久性；减小构件截面高度，减轻自重；充分利用高强钢材；具有良好的裂缝闭合性能与变形恢复性能；提高抗剪承载力；提高抗疲劳强度。此外，预应力混凝土结构具有良好的经济性；在预应力混凝土结构中所采用的混凝土应具有高强、轻质和高耐久性的性质。一般要求混凝土的强度等级不低于C30。目前，我国在一些重要的预应力混凝土结构中，已开始采用C50～C60的高强混凝土，最高混凝土强度等级已达到C80，并逐步向更高强度等级的混凝土发展。国外混凝土的平均抗压强度每10年提高5～10 MPa，现已出现抗压强度高达200 MPa的混凝土。

学习方法

(1)学习施工技能不仅要有必需的理论知识，更要有较强的操作技能，可以多去实训基地观察、动手操作，提高自己解决问题的能力；

(2)在掌握预应力混凝土基本知识的基础上，不断总结预应力混凝土工程施工及质量控制知识，做到举一反三地掌握预应力混凝土工程施工技术。

知识目标

(1)了解预应力混凝土的概念和分类，先张法施工台座、夹具、张拉机械，后张法张拉机械；

(2)掌握先张法施工工艺，后张法施工锚具、施工工艺、预应力筋的制作；

(3)掌握预应力混凝土的质量检查和验收；

(4)了解无黏结预应力技术；

(5)了解熟悉预应力混凝土工程中安全、劳动和环境保护措施计划及文明施工计划。

技能目标

(1)初步掌握预应力混凝土工程中管理方面的基本技能；

(2)具备根据实际工程项目正确选用施工机具，组织预应力钢筋及锚具的检验验收，按照预应力施工工艺流程组织施工的能力；

(3)能够解决预应力混凝土施工过程中一般施工技术问题的能力。

素质目标

(1)具备识读建筑结构施工图，培养学生分析问题的能力；

(2)具有规范、标准的理解能力及制订、实施工作计划及合作交流的能力；

(3)遵纪守法，具有良好的职业道德；

(4)严格执行建设行业有关标准、规范、规程和制度。

预应力混凝土相关配套知识

1. 预应力混凝土简介

预应力混凝土是最近几十年发展起来的一项新技术，现在世界各国都在普遍应用，其推广使用的范围和数量，已成为衡量一个国家建筑技术水平的重要标志之一。

目前，预应力混凝土不仅较广泛地应用于工业与民用建筑的屋架、吊车梁、空心楼板、大型屋面板，以及交通运输方面的桥梁、轨枕、电杆、桩等方面，而且已应用到矿井支架、海港码头、和造船等方面，如 60 m 拱形屋架、12 m 跨度 200 t 吊车梁，5000 t 水压机架、大跨度薄壳结构、144 m 悬臂拼装公路桥和 11 万吨容量的煤气罐等。

普通钢筋混凝土构件的抗拉极限应变只有 $0.1\times10^{-3}\sim0.15\times10^{-3}$。构件混凝土受拉开裂时，受拉钢筋的应力仅达 1/4～1/3，钢筋的抗拉强度未能充分发挥。预应力混凝土是在构件承受外荷载前，预先在构件的受拉区对混凝土施加预压应力。使用阶段的构件在外荷载作用下产生拉应力时，先要抵消预压应力，这就推迟了混凝土裂缝的出现并限制了裂缝的开展，从而提高构件的抗裂度和刚度。

预应力混凝土构件与普通混凝土构件相比，除能提高构件的抗裂度和刚度外，还具有能增加构件的耐久性，节约材料，减少自重等优点。但是在制作预应力混凝土构件时，增加了张拉工作，相应增添了张拉机具和锚固装置，制作工艺也较复杂。

2. 预应力混凝土的分类

1)先张法

先张法是先张拉预应力筋后浇筑混凝土的预应力混凝土生产方法。这种方法需要专用的生产台座和夹具，以便张拉和临时锚固预应力筋，待混凝土达到设计强度后，放松预应力筋。先张法适用于预制厂生产中小型预应力混凝土构件。预应力是通过预应力筋与混凝土间的黏结力传递给混凝土的。

2)后张法

后张法是先浇筑混凝土后张拉预应力筋的预应力混凝土生产方法。这种方法需要预留孔道和专用的锚具，张拉锚固的预应力筋要求进行孔道灌浆。后张法适用于施工现场生产大型预应力混凝土构件与结构。预应力是通过锚具传递给混凝土的。

3)有黏结

所谓有黏结预应力混凝土是指预应力筋沿全长均与周围混凝土相黏结。先张法的预应力筋直接浇筑在混凝土内，预应力筋和混凝土是有黏结的；后张法的预应力筋通过孔道灌浆与混凝土形成黏结力，这种方法生产的预应力混凝土也是有黏结的。

4)无黏结

无黏结预应力混凝土的预应力筋沿全长与周围混凝土能发生相对滑动，为防止预应力筋腐蚀和与周围混凝土黏结，可采用涂油脂和缠绕塑料薄膜等措施。

3. 预应力锚固体系

应力锚固体系包括锚具、夹具和连接器。锚固体系的种类很多，且配套化、系列化、工厂化生产，主要有 QM 系列、OVM 系列、HVM 系列、VLM 系列等。

1)锚具、夹具和连接器简介

(1)锚具。锚具是在后张法结构或构件中，用于保持预应力筋的拉力并将其传递到混凝土(或钢结构)上所用的夹持预应力筋的永久性锚固装置。后张法锚固体系包括锚具、锚垫板和螺旋筋。

(2)夹具。夹具是在先张法预应力混凝土构件施工时，为保持预应力筋的拉力并将其固定在生产台座(或设备)上的临时性锚固装置；在后张法预应力混凝土结构或构件施工时，在张拉千斤顶或设备上夹持预应力筋的临时性锚固装置。夹具必须工作可靠，构造简单，使用方便，能多次重复使用。夹具根据工作特点分为张拉夹具和锚固夹具。

张拉夹具将预应力筋和张拉机械相连，进行预应力筋张拉；锚固夹具是将预应力筋临时固定在台座横梁上的工具。

(3)连接器。连接器是用于连接预应力筋的装置。

2)锚具、夹具和连接器的性能要求

(1)预应力筋用锚具、夹具和连接器的性能均应符合现行国家标准《预应力筋用锚具、夹具和连接器》(GB/T 14370—2015)的规定。

(2)在预应力筋强度等级已确定的条件下，预应力筋-锚具组装件的静载锚固性能试验结果，应同时满足锚具效率系数(η_a)等于或大于 0.95 和预应力筋总应变(ε_{apu})等于或大于 2.0% 两项要求。

锚具的静载锚固性能，应由预应力筋-锚具组装件静载试验测定的锚具效率系数(η_a)和达到实测极限拉力时组装件受力长度的总应变(ε_{apu})确定。锚具效率系数(η_a)应按下式计算：

$$\eta_a=\frac{F_{apu}}{\eta_p F_{apu}^c}$$

式中：F_{apu}——预应力筋-锚具组装件的实测极限拉力；

F_{apu}^c——预应力筋的实际平均极限抗拉力，由预应力钢材试件实测破断荷载平均值计算得出；

η_p ——预应力筋的效率系数(η_p 应按下列规定取用：预应力筋具组装件中预应力钢材为 1～5 根时，$\eta_p=1$；为 6～12 根时，$\eta_p=0.99$；为 13～19 根时，$\eta_p=0.98$；为 20 根以上时，$\eta_p=0.97$)。

当预应力筋-锚具(或连接器)组装件达到实测极限拉力时，应由预应力筋的断裂，而不应由锚具(或连接器)的破坏导致试验的终结。预应力筋拉应力未超过 $0.8F_{ptk}$ 时，锚具主要受力零件应在弹性阶段工作，脆性零件不得断裂。

(3)用于承受静、动荷载的预应力混凝土结构，其预应力筋一锚具组装件，除应满足静载锚固性能要求外，尚应满足循环次数为 200 万次的疲劳性能试验要求。疲劳应力上限应为预应力钢丝或钢绞线抗拉强度标准值(F_{ptk})的 65%(当为精轧螺纹钢筋时，疲劳应力上限为屈服强度的 80%)，应力幅度不应小于 80 MPa。对于主要承受较大动荷载的预应力混凝土结构，要求所选锚具能承受的应力幅度可适当增加，具体数值可由工程设计单位根据需要确定。

(4)在抗震结构中，预应力筋-锚具组装件还应满足循环次数为 50 次的周期荷载试验。组装件用钢丝或钢绞线时，试验应力上限应为 $0.8F_{ptk}$；用精轧螺纹钢筋时，应力上限应为其屈服强度的 90%，应力下限应为相应强度的 40%。

(5)锚具尚应满足分级张拉、补张拉和放松拉力等张拉工艺的要求。锚固多根预应力筋的锚具，除应具有整束张拉的性能外，尚宜具有单根张拉的可能性。

(6)夹具的静载性能，应由预应力筋-夹具组装件静载试验测定的夹具效率系数(η_g)确定。夹具效率系数(η_g)应按下式计算

$$\eta_g=\frac{F_{gpu}}{\eta_p F_{gpu}^c}$$

式中：F_{gpu}——预应力筋-夹具组装件的实测极限拉力。

试验结果应满足夹具效率系数(η_g)等于或大于 0.92 的要求。

当预应力筋-夹具组装件达到实测极限拉力时，应由预应力筋的断裂，而不应由夹具的破坏导致试验终结。

(7)夹具应具有良好的自锚性能、松锚性能和安全的重复使用性能。主要锚固零件宜采取镀膜防锈。

(8)永久留在混凝土结构或构件中的预应力筋连接器,应符合锚具的性能要求;用于先张法施工且在张拉后还将放张和拆卸的连接器,应符合夹具的性能要求。

3)锚具的种类

(1)夹片式锚具。夹片式锚具(见图 6-1)分为单孔夹片锚具和多孔夹片锚具,由工作锚板、工作夹片、锚垫板、螺旋筋组成。夹片式锚具可锚固预应力钢绞线,也可锚固 7ϕ5、7ϕ7 的预应力钢丝束,主要用作张拉端锚具。夹片式锚具具有自动跟进,放张后自动锚固,锚固效率系数高,锚固性能好,安全可靠等特点。

(2)扁形张拉端锚具。扁形张拉端锚具(见图 6-2)由扁形工作锚板、工作夹片、扁形锚垫板、扁形螺旋筋组成。扁形张拉端锚具的张拉端口扁小,钢绞线可逐根张拉亦可整体张拉,适用于楼板、低高度箱梁及桥面横向预应力张拉。

图 6-1 夹片式锚具

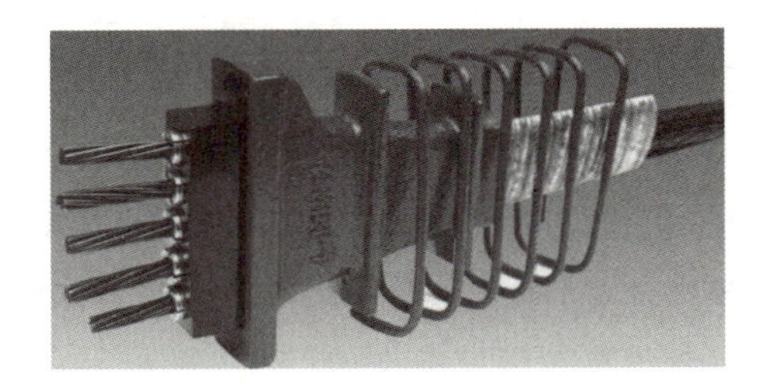

图 6-2 扁形张拉端锚具

(3)镦头锚具。镦头锚具(见图 6-3)可张拉 ϕP5、ϕP7 高强钢丝束,常用镦头锚分为 A 型和 B 型,A 型由锚杯和螺母组成,用于张拉端;B 型为锚板,用于固定端。预应力筋采用钢丝镦头器镦头成型,配套张拉使用 YDC 系列穿心式千斤顶。镦头锚具主要用于后张法施工中。

图 6-3 镦头锚具

(4)精轧螺纹钢锚具。精轧螺纹钢锚具由螺母和垫板组成,可锚固 ϕ25、ϕ32 高强精轧螺纹钢筋,主要用于先张法、后张法施工的预应力箱梁、纵向预应力及大型预应力屋架。精轧螺纹钢锚具用于锚固直径为 ϕ25 和 ϕ32 的高强精轧螺纹钢筋,主要应用于预应力箱梁纵向施工、大型建筑屋架和岩土锚固中。

(5)挤压式锚具(P 型锚具)。P 型锚具是由挤压头、螺旋筋、P 型锚板、约束圈组成,它是在钢绞线端部安装钢丝衬圈和挤压套,利用挤压机将挤压套挤过模孔,使其产生塑性变形而握紧钢绞线,形成可靠锚固。用于后张预应力构件的固定端对钢绞线的挤压锚固。

(6)压花式锚具(H 型锚具)。当需要把后张力传至混凝土时,可采用 H 型固定端锚具,它包括带梨形自锚头的一段钢绞线、支托梨形自锚头用的钢筋支架、螺旋筋、约束圈等。钢绞线梨形自锚头采用专用的压花机挤压成型。

(7)钢质锥形锚具(弗氏锚具)。钢质锥形锚具(见图 6-4)由锚圈和锚塞组成,可锚固 6~30ϕP5 或 12~24ϕP7 的高强钢丝束,常用于后张法预应力混凝土结构和构件中,配套 YDZ 系列专用千斤顶张拉。

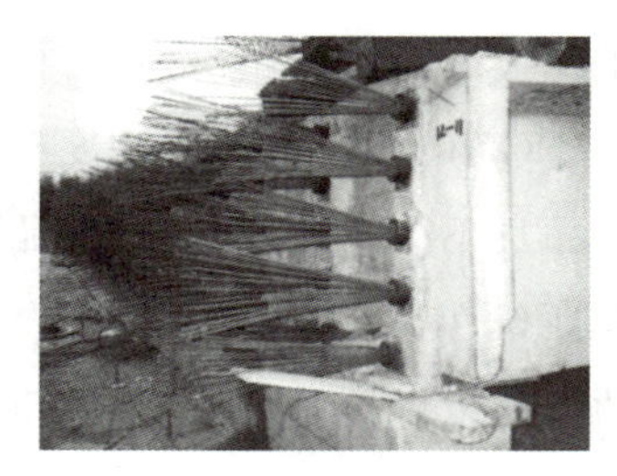

图 6-4 钢质锥形锚具

4)夹具的种类

(1)钢丝的夹具。先张法中钢丝的夹具分两类:一类是将预应力筋锚固在台座上的锚固夹具;另一类是张拉时夹持预应力筋用的夹具。锚固夹具与张拉夹具都是重复使用的工具。夹具的种类繁多,图 6-5 所示为传统的单根钢丝锚固夹具,图 6-6 所示为常用的钢丝张拉夹具。

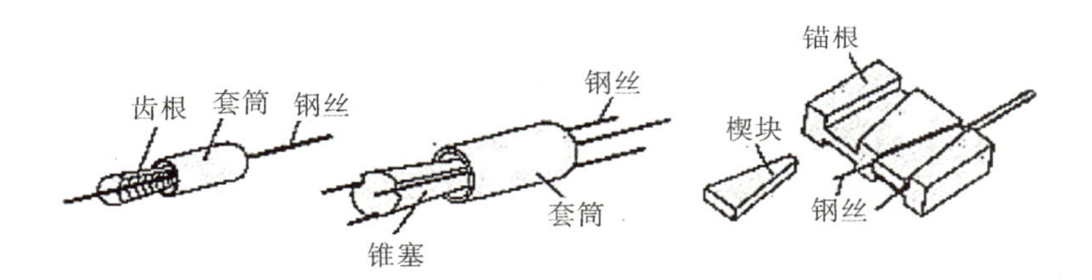

图 6-5 传统的单根钢丝锚固夹具

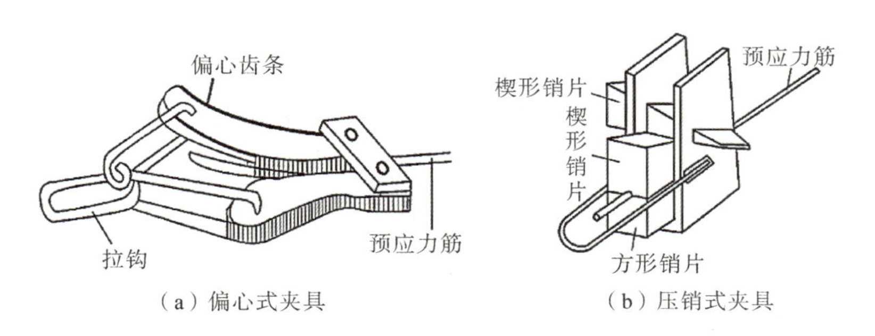

图 6-6 常用的钢丝张拉夹具

(2)钢绞线的夹具。QM 预应力体系中的 JXS、JXL、JXM 型夹具是专为先张台座法预应力钢绞线张拉的需要而设计,可适应直径为 9.5 mm、12.2 mm、12.7 mm、15.2 mm,15.7 mm、17.8 mm等规格钢绞线的先张台座张拉。

4. 进场验收

1)锚具进场验收

锚具进场时,需方应按合同核对产品质量证明书中所列的型号、数量及适用于何种强度等级的预应力钢材,确认无误后应按下列三项规定进行检验,检验合格后方可在工程中应用。

(1)外观检查。从每批中抽10%的锚具且不应少于10套，检查其外观质量和外形尺寸，并按产品技术条件确定是否合格。所抽全部样品均不得有裂纹出现，当有二套表面有裂纹时，则本批应逐套检查，合格者方可进入后续检验组批。

(2)硬度检验。对硬度有严格要求的锚具零件，应进行硬度检验。应从每批中抽取5%的样品且不应少于5套，按产品设计规定的表面位置和硬度范围(该表面位置和硬度范围是品质保证条件，由供货方在供货合同中注明)做硬度检验。有一个零件不合格时，则应另取双倍数量的零件重做检验；仍有一件不合格时，则应对本批产品逐个检验，合格者方可进入后续检验组批。

(3)静载锚固性能试验。在通过外观检查和硬度检验的锚具中抽取6套样品，与符合试验要求的预应力筋组装成3个预应力筋-锚具组装件，并应由国家或省级质量技术监督部门授权的专业质量检测机构进行静载锚固性能试验。试验结果应单独评定，每个组装件试件都必须符合要求。有一个试件不符合要求时，则应取双倍数量的锚具重做试验；仍有一个试件不符合要求时，则该批锚具应视为不合格品。

在试验过程中，当试验数据已满足要求而组装件仍未拉断，此时，若能证明锚具的负载能力大于或等于 F_{pm}，可终止试验，并判定试验结果合格。

注：对于锚具用量不多的工程，如由供货方提供有效试验合格证明文件，经工程负责单位审议认可并正式备案，可不必进行静载验收试验；用于主要承受动荷载的锚具，可进行疲劳荷载试验。

2)夹具进场验收

夹具进场时应进行外观检查、硬度检验和静载锚固性能试验。检验和试验方法与锚具相同。

3)后张法连接器和先张法连接器的进场验收

后张法连接器的进场验收，应与锚具相同，先张法连接器的进场验收规定应与夹具相同。

4)划分进场验收批

只有在同种材料和同一生产工艺条件下生产的产品，才能被列为同一批量。锚固多根预应力钢材的锚具或夹具应以不超过1000套为一个验收批；锚固单根预应力钢材的锚具或夹具，每个验收批可扩大为2000套。连接器的每个验收批不宜超过500套。

每个工程或标段不宜使用两个生产厂家提供的产品。

5)预应力筋用锚具、夹具和连接器的锚固性能试验方法

预应力筋用锚具、夹具和连接器的锚固性能试验应符合有关规定。

5. 使用要求

预应力混凝土工程应由有预应力施工资质的组织承担施工任务。施工单位应定期组织施

工人员进行技术培训。

预应力筋用锚具、夹具和连接器在贮存运输及使用期间均应妥善保管维护，避免锈蚀、沾污、遭受机械损伤、混淆和散失。

预应力筋用锚具、夹具和连接器安装前应擦拭干净。当按施工工艺规定需要在锚固零件上涂抹介质以改善锚固性能时，应在锚具安装时涂抹。

钢绞线穿入孔道时，应保持外表面干净，不得拖带污物；穿束以后，应将其锚固夹持段及外端的浮锈和污物擦拭干净。

锚具和连接器安装时应与孔道对中。夹片式锚具安装时，各根预应力钢材应平顺，不得扭绞交叉；夹片应打紧，并外露一致。

使用钢丝束镦头锚具前，首先应确认该批预应力钢丝的可镦性，即其物理力学性能应能满足镦头锚的全部要求。钢丝镦头尺寸不应小于规定值，头形应圆整端正；钢丝镦头的圆弧利用螺母锚固的支承式锚具，安装前应逐个检查螺纹的配合情况。对于大直径螺纹的表面应涂润滑油脂，以确保张拉和锚固过程中顺利旋合和拧紧。

钢绞线压花锚成型时，应将表面的污物或油脂擦拭干净，梨形头尺寸和直线段长度不应小于设计值，并应保证与混凝土有充分的黏结力。

对于预应力筋，应采用形式和吨位与其相符的千斤顶整束张拉锚固；对直线形或平行排放的预应力钢绞线束，在确保各根预应力钢绞线不会叠压时；也可采用小型千斤顶逐根张拉工艺；但必须将“分批张拉预应力损失”计算在控制应力之内。

千斤顶安装时，工具锚应与前端工作锚对正，使工具锚与工作锚之间的各根预应力钢相互平行，不得扭绞错位；工具锚夹片外表面和锚板锥孔内表面使用前宜涂润滑剂，并应经常将夹片表面清洗干净。当工具夹片开裂或牙面缺损较多，工具锚板出现明显变形或工作表面损伤显著时，均不得继续使用。

对于一些有特殊要求的结构或张拉空间受到限制时，可配置专用的变角块，并应采用变角张拉法施工。设计和施工中应考虑因变角而产生的摩阻损失；但预应力筋在张拉千斤顶工具锚处的控制应力不得大于 $0.8F_{ptk}$。

预应力筋锚固时的内缩值比现行国家标准《混凝土结构设计规范》(GB 50010—2010)确定的数值明显偏大时，应检查张拉设备状况及操作工艺，必要时加以调整；也可用少量增加张拉伸长值的办法解决。

采用连接器接长预应力筋时，应全面检查连接器的所有零件，必须执行全部操作工艺，以确保连接器的可靠性。

预应力筋锚固以后，因故必须放松时，对于支承式锚具可用张拉设备松开锚具，将预应力缓慢地卸除；对于夹片式、锥塞式等锚具，宜采用专门的放松装置将锚具松开。任何时候都不得在预应力筋存在拉力的状态下直接将锚具切去。

预应力筋张拉锚固后，应对张拉记录和锚固状况进行复查，确认合格后，方可切割露于锚具之外的预应力筋多余部分。切割工作应使用砂轮锯；当使用砂轮锯有困难时也可使用氧乙炔焰，严禁使用电弧。当用氧乙炔焰切割时，火焰不得接触锚具；切割过程中还应用水冷却锚具。切割后预应力筋的外露长度不应小于 30 mm。

预应力筋张拉时，应有安全措施。预应力筋两端的正面严禁站人。

后张法预应力混凝土构件或结构在张拉预应力筋后，宜及时向预应力筋孔道中压注水泥浆。先张法生产预应力混凝土构件时，张拉预应力筋后，宜及时浇筑构件混凝土。

对暴露于结构外部的锚具应及时实施永久性防护措施，防止水分、氯离子及其他有腐蚀性的介质侵入。同时，还应采取适当的防火和避免意外撞击的措施。

封头混凝土应填塞密实并与周围混凝土黏结牢固。无黏结预应力筋的铅固穴槽中，可填堵微膨胀砂浆或环氧树脂砂浆。

锚固区预应力筋端头的混凝土保护层厚度不应小于 20 mm；在易腐蚀的环境中，保护层还宜适当加厚。对凸出式锚固端，锚具表面距混凝土边缘不应小于 50 mm。封头混凝土内应配置 1～2 片钢筋网，并应与预留锚固筋绑扎牢固。

在无黏结预应力筋的端部塑料护套断口处，应用塑料胶带严密包缠；防止水分进入护套。在张拉后的锚具夹片和无黏结筋端部，应涂满防腐油脂，并罩上塑料(PE)封端罩，并应达到完全密封的效果；也可采用涂刷环氧树脂达到全密封效果。

任务 6.1 先张法预应力混凝土施工

任务描述

学习先张法预应力混凝土施工的台座、夹具、张拉机械及其施工工艺，能根据实际工程项目选择正确的施工机具、组织施工工艺流程。

知识学习

6.1.1 先张法概述

先张法是在混凝土构件浇筑前先张拉预应力筋，并用夹具将其临时锚固在台座或钢模上，再浇筑构件混凝土，待其达到一定强度后(约 75%)放张并切断预应力筋，预应力筋产生弹性回缩，借助混凝土与预应力筋间的黏结，对混凝土产生预压应力。图 6-7 所示为预应力混凝土构件先张法施工示意图。

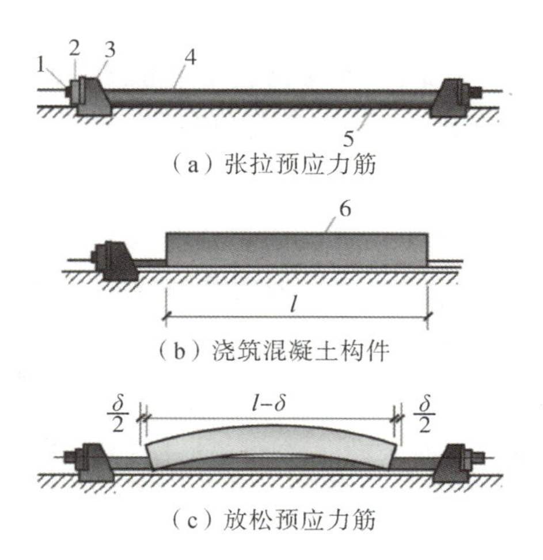

1—锚固夹具；2—横梁；3—台座；4—预应力筋；5—台面；6—混凝土构件。

图 6-7 预应力混凝土构件先张法施工示意图

张拉预应力筋如图 6-7(a)所示，预应力筋一端用锚固夹具固定在台座上，另一端用张拉机械张拉后也用锚固夹具固定在台座的横梁上。

浇筑混凝土构件如图 6-7(b)所示。在混凝土浇筑及养护阶段，这时只有预应力筋有应力，混凝土没有应力。注意把混凝土养护至一定强度，一般达到混凝土设计强度的 70%。

放松预应力筋如图 6-7(c)所示，由于预应力筋和混凝土之间存在黏结力，故在预应力筋弹性回缩时使混凝土产生预压应力。

先张法主要应用于房屋建筑中的空心板、多孔板、槽形板、双 T 板、V 形折板、托梁、檩条、槽瓦、屋面梁等；道路桥梁工程中的轨枕、桥面空心板、简支梁等，在基础工程中应用的预应力方桩及管桩、电杆、压力管道等。

(1)预应力筋在台座上或钢模上张拉，由于台座或钢模承载力有限，先张法一般只能用于生产中小型构件，而且制造台座或钢模一次性投资大，所以，先张法多用于预制厂生产，可多次反复利用台座或钢模。

(2)预应力筋用夹具固定在台座上，放松后夹具不起作用，可回收使用。

(3)预应力传递靠黏结力，这对混凝土握裹力有严格要求，在混凝土构件制作、养护时要保证混凝土质量。

先张法施工中常用的预应力筋有钢丝和钢筋两类。

先张法施工中设备系统包含台座、夹具及张拉机械，其中关于夹具的内容可参考前文中“预应力混凝土相关配套知识”中的相关内容，下面主要介绍台座和张拉机械。

1. 台座

台座由台面、横梁和承力结构组成。按构造形式不同，台座可分为墩式台座、槽形台座和钢模台座等。台座可成批生产预应力构件。台座承受全部预应力筋的拉力，故台座应具有足够的强度、刚度和稳定性，以免因台座变形、倾覆和滑移而引起预应力的损失。

(1)墩式台座。墩式台座(如图 6-8 所示)由现浇钢筋混凝土做成。

图 6-8 墩式台座

传力墩是墩式台座的主要受力结构，传力墩依靠其自重和土压力平衡张拉力产生的倾覆力矩；依靠土的反力和摩阻力平衡张力产生的水平位移。因此，传力墩结构造型大，埋设深度深，投资较大。为了改善传力墩的受力状况，提高台座承受张拉力的能力，可采用与台面共同工作的传力墩，从而减小台墩自重和埋深。

台面是预应力混凝土构件成型的胎模。它是由素土夯实后铺碎砖垫层，再浇筑 50～80 mm 厚的 C15～C20 混凝土面层组成的。台面要求平整、光滑，沿其纵向留设 0.3%的排水坡度，每隔 10～20 m 设置宽 30～50 mm 的温度缝。

横梁是锚固夹具临时固定预应力筋的支点，也是张拉机械张抗预应力筋的支座，常采用型钢或由钢筋混凝土制作而成。横梁挠度要求小于 2 mm，并不得产生翘曲。

墩式台座长度为 100～150 m，又称长线台座。墩式台座张拉一次可生产多根顶应力混凝土构件，减少了张拉和临时固定的工作，同时也减少了由于预应力筋滑移和横梁变形引起的预应力损失。

墩式台座设计应进行抗倾覆验算、抗滑移验算及强度验算。

①抗倾覆验算。墩式台座的抗倾覆能力以台座的抗倾覆安全系数 K_1 表示。

$$K_1=M_1/M\geqslant 1.5$$

式中：M ——由张拉力产生的倾覆力矩($M=T\cdot e$，T 为张拉力的合力，e 为张拉力合力 T 的作用点到倾覆转动点 O 的力臂)；

M_1——抗倾覆力矩。

如不考虑土压力，则

$$M_1=G_1L_1+G_2L_2$$

式中：G_1 ——传力墩的自重；

L_1 ——传力墩重心至倾覆转动点 O 的力臂；

G_2 ——传力墩外伸台面局部加厚部分的自重；

L_2 ——传力墩外伸台面局部加厚部分重心至倾覆转动点 O 的力臂。

②抗滑移验算。墩式台座的抗滑移能力以台座的抗滑移安全系数 K_2 表示。

$$K_2=T_1/T\geqslant 3$$

式中：T ——张拉力的合力；

T_1——抗滑移力。

$$T_1 = N + E_P + F$$

式中：N——台面反力；

E_P——土压力 P、P'的合力；

F——摩阻力。

③强度验算。传力墩的牛腿和外伸台面局部加厚部分，分别按钢筋混凝土结构的牛腿和偏心受压构件计算；横梁按简支梁计算。

(2)槽式台座。槽式台座(如图 6－9 所示)由端柱、传力柱、横梁和台面组成，既可承受张拉力和倾覆力矩，加盖后又可作为蒸汽养护槽。槽式台座适用于张拉吨位较大的吊车梁、屋架、箱梁等大型预应力混凝土构件。

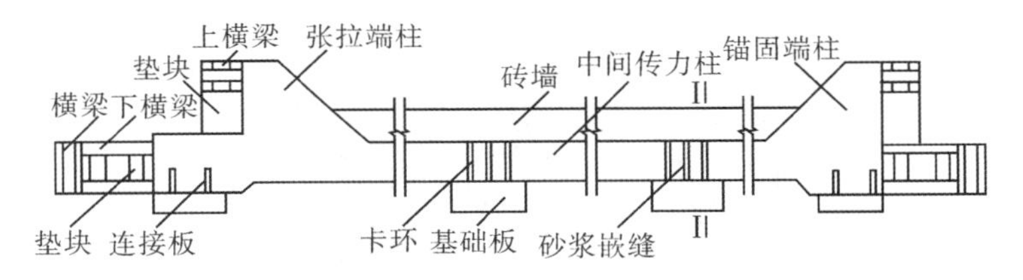

图 6－9　槽式台座示意图

端柱和传力柱是槽式台座的主要受力结构，又叫钢筋混凝土压杆。为了便于装拆转移，端柱和传力柱常采用装配式结构，端柱长 5 m，传力柱每段长 6 m。为了便于构件运输和蒸汽养护，台面低于地面为好。一砖厚的砖墙起挡土作用，同时又是蒸汽养护预应力混凝土构件的保温侧墙。

槽式台座长度为 45～76 m(45 m 长槽式台座一次可生产 6 根 6 m 长吊车梁，76 m 长槽式台座一次可生产 10 根 6 m 长吊车梁或 3 根 24 m 长屋架)，槽式台座能够承受较为强大的张拉力，适于双向预应力混凝土构件的张拉，同时也易于进行蒸汽养护。

(3)钢模台座。钢模台座主要在工厂流水线上使用。它是将制作构件的模板作为预应力钢筋锚固支座的一种台座(箱梁端部模板作张拉台座见图 6－10)。模板具有相当的刚度，可将预应力钢筋放在模板上进行张拉。

图 6－10　箱梁端部模板作张拉台座

2. 张拉机械

张拉预应力筋的机械，要求工作可靠，操作简单，能以稳定的速率加荷。先张法施工中预应力筋可单根进行张拉或多根成组进行张拉。常用的张拉机械有以下四种。

(1)电动卷筒式张拉机。电动卷筒式张拉机是把慢速电动卷扬机装在小车上制成。该设备的优点是张拉行程大，张拉速度快。可张拉直径 3～5 mm 的钢丝。为了控制张拉力准确，张拉速度以 1～2 m/min 为宜，张拉机与弹簧测力计配合使用时，宜装行程开关进行控制，使达到规定的张拉力时能自动停车。

(2)电动螺杆张拉机。电动螺杆张拉机既可以张拉预应力钢筋也可以张拉预应力钢丝。它是由张拉螺杆、电动机、变速箱、测力装置、拉力架、承力架和张拉夹具等组成。最大张拉力为 300～600 kN，张拉行程为 800 mm，张拉速度为 2 m/min，自重 400 kg。为了便于工作和转移，将其装置在带轮的小车上。电动螺杆张拉机如图 6－11 所示。

图 6－11　电动螺杆张拉机

电动螺杆张拉机的工作原理：工作时顶杆支承到台座横梁上，用张拉夹具夹紧预应力筋，开动电动机使螺杆向右侧运动，对预应力筋进行张拉，达到控制应力要求时停车，并用预先套在预应力筋上的锚固夹具将预应力筋临时锚固在台座的横梁上，然后开倒车，使电动螺杆张拉机卸载。电动螺杆张拉机运行稳定，螺杆有自锁能力，张拉速度快，行程大。

(3)液压张拉设备。

①穿心式千斤顶。穿心式千斤顶是一种利用双液压缸张拉预应力筋和顶压锚具的双作用千斤顶，既可用于需要顶压的夹片锚的整体张拉，配上撑脚与拉杆后，还可张拉镦头锚和冷铸锚。穿心式千斤顶广泛用于先张法、后张法的预应力施工。

②拉杆式千斤顶。拉杆式千斤顶为空心拉杆式千斤顶，选用不同的配件可组成几种不同的张拉形式，可张拉 DM 型螺丝端杆锚、JLM 精轧螺丝钢锚具，LZM 冷铸锚等。

③锥锚式千斤顶。锥锚式千斤顶是一种具有张拉、顶锚和退楔功能的三作用千斤顶，专用于张拉及顶压锚固带钢质锥形(弗氏)锚的钢丝束。

④前卡式千斤顶。前卡式千斤顶(见图 6－12)是一种张拉工具锚内置于千斤顶前端的穿心式千斤顶，可自动夹紧和松开工具锚夹片，简化了施工工艺，节省了张拉时间，而且缩短了预应力筋预留张拉长度。前卡式千斤顶主要用于各种有黏结筋和无黏结筋的单根张拉。

⑤扁锚整体张拉千斤顶。扁锚整体张拉千斤顶是一种整体预应力张拉千斤顶。该千斤顶采用双并列油缸的结构，扁锚采用整体一次张拉，克服了扁锚由于单孔张拉而引起构件应力不均匀、预应力筋延伸量不足、构件扭曲等现象，并且可提高施工工效。扁锚整体张拉千斤顶可广泛用于各种锚固体系的扁锚预应力施工。

(4)高压油泵。高压油泵(见图 6－13)向液压千斤顶的油缸高压供油。油泵的额定压力应等于或大于千斤顶的额定压力。高压油泵的额定压力为 40～80 MPa。千斤顶张拉时，张拉力的大小是通过油泵上的油压表的读数来控制的。油压表的读数表示千斤顶张拉油缸活塞单位面积的油压力。在理论上如已知张拉力 N，活塞面积 A，则可求出张拉时油表的相应读数 P。

图 6－12　前卡式千斤顶

图 6－13　高压油泵

6.1.2　先张法施工工艺

先张法预应力混凝土施工

1. 工艺流程

先将张拉的预应力筋临时锚固在台座或钢模上，张拉预应力筋然后浇筑混凝土，待混凝土养护达到不低于混凝土设计强度值的 75%，保证预应力筋与混凝土有足够的黏结时，放张预应力筋，借助于混凝土与预应力筋的黏结，对混凝土施加预应力。图 6－14 所示为先张法工艺流程。

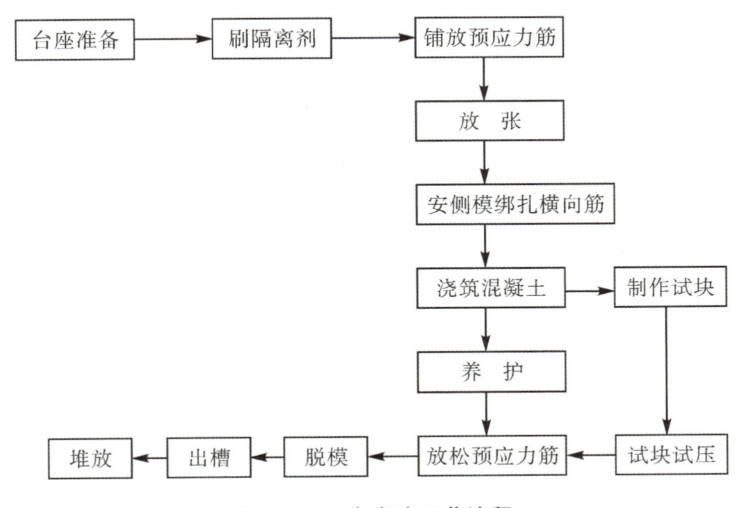

图 6－14　先张法工艺流程

2.预应力筋的张拉

(1)单根钢丝张拉。台座法多进行单根张拉,由于张拉力较小,一般可采用10～20 kN电动螺杆张拉机或电动卷扬机单根张拉,弹簧测力计测力,优质锥销式夹具锚固。

(2)整体钢丝张拉。台模法多进行整体张拉,可采用台座式千斤顶设置在台墩与钢横梁之间进行整体张拉,优质夹片式夹具锚固。要求钢丝的长度相等,事先调整初应力。

在预制厂生产预应力多孔板时,可在钢模上用镦头梳筋板夹具进行整体张拉。方法:钢丝两端镦粗,一端卡在固定梳筋板上,另一端卡在张拉端的活动梳筋板上;用张拉钩钩住活动梳筋板,再通过连接套筒将张拉钩和拉杆式千斤顶连接,即可张拉。

(3)单根钢绞线张拉。可采用前卡式千斤顶张拉,单孔夹片工具锚固定。

(4)整体钢绞线张拉。一般在三横梁式台座上进行,台座式千斤顶与活动横梁组装在一起,利用工具式螺杆与连接器将钢绞线挂在活动横梁上,张拉前,先用小型千斤顶在固定端逐根调整钢绞线初应力。张拉时,台座式千斤顶推动活动横梁带动钢绞线进行整体张拉。

(5)粗钢筋的张拉。粗钢筋的张拉分单根张拉和多根成组张拉。由于在长线台座上预应力筋的张拉伸长值较大,一般千斤顶行程多不能满足,张拉较小直径的钢筋时可用卷扬机。

张拉机具的张拉力应不小于预应力筋张拉力的1.5倍;张拉行程应不小于预应力筋伸长值的1.1～1.3倍。

3.预应力筋的张拉程序

(1)预应力钢丝。钢丝的张拉工作量大,宜采用一次张拉程序:0→1.03～1.05σ_{con}锚固。

(2)低松弛钢绞线。采用一次张拉程序:对于单根张拉,0→σ_{con}锚固;对于整体张拉,0→初应力调整→σ_{con}锚固。

σ_{con}为预应力筋的张拉控制应力。

4.预应力值校核

钢丝张拉时,伸长值不做校核。张拉锚固后,用钢丝内力测定仪反复测定4次,取后3次的平均值为钢丝内力。其允许偏差为设计规定预应力值的±5%。每一工作班检查预应力筋总数的1%,且不少于3根。

钢绞线张拉时,一般采用张拉力控制、伸长值校核。张拉时预应力筋的实际伸长值与理论伸长值的允许偏差为±6%,张拉力控制的校核方法与钢丝相同。

5.先张法施工注意事项

(1)台座法张拉预应力筋时,应先张拉靠近台座截面重心处的预应力筋,避免台座承受过大的偏心压力。张拉宜分批、对称进行。

(2)采用应力控制法张拉时,应校核预应力筋的伸长值。当实际伸长值与计算伸长值的偏差大于±6%时,应暂停张拉,查明原因并采取措施调整后,方可继续张拉。

(3)多根预应力筋同时张拉时,须事先调整初应力,使相互间的应力一致。预应力筋张拉锚固后的实际预应力值与设计规定检验值的相对允许偏差为±5%。

(4)先张法中的预应力筋不允许出现断裂或滑脱。在浇筑混凝土前发生断裂或滑脱的预应力筋必须予以更换。

(5)锚固时,张拉端预应力筋的回缩量应符合设计要求,设计无要求时不得大于施工规范规定。

(6)张拉锚固后,预应力筋对设计位置的偏差不得大于5 mm,且不得大于构件截面短边尺寸的4%。

(7)施工中必须注意安全,严禁正对钢筋张拉的两端站立人员,防止断筋回弹伤人。

6.混凝土的浇筑与养护

预应力筋张拉完成后,应尽快进行钢筋绑扎、模板拼装和混凝土浇筑等工作。混凝土浇筑时,振动器不得碰撞预应力筋。混凝土未达到强度前,也不允许碰撞或踩动预应力筋。

当构件在台座上进行湿热养护时,应防止温差引起的预应力损失。先张法在台座上生产混凝土构件,其最高允许的养护温度应根据设计规定的允许温差(张拉与养护时的温度之差)计算确定。当混凝土强度达到7.5 MPa(粗钢筋配筋)或10 MPa(钢丝、钢绞线配筋)以上时,则可不受设计规定的温差限制。

7.预应力筋的放张

混凝土强度达到设计规定的数值(不小于标准强度的75%)后,才可放张预应力筋。

1)放张顺序

(1)轴心受预压构件,所有预应力筋应同时放张。

(2)偏心受预压构件,应先同时放张预压力较小区域的预应力筋,再同时放张预压力较大区域的预应力筋。

(3)不能满足上述要求时,应分阶段、对称、交错地放张,防止构件在放张过程中产生弯曲、裂纹或预应力筋断裂。

2)放张方法

(1)当预应力筋采用钢丝时,配筋不多的中小型钢筋混凝土构件,钢丝可用砂轮锯或切断机切断等方法放张;配筋多的钢筋混凝土构件,钢丝应同时放张,如逐根放张,则最后几根钢丝将由于承受过大的拉力而突然断裂,易使构件端部开裂。

(2)长线台座上放张后预应力筋的切断顺序,一般由放张端开始,逐次切向另一端。

(3)预应力筋为钢筋时,对热处理钢筋及冷拉Ⅳ级钢筋不得用电弧切割,宜用砂轮锯或切断机切断。数量较多时,也应同时放张。多根钢丝或钢筋的同时放张,可用油压千斤顶放张、砂箱放张、楔块放张等方法。

(4)采用湿热养护的预应力混凝土构件,宜热态放张预应力筋,而不宜降温后再放张。

任务实施

1. 工作任务

能根据实际工程项目中的先张法预应力混凝土结构施工图，合理选择预应力施工中所用机械设备；组织预应力钢筋及锚具的检验验收，按照预应力施工工艺流程组织施工；能依据预应力混凝土构件验收程序和规范要求进行质量检查及验收工作，填写验收记录。

2. 实施过程

1）收集资料

利用在线开放课程、网络资源等查找相关资料，收集预应力混凝土的概念、分类及预应力体系，收集先张法预应力混凝土施工的工艺流程、预应力筋的张拉等相关知识的资料，收集预应力混凝土施工及质量检查验收的资料。

2）引导文

（1）选择题。

①预应力混凝土是在结构或构件的________预先施加压应力而成的。

A. 受压区　　B. 受拉区　　C. 中心线处　　D. 中性轴处

②台座的主要承力结构为________。

A. 台面　　B. 台墩　　C. 钢横梁　　D. 都是

③预应力先张法施工适用于________。

A. 现场大跨度结构施工　　B. 构件厂生产大跨度构件

C. 构件厂生产中、小型构件　　D. 现场构件的组并

④先张法施工时，当混凝土强度至少达到设计强度标准值的________时，方可放张预应力钢筋。

A. 50％　　B. 75％　　C. 85％　　D. 100％

⑤具有双作用的千斤顶是________。

A. 液压千斤顶　　B. 穿心式千斤顶　　C. 截锚式千斤顶　　D. 前卡式千斤顶

⑥先张法构件混凝土采用多次升温法养护，开始养护时控制温差应不超过________℃，待混凝土强度达到________MPA 后，再升温养护。

A. 10，2　　B. 10，10　　C. 20，2　　D. 20，10

⑦在对先张法施工中的台座进行抗倾覆验算时，其抵抗力矩应大于倾覆力矩________倍。

A. 1　　B. 1.5　　C. 1.3　　D. 1.2

⑧曲线铺设的预应力筋应________。

A. 一端张拉　　B. 两端分别张拉

C. 一端张拉后另一端补强　　D. 两端同时张拉

(2)简答题。

①简述先张法预应力混凝土的原理。

②预应力锚固体系包含哪几部分？分别有什么作用？

③简述预应力筋的放张顺序。

④简述预应力筋的放张方法。

3)任务实施

(1)完成先张法预应力混凝土工程施工的工艺流程。

(2)单根钢丝张拉的张拉机械。

(3)预应力钢丝的张拉程序。

(4)钢丝张拉时张拉值的校核方式。

(5)偏心受预压构件的放张顺序。

3.检查与评价

学生首先自查,然后以小组为单位进行互查,发现错误及时纠正,遇到问题商讨解决,教师做出改进指导后,结合学生在实施过程中表现出来的职业素养、参与程度综合考核评价每位同学成绩。学生自评表和教师评定表分别见任务表6-1和任务表6-2。

任务表6-1 学生自评表

项目名称	预应力混凝土工程施工	任务名称	先张法预应力混凝土工程施工
学生姓名		实际得分	标准分值
先张法预应力混凝土工程施工原理及工艺流程			15
先张法预应力的张拉设备			15
先张法预应力的张拉方式、程序及注意问题			20
先张法预应力的放张方式及程序			20
是否能认真描述困难、错误和修改内容			10
对自己工作的评价			10
团队协作能力评价			10
合计得分			100
改进内容及方法:			

任务表6-2 教师评定表

项目名称	预应力混凝土工程施工	任务名称	先张法预应力混凝土工程施工
学生姓名		实际得分	标准分值
先张法预应力混凝土工程施工原理及工艺流程			15
先张法预应力的张拉设备			15
先张法预应力的张拉方式、程序及注意问题			20

续表

先张法预应力的放张方式及程序		20
是否能认真描述困难、错误和修改内容		10
对学生工作的评价		10
团队协作能力评价		10
合计得分		100

知识拓展

先张法预应力混凝土空心支护桩

先张法预应力混凝土空心支护桩(简称 PCS 支护桩,见图 6-15)的截面形状对称,如图 6-16 所示,截面形状具有“蜂巢六边形”的构造特征,两侧通过加设榫卯结合部,形成类十二边形的中空管状挡土支护桩。其榫头设计为半圆形,卯槽的深度要比榫头的突出部位高度小 10~20 mm,形状大小与榫头相匹配,榫卯尺寸要比 U 型板桩的榫卯尺寸大,用以提高榫卯部位的结构受力性能。这种榫深卯浅的设计组合,在两桩拼接时,榫卯两侧可留出适当空间,桩间的转角可达 8°,桩身保持在一条弧线上,在弧线施工时仍能提供良好的嵌固性,从而保证桩墙的整体稳定性和挡土性能。同时,独特的圆弧榫卯设计,可有效保证桩与桩的啮合与止水。

图 6-15 PCS 支护桩

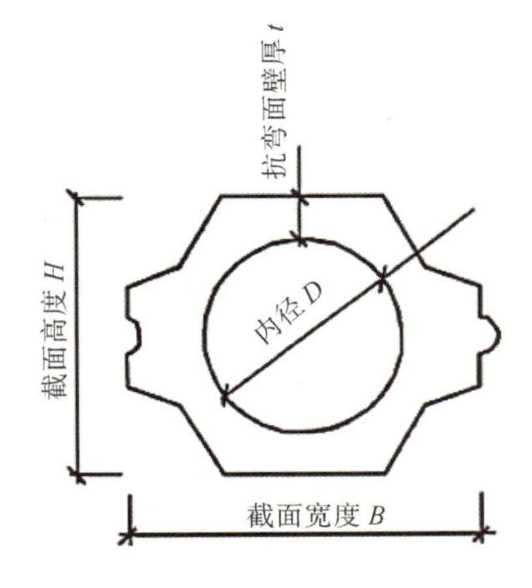

图 6-16 PCS 支护桩的截面形状

任务 6.2　后张法预应力混凝土施工

任务描述

学习后张法预应力混凝土施工的原理、张拉机械及其施工工艺，能根据实际工程项目选择正确的施工机具、组织施工工艺流程。

知识学习

6.2.1　后张法概述

后张法施工是在浇筑混凝土构件时，在放置预应力筋的位置处预留孔道，待混凝土达到一定强度(一般不低于设计强度标准值的 75%)，将预应力筋穿入孔道中并进行张拉，然后用锚具将预应力筋锚固在构件上，最后进行孔道灌浆。预应力筋承受的张拉力通过锚具传递给混凝土构件，使混凝土产生预压应力。如图 6－17 所示为预应力混凝土构件后张法施工示意图。

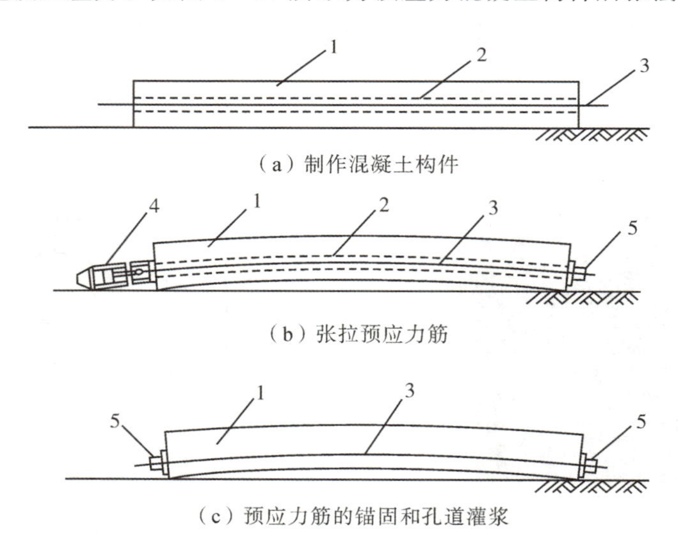

1—混凝土构件；2—预留孔道；3—预应力筋；4—千斤顶；5—锚具。

图 6－17　预应力混凝土构件后张法施工示意图

如图 6－17(a)所示，制作混凝土构件并在预应力筋的设计位置上预留孔道，待混凝土达到规定的强度后，穿入预应力筋进行张拉。

如图 6－17(b)所示，张拉预应力筋时，用张拉机械直接在构件上进行张拉，同时完成混凝土弹性压缩。

如图 6－17(c)所示为预应力筋的锚固和孔道灌浆，预应力筋的张拉力通过构件两端的锚具，传递给混凝土构件，使其产生预压应力，最后进行孔道灌浆。

后张法施工由于直接在混凝土构件上进行张拉，故不需要固定的台座设备，不受地点限制，适用于在施工现场生产大型预应力混凝土构件，特别是大跨度构件。后张法施工工序较多，工艺复杂，锚具作为预应力筋的组成部分，将永远留置在预应力混凝土构件上，不能重复使用。

1. 预应力筋制作

1)钢绞线

钢绞线成盘状供应，不需要对焊接长。制作工序：开盘→下料→编束。

钢绞线下料宜用砂轮切割机切割，不得采用电弧切割。

如图 6－18 所示，采用夹片锚具、穿心式千斤顶张拉时，钢绞线的下料长度按下式计算。

两端张拉：$L=l+(l_1+l_2+l_3+100)$

一端张拉：$L=l+2(l_1+100)+l_2+l_3$

式中：L —钢绞线的下料长度；

l ——构件的孔道长度；

l_1 ——夹片式工作锚厚度；

l_2 ——穿心式千斤顶长度；

l_3 ——夹片式工具锚厚度。

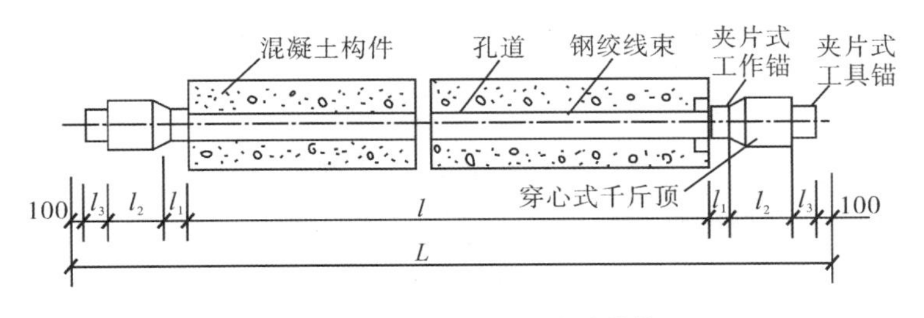

图 6－18 钢绞线下料长度计算简图

钢绞线编束宜用 20 号铁丝绑扎，间距为 2～3 m，编束前先将钢绞线理顺，使各根钢绞线松紧一致。

2)钢丝

消除应力钢丝放开后是直的，可直接下料。钢丝在应力状态下切断下料，控制应力为 300 MPa。下料长度的误差要控制在 $L/5000$ 以内，且不大于 5 mm。

如图 6－19 所示，采用钢质锥形锚具、锥锚式千斤顶张拉时，钢丝的下料长度按下式计算。

两端张拉：$L=l+2(l_1+l_2+80)$

一端张拉：$L=l+2(l_1+80+l_2)$

式中：L ——钢丝的下料长度；

l ——构件的孔道长度；

l_1 ——锚环厚度；

l_2 ——千斤顶分丝头至卡盘外端的距离。

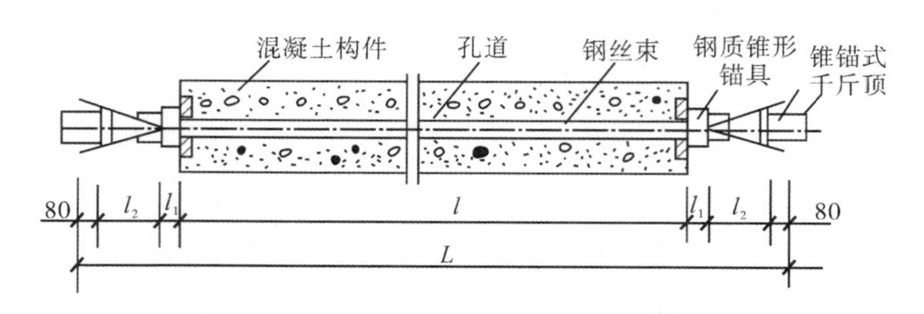

图 6－19　钢丝下料长度计算简图

为保证钢丝束两端钢丝排列顺序一致，穿束与张拉不致紊乱，钢丝必须编束。钢丝编束可分为空心束和实心束，都需用梳丝板理顺钢丝，在距钢丝端部 5～10 cm 处编扎一道。实心束工艺简单，空心束孔道灌浆效果优于实心束。

3）粗钢筋

单根预应力钢筋一般张拉端均采用螺丝端杆锚具；而固定端除采用螺丝端杆锚具外，还可采用帮条锚具或镦头锚具。制作工序：配料→对焊→冷拉。

下料长度应通过计算确定，计算时要考虑锚具种类、对焊接头或镦粗头的压缩量、张拉伸长值、冷拉率和弹性回缩率、构件长度等因素。

2. 张拉机械

（1）拉杆式千斤顶。拉杆式千斤顶适用于张拉以螺丝端杆锚具为张拉锚具的粗钢筋，以及以锥形螺杆锚杆和 DM5A 型锹头锚具为张拉锚具的钢丝束。

拉杆式千斤顶张拉预应力筋时，首先使连接器与预应力筋的螺丝端杆相连接，顶杆支承在构件端部的预埋钢板上。高压油进入主缸时，则推动主缸活塞向左移动，并带动拉杆和连接器以及螺丝端杆同时向左移动，对预应力筋进行张拉。达到张拉力时，拧紧预应力筋的螺帽，将预应力筋锚固在构件的端部。高压油再进入副缸，推动副缸使主缸活塞和拉杆向右移动，使其恢复初始位置。此时主缸的高压油流回高压油泵中去，完成一次张拉过程。

拉杆式千斤顶构造简单，操作方便，应用范围较广。拉杆式千斤顶的张拉力有 400 kN，600 kN 和 800 kN 三个级别，张拉行程为 150 mm。

（2）YC－60 型穿心式千斤顶。YC－60 型穿心式千斤顶适用于张拉各种形式的预应力筋，是目前我国预应力混凝土构件施工中应用最为广泛的张拉机械。YC－60 型穿心式千斤顶加装撑脚、张拉杆和连接器后，就可以张拉以螺丝端杆锚具为张拉锚具的单根粗钢筋，以及以锥形螺杆锚具和DM5A型镦头锚具为张拉锚具的钢丝束。

YC－60型穿心式千斤顶，沿千斤顶的轴线有一直通的穿心孔道，供穿过预应力筋之用。沿千斤顶的径向，分内外两层工作油缸，外层为张拉油缸，工作时张拉预应力筋，内层为顶压油缸，工作时进行锚具的顶压锚固。YC－60型穿心式千斤顶既能张拉预应力筋，又能顶压锚具锚固预应力筋，故又称为穿心式双作用千斤顶。

YC－60型穿心式千斤顶的张拉工作过程：首先将安装好锚具的预应力筋穿过千斤顶的中心孔道，利用工具式锚具将预应力筋锚固在张拉油缸的端部；高压油进入张拉油室，张拉活塞顶住构件端部的垫板，使张拉油缸向左移动，从而对预应力筋进行张拉。

YC－60型穿心式千斤顶的顶压工作过程：预应力筋张拉到规定的张拉力时，关闭张拉油缸油嘴，高压油由顶压油缸油嘴经油孔进入顶压工作油室，由于张拉活塞即顶压油缸顶住构件端部的垫板，使顶压活塞向左移动，顶住锚具的夹片或锚塞端面，将其压入锚环内锚固预应力筋。

YC－60型穿心式千斤顶的回程：张拉回程在完成张拉和顶压工作后进行，开启张拉油缸油嘴，继续向顶压油缸油嘴进油，使张拉工作油室回油，由于顶压活塞仍然顶压着夹片或锚塞，顶压工作油室容积不变，这样，张拉回程油室容积逐渐增大，使张拉油缸在液压回程力的作用下，向右移动恢复到原来的初始位置；张拉回程完成后即开始顶压回程，停止高压油泵工作，开启顶压油缸油嘴，在弹簧力的作用下，使顶压活塞回程，并使顶压工作油缸回油卸荷。

(3)锥锚式双作用千斤顶。锥锚式双作用千斤顶适用于张拉以KT－Z型锚具为张拉锚具的钢筋束和钢绞线束，以及以钢质锥形锚具为张拉锚具的钢丝束。

锥锚式双作用千斤顶的主缸及主缸活塞用于张拉预应力筋，主缸前端缸体上有卡环和销片，用以锚固预应力筋，主缸活塞为一中空筒状活塞，中空部分设有拉力弹簧。副缸和副缸活塞用于顶压锚塞，将预应力筋锚固在构件的端部，设有复位弹簧。

锥锚式双作用千斤顶的张拉工作过程：将预应力筋用楔块锚固在锥形卡环上，使高压油经主缸油嘴进入主缸，主缸带动锚固在锥形卡环上的预应力筋向左移动，进行预应力的张拉。

锥锚式双作用千斤顶的顶压工作过程：张拉工作完成后，关闭主缸的油嘴，开启副乳油嘴使高压油进入副缸，由于主缸仍保持着一定的油压，故副缸活塞和顶压头向右移动，顶压锚塞锚固预应力筋。

锥锚式双作用千斤顶的回程：预应力筋张拉锚固后，主、副缸回油，主缸通过本身拉力弹簧的回缩，副缸通过其本身压力弹簧的伸长，将主缸和副缸恢复到原来的初始位置。放松楔块即可拆移千斤顶。

锥锚式双作用千斤顶张拉力为300 kN和600 kN，最大张拉力为850 kN，张拉行程为250 mm。顶压行程为60 mm。

3.液压千斤顶的标定

预应力筋张拉机具设备及仪表，应定期维护和校验。张拉设备应配套标定，并配套使用。

张拉设备的标定期限不应超过半年。当在使用过程中出现反常现象时或在千斤顶检修后，应重新标定。

注：张拉设备标定时，千斤顶活塞的运行方向应与实际张拉工作状态一致；压力表的精度不应低于 15 级，标定张拉设备用的试验机或测力计精度不应低于±2%。

液压千斤顶张拉预应力筋时，预应力筋的张拉力 N 由压力表读数 P 反映，压力表读数 P 表示千斤顶油缸活塞单位面积上的油压力，理论上讲等于张拉力 N 除以活塞面积 $A(P=N/A)$。在实际施工中，可根据油压表读数 P 计算出张拉力，即 $N=PA$。但是由于活塞与油乳间存在摩擦力，千斤顶压力表的读数比实际要小。为准确地获得实际张拉力值，必须采用标定方法直接测定千斤顶的实际张拉力与压力表读数之间的关系，绘制出 $N-P$ 关系曲线，供施工时使用。

6.2.2 后张法施工工艺

后张法预应力混凝土施工

1. 工艺流程

浇筑混凝土结构或构件(留孔)→养护拆模→(达 75%强度后)穿筋张拉→固定→孔道灌浆→(浆达 15 MPa，混凝土达 100%后)移动、吊装。后张法工艺过程示意图如图 6－20所示。

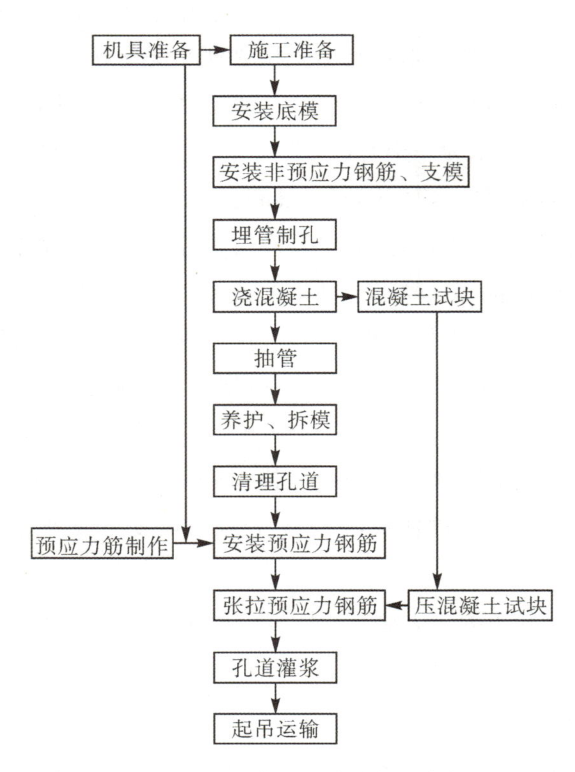

图 6－20　后张法工艺过程示意图

1)孔道留设

孔道留设是后张法预应力混凝土构件制作中的关键工序之一。预留孔道的尺寸与位置应正确,孔道应平顺;端部的预埋垫板应垂直于孔道中心线并用螺栓或钉子固定在模板上以防止浇筑混凝土时发生走动;孔道的直径一般应比预应力筋的外径(包括钢筋对焊接头外径或需穿入孔道的锚具外径)大 10～15 mm,以利于预应力筋穿入。孔道留设的方法有管抽芯法、胶管抽芯法和预埋波纹管法等。

(1)钢管抽芯法。钢管抽芯法适用于留设直线孔道。钢管抽芯法是预先将钢管敷设在模板的孔道位置上,在混凝土浇筑后每隔一定时间慢慢转动钢管,防止它与混凝土黏住,混凝土初凝后、终凝前抽出钢管形成孔道。选用的钢管要求平直、表面光滑,敷设位置准。管用钢筋井字架固定,间距不宜大于 1 m。每根钢管的长度一般不超过 15 m,以便于转动抽管。钢管两端应各伸出构件外 0.5 m 左右。较长构件可采用两根钢管,中间用套管连接,钢管连接方法如图 6－21 所示。

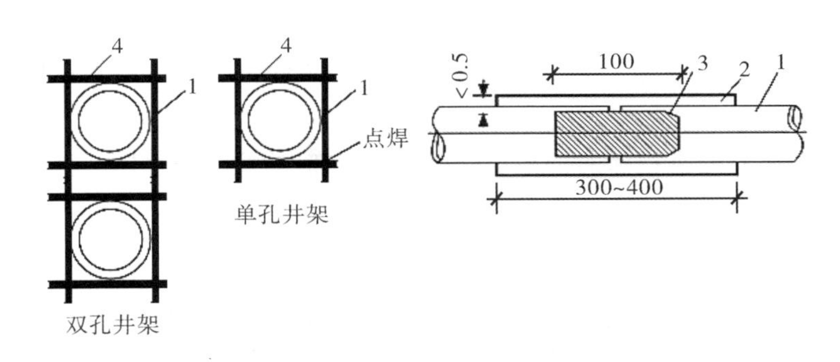

1—钢管;2—白铁皮套管;3—硬木塞。

图 6－21 钢管连接方法

准确地掌握抽管时间很重要。抽管时间与水泥品种、气温和养护条件有关。抽管宜在凝土初凝后、终凝以前进行,以用手指按压混凝土表面不显指纹时为宜。抽管过早,会造坍孔事故;抽管太晚,混凝土与钢管黏结牢固,抽管困难,甚至抽不出来。常温下抽管时间约在混凝土浇筑后 3～5 h。抽管顺序宜先上后下。抽管方法可分为人工抽管或卷扬机抽管,抽管时必须速度均匀,边抽边转并与孔道保持在一直线上,抽管后应及时检查孔道情况,并做好孔道清理工作,以防止以后穿筋困难。

留设预留孔道的同时,还要在设计规定位置留设灌浆孔和排气孔。一般在构件两端和中间每隔 12 m 左右留设一个直径 20 mm 的灌浆孔,在构件两端各留一个排气孔。留设灌浆孔和排气孔的目的是方便构件孔道灌浆。留设方法:用木塞或白铁皮管。

(2)胶管抽芯法。胶管抽芯法利用的胶管有 5～7 层的夹布胶管和钢丝网胶管,应将它预先敷设在模板中的孔道位置上,胶管每间隔不大于 0.5 m,利用钢筋井字架予以固定。采用夹布胶管预留孔道时，混凝土浇筑前夹布胶管内充入压缩空气或压力水，工作压力为 600～800 kPa，使管径增大 3 mm 左右，然后浇筑混凝土，待混凝土初凝后放出压缩空气或压力水，使管径缩小和混凝土脱离开，抽出夹布胶管。夹布胶管内充入压缩空气或压力水前，胶管两端应有密封装置。采用钢丝网胶管预留孔道时，预留孔道的方法和钢管相同。由于钢丝网胶管质地坚硬，并具有一定的弹性，抽管时在拉力作用下管径缩小和混凝土脱离开，即可将钢丝网胶管抽出。用胶管抽芯法预留孔道时，混凝土浇筑后不需要旋转胶管，抽管的时间一般以 200 h 为控制时间，抽管时应先上后下，先曲后直。胶管抽芯法施工省去了转管工序，又由于胶管便于弯曲，所以胶管抽芯法既适用于直线孔道留没，也适用于曲线孔道留设。

胶管抽芯法的灌浆孔和排气孔的留设方法同钢管抽芯法。

(3)预埋波纹管法。预埋波纹管法就是利用与孔道直径相同的金属管埋入混凝土构件中，无需抽出。一般采用黑皮铁管、薄钢管或波纹管。

预埋波纹管法因省去抽管工序，且孔道留设的位置、形状也易保证，故目前应用较为普遍。

波纹管是由薄钢带(厚 0.3 mm)经压波后卷成。它具有重量轻、刚度好、弯折方便、连接简单、摩阻系数小、与混凝土黏结良好等优点，可做成各种形状的孔道，是现代后张法预应力筋孔道成型用的理想材料。

波纹管外形按照每两个相邻的折叠咬口之间凸出部(波纹)的数量分为单波纹和双波纹，如图 6－22 所示。

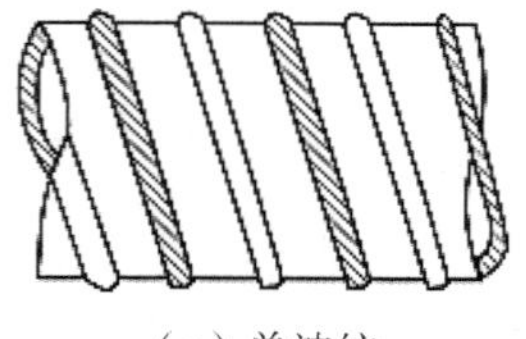

(a) 单波纹

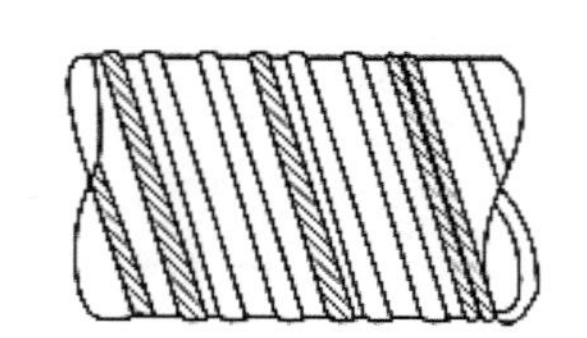

(b) 双波纹

图 6－22　波纹管外形

波纹管内径为 40～100 mm，每 5 mm 递增；波纹高度：单波为 2.5 mm，双波为 3.5 mm。

波纹管长度：由于运输关系，每根为 4～6 m；波纹管用量大时，生产厂可带卷管机到现场生产，管长不限。

对波纹管的基本要求：一是在外荷载的作用下，有抵抗变形的能力；二是在浇筑混凝土过程中，水泥浆不得渗入管内。

波纹管的连接：采用大一号同型波纹管。接头管的长度为 200～300 mm，用塑料热塑管或密封胶带封口。

波纹管的安装：应根据预应力筋的曲线坐标在侧模或箍筋上划线，以波纹管底为准。波距为 600 mm。钢筋托架应焊在箍筋上，如图 6－23 所示，箍筋下面要用垫块垫实。波纹管安装就位后，必须用铁丝将波纹管与钢筋托架扎牢，以防浇筑混凝土时波纹管上浮而引起的质量事故。

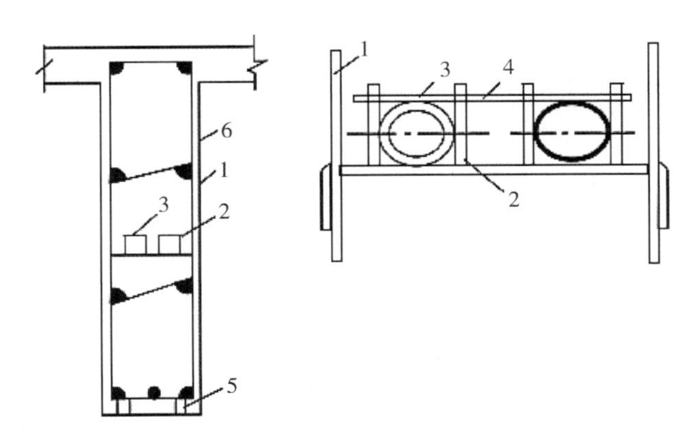

1—箍筋；2—钢筋托架；3—波纹管；4—后绑的钢筋；5—垫块；6—梁侧模。

图 6-23　金属螺旋管(波纹管)的固定

灌浆孔与波纹管的连接：在波纹管上开洞，其上覆盖海绵垫片与带嘴的塑料弧形压板，并用铁丝扎牢，再用增强塑料管插在嘴上，并将其引出梁顶面 400～500 mm。灌浆孔间距不宜大于 30 m，曲线孔道的曲线波峰位置，宜设置泌水管。

在混凝土浇筑过程中，为了防止波纹管偶尔漏浆引起孔道堵塞，应采用通孔器通孔。通孔器由长 60～80 mm 的圆钢制成，其直径小于孔径 10 mm，用尼龙绳牵引。

2)灌浆孔、排气孔与泌水孔

在孔道留设的同时应留设灌浆孔、排气孔和泌水孔。

(1)灌浆孔。一般在构件两端和中间每隔 12 m 设置一个灌浆孔，孔径为 20～25 mm(与灌浆机输浆管嘴外径相适应)，用木塞留设。

曲线孔道应在最低点设置灌浆孔，以利于排出空气，保证灌浆密实；一个构件有多根孔道时，其灌浆孔不应集中留在构件的同一截面上，以免构件截面削弱过大。灌浆孔的方向应使灌浆时水泥浆自上而下垂直或倾斜注入孔道。灌浆孔的最大间距：抽芯成孔的不宜大于 12 m，预埋波纹管不大于 30 m。

(2)排气孔与泌水孔。构件的两端留设排气孔，曲线孔道的峰顶处应留设排气兼泌水孔，必要时可在最低点设置排水孔。

2. 预应力筋穿入孔道

预应力筋穿入孔道按穿筋时机分有先穿束和后穿束；按穿入数量分有整束穿和单根穿；按穿束方法分有人工穿束和机械穿束。

先穿束在混凝土浇筑前穿束，省力，但穿束占用工期，预应力筋保护不当易生锈；后穿束在混凝土浇筑后进行，不占用工期，穿筋后即进行张拉，但较费力。长度在 50 m 以内的二跨曲线束，多采用人工穿束；对超长束、特重束、多波曲线束应采用卷扬机穿束。目前穿束机穿束在越来越多的工程中得到使用。

穿入孔道后应对预应力筋进行有效保护，以防外力损伤和锈蚀；对采用蒸汽养护的预制混凝土构件，预应力筋应在蒸汽养护结束后穿入孔道。

3. 预应力筋张拉

1)准备工作

(1)块体拼装。分段制作的构件在张拉前完成拼装。

(2)混凝土强度检验。混凝土强度应满足设计要求，设计无要求时应不低于设计强度的75%，块体拼装立缝处的混凝土或砂浆强度不低于混凝土强度的40%，且不得低于15 MPa。

(3)构件端头清理。

(4)搭设张拉台，安装锚具与张拉设备。

(5)当工程处于环境温度−15 ℃时，不宜进行预应力筋张拉。

2)张拉方式

根据构件的特点，预应力筋的形状、长度及施工方法，预应力筋张拉有如下几种张拉方法。

(1)一端张拉方式。张拉设备放在构件的一端进行张拉，适用于长度≤30 m的直线预应力筋与锚固损失影响长度$L_f \geqslant 0.5L$(L为预应力筋长度)的曲线预应力筋。

(2)两端张拉方式。张拉设备放在构件的两端进行张拉，适用于长度>30 m的直线预应力筋与锚固损失影响长度$L_f < 0.5L$的曲线预应力筋。

(3)分批张拉方式。对配有多束预应力筋的构件分批进行张拉，由于后批预应力筋张拉所产生的混凝土弹性压缩对先批张拉的预应力筋造成预应力损失，所以先批张拉的预应力筋应加上该弹性压缩损失值，使分批张拉的每根预应力筋的张拉力基本相等。

(4)分段张拉方式。在多跨连续梁板施工时，通长的预应力筋需要逐段进行张拉，第二段及后段的预应力筋利用锚头连接器与前段预应力筋进行接长。

(5)分阶段张拉方式。为平衡各阶段的不同荷载，采取分阶段逐步施加预应力的方式。

(6)补偿张拉方式。在早期预应力损失基本完成后，再进行张拉。

3)安装锚具和张拉设备

(1)安装锚具。根据预应力筋张拉锚固体系的不同，安装锚具。

①粗钢筋螺杆锚固体系。应事先选择配套的张拉头，将垫板与螺母安装在构件端头，但应注意垫板的排气槽不得装反。

②钢丝束锥形锚固体系。由于钢丝沿锚环周边排列且紧靠孔壁，因此安装钢质锥形锚具时必须严格对中，钢丝在锚环周边应分布均匀。

③钢丝束镦头锚固体系。由于穿束关系，其中一端锚具要后装并进行镦头加工。配套的工具式拉杆与连接套筒应事先准备好，此外，还应检查千斤顶的撑脚是否适用。

④钢绞线束夹片锚固体系。安装锚具前，应清除钢绞线夹持段的表面浮锈和沙尘，将锚垫

板喇叭管内的混凝土清理干净，以减少摩擦损失。安装锚圈时，应让其完全进入锚垫板上的凹槽，以免张拉时锚圈产生移动。夹片式锚具安装前，务必使各根预应力筋平顺，至少在距端部1.5～2.0 m的长度内不扭绞交叉。夹片锚具安装时，表面应保持干净；锚板的位置与角度要准确；夹片应采用套管打紧，缝隙均匀，并外露一致，避免在张拉过程中，夹片跟进时因夹片不平使两个夹片受力不匀。板应根据千斤顶外径和锚具尺寸选择。千斤顶安装时，工具锚应与前端工作锚对正，使工具锚与工作锚之间的各根钢绞线相互平行，不得扭绞错位。千斤顶顶推中心应与钢绞线中心、孔道中心“三线重合”，否则将使顶推偏心，导致张拉损失严重。

(2)安装张拉设备。安装张拉设备时，对直线预应力筋，应使张拉力的作用线与孔道中心线重合；对曲线预应力筋，应使张拉力的作用线与孔道中心线末端的切线重合。

4)张拉顺序

预应力筋的张拉顺序，应使混凝土不产生超应力、构件不扭转与侧弯、结构不变位，因此，对称张拉是一项重要原则。同时，还应考虑到尽量减少张拉设备的移动次数。

5)张拉操作程序

预应力筋的张拉操作程序，主要根据构件类型、张拉锚固体系、松弛损失取值等因素确定，分为以下三种情况。

(1)设计时松弛损失按一次张拉程序取值：$0 \rightarrow 1.0P_j$ 锚固，P_j 为预应力筋的张拉力。

(2)设计时松弛损失按超张拉程序取值：$0 \rightarrow 1.05P_j$，$\rightarrow 1.0P_j$ 锚固。

(3)设计时松弛损失按超张拉程序，但采用锥销锚具或夹片锚具：$0 \rightarrow 1.03P_j$ 锚固。

以上各张拉操作程序，均可分级加载。对曲线束，一般以 $0.2P_j$ 为量伸长起点，分二级加载($0.6P_j$，$1.0P_j$)或四级加载($0.4P_j$，$0.6P_j$，$0.8P_j$ 和 $1.0P_j$)，每级加载均应量测伸长值。

6)张拉伸长值校核

伸长值可以综合反映张拉力是否足够，孔道摩阻损失是否偏大，以及预应力筋是否有异常现象等。因此，要重视对张拉伸长值的校核。

根据《混凝土结构工程施工质量验收规范》(GB 50204—2015)的规定：如实际伸长值比计算伸长值偏差超过±6%均应暂停张拉，在采取措施予以调整后，方可继续张拉。

此外，在锚固时应检查张拉端预应力筋的内缩值，以免由于锚固引起的预应力损失超过设计值。如实测的预应力筋内缩量大于规定值，则应改善操作工艺，更换锚具或采取超张拉办法弥补。

7)张拉注意事项

(1)锚具安装到位后，应及时张拉，以防因锈蚀而产生滑丝、断丝现象。应正确计算理论伸长值，注意在施工过程中正确量测实际伸长值。

(2)张拉时应认真做到孔道、锚环与千斤顶三对中，以便张拉工作顺利进行，并不致增加孔道摩阻损失。

(3)采用锥锚式千斤顶张拉钢丝束时,先使千斤顶张拉缸进油,至压力表略有起动时暂停,检查每根钢丝的松紧并进行调整,然后再打紧楔块。

(4)钢丝束镦头锚固体系在张拉过程中应随时拧上螺母,注意安全;锚固时如遇钢丝束偏长或偏短,应增加螺母或用连接器解决。

(5)工具锚的夹片,应注意保持清洁和良好的润滑状态。新的工具锚夹片第一次使用前,应在片背面涂上润滑剂,以后每使用5~10次,应将工具锚上的挡板连同夹片一同卸下,向锚板的锥形孔中涂上一层润滑剂,以防夹片在退楔时卡住。润滑剂可采用石墨、二硫化钼、石蜡或专用退锚灵等。

(6)多根钢绞线束夹片锚固体系如遇到个别钢绞线滑移,可更换夹片,用小型千斤顶单根张拉。

(7)多根钢丝同时张拉时,构件截面中断丝和滑脱钢丝的数量不得大于钢丝总数的3%,但一束钢丝只允许一根。

(8)每根构件张拉完毕后,应检查端部和其他部位是否有裂缝,并填写张拉记录表。

(9)两端同时张拉时应保持两边加载同步。

(10)油泵供油给千斤顶张拉油缸,按分级加载过程一次上升油压,每级加载均应量测伸长值,并随时检查伸长值与计算值的偏差。

(11)张拉到规定油压后,持荷复验伸长值,合格后,实行锚固。

(12)伸长值应从初始应力时量测。预应力筋的实际伸长值除量测的伸长值外,必须加上初应力下的推算伸长值。

(13)张拉结束后,注意对夹片回缩进行观察。

(14)每张拉一个行程要停下来,校核总伸长值。

4. 孔道灌浆

预应力筋张拉后,在高应力状态下如不及时灌浆,容易出现预应力锈蚀和应力的损失。在预应力筋张拉后立即灌浆,可减少应力松弛损失约20%~30%。

1)灌浆材料

水泥浆应有足够流动性,可采用流动度测定器测定。当水灰比为0.4~0.45时,流动度为120~170 mm,即可满足灌浆要求。

水泥浆3 h泌水率宜控制在2%,最大不得超过3%,当需要增加孔道灌浆的密实性时,水泥浆中可掺入对预应力筋无腐蚀作用的外加剂。

水泥浆和砂浆强度均不应小于30 MPa。水泥浆试块用70 mm×70 mm的立方体模制作。

2)灌浆设备

使用前应检查球阀是否损坏或存有干灰浆等;起动时应进行清水试车,检查各管道接头和泵体盘根是否漏水；使用时应先开动灌浆泵，然后再放灰浆；应随时搅拌灰斗内灰浆，防止沉淀；灌浆嘴必须接上阀门，以保安全和节省灰浆。每次灌浆完毕，必须将所有的灌浆设备清洗干净；下次灌浆前再次冲洗，以防被杂物堵塞。

3)灌浆工艺

搅拌好的水泥浆必须通过过滤器置于贮浆桶内，并不断搅拌，以防泌水沉淀。灌浆工作应缓慢均匀地进行，不得中断，并应排气通顺；在孔道两端冒出浓浆并封闭排气孔后，宜再继续加压至 0.5～0.6 MPa，稍后再封闭灌浆孔。

对较大的孔道或预埋管孔道，宜采用二次灌浆法；对较小孔径的混凝土孔道，其孔壁具有较高的渗水能力，采用一次灌浆即可。

预应力筋张拉后，应及时灌浆。用连接器连接的多跨连续预应力筋的孔道灌浆，应张拉完一跨随即灌注一跨，不得在各跨全部张拉完毕后，一次连续灌浆。

灌浆前孔道应湿润、洁净；灌浆顺序宜选择先灌注下层孔道；灌浆应缓慢均匀地进行，不得中断，并应排气通畅；在灌满孔道并封闭排气孔后，宜在继续加压至 0.5～0.6 MPa，稍后再封闭灌浆孔。

5. 切筋的规定

(1)预应力筋锚固后的外露长度，不宜小于 30 mm。

(2)切割采用手持角磨机或液压切割设备(不得采用电弧切割)进行。

(3)灌浆后三天内不得切割钢绞线和碰撞锚具。

(4)锚具应用封端混凝土保护，当需长期外露时，应采取防止锈蚀的措施。

6. 安全注意事项

(1)后张法预应力构件，断裂或滑脱的数量严禁超过同一截面预应力筋总根数的 3%，且每束钢丝不得超过一根(对于多跨双向连续板，其同一截面应按每跨计算)。

(2)预应力筋张拉锚固后实际建立的预应力值与设计规定检验值的相对允许误差为 5%。同一检验批内抽查预应力筋总数的 3%，且不少于 5 束。

(3)后张法预应力筋锚固后的外露部分宜用机械方法切割，其外露长度不宜小于预应力筋的 1.5 倍，且不小于 30mm。长期的锚具，可涂刷防锈油漆或用封端混凝土封裹。

(4)现浇混凝土构件的侧模板宜在预应力张拉前拆除，底模支架拆除时，孔道灌浆强度不应低于 15 MPa。

(5)金属波纹管或无黏结预应力筋铺设后，其附近不得进行电焊作业，否则应采取防护措施。

(6)混凝土浇筑时，应防止振动器触碰金属波纹管、无黏结预应力筋或端部预埋件，不得踏压或撞碰预应力筋、钢筋支架。

任务实施

1. 工作任务

能根据实际工程项目中的后张法预应力混凝土结构施工图，合理选择预应力施工中所用机械设备；组织预应力钢筋及锚具的检验验收，按照预应力施工工艺流程组织施工；能依据预应力混凝土构件验收程序和规范要求进行质量检查及验收工作，填写验收记录。

2. 实施过程

1)收集资料

利用在线开放课程、网络资源等查找相关资料，收集后张法预应力混凝土施工的工艺流程、预应力筋的张拉等相关知识的资料，收集预应力混凝土施工及质量检查验收的资料。

2)引导文

(1)选择题。

①后张法施工较先张法的优点是________。

A. 不需要台座、不受地点限制　　B. 工序少

C. 工艺简单　　D. 锚具可重复利用

②不属于后张法预应力筋张拉设备的是________。

A. 液压千斤顶　　B. 卷扬机　　C. 高压油泵　　D. 压力表

③预应力后张法施工适用于________。

A. 现场制作大跨度预应力构件　　B. 构件厂生产大跨度预应力构件

C. 构件厂生产中小型预应力构件　　D. 用台座制作预应力构件

④在预应力的后张法施工中，张拉单根粗钢筋应使用________锚具。

A. JM－12　　B. KT－2　　C. 锥型螺杆　　D. 螺丝端杆

⑤下列不属于后张法施工工艺的是________。

A. 张拉预应力筋　　B. 放松预应力筋　　C. 孔道灌浆　　D. 锚具制作

⑥在后张法施工中，孔道灌浆选用的水泥应符合________。

A. 32.5 级普通硅酸盐水泥　　B. 42.5 级普通硅酸盐水泥

C. 32.5 级矿渣硅酸盐水泥　　D. 42.5 级矿渣硅酸盐水泥

⑦在后张法施工中，孔道灌浆选用的水灰比应符合________。

A. ≤0.35　　B. ≤0.45　　C. ≥0.55　　D. ＝0.45

⑧在后张法施工中，孔道灌浆的顺序为________。

A. 先上后下　　B. 先下后上　　C. 由中间灌向两端　　D. 由高处向低处

(2)简答题。

①简述后张法预应力混凝土的原理。

②后张法预应力混凝土有什么张拉机械?

③为何要进行孔道灌溉?对水泥浆有何要求?应如何进行?

④简述预应力筋的张拉方式。

3)任务实施

完成某后张法预应力工程施工过程中关键步骤。

(1)完成后张法预应力混凝土工程施工的工艺流程:

(2)钢管抽芯法预留孔道流程:

(3)预应力筋穿入孔道的方法：

(4)钢绞线束夹片锚固体系安装锚具与张拉设备流程：

(5)孔道灌浆工艺：

3. 检查与评价

学生首先自查，然后以小组为单位进行互查，发现错误及时纠正，遇到问题商讨解决，教师做出改进指导后，结合学生在实施过程中表现出来的职业素养、参与程度综合考核评价每位同学成绩。学生自评表和教师评定表分别见任务表 6－3 和任务表 6－4。

任务表 6－3　学生自评表

项目名称	预应力混凝土工程施工	任务名称	后张法预应力混凝土工程施工
学生姓名		实际得分	标准分值
后张法预应力混凝土工程施工的原理及工艺流程			15
后张法预应力的预留孔道			15
后张法预应力的张拉方式、程序及注意问题			20
后张法预应力的灌浆及注意事项			20
是否能认真描述困难、错误和修改内容			10
对自己工作的评价			10
团队协作能力评价			10
合计得分			100
改进内容及方法：			

任务表 6-4 教师评定表

项目名称	预应力混凝土工程施工	任务名称	后张法预应力混凝土工程施工
学生姓名		实际得分	标准分值
后张法预应力混凝土工程施工的原理及工艺流程			15
后张法预应力的预留孔道			15
先张法预应力的张拉方式、程序及注意问题			20
后张法预应力的灌浆及注意事项			20
是否能认真描述困难、错误和修改内容			10
对学生工作的评价			10
团队协作能力评价			10
合计得分			100

知识拓展

后张法施工预应力混凝土结构浇筑的质量通病及防治

后张法施工的预应力混凝土结构，除在模板、支架、钢筋、混凝土方面，同样会产生前述的各种质量通病外，还有其特有的一些质量通病。这些通病多发生于混凝土浇筑中，预应力钢材的穿束时、预应力钢材张拉时，以及预留孔道灌浆、预应力锚具封锚时。

1. 预留孔道塌陷

(1)现象。当预留预应力钢材穿束的孔道时，选用胶管、钢管、金属伸缩套管、充气充水胶管抽芯方法预留的孔道发生局部塌陷，严重时与邻孔发生串通。

(2)危害。局部预留孔道塌陷，使预应力钢材不能顺利穿过；张拉时孔道摩阻值过大；灌浆时，不能保证灌浆密实。

(3)原因分析。

①抽芯过早，混凝土尚未凝固。

②孔壁受外力和振动影响，如抽管时因方向不正而产生的挤压力和附加振动等。

(4)预防措施。

①钢管抽芯宜在混凝土初凝后、终凝前进行，一般以用手指按压混凝土表面不显凹痕时为宜，胶管抽芯时间可适当推迟。

②浇筑混凝土后，钢管要每隔 10～15 min 转动一次，转动应始终顺同一方向，转管时应防止管子沿端头外滑。

③抽管程序宜先上后下，先曲后直，抽管速度要均匀，其方向要与孔道走向保持一致。芯管

抽出后，应及时检查孔道成型质量，局部塌陷处可用特制长杆及时加以疏通。(4)夏季高温下浇筑混凝土应考虑合理的程序，避免构件尚未全部浇注完毕就急需抽管。否则，邻近的振动易使孔道塌陷。

2. 孔道位置不正

(1)现象。孔道位置不正(水平向摆动或竖向波动)。

(2)危害。将引起张拉时管道摩阻系数加大或构件在预加应力时发生侧弯和开裂。

(3)原因分析。

①用抽芯法预留孔道时，制孔管安装位置不准确，自身强度不足，或制孔管管节连接不平顺。

②充气、充水胶管抽芯预留时，管内压力不足，或胶管壁厚不均。

③预埋芯管时，芯管安装位置不准确，或芯管固定不牢固，或“井”字固定架间距过大。

(4)预防措施。

①抽芯法预留孔道时，制孔管应有足够强度，管壁厚度应均匀，安装位置应准确，管节连接或接头焊接应保持管道形状在接头处平顺。

②制孔用充气或充水胶管抽芯时，应预先进行胶管的充气或充水试验。管内压力不低于0.5 MPa，且应保持压力不变直至抽拔时。

③预埋芯管制孔时，芯管应用钢筋“井”字架支垫，“井”字架尺寸应正确。“井”字架应绑扎在钢筋骨架上。其间距当采用钢管时，不得大于100 cm；采用胶管且为直线孔道时，不得大于50 cm；若为曲线孔道时，取15～20 cm。

④孔道之间净距，孔道壁至构件边缘的距离，应不少于25 mm，且不小于孔道直径的一半。

⑤浇筑混凝土时，切勿用振动器振动芯管，以防芯管偏移。

⑥需要起拱的构件，芯管应随构件同时起拱，以保证预应力筋所要求的保护层厚度。

⑦在浇筑混凝土前，应检查预埋件及芯管位置是否正确，预埋件应牢牢固定在模板上。

3. 孔道堵塞

(1)现象及危害。孔道被混凝土灰浆堵塞，使预应力钢材无法穿过。

(2)原因分析。

①预埋芯管如波纹套管被电焊火花击穿后形成小孔，而又未及时发现；套管锈蚀砂眼。

②浇筑混凝土时，振动器碰坏套管。造成管身变形、裂缝，使水泥灰浆渗入。

③锚下垫板的喇叭管与套管连接不牢固，套管之间连接不牢，浇筑混凝土时接口处混凝土灰浆流入孔道内。

④安装梁内外模板的对拉螺栓时，木工钻孔用钻头碰坏套管。

(3)预防措施。

①预埋芯管的各种套管安装前要进行逐根检查，并逐根做U形满水试验；安装时所有管口

处用橡皮套箍严。

②入模后套管在浇筑混凝土前要做灌水试验;加烟筒套管或套管揣袖连接管。

③浇筑混凝土过程中和浇筑完都要反复拉孔。

④锚垫板预先用螺栓固定在整体端钢板上,缝隙夹紧泡沫塑料片,防漏浆。

⑤穿束前要试拉、通孔或充水检查,看管道是否有不严和堵塞处。在张拉锚固区内,为加强锚垫板喇叭管与套管结合处的刚度,由锚垫板外口部插入直径 5 cm 钢管约 1～1.5 m,可有效防止接口脱节。

⑥铺设套管后严格控制电焊机的使用,防电焊火花击穿孔道。

4.预应力锚具锚固区缺陷

(1)现象。铺垫板位置不准确;锚固区漏埋锚固构造钢筋;张拉锚固端松动或封锚区混凝土不密实。

(2)危害。锚垫板位置不准,影响锚具安装位置的准确;锚区漏埋构造钢筋,使锚垫板下混凝土在张拉时易开裂损坏;张拉锚固端松动造成预应力损失加大;封锚区混凝土不密实,不能有效保护锚头和有发生崩锚事故的危险。

(3)原因分析。

①预应力混凝土施工经验不足或施工管理不严格,浇筑混凝土前,未进行钢筋及预埋件位置的隐蔽检验,以致没有发现锚垫板移位或漏置锚固构造钢筋。

②由于预埋套管位置发生变化,造成锚垫板不垂直套管轴线或造成偏离设计位置过大,影响锚头正常安装。

③封锚区由于空隙小,振捣措施不适当,造成混凝土不密实。

(4)治理方法。

①钢筋绑扎及预埋件安装工作要交底清楚,责任到人。坚持互检、交接检,发动施工人员层层把关。

②必须经专业隐检钢筋后方可开盘浇筑混凝土。

③封锚区采用粒径小的骨料配制混凝土,隐检时,如认为有不能充分振捣处,应重新布置钢束套管及钢筋,并加强振捣,确保该区域混凝土密实。

任务 6.3　无黏结预应力混凝土施工

任务描述

学习无黏结预应力混凝土、无黏结预应力筋、锚具及其施工工艺等知识，能根据实际工程项目选择正确的施工机具、组织施工工艺流程。

知识学习

6.3.1　无黏结预应力混凝土概述

在后张法预应力混凝土构件中，预应力筋分为有黏结和无黏结两种。有黏结的预应力是后张法的常规做法，张拉后通过灌浆使预应力筋与混凝土黏结。无黏结预应力是近几年发展起来的新技术，其做法是在预应力筋表面刷涂油脂并包塑料带(管)后，如同普通钢筋一样先铺设在支好的模板内，再浇筑混凝土，待混凝土达到规定的强度后，进行预应力筋张拉和锚固。这种预应力工艺是借助两端的锚具传递预应力的，无需留孔灌浆，施工简便，摩擦损失小，预应力筋易弯成多跨曲线形状等，但对锚具锚固能力要求较高。无黏结预应力适用于大柱网整体现浇楼盖结构，尤其在双向连续平板和密肋楼板中使用最为合理经济。目前无黏结预应力混凝土平板结构的跨度，单向板可达 9～10 m，双向板为 9 m×9 m，密肋板为 12 m，现浇梁跨度可达 27 m。

1. 无黏结预应力筋

无黏结预应力筋由无黏结筋、涂料层和外包层三部分组成，如图 6-24 所示。

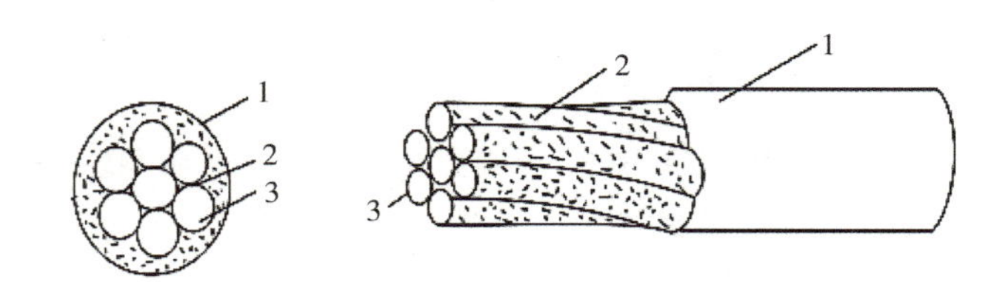

1—外包层；2—防腐润滑脂；3—无黏结筋(钢绞线或碳素钢丝束)。

图 6-24　无黏结预应力筋

1)无黏结筋

无黏结筋宜采用柔性较好的预应力筋制作，选用 7ϕs4 或 7ϕs5 钢绞线。

2)涂料层

无黏结筋的涂料层可采用防腐油脂或防腐沥青制作。涂料层的作用是使无黏结筋与混凝土隔离,减少张拉时的摩擦损失,防止无黏结筋腐蚀等。因此,要求涂料性能符合下列要求。

(1)在－20～＋70 ℃的温度范围内,不流淌、不裂缝、不变脆,并有一定韧性。

(2)使用期内化学稳定性高。

(3)润滑性能好,摩擦阻力小。

(4)不透水、不吸湿。

(5)防腐性能好。

3)外包层

无黏结筋的外包层可用高压聚乙烯塑料带或塑料管制作。外包层的作用是使无黏结筋在运输、储存、铺设和浇筑混凝土等过程中不会发生不可修复的破坏,因此要求外包层应符合下列要求。

(1)在－20～＋70 ℃的温度范围内,低温不脆化,高温化学稳定性好。

(2)必须具有足够的韧性,抗破损性强。

(3)对周围材料无侵蚀作用。

(4)防水性强。

2. 无黏结筋的制作

制作单根无黏结筋时,宜优先选用防腐油脂做涂料层,其塑料外包层应用塑料注塑机注塑成型,防腐油脂应填充饱满,外包层应松紧适度。成束无黏结筋可用防腐沥青或防腐油脂作涂料层,当使用防腐沥青时,应用密缠塑料带作外包层,塑料带各圈之间的搭接宽度应不小于带宽的 1/2,缠绕层数不小于四层。要求防腐油脂涂料层无黏结筋的张拉摩擦系数不应大于 0.12;防腐沥青涂料层无黏结筋的张拉摩擦系数不应大于 0.25。

无黏结筋的制作一般采用挤压涂层工艺和涂包成型工艺两种。

(1)挤压涂层工艺。挤压涂层工艺主要是无黏结筋通过涂油装置涂油后,涂油无黏结筋通过塑料挤压机涂刷塑料薄膜,再经冷却筒槽成型塑料套管。这种挤压涂层工艺的特点是效率高、质量好、设备性能稳定,与电线、电缆包裹塑料套管的工艺相似。

(2)涂包成型工艺。涂包成型工艺是无黏结筋经过涂料槽涂刷涂料后,再通过归束滚轮成束并进行补充涂刷,涂料厚度一般为 2 mm,涂好涂料的无黏结筋随即通过绕布转筒自动地交叉缠绕两层塑料布,当达到需要的长度后进行切割,成为一根完整的无黏结预应力筋。这种涂包成型工艺的特点是质量好,适应性较强。

3. 无黏结预应力筋的锚具

(1)单孔夹片锚具。单孔夹片锚具主要由锚环和夹片组成,如图 6-25 所示。

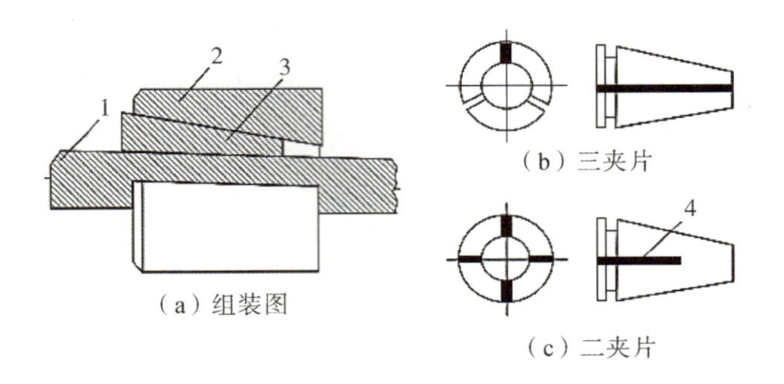

1—钢绞线;2—锚环;3—夹片;4—弹性槽。

图 6-25 单孔夹片锚具

孔夹片锚具锚环采用 45 号钢制作,调质热处理硬度为 HB285±15,夹片有三片与二片式,三片式夹片按 120°角划分,二片式夹片的背面上部锯有一条弹性槽,可提高锚固能力,采用 20Cr 钢制作,表面热处理硬度为 HRC58～61。

(2)XM 型夹片式锚具。XM 型夹片式锚具又称多孔夹片锚具,主要由锚板和夹片组成,如图 6-26 所示。

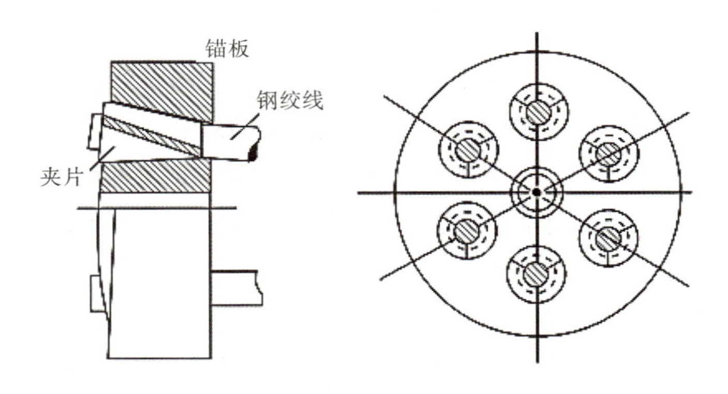

图 6-26 XM 型夹片式锚具

锚板的锚孔沿圆周排列,其间距分别为 ϕ15 钢绞线≥33 mm,ϕ12 钢绞线≥29 mm。XM 型夹片式锚具的特点是每束钢绞线的根数不受限制,每根钢绞线是单独锚固的,任何一根钢绞线锚固失效都不会引起整束钢绞线的锚固失效。

(3)挤压锚具。如图 6-27 所示,挤压锚具是利用液压挤压机将套筒挤紧在钢绞线端头上的锚具,用于内埋式固定端。挤压锚具组装时,液压挤压机的活塞杆推动套筒通过挤压模使套筒变细,硬钢丝衬圈碎断,咬入钢绞线表面夹紧钢绞线,形成挤压头。

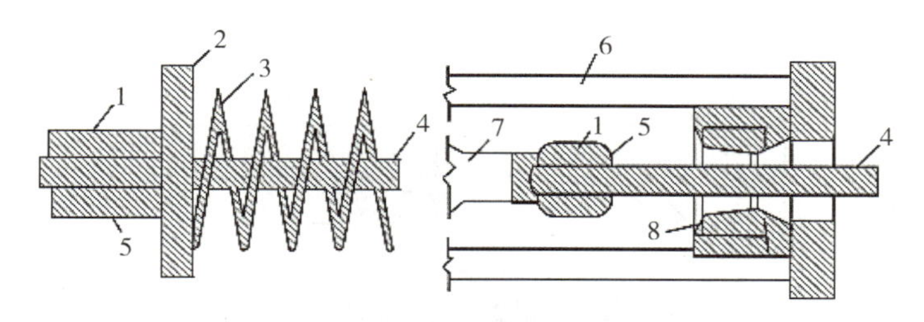

1—挤压套筒；2—垫板；3—螺旋筋；4—钢绞线；
5—硬钢丝衬圈；6—挤压机机架；7—活塞杆；8—挤压模。

图 6-27 挤压锚具及其成型

4. 无黏结预应力施工

无黏结预应力在施工中，主要问题是无黏结预应力筋的铺设、张拉和端部锚头处理。无黏结筋在使用前应逐根检查外包层的完好程度，对有轻微破损者，可包塑料带补好；应报废破损严重者。

1）无黏结预应力筋的铺设

在单向连续梁板中，无黏结筋的铺设比较简单，如同普通钢筋一样铺设在设计位置上。在双向连续平板中，无黏结筋一般为双向曲线配筋，两个方向的无黏结筋互相穿插，给施工操作带来困难，因此确定铺设顺序很重要。铺设双向配筋的无黏结筋时，应先铺设标高低的无黏结筋，再铺设标高较高的无黏结筋，并应尽量避免两个方向的无黏结筋相互穿插编结。无黏结筋应严格按设计要求的曲线形状就位并固定牢靠。铺设无黏结筋时，无黏结筋的曲率可垫铁马凳控制。铁马凳高度应根据设计要求的无黏结筋曲率确定，铁马凳间隔不宜大于 2 m，并应用铁丝将其与无黏结筋扎紧。也可以用铁丝将无黏结筋与非预应力钢筋绑扎牢固，以防止无黏结筋在浇筑混凝土过程中发生位移，绑扎点的间距为 0.7～1.0 m。无黏结筋控制点的安装偏差：矢高方向为±5 mm，水平方向±30 mm。

2）无黏结预应力筋的张拉

由于无黏结预应力筋一般为曲线配筋，故应两端同时张拉。

无黏结筋的张拉顺序应与其铺设顺序一致，先铺设的先张拉，后铺设的后张拉。成束无黏结筋正式张拉前，宜先用千斤顶往复抽动 1～2 次以降低张拉摩擦损失。无黏结筋的张拉过程中，当有个别钢丝发生滑脱或断裂时，可相应降低张拉力，但滑脱或断裂的数量不应超过结构同一截面无黏结预应力筋总量的 2%。

3）无黏结预应力筋的端部锚头处理

无黏结筋端部锚头的防腐处理应特别重视。采用 XM 型夹片式锚具的钢绞线，张拉端头构造简单，无须另加设施，端头钢绞线预留长度不小于 150 mm，多余部分切断并将钢绞线散开打弯,埋设在混凝土中以加强锚固,如图 6-28 所示。

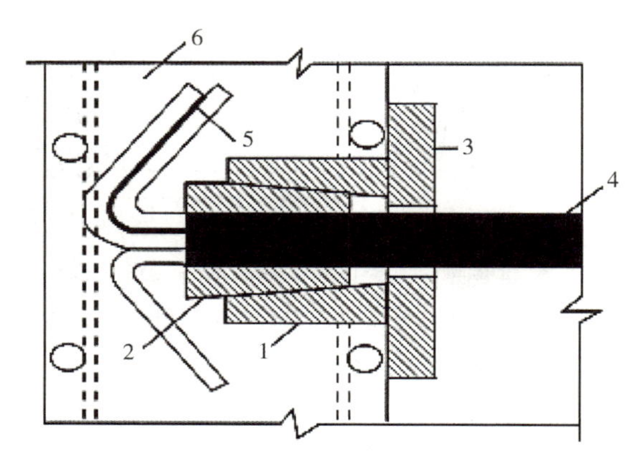

1—锚环;2—夹片;3—埋件;4—钢绞线。

图 6-28　钢绞线端部锚头处理

6.3.2　无黏结预应力混凝土施工要点

1. 无黏结预应力筋铺设与固定

在铺设与固定无黏结预应力筋时,应先检查其表面,如有破损,可用塑料胶带缠绕修补;胶带搭接宽度不应小于胶带的 1/2,缠绕长度应超过破损长度 50 mm。严重破损的部分,应切除或更换。

1)铺设顺序

在单向板中,无黏结预应力筋的铺设比较简单,与非预应力筋铺设基本相同。在双向板中,无黏结预应力筋需要配置成两个方向的悬垂曲线。无黏结筋相互穿插,施工操作较为困难,必须事先编写出无黏结筋的铺设顺序。其方法是将各向无黏结筋各搭接点的标高标出,对各搭接点相应的两个标高分别进行比较,若一个方向某一无黏结筋的各点标高均分别低于与其相交的各筋相应点标高时,则此筋可先放置。按此规律编写出全部无黏结筋的铺设顺序。

无黏结预应力筋的铺设,通常是在底部钢筋铺设后进行。水电管线一般宜在无黏结筋铺设后进行,且不得将无黏结筋的竖向位置抬高或压低。支座处负弯矩钢筋通常是在最后铺设。

2)就位固定

(1)无黏结预应力筋应严格按设计要求的曲线形状就位并固定牢靠。

(2)无黏结筋的垂直位置,宜用支撑钢筋或钢筋马凳,其间距为 1～2 m。无黏结筋的水平位置应保持顺直。

(3)在双向连续平板中,各无黏结筋曲线高度的控制点用铁马凳垫好并扎牢。在支座部位,无黏结筋可直接绑扎在梁或墙的顶部钢筋上;在跨中部位,无黏结筋可直接绑扎在底部钢筋上。

3)张拉端固定

(1)张拉端模板应按施工图中规定的无黏结预应力筋的位置钻孔或开模。张拉端的承压板应采用钉子或螺栓固定在端模板上。

(2)无黏结预应力曲线筋或折线筋末端的切线与承压板相垂直,曲线段的起始点至张拉锚固点应有不小于300 mm的直线段。

(3)当张接端采用凹入式做法时,可采用塑料穴模或泡沫塑料、木块等形成凹口。

(4)无黏结预应力筋铺设固定完毕后,应进行隐蔽工程验收,当确认合格后,方可浇筑混凝土。

(5)混凝土浇筑时,严禁踏压、撞碰无黏结预应力筋、支撑钢筋及端部预埋件;张拉端与固定端混凝土必须振捣密实。

2. 无黏结预应力筋张拉与锚固

(1)无黏结预应力筋张拉前,应清理承压板面,并检查承压板后面的混凝土质量。如有空鼓现象,应在无黏结预应力筋张拉前修补。

(2)无黏结预应力混凝土楼盖结构的张拉顺序,宜先张拉楼板,后张拉楼面梁。板中的无黏结筋,可依次张拉。梁中的无黏结筋宜对称张拉。

(3)板中的无黏结筋一般采用前卡式千斤顶单位张拉,并用单孔夹片锚具锚固。无黏结曲线预应力筋的长度超过25 m时,宜采取两端张拉。当筋长超过60 m时,宜采取分段张拉。如遇到摩擦损失较大,则宜先松动一次再张拉。

(4)梁板顶面或墙壁侧面的斜槽内张拉无黏结预应力筋时,宜采用变角张拉装置。变角张拉装置是由顶压器、变角块、千斤顶等组成,其关键部位是变角块。变角块可以是整体的或分块的。前者仅为某一特定工程用,后者通用性强。分块式变角块的搭接,采用阶梯形定位方式。每一变角块的变角量为5°,通过叠加不同数量的变角块,可以满足5°～6°的变角要求。变角块与顶压器和千斤顶的连接,都要一个过渡块。如顶压器重新设计,则可省去过渡块。安装变角块时要注意块与块之间的槽口搭接,一定要保证变角轴线向结构外侧弯曲。

(5)无黏结预应力筋张拉伸长值校核与有黏结预应力筋相同;对超长无黏结筋由于张拉初期的阻力大,初拉力以下的伸长值比常规推算伸长值小,应通过试验修正。

3. 锚固区防腐蚀处理

(1)无黏结预应力筋张拉完毕后,应及时对锚固区进行保护。

(2)无黏结预应力筋的锚固区,必须有严格的密封防护措施,严防水汽进入,锈蚀预应力筋。

(3)无黏结预应力筋锚固后的外露长度不小于30 mm,多余部分宜用手提砂轮锯切割,不得采用电弧切割。

(4)在锚具与承压板表面涂刷防水涂料。为了使无黏结筋端头全封闭,在锚具端头涂防腐润滑油脂后,罩上封端塑料盖帽。

(5)对凹入式锚固区,锚具表面经上述处理后,再用微胀混凝土或低收缩防水砂浆密封。对凸出式锚固区,可采用外包钢筋混凝土圈梁封闭。对留有后浇带的锚固区,可采取二次浇筑混凝土的方法封端。

(6)锚固区混凝土或砂浆净保护层最小厚度:梁为 25 mm,板为 20 mm。

任务实施

1. 工作任务

能根据实际工程项目中的无黏结预应力混凝土结构施工图,合理选择预应力施工中所用机械设备;组织预应力钢筋及锚具的检验验收,按照预应力施工工艺流程组织施工;能依据预应力混凝土构件验收程序和规范要求进行质量检查及验收工作,填写验收记录。

2. 实施过程

1)收集资料

利用在线开放课程、网络资源等查找相关资料,收集无黏结预应力混凝土施工的工艺流程、预应力筋的张拉等的相关资料,收集预应力混凝土施工及质量检查验收的相关资料。

2)引导文

(1)选择题。

①无黏结预应力的特点是________。

A. 需留孔道和灌浆　　B. 张拉时摩擦阻力大

C. 易用于多跨连续梁板　　D. 预应力筋沿长度方向受力不均

②无黏结预应力筋应________铺设。

A. 在非预应力筋安装前　　B. 与非预应力筋安装同时

C. 在非预应力筋安装完成后　　D. 按照标高位置从上向下

③无黏结预应力筋张拉时,滑脱或断裂的数量不应超过结构同一截面预应力筋总量的________。

A. 1%　　B. 2%　　C. 3%　　D. 5%

④无黏结预应力筋施工时,当混凝土强度至少达到设计强度标准值的________时,方可进行预应力钢筋的张拉。

A. 50%　　B. 75%　　C. 85%　　D. 100%

⑤无黏结预应力筋施工时,预应力筋张拉顺序为________。

A. 先梁后板　　B. 先板后梁　　C. 梁板同时张拉　　D. 板对称张拉

⑥无黏结预应力混凝土是指预应力筋靠________。

A. 预应力筋与混凝土的黏结力传力　　B. 锚具和预应力筋与混凝土的黏结力传力

C. 锚具传力　　D. 其他

(2)简答题。

①简述无黏结预应力混凝土的原理。

②简述采用挤压涂层工艺制作无黏结筋的过程。

③简述无黏结预应力混凝土楼盖结构的张拉顺序。

3)任务实施

完成某无黏结预应力混凝土工程施工过程中关键步骤。

(1)完成无黏结预应力混凝土工程施工的工艺流程：

(2)无黏结预应力筋的选择：

(3)涂包成型工艺支座无黏结预应力筋的程序：

(4)铺设双向配筋的无黏结筋时工艺流程：

(6)无黏结预应力筋的就位固定要素：

3.检查与评价

学生首先自查，然后以小组为单位进行互查，发现错误及时纠正，遇到问题商讨解决，教师做出改进指导后，结合学生在实施过程中表现出来的职业素养、参与程度综合考核评价每位同学成绩。学生自评表和教师评定表分别见任务表6-5和任务表6-6。

任务表6-5　学生自评表

项目名称	预应力混凝土工程施工	任务名称	无黏结预应力混凝土工程施工
学生姓名		实际得分	标准分值
无黏结预应力混凝土工程施工的原理及工艺流程			15
无黏结预应力的制作、锚具、夹具			20
无黏结预应力的施工过程			20
无黏结预应力混凝土施工注意事项			15
是否能认真描述困难、错误和修改内容			10
对自己工作的评价			10
团队协作能力评价			10
合计得分			100
改进内容及方法：			

任务表 6-6 教师评定表

项目名称	预应力混凝土工程施工	任务名称	无黏结预应力混凝土工程施工
学生姓名		实际得分	标准分值
无黏结预应力混凝土工程施工的原理及工艺流程			15
无黏结预应力的制作、锚具、夹具			20
无黏结预应力的施工过程			20
无黏结预应力混凝土施工注意事项			15
是否能认真描述困难、错误和修改内容			10
对学生工作的评价			10
团队协作能力评价			10
合计得分			100

知识拓展

预应力筋断筋和锚索腐蚀

在无黏结预应力施工中，常见的问题主要包括预应力筋断筋和锚索腐蚀。断筋和腐蚀问题直接影响预应力筋的强度，进而影响预应力板的强度和受力平衡。因此，在无黏结预应力施工技术中，应加强对预应力筋质量的检验检测，其中材料进场的质量检验包括质量证明文件、包装、规格等，并按 3 盘/60 t 比例进行抽检，主要检查预应力筋的外观、直径、力学性能等指标，确认进场材料质量满足施工技术要求。材料进场后，应分类堆放并做好防潮防雨措施。为了确保预应力筋强度，在整个施工过程中，应加强对施工人员的管理与监督，杜绝使用电气焊焊伤预应力筋和锚具的行为发生。当预应力筋外皮出现破损时，应采用高密聚乙烯胶带缠补。在张拉施工过程中，预应力筋断丝、滑丝问题不可避免。其原因主要是预应力筋钢丝直径较大、锚具与夹片不密合、锚夹具与预应力筋不配套等。针对这些问题，施工单位应采取有效措施加以预防，尽量避免断丝、滑丝问题。主要措施：穿束前，按规程梳理编束并正确绑扎；张拉施工前，应加强对锚夹具检验，测定夹片硬度，及时更换硬度不合格的夹片；当张拉到一定程度后，一旦发生油压回落问题，应立即停止，待查明原因后，采取针对性的方案进行处理。张拉施工结束后，应组织人员及时进行密封，降低应力腐蚀和电化学腐蚀对预应力筋性能的影响，提高工程施工质量。

项目七

砌筑工程施工

项目描述

砌体结构是由块体和砂浆砌筑而成的墙、柱作为建筑物主要受力构件的结构，是砖砌体、砌块砌体和石砌体结构的统称。砌筑工程则是指砌体结构的施工。砖石建筑在我国有悠久的历史，很早就有“秦砖汉瓦”之说，目前在土木工程中仍占有相当的比重。这种结构虽然取材方便、施工简单、成本低廉，但它的施工仍以手工操作为主，劳动强度大、生产率低，而且烧制黏土砖占用大量农田，因而采用新型墙体材料，改善砌体施工工艺是砖筑工程改革的重点。砌筑工程是砌体结构房屋的主导工种工程，包括砂浆制备、材料运输、搭设脚手架及砌体砌筑等施工过程。

学习方法

(1)遵循“熟练识图→精准施工→质量管控→组织验收”知识链；

(2)学习施工技能不仅要有必需的理论知识，更要有较强的操作技能，可以多去实训基地观察、动手操作，提高自己解决问题的能力；

(3)在掌握砌筑工程基本知识的基础上，不断总结砌筑工程施工及质量控制知识，做到举一反三地掌握砌筑工程施工技术。

知识目标

(1)了解砌体材料及其施工机具的选择及使用；

(2)了解脚手架的搭设及垂直运输设备的选择及使用；

(3)掌握砌筑工程施工工艺流程、方法及施工要求；

(4)掌握砌筑工程质量检查和验收；

(5)了解熟悉砌筑工程中安全、劳动和环境保护措施计划及文明施工计划。

技能目标

(1)初步掌握砌筑工程中管理方面的基本技能；

(2)具备组织砌筑工程施工及质量检测的能力；

(3)能够解决砌筑工程施工过程中一般施工技术问题的能力。

素质目标

(1)认真负责,团结合作,维护集体的荣誉和利益;

(2)努力学习专业技术知识,不断提高专业技能;

(3)遵纪守法,具有良好的职业道德;

(4)严格执行建设行业有关标准、规范、规程和制度。

砌体工程相关配套知识

砌筑材料主要包括块体和砂浆两大部分。

1. 块体

多孔砖砖墙

块体是砌体的主要组成部分,块体包括砖、砌块、石三大类。

1)砖

(1)烧结普通砖。烧结普通砖是由黏土、页岩、煤矸石或粉煤灰为主要原料,经过焙烧而成的实心或具有一定的孔洞率,外形尺寸符合规定的砖。根据烧结原材料,烧结普通砖分为烧结黏土砖、烧结页岩砖、烧结煤矸石砖、烧结粉煤灰砖等,其外形尺寸为 240 mm×115 mm×53 mm。

(2)烧结多孔砖。烧结多孔砖是以黏土、页岩、煤矸石为主要原料经焙烧而成的砖,其孔洞率不小于 15%,孔形为圆孔或非圆孔。孔的尺寸小而数量多,主要适用于承重部位的砖,简称多孔砖。目前多孔砖分为 P 型砖:外形尺寸为 240 mm×115 mm×90 mm 的砖和 M 型砖:外形尺寸为 190 mm×190 mm×90 mm 的砖。

烧结普通砖、烧结多孔砖等的强度等级分为 MU30、MU25、MU20、MU15 和 MU10 五级。

(3)蒸压灰砂砖。蒸压灰砂砖是以石灰和砂为主要原料,经过坯料制备,压制成型,蒸压养护而成的实心砖。

(4)蒸压粉煤灰砖。压粉煤灰砖是以煤灰、石灰为主要原料,掺加适量石膏和骨料经坯料制备,压制成型,高压蒸汽养护而成的实心砖。

蒸压灰砂砖、蒸压粉煤灰砖的强度等级分为 MU25、MU20、MU15 和 MU10。

砖的抽样检验:每一生产厂家的砖到场后按烧结砖 15 万块,多孔砖 5 万块,灰砂砖及粉煤灰砖 10 万块各为一验收批,在每一验收批中随机抽取 15 块进行抗压和抗折检验。

2)砌块

砌块的种类较多,按形状分为实心砌块和空心砌块。按规格可分为小型砌块,高度为 115～380 mm;中型砌块,高度为 370～980 mm;大型砌块,高度大于 980 mm。常用的有普通混凝土小型空心砌块、轻骨料混凝土小型空心砌块、蒸压加气混凝土砌块、粉煤灰砌块。

(1)混凝土小型空心砌块。混凝土小型空心砌块是由普通混凝土或轻骨料混凝土制成，主规格尺寸为390 mm×190 mm×190 mm、空心率在25%～50%的空心砌块，简称混凝土砌块。砌块强度等级为MU20、MU15、MU10、MU7.5、MU5和MU3.5六个等级。

(2)轻骨料混凝土小型空心砌块。轻骨料混凝土小型空心砌块以水泥、砂、轻骨料加水预制而成。其主规格尺寸为390(290、190)mm×190(290、240、140、90)mm×190(90)mm。轻骨料混凝土小型空心砌块按其孔的排数分为单排孔、双排孔、三排孔和四排孔四类；根据抗强度分为MU10、MU7.5、MU5、MU3.5、MU2.5、MU1.5六个强度等级。

(3)蒸压加气混凝土砌块。蒸压加气混凝土砌块是以水泥、矿渣、砂、石灰等为主要原料，加入发气剂，经搅拌成型、蒸压养护而成的实心砌块。其规格为长600 mm，高200 mm、240 mm、250 mm、300 mm，宽100 mm、120 mm、125 mm、150 mm、180 mm、200 mm、240 mm、250 mm、300 mm。砌块按强度和干密度分级，强度级别有A1.0、A2.0、A2.5、A3.5、A5.0、A7.5、A10.0(注：1.0表示1.0MPa，余同)七个级别；干密度级别有B03、B04、B05、B06、B07、B08(注：03表示300 kg/m^2，余同)六个级别。砌块按尺寸偏差与外观质量、干密度、抗压强度和抗冻性分为优等品(A)、合格品(B)两个等级。

(4)粉煤灰砌块。粉煤灰砌块是以粉煤灰、石灰、石膏和轻集料为原料，加水搅拌，振动成型，蒸汽养护而成的密实砌块。其主规格尺寸为880 mm×380 mm×240 mm或880 mm×430 mm×240 mm。砌块端面应加灌浆槽，坐浆面宜设抗剪槽。粉煤灰砌块根据抗压强度分为MU13、MU10两个强度等级。

3)石材

砌筑用石有毛石和料石两类。所选石材应质地坚实，无风化剥落和裂纹。用于清水墙、柱表面的石材，尚应色泽均匀。

毛石分为乱毛石和平毛石。乱毛石是指形状不规则的石块；平毛石是指形状不规则但有两个平面大致平行的石块。毛石应呈块状，其中部厚度不宜小于150 mm。

料石按其加工面的平整程度分为细料石、粗料石和毛料石三种。料石的宽度、厚度值不宜小于200 mm，长度不宜大于厚度的4倍。

石材根据抗压强度分为MU100、MU80、MU60、MU50、MU40、MU30、MU20七个强度等级。

2.砂浆

砂浆是由胶结料、细骨料、掺和料(为改善砂浆和易性而加入的无机材料，例如：石灰膏、电石膏、粉煤灰、黏土膏等)和水配制而成的建筑工程材料。砂浆在建筑工程中起黏结、衬垫和传递应力的作用，主要包括水泥砂浆和水泥混合砂浆。

1)原材料

(1)水泥。除分批对其强度、安定性进行复验外，不同品种、强度等级的水泥，不得混合使用。

(2)砂。宜选用中砂,并应过筛,不得含有草根等有害杂物。对水泥砂浆和强度等级不小于M5的水泥混合砂浆,含泥量不应超过5%;强度等级小于M5的水泥混合砂浆,砂的含泥量不应超过10%。

(3)石灰膏。生石灰熟化成石灰膏时,应用孔径不大于3 mm×3 mm的网过滤,熟化时间不得少于7天,其稠度一般为12 cm;磨细生石灰粉的熟化时间不得小于2天。沉淀池中贮存的石灰膏,应采取防止干燥、冻结和污染的措施。严禁使用脱水硬化的石灰膏。

(4)水。采用不含有害物质的洁净水,具体应符合有关规范规定。

(5)外加剂。凡在砂浆中掺入有机塑化剂、早强剂、缓凝剂、防冻剂等,应经检验和试配符合要求后,方可使用。若掺入有机塑化剂,应有砌体强度的型式检验报告。

2)质量要求

砂浆的强度等级分为M2.5、M5、M7.5、M10、M15、M20六个等级,M10及M10以下宜采用水泥混合砂浆。水泥砂浆可用于潮湿环境中的砌体,混合砂浆宜用于干燥环境中的砌体。为便于操作,砌筑砂浆应有较好的和易性,即良好的流动性(稠度)和保水性(分层度),和易性好的砂浆能保证砌体灰缝饱满、均匀、密实,并能提高砌体强度。水泥砂浆分层度不应大于30 mm,水泥混合砂浆分层度一般不应超过20 mm;水泥砂浆最小水泥用量不宜小于200 kg/m^3,如果水泥用量太少不能填充砂子孔隙,稠度、分层度将无法保证。

砌筑砂浆的稠度见表7－1。

表7－1　砌筑砂浆的稠度

砌体种类	砂浆稠度/mm	砌体种类	砂浆稠度/mm
烧结普通砖砌体	70～90	普通混凝土小型空心砌块砌体	50～70
轻骨料混凝土小型空心砌块砌体	60～90	加气混凝土砌块砌体	50～70
烧结多孔砖、空心砖砌体	60～80	石砌体	30～50

3)制备与使用

砌筑砂浆应通过试配确定配合比,砂浆现场拌制时,各组分材料采用重量计量。计量精度水泥为±2%,砂、灰膏控制在5%以内。

砌筑砂浆应采用砂浆搅拌机进行拌制。自投料完算起,搅拌时间应符合下列规定:水滤砂浆和混合砂浆不得小于2 min;掺用外加剂的砂浆不得少于3 min;掺用有机塑化剂的砂浆,应为3～5 min。

掺用外加剂时,应先将外加剂按规定浓度溶于水中,在拌和水投入时投入外加剂溶液,外加剂不得直接投入拌制的砂浆中。

施工中当采用水泥砂浆代替水泥混合砂浆时,应重新确定砂浆强度等级。

砂浆应随拌随用,水泥砂浆和水泥混合砂浆应分别在3 h和4 h内使用完毕;当施工期的最高气温超过 30 ℃时，应分别在拌成后 2 h 和 3 h 内使用完毕。对掺用缓凝剂的砂浆，其使用时间可根据具体情况延长。

4）砌筑砂浆质量验收

砌筑砂浆立方体抗压试件每组六块，其尺寸为 70.7 mm×70.7 mm×70.7 mm。

（1）取样。每一楼层或 250 m^2 砌体、每一工作班、每种配比至少一组。

（2）试件制作。将无底试模放在预先铺有吸水较好的纸（新闻纸或其他未贴过胶凝材料的纸）的普通黏土砖上，试模内壁事先涂刷薄层机油或脱模剂；向试模内一次注满砂浆，用捣棒均匀地由外向里按螺旋方向插捣 25 次，插捣完后砂浆应高出试模顶面 6～8 mm；当砂浆表面开始出现麻斑状态时（约 15～30 min）将高出部分的砂浆沿试模顶面削去抹平，按规定进行养护。

（3）试块养护至 28 天即可送检。砌筑砂浆试块强度验收时其强度合格标准必须符合以下规定：同一验收批砂浆试块抗压强度平均值必须大于或等于设计强度等级所对应的立方体抗压强度；同一验收批砂浆试块抗压强度的最小一组平均值必须大于或等于设计强度所对应的立方体抗压强度的 0.75 倍。

5）砌筑砂浆常见的质量通病及预防

（1）砂浆强度不稳定。

①现象。砂浆强度的波动性较大，匀质性差，其中低强度等级的砂浆特别严重，强度低于设计要求的情况较多。

②原因分析。

a. 影响砂浆强度的主要因素是计量不准确。对砂浆的配合比，多数工地使用体积比，用铁铲凭经验计量。由于砂子含水量的变化，可导致砂子体积变化幅度达 10%～20%，这些都会造成配料计量的偏差，使砂浆强度产生较大的波动。

b. 水泥混合砂浆中无机掺合料的掺量，对砂浆强度影响很大，随着掺量的增加，砂浆和易性越好，但强度降低，如超过规定用量一倍，砂浆强度约降低 40%。但施工时往往片面追求良好的和易性，无机掺合料的掺量常常超过规定用量，因而降低了砂浆的强度。

c. 无机掺合料材质不佳，如石灰膏中含有较多的灰渣，或运至现场保管不当，发生结硬、干燥等情况，使砂浆中含有较多的软弱颗粒，降低了强度；或者在确定配合比时，用石灰膏、黏土膏试配，而实际施工时却采用干石灰或干黏土，这不但影响砂浆的抗压强度，而且对砌体抗剪强度非常不利。

d. 砂浆搅拌不匀，人工拌和时翻拌次数不够，机械搅拌时加料顺序颠倒，这会使无机掺合料未散开，砂浆中含有多量的疙瘩，水泥分布不均匀，影响砂浆的匀质性及和易性。

e. 砂浆试块的制作、养护方法和强度取值等，没有执行规范的统一标准，致使测定的砂浆强度缺乏代表性，产生砂浆强度的混乱。

③预防措施。

a. 砂浆配合比的确定，应结合现场材质情况进行试配，试配时应采用重量比，在满足砂浆和易性的条件下，控制砂浆强度。

b. 建立施工计量器具校验、维修、保管制度，以保证计量的准确性。

c. 无机掺合料一般为湿料，计量称重比较困难，而其计量误差对砂浆强度影响很大，故应严格控制。计量时，应以标准稠度(12 cm)为准，如供应的无机掺合料的稠度小于 12 cm 时，应调成标准稠度，或者进行折算后称重计量，计量误差应控制在±5%以内。

d. 施工中，不得随意增加石灰膏、微沫剂的掺量来改善砂浆的和易性。

e. 砂浆搅拌时的加料顺序：用砂浆搅拌机搅拌应分两次投料，先加入部分砂子、水和全部塑化材料，通过搅拌叶片和砂子搓动，将塑化材料打开(不见疙瘩为止)，再投入其余的砂子和全部水泥。用鼓式混凝土搅拌机拌制砂浆，应配备一台抹灰用麻刀机，先将塑化材料搅成稀粥状，再投入搅拌机内搅拌。人工搅拌应有拌灰池，先在池内放水，并将塑化材料打开至不见疙瘩，另在池边干拌水泥和砂子至颜色均匀时，用铁铲将拌好的水泥砂子均匀撒入池内，同时用三刺铁抓来回扒动，直至拌和均匀。

f. 试块的制作、养护和抗压强度取值，应按有关规范规定执行。

(2)砂浆和易性差，沉底结硬。

①现象。

a. 砂浆和易性不好，砌筑时铺浆和挤浆都较困难，影响灰缝砂浆的饱满度，同时使砂浆与砖的黏结力减弱。

b. 砂浆保水性差，容易产生分层、泌水现象。

c. 灰槽中砂浆存放时间过长，最后砂浆沉底结硬，即使加水重新拌和，砂浆强度也会严重降低。

②原因分析。

a. 强度等级低的水泥砂浆由于采用高强度等级水泥和过细的砂子，使砂子颗粒间起润滑作用的胶结材料——水泥量减少，因而砂子间的摩擦力较大，砂浆和易性较差，砌筑时，压薄灰缝很费劲。而且，由于砂粒之间缺乏足够的胶结材料起悬浮支托作用，砂浆容易产生沉淀和出现表面泛水现象。

b. 水泥混合砂浆中掺入的石灰膏等塑化材料质量差，含有较多灰渣、杂物，或因保存不好发生干燥和污染，不能起到改善砂浆和易性的作用。

c. 砂浆搅拌时间短，拌和不均匀。

d. 拌好的砂浆存放时间过久，或灰槽中的砂浆长时间不清理，使砂浆沉底结硬。

e. 拌制砂浆无计划，在规定时间内无法用完，而将剩余砂浆捣碎加水拌和后继续使用。

③防治措施。

①低强度等级砂浆应采用水泥混合砂浆，如确有困难，可掺微沫剂或掺水泥用量5%～10%的粉煤灰，以达到改善砂浆和易性的目的。

②水泥混合砂浆中的塑化材料，应符合试验室试配时的质量要求。现场的石灰膏、黏土膏等，应在池中妥善保管，防止暴晒、风干结硬，并经常浇水保持湿润。

③宜采用强度等级较低的水泥和中砂拌制砂浆。拌制时应严格执行施工配合比，并保证搅拌时间。

④灰槽中的砂浆，使用中应经常用铲翻拌、清底，并将灰槽内边角处的砂浆刮净，堆于一侧继续使用，或与新拌砂浆混在一起使用。

⑤拌制砂浆应有计划性，拌制量应根据砌筑需要来确定，尽量做到随拌随用、少量储存，使灰槽中经常有新拌的砂浆。

任务7.1　脚手架工程及垂直运输设施

任务描述

了解脚手架工程在建筑施工中的作用；熟悉脚手架的分类、选型、构造组成、搭设及拆除的基本要求；掌握各种脚手架的构造组成及搭设要求；熟悉各种垂直运输设施的种类及应用。

知识学习

7.1.1　脚手架工程

脚手架工程

1. 脚手架的分类

脚手架的原意是为施工作业需要所搭设的架子。随着脚手架品种和多功能用途的发展，现在已扩展为使用脚手架材料（杆件、构件和配件）所搭设的、用于施工要求的各种临设型构架，其类别有以下几种划分方式。

1）按用途划分

（1）操作（作业）脚手架。操作（作业）脚手架又分为结构作业脚手架（俗称“砌筑脚手架”）和为装修作业脚手架，可分别简称为结构脚手架和装修脚手架，其架面施工荷载标准值分别规定为3 kN/m^2 和2 kN/m^2。

(2)防护用脚手架。架面施工(搭设)荷载标准值可按 1 kN/m^2 计。

(3)承重、支撑用脚手架。架面荷载按实际使用值计。

(4)修缮脚手架。架面荷载按实际使用值计。

2)按脚手架的设置形式划分

(1)单排脚手架:只有一排立杆的脚手架,其横向平杆的另一端搁置在墙体结构上。

(2)双排脚手架:具有两排立杆的脚手架。

(3)多排脚手架:具有 3 排以上立杆的脚手架。

(4)满堂脚手架:按施工作业范围满设的、两个方向各有 3 排以上立杆的脚手架。

(5)满高脚手架:按墙体或施工作业最大高度、由地面起满高度设置的脚手架。

(6)交圈(周边)脚手架:沿建筑物或作业范围周边设置并相互交圈连接的脚手架。

(7)特形脚手架:具有特殊平面和空间造型的脚手架,如用于烟囱、水塔以及其他平面为圆形、环形、外方内圆形、多边形和上扩、上缩等特殊形式的建筑施工脚手架。

3)按脚手架的支固方式划分

(1)落地式脚手架:搭设(支座)在地面、楼面、屋面或其他平台结构之上的脚手架。

(2)悬挑脚手架(简称挑脚手架):采用悬挑方式支固的脚手架,其挑支方式又有悬挑梁、悬挑三角桁架、杆件支挑结构 3 种,如图 7-1 所示。

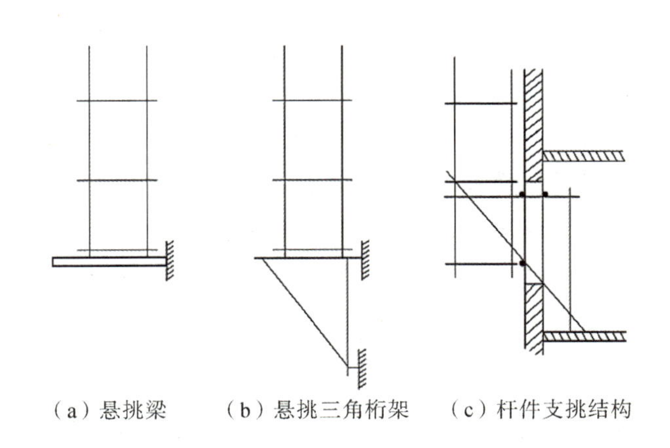

图 7-1 挑脚手架的挑支方式

(3)附墙悬挂脚手架(简称脚手架):在上部或(和)中部挂设于墙体挑挂件上的定型脚手架。

(4)悬吊脚手架(简称吊脚手架):悬吊于悬挑梁或工程结构之下的脚手架。当采用篮式作业架时,称为“吊篮”。

(5)附着升降脚手架(简称爬架):附着于工程结构,依靠自身提升设备实现升降的悬空脚手架(其中实现整体提升者,也称为整体提升脚手架)。

(6)水平移动脚手架:带行走装置的脚手架(段)或操作平台架。

4)按脚手架平、立杆的连接方式划分

(1)承插式脚手架:在平杆与立杆之间采用承插连接的脚手架。常见的承插连接方式有环套承拉式、套接销固式、螺旋销接式、槽楔式以及碗扣式等,如图 7-2 所示。

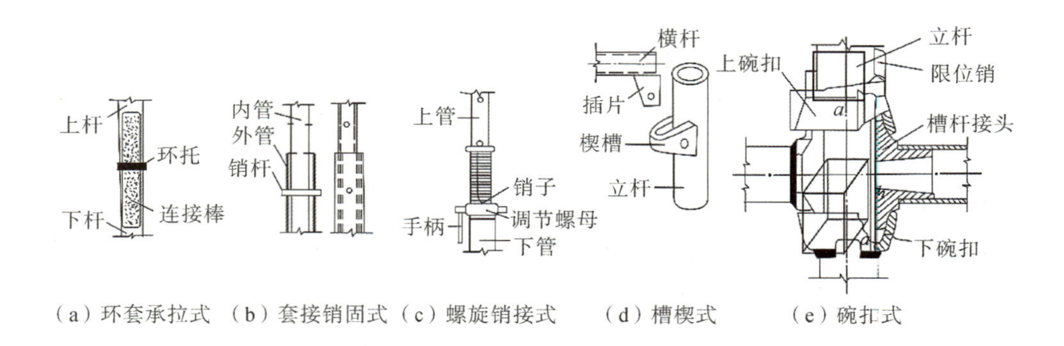

(a)环套承拉式 (b)套接销固式 (c)螺旋销接式 (d)槽楔式 (e)碗扣式

图 7-2 承插连接方式

(2)扣接式脚手架:使用扣件箍紧连接的脚手架,即靠拧紧扣件螺栓所产生的摩擦作用构架和承载的脚手架。

(3)销栓式脚手架:采用对穿螺栓或销杆连接的脚手架,此种形式已很少使用。

脚手架还可按材料划分为竹脚手架、木脚手架、钢管或金属脚手架;按搭设位置可划分为外脚手架和里脚手架;按使用对象分为烟囱脚手架、水塔脚手架、高层建筑脚手架。

2.脚手架构架的组成部分和基本要求

不同的脚手架系列均有其自身的构架特点、使用性能和应用方面的限制。不同的建筑工程对脚手架的设置要求也有其共同性和差异性。因此,在解决施工脚手架的设置问题时,必须从满足施工需要和确保安全的角度出发,综合考虑各种条件和因素,解决实际存在的各种问题。

脚手架的构架由构架基本结构,整体稳定和抗侧力杆件,连墙件、挑挂和卸载设施,作业层设施,其他安全防护设施等五部分组成,其基本要求分别叙述如下。

1)构架基本结构

脚手架构架的基本结构为直接承受和传递脚手架垂直荷载作用的构架部分。在多数情况下,构架基本结构由基本结构单元组合而成。

(1)基本结构单元的类型。基本结构单元为构成脚手架基本结构的最小组成部分,由可以承受或传递荷载作用的杆件组成,包括毗邻基本结构单元的共用杆件。基本结构单元大致有八种类型,如表 7-2 所示。

表 7－2　脚手架基本结构单元

序号	基本结构单元类型		构架名称和形式	构架组合	
	名称	图示		组合方式	承载作用
1	平面框格	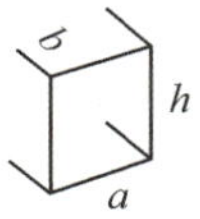	单排脚手架	双向	整体作用
		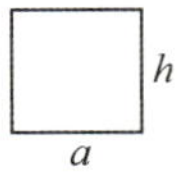	防(挡)护架		
2	立体结构	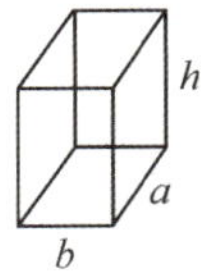	双排脚手架	双向	整体作用
			满堂脚手架	三向	
3	门形架	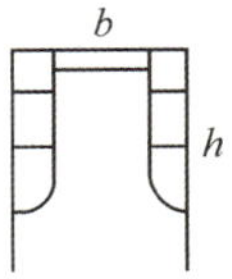	双排脚手架	双向	并列作用
			满堂脚手架	三向	
4	其他专用的平面框架	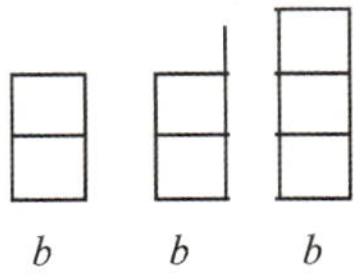	挑脚手架	单向	并列作用
5	三角形平面支架	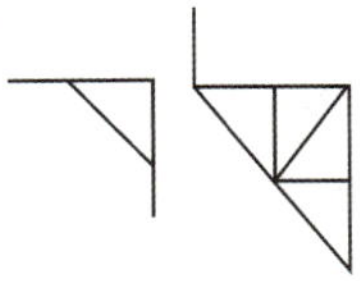	单层挑(挂)脚手架	挑脚手架	并列作用
			悬挑支架、缺载架		
6	平面桁架	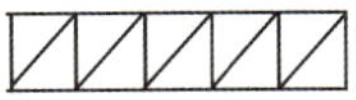	桥式脚手架	单向	并列作用
			栈桥梁	单独使用	
7	“┏”形架		靠墙里脚手架	单向	并列作用
8	支柱		模板支撑架	单独使用或高度方向组合	并列作用

注：a. 单向组合：沿一个方向扩展；双向组合：沿高度和宽度（或长度）两个方向扩展；三向组合：沿高度、宽度和长度三个方向扩展。

b. 整体作用：与毗邻单元杆件共用，形成整体承受荷载作用；并列作用：以直立式片式构架承受垂直荷载作用，其间连系杆则主要起连系、约束和分配荷载作用。

(2)基本结构单元的构造和承载特点。

①全部为刚性杆件,没有柔性杆件,且杆件的长细比不能过大,以使其受稳定性和变形控制的承载性能得到保证。

②主要承受和传递垂直(竖向)荷载作用。

③节点一般都具有一定的抗弯能力,即节点为刚性或半刚性,但在计算时则按最不利的情况考虑。

(3)基本结构单元组合的特点和要求。

①组合形式。

单向组合——基本结构单元沿一个方向组合,构成"单条式"架、组合柱或塔架。

双向组合——基本结构单元沿两个方向组合,构成"板(片)式"架,例如单排和双排脚手架。

三向组合——基本结构单元沿三个方向组合,构成"块式"架,例如满堂脚手架。

②组合的承载特点。

整体作用组合——基本结构单元组成一个整体结构,毗连基本结构单元的杆件共用,没有不是基本结构单元杆件的连系杆件。通常的多立杆式脚手架都属于这种情况。

并列作用组合——平行的平面结构的组合。基本结构单元之间的连系杆件只起一定的约束作用,而不直接承受和传递垂直荷载作用。像门式钢管脚手架(在门架之间仅设有交叉支撑)就属于这种情况。

混合作用组合——既有整体作用,也有并联作用的组合。

(4)对构架基本结构的一般要求。

①杆部件的质量和允许缺陷应符合规范和设计要求。

②节点构造尺寸和承载能力应符合规范和设计规定。

③具有稳定的结构。

④具有可满足施工要求的整体、局部和单肢的稳定承载能力。

⑤具有可将脚手架荷载传给地基基础或支撑结构的能力。

2)整体稳定和抗侧力杆件

整体稳定和抗侧力杆件是附加在构架基本结构上的、加强整体稳定和抵抗侧力作用的杆件,如剪刀撑、斜杆、抛撑及其他撑拉杆件。

此外,"一"字形脚手架的整体稳定性较差。设置周边交圈脚手架,在角部相接处加强整体性连接措施,是增强脚手架的整体稳定性和抗侧向力能力的重要措施,而其中增设的连接杆件也属于这类杆件。

这类杆件设置的基本要求包含以下几点。

(1)设置的位置和数量应符合规定和需要。

(2)必须与基本结构杆件进行可靠连接,以保证共同作用。

(3)抛撑及其他连接脚手架体和支撑物的支、拉杆件,应确保杆件和其两端的连接能满足撑、拉的受力要求。

(4)撑拉件的支撑物应具有可靠的承受能力。

3)连墙件、挑挂和卸载设施

(1)连墙件。采用连墙件实现的附壁联结,对于加强脚手架的整体稳定性,提高其稳定承载能力和避免出现倾倒或坍塌等重大事故具有很重要的作用。连墙件构造的形式包括以下两种。

①柔性拉结件:采用细钢筋、绳索、双股或多股铁丝进行拉结,只承受拉力和主要起防止脚手架外倾的作用,而对脚手架稳定性能(即稳定承载力)的帮助甚微。此种方式一般只能用于10层以下建筑的外脚手架中,且必须相应设置一定数量的刚性拉结件,以承受水平压力的作用。

②刚性拉结:采用刚性拉杆或构件,组成既可承受拉力、又可承受压力的连接构造。其附墙端的连接固定方式可视工程条件确定,一般有以下几种:

a.拉杆穿过墙体,并在墙体两侧固定。

b.拉杆通过门窗洞口,在墙两侧用横杆夹持和背楔固定。

c.在墙体结构中设预埋铁件,与装有花篮螺栓的拉杆固接,用花篮螺栓调节拉结间距和脚手架的垂直度。

d.在墙体中设预埋铁件,与定长拉杆固结。

对附墙连接的基本要求如下:

a.确保连墙点的设置数量,一个连墙点的覆盖面为20～50 m^2。脚手架越高,则连墙点的设置应越密。连墙点的设置位置遇到洞口、墙体构件、墙边或窄的窗间墙、砖柱等时,应在近处补设,不得取消。

b.连墙件及其两端连墙点,必须满足抵抗最大计算水平力的需要。

c.在设置连墙件时,必须保持脚手架立杆垂直,避免产生不利的初始侧向变形。

d.设置连墙件处的建筑结构必须具有可靠的支承能力。

(2)挑挂设施。

①悬挑设施。悬挑设施的构造形式主要有以下几种:

a.上拉下支式,即简单的支挑架,水平杆穿墙后锚固,承受拉力;斜支杆上端与水平杆连接、下端支在墙体上,承受压力。

b.双上拉底支式,常见于插口架,它的两根拉杆分别从窗洞的上下边沿伸入室内,用竖杆和别杠固定于墙的内侧。插口架底部伸出横杆支顶于外墙面上。

c.底锚斜支拉式,底部用悬挑梁式杆件(其里端固定到楼板上),另设斜支杆和带花篮螺栓的拉杆,与挑脚手架的中上部联结。

②靠挂式设施。靠挂式设施即靠挂脚手架的悬挂件,其里端预埋于墙体中或穿过墙体后予以锚固。

③悬吊式设施。悬吊式设施用于吊篮，即在屋面上设置的悬挑梁，用绳索或吊杆将吊篮悬吊于悬挑梁之下。

挑挂设施的基本要求：应能承受挑、挂脚手架所产生的竖向力、水平力和弯矩；可靠地固结在工程结构上，且不会产生过大的变形；确保脚手架不晃动（对于挑脚手架）或者晃动不大（对于挂脚手架和吊篮），吊篮需要设置定位绳。

(3)卸载设施。卸载设施是指将超过搭设限高的脚手架荷载部分地卸给工程结构承受的措施，即在立杆连续方向上搭设的情况下，通过分段设置支顶和斜拉杆件以减小传至立杆底部的荷载。

当将立杆断开，设置挑支构造以支承其上部脚手架的办法，实际上已成为挑脚手架，它不属于卸载措施的范围。

卸载设施的种类：①无挑梁上拉式，即仅设斜拉（吊）杆；②无挑梁下支式，即仅设斜支顶杆；③无挑梁上拉、下支式，即同时设置拉杆和支杆。

对卸载设施的基本要求：①脚手架在卸载措施处的构造常需予以加强；②支拉点必须工作可靠；③支承结构应具有足够的支承能力，并应严格控制受压杆件的长细比。卸载设施实际承受的荷载难以准确判断，在设计时须按较小的分配值考虑。

4)作业层设施

作业层设施包括扩宽架面构造、铺板层、侧面防（围）护设施（挡脚板、栏杆、围护板网）以及其他设施，如梯段、过桥等。

作业层设施的基本要求：①采用单横杆挑出的扩宽架面的宽度不宜超过 300 mm，否则应进行构造设计或采用定型扩宽构件。扩宽部分一般不堆物料并限制其使用荷载。外立杆一侧扩宽时，防（围）护设施应相应外移。②铺板一定要满铺，不得花铺，且脚手板必须铺放平稳，必要时还要加以固定。③防（围）护设施应按规定的要求设置，间隙要合适、固定要牢固。

3. 脚手架构架的构架设置要求

脚手架的构架设计应充分考虑工程的使用要求、各种实施条件和因素，并符合以下各项规定。

1)构架尺寸规定

(1)双排结构脚手架和装修脚手架的立杆纵距和平杆步距应≤2.0 m。

(2)作业层距地（楼）面高度>2.0 m 的脚手架，作业层铺板的宽度不应小于：外脚手架为 750 mm，里脚手架为 500 mm。铺板边缘与墙面的间隙应不大于 300 mm，与挡脚板的间隙应不大于 100 mm。当边侧脚手板不贴靠立杆时，应予可靠固定。

2)连墙点设置规定

当架高≥6 m 时，必须设置均匀分布的连墙点，其设置应符合以下规定。

(1)门式钢管脚手架。当架高≤20 m 时，不小于 50 m^2 一个连墙点，且连墙点的竖向间距应≤6 m；当架高>20 m 时，不小于 30 m^2 一个连墙点，且连墙点的竖向间距应≤4 m。

(2)其他落地(或底支托)式脚手架。当架高≤20 m时,不小于40 m^2 一个连墙点,且连墙点的竖向间距应≤6 m;当架高>20 m时,不小于30 m^2 一个连墙点,且连墙点的竖向间距应≤4 m。

(3)脚手架上部未设置连墙点的自由高度不得大于6 m。

(4)当设计位置及其附近不能装设连墙件时,应采取其他可行的刚性拉结措施予以弥补。

3)整体性拉结杆件设置规定

脚手架应根据确保整体稳定和抵抗侧力作用的要求,按以下规定设置剪刀撑或其他有相应作用的整体性拉结杆件。

(1)周边交圈设置的单、双排木、竹脚手架和扣件式钢管脚手架,当架高为6～25 m时,应于外侧面的两端和其间按≤15 m的中心距并自下而上连续设置剪刀撑;当架高>25 m时,应于外侧面满设剪刀撑。

(2)周边交圈设置的碗扣式钢管脚手架,当架高为9～25 m时,应按不小于其外侧面框格总数的1/5设置斜杆;当架高>25 m时,按不小于外侧面框格总数的1/3设置斜杆。

(3)门式钢管脚手架的两个侧面均应满设交叉支撑。当架高≤45 m时,水平框架允许间隔一层设置;当架高>45 m时,每层均满设水平框架。此外,架高≥20 m时,还应每隔6层加设一道双面水平加强杆,并与相应的连墙件层同高。

(4)"一"字形单双排脚手架按上述相应要求增加50%的设置量。

(5)满堂脚手架应按构架稳定要求设置适量的竖向和水平整体拉结杆件。

(6)剪刀撑的斜杆与水平面的交角宜在45°～60°之间,水平投影宽度应不小于2跨或4 m和不大于4跨或8 m。斜杆应与脚手架基本构架杆件加以可靠连接,且斜杆相邻连接点之间杆段的长细比不得大于60。

(7)在脚手架立杆底端之上100～300 mm处一律遍设纵向和横向扫地杆,并与立杆连接牢固。

4)杆件连接构造规定

脚手架的杆件连接构造应符合以下规定。

(1)多立杆式脚手架左右相邻立杆和上下相邻平杆的接头应相互错开并置于不同的构架框格内。

(2)搭接杆件接头长度:扣件式钢管脚手架应≥10.8 m;搭接部分的结扎应不少于2道,且结扎点间距应不大于0.6 m。

(3)杆件在结扎处的端头伸出长度应不小于0.1 m。

5)安全防(围)护规定

脚手架必须按以下规定设置安全防护措施,以确保架上作业和作业影响区域内的安全:

(1)作业层距地(楼)面高度≥2.5 m时,在其外侧边缘必须设置挡护高度≥1.1 m的栏杆和挡脚板,且栏杆间的净空高度应≤0.5 m。

(2)临街脚手架,架高≥25 m的外脚手架以及在脚手架高空落物影响范围内同时进行其他施工作业或有行人通过的脚手架，应视需要采用外立面全封闭、半封闭以及搭设通道防护棚等适合的防护措施。封闭围护材料应采用密目安全网、塑料编织布、竹笆或其他板材。

(3)架高 9～25 m 的外脚手架，除执行(1)规定外，可视需要加设安全立网维护。

(4)挑脚手架、吊篮和悬挂脚手架的外侧面应按防护需要采用立网围护或执行(2)的规定。

(5)遇有下列情况时，应按以下要求加设安全网。

①架高≥9 m，未做外侧面封闭、半封闭或立网封护的脚手架，应按以下规定设置首层安全(平)网和层间(平)网：

a. 首层网应距地面 4 m 设置，悬出宽度应≥3.0 m。

b. 层间网自首层网每隔 3 层设一道，悬出高度应≥3.0 m。

②外墙施工作业采用栏杆或立网围护的吊篮，架设高度≤6.0 m 的挑脚手架、挂脚手架和附墙升降脚手架时，应于其下 4～6 m 起设置两道相隔的 3.0 m 的随层安全网，其距外墙面的支架宽度应≥3.0 m。

(6)上下脚手架的梯道、坡道、栈桥、斜梯、爬梯等均应设置扶手、栏杆或其他安全防(围)护措施并清除通道中的障碍，确保人员上下的安全。

采用定型的脚手架产品时，其安全防护配件的配备和设置应符合以上要求；当无相应安全防护配件时，应按上述要求增配和设置。

6)搭设高度限制和卸载规定

脚手架搭设高度的限值见表 7－3。

表 7－3　脚手架搭设高度的限值

序次	类别	形式	高度限值	备注
1	木脚手架	单排	30	架高≥30 cm 时，立杆纵距不超过 1.5 m
		双排	60	
2	竹脚手架	单排	25	
		双排	50	
3	扣件式钢管脚手架	单排	20	
		双排	50	
4	碗扣式钢管脚手架	单排	20	架高≥30 cm 时，立杆纵距不超过 1.5 m
		双排	60	
5	门式钢管脚手架	轻载	60	施工总荷载≤3 kN/m²
		普通	45	施工总荷载≤5 kN/m²

脚手架的搭设高度一般不应超过表 7－3 的限值。当需要搭设超过表 7－3 规定高度的脚手架时，可采取下述方式及其相应的规定解决。

(1)在架高 20 m 以下采用双立杆和在架高 30 m 以上采用部分卸载措施。

(2)架高 50 m 以上采用分段全部卸载措施。

(3)采用挑、挂、吊形式或附着升降脚手架。

7)脚手架的计算规定

建筑施工脚手架，凡有以下情况之一者，必须进行计算或进行 1∶1 实架段的荷载试验，验算或检验合格后，方可进行搭设和使用。

(1)架高≥20 m，且相应脚手架安全技术规范没有给出不必计算的构架尺寸规定。

(2)实际使用的施工荷载值和作业层数大于以下规定：①结构脚手架施工荷载的标准值取 3 kN/m^2，允许不超过 2 层同时作业；②装修脚手架施工荷载的标准值取 2 kN/m^2，允许不超过 3 层同时作业。

(3)全部或局部脚手架的形式、尺寸、荷载或受力状态有显著变化。

(4)作支撑和承重用途的脚手架。

(5)吊篮、悬吊脚手架、挑脚手架和挂脚手架。

(6)特种脚手架。

(7)尚未制订规范的新型脚手架。

(8)其他无可靠安全依据搭设的脚手架。

8)单排脚手架的设置规定

单排脚手架的设置应遵守以下规定。

(1)单排脚手架不得用于以下砌体工程中：①墙厚小于 180 mm 的砌体；②土坯墙、空斗砖墙、轻质墙体、有轻质保温层的复合墙和靠脚手架一侧的实体厚度小于 180 mm 的空心墙；③砌筑砂浆强度等级小于 M1.0 的墙体。

(2)在墙体的以下部位不得留脚手眼：①梁和梁垫下及其左右各 240 mm 范围内；②宽度小于 480 mm 的砖柱和窗间墙；③墙体转角处每边各 360 mm 范围内；④施工图上规定不允许留洞眼的部位。

(3)在墙体的以下部位不得留尺寸大于 60 mm×60 mm 的脚手眼。①砖过梁以上与梁端成 60°角的三角形范围内；②宽度小于 620 mm 的窗间墙；③墙体转角处每边各 620 mm 范围内。

9)使用其他杆配件进行加强的规定

一般情况下，禁止不同材料和连接方式的脚手架杆配件混用。当所用脚手架杆件的构架能力不能满足施工需要和确保安全，而必须采用其他脚手架杆配件或其他杆件予以加强时，应遵守下列规定。

(1)混用的加强杆件，当其规格和连接方式不同时，均不得取代原脚手架基本构架结构的杆配件。

(2)混用的加强杆件,必须以可靠的连接方式与原脚手架的杆件连接。

(3)大面积采取混用加强立杆时,混用立杆应与原架立杆均匀错开,自基地向上连续搭设,先使用同种类平杆和斜杆形成整体构架并与原脚手架杆件可靠连接,确保起到分担荷载和加强原架整体稳定性的作用。

(4)混用低合金钢和碳钢钢管杆件时,应经过严格的设计和计算,且不得在搭设中设错。

4.脚手架搭设、使用和拆除的一般规定

1)脚手架的搭设规定

脚手架的搭设作业应遵守以下规定。

(1)搭设场地应平整、夯实并设置排水措施。

(2)立于地面之上的立杆底部应加设宽度≥200 m,厚度≥50 mm 的垫木、垫板或其他刚性垫块,每根立杆的支垫面积应符合设计要求且不得小于 0.15 m^2。

(3)底端埋入土中的木立杆,其埋置深度不得小于 500 mm,且应在坑底加垫后填土夯实。使用期较长时,埋入部分应作防腐处理。

(4)在搭设之前,必须对进场的脚手架杆配件进行严格的检查,禁止使用规格和质量不合格的杆配件。

(5)脚手架的搭设作业,必须在统一指挥下,严格按照以下规定程序进行:

①按施工设计放线、铺垫板、设置底座或标定立杆位置。

②周边脚手架应从一个角部开始并向两边延伸交圈搭设;“一”字形脚手架应从一端开始并向另一端延伸搭设。

③应按定位依次竖起立杆,将立杆与纵、横向扫地杆连接固定,然后装设第①步的纵向和横向平杆,随校正立杆垂直之后予以固定,并按此要求继续向上搭设。

④在设置第一排连墙件前,“一”字形脚手架应设置必要数量的抛撑;以确保构架稳定和架上作业人员的安全。边长≥20 m 的周边脚手架,亦应适量设置抛撑。

⑤剪刀撑、斜杆等整体拉结杆件和连墙件应随搭升的架子一起及时设置。

(6)脚手架处于顶层连墙点之上的自由高度不得大于 6 m。当作业层高出其下连墙件 2 步或 4 m 以上,且其上尚无连墙件时,应采取适当的临时撑拉措施。

(7)脚手板或其他作业层铺板的铺设应符合以下规定:

①脚手板或其他铺板应铺平铺稳,必要时应予绑扎固定。

②脚手板采用对接平铺时,在对接处,与其下两侧支承横杆的距离应控制在 100～200 mm 之间;采用挂扣式定型脚手板时,其两端挂扣必须可靠地接触支承横杆并与其扣紧。

③脚手板采用搭设铺放时,其搭接长度不得小于 200 mm,且应在搭接段的中部设有支承横杆。铺板严禁出现端头超出支承横杆 250 mm 以上未做固定的探头板。

④长脚手板采用纵向铺设时，其下支承横杆的间距不得大于：竹串片脚手板为 0.75 m；木脚手板为 1.0 m；冲压钢脚手板和钢框组合脚手板为 1.5 m（挂扣式定型脚手板除外）。纵铺脚手板应按以下规定部位与其下支承横杆绑扎固定：脚手架的两端和拐角处；沿板长方向每隔 15～20 m；坡道的两端；其他可能发生滑动和翘起的部位。

⑤采用以下板材铺设架面时，其下支撑杆件的间距不得大于：竹笆板为 400 mm，七夹板为 500 mm。

(8)当脚手架下部采用双立杆时，主立杆应沿其竖轴线搭设到顶，辅立杆与主立杆之间的中心距不得大于 200 mm，且主辅立杆必须与相交的全部平杆进行可靠连接。

(9)用于支托挑、吊、挂脚手架的悬挑梁、架必须与支承结构可靠连接。其悬臂端应有适当的架设起拱量，同一层各挑梁、架上表面之间的水平误差应不大于 20 mm，且应视需要在其间设置整体拉结构件，以保持整体稳定。

(10)装设连墙件或其他撑拉杆件时，应注意掌握撑拉的松紧程度，避免引起杆件和架体的显著变形。

(11)工人在架上进行搭设作业时，作业面上宜铺设必要数量的脚手板并予临时固定。工人必须戴安全帽和佩挂安全带。不得单人进行装设较重杆配件和其他易发生失衡、脱手、碰撞、滑跌等不安全的作业。

(12)在搭设中不得随意改变构架设计、减少杆配件设置和对立杆纵距作≥100 mm 的构架尺寸放大。确有实际情况，需要对构架做调整和改变时，应提交申请或请示技术主管人员解决。

2)脚手架搭设质量的检查验收规定

(1)构架结构符合前述的规定和设计要求，个别部位的尺寸变化应在允许的调整范围之内。

(2)节点的连接可靠。其中扣件的拧紧程度应控制在扭矩达到 40～60 N·m；碗扣应盖扣牢固（将上碗扣拧紧）；8 号钢丝十字交叉扎点应拧 1.5～2 圈后箍紧，不得有明显扭伤，且钢丝在扎点外露的长度应≥80 mm。

(3)钢脚手架立杆的垂直度偏差应≤1/300，且应同时控制其最大垂直偏差值：当架高≤20 m 时为不大于 50 mm；当架高＞20 m 时为不大于 75 mm。

(4)纵向钢平杆的水平偏差应≤1/250，且全架长的水平偏差值应不大于 50 mm。木、竹脚手架的搭接平杆按全长的上皮走向线（即各杆上皮线的折中位置）检查，其水平偏差应控制在 2 倍钢平杆的允许范围内。

3)脚手架的使用规定

(1)作业层每 1 m^2 架面上实际的施工荷载（人员、材料和机具重量）：施工荷载（作业层上人员、器具、材料的重量）的标准值，结构脚手架采取 3 kN/m^2；装修脚手架取 2 kN/m^2；吊篮、桥式脚手架等工具式脚手架按实际值取用，但不得低于 1 kN/m^2。

(2)在架板上堆放的标准砖不得多于单排立码 3 层；砂浆和容器总重不得大于 1.5 kN；施

工设备单重不得大于 1 kN;使用人力在架上搬运和安装的构件自重不得大于 2.5 kN。

(3)在架面上设置的材料应码放整齐稳固,不得影响施工操作和人员通行。按通行手推车要求搭设的脚手架应确保车道畅通。严禁上架人员在架面上奔跑、退行或倒退拉车。

(4)作业人员在架上的最大作业高度应以可进行正常操作为度,禁止在架板上加垫器物或单块脚手板以增加操作高度。

(5)在作业中,禁止随意拆除脚手架的基本构架杆件、整体性杆件、连接紧固件和连墙件。确因操作要求需临时拆除时,必须经主管人员同意,采取相应弥补措施,并在作业完毕后,及时予以恢复。

(6)工人在架上作业时,应注意自我安全保护和他人的安全,避免发生碰撞、闪失和落物。严禁在架上嬉闹和坐在栏杆上等不安全处休息。

(7)人员上下脚手架必须走设有安全防护的出入通(梯)道,严禁攀缘脚手架上下。

(8)每班工人上架作业时,应先行检查有无影响安全作业的问题存在,在排除和解决后方可作业。在作业中发现有不安全的情况和迹象时,应立即停止作业进行检查,解决以后才能恢复正常作业;发现有异常和危险情况时,应立即通知所有架上人员撤离。

(9)在每步架的作业完成之后,必须将架上剩余材料物品移至上(下)步架或室内;每日收工前应清理架面,将架面上的材料物品堆放整齐,垃圾清运出去;在作业期间,应及时清理落入安全网内的材料和物品。在任何情况下,严禁自架上向下抛掷材料物品和倾倒垃圾。

4)脚手架的拆除规定

脚手架的拆除作业应按确定的拆除程序进行,连墙件应在位于其上的全部可拆杆件都拆除之后才能拆除,在拆除过程中,凡已松开连接的杆配件应及时拆除运走,避免误扶和误靠。

5)模板支撑架的规定

使用脚手架杆配件搭设模板支撑架和其他重载架时,应遵守以下规定。

(1)使用门式钢管脚手架构配件搭设模板支撑架和其他重载架时,数值≥5kN 集中荷载的作用点应避开门架横梁中部 1/3 架宽范围,或采用加设斜撑双榀门架重叠交错布置等可靠措施。

(2)使用扣件式和碗扣式钢管脚手架杆配件搭设模板支撑架和其他重载架时,作用于跨中的集中荷载应不大于以下规定值:相应于 0.9 m、1.2 m、1.5 m 和 1.8 m 跨度的允许值分别为 4.5 kN、3.5 kN、2.5 kN 和 2 kN。

(3)支撑架的构架必须按确保整体稳定的要求设置整体性拉结杆件和其他撑拉、连墙措施,并根据不同的构架、荷载情况和控制变形的要求,给横杆件以适当的起拱量。

(4)支撑架高度的调节宜采用可调底座或可调顶托解决。当采用搭接立杆时,其旋转扣件应按总抗滑承载力不小于 2 倍设计荷载设置,且不得少于 2 道。

(5)配合垂直运输设施设置的多层转运平台架应按实际使用荷载设计,严格控制立杆间距,并单独构架和设置连墙、撑拉措施，禁止与脚手架的杆件共用。

(6)当模板支撑架和其他重载架设置上人作业面时，应按前述规定设置安全防护。

6)脚手架对基础的要求

良好的脚手架底座、基础和地基，对于脚手架的安全极为重要，在搭设脚手架时，必须加设底座、垫木(板)并做好对地基的处理。

(1)一般要求。

①脚手架地基应平整夯实。

②脚手架的钢立柱不能直接立于地面上，应加设底座和垫板(或垫木)，垫板(木)厚度不小于 50 mm。

③遇有坑槽时，立杆应下到槽底或在槽上加设底梁(一般可用枕木或型钢梁)。

④脚手架地基应有可靠的排水措施，防止积水浸泡地基。

⑤脚手架旁有开挖的沟槽时，应控制外立杆距沟槽边的距离：当架高在 30 m 以内时，不小于 1.5 m；架高为 30～50 m 时，不小于 2.0 m；架高在 50 m 以上时，不小于 2.5 m。

当不能满足上述距离时，应核算土坡承受脚手架的能力，不足时可加设挡土墙或其他可靠支护，避免槽壁坍塌危及脚手架安全。

⑥位于通道处的脚手架底部垫木(板)应低于其两侧地面，并在其上加设盖板，避免扰动。

(2)一般做法

①普通脚手架基底做法。30 m 以下的脚手架，其内立杆大多处在基坑回填土之上。回填土必须严格分层夯实。垫木宜采用长 2.0～2.5 m、宽不小于 200 mm、厚 50～60 mm 的木板，垂直于墙面放置(用长 4.0 m 左右平行于墙放置亦可)，在脚手架外侧挖一浅排水沟排除雨水，如图 7 - 3 所示。

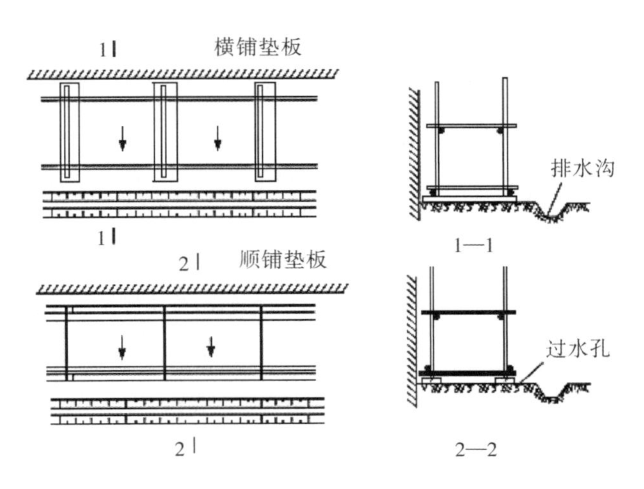

图 7 - 3　普通脚手架基底做法

②高层脚手架基底做法。架高超过 30 m 的高层脚手架的基础做法：a. 采用道木支垫；b. 在地基上加铺 20 cm 厚道砟后铺混凝土预制块或硅酸盐砌块，在其上沿纵向铺放 12～16 号槽钢，将脚手架立杆坐于槽钢上。若脚手架地基为回填土，应按规定分层夯实，达到密实度要求；并自地面以下 1 m 深改作三七灰土。高层脚手架基底做法如图 7－4 所示。

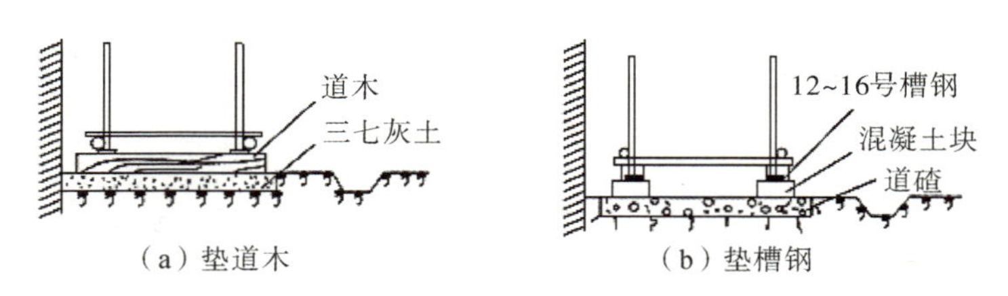

（a）垫道木　　（b）垫槽钢

图 7－4　高层脚手架基底做法

7.1.2　垂直运输设施

垂直运输

垂直运输设施为在建筑施工中担负垂直运（输）送材料设备和人员上下的机械设备和设施，它是施工技术措施中不可缺少的重要环节。随着高层、超高层建筑、高耸工程以及超深地下工程的飞速发展，对垂直运输设施的要求也相应提高，垂直运输技术已成为建筑施工中的重要的技术领域之一。

1. 垂直运输设施的分类

由于凡具有垂直（竖向）提升（或降落）物料、设备和人员功能的设备（施）均可用于垂直运输作业，垂直运输设施的种类较多，大致分以下三大类。

1）塔式起重机

塔式起重机具有提升、回转、水平输送（通过滑轮车移动和臂杆仰俯）等功能，不仅是重要的吊装设备，而且也是重要的垂直运输设备，其垂直和水平吊运长、大、重物料的能力仍为其他垂直运输设备（施）所不及。

塔式起重机的分类如表 7－4 所示。

表 7－4　塔式起重机的分类

分类方式	类别
按固定方式划分	固定式；轨道式；附墙式；内爬式
按架设方式划分	自升；分段架设；整体架设；快速拆装
按塔身构造划分	非伸缩式；伸缩式
按臂构造划分	整体式；伸缩式；折叠式
按回转方式划分	上回转式；下回转式
按变幅方式划分	小车移动；臂杆仰俯；臂杆伸缩

续表

分类方式	类别
按控速方式划分	分级变速;无级变速
按操作控制方式划分	手动操作;电脑自动监控
按起重能力划分	轻型(≤80 t·m);中型(≥80 t·m,≤250 t·m); 重型(≥250 t·m,≤1000 t·m);超重型(≥1000 t·m)

2)施工电梯

多数施工电梯为人货两用,少数为仅供货用。电梯按其驱动方式可分为齿条驱动和绳轮驱动两种;齿条驱动电梯又有单吊箱(笼)式和双吊箱(笼)式两种,并装有可靠的限速装置,适于20层以上建筑工程使用;绳轮驱动电梯为单吊箱(笼),无限速装置,轻巧便宜,适于20层以下建筑工程使用。

3)物料提升架

物料提升架包括井式提升架(简称“井架”)、龙门式提升架(简称“龙门架”)、塔式提升架(简称“塔架”)和独杆升降台等,它们有以下几个共同特点:

(1)提升采用卷扬,卷扬机设于架体外。

(2)安全设备一般只有防冒顶、防坐冲和停层保险装置,因而只允许用于物料提升,不得载运人员。

(3)用于10层以下时,多采用缆风绳固定;用于超过10层的高层建筑施工时,必须采取附墙方式固定,成为无缆风绳高层物料提升架,并可在顶部设液压顶升构造,实现井架或塔架标准节的自升接高。

垂直运输设施的总体情况如表7-5所示。

表7-5 垂直运输设施的总体情况

序次	设备(施)名称	形式	安装方式	工作方式	设备能力	
					起重能力	提升高度
1	塔式起重机	整装式	行走	在不同的回转半径内形成作业覆盖区	60～10 000 kN·m	80 m内
		自升式	固定附着			250 m内
		内爬式	装于天井道内、附着爬升		3500 kN·m内	一般在300 m内
2	施工升降机(施工电梯)	单笼、双笼笼带斗	附着	吊笼升降	一般在2 t以内,高者达2.8 t	一般在100 m内,最高已达645 m

续表

序次	设备(施)名称	形式	安装方式	工作方式	设备能力	
					起重能力	提升高度
3	井字提升架	定型钢管搭设	缆风固定	吊笼(盘、斗)升降	3 t 以内	60 m 内
		定型	附着			可达 200 m 以上
		钢管搭设				100 m 以内
4	龙门提升架(门式提升机)		缆风固定	吊笼(盘、斗)升降	2 t 以内	50 m 内
			附着			100 m 内
5	塔架	自升	附着	吊盘(斗)升降	2 t 以内	100 m 以内
6	独杆提升机	定型产品	缆风固定	吊盘(斗)升降	1 t 以内	一般在 25 m 内
7	墙头吊	定型产品	固定在结构上	回转起吊	0.5 t 以内	高度视配绳和吊物稳定而定
8	屋顶起重机	定型产品	固定式、移动式	葫芦沿轨道移动	0.5 t 以内	
9	自立式起重架	定型产品	移动式	同独杆提升机	1 t 以内	40 m 内
10	混凝土输送泵	固定式、拖式	固定并设置输送管道	压力输送	输送能力为 30～50 m^3/h	垂直输送高度一般为 100 m，可达 300 m 以上
11	可倾斜塔式起重机	履带式	移动式	为履带吊和塔吊结合的产品，塔身可倾斜		50 m 内
		汽车式				
12	小型起重设备			配合垂直提升架使用	0.5～1.5 t	高度视配绳和吊物稳定而定

2. 垂直运输设施的设置要求

1)覆盖面和供应面

垂直运输设施的覆盖面是指以塔吊的起重幅度为半径的圆形吊运覆盖面积；垂直运输设施的供应面是指借助于水平运输手段(手推车等)所能达到的供应范围。其水平运输距离一般不宜超过 80 m。建筑工程中全部的作业面应处于垂直运输设施的覆盖面和供应面的范围之内。

2)供应能力

塔吊的供应能力等于吊次乘以吊量(每次吊运材料的体积、重量或件数)；其他垂直运输设施的供应能力等于运次乘以运量，运次应取垂直运输设施和与其配合的水平运输机具中的低值。另外，还需乘以一个数值为 0.5～0.75 的折减系数，以考虑由于难以避免的因素对供应能力的影响(如机械设备故障和人为的耽搁等)。

垂直运输设备的供应能力应能满足高峰期工作量的需要。

3)提升高度

设备的提升高度能力应比实际需要的升运高度高出至少 3 m,以确保安全。

4)水平运输手段

在考虑垂直运输设施时,必须同时考虑与其配合的水平运输手段。

当使用塔式起重机作垂直和水平运输时,要解决好料笼和料斗等材料容器的问题。由于外脚手架(包括桥式脚手架和吊篮)承受集中荷载的能力有限,因此一般不使用塔吊直接向外脚手架供料。当必须用其供料时,则需视具体条件分别采取以下措施:①在脚手架外增设受料台,受料台则悬挂在结构上(准备 2～3 层用量,用塔吊安装);②使用组联小容器,整体起吊,分别卸至各作业地点;③在脚手架上设置小受料斗(需加设适当的拉撑),将砂浆分别卸注于小料斗中。

当使用其他垂直运输设施时,一般使用手推车(单轮车、双轮车和各种专用手推车)做水平运输。其运载量取决于可同时装入几部车子以及单位时间内的提升次数。

5)装设条件

垂直设施装设的位置应具有相适应的装设条件,如具有可靠的基础、与结构拉结和水平运输通道条件等。

6)设备效能的发挥

必须同时考虑满足施工需要和充分发挥设备效能的问题。当各施工阶段的垂直运输量相差悬殊时,应分阶段设置和调整垂直运输设备,及时拆除已不需要的设备。

7)设备的充分利用问题

充分利用现有设备,必要时添置或加工新的设备。在添置或加工新的设备时应考虑今后利用的前景。一次使用的设备应考虑在用毕以后可拆改它用。

8)安全保障

安全保障是使用垂直运输设施中的首要问题,必须按以下方面严格做好。

(1)首次试制加工的垂直运输设备,需经过严格的荷载和安全装置性能试验,确保达到设计要求(包括安全要求)后才能投入使用。

(2)设备应装设在可靠的基础和轨道上。基础应具有足够的承载力和稳定性,并设有良好的排水措施。

(3)设备在使用以前必须进行全面的检查和维修保养,确保设备完好。未经检修保养的设备不能使用。

(4)严格遵照设备的安装程序和规定进行设备的安装(搭设)和接高工作。初次使用的设备,工程条件不能完全符合安装要求的,以及在较为复杂和困难的条件下,应制订详细的安装措施,并按措施的规定进行安装。

(5)确保架设过程中的安全:①高空作业人员必须佩戴安全带;②按规定及时设置临时支撑、缆绳或附墙拉结装置;③在统一指挥下作业;④在安装区域内停止进行有碍确保架设安全的其他作业。

(6)设备安装完毕后,应全面检查安装(搭设)的质量是否符合要求,并及时解决存在的问题。随后进行空载和负载试运行,判断试运行情况是否正常,吊索、吊具、吊盘、安全保险及刹车装置等是否可靠,都无问题时才能交付使用。

(7)进出料口之间的安全设施:垂直运输设施的出料口与建筑结构的进料口之间,根据其距离的大小设置铺板或栈桥通道,通道两侧设护栏。建筑物入料口设栏杆门。小车通过之后应及时关上。

(8)设备应由专门的人员操纵和管理,严禁违章作业和超载使用。设备出现故障或运转不正常时应立即停止使用,并及时予以解决。

(9)位于机外的卷扬机应设置安全作业棚。操作人员的视线不得受到遮挡。当作业层较高,观测和对话困难时,应采取可靠的解决方法,如增加卷扬定位装置、对讲设备或多级联络办法等。

(10)作业区域内的高压线一般应予拆除或改线,不能拆除时,应与其保持安全作业距离。

(11)使用完毕,按规定程序和要求进行拆除工作。

3. 高层建筑垂直运输设施的合理配套

在高层、超高层建筑施工中,合理配套是解决垂直运输设施时应当充分注意的问题。

一般情况下,建筑高度超高 15 层或 40 m 时,应设施工电梯以解决施工人员的上下问题,同时,施工电梯又可承担相当数量的施工材料的垂直运输任务。但大宗的、集中使用性强的材料,如钢筋、模板、混凝土等,特别是混凝土的用量最大和使用最集中,能否保证及时地输送上去,直接影响到工程的进度和质量要求。因此,必须解决好垂直运输设施的合理配套设置问题。

在选择配套方案时,应多从以下方面进行比较。

(1)短期集中性供应和长期经常性供应的要求,从专供、联分供和分时段供的三种方式的比较中选定。所谓联分共方式,即“联供以满足集中性供应要求,分供以满足流水性供应要求”。

(2)使设备的利用率和生产率达到较高值,使利用成本达到较低值。

(3)在充分利用企业已有设备、租用设备或购进先进的设备方面做出正确的抉择。在抉择时,一要可靠,二要先进,三要适应日后发展。在技术要求高的超高层建筑施工中,选用、引进先进的设备是十分必要的,因为企业利用这些现代化设备不但可以出色地完成施工任务,而且也使企业的技术水平获得显著的提高与发展。

高层建筑垂直运输设施常用配套方案如表 7 - 6 所示。

表 7-6 高层建筑垂直运输设施配套方案

序次	配套方案	功能配合	优缺点	适用情况
1	施工电梯＋塔机、料斗	塔机承担吊装和运送模板、钢筋、混凝土；电梯运送人员和零散材料	优点：直供范围大，综合服务能力强，易调节安排； 缺点：集中运送混凝土的效率不高，受大风影响限制	吊装量较大、现浇混凝土量适应塔吊能力
2	施工电梯＋塔机＋混凝土泵、布料杆	泵和布料杆输送混凝土；塔机承担吊装和大件材料运输；电梯运送人员和零散材料	优点：直供范围大、综合服务能力强、供应能力大，易调节安排； 缺点：投资大、费用高	工期紧，工程量大的超高层工程的结构施工阶段
3	施工电梯＋带臂杆高层井架	电梯运送人员零散材料；井架可带吊笼和吊斗；臂杆吊运钢筋模板	优点：垂直输送能力较强，费用低； 缺点：直供范围小，无吊装能力，增加水平运输设施	无大件吊装的、以现浇为主，工程量不太大和集中的工程
4	施工电梯＋高层井架＋塔机、料斗	电梯运送人员、零散材料；井架运送大宗材料；塔机吊装和运送大件材料	优点：直供范围大、综合服务能力强、供应能力大，易调节安排，结构完成后可拆除塔机； 缺点：可能出现设备能力利用不足情况	吊装和现浇量较大的工程
5	施工电梯＋塔机、料斗＋塔架	以塔架取代井架，功能配合同 4	同 4，但塔架为可带混凝土斗的物料专用电梯，性能优于高层井架，费用也较高	吊装和现浇量较大的工程
6	塔机、料斗＋普通井架	人员上下使用室内楼梯，其他同 4	优点：吊装和垂直运输要求均可适应、费用低； 缺点：供应能力不够强，人员上下不方便	适用于 50 m 以下建筑工程。

4. 常用垂直运输设备

1)塔吊

在高层建筑施工中，应根据工程的不同情况和施工要求，选择适合的塔吊。选择时应主要考虑以下几个方面。

(1)塔吊的主要参数应满足施工需要。塔吊的主要参数包括工作幅度、起重高度、起重量和起重力矩。

工作幅度为塔吊回转中心线至吊钩中心线的水平距离。最大工作幅度 R_{max} 为最远吊点至回转中心的距离，可按图 7-5 确定。其中，附着式外塔的 B_2 点可定在建筑物的外墙线上或其内、外一定距离。

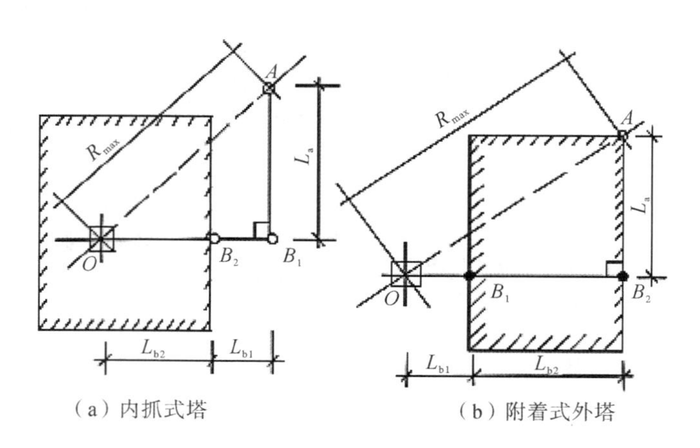

图 7-5 塔吊所需最大工作幅度

塔吊的起重高度应不小于建筑物总高度加上构件（或吊斗、料笼）、吊索（吊物顶面至吊钩）和安全操作高度（一般为 2～3 m）。当塔吊需要越过超过建筑物顶面的脚手架、井架或其他障碍物时（其超越高度一般应不小于 1 m），尚应满足此最大超越高度的需要。

起重量包括吊物（包括笼斗和其他容器）、吊具（铁扁担、吊架）和索具等作用于塔吊起重吊钩上的全部重量。

起重力矩为起重量乘以工作幅度，工作幅度大者的起重量小，以不超过其额定起重力矩为限。因此塔吊的技术参数中一般都给出最小工作幅度时的最大起重量和最大工作幅度时的（最小）起重量。应当注意的是，大多数的塔吊都不宜长时间地处于其额定起重力矩的工作状态之下，一般宜控制在其额定起重力矩的 75％之下。这不仅对于确保吊装和垂直运输作业的安全很重要，而且对于确保塔吊本身的安全和延长其使用寿命也很重要。

(2)塔吊的生产率应满足施工需要。塔吊的台班生产率 P（单位：t/h）等于 8 h 乘以额定起重量 $Q(t)$、吊次 n（次/h）、额定起重量利用系数 K_q 和工作时间利用系数 K_t，即

$$P=8Q(t)nK_qK_t$$

但实际确定时，由于施工需要和安排的不同，常需按以下不同情况来考虑。

①塔吊以满足结构安装施工为主，服务垂直运输为辅。这又分以下情况：a. 在吊装作业进行时段，不能承担垂直运输任务；b. 在吊装作业时段，可以利用吊装的间隙承担部分垂直运输任务；c. 在不进行吊装作业的时段，可全部用于垂直运输；d. 结构安装工程阶段结束后，塔吊转入以承担垂直运输为主，部分零星吊装为辅。

②塔吊以满足垂直运输为主，以零星结构安装为辅。例如采用现浇混凝土结构的工程，塔

吊以承担钢筋、模板、混凝土和砂浆等材料的垂直运输为主,可采用上式确定其生产率是否能满足施工的需要。当不能满足时,应选择供应能力适合的塔吊或考虑增加其他垂直运输设施。

(3)综合考虑、择优选用。当塔吊的主要参数和生产率指标均可满足施工要求时,还应综合考虑,择优选用性能好、工效高和费用低的塔吊。

在一般情况下,13 层以下建筑工程可选用轨道式上回转或下回转式塔吊,如 TQ60/80 或 QTG60,且以采用快速安装的下回转式塔吊为最佳;13 层以上建筑工程可选用轨道式或附着式上回转塔吊如 QTZ120、QT80、QT80A;而 30 层以上的高层建筑应优先采用内爬式塔吊,如 QTP60 等。

外墙附着式自升塔吊的适应性强、装拆方便,且不影响内部施工,但塔身接高和附墙装置随高度增加、台班费用较高;而内爬式塔吊适合于小施工现场、装设成本低、台班费用亦低,但装拆麻烦、爬升洞的结构需适当加固。因此,应综合比较其利弊后择优选用。

2)井字架和龙门架

(1)井字架。井式垂直运输架,通称井架或井字架,如图 7-6 所示,是施工中最常用的,也是最为简便的垂直运输设施。它的稳定性好、运输量大,除用型钢或钢管加工的定型井字架之外、还可采用许多种脚手架材料搭设起来,而且可以搭设较高的高度(达 50 m 以上)。

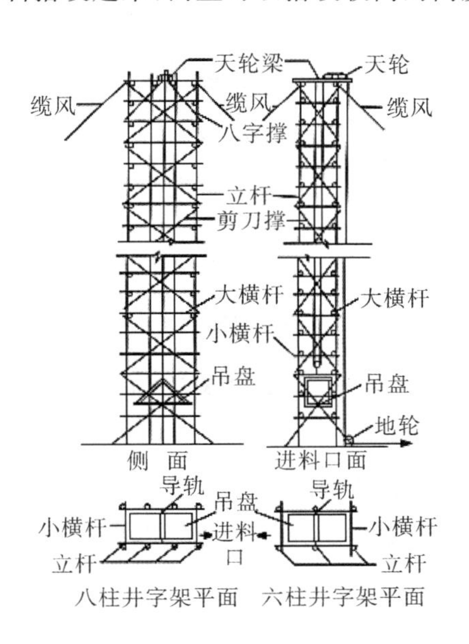

图 7-6 井字架的基本构造形式

一般的井字架多为单孔井字架,但也可构成两孔或多孔井字架。

井字架内设吊盘(也可在吊盘下加设混凝土料斗);两孔或三孔井字架可以分别设置吊盘或料斗,以满足同时运输多种材料的需要。

井字架上可视需要设置拔杆,其起重量一般为 0.5～1.5 t,回转半径可达 10 m。在使用井字架中应特别注意以下两个方面:①确保井字架的承载性能和结构稳定性;②确保料盘或料斗升降的安全。

随着高层和超高层建筑发展,搭设高度超过 100 m 的附着式高层井字架应运而生,已越来越多地得到应用并已取得很好的效果。

(2)龙门架。龙门架是由二根立杆及天轮梁(横梁)构成的门式架。在龙门架上装设滑轮(天轮及地轮)、导轨、吊盘(上料平台)、安全装置及起重索、缆风绳等即构成一个完整的垂直运输体系,普通龙门架的基本构造形式如图 7-7 所示。

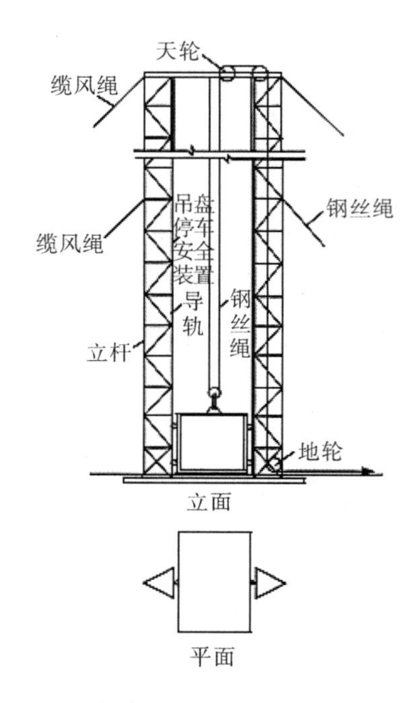

图 7-7　普通龙门架的基本构造形式

近年来为适应高层建筑施工的需要,采用附着方式的龙门架技术得到较快发展。

3)施工升降机(建筑施工电梯)

施工升降机(亦称建筑施工电梯或外用电梯)是高层建筑施工中主要的垂直运输设备。它附着在外墙或其他结构部位上,随建筑物升高,架设高度可达 200 m 以上(国外施工升降机的最高提升高度已达 645 m)。

施工升降机按其传动形式分为齿轮齿条式、钢丝绳牵引式和混合式三种,三类电梯的一般特点列于表 7-7 中,施工升降机的型号由类、组、型、特性、主参数和变形代号组成,标记示例如图 7-8 所示。

标记示例：

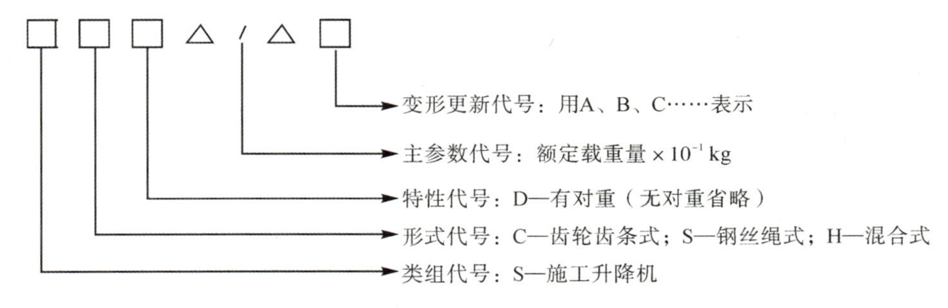

图 7－8 标记示例

表 7－7 三类电梯的一般特点比较

项目	SC 系列	SS 系列	SH 系列
传动形式	齿轮齿条式	钢丝绳牵引式	混合式
驱动方式	双电机驱动或三电机驱动	卷扬驱动	梯笼电机驱动货笼卷扬驱动
安全装置	锥鼓限速器，过载、短路、断绳保护，限位和急停开关等	主安全装置(杠杆增力摩擦制动式安全钳)和辅助安全装置(电磁卡块、手动卡块)	梯笼安全装置与 SC 系列相同；货笼设断绳保护和安全门等
提升速度	一般在 40 m/min 以内，最高可达 90 m/min	一般在 40 m/mm 内	—
架设高度	一般在 200 m 内，先进者可达 300 m 以上	一般在 100 m 内	—

注：此外，国外还有带装卸臂的施工升降机。

任务实施

1. 工作任务

(1)认识脚手架的基本组成与构造；

(2)掌握脚手架搭设的施工工序；

(3)掌握脚手架搭设的质量控制要点和控制方法；

(4)熟悉垂直运输设施的类型和设置要求，并能合理选择垂直运输设施的配套方案。

2. 实施过程

1)课前预习

利用在线开放课程、课程群等线上资源进行课前预习，并完成测试进行自检。

2)测试题

(1)名词解释。

①垂直运输设施：____。

②砌体工程：____。

③起升高度：____。

④起重机的稳定性：____。

(2)单选题。

①扣件式钢管脚手架剪刀撑斜杆的接长宜采用________。

A. 搭接　　B. 对接　　C. 扣接　　D. 绑扎连接

②关于扣件式钢管脚手架纵向水平杆的搭设要求，以下说法正确的是________。

A. 纵向水平杆宜设置在立杆外侧，其长度不宜小于二跨

B. 纵向水平杆宜设置在立杆内侧，其长度不宜小于三跨

C. 纵向水平杆宜设置在立杆内侧，其长度不宜小于三跨

D. 纵向水平杆宜设置在立杆外侧，其长度不宜小于二跨

③高度大于 50 m 的双排脚手架，连墙件布置的最大间距为________。

A. 三步三跨　　B. 三步二跨　　C. 二步二跨　　D. 二步三跨

④扣件安装时，螺栓拧紧扭力矩不应小于________。

A. 20 N·m　　B. 30 N·m　　C. 40 N·m　　D. 65 N·m

⑤自顶层作业层往下计，宜每隔________满铺一层脚手板。

A. 12 m　　B. 18 m　　C. 24 m　　D. 30 m

⑥脚手板采用对接平铺时，两块脚手板外伸长度的和不应大于________。

A. 100 mm　　B. 200 mm　　C. 300 mm　　D. 400 mm

⑦扣件式钢管脚手架每道剪刀撑的宽度________。

A. 不应小于 4 跨，且不应小于 6 m　　B. 不应小于 4 跨，且不应小于 8 m

C. 不应小于 3 跨，且不应小于 6 m　　D. 不应小于 3 跨，且不应小于 8 m

⑧属于施工升降机检查评定保证项目的是________。

A. 基础　　B. 限位装置　　C. 导轨架　　D. 电器安全

(3)多项选择题。

①关于扣件式钢管脚手架纵向水平杆的构造要求，以下说法正确的是________。

A. 纵向水平杆宜设置在立杆内侧，其长度不宜小于 3 跨

B. 纵向水平杆宜设置在立杆外侧，其长度不宜小于 2 跨

C. 纵向水平杆的接长宜采用对接扣件连接，也可采用搭接

D. 纵向水平杆的接长宜采用搭接

②关于扣件式钢管脚手架横向水平杆的构造要求，以下说法正确的是________。

A. 主节点处必须设置一根横向水平杆，当作业层往上移时可以拆除

B. 主节点处必须设置一根横向水平杆，且不得拆除

C. 作业层上非主节点处的横向水平杆，最大间距不应大于纵距的 1/2

D. 单排脚手架的横向水平杆插入墙内的长度不应小于 180 mm

③关于连墙件的设置符合规定的是________。

A. 宜靠近主节点设置，偏离主节点的距离不应大于 300 mm

B. 应从底层第 1 步纵向水平杆处开始设置

C. 对高度 24 m 以上的双排脚手架，必须采用刚性连墙件与建筑物连接

D. 当连墙件中的连墙杆不能水平设置时，与脚手架连接的一端应上斜连接

④关于作业层、斜道的栏杆和挡脚板的搭设，符合规定的是________。

A. 栏杆应搭设在外立杆的外侧，挡脚板搭设在外立杆的内侧

B. 栏杆和挡脚板均应搭设在外立杆的内侧

C. 上栏杆上皮高度应为 1.2 m，中栏杆居中设置

D. 挡脚板高度不应小于 100 mm

⑤以下关于碗扣式钢管脚手架的构造组成，说法正确的是________。

A. 上碗扣和限位销焊接在立杆上

B. 下碗扣和限位销焊接在立杆上

C. 一个碗扣式接头最多可以连接 4 根横杆

D. 一个碗扣式接头最多可以连接 3 根横杆

⑥下列垂直运输设备不能载人的有________。

A. 龙门架　　B. 塔式起重机　　C. 施工电梯　　D. 人字拔杆

3)实战演练

以小组为单位，在建筑实训工区完成脚手架的搭设和拆除任务。

3. 检查与评价

学生首先自查，然后以小组为单位进行互查，发现错误及时纠正，遇到问题商讨解决，教师做出改进指导后，结合学生在实施过程中表现出来的职业素养、参与程度综合考核评价每位同学成绩。学生自评表和教师评定表分别见任务表 7-1 和任务表 7-2。

任务表 7-1 学生自评表

项目名称	砌筑工程施工	任务名称	脚手架工程及垂直运输设施
学生姓名		实际得分	标准分值
脚手架分类认知能力			10
脚手架基本知识应用能力			20
脚手架的搭设和拆除能力			20
起重设施配备方案的确定能力			20
是否能认真描述困难、错误和修改内容			10
对自己工作的评价			10
团队协作能力			10
合计得分			100
改进内容及方法：			

任务表 7-2 教师评定表

项目名称	砌筑工程施工	任务名称	脚手架工程及垂直运输设施
学生姓名		实际得分	标准分值
脚手架分类认知能力			10
脚手架基本知识应用能力			20
脚手架的搭设和拆除能力			20
起重设施配备方案的确定能力			20
是否能认真描述困难、错误和修改内容			10
对学生工作的评价			10
团队协作能力			10
合计得分			100

知识拓展

×××工程脚手架施工方案

1. 工程概况

本工程由于檐高较低，拟采用普通脚手架施工。

2. 脚手架的材料选择和质量标准

根据本结构特点及钢管强度高、刚度好等优点，本工程外脚手架均采用扣件钢管脚手架，所用材料必须遵循以下原则。

(1)钢管。采用外径 48 mm，壁厚的高频焊接钢管，其材质应符合《碳素结构钢》(GB/T 700—2006)的相应规定，用于立杆、大横杆、剪力撑和斜撑长度宜为 4～6 m，以便于工人操作。有严重锈蚀、弯曲、压扁、损伤和裂纹的钢管严禁使用。本工程所用的钢管均外涂防锈漆，并定期复涂，以保证外观形象。

(2)扣件。铸铁扣件，其材质应符合《钢管脚手架扣件》(GB 15831—2006)的相应规定且与钢管管径规格相统一。其螺纹均应符合《普通螺纹基本尺寸》(GB/T 196—2003)的规定，扣件严禁使用加工不合格及无出厂合格证和有裂纹、变形、滑丝、严重锈蚀的扣件施工，夹紧钢管时，开口处的最小距离应不小于 5 mm，扣件表面涂刷防锈漆。

(3)脚手板。钢脚手板用 2～3 mm 厚的Ⅰ级 50 mm 钢板压制而成，钢脚手板规格为 250 mm×4000 mm，材质应符合国家验收标准及××市地方规定。

(4)安全网。安全网采用国家指定监督检查部门鉴定许可生产的厂家产品，同时应具备监督部门批量验证和工厂检验合格证。

3. 脚手架的搭设、使用和拆除的一般规定

1)脚手架的搭设规定

(1)双排架搭设宽度为 900 mm。

(2)立杆下部垫 50 mm×100 mm 的木方。

(3)每层操作平台必须满铺跳板，两侧设挡脚板，距操作平台 1.2 m 高处必须设防护栏杆。操作平台距结构面 1.2 m，以方便工人操作。

(4)双排架外立杆内侧必须满挂密目安全网。

(5)内立杆距结构边缘 300 mm，与结构面层间全部用跳板及密目安全网封闭。

(6)水平拉结采用与圆柱及异型柱抱拉或与墙体预留洞穿拉形式，每层两道。

(7)立杆间距 1.5 m、大横杆间距 1.6 m、小横杆间距 1.2 m。

2)脚手架搭设施工工艺

(1)搭设顺序：做好搭设前的准备工作(架基处理、安全技术交底等)→根据楼层情况测出架

体位置线→搭设下撑式挑架→根据立杆间距逐根树立杆，并与纵向扫地杆扣牢(并加设抛撑固定)→安装横向扫地杆，并与立杆或纵向扫地杆扣牢→安装第一步大横杆，并与各立杆扣牢→安装第一步小横杆，并与各立杆或大横杆扣牢→安装第二步大横杆→安装第二步小横杆→加设临时抛撑上端与第二步大横杆扣牢，设置连墙件后即可拆除→安装第三、四大小横杆→设连墙件→立立杆→加设剪刀撑→铺脚手板→护身栏杆和挡脚板→立挂安全网→安装第五、六……。

剪刀撑及各连墙件、斜杆等拉接杆件随搭升的架体一起设置。

(2)搭设前对进场的脚手架杆配件进行严格检查，禁止使用规格和质量不合格的杆配件。

(3)脚手架搭设必须统一交底后作业，必须统一指挥，严格按上述搭设程序进行。

(4)本工程搭设的是周边脚手架，因此应从一个角部开始并向两边延伸交圈搭设，搭设过程中随立随校正后予以固定。

(5)在连墙件设置以前为确保架体稳定及作业人员的安全，应设置适量抛撑。

(6)剪刀撑、斜杆等整体连接杆件和连墙件应随搭设的架子及时设置。

(7)脚手板应铺平，铺稳，并用 14＃铁丝绑扎固定，采用压型防滑钢跳板，不符合尺寸处用木跳板铺设。

(8)悬挑架的悬臂端应有适量的起挠量，并与支承结构可靠连接，确保其整体稳定。

(9)按二步三跨设置连接墙杆，在深梁下方与内排架拉接，在深梁部位通过螺栓孔用 $\phi6$ 的钢筋和木方硬垫进行拉接，应掌握其松紧程度，避免引起杆件的显著变形。

(10)工人在架上进行搭设作业时，作业面需铺设临时脚手板并固定，工人必须戴好安全帽和佩挂安全带，不得单人进行较重杆件和易失衡、脱手、碰接、滑跌等不安全作业。

(11)在搭设过程不得随意改变构件设计，减少配件设置和对立杆，纵距作 100 mm 以上的尺寸放大，确实需要调整和改变尺寸，应提交审核技术主管人员协商解决。

(12)扣件一定要拧紧，严禁松拧或漏拧，脚手架搭设后应及时逐一对扣件进行检查。

(13)马道搭设。

①拟计划搭设两个马道，定位视平面图定，马道计划自底板至首层地面每层设两跑。

②马道由跳板铺设成一定的角度，每隔 250 mm 用铅丝捆绑一木质防滑条，两侧设挡脚板。

③马道的入口处设硬性护头棚，硬性护头棚由双层 200 mm×30 mm 的木板铺设，两层间的距离为 300 mm。

3)脚手架的使用规定

(1)作业层每 1 m^2 架面上使用的施工荷载、人员、材料和机具重量不得超过设计值和以下规定值，该架施工荷载设计值为每层 3 kN/m^2，可两层同时作业。

(2)在架板上堆放的施工设备单重≤1 kN，使用人力在架上搬运和安装构件的自重≤2.5 kN。严禁大模板放置在外架上。

(3)在架面上堆放的材料应码放整齐、稳固,不影响施工操作和人员通行,严禁上架人员在架面上跑动、退行或倒退拉车。

(4)作业人员在架上的最大作业高度以可进行正常作业为度,禁止在脚板上加垫器物,或用单块脚手板以增加操作高度。

(5)在作业中,禁止随意拆除脚手架的基本构件、整体性杆件、连接紧固杆和连墙件。确因操作需要临时拆除时,必须经主管人员同意,采取相应弥补措施,并在作业完后及时恢复。

(6)工人在架上作业时,应注意个人安全保护和他人安全,避免发生碰撞、闪失和落物,严禁在架上打闹和坐在栏杆等不安全处休息。

(7)人员上下必须走安全防护的出入通道(马道),严禁攀缘脚手架上下。

(8)工人上架作业前,各小组先行检查有无影响安全作业的问题存在,在排除和解决后方可作业,发生异常和危险情况时,应立即通知架上人员撤离。

(9)每步架作业完成后,必须将多余的材料、物品移至室内,工人收工前应清理架面,将材料堆放整齐,垃圾清扫走,在任何情况下严禁自架上向下抛掷材料物品和倾倒垃圾。

(10)大模严禁直接压在外架上,以防外架超载而发生安全事故。

4)脚手架的拆除规定

(1)拆除前的准备工作。

①全面检查脚手架的扣件连接、连墙件、支撑体系等是否符合安全要求。

②根据检查结果,补充完善施工组织设计中的拆除顺序,经主管部门批准方可实施。

③拆除安全技术措施,应由单位工程负责人逐级进行技术交底,并清除脚手架上杂物及地面障碍物。

(2)拆除要求。

①脚手架拆除顺序与搭设顺序相反,须遵循先搭后拆,后搭先拆的原则,从脚手架顶端拆除其顺序为安全网→防护栏杆→挡脚板→脚手板→小横杆→大横杆→立杆→连墙件→纵向支撑。

②拆除顺序应逐层由上而下进行,严禁上下同时作业。

③所有连墙件应随脚手架逐层拆除,严禁先将连墙件整层或数层拆除后再拆脚手架,分段拆除高差不应大于二步,如高差大于二步,应增设连墙件加固。

④在拆除过程中凡已松开连接件的杆件应及时拆除,避免误扶和强靠已松脱连接的杆件。

⑤当脚手架分段、分离面拆除时,对不拆除的脚手架两端,应先按要求设置连墙件和横向支撑加固。

(3)卸料要求。

①拆除的杆配件应以安全的方式运出和卸下,必须绑扎牢固或装入容器内才可吊下,严禁向下抛掷,拆除过程中应做好配合,协调工作,禁止单人进行拆除较重杆件等危险性作业。

②运至地面的构配件应及时检查整修与保养，并按品种、规格随时码堆存放，置于干燥通风处，防止锈蚀。

5)脚手架搭设与构造要求

(1)立杆。在竖立杆时，要注意杆件长短搭配使用，立杆接头除顶层可采用搭接外必须采用对接扣件实行对接接头，搭接时搭接长度 $L_d \geqslant 1$ m，用不少于两个旋转扣件扣牢。立杆接头与相近大横杆的距离不宜大于步高的三分之一，相邻立杆接头应相互错开，不应在同步高和同一跨距内，相邻接头的高度宜大于 500 mm。

(2)大横杆。

①大横杆长度不宜小于三跨，且不小于 6 m，大横杆对立杆起约束作用，故立杆与大横杆必须用直角扣件扣紧，不得遗漏。

②上下相邻的大横杆应错开布置，在立杆的里、外两侧，以减少立杆的偏心受荷的情况。

③同一排大横杆的水平偏差不大于该片脚手架总长度的 1/250 且不大于 50 mm。大横杆应采用对接扣件连接，如采用搭接时，搭接长度 $L_d > 1000$ mm，并用三个旋转扣件扣牢。

④大横杆接头与相邻立杆距离不大于立杆纵距的 1/3。

⑤同一水平的和上下相邻的两根大横杆的接头均应相互错开，不得出现在同一跨间内，相邻的水平间距应大于 500 mm。

(3)小横杆。小横杆紧贴立杆布置，搭于大横杆上，用直角扣件扣紧，对贴近立杆的小横杆亦可紧固在立杆上，在任何情况下不得拆除贴近立杆的小横杆。

(4)剪刀撑。在立杆外侧面满设剪刀撑。剪刀撑应从脚手架纵向两端搭起，搭设宽度为 7 根立杆，即每隔 7 根立杆设一组。剪刀撑的斜杆与水平面的夹角为 45°至 60°，搭设时，将一根斜杆扣在立杆上，另一根扣在小横杆的伸出部分上，以避免斜杆相交时把钢管别弯。

斜杆用扣件与脚手架扣紧的接头两端距脚手架节点不大于 200 mm，除两端扣紧外，中间当需增加 2 至 4 个扣节点。

(5)脚手板。脚手板采用对接平铺，对接外其下两侧支撑横杆距离应控制在 100～200 mm 以内。铺板时严禁出现端头超出支承横杆 150 mm 的探头板。纵向铺设时，其下支撑横杆间距为 1.0 m。

(6)连墙件，为了保证架体稳定，设置连墙杆，连墙杆设置间距为竖向为两步，横向为三跨，即每 3.6×4.6 m² 内设一个连墙杆。

(7)脚手架各杆件相并伸出的端头均大于 10 cm，以防止杆件滑脱。

6)脚手架的安全措施

(1)本工程脚手架均采用密目安全网封闭，密目安全网挂设在外排架的内侧。

(2)操作层必须满铺脚手板，离墙面距离不得大于20 cm，不得有空隙，探头板、跳板和脚手架下面设水平网，且在外侧均设置两道高的护身栏，并设置一道挡脚板。

7)脚手架的质量检查及验收管理

(1)搭设人员要求。脚手架搭设人员必须是经过国家现行标准《特种作业人员安全技术考核管理规定》(QJ 1423—1988)考核合格的专业架子工。搭设脚手架人员必须戴好安全帽，系好安全带，穿好防滑鞋，按安全操作规程进行操作作业。

(2)在下撑挑架施工完成后，安全、技术、质量、工程等各部门进行检查、验收，检查验收合格后填写验收单，合格后方可进行上部架体的搭设和使用。

(3)在搭设过程中或搭设完毕，如需使用，必须由施工负责人组织相关人员进行检查验收，符合要求后方可上人。

(4)架子未经检查，验收前，除架子工外，严禁其他人员攀登，验收后任何人不得拆改，需做局部拆改时，须经施工负责人同意后由架子工操作。

(5)大风雨后，施工负责人要及时组织相关人员对架子进行检查。

(6)建立有效的外架安全管理机构和定期待检查、复查制度，由安全主管主持检查和验收。

任务 7.2 砖墙砌筑工程施工

任务描述

熟悉砖墙砌筑材料的性质及质量要求，掌握砖墙砌体的组砌形式、施工工艺流程及质量验收标准等。

知识学习

7.2.1 砌筑砂浆

1.砌筑砂浆的分类

砌筑砂浆一般采用水泥砂浆和水泥混合砂浆。水泥砂浆的塑性和保水性较差，但能够在潮湿环境中硬化，一般多用于含水量较大的地基中的地下砌体；水泥混合砂浆则常用于地上砌体。砌筑砂浆必须满足现行国家标准《砌体结构设计规范》(GB 50003—2011)中的规定，砂浆的强度等级有M15、M10、M7.5、M5和M2.5五个等级。

2. 砌筑砂浆的质量要求

(1)水泥使用应符合下列规定：

①水泥进场时应对其品种、等级、包装或散装仓号、出厂日期进行检查，并应对其强度、安定性进行复验，其质量必须符合现行国家标准《通用硅酸盐水泥》(GB 175—2007)的有关规定。

②当在使用中对水泥质量有怀疑或水泥出厂超过三个月(快硬硅酸盐水泥超过一个月)，应对水泥进行复验，并按复验结果使用。

(2)砂浆用砂宜采用过筛中砂，并应满足下列要求：

①不应混有草根、树叶、树枝、塑料、煤块、炉渣等杂物。

②砂中含泥量、泥块含量、石粉含量、云母、轻物质、有机物、硫化物、硫酸盐及氯盐含量(配筋砌体砌筑用砂)等应符合现行行业标准《普通混凝土用砂、石质量及检验方法标准》(JGJ 52—2006)的有关规定。

③人工砂、山砂及特细砂，应经试配能满足砌筑砂浆技术条件要求。

(3)拌制水泥混合砂浆的粉煤灰、建筑生石灰、建筑生石灰粉及石灰膏应符合下列规定：

①粉煤灰、建筑生石灰、建筑生石灰粉的品质指标应符合现行行业标准《粉煤灰在混凝土中应用技术规程》(DB31/T 932—2015)、《建筑生石灰》(JC/T 479—2013)的有关规定。

②建筑生石灰、建筑生石灰粉熟化为石灰膏，其熟化时间分别不得少于 7 天和 2 天；沉淀池中储存的石灰膏，应防止干燥、冻结和污染，严禁使用脱水硬化的石灰膏；建筑生石灰粉、消石灰粉不得代替石灰膏配制水泥石灰砂浆。

③石灰膏的用量，应按稠度 120 mm±5 mm 计量，现场施工中石灰膏不同稠度的换算系数，可按表 7-8 确定。

表 7-8 石灰膏不同稠度的换算系数

稠度/mm	120	110	100	90	80	70	60	50	40	30
换算系数	1.00	0.99	0.97	0.95	0.93	0.92	0.90	0.88	0.87	0.86

(4)拌制砂浆用水的水质。拌制砂浆用水的水质应符合现行行业标准《混凝土用水标准》(JGJ 63—2006)的有关规定。

(5)砌筑砂浆的配合比设计。当砌筑砂浆的组成材料有变更时，其配合比应重新确定。

(6)水泥强度等级要求。施工中不应采用强度等级小于 M5 的水泥砂浆替代同强度等级水泥混合砂浆，如需替代，应将水泥砂浆提高一个强度等级。

(7)对外加剂的要求。在砂浆中掺入的砌筑砂浆增塑剂、早强剂、缓凝剂、防冻剂、防水剂等砂浆外加剂，其品种和用量应经有资质的检测单位检验和试配确定。所用外加剂的技术性能应符合国家现行有关标准《砌筑砂浆增塑剂》(JG/T 164—2004)、《混凝土外加剂》(GB 8076—

2008)、《砂浆、混凝土防水剂》(JC/T 474—2008)的质量要求。

(8)偏差比例要求。配制砌筑砂浆时,各组分材料应采用质量计量,水泥及各种外加剂配料的允许偏差为±2%;砂、粉煤灰、石灰膏等配料的允许偏差为±5%。

(9)砌筑砂浆应采用机械搅拌,搅拌时间自投料完算起应符合下列规定:

①水泥砂浆和水泥混合砂浆不得少于120 s。

②水泥粉煤灰砂浆和掺用外加剂的砂浆不得少于180 s。

③掺增塑剂的砂浆,其搅拌方式、搅拌时间应符合现行行业标准《砌筑砂浆增塑剂》(JG/T 164—2004)的有关规定。

④干混砂浆及加气混凝土砌块专用砂浆宜按掺用外加剂的砂浆确定搅拌时间或按产品说明书采用。

(10)完成时间要求。现场拌制的砂浆应随拌随用,拌制的砂浆应在3 h内使用完毕;当施工期间最高气温超过30 ℃时,应在2 h内使用完毕。预拌砂浆及蒸压加气混凝土砌块专用砌筑砂浆的使用时间应按照厂方提供的说明书确定。

(11)储存要求。砌体结构工程使用的湿拌砂浆,除直接使用外必须储存在不吸水的专用容器内,并根据气候条件采取遮阳、保温、防雨雪等措施,砂浆在储存过程中严禁随意加水。

(12)砌筑砂浆试块强度验收时其强度合格标准应符合下列规定:

①同一验收批砂浆试块强度平均值应大于或等于设计强度等级值的1.10倍。

②同一验收批砂浆试块抗压强度的最小一组平均值应大于或等于设计强度等级值的85%。

③砌筑砂浆的验收批,同一类型、强度等级的砂浆试块应不少于3组;同一验收批砂浆只有一组或二组试块时,每组试块抗压强度的平均值应大于或等于设计强度等级值的1.1倍;对于建筑结构的安全等级为一级或设计使用年限为50年及以上的房屋,同一验收批砂浆试块的数量不得少于3组。

④砂浆强度应以标准养护,28天龄期的试块抗压强度为准。

⑤制作砂浆试块的砂浆稠度应与配合比设计一致。

抽检数量:每一检验批且不超过250 m^3,砌体的各类、各强度等级的普通砌筑砂浆,每台搅拌机应至少抽检一次;验收批的预拌砂浆、蒸压加气混凝土砌块专用砂浆,抽检可为3组。

(13)当施工中或验收时出现下列情况,可采用现场检验方法对砂浆或砌体强度进行实体检测,并判定其强度:

①砂浆试块缺乏代表性或试块数量不足。

②对砂浆试块的试验结果有怀疑或有争议。

③砂浆试块的试验结果不能满足设计要求。

④发生工程事故,需要进一步分析事故原因。

7.2.2 砖墙砌体施工

1. 材料质量要求

砖墙砌体砌筑一般采用普通黏土砖，其外形为矩形体，长度尺寸为 240 mm，宽度尺寸为 115 mm，厚度尺寸为 53 mm。砖根据表面大小的不同分为大面(240 mm×115 mm)、条面(240 mm×53 mm)，顶面(115 mm×53 mm)；根据外观分为一等、二等两个等级；根据强度分为 MU10、MU15、MU20、MU25、MU30 五个等级，强度单位：MPa(N/mm^2)。

在砌筑时有时要砍砖，砍砖按尺寸不同分为"七分头"(也称"七分找")，"半砖""二寸条"和"二寸头"(也称"二分找")，如图 7－9 所示。

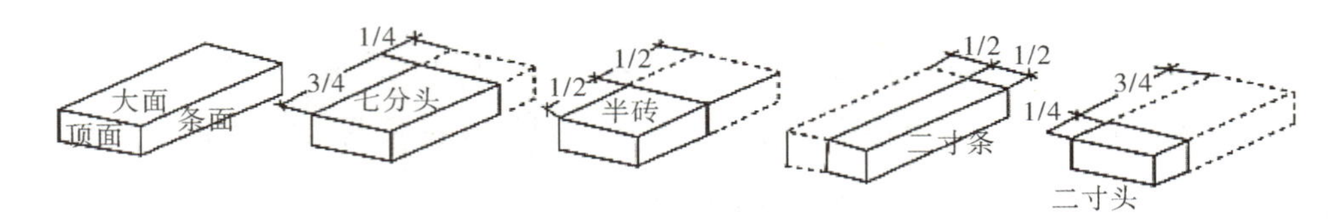

图 7－9　砍砖的名称

砖的品种、强度等级必须符合设计要求，并应有产品合格证书和性能检测报告，进场后应进行复验，复验抽样数量为同一生产厂家同一品种同一强度等级的普通砖 15 万块、多孔砖 5 万块、灰砂砖或粉煤灰砖 10 万块各抽查 1 组。

砌筑时蒸压(养)砖的产品龄期不得少于 28 天。

用于清水墙、柱表面的砖，应边角整齐，色泽均匀。品质为优等品的砖适用于清水墙和墙体装修；一等品、合格品砖可用于混水墙；中等泛霜的砖不得用于潮湿部位；冻胀地区的地面或防潮层以下的砌体不宜采用多孔砖；水池、化粪池、容井等不得采用多孔砖；蒸压粉煤灰砖用于基础或受冻融合干湿交替作用的建筑部位时，必须使用一等砖或优等砖。

2. 砖墙砌体的组砌形式

用普通砖砌筑的砖墙，依其墙面组砌形式不同，常用的砌筑形式有：一顺一丁、三顺一丁、梅花丁，如图 7－10 所示。

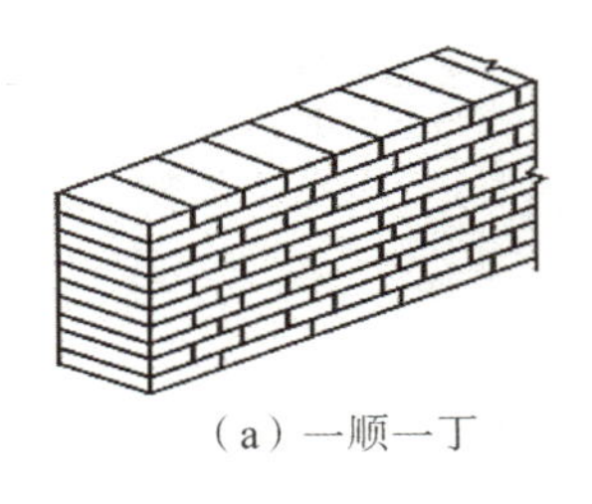

(a) 一顺一丁

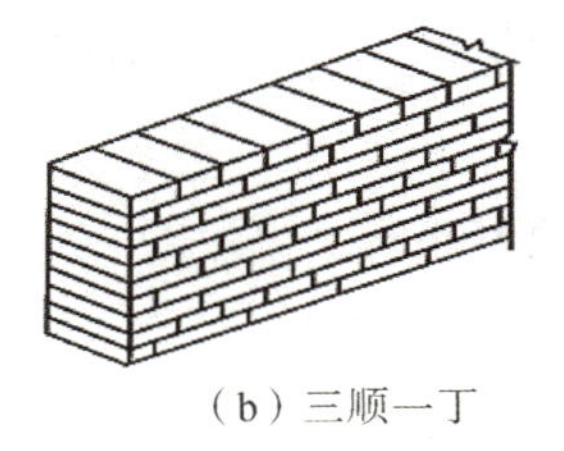

(b) 三顺一丁

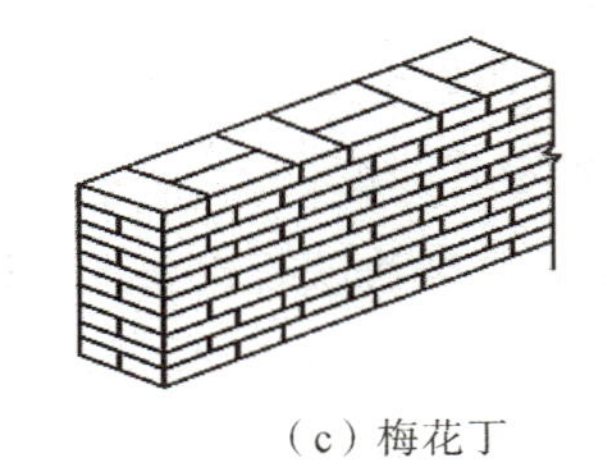

(c) 梅花丁

图 7－10　砖墙组砌形式

1)一顺一丁砌法(满丁满条)

由一皮顺砖与一皮丁砖相互交替砌筑而成,上下皮间的竖缝相互错开1/4砖长。这种砌法各皮间错缝搭接牢靠,墙体整体性较好,操作中变化小,易于掌握,砌筑时墙面也容易控制平直,但竖缝不易对齐,在墙的转角、丁字接头、门窗洞口等处都要砍砖,因此砌筑效率受到一定限制。当砌24墙时,丁砖层的砖有两个面露出墙面(也称出面砖较多),故对砖的质量要求较高。这种砌法在砌筑中采用较多,它的墙面形式有两种:一种是顺砖层上下对齐(称十字缝),一种是顺砖层上下相错半砖(称骑马缝)。这种砌筑法调整错缝搭接时,可用"内七分头"或"外七分头",但以"外七分头"较为常见。

2)三顺一丁砌法

三顺一丁承重墙

由三皮顺砖与一皮丁砖相互交替叠砌而成。上下皮顺砖搭接为1/2砖长,同时要求檐墙与山墙的丁砖层不在同一皮以利于搭接。

这种砌法出面砖较少,同时在墙的转角、丁字与十字接头,门窗洞口处砍砖较少,故可提高工效。但由于顺砖层较多反面墙面的平整度不易控制,当砖较湿或砂浆较稀时,顺砖层不易砌平且容易向外挤出,影响质量。该法砌的墙,抗压强度接近一顺一丁砌法,受拉受剪力学性能均较一顺一丁砌法强。

此外,在头角处用"七分头"调整错缝搭按时,通常在丁砖层采用"内七分头"。

3)梅花丁砌法(沙包式)

梅花丁承重墙

在同一皮砖层内一块顺砖一块丁砖间隔砌筑(转角处不受此限),上下两皮间竖缝错开1/4砖长,丁砖必须在顺砖的中间。该砌法内外竖缝每皮都能错开,故抗压整体性较好,墙面容易控制平整,竖缝易于对齐,特别是当砖长、宽比例出现差异时竖缝易控制。因丁、顺砖交替砌筑,且操作时容易搞错,比较费工,抗拉强度不如三顺一丁砌法。因外形整齐美观,所以多用于砌筑外墙。

此种砌法在头角处用"七分头",调整错缝搭接时,必须采用"外七分头"。

4)其他砌法

砖墙砌筑除以上介绍的几种外,还有五顺一丁砌法、三三一砌法、全顺砌法、全丁砌法、两平一侧砌法、空斗墙砌法。

(1)五顺一丁砌法。该砌法与三顺一丁砌法基本相同,仅在两个丁砖层中间多砌两皮顺砖。

(2)三三一砌法(三七缝法)。在同一皮砖层里三块顺砖一块丁砖交替砌成。上下皮叠砌时上皮丁砖应砌在下皮第二块顺砖中间,上下两皮砖的搭接长度为1/4砖长。采用这种砌法正反面墙较平整,可以节约抹灰材料。施工时砍砖较多,特别是长度不大的窗间墙排砖很不方便,故工效较三顺一丁砌法慢。因砖层的丁砖数量较少,故整体性较差。

(3)全顺砌法(条砌法)。每皮砖全部用顺砖砌筑,两皮间竖缝搭接1/2砖长。此种砌法仅用于半砖隔断墙。

(4)全丁砌法。每皮全部用丁砖砌筑，两皮间竖缝搭接为 1/4 砖长。此种砌法一般多用于圆形建筑物，如水塔、烟囱、水池、圆仓等。

(5)两平一侧砌法(18 厘米墙)。两皮平砌的顺砖旁砌一皮侧砖，其厚度为 18 厘米。两平砌层间竖缝应错开 1/2 砖长；平砌层与侧砌层间竖缝可错开 1/4 或 1/2 砖长。此种砌法比较费工，墙体的抗震性能较差，但能节约用砖量。

(6)空斗墙砌法。有眠空斗墙是将砖侧砌(称斗)与平砌(称眠)相互交替叠砌而成，形式有一斗一眠及多斗一眠等；无眠空斗墙是由两块砖侧砌的平行壁体及互相间用侧砖丁砌横相连接而成。

3. 砖墙砌体施工工艺

砖墙砌筑

1)找平弹线

(1)基础垫层上的放线。根据龙门板或轴线控制桩上的轴线钉，用经纬仪将基础轴线投测在垫层上(也可在对应的龙门板间拉小线，然后用线坠将轴线投测在垫层上)。再根据轴线按基础底宽，用墨线标出基础边线，作为砌筑基础的依据。如果未设垫层可在槽底钉木桩，把轴线及基础边线都投测在木桩上，如图 7－11 所示。

基础放线是保证墙体平面位置的关键工序，是体现定位测量精度的主要环节，稍有疏忽就会造成错位。放线过程中要注意以下环节：①龙门板在挖槽过程中易被触碰，在投线前要对控制桩、龙门板进行复查，发现问题及时纠正；②对于偏中基础，要注意偏中的方向；③附墙垛、烟囱、温度缝、洞口等特殊部位要标清楚，防止遗忘；④基础砌体宽度不准出现负值。

(2)基础顶面上的放线。建筑物的基础施工完成之后，应进行一次基础砌筑情况的复核。利用定位主轴线的位置来检查砌筑好的基础有无偏移，避免进行上部结构放线后，墙身按轴线砌时出现墙体跨空的情形，如图 7－12 所示，这是结构上不允许的。当然出现此类情况纯属极个别现象，但对放线人员来说必须加以注意，才能避免。凡发现该种情形应及时向技术部门汇报，以便及时解决。只有经过复核，认为下部基础施工合格，才能在基础防潮层上正式放线。

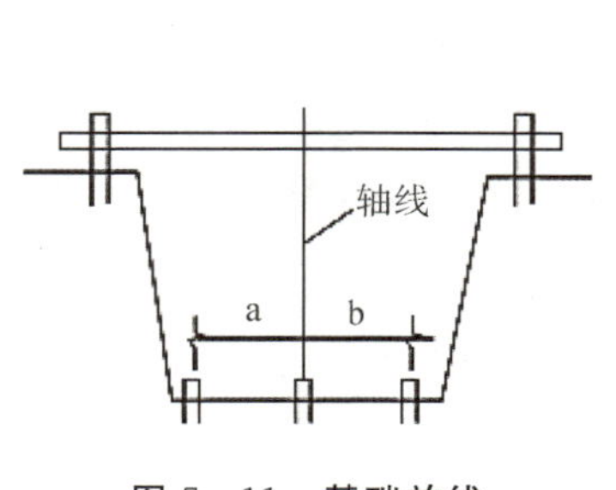

图 7－11　基础放线

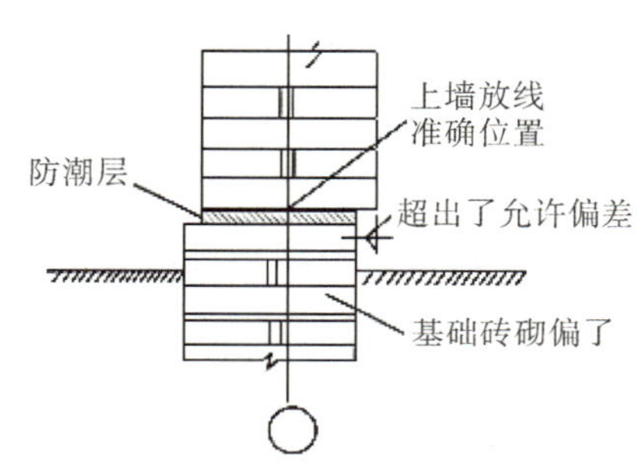

图 7－12　墙体跨空示意图

在基础墙检查合格之后，利用墙上的主轴线，用小线在防潮层面上将两头拉通，并将线反复弹几次检查无搁碍之处，抽一人在小线通过的地方选几个点划上红痕，间距为 10～15 m，便于墨斗弹线。若墙的长度较短，也可直接用墨斗弹线。先将各主要墙的轴线弹出，检查一下尺寸，再将其余墙的轴线都弹出来。如果上部结构墙的厚度比基础窄还应将墙的边线也弹出来。

轴线放完之后，检查无误，再根据图纸上标出的门、窗口位置，在基础墙上量出尺寸，用墨线弹出门窗洞口的大小，并打上交错的斜线以示洞口，不必砌砖，如图 7-13 所示，窗口一般画在墙的侧立面上，用箭头表示其位置及宽度尺寸。同时在门、窗口的放线处还应注上宽、高尺寸。如门口为 1 m 宽、2.7 m 高时，标成 1000 mm×2700 mm；窗口如宽为 1.5 m、高 1.8 m 时，标成 1500 mm×1800 mm。窗台的高度在线杆上有标志，这样使瓦工砌砖时做到心中有数。

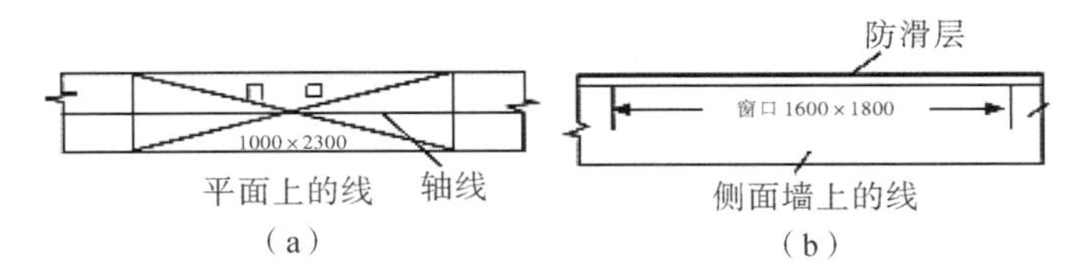

图 7-13 门窗口位置的标注方式

主结构墙线放完之后，对于非承重的隔断墙的线，也要同时放出。虽然在施工主体结构时，隔断墙不能同时施工，但为了使瓦工能准确预留马牙槎及拉结钢筋的位置，同时放出隔墙线是必须的。

2)摆砖样

摆砖样也称搂底，是在弹好线的基础顶面上按选定的组砌方式先用砖试摆，好核对所弹出的墨线在门窗洞口、墙垛等处是否符合砖模数，以便借助灰缝调整，使砖的排列和砖缝宽度均匀合理。摆砖时，要求山墙摆成丁砖，横墙摆成顺砖，又称“山丁檐跑”。

摆砖结束后，用砂浆把干摆的砖砌好，砌筑时注意其平面位置不得移动。

3)立皮数杆

立皮数杆

砌墙前先要立好皮数杆(又叫线杆)，作为砌筑的依据之一。皮数杆一般是用 5 cm×7 cm 的方木做成，上面划有砖的皮数、灰缝厚度、门窗、楼板、圈梁、过梁、屋架等构件位置和建筑物各种预留洞口和加筋的高度，它是墙体竖向尺寸的标志。

划皮数杆时应从 ±0.000 开始。从 ±0.000 向下到基础垫层以上为基础部分皮数杆，±0.000以上为墙身皮数杆。楼房如每层高度相同时划到二层楼地面标高为止，平房划到前后檐口为止。划完后在杆上以每五皮砖为级数，标上砖的皮数，如 5、10、15……并标明各种构件和洞口的标高位置，及其大致图例，如图 7-14 所示。由于实际生产的砖厚度不一，在划皮数杆之前，从进场的各砖堆中抽取十块砖样，量出总厚度，取其平均值，作为划砖厚度的依据，再加上灰缝的厚度，就可划出砖层的皮数。

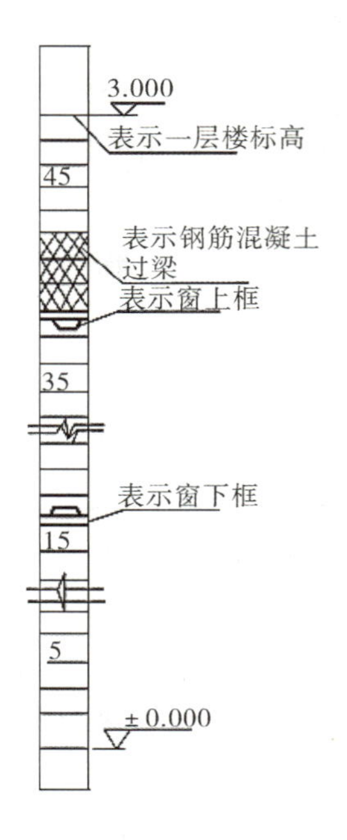

图 7－14　皮数杆

墙上的线放完之后，根据瓦工砌砖的需要在一些部位钉立皮数杆，皮数杆应立在墙的转角、内外墙交接处、楼梯间及墙面变化较多的部位，如图 7－15 所示。

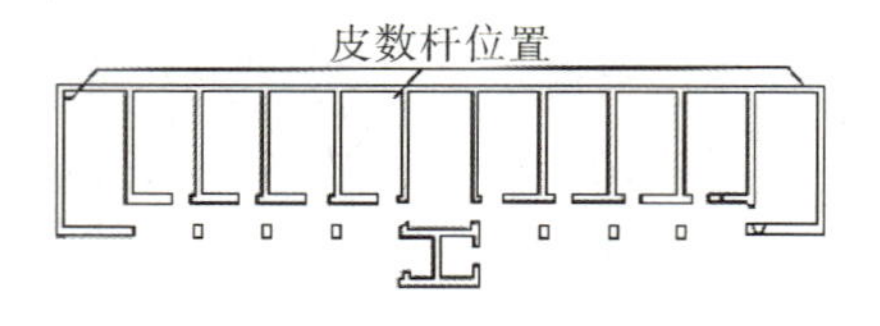

图 7－15　设立皮数杆位置

立皮数杆时可用水准仪测定标高，使各皮数杆立在同一标高上。在砌筑前，应先检查皮数杆上±0.000 与抄平桩上的±0.000 是否符合，所有应立皮数杆的部位是否立了。检查合格后才可砌墙。如一栋长 60 m，宽 12 m 的住宅，一层准备 20～25 根线杆，两层共需准备约 60 根，轮流倒着使用。立线杆时有个规矩，使用外脚手架砌砖时，线杆应立在墙内侧；当采用里脚手砌砖时，线杆则立在墙外面。

线杆可以钉在预埋好的木桩上，也可以采用工具式线杆卡子钉在墙上，如图 7－16 所示。

当采用线杆卡子，且线杆立在墙内，由于楼板阻碍卡子伸不下去，这时先让瓦工砌起十几皮砖之后再钉立卡子。立线杆时，先将卡子上的扁钉钉在下部墙的灰缝中，线杆插入套内，根据水准仪抄平者指挥，上下移动线杆使它达到标高，合适后再拧紧卡子上的螺丝。

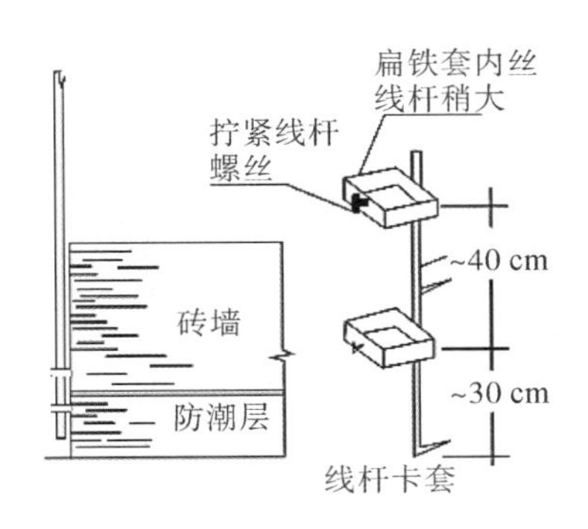

图 7-16　工具式线杆卡子

4）砌筑、勾缝

墙体砌砖时，一般先砌砖墙两端大角，然后再砌墙身，大角砌筑主要是根据皮数杆标高，依靠线锤、托线板使之垂直，如图 7-17 所示。

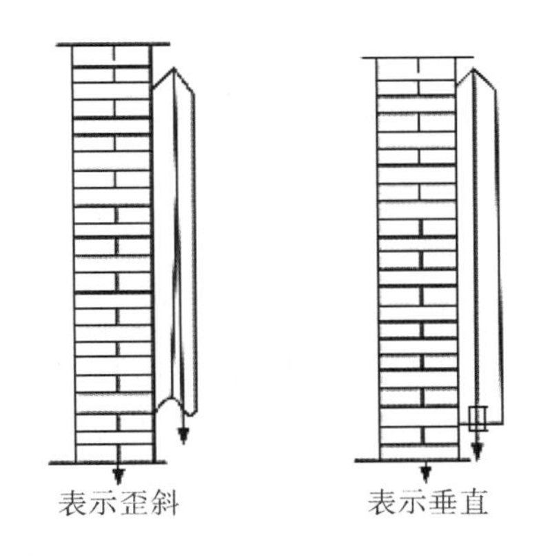

图 7-17　拖线板用法示意图

中间墙身部分主要是依靠准线使之灰缝平直，一般“三七”墙以内单面挂线，“三七”墙以上宜双面挂线。将托线板一侧垂直靠紧墙面进行检查。托线板上挂线垂的线不宜过长也不要过粗，应使线锤的位置正好对准托线板下端开口处，同时还需注意不要使线锤线贴靠在托线板上，要让线锤自由摆动。这时检查摆动的线锤最后停摆的位置是否与托线板上的竖直墨线重合，重合表示墙面垂直；当线锤向外离开墙面偏离墨线，表示墙向外倾斜；线锤向里靠近墙面偏离墨线，则说明墙向里倾斜，如图 7-17 所示。经托线扳检查有不平整的现象时，则应先校正墙面平整后，再检查其垂直度。

挂准线时，两端必须将线拉紧，如图 7-18(a)所示。当用砖作坠线时要检查坠重及线的强度，防止线断坠砖坠落伤人。并在墙角用别棍（小竹片或 22 号铅丝）别住，防止线陷入灰缝中。准线挂好拉紧后，在砌墙过程中，要经常检查有没有抗线或塌腰的地方（中间下垂）。抗线时要把高出的障碍物除去，塌腰地方要垫一块砖，俗称“腰线砖”，如图 7-18(b)所示。此时要注意准线不能向上拱起，使准线平直无误后再砌筑。

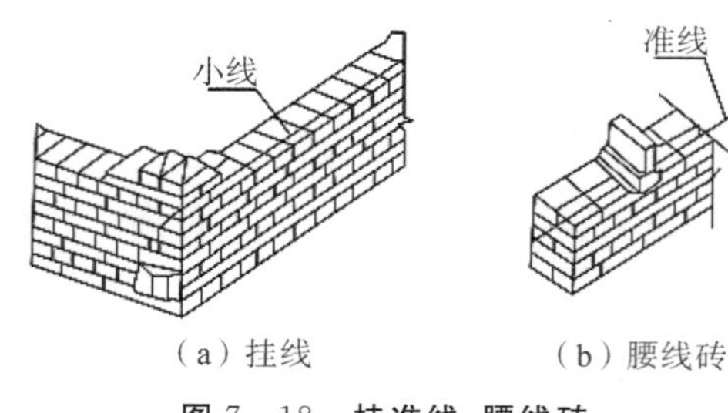

(a) 挂线　　(b) 腰线砖

图 7-18　挂准线、腰线砖

砌筑砖砌体时，砖应提前 1～2 天浇水湿润。严禁砖砌筑前浇水，因砖表面存有水膜，影响砌体质量。施工现场抽查砖的含水量的简易方法是现场断砖，砖截面四周融水深度为 15～20 mm视为符合要求。

5)常用的砌砖法

(1)“三一”砌法。砌砖工程宜采用“三一”砌法。当采用铺浆法砌筑时，铺浆长度不宜超过750 mm，施工期间气温超过 30 ℃，铺浆长度不宜超过 500 mm。

“三一”砌法，又叫大铲砌筑法，是一种采用铲灰取砖、铺灰、挤揉等操作的砌筑方法，也叫满铺满挤操作法，其操作顺序如下文所讲。

①铲灰取砖。砌墙时操作者应顺墙斜站，砌筑方向是由前向后退着砌，这样易于随时检查已砌好的墙面是否平直。铲灰时，取灰量应根据灰缝厚度，以满足一块砖的需要量为标准。取砖时应随拿随挑选。左手拿砖右手舀砂浆，同时进行，以减少弯腰次数，争取砌筑时间。

②铺灰。铺灰是砌筑时比较关键的动作，如掌握不好就会影响砖墙砌筑质量。一般常用的铺浆手法是甩浆，有正手甩浆和反手甩浆两种方式，如图 7-19(a)、(b)、(c)所示。灰不要铺得超过砖长太多，长度约比一块砖稍长 1～2 cm，宽约 8～9 cm，灰口要缩进外墙 2 cm。铺好的灰不要用铲来回去扒或用铲角抠点灰去打头缝，这样容易造成水平灰缝不饱满。

用“三一”砌法砌筑时，所用砂浆稠度为 7～9 cm 较适宜。不能太稠，过稠不易揉砖，竖缝也填不满，太稀大铲又不易舀上砂浆，容易滑下去，操作不方便。

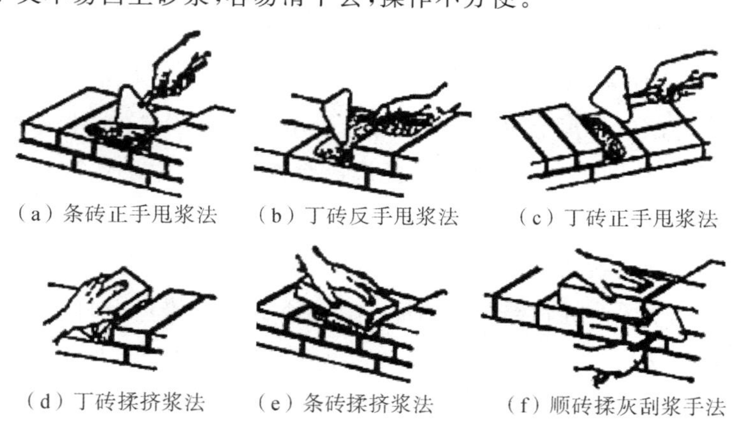
(a) 条砖正手甩浆法　(b) 丁砖反手甩浆法　(c) 丁砖正手甩浆法

(d) 丁砖揉挤浆法　(e) 条砖揉挤浆法　(f) 顺砖揉灰刮浆手法

图 7-19　“三一”砌法

③揉挤。灰浆铺好后，左手拿砖在离已砌好的砖约有 3～4 cm 处，开始平放并稍稍蹭着灰面，把灰浆刮起一点放到砖丁头的竖缝里，然后把砖揉一揉，顺手用大铲把挤出墙面的灰刮起来，甩到竖缝里，如图 7-19(d)、(e)、(f)所示。揉砖时，眼要上看线，下看墙面。揉砖的目的是使砂浆饱满。砂浆铺的薄，要轻揉；砂浆铺得厚，揉时稍用一些劲，并根据铺浆及砖的位置还要前后或左右揉，总之揉到下齐砖棱上齐线为适宜。

“三一”砌法的特点由于铺出的砂浆面积相当一块砖的大小，并且随即就揉砖，因此灰缝容易饱满，黏结力强，能保证砌筑质量。在挤砌时随手刮去挤出墙面的砂浆，使墙面保持清洁。但这种操作法一般都是单人操作，操作过程中要取砖、铲灰、铺灰、转身，弯腰的动作较多，劳动强度大，又耗费时间，影响砌筑效率。

(2)挤浆法。挤浆法即先在墙顶面铺一段砂浆，然后双手或单手拿砖挤入砂浆中，达到下齐边、上齐线、横平竖直的要求。

特点：可连续组砌几块砖，减少烦琐的动作，平推平挤，可使灰缝饱满、效率高。

要求：铺灰长度每次不得超过 750 mm，气温超过 30 ℃时，不得超过 500 mm。

(3)满口灰法。满口灰法即将砂浆刮满在砖面和砖棱上，随即砌筑的方法。

特点：砌筑质量好，但效率低，仅适合砌筑砖墙的特殊部位，如保暖墙、烟囱等。

(4)“2381”砌法。以上三种传统的砌砖方法是长期以来的传统砌筑方法，在砌筑的过程中，重复工序多、劳动强度高、工人容易疲劳和腰肌劳损，而且工作效率低。“2381”砌法在传统方法上进行了改进，下面予以简单介绍。

“2381”砌法，于 1989 年由天津铁路分局工程师陈维伟经过 30 多年的潜心研究，以每小时砌 400 多块的速度打破美国著名的管理学者吉布尔雷斯创造的 360 块的世界纪录。

其中“2”即二种步法：丁字步和并列步；“3”即三种身法：丁字步、并列步的侧身弯腰，丁字步的正弯腰，并列步的正弯腰；“8”即八种铺灰手法：顺砖的甩、扣、泼、溜，丁砖的扣、溜、泼、一脱二；“1”即一种挤浆手法。

“2381”砌法的特点：

①能较好地保证砌筑质量，它基于“三一”砌砖法，而且动作连贯不间断，避免了铺灰时间长而影响砂浆的黏结强度。

②操作过程中对步法、身法、手法等都做了优化，明确规定了远、近、高、低等不同操作面和操作位置应做的动作，消除了多余动作，提高了砌筑速度。

③采用这种方法，使现场操作平面的布置和材料的堆放，能够达到布置合理，作业规范，文明施工。

④符合人体生理与运动特点，能够大大减轻操作人员的疲劳强度，对防止与消除工人职业性腰肌劳损具有一定的积极作用。

⑤操作方法简单易学，一般新工人通过两三个月的强化训练即可掌握要领。

6)楼层轴线的引测

为了保证各层墙身轴线的重合和施工方便，在弹墙身线时，应根据龙门板上标注的轴线位置将轴线引测到房屋的外墙基上。二层以上各层墙的轴线，可用经纬仪或垂球引测到楼层上去，同时还需根据图上轴线尺寸用钢尺进行校核。

(1)将龙门板轴线引测到外墙基上的方法。基础砌完之后，根据控制桩将主要墙的轴线，利用经纬仪反到基础墙身上，如图 7-20 所示，并用墨线弹出墙轴线，标出轴线号或“中”字形式，这也就确定了上部砖墙的轴线位置。因此控制桩也就失去存在的必要。在此同时，用水准仪在基础露出自然地坪的墙身上，超出－0.10 m 标高的平线(也可以是－0.15 m，根据具体情况决定)，并在墙的四周都弹出墨线来，作为以后砌上部墙身时控制标高的依据。

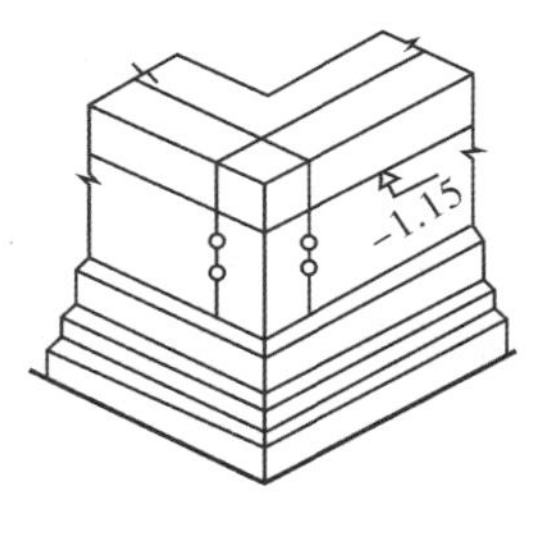

图 7-20　轴线引测

(2)二层以上轴线引测方法。首层的楼板吊装完毕之后，也灌注了板缝即可进行二层的放线工作。因为楼层的墙身高度，一般比基础的高度要高 1～2 倍。这样墙身所产生的垂直偏差，相对地也会比基础大。尤其外墙向外偏斜或向内偏斜，会使整个房屋的长度和宽度增长或缩短。如果仍然在四边外墙做主轴线放线，会由于累积误差使墙身到顶时斜得更厉害，使房屋超出允许偏差而造成事故。为了防止这种误差，在楼层放线时，采用取中间轴线放线法，即在全楼长的中间取某一条轴线，和在两山墙中间取一条轴线，在楼层平面上组成一对直角坐标轴，从而进行楼层放线以控制楼的两端尺寸，防止可能发生的最大误差，具体方法如下所示。

①先在各横墙的轴线中，选取在长墙中间部位的某道轴线，如图 7-21 所示，取④轴线，作为横墙中的主轴线。根据基础墙时的主轴线①轴线，向④轴线量出尺寸，量准确后在④轴立墙上标出轴线位置。以后每层均以此 d 轴立线为放线的主轴线。

同样，在山墙上选取纵墙中一条在山墙中部的轴线，如图 7-22 中的 C 轴，同样在 C 轴墙根部标出立线，作为以上各层放纵墙线的主轴线。

②两条轴线选定之后，将经纬仪支架在选定的轴线面前，一般离开所测高度 10 m 左右，然后进行调平，并用望远镜照准该轴线，照准无误之后，固定水平制动螺旋，扳开竖直制动螺旋，纵转望远镜仰视所需放线的那层楼，在楼层配合操作的人根据观测者的指挥，在楼板边棱上划上铅笔痕，并用圆圈圈出记号以便好找，如图 7-22 所示。

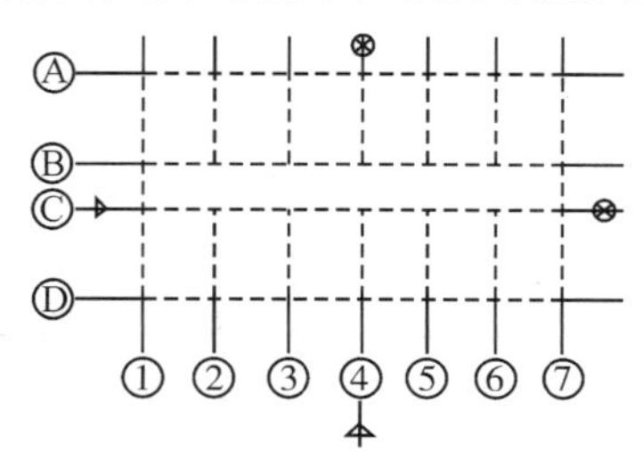

图 7-21　横墙主轴线布置图

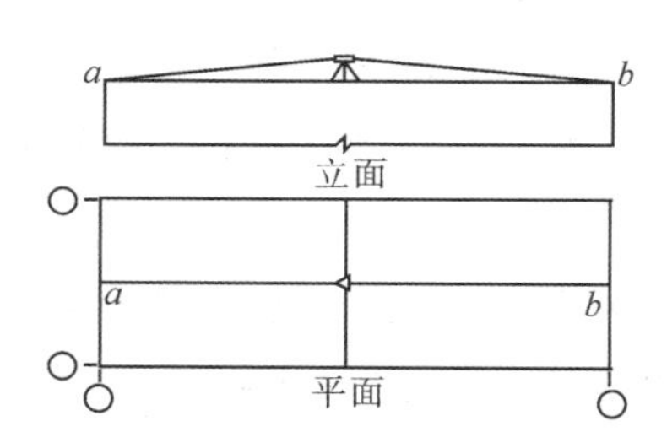

图 7-22　纵墙主轴线布置图

这道横墙轴线的位置确定好之后，把经纬仪移到房屋的那一面，用相同的方法确定出这道横墙另一面的轴线点。至于山墙处的纵墙主轴线也用同样的方法确定。

③楼层上已有的四点位置，就等于决定了楼层互相垂直的一对主轴线。在弹墨线时根据楼房长度的不同，采用以下两个方法弹出这对垂直的轴线。

第一种方法，这对轴线的两端点距离如不超过 30 m，只要用小线将两头的两点拉通，拽紧，使小线平直，随后在小线通过的地方隔 10 m 点一铅笔痕，用墨线弹出两点间的距离，使连通成一对主轴线。

第二种方法，若那条轴线两端点的距离已超过 30 m，就不宜采用小线拉通的办法。因为小线可能会由于气候或小线过长而引起误差，所以此时应用经纬仪测设，将仪器支架在所测轴线的两点中间，并使仪器的中心位置，尽量在这两点的连线上，然后观测者先正镜观测前方 a 点，如图 7－23 所示；再倒镜反过来观测 b 点，如果正倒镜对这两点的观测都正好在十字丝中心，那么经纬仪的视准轴的投影和这条轴线重合。这时利用经纬仪就可以定出这条轴线上的点，再用墨线连成通长的轴线。如果第一次正倒镜的观测不能重合，这就要稍稍向左或右侧移动经纬仪，调整到使得两点在照准时正倒镜能重合为止。如果目估准确，一般只要在 4～5 cm 范围内移动，就能达到重合的目的。

④在楼层上定出了互相垂直的一对主轴线之后，其他各道墙的轴线就可以根据图纸的尺寸，以主轴线为基准线，利用钢尺及小线在楼层上进行放线。其中对于四周的外轴线一般不必再弹线，而只把里边线用墨线弹出来，让瓦工根据外墙厚度及外墙垂直要求来砌砖。有了外墙的里皮线，也可以用它来检查墙厚是否超过规定，从而发现墙身是否有倾斜，以得到及时纠正。如果没有经纬仪，可采用吊垂球的方法放轴线，如图 7－24 所示。

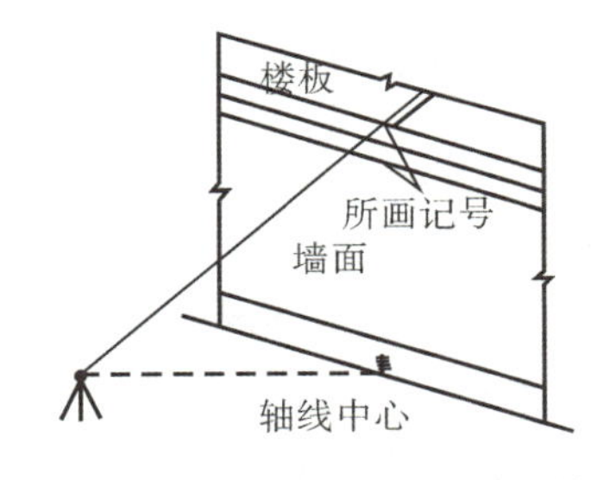

图 7－23 距离超过 30 m 时放轴线

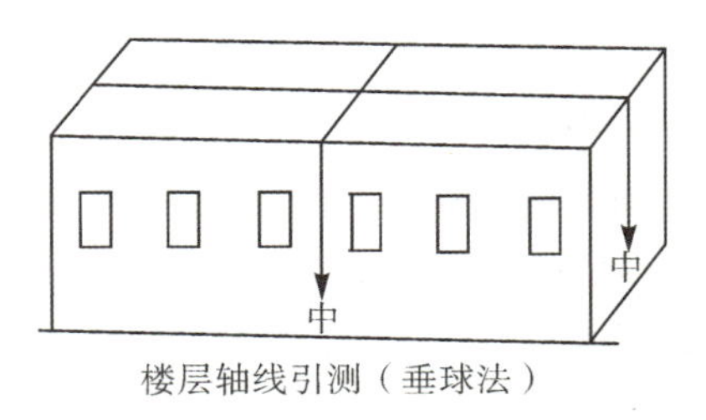

图 7－24 垂球方法放轴线

7）各层标高的控制

基础砌完之后，除要把主要墙的轴线，由龙门桩或龙门板上引到基础墙上外，还要在基础墙上抄出一条－0.1 m 或－0.15 m 标高的水平线。楼层各层标高除立皮数杆控制外，亦可用在室内弹出的水平线控制。

当砖墙砌起一步架高后，应随即用水准仪在墙内进行抄平，并弹出离室内地面高 50 cm 的线，在首层即为 0.5 m 标高线（现场叫 50 线），在以上各层即为该层标高加 0.5 m 的标高线。这道水平线是用来控制层高及放置门、窗过梁高度的依据，也是到室内装饰施工时控制地面标高、墙裙、踢脚线、窗台及其他有关的装饰标高的依据。

为什么在砌完一步架后就抄平呢？因为一步架一般为1.2 m高，支架水准仪时全层均能看到，没有墙的阻碍，抄平较方便也比较准确。如果等墙砌完后再去抄平，只能通过门口来回挪动仪器抄平，既不利于工作，而且增加累积误差，使平线的精度降低。

此外，在抄平中，扶尺人必须将尺扶直，不能前后、左右的倾斜，当观测者表示尺的位置正合适时，持尺人应用铅笔在尺底划线，划线时一定要贴尺端划，防止笔尖歪斜而引起误差。有时歪斜可以达到1 cm的误差，这是不允许的。

在一层砌砖完成之后，要根据室内0.5 m标高线，用钢尺向墙上端量一个尺寸，一般比楼板安装的板底标高低10 cm，根据测量的各点将墙上端每处都弹出一道墨线，瓦工则根据它把板底安装用的找平层抹好，以保证吊装楼板时板面的平整，也有利于以后地面面层的施工。

首层的楼板吊装完毕之后，紧接着下一步工作是楼板灌逢。灌逢完毕，进行第二层墙体砌筑。当二层墙砌到一步架高后，放线人员随即用钢尺在楼梯间处，把底层的0.5 m标高线引入到上层，就得到二层0.5 m标高线，如层高为3.3 m，那么从底层0.5 m标高线往上量3.3 m划一铅笔痕，随后用水准仪及标尺从该点抄平，把楼层的全部0.5 m标高线弹出。

4. 施工质量验收标准

1)一般规定

(1)用于清水墙、柱表面的砖，应边角整齐，色泽均匀。

(2)砌体砌筑时，混凝土多孔砖、混凝土实心砖、蒸压灰砂砖、蒸压粉煤灰砖等块体的产品龄期不应小于28天。

(3)有冻胀环境和条件的地区，地面以下或防潮层以下的砌体，不应采用多孔砖。

(4)不同品种的砖不得在同一楼层混砌。

(5)砌筑烧结普通砖、烧结多孔砖、蒸压灰砂砖、蒸压粉煤灰砖砌体时，砖应提前1～2天适度湿润，严禁采用干砖或处于吸水饱和状态的砖砌筑，块体湿润程度宜符合下列规定：①烧结类块体的相对含水量为60%～70%；②混凝土多孔砖及混凝土实心砖不需要浇水湿润，但在气候干燥炎热的情况下，宜在砌筑前对其喷水湿润。其他非烧结类块体的相对含水量为40%～50%。

(6)采用铺浆法砌筑砌体，铺浆长度不得超过750 mm；当施工期间气温超过30 ℃时，铺浆长度不得超过500 mm。

(7)240 mm厚承重墙的每层墙的最上一皮砖，砖砌体的阶台水平面上及挑出层的外皮砖，应整砖丁砌。

(8)弧拱式及平拱式过梁的灰缝应砌成楔形缝，拱底灰缝宽度不宜小于5 mm；拱顶灰缝宽度不应大于15 mm，拱体的纵向及横向灰缝应填实砂浆；平拱式过梁拱脚下面应伸入墙内不小于20 mm；砖砌平拱过梁底应有1%的起拱。

(9)砖过梁底部的模板及其支架拆除时,灰缝砂浆强度不应低于设计强度的 75%。

(10)多孔砖的孔洞应垂直于受压面砌筑,半盲孔多孔砖的封底面应朝上砌筑。

(11)竖向灰缝不应出现透明缝、瞎缝和假缝。

(12)砖砌体施工临时间段处补砌时,必须将接槎处表面清理干净,洒水湿润,并填实砂浆,保持灰缝平直。

(13)夹心复合墙的砌筑应符合下列规定:①墙体砌筑时,应采取措施防止空腔内掉落砂和杂物;②拉结件设置应符合设计要求,拉结件在叶墙上的搁置长度不应小于叶墙厚度的 2/3,并不应小于 60 mm;③保温材料品种及性能应符合设计要求,保温材料的浇筑压力不应对砌体强度、变形及外观质量产生不良影响。

2)主控项目

(1)砖和砂浆的强度等级必须符合设计要求。

抽检数量:每一生产厂家,烧结普通砖、混凝土实心砖每 15 万块,烧结多孔砖、混凝土多孔砖、蒸压灰砂砖及蒸压粉煤灰砖每 10 万块各为一验收批,不足上述数量时按 1 批计,抽检数量为 1 组。

检验方法:查砖和砂浆试块试验报告。

(2)砌体灰缝砂浆应密实饱满,砖墙水平灰缝的砂浆饱满度不得低于 80%;砖柱水平灰缝和竖向灰缝饱满度不得低于 90%。

抽检数量:每检验批抽查不应少于 5 处。

检验方法:用百格网检查砖底面与砂浆的黏结痕迹面积。每处检测 3 块砖,取其平均值。

(3)砖砌体的转角处和交接处应同时砌筑,严禁无可靠措施的内外墙分砌施工。在抗震设防烈度为 8 度及 8 度以上的地区,对不能同时砌筑而又必须留置的临时间断处应砌成斜槎,普通砖砌体斜槎水平投影长度不应小于高度的 2/3,如图 7-25 所示。多孔砖砌体的斜槎长高比不应小于 1/2。斜槎高度不得超过一步脚手架的高度。

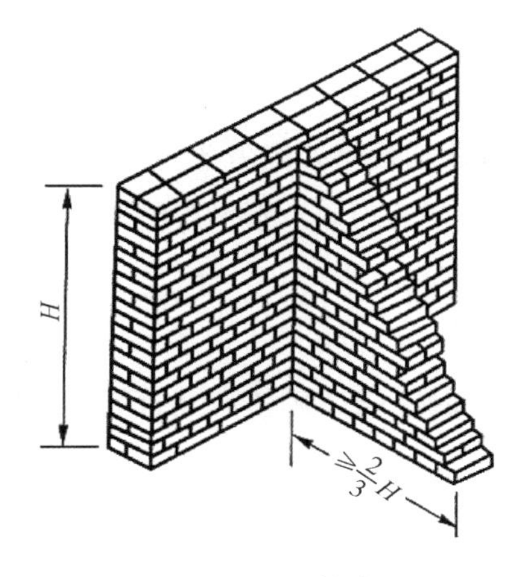

图 7-25 斜槎

砖墙留直槎

抽检数量：每检验批抽查不应少于 5 处。

检验方法：观察。

(4)非抗震设防及抗震设防烈度为 6 度、7 度地区的临时间断处，当不能留斜槎时，除转角处外，可留直槎，但直槎必须做成凸槎，且应加设拉结钢筋，拉结钢筋应符合下列规定：①每 120 mm墙厚放置 1ϕ6 拉结钢筋(120 mm 厚墙应放置 2ϕ6 拉结钢筋)；②间距沿墙高不应超过 500 mm，且竖向间距偏差不应超过 100 mm；③埋入长度从留槎处算起每边均不应小于 500 mm，对抗震设防烈度 6 度、7 度的地区，不应小于 1000 mm；④末端应有 90°弯钩，如图 7－26 所示。

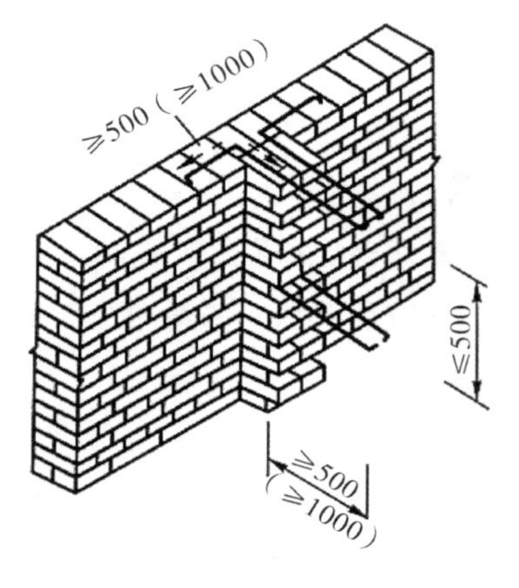

图 7－26　直槎

砖墙留斜槎

抽检数量：每检验批抽查不应少于 5 处。

检验方法：观察和尺量检查。

3)一般项目

(1)砖砌体组砌方法应正确，内外搭砌，上、下错缝。清水墙、窗间墙无通缝；混水墙中不得有长度大于 300 mm 的通缝，长度 200～300 mm 的通缝每间不超过 3 处，且不得位于同一面墙体上。砖柱不得采用包心砌法。

抽检数量：每检验批抽查不应少于 5 处。

检验方法：观察。砌体组砌方法抽检每处应为 3～5 m。

(2)砖砌体的灰缝应横平竖直，厚薄均匀。水平灰缝厚度及竖向灰缝宽度宜为 10 mm，但不应小于 8 mm，也不应大于 12 mm。

抽检数量：每检验批抽查不应少于 5 处。

检验方法：水平灰缝厚度用尺量 10 皮砖砌体高度折算。竖向灰缝宽度用尺量 2 m 砌体长度折算。

(3)砖砌体尺寸、位置的允许偏差及检验方法应符合表 7－9 的规定。

表 7－9 砖砌体尺寸、位置的允许偏差及检验方法

序号	项目			允许偏差/mm	检验方法	抽检数量
1	轴线位移			10	用经纬仪和尺或用其他测量仪器检查	承重墙、柱全数检查
2	基础、墙、柱顶面标高			±15	用水准仪和尺检查	不应小于 5 处
3	墙面垂直度	每层		5	用 2 m 托线板检查	不应小于 5 处
		全高	10 m	10	用经纬仪、吊线和尺或其他测量仪器检查	外墙全部阳角
			20 m	20		
4	表面平整度	清水墙、柱		5	用 2 m 靠尺和楔形塞尺检查	不应小于 5 处
		混水墙、柱		8		
5	水平灰缝平直度	清水墙		7	拉 5 m 线和尺检查	不应小于 5 处
		混水墙		10		
6	门窗洞口高、宽(后塞口)			±10	用尺检查	不应小于 5 处
7	外墙上下窗口偏移			20	以底层窗口为准，用经纬仪或吊线检查	不应小于 5 处
8	清水墙游丁走缝			20	以每层第一皮砖为准，用吊线和尺检查	不应小于 5 处

5. 常见质量问题

1)砂浆强度不稳定

(1)现象：砂浆匀质性差，强度波动大，尤其是 M2.5、M5 砂浆试块强度低于 $f_{m,k}$ 的情况较多。

(2)原因分析。

①施工现场拌制砂浆计量不准，有的没有按规定使用重量比，而采用的体积比，且没有准确地按重量比折算和严格计量，影响砂浆强度。

②水泥混合砂浆中的石灰膏、电石膏及粉煤灰等塑化材料质量不好，如石灰膏含有较多的灰渣或存在干燥、结硬等情况，使砂浆中含有较多的软弱颗粒，降低了砂浆强度。

③水泥砂浆中掺入的微沫剂或水泥混合砂浆中的塑化材料使用不当，这些湿用料没调成标准稠度，掺量往往超过规定用量，严重地降低了砂浆的强度。

④砂浆搅拌时间不足或人工拌和不均匀，影响了砂浆的匀质性和和易性。

⑤砂浆试块的取样制作、养护方法等没有按规范标准执行，致使测定的砂浆强度缺乏代表性，与实际砂浆强度不符。

2)砌体砂浆不饱满

(1)现象。实心砖砌体水平灰缝的砂浆饱满度低于 80%，砂浆饱满度不合格；竖缝内无砂

浆；缩口缝深度大于 2 cm 以上。

(2)原因分析。

①砂浆和易性差，铺灰不匀、不饱满、挤浆不紧、砖与砂浆黏结差。

②铺灰过长，砌筑速度慢，砂浆中的水分被底下的砖吸收，使砌上的砖层与砂浆不黏结。

③砌清水墙采用 2～3 cm 的大缩口深度，减少了砂浆饱满度。

④用干砖砌筑，使砂浆过早脱水、干硬，削弱了砖与砂浆的黏结力。

⑤摆砖砌筑没揉挤或没放丁头灰，竖缝内无砂浆。

3)墙体裂缝

(1)由于地基不均匀下沉引起的墙体裂缝。

①斜裂缝。

a. 现象。多发生在较长的纵墙两端，斜裂缝通过窗口的两个对角向沉降量较大的方向倾斜，由上向下发展，往上逐渐减少，裂缝宽度下大上小，这种缝往往在房屋建成后不久就出现了，其数量及宽度随时间而逐渐发展，如图 7－27 所示。

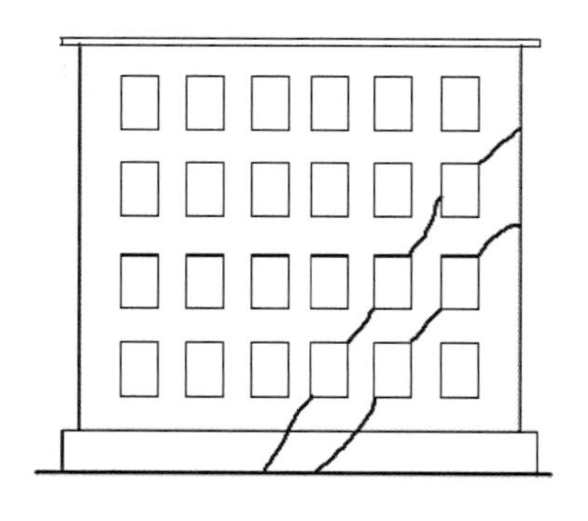

图 7－27 墙体斜裂缝

b. 原因分析。由于地基不均匀下沉，使墙体承受较大的剪切力。当结构刚度较差，施工质量和材料强度不能满足要求时，会导致墙体开裂。

②水平裂缝。

a. 现象。水平裂缝一般发生在窗间墙的上下对角处成对出现，沉降量大的一边裂缝在下，沉降小的一边裂缝在上，如图 7－28 所示。

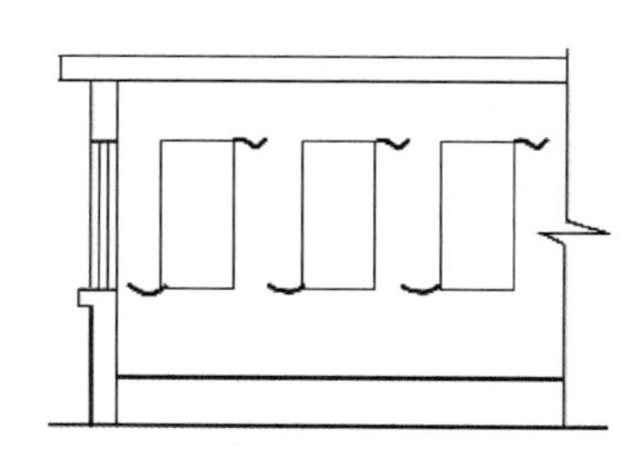

图 7－28 墙体水平裂缝

b. 原因分析。在沉降单元上部受阻力，使窗间墙受到较大的水平剪力，造成窗间墙上下对角处产生水平裂缝。

③竖向裂缝。

a. 现象。竖向裂缝发生在纵墙中央的顶部和底层窗台处，裂缝上宽下窄。

b. 原因分析。窗间墙承受荷载后，窗台起着反梁作用，特别是较大的窗台或窗间墙承受着较大的集中荷载作用，如礼堂、厂房等工程窗台墙因反向变形过大而开裂；地基建在冻土层上，由于冻胀作用也容易造成窗台处发生裂缝。

(2)由于温度变化引起的墙体裂缝。

①八字形裂缝。

a. 现象。八字形裂缝多发生在平屋顶房屋和无保温屋盖的房屋顶层纵墙面的两端，一般长度在 1～2 个开间范围内，严重时可发展至房屋 1/3 长度内，有时在横墙上也可能发生。裂缝宽度一般中间大，两端小，当外纵墙两端有窗时，裂缝沿窗口对角方向裂开，如图 7－29 所示。

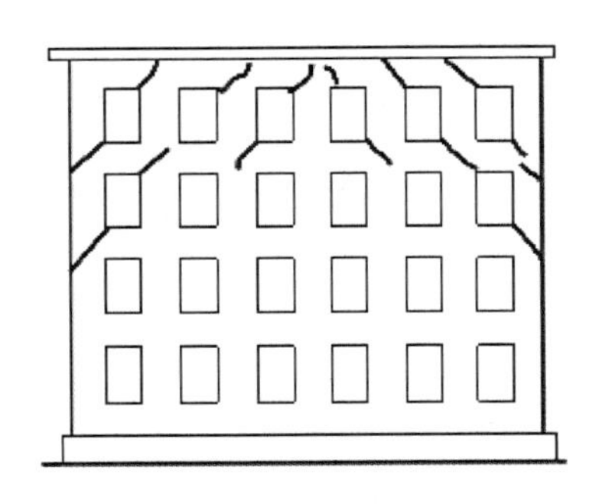

图 7－29 八字形裂缝

b. 原因分析。在夏季，屋顶圈梁、挑檐混凝土浇灌后和保温层未施工前，由于混凝土和砖砌体两种材料的线胀系数不同(前者比后者大一倍)，处在较大温差情况下，纵墙因不能自由缩短，而在两端发生八字斜缝。

②水平裂缝。

a. 现象。由于温度变化引起的水平裂缝一般发生在平屋顶屋檐下或顶层圈梁 2～3 皮砖的灰缝位置。裂缝一般沿外墙顶部连续分布，两端较中间严重，在转角处，纵横墙水平裂缝相交而形成包角裂缝，如图 7－30 所示。

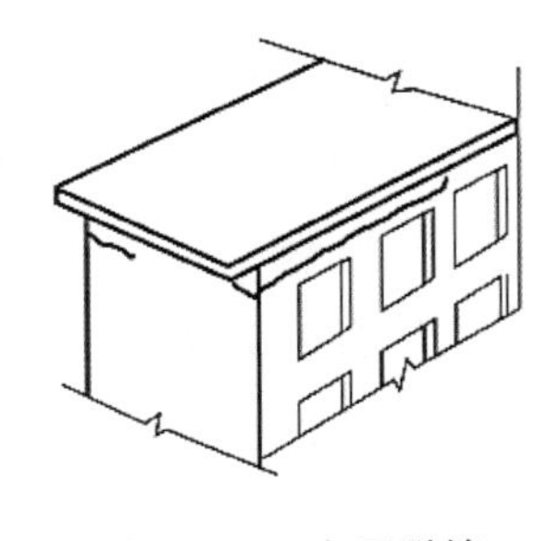

图 7－30 水平裂缝

b. 原因分析。产生原因与八字形裂缝相同。

(3)由于施工不当引起的墙体裂缝与渗水。

a. 现象。裂缝顺砌体灰缝展开；不规则或隐性的裂缝或渗水。

b. 原因分析。设计要求的洞口、管道、沟槽未在砌筑时留出或留置不准确，造成砌筑后打凿墙体，墙体震动开裂。由于支撑模板或振捣混凝土，造成砌体松动开裂。单片墙体砌筑的自由高度超过规定，未采取临时支撑措施，当遇到大风或物体撞击后产生裂缝。存有裂缝的多孔砖砖被砌筑到外墙朝向室外的一侧。伸出外墙的雨篷、阳台、遮阳板、空调搁板等水平构件倒坡积水会造成渗水。砌筑时头缝作假缝（即空头缝），砂浆干缩后与砖面脱开，或本身留有下缝、透亮缝。封砌外墙井架通道墙面时垃圾未清净，或一次封砌到梁底，或接槎不严密等，易造成墙体裂缝及渗水。

任务实施

1. 工作任务

认识砖墙砌体材料质量要求，砖墙砌体的组砌形式，掌握砖墙砌体的施工工艺及质量验收标准，并能够处理常见的质量问题。

2. 实施过程

1）课前预习

利用在线开放课程、课程群等线上资源进行课前预习，并完成测试进行自检。

2）测试题

（1）填空题。

①砖基础大放脚采用等高式时，应为________，二边各收进________砖长。

②砌筑砖墙时，应采用“三一”砌砖法，即________、________、________。

③砖砌体质量要求可用________、________、________、________十六个字来概括。

④普通黏土砖实心墙的常用组砌形式有________、________和________三种。

⑤砖墙砌筑包括________、________、________、________和________等工序。

⑥在地震区，砖砌体的________处，不得留直槎。

⑦为了使砖墙在转角处各皮间竖缝相互错开，必须在外角处砌________。

⑧三顺一丁砌筑时上下皮顺砖间竖缝错开________砖长，上下皮顺砖与丁砖间竖缝错开________砖长________。

⑨墙身砌筑高度超过________时应搭设脚手架，脚手架上面堆砖高度不得超过________，同一块脚手板上操作人员不得超过________。

⑩砖基础由________、________和________构成。

⑪砌块砌筑时水平灰缝一般为________，有配筋的水平灰缝为________。

⑫脚手架必须按楼层与结构拉结牢固，拉结点垂直距离不得超过________，水平距离不得超过________。

(2)单项选择题。

①双排钢管扣件式脚手架一个步架高度以______较为适宜。

A. 1.5 m　　B. 1.2 m　　C. 1.6 m　　D. 1.8 m

②砖墙每日砌筑高度不应超过______。

A. 1.5 m　　B. 2.1 m　　C. 1.2 m　　D. 1.8 m

③砖基础大放脚的组砌形式是______。

A. 三顺一丁　　B. 一顺一丁　　C. 梅花丁　　D. 两平一侧

④砌筑用砂浆中的砂应采用______。

A. 粗砂　　B. 细砂　　C. 中砂　　D. 特细砂

⑤检查灰缝是否饱满的工具是______。

A. 楔形塞尺　　B. 方格网　　C. 靠尺　　D. 托线板

⑥砖砌体水平缝的砂浆饱满度应不低于______。

A. 50%　　B. 80%　　C. 40%　　D. 60%

⑦检查墙面垂直度的工具是______。

A. 钢尺　　B. 靠尺　　C. 托线板　　D. 楔形塞尺

⑧施工脚手眼补砌时,灰缝应填______。

A. 砂浆　　B. 砖　　C. 砂石　　D. 钢筋混凝土

⑨双排脚手架的连墙杆一般按______的范围来设置。

A. 三步四跨　　B. 三步五跨　　C. 四步三跨　　D. 五步三跨

⑩下列______起重设备可将人送到施工层。

A. 井架　　B. 龙门架　　C. 塔吊　　D. 施工电梯

⑪在砌筑卫生间隔墙时,应用______来砌砖块。

A. 石灰砂浆　　B. 水泥砂浆　　C. 混合砂浆　　D. 素水泥浆

⑫砖缝一般应采用______mm。

A. 8～10　　B. 10～12　　C. 8～12　　D. 9～11

⑬有一 370 mm 厚的墙,则该墙体在需设拉结钢筋的地方应设______根。

A. 1　　B. 2　　C. 3　　D. 4

⑭内外砖墙交接处应同时砌筑,但不能时应留______。

A. 斜槎　　B. 直槎　　C. 凸槎　　D. 均可

(3)简答题。

①论述墙砌筑砂浆原材料的质量要求、质量指标。

②论述一般砖砌体的施工流程和操作要点(包含构造柱、留槎、钢筋砖过梁)。

____

____

3)实战演练

①在建筑实训工区完成二四墙(宽度为 240 mm 的墙)、三七墙(宽度为 370 mm 的墙)、大放脚(从基础墙断面上看单边或两边阶梯形的放出部分)、三七柱(带一二墙)、四九柱(带二四墙)、五零柱的砌筑施工。

②请完成砌筑工艺流程。

步骤 1:____

____

____

步骤 2:____

____

____

步骤 3:____

____

____

步骤 4:____

____

____

步骤 5:____

____

____

③分小组完成砌筑施工任务,并拍照记录成果。

3. 检查与评价

学生首先自查,然后以小组为单位进行互查,发现错误及时纠正,遇到问题商讨解决,教师做出改进指导后,结合学生在实施过程中表现出来的职业素养、参与程度综合考核评价每位同学成绩。学生自评表和教师评定表分别如任务表 7-5、7-6 所示。

任务表 7－5　学生自评表

项目名称	砌筑工程施工	任务名称	砖墙砌筑工程施工
学生姓名		实际得分	标准分值
砌筑砂浆的类型和质量控制能力			10
砖墙砌体的组砌方法能力			20
砖墙砌体施工能力			20
砖墙砌体施工质量控制能力			20
是否能认真描述困难、错误和修改内容			10
对自己工作的评价			10
团队协作能力			10
合计得分			100
改进内容及方法：			

任务表 7－6　教师评定表

项目名称	砌筑工程施工	任务名称	砖墙砌筑工程施工
学生姓名		实际得分	标准分值
砌筑砂浆的类型和质量控制能力			10
砖墙砌体的组砌方法能力			20
砖墙砌体施工能力			20
砖墙砌体施工质量控制能力			20
是否能认真描述困难、错误和修改内容			10
对学生工作的评价			10
团队协作能力			10
合计得分			100

任务 7.3 配筋砖砌体砌筑施工

任务描述

熟悉配筋砖砌筑材料的性质及质量要求，掌握配筋砖砌体的组砌形式、施工工艺流程及质量验收标准等。

知识学习

7.3.1 配筋砖砌体施工

1. 配筋砖砌体的构造形式

1）配筋砖柱的组砌方式

砖柱主要断面形式有方形、矩形、多角形、圆形等。砖柱组砌方法应正确，一般采用"三一"砌法（即一铁锹灰，一块砖，一挤揉）。

2）配筋砖墙体的组砌方式

墙体一般采用一顺一丁（满丁满条）、梅花丁或三顺一丁砌法，不采用五顺一丁砌法。

3）网状配筋砖柱（墙）的构造

网状配筋砖柱（墙）是用烧结普通砖与砂浆砌成的，在砖柱（墙）的水平灰缝中配有钢筋网片。所用砖的强度等级不应低于 MU10，砂浆的强度等级不应低于 M5。钢筋网片有方格网和连弯网两种形式。方格网宜采用直径 3～4 mm 的钢筋。连弯网宜采用直径不大于 8 mm 的钢筋。钢筋网中钢筋的间距不应大于 120 mm，并不应小于 30 mm。钢筋网间距不应大于 5 皮砖，并不应大于 400 mm。网状配筋砖柱（墙）的构造做法如图 7－31 所示。

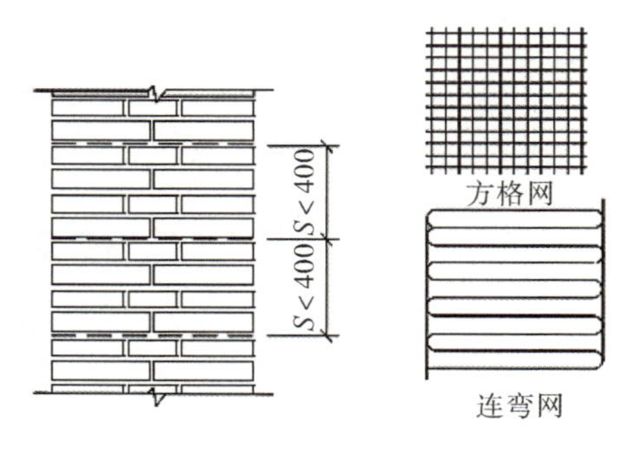

图 7－31 网状配筋砖柱（墙）的构造做法

4)组合砖砌体的构造

组合砖砌体是由砖砌体和钢筋混凝土面层或钢筋砂浆面层组成的,有组合砖柱、组合砖壁柱及组合砖墙等。砖砌体所用砖的强度等级不宜低于 MU10,砌筑砂浆的强度等级不得低于 M5。面层混凝土强度等级一般采用 C15 或 C20。面层水泥砂浆强度等级不得低于 M7.5。砂浆面层厚度可采用 30～45 mm。当面层厚度大于 45 mm 时,其面层宜采用混凝土。受力钢筋直径不应小于 8 mm,钢筋净间距不应小于 30 mm。组合砖砌体的构造做法如图 7-32 所示。

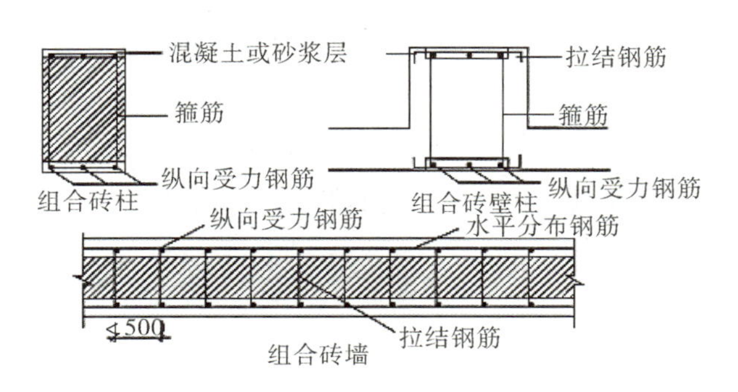

图 7-32 组合砖砌体的构造做法

5)钢筋混凝土填心墙的构造

钢筋混凝土填心墙是将采用烧结普通砖和砂浆砌好的两个独立墙片,用拉结钢筋连接在一起,在两片之间设置钢筋,并浇筑混凝土而成。所用砖强度等级不低于 MU7.5,砂浆强度等级不低于 M5。墙厚至少为 115 mm。混凝土强度等级不低于 C15。竖向受力钢筋的直径及间距按设计计算而定,其直径不应小于 10 mm。水平分布钢筋直径不应小于 8 mm,垂直方向间距不应大于 500 mm。拉结钢筋直径可用 4～6 mm,垂直方向及水平方向间距不应大于 500 mm,并不应小于 120 mm。钢筋混凝土填心墙的构造做法如图 7-33 所示。

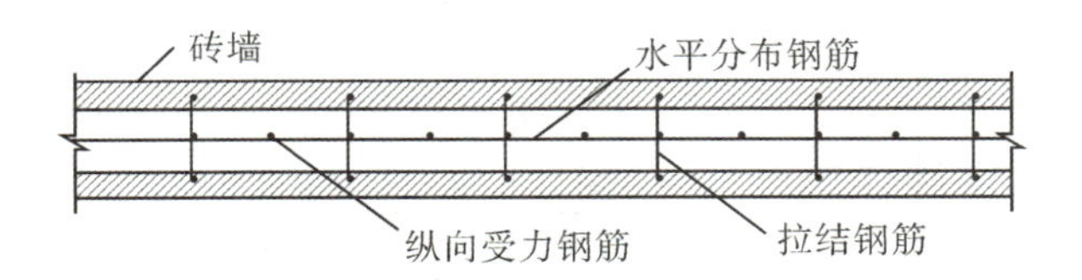

图 7-33 钢筋混凝土填心墙的构造做法

6)钢筋混凝土构造柱

构造柱施工

构造柱砖墙应砌成大马牙槎,设置好拉结筋,从柱脚开始两侧都应先退后进,当齿深 12 cm 时,宜上口一皮进 6 cm,再上一皮进 12 cm,以保证混凝土浇筑时上角密实,构造柱内的落地灰、砖渣杂物必须清理干净,防止混凝土内夹渣。

设置钢筋混凝土构造柱的墙体，宜用强度等级不低于 MU7.5 的普通黏土砖与强度等级不低于 M2.5 砂浆砌筑。构造柱截面不应小于 240 mm×180 mm（实际应用最小截面为 240 mm×240 mm）。钢筋一般采用 HPB235 级钢筋，竖砖墙与构造柱应沿墙高每隔500 mm 设置纵向受力钢筋，一般采用 4 根，直径为12 mm。箍筋采用的直径为 4～6 mm，其间距不宜大于 250 mm。2 根直径 6 mm 的水平拉结钢筋，拉结钢筋两边伸入墙内不应少于 1 m。拉结钢筋穿过构造柱与受力钢筋绑牢。当墙上门窗洞边到构造柱边的长度小于 1 m 时，拉结钢筋伸到洞口边为止。在外墙转角处，如纵横墙均为一砖半墙，则水平拉结钢筋应用 3 根。钢筋混凝土构造柱的做法如图7－34所示。

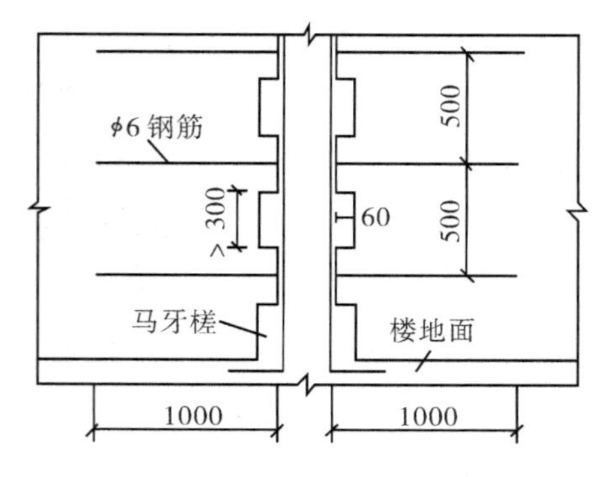

图 7－34 钢筋混凝土构造柱的做法

2. 施工工艺

1）工艺流程

配筋砌体施工工艺流程图如图 7－35 所示。

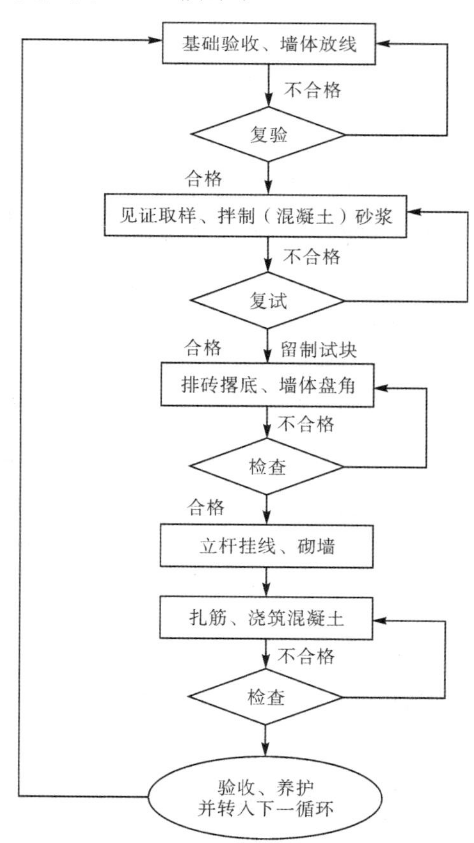

图 7－35 配筋砌体施工工艺流程图

2)操作要点

(1)组砌方法。砌体一般采用一顺一丁(满丁、满条)、梅花丁或三顺一丁砌法。

(2)排砖撂底(干摆砖)。一般外墙第一层砖撂底时,两山墙排丁砖,前后檐纵墙排条砖。根据弹好的门窗洞口位置线,认真核对窗间墙、垛尺寸,检验其长度是否符合排砖模数,如不符合模数时,可将门窗口的位置左右移动。若有破活,七分头或丁砖应排在窗口中间,附在墙垛或其他不明显的部位。移动门窗口位置时,应注意保证暖卫立管安装及门窗开启不受影响。另外,在排砖时还要考虑在门窗口上边的砖墙合拢时也不出现破活。所以排砖时必须作全盘考虑,前后檐墙排第一皮砖时,要考虑甩窗口后砌条砖,窗角上必须是七分头才是好活。

(3)选砖。砌清水墙应选择棱角整齐,无弯曲、裂纹、颜色均匀,规格基本一致的砖。敲击时声音响亮,焙烧过火变色、变形的砖可用在基础及不影响外观的内墙上。

(4)盘角。砌砖前应先盘角,每次盘角不要超过五层,新盘的大角及时进行吊、靠。如有偏差要及时修整。盘角时要仔细对照皮数杆的砖层和标高,控制好灰缝大小,使水平灰缝均匀一致。大角盘好后再复查一次,平整和垂直完全符合要求后,再挂线砌墙。

(5)挂线。砌筑一砖半墙必须双面挂线,如果砌长墙时几个人均使用一根通线,中间应设几个支线点,小线要拉紧,每层砖都要穿线看平,使水平缝均匀一致,平直通顺;砌一砖厚混水墙时宜采用外守挂线,可照顾砖墙两面平整,为下道工序控制抹灰厚度奠定基础。

(6)砌砖及放置水平钢筋。砌砖宜采用“三一”砌法,即满铺满挤操作法。砌砖一定要跟线,“上跟线,下跟棱,左右相邻要对平。”水平灰缝厚度和竖向灰缝宽度一般为 10 mm,但不应小于 8 mm,也不应大于 12 mm。皮数杆上要标明钢筋网片、箍筋或拉结筋的设置位置,并在该处钢筋进行了隐蔽工程验收后方可上层砌砖,同时要保证水平灰缝内放置的钢筋网片、箍筋或拉结筋上下至少各有 2 mm 厚度的砂浆保护层,再按规定间距绑扎受力及分布钢筋。为保证墙面主缝垂直,不游丁走缝,当砌完一步架高时,宜每隔 2 m 水平间距,在丁砖立楞位置弹两道垂直立线,可以分段控制游丁走缝。

(7)留槎。外墙转角处应同时砌筑。内外墙交界处必须留斜槎,槎子长度不应小于墙体高度的 2/3,槎子必须平直、通顺。分段位置应在变形缝或门窗口角处,隔墙与墙或柱不同时砌筑时,可留阳槎加预埋拉结筋。沿墙高按设计要求每 50 cm 预埋 $\phi 6$ 钢筋 2 根,其埋入长度从墙的留槎处算起,一般每边均不小于 50 cm,末端应加 90°弯钩。

(8)木砖预留孔洞和墙体拉结筋。木砖预埋时应小头在外,大头在内,数量按洞口高度决定。洞口高在 1.2 m 以内时,每边放 2 块;高 1.2～2 m 时,每边放 3 块;高 2～3 m 时,每边放 4 块,预埋木砖的部位一般在洞口上边或下边四皮砖,中间均匀分布。木砖要提前做好防腐处理。钢门窗安装的预留孔、硬架支模孔、暖卫管道孔,均应按设计要求预留,不得事后剔凿。墙体拉结筋的位置、规格、数量、间距均应按设计要求留置,不应错放、漏放。

(9)安装过梁、梁垫。安装过梁、梁垫时,其标高、位置及型号必须准确,坐浆饱满。如坐浆厚度超过 2 cm 时，要用细石混凝土铺垫。过梁安装时，两端支撑点的长度应一致。

(10)砂浆(混凝土)面层施工。面层施工前，应清除面层底部的杂物，并浇水湿润砖砌体表面。砂浆面层施工从上而下分层涂抹，一般应两次涂抹，第一次主要是刮底，使受力钢筋与砖砌体有一定的保护层；第二次主要是抹面，使面层表面平整。混凝土面层施工应支设模板，每次支设高度宜为 50～60 cm，并分层浇筑，振捣密实，待混凝土强度达到设计强度的 30%以上才能拆除模板。

7.3.2 配筋砌块砌体施工

1. 配筋砌块砌体的构造形式

1)配筋砌块的组砌方式

混凝土空心砌块的墙厚等于砌块的宽度，其立面砌筑形式只有全顺一种，即各皮砌块均为顺砖，上下皮竖缝相互错开 1/2 砌块长，上下及砌块孔洞相互对准。空心砌块转角及 T 字交接处砌法如图 7 - 36 所示。

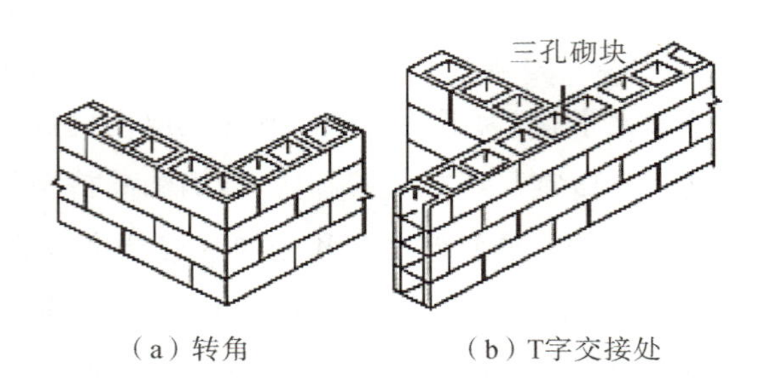

(a) 转角　　(b) T字交接处

图 7 - 36　空心砌块转角及 T 字交接处砌法

2)配筋砌块的配筋构造

配筋砌块的配筋构造柱主要有配筋砌块砌体剪力墙、连梁构件、配筋砌块砌体柱构件、芯柱构件等。芯柱构造柱如图 7 - 37 所示。

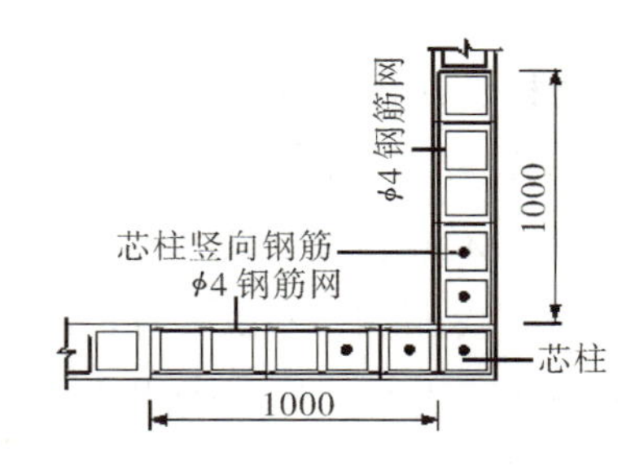

图 7 - 37　芯柱构造柱(单位:mm)

2. 施工工艺及质量要求

1)工艺流程

找平→放线→立皮数杆→排列砌块→拉线、砌筑、勾缝→芯柱施工等。

2)操作要点

(1)砌筑前应在基础面或楼面上定出各层的轴线位置和标高，并用 1∶2 水泥砂浆或 C15 级细石混凝土找平。

(2)砌筑前应按砌块尺寸和灰缝厚度计算皮数和排数。砌筑一般采用“披灰挤浆”，瓦工先在砌块底面的周肋上满披灰浆，铺灰长度为 2～3 m，再在待砌的砌块端头满披头灰，然后双手搬运砌块，进行挤浆砌筑。

(3)砌筑应尽量采用主规格砌块，用反砌法(底面朝上)砌筑，从转角或定位处开始向一侧进行。内外墙同时砌筑，纵横梁交错搭接。上下皮砌块要求对孔、错缝搭砌，个别不能对孔时，允许错孔砌筑，但搭接长度不应小于 90 mm。如无法保证搭接长度，应在灰缝中设置构造筋或加网片拉结。

(4)砌体灰缝应横平竖直，砂浆严实。水平灰缝砂浆饱满度不得低于 90%，竖直灰缝不得低于 60%，不得用水冲浆灌缝。水平和垂直灰缝的宽度应为 8～12 mm。

(5)墙体临时间断处应砌成斜槎，斜槎长度应等于或大于斜槎的高度(一般按一步脚手架高度控制)，空心砌块墙斜槎如图 7－38 所示，必须留直槎应设 ϕ4 mm 钢筋网片拉结或 2ϕ6mm 的拉结筋，空心砌块墙直槎如图 7－39 所示。

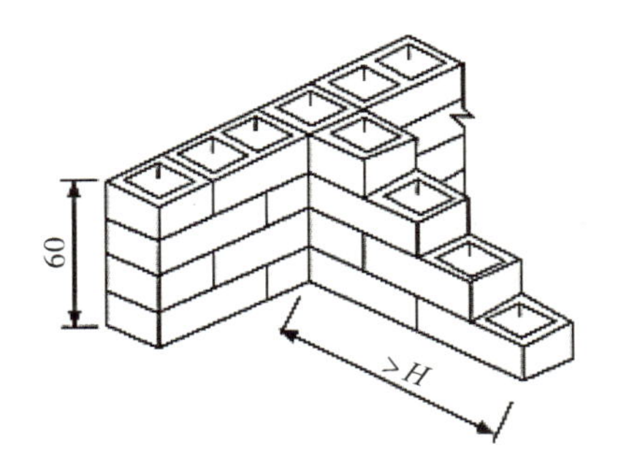

图 7－38 空心砌块墙斜槎

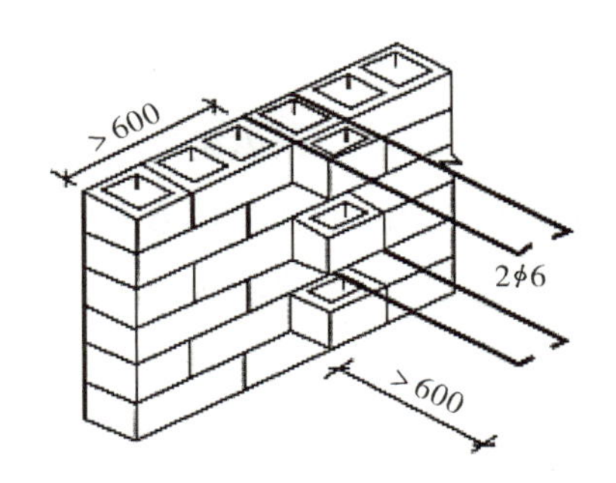

图 7－39 空心砌块墙直槎

(6)预制梁、板安装应坐浆垫平。墙上预留孔洞、管道、沟槽和预埋件，应在砌筑时预留或预埋，不得在砌好的墙体上凿洞。

(7)如需移动已砌好的砌块，应清除原有砂浆，重铺新砂浆砌筑。

(8)在墙体下列部位，空心砌块应用混凝土填实：底层室内地面以下砌体；楼板支撑处如无圈梁时，板下一皮砌块；次梁支撑处等。

(9)对 5、6 层房屋，常在四大角及外墙转角处用混凝土填实三个孔洞构成芯柱。在砌完一个楼层高度后连续分层浇灌，混凝土坍落度应不小于 5 cm，每浇灌 40～50 cm 高度应捣实一次。

(10)砌块每日砌筑高度应控制在 1.5 m 或一步脚手架高度。每砌完一楼层后，应校核墙体的轴线尺寸和标高。在允许范围内的轴线及标高的偏差，应在楼板面上予以纠正。

(11)钢门、窗安装前，先将弯成 Y 或 U 形的钢筋埋入混凝土小型砌块墙体的灰缝中，每个门、窗洞的一侧设置两只，安装门窗时用电焊固定。木门、窗安装时，事先在混凝土小砌块 190 mm×190 mm×190 mm 内预埋浸沥青的木砖，四周用 C15 细石混凝土填实，砌筑时将砌块侧砌在门窗洞的两侧，一般每个门洞用六块木砖，每个窗洞用四块木砖。

(12)在砌筑过程中，应采用“原浆随砌随收缝法”，先勾水平缝，后勾竖向缝。灰缝与砌块面要平整密实，不得出现丢缝、瞎缝、开裂和黏结不牢等现象，以避免墙面渗水和开裂，以利于墙面粉刷和装饰。

3)质量要求

(1)砌块墙砌筑前，应绘好砌块排列图，选好吊装机具和吊装路线，确定吊装程序，编制工艺卡，这是保证施工顺利进行，避免施工混乱的重要环节。

(2)砌块的堆放应按吊装或砌筑顺序，分型号、规格垂直整齐堆放，并布置在起重设备的回转半径范围内，堆放数量应保证在半个楼层以上配套使用，以减少二次搬运，提高工效，避免停工待料。砌体中的芯柱是用以加强砌块建筑的整体性和结构延性，增强砌体刚度，抵抗水平荷载和地震力的重要措施，必须按设计位置设置，在孔中插入钢筋并浇筑混凝土，不得遗漏，不能马虎，应严格保证芯柱的混凝土质量，同时做好隐蔽验收的检查记录。

(3)墙体内应尽量不设脚手眼，如必须设置时，可用 190 mm×190 mm×190 mm 砌块侧砌，利用其孔洞作为脚手眼，砌体完工后，应用 C15 混凝土将脚手眼填实。

(4)对墙体表面的平整度和垂直度、灰缝的均匀程度等，应随时检查并校正所发现的偏差。在砌完每一层楼后，应校核墙体的轴线尺寸和标高。在允许范围内的轴线以及标高的偏差，可在楼板面上予以校正。

7.3.3 填充墙砌体施工

1. 墙体拉结筋

每一楼层砖墙施工前，必须把墙、柱上填充墙体预留拉结筋按规范要求焊接完毕，拉结筋每 500 mm 高留一道，每道设 2ϕ6 钢筋，长度≥1000 mm，端部设 90°弯钩。单面搭接焊的焊缝长度应≥10d，双面搭接焊的焊缝长度≥5d。焊接不应有咬边、气孔等质量缺陷，并进行焊接质量检查验收。

在框架柱上采用后植式埋设拉结筋，应通过拉拔强度试验。

2.施工放线

根据楼层中的控制轴线，事先测放出每一楼层墙体的轴线和门窗洞口的位置线，将窗台和窗顶的位置标高线标识在框架柱上。待施工放线完成后，上报技术部门验收合格后，方可进行墙体砌筑。

3.基层清理

在砌筑砖体前应对基层进行清理，将楼层上的浮浆、灰尘清扫冲洗干净，并浇水使基层湿润。

4.构造柱钢筋绑扎

构造柱钢筋笼可预先制作，和原结构梁上预留插筋的搭接绑扎长度满足设计要求，柱子中心线应垂直。

5.立皮数杆、排砖

(1)在皮数杆上或框架柱、墙上排出砖块的皮数及灰缝厚度，并标出窗台、洞口及墙梁等构造标高。

(2)根据要砌筑的墙体长度、高度试排砖，摆出门、窗及孔洞的位置。

(3)外墙第一皮砖撂底时，横墙应排丁砖，梁及梁垫的下面一皮砖、窗台等阶台水平面上一皮砖应用丁砖砌筑。

6.砖墙砌筑

1)砌筑砂浆要求

(1)砂浆的配合比应用质量比，计量精度：水泥、有机塑化剂和冬期施工中掺用的防冻剂等配料精度为±2%，砂及掺和料为±5%。砂应计入其含水量对配料的影响。

(2)水泥及水泥混合砂浆搅拌时间不少于 2 min；水泥粉煤灰砂浆和掺外加剂的砂浆不得少于 3 min；掺用有机塑化剂的砂浆，必须采用机械搅拌，搅拌时间自投料完算起为 3～5 min。

(3)水泥砂浆的最小用量不宜小于 200 kg/m^3；水泥混合砂浆中水泥和掺加料总量宜为300～350 kg/m^3。

(4)砂浆的分层度不应大于 30 mm，砂浆的稠度宜为 70～90 mm。

(5)砂浆应随拌随用，水泥或水泥混合砂浆一般在拌和后 3～4 h 内用完，气温在 30 ℃以上时，应在 2～3 h 内用完，严禁使用已硬化或过夜砂浆。

(6)墙砌体采用铺浆砌筑法时，应在铺浆后，立即砌筑，铺浆长度不得超过 750 mm；施工期间气温超过 30 ℃时，铺浆长度不得超过 500 mm。

2)浸砖

砖应提前 1～2 天浇水湿润，湿润程度达到水浸润砖体 15 mm 为宜，含水量为 10%～15%；灰砂砖、粉煤灰砖含水量宜为 5%～8%。不宜在砌筑时临时浇水，严禁干砖上墙，严禁在砌筑后向砖墙冲水。冬期施工防止砖块浇水形成薄冰。

3)挂线

砌筑一砖厚以下混水墙时,宜采用单面外手挂线,可照顾砖墙两面平整。砌筑一砖半厚以上者,必须双面挂线。如果砌长墙时几个人同时砌筑共用一根通线,中间应设支线点,小线要拉紧,每层砖都要穿线看平,使水平缝均匀一致,平直通顺。

4)砌砖

(1)组砌方法。普通砖墙厚度在一砖以上可采用一顺一丁、梅花丁或三顺一丁的砌法。砖墙厚度 3/4 砖时,采用两平一侧的砌法,弧形墙可采用全丁的砌法。

(2)砖体砌筑必须内外搭砌,上下错缝,灰缝平直,砂浆饱满。砌砖采用“三一”或铺浆法砌筑,并随手将挤出的砂浆刮去。通过对砖的挤揉使砂浆进入砖竖缝内,并使砂浆黏结饱满,增加砖体间的黏结能力。操作时要经常进行自检,如有偏差,应随时纠正,严禁事后采用撞砖纠正。

(3)砖缝宽度。墙体砌筑灰缝应横平竖直、上下错位 1/2 砖搭砌。水平灰缝厚度为 8～12 mm,确保灰缝砂浆黏结饱满度达 80%以上。竖向灰缝宽度应控制在 8～12 mm,在水平铺灰时,竖缝要填灰堵实,不产生透缝现象。

(4)砖墙砌筑时除设置构造柱的部位外,墙体的转角处和交接处应同时砌筑,严禁无可靠措施的内外墙分砌施工。

(5)墙体一般不留槎,如必须留置临时间断处,应砌成斜槎,烧结普通砖砌体的斜槎长度不应小于高度的 2/3;施工中不能留成斜槎时,除转角处外,可于墙中引出直凸槎(抗震设防地区不得留直槎)。直槎墙体每间隔高度≤500 mm,应在灰缝中加设拉结筋,拉结筋数量按每 12 mm墙厚放置一根 ϕ6 的钢筋,埋入长度从墙的留槎处算起,两边均不应小于 500 mm,末端应有 90°弯钩;拉结筋不得穿过烟道和通气道。

(6)砌体接槎时,必须将接槎处的表面清理干净,浇水湿润,并应填实砂浆,保持灰缝平直。

(7)木砖预埋。木砖经防腐处理,木纹应与钉子垂直,埋设数量按洞口高度确定;洞口高度≤2 m时,每边放 2 块,高度在 2～3 m 时,每边放 3～4 块。预埋木砖的部位一般在洞口上下四皮砖处开始,中间均匀分布或按设计预埋。

(8)砖墙勾缝。清水墙砌筑应随砌随划缝,划缝深度按图纸尺寸要求进行;如图纸没有明确规定时,一般深度为 6～8 mm,缝深浅应一致,清扫干净。砌体应保证灰缝平直,宽度、深度均匀,颜色一致。砌混水墙应随砌随将溢出砖墙面的灰迹块刮除。

(9)设计上墙体应预埋、预留的构造,应随砌随留、随复核,确保位置正确构造合理。

7. 构造柱

构造柱的截面尺寸一般为 240 mm×240 mm,构造柱与墙体的连接处应砌成马牙槎,马牙槎应“先退后进”二退二进,并沿墙高每 500 mm 设 2ϕ6 拉结筋,钢筋端部设 90°弯钩,深入墙内不小于1000 mm。拉结筋应事先放在砌筑操作现场，保证随用随拿。拉结筋应靠构造柱纵筋内边穿过。

马牙槎边缘对挤揉出来的砂浆应用工具随手清除，防止凸出的砂浆“吃”进构造柱内。根部的落地灰、碎砖块等杂物应及时清除。

支设构造柱模板时，宜采用对拉螺栓式夹具，为了防止模板与砖墙接缝处漏浆，宜用双面胶条黏结。构造柱模板根部应留垃圾清扫孔。

在浇灌构造柱混凝土前，必须向柱内砌体和模板浇水润湿，并将模板内的落地灰清除干净，先注入适量水泥砂浆，再浇灌混凝土。振捣时，振捣器应避免触碰砖墙，严禁通过砖墙传振。

任务实施

1. 工作任务

认识配筋砖砌体，配筋砌块砌体的构造形式，掌握配筋砌体的施工工艺及质量要求，填充墙体施工流程及要求。

2. 实施过程

1)背景资料

×××项目B2－7#楼工程位于让湖路区银浪村，地上6层，建筑面积为2900 m^2，结构形式为配筋砌块砌体结构。标准层层高2.8 m，建筑檐高为19.55 m。

2)施工准备

①材料准备：____

____

____

②施工机具：____

____

____

③施工进度：根据工程特点，确定合理的施工工序，编制详细的施工进度计划，计划36天完成施工。

劳动力安排：40人。

3)绘制墙体砌筑工艺流程图。

3. 检查与评价

学生首先自查，然后以小组为单位进行互查，发现错误及时纠正，遇到问题商讨解决，教师做出改进指导后，结合学生在实施过程中表现出来的职业素养、参与程度综合考核评价每位同学成绩。学生自评表和教师评定表分别见任务表7－7、7－8。

任务表 7－7　学生自评表

项目名称	砌筑工程施工	任务名称	配筋砖砌体砌筑施工
学生姓名		实际得分	标准分值
配筋砖认知能力			10
配筋砖砌体基本知识应用能力			20
配筋砖砌体的砌筑施工能力			20
填充墙砌体施工能力			20
是否能认真描述困难、错误和修改内容			10
对自己工作的评价			10
团队协作能力			10
合计得分			100
改进内容及方法：			

任务表 7－8　教师评定表

项目名称	砌体工程施工	任务名称	配筋砖砌体砌筑施工
学生姓名		实际得分	标准分值
配筋砖认知能力			10
配筋砖砌体基本知识应用能力			20
配筋砖砌体的砌筑施工能力			20
填充墙砌体施工能力			20
是否能认真描述困难、错误和修改内容			10
对学生工作的评价			10
团队协作能力			10
合计得分			100

知识拓展

砌体结构的发展趋势

1. 砌体结构的优缺点

砌体结构在世界范围内得以广泛应用，是与它的优点密不可分的。砌体结构的优点：便于就地取材，耐火性、化学稳定性和大气稳定性均较好，较钢筋混凝土结构节约水泥和钢材，造价低、施工周期短等。

当然砌体结构也存在一些固有的缺点：比如自重偏大，砌筑工作相对繁重，砂浆与砌块之间的结合力较弱，抗拉、抗弯、抗剪强度和结构整体稳定性相对钢筋混凝土和钢结构较低，另外使用大量黏土又会破坏土地资源。因为普通的砌体结构抗拉、抗弯、抗剪强度低、延性差，所以在历次发生地震时，砌体结构的建筑物破坏率总是位居首位。针对这一情况，我国颁布的抗震设计规范中对砌体结构的建筑物层数和总高度都做了严格的限制，同时为了保证房屋的结构稳定性，避免发生整体弯曲破坏，对砌体结构的高宽比也做了明确的规定。

2. 砌体结构现阶段的发展状况

由于我国仍是发展中国家，经济条件相对落后，决定了现在乃至今后仍将有大量房屋建筑会采用砌体结构。但由于土地资源的不可再生性，在使用砌体结构的同时需考虑能否采取措施，降低砌块黏土使用量，减轻砌体结构自重，并提高砌体杭剪、抗弯和抗拉性能，改善其延性，加强其抗倾能力，通过试验和研究，逐步减轻和克服砌体结构的一些缺点，使砌体结构能延长其生命力。目前我国主要是从以下两个方面进行砌体结构改革的。

1）空心砖和多孔砖得到了越来越广泛的普及和应用

空心砖、多孔砖以及相应的节能环保砌块随着墙体改革的深入开展而得到更加广泛的应用，普通烧结黏土砖的使用受到越来越多的限制，促使建设单位更多地使用获得认证许可的空心砖、多孔砖以及相应的节能环保砌块。以哈尔滨呼兰区为例，已经在2003年严令禁止在围护结构中使用普通黏土砖，而承重结构也多数采用黏土多孔砖和炉渣黏土砖，在其他结构中也严格限制使用普通黏土砖。

在建筑工程中应用空心砖和多孔砖有许多优点：在生产方面，节约原料和燃料，干燥和烧成周期短，综合效益高，砌筑成活效率高；在使用方面，保温效果和透气性能好，提高了居住舒适感；节能方面，结构自重轻，建筑能耗比较节省，各项综合技术经济指标都比较好。这些优越性，已被国内外大型的工程建设实践所证明。发展及推广应用空心砖、多孔砖和节能环保砌块，是我国建筑物墙体改革的重要内容，也是建筑业提高经济效益的有效方法。

2）配筋砌体的研究得到了较大发展

在20世纪四五十年代，苏联的研究人员就对网状配筋砌体开展试验研究，得出了较完整的计算方法。20世纪70年代，湖南大学对方格钢筋网配筋砌体抗压性能进行了相对系统的试验和研究。20 世纪 80 年代,南京工学院等单位试验和研究了盘旋形钢筋的配筋砌体。国内外还对竖向配筋空心砖砌体进行了更加系统的研究,东南大学多次进行了竖向配筋小型砌块的试验研究。

通常我们认为,配筋砌体是由于钢筋的拉力作用使砌体处于三向受力状态而提高其强度。但文献认为横向配筋砌体的强度提高主要是由于钢筋的拉接作用防止了被裂缝分开的小柱由于过早失稳而破坏。

1988 年东南大学进行的钢纤维砂浆砖柱抗压强度的试验,得出了钢纤维砂浆砌体的抗压性能较普通砂浆砌体提高约 15%,抗剪强度明显提高,提高了约 30%,而抗压韧度也有较大的提高。

1990 年至今,集中配筋砌体结构的研究得到了很大发展。根据有关文献,集中配筋砌体结构在破坏阶段时钢筋的应力达到屈服值,比分布配筋效果更好;同时配筋带又可以减小混凝土构造柱的支撑长度,加强混凝土构造柱对砌体结构的约束作用;被分隔开的小面积墙体各自出现交叉裂缝,在墙体两端形成的三角形块体,尺寸较小,对于墙端柱的挤压作用明显减弱;另外还可以直接参与抗剪。但是集中配筋砌体结构和分布配筋砌体结构同样存在施工烦琐的问题,这有待今后进一步改善。

3. 砌体结构今后的发展方向

(1)必须加强轻质、高强和节能环保的新型砖、砌块、砂浆的开发和利用。高强空心砖在国外应用已经很久,其抗压强度普遍达到 30～60 MPa,且体积密度仅为 6～13 kN/m^3。另外,由于我国目前普遍采用的普通砂浆强度低,自然也就难以得到高强度的砌体,如果采用高黏结力、高强度的黏结材料,则砌体的多项指标可以大幅度增长,从而更加有效地提高砌筑结构的整体性和抗震性。

(2)配置预应力筋,改善砌体结构的力学性能。可以根据砌体结构的受力特性在相应的部位配置预应力钢筋,用来提高砌体的竖向承载力,提高抗拉强度,加强结构的刚度,提高延性。这或许会成为砌体结构发展和应用的新方向。

参考文献

[1] 董伟.地基与基础工程施工[M].重庆:重庆大学出版社,2013.
[2] 洪树生.建筑施工[M].北京:知识产权出版社,2016.
[3] 张建设.建筑工程施工[M].武汉:武汉理工大学出版社,2011.
[4] 王玮,孙武.基础工程施工[M].北京:中国建筑工业出版社,2010.
[5] 姚谨英.建筑施工技术[M].3版.北京:中国建筑工业出版社,2007.
[6] 混凝土结构工程施工质量验收规范:GB 50204—2015[S].北京:中国建筑工业出版社,2015.
[7] 胡兴福.建筑结构[M].2版.北京:高等教育出版社,2008.
[8] 混凝土泵送施工技术规程:JGJ/T 10—2011[S].北京:中国建筑工业出版社,2011.
[9] 徐明霞.混凝土结构工程施工[M].北京:北京理工大学出版社,2012.
[10] 陈刚.混凝土结构工程施工[M].北京:化学工业出版社,2011.
[11] 钢筋焊接及验收规程:JGJ 18—2012[S].北京:中国建筑工业出版社,2012.
[12] 混凝土外加剂应用技术规范:GB 50119—2013[S].北京:中国建筑工业出版社,2013.
[13] 混凝土结构工程施工规范:GB 50666—2011[S].北京:中国建筑工业出版社,2012.
[14] 王士川.建筑施工技术[M].北京:冶金工业出版社,2009.
[15] 张伟,徐淳.建筑施工技术[M].2版.上海:同济大学出版社,2015.
[16] 陈守兰.建筑施工技术[M].北京:科学出版社,2005.
[17] 宋功业.建筑施工工艺[M].北京:北京邮电大学出版社,2013.
[18] 徐淳.建筑施工技术[M].北京:北京大学出版社,2018.
[19] 秦大可.钢筋工程[M].北京:中国建材工业出版社,2007.
[20] 应惠清.土木工程施工技术[M].上海:同济大学出版社,2006.